Unter Gabelhorn
Hühnerknubel
Höhbalm
Hohlicht
Triftbach
Altes Haupt
Herbrigen
Bodmen
Zermatt
Hubel
Trifthaupt
Platten
Winkelmatten
Zum Stein
Findelen
Findelenbach
Eggen
Ifang
Teufenmatt
Wälder
Z'Mutt
Z'Muttbach
Staffelwald
Zumsee
Aroleit
Furri
Bäche
Hotel Riffelalp
Station
Denkmal
Mamatt
Hermattje
Schlafberg
Schwegmatten
Augstkummen
Gugel
Untere Kelle
Obere Kelle
Rothen-Boden
Riffelbord
Riffelberg
Schwarzsee
Hörnli
Furggbach
Gartfad
Bodengletscher
Tristeln
Gagenhaupt
Gagenbach
Rothen Boden
Riffelhorn
Morizloch
Gornergrat
Sandiger Boden
Leichenbretter
Ober-
Gandegghütte
-Theodulgletscher
Z'Wängen
Unter Theodulgletscher
Matterhorn Gletscher
Triftje
Breithorngletscher
Klein Triftje
Schwärzegletscher
Theodulhorn
Gorner
2468
2878
2620
2700
1969
1790
1676
1891
2075
2164
2189
2485
1737
1940
1892
1846
2276
2456
2558
2589
2402
2605
2722
2713
2741
2520
2962
2945
2867
3020
2566
2678
2665
2912
2963
3122
2960
2709
3482
3212
3253
3472
3094
2152
2259
2569
2781
2931
3088
2707
2516
2896
2569
2093
1823
2870
1820
1620

Wir danken allen Institutionen, die mit ihrer Unterstützung
die Realisierung dieses Buches ermöglicht haben:

Lotteriefonds des Kantons Basel-Landschaft
Swisslos-Fonds Kanton Basel-Stadt
Lotteriefonds des Kantons Bern
Ernst Göhner-Stiftung, Zug
Swisslos/Kulturförderung, Kanton Graubünden
Jubiläumsstiftung der Schweizerischen Mobiliar Genossenschaft
Loterie Romande
Lotteriefonds des Kanton Solothurn
Ulrico Hoepli-Stiftung, Zürich
Dienststelle für Kultur des Kantons Wallis

www.as-verlag.ch

Gestaltung: Urs Bolz, Zürich
Korrektorat: Pablo Egger, Speicher
Druck: B & K Offsetdruck GmbH, Ottersweier
Einband: Grossbuchbinderei Josef Spinner GmbH, Ottersweier
ISBN 978-3-906055-13-8

Heinz Schild

Visionäre Bahnprojekte

Die Schweiz im Aufbruch · 1870–1939

AS Verlag

Inhalt

«Kühn, alles bisherige Kühne weit übertreffend, ist der Plan.
Gelingt er, dann hat der Menschengeist einen Triumph
erfochten, an den zu glauben man noch vor zwanzig Jahren
für eine gottlose Verrücktheit gehalten hätte».

‹Oberländisches Volksblatt›, 25. Oktober 1889
zum Projekt einer Jungfraubahn

Vorwort

Bahnen verbinden Menschen, vernetzen Städte und Länder. Bergbahnen bringen Pässe und Gipfel näher. Die Träume und Visionen früherer Generationen sind auch aus heutiger Sicht nicht nur beeindruckend, sie haben vor über hundert Jahren die Basis unserer touristischen Infrastruktur geschaffen.

In keinem anderen Land sind auf so begrenztem Raum so viele Zahnrad- und Standseilbahnen geplant und gebaut worden wie in der Schweiz. Vor über hundert Jahren überboten sich Ingenieure und Industrielle mit Ideen und Projekten. Ob eine Bahn auf den Gipfel der Jungfrau oder auf den Eiger, auf die Diablerets oder auf das Matterhorn – nichts schien unmöglich, nichts war zu riskant. Schmalspurbahnen wurden auch für fast jeden prominenten Voralpengipfel projektiert: auf den Napf ebenso wie auf den Chasseral, den Säntis, den Weissenstein, den Piz Languard. Bis Anfang des 20. Jahrhunderts winkten die eidgenössischen Räte, auf Antrag des Bundesrates, die Konzessionen reihenweise durch. Möglich machte dies das liberale Eisenbahn-Gesetz von 1872.

Fundamentale Interessen trafen aufeinander und polarisierten: Hier die Visionen und der Siegeszug der Technik - dort eine Talbevölkerung, die sich unverstanden fühlte, die buchstäblich überrollt wurde. Ganze Wirtschaftszweige sahen sich in ihrer Existenz bedroht: Bauern und Gastwirte, Schmiede und Kutscher, Führer und Träger. Erst nach und nach legten sich die Grabenund Klassenkämpfe. Die Eisenbahn brachte den Menschen eine bisher nie gekannte Mobilität, vervielfachte die industrielle Produktion und schuf die Grundlage zur rasanten Entwicklung von Handel und Wirtschaft.

Die Flut von Bergbahn-Projekten in der Schweiz spiegelt den Zeitgeist im jungen Bundesstaat. Wenn auch etliche dieser Inspirationen spekulative Hintergründe hatten, so lösten die Erfolge der Unternehmer, Ingenieure, Techniker und Arbeiter in weiten Kreisen dennoch landesweite Begeisterung aus.

Die in diesem Buch vorgestellten Zeitdokumente legen Zeugnis ab von einer spannenden Epoche. Wertvoll ist insbesondere auch die journalistische Vernetzung – mit dem Einschub von informativen Kommentaren und zeitgenössischen Betrachtungen zu den spektakulären Bauvorhaben.

Eine Vielzahl von Projekten ist auf der Strecke geblieben. Zum Glück hat das Pendel damals zurückgeschlagen. Dennoch lösen etliche dieser nie realisierten Bauvorhaben zumindest aus technischer Sicht Respekt aus.

Schliesslich offenbaren sich interessante Planspiele: Welche Impulse hätte die Realisierung einzelner dieser Projekte der Wirtschaft und dem Tourismus gebracht? Und was wären die Konsequenzen für die Ökologie und die Siedlungs- und Landschaftsentwicklung? Sicher ist: Die Schweizer Bergbahn-Landschaft sähe ziemlich anders aus!

Adolf Ogi, alt Bundesrat

Pioniere, Visionäre und die harte Arbeit

Silvester Marsh (1803–1884) Am 3. Juli 1869 dampft die erste Zahnradbahn der Welt auf den 1917 m hohen Mt. Washington. Silvester Marsh, der visionäre Unternehmer, wird zum Erfinder des ersten qualifizierten Zahnradbahn-Systems. Dank der Vermittlung des Schweizer Generalkonsuls Hitz, erhält Niklaus Riggenbach Einblick in Marsh's Baupläne. Unten links: Die legendäre «Peppersass» (vorne) erreicht den Gipfel.

Niklaus Riggenbach (1817–1899) Mechaniker-Lehre in Basel, Weiterbildung in Lyon und Paris. Ab 1840 wirkt Riggenbach in Karlsruhe, wo u. a. vier Lokomotiven der 1847 eröffneten «Spanisch Brötli-Bahn» gebaut werden. 1853: Werkstatt-Leiter der Schweiz. Centralbahn in Olten, Weiterentwicklung seines 1863 in Paris patentierten Zahnrad-Systems. Die Rigi-Bahn macht ihn zum Bergbahn-Pionier.
Unten rechts: Die erste Rigi-Lokomotive von 1871, ebenfalls mit vertikalem Dampfkessel.

Jahrhundertelang bewegte sich der Mensch zu Fuss oder mit Pferd und Wagen von A nach B. Was sich über Generationen im Gleichklang abgewickelt hatte, ändert sich mit der Erfindung der Eisenbahn radikal: Raum und Zeit verändern sich. Das neue Transportmittel wird zum nie gekannten Konjunkturmotor und erhöht gleichzeitig die Mobilität und den Aktionsradius der Menschen. Was früher Tage gebraucht hatte, dauert mit einem Schlag nur noch Stunden. Und es rücken auch die Gipfel näher. Weil die Schweiz das Eisenbahn-Zeitalter beinahe verschlafen oder – im Vergleich zu den Nachbarstaaten – ziemlich zögerlich eingeläutet hat, wird die Rigi-Bahn 1871 als erste Zahnradbahn Europas umso enthusiastischer gefeiert.

Die Pionierbahn am Mount Washington

Der epochale Durchbruch in der Geschichte der Bergbahnen erfolgt indes bereits drei Jahre früher am Mount Washington, 230 km nördlich von Boston: Am 14. August 1868 werden hier physikalische Gesetze umgestossen. Erstmals klettert eine Lokomotive über einen Neigungswinkel, der bisher als unüberwindbar gegolten hat. Der ‹Boston Transcript› ruft begeistert: «Eines der grössten Wunder unserer Zeit!» Für die ‹New York Times› bricht ein neues Zeitalter an. Die von «Mr. Silvester Marsh konstruierte Gipfel-Dampfeisenbahn» werde nicht nur den Aufstieg auf den 1917 m hohen Mount Washington erleichtern. «Das ganze System der Bergreisen soll revolutioniert werden.»

Silvester Marsh erlebt seinen persönlichen Triumph: Zehn Jahre zuvor hatte er das Justizgebäude in der Hauptstadt New Hampshire's geknickt und gekränkt verlassen. Mit seiner Demonstration an einem Modell der künftigen Zahnradbahn erntete er nur Gelächter und Spott. «Am besten bauen Sie ihre Bahn auf dem Mond!», soll ihn ein Beamter im Saal verhöhnt haben. Am 12. August 1863, drei Jahre nach seiner Eingabe, wurde ihm endlich doch noch die Patentschrift ausgestellt. Bescheiden erklärte Marsh den Reportern: «Eine Maschine mit Zähnen auf einer Eisenbahnstrecke ist keineswegs eine neue Idee, die erste Eisenbahn in England hatte dieses System bereits genutzt».[1] Fasziniert und begeistert lassen sich im Sommer 1868 die ersten Passagiere vom dampfenden «Peppersass» in einer 70-minütigen Fahrt auf den «verrückten Berg» tragen. Die effektive Fertigstellung und offizielle Eröffnung der Mount Washington-Zahnradbahn erfolgt am 3. Juli 1869 mit der Verlegung des letzten Schienenstücks.

Heute bildet die Bahn auf den höchsten Berg New Englands eine viel besuchte Touristenattraktion.

Die Talstation der «Mount Washington Cog Railway» im Bundesstaat New Hampshire befindet sich knappe 10 km vom berühmten Mt. Washington Grand-Hotel in Bretton Woods[2] entfernt. Ein kleines, bemerkenswertes Bahnmuseum ist in die Talstation integriert.

Der touristische Quantensprung an der Rigi

Als am 23. Mai 1871 die Vitznau–Rigi-Bahn als erste Bergbahn Europas bergwärts dampft, ist der junge Bundesstaat Schweiz gerade mal 23 Jahre alt. Für den geplanten Gotthard-Eisenbahntunnel (Baubeginn am 23. September 1872) sind weder Bauverträge noch Finanzen gesichert, in den Fabriken gilt noch der 12-Stunden-Arbeitstag, die ersten öffentlichen Nahverkehrsmittel der Schweiz verkehren in Genf und Bern zu jener Zeit als Pferde-Strassenbahnen. So wird der Bau der Rigi-Bahn zum verkehrstechnischen und touristischen Quantensprung.

Bundespräsidialer Seitenhieb

Die Rigi-Bahn erreicht auf ihrer triumphalen Eröffnungsfahrt allerdings nicht Rigi-Kulm. Die Lokomotiven fahren nicht auf die Rigi, sondern zur Rigi. Statt auf 1752 m Höhe, bei der projektierten Bergstation, ist bereits bei 1550 m ü.M. Schluss. Und so heisst es auf der Staffelhöhe, an der Kantonsgrenze Luzern/Schwyz, aussteigen. Kantonsgrenzen sind heilig – die Schwyzer Regierung hat die Konzession auf ihrem Hoheitsgebiet verweigert. Der fröhlichen Stimmung

unter der Festgemeinde tut dies allerdings keinen Abbruch. Dennoch nimmt Bundespräsident Karl Schenk in seiner Eröffnungsrede kein Blatt vor den Mund: «Das grösste und interessanteste Wunder der Bahn befindet sich am Ende derselben. Wenn der Fremde hinauffährt bis zum Gätterli, wo die Bahn ganz plötzlich aufhört, und er sich dann nach dem Grunde dieses merkwürdigen Abbrechens erkundigt, so wird man ihm antworten: Hier ist eben die Grenze zwischen den souveränen Kantonen Schwyz und Luzern, welche der Bahn ein ‹Bis hierher und weiter nicht!› zuruft. Dieses Wunder wird von den Reisenden als das wunderbarste, aber schwerlich als das schönste erklärt werden.»

Im Gegensatz zu den USA löst das Pionierwerk von Niklaus Riggenbach und der Ingenieure Olivier Zschokke und Adolf Naeff in der Schweiz einen Bergbahn-Boom mit ungeahnter Nachhaltigkeit aus. Das liberale Eisenbahngesetz von 1872 verschiebt nicht nur die Konzessionsbewilligung von den Kantonen zum Bund, sondern macht die prioritäre «Beschienung der Schweiz» zum Grundsatz, überträgt aber das Risiko dem privaten Unternehmertum, was den Wettbewerb der Ideen fördert.

Nirgends auf der Welt sind auf so engem Raum derart viele Bergbahnen projektiert, konzessioniert und schliesslich auch gebaut worden. Der unerschütterliche Glaube an den technischen Fortschritt siegt im ausgehenden 19. Jahrhundert über alle Mahner und Kritiker.

Nie gebaute visionäre Projekte

Viele dieser plötzlichen Erleuchtungen prägen den Zeitgeist, die Inspirationen entspringen aber auch spekulativen Absichten mit verlockenden Aussichten auf hohe Gewinne und satte Dividenden. Euphorisch berichten die Zeitungen über fantastische Pläne und lösen damit im Bürgertum landesweite Begeisterung aus. Bis zur Jahrhundertwende werden von Nationalrat, Ständerat und Bundesrat Eisenbahn-Konzessionen beinahe à discrétion ausgestellt.

Ebenso interessant wie die realisierten Projekte sind die Pläne und Studien der *nicht* verwirklichten Bahnen. Touristisch faszinierend, ökonomisch und landesplanerisch anregend, hätten etliche dieser Ideen ganze Regionen geprägt und anders gestaltet. So zum Beispiel die Verbindung der Rhätischen Bahn über St. Moritz hinaus nach Maloja und durch das Bergell hinunter ins italienische Chiavenna, Guyer-Zellers gigantische Idee einer Engadin-Orientbahn, die Hochgebirgsbahn Sierre–Zinal–Zermatt, das Tunnel-Projekt Kandersteg–Adelboden, die Einschienenbahn auf den Chasseral oder die Zahnradbahn von Meiringen nach Engelberg usw. Allein aus der Jungfrau-Region werden von 1870 bis zum Ersten Weltkrieg dem Bundesrat 78 Bahnprojekte präsentiert. Waren es zuerst die Talbewohner, welche aus Existenzängsten gegen die Projektflut protestierten, so wächst Anfang des 20. Jahrhunderts der Widerstand beim Natur- und Heimatschutz. Mit dem Ausbruch des Ersten Weltkriegs 1914 endet die «Belle Epoque» und mit ihr der erste grosse touristische Aufbruch abrupt. Unzählige der bis dahin noch nicht verwirklichten Bahnprojekte scheitern endgültig oder werden spätestens durch die nachfolgenden Krisenjahre abgewürgt.

Die Rigi, in der Belle Epoque als die «Königin der Berge» gefeiert: Links das Gleis der Vitznau–Rigi-Bahn, rechts jenes der Arth–Rigi-Bahn. Das Grand-Hotel Rigi-Kulm (damals «Hotel Schreiber») wurde am 3. Juli 1875, am Tag der Kollaudation der Arth–Rigi-Bahn, feierlich eröffnet. Vier Jahre nach der Jungfernfahrt der Rigi-Bahn (RB) kletterten nicht nur die Dampfzüge himmelwärts. Die Dividenden taten es ihnen gleich. Sie erreichten 1874 stolze 20 Prozent!

Harte Arbeit – unmenschliche Bedingungen

27. Juni 1903: Vier Bundesräte sind bei den Eröffnungsfeierlichkeiten der Albulabahn in Samedan dabei, ebenso der Ständerats- und der Nationalratspräsident sowie Dutzende Parlamentarier aus Bern und Chur. Das Bankett im Hotel Bernina soll über 4½ Stunden gedauert haben. «Bei diesem sehr opulenten Mahle wurde eine Anzahl sehr schöner Reden gehalten», vermerkt die ‹Neue Zürcher Zeitung›. Zwölf Redner toasten auf das Vaterland, feiern ein technisches Meisterwerk und sich selbst. Mit einem ehrenwerten Satz wird auch «der braven Söhne des Südens» gedacht. Sechzehn von ihnen verloren beim Bau ihr Leben.

Ob Albulabahn oder Jungfraubahn, Gotthard, Simplon, Lötschberg, Hauenstein: Der Bau der grossen Tunnels ist im 19. Jahrhundert und darüber hinaus härteste Knochenarbeit mit Staub, Russ, Dreck, Wassereinbrüchen, Exkrementen. «Driving the Last Spike» heisst ein Song der britischen Rockband «Genesis», der den harten Einsatz der Arbeiter beim Bau der ersten englischen Eisenbahnen zum Inhalt hat: lebensgefährliche Arbeit, Schweiss und Schwielen, getrennt von Familie und Heimat.

«Himmeltraurige Zustände»

Wenig berichten die Zeitungen in der Schweiz über diese Arbeitsbedingungen. Streiks werden fast ausschliesslich aus Unternehmersicht beleuchtet. Als Verursacher der Auflehnung und der Verweigerung werden «Aufwiegler», «Radaubrüder», «sozialistische Unruhestifter» ausgemacht. Unberücksichtigt bleibt die Ohnmacht des Arbeiters. Umgekehrt werden in vielen Eisenbahn-Publikationen die Unternehmer heroisierend besungen.

Auch bei der Jungfraubahn spotten die Arbeitsbedingungen in den Anfangsjahren jeder Beschreibung. Der junge Historiker Patrick Moser hat den Bau der Jungfraubahn akribisch untersucht und in seinem Buch «So wird die Jungfrau zur Demoiselle gemacht» festgehalten: Bauleiter Richard Zschokke[3] notiert beim Besuch der Arbeiterbaracken auf dem Eigergletscher: «Alles sah sehr primitiv aus; am besten noch Küche und Magazin (...), aber diese Ordnung, dieser Geruch in den Schlafräumen! Und dann erst der Abort! (...) Um sich gegen Flöhe und Wanzen zu sichern, strichen die Arbeiter Dynamit auf die Wolldecken.»[4] Sogar Mitglieder des Verwaltungsrats-Ausschusses sprechen nach einer Begehung am Eigergletscher im Sommer 1901 von himmeltraurigen Zuständen, die Baracken «ein Schweinestall». Immerhin hat die Inspektion zur Folge, dass umgehend eine zweite, zweistöckige Arbeiterbaracke mit 84 Betten erstellt wird, welche noch im gleichen Jahr bezogen werden kann.[5] Nach diesen Interventionen gilt die Jungfraubahn-Gesellschaft im Vergleich zu anderen grossen Tunnelbaustellen in etlichen Bereichen als wegweisendes Unternehmen: 3-Schicht-Betrieb, Prämienzahlungen, Krankenkasse, Versicherungswesen, Arbeiter-Küche, eigene Bäckerei.

Dennoch muss 1902 die italienische Gesandtschaft beim Bundesrat wegen des ums Leben gekommenen Handlangers Paolo Martoglio intervenieren. Die Jungfraubahn habe von diesem haftpflichtigen Unfall «lediglich die Beerdigungskosten aus ihrer Kranken- und Unfallkasse bestritten».[6]

Die Taglöhne[7]

Brutto-Löhne in Franken, tägliche Arbeitszeit 8 Std. (Jungfrau) bis 12 Std. (Simplon):

	Handlanger	Mineure	Maurer
Gotthard 1880	4.00	4.80	5.20–5.75
Albis 1896	3.50	4.80	4.50–6.00
Jungfrau 1897	4.30	5.00	6.50 (1901)
Simplon 1899	3.80–4.20	5.00–5.20	5.00–5.60

Zu diesen fixen Ansätzen kommen bei der Jungfraubahn, je nach Baufortschritten, Prämiengelder als Motivation. Die geforderten Leistungen sind aber derart hoch angesetzt, dass solche Prämien bis ins Jahr 1904 nur gerade viermal ausbezahlt werden. Erst in der letzten Bauphase, ab Eismeer, können die Arbeiter von diesen Angeboten profitieren. Für das Essen werden ihnen täglich 1.10 Franken (1911) in Abzug gebracht; zusätzliche Abzüge gibt es für die Krankenkasse und die Unfallversicherung. Im Herbst 1903 betragen die Abzüge von den oben stehenden Lohnbeispielen zwischen 2.20 und 2.40 Franken pro Tag. Für einen Handlanger machen diese Abzüge demnach bis zu 50 Prozent seines Bruttolohnes aus.

Dynamitexplosion mit 6 Toten

Die Presse verfolgt die Bauarbeiten am Jungfrau-Tunnel mit periodischen Berichten und stützt sich auf die offiziellen Erklärungen der Jungfraubahn-Direktion oder auf Beobachtungen Dritter. Immerhin wird das tragische Sprengunglück vom 26. Februar 1899 kritisch kommentiert. Sechs italienische Schichtarbeiter kommen an einem Sonntag, frühmorgens, ums Leben, als im Tunnel Dynamitpatronen vorzeitig explodieren. Die Lokalzeitungen geisseln die umgangene Sonntagsruhe. Aber es gibt auch Solidaritätsaktionen:

So berichtet das ‹Echo von Grindelwald›: «Ein erschütternder Unglücksfall ereignete sich am Sonntagmorgen im Eigertunnel, wo sie gegenwärtig daran sind, die erste Galerie gegen Grindelwald auszusprengen. Als sich morgens, 2¼ Uhr, die an der Reihe befindliche Schicht Arbeiter

daranmachte, die Bohrlöcher zu laden, explodierte der Dynamitvorrat. Der Tunnelaufseher, ein Vorarbeiter und vier Arbeiter wurden getötet. 2 weitere Arbeiter wurden verletzt, doch man glaubt, dass sie mit dem Leben davonkommen. 2 der Leichen sollen grässlich zerrissen sein. Unter den Verunglückten befindet sich auch der an der Spielstatt wohnende Arbeiter Audi, Vater von neun grösstenteils unmündigen Kindern. Das Elend, das durch den Tod ihres einzigen Ernährers in diese Familie eingebrochen war, ist furchtbar. Wir appellieren daher an die Mildtätigkeit der Bevölkerung und bitten mit einem Schärflein beizutragen, um das Unglück mildern zu helfen.»[8] Die Zeitung errichtete ein Spendenkonto, das der Dorfpfarrer verwaltete.

«Die Tschinggen»
Sprachliche Verständigungsschwierigkeiten, kulturelle Barrieren, Alkoholexzesse, fehlende Zerstreuungsmöglichkeiten und beinharte, eintönige Arbeit unter Tag sind die Ursachen für Streitigkeiten unter den Arbeitern und Auseinandersetzungen mit der einheimischen Bevölkerung. Eine nicht zu unterschätzende Rolle hat in diesen Konfrontationen zweifellos auch die einseitige, oft fremdenfeindliche Berichterstattung in den Zeitungen gespielt.

Am 28. Februar 1912, sieben Tage nach dem enthusiastisch gefeierten Durchschlag am Jungfrautunnel, berichtet der gleiche Korrespondent im Berner ‹Bund›: «Auch an der Jungfrau waren die Tunnelarbeiter von Anfang an fast ausschliesslich Italiener, und zwar vorwiegend Bergamasker und Piemonteser. Die leicht erregbaren Süditaliener suchte man nach Möglichkeit fernzuhalten. Man hat sich im Allgemeinen über das Verhalten der ‹Tschinggen› nicht zu beklagen. Ernstere Ausschreitungen kamen selten vor. Einige Lohnbewegungen waren rasch beigelegt. Einmal versuchte ein romanhafter italienischer Graf, Conte Galeazzi, der als einfacher Handlanger eingestellt worden war, mit Geschick und Grazie eine Streikbewegung zu inszenieren, indem er die Arbeiter eine Erklärung unterschreiben liess. Die Herrlichkeit fiel aber in sich zusammen.»

«Gewaltige Summen…»
Im ‹Tages-Anzeiger› vom 22. Februar 1912 wird zur «Sparsamkeit der Italiener» unter der Rubrik «Eidgenossenschaft und Kantone» festgehalten: «Es ist eine bekannte Tatsache, dass die im Ausland lebenden italienischen Arbeiter jedes Jahr gewaltige Summen einheimsen. Welche Höhen dieselben erreichen, lässt sich daraus ersehen, dass einzig die am Lötschberg beschäftigten Italiener in den Monaten Juli, August und September von den 15 an der neuen Linie gelegenen Orten der Kantone Bern und Wallis insgesamt 928128 Franken in Postmandaten nach Hause sandten, davon von Goppenstein aus allein 234943 Franken. Das ist natürlich alles Geld, das der schweizerischen Volkswirtschaft entzogen wird!»

«Ausbeutung im Simplontunnel»
Schwere Anschuldigungen über die Ausbeutung der am Simplon eingesetzten italienischen Arbeiter erhebt die Zeitung ‹Secolo› aus Mailand: «Durchnässt bis auf die Haut und über und über mit Kot bedeckt, schleppen sich die braunen Söhne des Südens jeden Abend nach Brig hinunter, nicht ins traute Heim, sondern in schmutzige, ungeheizte Zimmer oder in rauchschwangere Wirtschaften.»

Diese Aussagen provozieren in der Schweiz verschiedenste Reaktionen. Der ‹Walliser Bote› geht grundsätzlich mit der Kritik einig: «Übrigens ist nicht nur der Lohn für so schwere und gefährliche Beschäftigung zu gering, sondern eine 12-stündige Arbeit auch geradezu aufreibend.» Dennoch urteilt der katholisch-konservative ‹Walliser Bote› nach dem Motto «ora et labora» (bete und arbeite): Man scheine nicht zu wissen, «dass für die Seelsorge der italienischen Arbeiter eigens ein Priester angestellt und dass aus Staats- und Gemeindemitteln eine Schule speziell für die italienischen Kinder errichtet wurde, ehe und bevor der ‹Secolo› und tutti quanti ihre Klagelieder anstimmten».[9]

Links: Stolz posieren die italienischen Arbeiter im Simplontunnel.

Rechts: «Traforo del Gottardo», das Denkmal im Gedenken an die getöteten, verletzten und geschundenen Arbeiter beim Bau des Gotthardtunnels 1872 bis 1882.

Die Opferzahlen bei Tunnelbauten[10]

Gotthard[11]	199
Hauenstein	89
Lötschberg	63
Simplon	51
Jungfrau	30
Albula	16
Lötschberg-Basis	5

Berner Oberland

Teil 1

Direktzüge Berlin Hbf–Lauterbrunnen...

Vom Brandenburger Tor zum Staubbachfall, per ICE ab Berlin-Hauptbahnhof nach Lauterbrunnen-Terminal Station. Wäre das erste Berner Oberland-Bahnprojekt von 1873 verwirklicht worden, so könnte Lauterbrunnen heute theoretisch mit Intercity-Zügen erreicht werden. Die ersten Pläne sehen im Tal der weissen Lütschine eine Normalspurlinie ohne Zahnradbetrieb vor. Nicht weniger visionär: Die Konzessionsbewerber beabsichtigen, auf dieser Strecke sogar Doppelstockwagen einzusetzen. Das ambitionierte Projekt fällt der Weltwirtschaftskrise der Siebzigerjahre im 19. Jahrhundert zum Opfer.

Es ist das umfangreichste Bergbahn-Paket, welches der Nationalrat, der Ständerat und der Bundesrat je sanktioniert haben: die «Konzession von Touristenbahnen im Berner Oberland» vom 3. Oktober 1873. Die «Schweizerische Baugesellschaft der Jurabahnen» ist nach dem Riesenerfolg der Rigibahn auf den Geschmack gekommen und präsentiert dem Post- und Eisenbahndepartement ein ganzes Netz von Bergbahnen mit einer Gesamtlänge von 91,3 Kilometern.

Netz 1

- Talbahn Bönigen–Gsteig (Wilderswil)–Zweilütschinen–Lauterbrunnen
- Talbahn Zweilütschinen–Grindelwald und Grindelwaldgletscher
- Bergbahn Lauterbrunnen–Wengernalp–Grindelwald

Netz 2

- Talbahn Interlaken–Gsteig (Wilderswil)
- Bergbahn Lauterbrunnen–Mürren
- Bergbahn Grindelwald–Grosse Scheidegg–Meiringen
- Bergbahn Grosse Scheidegg–Faulhorn–Schynige Platte

Starre Konzessionsbestimmungen...

Auf stolze 30 Millionen Franken sind diese Projekte veranschlagt, 9 129 500 Franken für Netz 1, 20 250 000 Franken für Netz 2. Die im Bundesbeschluss[1] vom 3. Oktober 1873 enthaltenen Konzessionsbestimmungen manifestieren einen starren, bürokratisch festgelegten Raster. In Artikel 6 wird – unabhängig vom Umfang eines Projekts – festgehalten: «Die Linien des ersten Netzes sind in folgenden Zeitfristen zu vollenden und dem Betriebe zu übergeben:

- Die Talbahnen auf 1. Juli 1876
- Die Bergbahnen auf 1. Juni 1878.

Die Linien des zweiten Netzes sind drei Jahre nach erfolgter Genehmigung der Pläne zu vollenden.»

... dennoch «ausnahmsweise Behandlung»

Dennoch gewährt der Bundesrat der Jura-Bahngesellschaft erstaunliches Entgegenkommen. So wünscht die Konzessionsbewerberin, «dass ihr Zeit gelassen werde, über die Betriebs- und Rentabilitätsverhältnisse solcher Bergbahnen Erfahrungen zu sammeln», bevor die Vorarbeiten zu Netz 2 Mitte 1880 an die Hand genommen werden können. Das Eisenbahndepartement wörtlich: «Ein so langes Totliegen einer Konzession hat nun allerdings viel Bedenkliches; es kommt faktisch einem Ausschluss- oder Vorzugsrechte sehr nahe. Allein ausnahmsweise Umstände verlangen ausnahmsweise Behandlung. Sämtliche Bergbahnen des vorliegenden Projektes haben ziemlich den gleichen Charakter und sind im Eisenbahnwesen eine neue Erscheinung, die sich in der Praxis erst bewähren muss»!

«Grosse Vorteile für das Vaterland»

Tatsächlich bestehen im ganzen Alpenraum keine vergleichbaren Projekte. Nachdem der Bau des nationalen Eisenbahnnetzes in der Schweiz im europäischen Vergleich spät an die Hand genommen worden ist, hat der Bundesrat offensichtlich die Lehren gezogen. Es herrscht Aufbruchstimmung! Die Landesregierung ist gewillt, der Wirtschaft, dem Tourismus mit touristischen Alpenbahnen wichtige Impulse zu geben. 1873, als die visionäre Projektidee zur Diskussion steht, ist der Gotthardtunnel erst ein knappes Jahr im Bau, im Berner Oberland zirkuliert einzig die Bödelibahn von der Schiffländte Därligen am Thunersee bis Interlaken, das Wallis ist per Bahn talaufwärts erst bis Sierre «erschlossen», der Kanton Graubünden mit der 18 km messenden Strecke ab Kantonsgrenze bei Bad Ragaz bis Chur, und im Kanton Tessin schliesslich gibt es null Meter Schiene. So gesehen erhalten die bundesrätlichen Ausführungen zur erstmaligen touristischen Erschliessung der Alpen ein ganz besonderes Gewicht: «Solche Bergbahnen versprechen unserem Vaterlande in der Tat nach manchen Richtungen grosse Vorteile.»

Normalspur bis Kleine Scheidegg

Zwei Faktoren verdienen Beachtung: Die in Bern domizilierte Gesellschaft plant sowohl die Tal- als auch die Berglinie zur Kleinen Scheidegg als Normalspur-Bahn (1435 mm; Wengernalpbahn heute 800 mm). Bis Lauterbrunnen sieht das Projekt eine Adhäsionsstrecke vor (ohne Zahnrad) mit höchstens 60‰ Steigung und 200-m-Kurvenradien. Nicht Interlaken ist Ausgangspunkt der Talbahnen, sondern Bönigen, die Endstation der eben im Entstehen begriffenen «Bödelibahn» (1872 Därligen–Interlaken; 1874 Interlaken–Bönigen). Diese legendäre Bahnlinie stellt die Verbindung her zwischen den Dampf-

«Centralbahnhof Interlaken»: Grosszügig und visionär der Plan, den West- und Ost-Bahnhof von Interlaken zu einer modernen, leistungsfähigen Anlage zusammenzufassen. Das Projekt von Architekt Eduard Joos wurde allerdings nie umgesetzt. Mit dem Namen Eduard Joos verbinden sich verschiedene repräsentative Bauten in Bern, so die Schweizerische Nationalbank und das legendäre Kaiserhaus. Das Centralbahnhof-Gemälde stammt vom Plakatzeichner und Maler Anton Reckziegel, der auch verschiedene Werbebilder für Staatsbahnen und Schifffahrtslinien geschaffen hat.

schiff-Stationen am Thuner- und am Brienzersee und ist als kurzes Zwischenglied gedacht der ebenfalls normalspurig geplanten, aber in dieser Form nie ausgeführten ersten Brünigbahn von Bern über Belp–Thun–Interlaken–Brienz–Meiringen und den Brünigpass nach Luzern.

Rigibahn als Vorbild

In den Projekt-Unterlagen für die Bergstrecke ab Lauterbrunnen beziehungsweise ab Grindelwald zur Kleinen Scheidegg (heutige Wengernalpbahn WAB) wird ausgeführt: «Das System der Lokomotiven ist das in Europa zuerst bei der Rigibahn angewandte. Zwischen den Laufschienen zieht sich in der Bahnachse der ganzen Länge nach eine aus Walzeisen konstruierte Zahnstange, in welche das an der Lokomotive befindliche Zahnrad greift.»[2]

Talbahnen erschliessen Tourismusorte

Alpnachstad–Brünig–Meiringen	14. Juni 1888
Landquart–Klosters	9. Oktober 1889
Interlaken–Grindelwald	1. Juli 1890
Interlaken–Lauterbrunnen	1. Juli 1890
Klosters–Davos	1. Juli 1890
(Visp-) St. Niklaus–Zermatt*	18. Juli 1891
Lauterbrunnen–Wengen	20. Juni 1893
Stansstad–Engelberg	5. Oktober 1898
(Aigle-) Gryon–Villars	10. Juni 1901
(Chur-) Celerina–St. Moritz	10. Juli 1904
(Montreux-) Château d'Œx–Gstaad	20. Dezember 1904
Bever–Scuol/Tarasp	1. Juli 1913
Chur–Arosa	12. Dezember 1914

* Bis 1932 nur Sommerbetrieb

Doppelstockwagen und Gletscher-Linie

Um auf der Talbahn nach Lauterbrunnen einen rationellen Betrieb erzielen zu können, sei das Gewicht der Wagen, «der vorkommenden Steigungen wegen, auf das geringste Mass» zu reduzieren, heisst es im Bericht. «Deshalb wird darauf Bedacht genommen, alle diejenigen Konstruktionsteile, die nicht direkt tragen oder arbeiten, teils durch Auswahl des Materials, teils durch Dimensionierung desselben und konstruktive Behandlung, möglichst leicht zu halten. Aus touristischen Gründen erhalten die Personenwagen zwei Stockwerke. «Mit Rücksicht auf den speziellen Charakter der Bahn als Touristenbahn, wird auch das obere Stockwerk so hoch und geräumig gehalten, dass die Bequemlichkeit und der Verkehr der Reisenden in denselben durch nichts beeinträchtigt wird.»[3] Die (leider verschrotteten) Doppelstockwagen der Bödelibahn erweisen sich als Attraktion und werden zur Legende.

In Grindelwald wird die Linie gesplittet: Ein Gleis der normalspurigen Bahn soll von der Station «Grindelwald-Tal» (heute Grindelwald-Grund) zur 100 m höher gelegenen Station «Grindelwald-Dorf» führen, das andere auf dem Talboden direkt zum unteren Grindelwald-Gletscher, zur 2,5 km entfernten Endstation «Grindelwald-Gletscher». Der primäre Zweck entspringt für einmal nicht touristischen, sondern wirtschaftlichen Motiven. Die bundesrätliche Botschaft vom 23. Juli 1873 zitiert die Konzessionsbewerber: «Als weiterer Nutzen der Bahn wird hervorgehoben, die Ermöglichung der Ausbeutung des beim Grindelwald-Gletscher gefundenen Marmors, des Gletschereises, wovon man mit der Eisenbahn täglich 1000 Zentner spedieren und Spitäler, Gasthöfe usw. direkt versorgen zu können hofft. Die Milch werde nicht mehr zur Käsebereitung verwendet werden müssen, sondern weit günstiger frisch ausgeführt in Verbindung mit dem Eise selbst bis nach Paris geliefert werden können.»

Die visionären Pläne von 1873

Konzessionsgesuch	6. Februar/19. Mai 1873	
Konzession	3. Oktober 1873	
Konzessionäre	J. C. Baur, Ingenieur, Biel	
	H. Egger, Baumeister, Langenthal	
	B. Gubsel, Ingenieur, Wyl	
	G. Ott, Ingenieur, Bern	
Strecken	Bönigen–Zweilütschinen–Lauterbrunnen	13,7 km
	Zweilütschinen–Grindelwald	11,7 km
	Grindelwald/Tal–Grindelwald/Gletscher	2,5 km
	Lauterbrunnen–Kleine Scheidegg	9,4 km
	Grindelwald–Kleine Scheidegg	7,8 km
	Grindelwald–Grosse Scheidegg–Meiringen	19,4 km
	Grosse Scheidegg–Faulhorn–Schynige Platte	18,8 km
	Lauterbrunnen–Mürren	7,2 km
Spurweite	Talbahnen	Normalspur
	Bergbahnen	Noch nicht fixiert
Maximalsteigung	Bönigen–Lauterbrunnen	42 ‰
	Bönigen–Grindelwald	106 ‰
	Wengernalpbahn	230 ‰
	Grosse Scheideggbahn	230 ‰
	Faulhornbahn	230 ‰
	Lauterbrunnen–Mürren	220 ‰
Stationen	Bönigen	569 m ü.M.
(1. Netz)	Gündlischwand	653 m ü.M.
	Lauterbrunnen	790 m ü.M.
	Grindelwald/Tal	Keine Angaben
	Grindelwald/Dorf	Keine Angaben
	Grindelwald/Gletscher	Keine Angaben
	Wengen	1310 m ü.M.
	Wengernalp	1873 m ü.M.
	Kleine Scheidegg	2062 m ü.M.
	Alpiglen	dito
Höhendifferenz	Bönigen–Lauterbrunnen	221 m
	Bönigen–Grindelwald	Keine Angaben
	Lauterbrunnen–Kleine Scheidegg	1272 m
Minimalradius	Talbahnen	180 m
	Bergbahnen	150 m
Betriebssystem	Dampf	
Kosten	Total 1. Netz	CHF 9,130 Mio.
	Total 2. Netz	CHF 20,250 Mio.
Besonderes	Normalspur mit Doppelstockwagen von Bönigen nach Lauterbrunnen und Grindelwald.	

«Unzumutbare Übelstände»

Die Bahninvestoren aus dem Unterland kommen im Oberland nicht als Heilsbringer, sie werden als gewinnsüchtige Spekulanten und Zerstörer der gewerblichen und bäuerlichen Existenzen wahrgenommen. Frontale Opposition macht sich breit unter den Kutschern, Bergführern, Wagnern, Schmieden, Gasthaus-Besitzern und Blumenverkäufern. Alle bangen sie um ihre Zukunft. Die Initianten halten sich ihrerseits auch nicht zurück: Völlig unzureichend sei die bisherige Bedienung und Behandlung der Reisenden. Überhöhte Tarife der Kutscher, welche den Kunden «ordentliche und ausserordentliche Gebühren» zumuten, sowie das «persönliche Benehmen im Fuhrwesen» würden seit Jahren immer wieder zu Klagen führen. Diesen unzumutbaren Übelständen gelte es entschieden entgegenzutreten. Dazu der Bundesrat wörtlich: «Eine grosse Zahl von Gemeindebeamten und Privaten erblicken in der Konzedierung der Touristenbahnen eine Kalamität für das ganze Berner Oberland; denn sie seien lediglich ein Konkurrenzgeschäft zum Schaden und Ruin für einen namhaften Teil der Einwohner, deren Haupterwerbsquelle der Fremdenbesuch während der Sommermonate bilde. Dieser ‹Vorstellung› ist einfach Art. 3 des Eisenbahngesetzes entgegenzuhalten, der die Entwicklung und Vermehrung der Eisenbahnverbindungen als obersten Grundsatz aufstellt und das Recht, eine Konzession zu verweigern, auf die Fälle, wo die militärischen Interessen verletzt würden, beschränkt.»[4]

An den Kosten gescheitert

In einer optimistisch gehaltenen Expertise stellt der Berner Fürsprecher C. W. von Graffenried eine «sichere und glänzende Rendite»[5] des Bahnunternehmens in Aussicht (11 Prozent Dividende). Dennoch scheitert das erste Berner Oberland-Bahnprojekt an den viel zu hohen Investitionskosten von 10 Millionen Franken (1. Etappe), oder, wie es der Bundesrat in der Botschaft vom 22. April 1887 bei der Behandlung des auf 1-m-Spur redimensionierten Bauvorhabens ausdrückt, weil «die Projekte auf zu breiter Basis nach der Schablone der Normalbahnen aufgestellt waren, wodurch die Anlagekosten eine sehr bedeutende Höhe erreichten».

Kein Glück ist den Initianten aber auch deshalb beschieden, weil ihr ehrgeiziges Bauvorhaben ausgerechnet

Zu den Bergbahn-Pionieren gehört die Schynige Platte-Bahn. Am 14. Juni 1893 wurde die 7,3 km lange Zahnradbahn eröffnet, 1914 wurde sie elektrifiziert. Noch heute stehen die damals beschafften Lokomotiven im Regeldienst. Das nostalgische Rollmaterial ist zum exklusiven Markenzeichen geworden. Blick von der Schynigen Platte ins Lütschinental (Grindelwald). In der Bildmitte das Wetterhorn (3704 m), rechts das Grosse Schreckhorn (4078 m) und das Lauteraarhorn (4042 m).

in die Zeit einer ernsten Wirtschaftskrise fällt. Eineinhalb Jahrzehnte lang konnten in der ganzen Schweiz keine Bergbahnprojekte mehr realisiert werden. Nach den ersten vier Bergbahnen (1871: Vitznau-Rigi; 1875: Zürich/Selnau-Uetliberg, Arth-Rigi und Rorschach-Heiden) ist erst einmal Schluss.

Der Projektstau bricht am Ende des 19. Jahrhunderts umso dramatischer durch: 1889 Pilatusbahn, 1890 Monte Generoso, 1892 Brienzer Rothorn und Rochers-de-Naye, 1893 Schynige Platte und Wengernalp. Neben diesen klassischen Zahnradbahnen setzten auch wichtige Drahtseilbahnen neue touristische Akzente: Giessbach (1879), Territet-Glion (1883), Bürgenstock (1888), San Salvatore (1890), Grütschalp/Mürren (1891) und Stanserhorn (1893). Verantwortlich für den plötzlichen Erfolg ist neben der Erholung der Wirtschaft auch der kostensenkende Faktor des Wechsels der Spurweite von Normalspur auf die 1000-mm-, respektive 800-mm-Dimension.

Bergbahnprojekte à discrétion

Im ganzen Alpenbogen finden wir keine vergleichbare Region mit ähnlich spektakulären und auch spekulativen Bergbahnprojekten: Sie schiessen wie Pilze aus dem Boden, die Bergbahn-Ideen im Jungfraugebiet. Allein in der kurzen Zeitspanne von 1873 bis zum Ausbruch des Ersten Weltkriegs 1914 sind es mindestens 78 Baugesuche:

- 20 Drahtseilbahnen	- 5 Luftseilbahnen
- 16 Zahnradbahnen	- 1 pneumatische Bahn
- 14 Adhäsionsbahnen	- 1 Einschienenbahn
- 15 Gemischte Systeme	- 1 Schwebe-Zahnradbahn
- 4 Strassenbahnen	- 1 Rössli-Tram

Ausgerechnet dort, wo sich die Talbevölkerung zuvor noch mit allen Mitteln gegen «die Beschienung der Alpen» gewehrt hat, brechen plötzlich (fast) alle Dämme. Interlaken wird zum Schrittmacher, buchstäblich zum Bahnbrecher des einsetzenden alpinen Massentourismus (vgl. «Spielplatz Jungfrau-Region», Seite 36/37).

Den Anfang dieser epochalen Entwicklung macht das redimensionierte Berner Oberland-Bahnprojekt. Statt der ursprünglich geplanten, normalspurigen Adhäsionsbahnen werden die Talbahnen von Interlaken nach Lauterbrunnen und Grindelwald schliesslich in Meterspur und gemischtem Adhäsions-/Zahnradbetrieb gebaut. Am 1. Juli 1890 können die Linien nach Lauterbrunnen und Grindelwald feierlich eingeweiht werden.

Keine Feierlichkeiten

Nur ein Jahr dauert es: Am 14. August 1891, ist auch Mürren erreicht, erschlossen per Drahtseilbahn Lauterbrunnen-Grütschalp (heute Luftseilbahn) und mit der anschliessenden 4,3 km langen Schmalspurbahn.

1893 folgt die Wengernalpbahn in 800-mm-Spur. Mit 17,9 km Streckenlänge ist sie bis heute die längste Zahnradbahn der Schweiz. Aber sie darf bei der Jungfernfahrt zur Kleinen Scheidegg keine Feierlichkeiten erleben. Am 20. Juni 1893 wird die Wengernalpbahn nicht eingeweiht, sondern nur «eröffnet». Aus Rücksicht (und Vorsicht) gegenüber der fortwährenden Protesthaltung der einheimischen Bevölkerung wird auf jede Festlichkeit verzichtet…

Jungfraubahn – die grosse Unvollendete!

Koechlin machte das Rennen um die erste Jungfraubahn-Konzession. Der Name ist Garant. Die Konstruktionspläne des 324 m hohen Eiffelturms stammen von ihm, von Maurice Koechlin und von Emile Nouguyer. Das für die Weltausstellung von 1889 erstellte Wahrzeichen von Paris machte Gustave Eiffel zur Legende. Der in Mülhausen geborene Koechlin, schweizerisch-französischer Doppelbürger und ETH-Ingenieur, hielt sich bis an sein Lebensende stets im Hintergrund. Er starb, 90-jährig, 1946 in Veytaux am Genfersee.

Rechte Seite oben: Im Gegensatz zur von Beginn weg elektrifizierten Jungfraubahn tuckerten die ersten Züge der Wengernalpbahn bis 1909/10 noch mit Dampf zur Kleinen Scheidegg hoch.

Rechte Seite unten: Der Bahnhof von Grindelwald. Im Hintergrund das 1941 durch einen Brand zerstörte Grand-Hotel Baer, mit 300 Betten eine der grössten Hotelanlagen im gesamten Alpenraum.

Verrückt, spektakulär, triumphal – die Projekte einer Bahn auf den 4158 m hohen Gipfel der Jungfrau ringen den Befürwortern dieser gigantischen Idee höchste Bewunderung ab. «Es ist einleuchtend, dass die Bahn auf die Jungfrau für das Berner Oberland das würde, was der Eiffelturm für Paris geworden, ein technisches Wunder, das die Reisenden aus allen Ländern mächtig anlocken müsste», kommentiert ‹Der Bund› 1889[1]. Doch es gibt auch die andern, die erschrecken, warnen und drohen: «Man verdirbt uns die Schweiz», heisst es in den ‹Basler Nachrichten›,[2] und das ‹Oberländische Volksblatt›[3] in Interlaken schreibt anfänglich von «rücksichtslosem Kapitalismus».

Was müsste heute ausgeheckt werden, um mit dem Projekt Jungfraubahn des ausgehenden 19. Jahrhunderts gleichziehen zu können? Weltweite Schlagzeilen provoziert Ende des 19. Jahrhunderts der hochfliegende Plan, eine spektakuläre Bahn auf den Gipfel der 4158 m hohen Jungfrau zu bauen. Der beinahe bedingungslose Glaube an die grenzenlose Unfehlbarkeit der Technik scheint selbst bei den politisch Verantwortlichen fest verankert zu sein. Man will der Welt zeigen, zu was Pioniergeist und Schweizer Ingenieurskunst fähig sind. Die Umsetzung von der Vision zur detaillierten Bauplanung und die unerschütterliche Beharrlichkeit, dieses Projekt bis zur Realisierung der höchsten Bahnstation Europas durchzuziehen, ringt noch heute hohen Respekt ab. Allerdings: Die letzte, die spektakulärste Etappe des gewaltigen Unternehmens Jungfraubahn, bis hinauf zum Gipfel auf über 4100 m ü.M., ist aus finanziellen und später aus ökologischen Gründen eine Utopie geblieben.

Die grosse Zeit des Aufbruchs

1871 feiert die erste Bergbahn Europas wahre Triumphe und wird zur ultimativen Sensation: Die epochale Dampf-Zahnradbahn von Vitznau auf die Rigi löst die erste Phase des Massentourismus in den Alpen aus. Beispiellos entwickeln sich auch die Dividenden für die Aktionäre: 10 Prozent in den ersten drei Betriebsjahren, sogar 20 Prozent im Jahr 1874. Kein Wunder, dass bereits vier Jahre nach der ersten Zahnradbahn Europas auch von der Nordseite her, aus Arth-Goldau, Maschinen auf die knapp 1800 m hohe «Königin der Zentralschweiz» dampfen. Und die 1889 eröffnete, spektakuläre Pilatusbahn erfreut als steilste Zahnradbahn der Welt nicht nur noble Gäste, sondern erwärmt ebenfalls zahlreiche Aktionäre. Nach diesen Erfolgen schiessen in der Schweiz Bergbahnprojekte wie Pilze aus dem Boden. Innerhalb von drei Jahren werden fünf weitere Zahnradbahnen eröffnet:

1890: Monte Generoso, Bergstation auf 1596 m Höhe
1892: Brienzer Rothorn, 2252 m, höchste Bergbahn Europas
1892: Rochers-de-Naye, 1972 m
1893: Schynige Platte, 1970 m
1893: Kleine Scheidegg, 2064 m

Die perfekte Sensation

Das Berner Oberland mutiert zum Spielplatz von Ingenieuren, Unternehmern und Industriellen. Welten prallen aufeinander. Hier die Einheimischen, die Bauern und Bergler, welche sich um ihre Lebensgrundlagen sorgen – dort die Schickeria, Geldbarone, Spekulanten, Kapitalisten. Es sind Jahre des ökonomischen und gesellschaftlichen Umbruchs. Allein in der Jungfrau-Region werden zwischen 1870 und dem Ausbruch des Ersten Weltkriegs 79 (!) Konzessionsgesuche für Bahnprojekte gestellt, 52 davon nehmen die Bewilligungshürden der Bundesbehörden, 19 werden verwirklicht (siehe Tabelle «Spielplatz Jungfrau-Region», Seite 36/37).

Am 1. April 1886 meldet die ‹Neue Zürcher Zeitung›[4] die perfekte Sensation: «Die in London gegründete ‹International Mountain-Way Company› scheint sich mit dem Gedanken zu tragen, in wenigen Jahren bis hierher (zur Rottalhütte, 2755 m) eine elektrische Eisenbahn nach dem System des amerikanischen Ingenieurs Blockhead anzulegen, das sich in den Bergwerken der Rocky Mountains sehr bewährt hat (…) Neben der jetzigen Klubhütte gedenkt die Gesellschaft ein Hotel mit ungefähr 40 Betten zu errichten (…) Vom Hotel Rottal beträgt die Entfernung zur Spitze der Jungfrau in der Luftlinie nur etwa 2600 Meter, aber es gilt noch eine Steigung von 1400 Metern zu überwinden. Eine mit soliden Geländern und sehr breiten Stufen versehene, zum grössten Teil aus dem Fels ausgebrochene Treppe führt die steile Wand empor (…) Die Spitze der Jungfrau wird abgeplattet und ringsum eine Brüstung aufgeführt, sodass annähernd 100 Personen Platz finden und die Aussicht ohne Gefährdung geniessen können. Die wonnentrunkene Seele schweift im Aether!» Gezeichnet ist der 1.-April-Scherz mit S. Ch. Windler, Ingenieur-Topograph.

Koechlin, Trautweiler, Locher

Dreieinhalb Jahre später, Herbst 1889: Die Utopie wird Realität. Noch ist die Berner Oberland-Bahn von Interlaken nach Lauterbrunnen und Grindelwald im Bau, als der verblüfften Öffentlichkeit innert kürzester Zeit gleich drei verschiedene Jungfraubahn-Projekte präsentiert werden. Ein Viertes, welches den Durchbruch erleben wird,

HOTEL
ALPENRUHE
BAHNHOF HOTEL TERMINUS
HOTEL BAHNHOF-TERMINUS
STATION GRINDELWALD

«Auf die Jungfrau oder gleich in den Himmel»

‹Anzeiger von Interlaken›, 8. März 1873: «Unabhängige Leute und fröhliche Gesellschaften werden im Gebirge die Eisenbahnen verschmähen, die sie in der Ebene übersatt bekommen haben, und in die schwellenden Kissen eines offenen Zweispänners zurückgelehnt, den artigen Kutscher um die nötige Auskunft fragend, die Reize unserer Natur bewundern, anhaltend und weiterfahrend und heimkehrend, wann und wie es ihnen beliebt (...). Wir können nicht begreifen, wie man das Maul so voll nehmen mag von Projekten, die der Ausführung so fern stehen wie eine Bahn Grindelwald–Männlichen zum Exempel. Nehme man doch gleich beim Bundesrat eine Konzession auf die Jungfrau oder auf den Mond, oder am liebsten gleich in den Himmel.»

schiebt Adolf Guyer-Zeller drei Jahre später nach. Alle Projekte sehen die Bergstation auf dem über 4100 m hohen Gipfel der Jungfrau vor.

16.10.1889	**Projekt Maurice Koechlin**	
	5 teilweise Tunnel-Sektionen	5,46 km
21.10.1889	**Projekt Alexander Trautweiler**	
	4 Tunnel-Teilstrecken	6,50 km
21.06.1890	**Projekt Eduard Locher**	
	Pneumatische Tunnelbahn	6,00 km
20.12.1893	**Projekt Adolf Guyer-Zeller**	
	Tunnel ab Eigergletscher	12,26 km

Details siehe «Jungfraubahn-Projekte im Vergleich», S. 24.

Die Jungfrau – Eiffelturm der Schweiz

In der Schweizer Presse werden die Jungfraubahn-Pläne kontrovers kommentiert. Während sich die ‹Basler Nachrichten› bis 1895 als Katalysator der Kritik positionieren, beurteilen vor allem die ‹Neue Zürcher Zeitung› und die Mehrzahl der bernischen Blätter die Projekte überwiegend positiv bis euphorisch.

Bereits vier Tage nach der Konzessionseingabe von Maurice Koechlin orientiert der Berner ‹Bund› in der Ausgabe vom 20. Oktober 1889 seine Leserschaft mit einem ausführlichen Frontartikel: «Es ist kein Scherz mehr – die Erstellung einer Eisenbahn auf die Jungfrauspitze tritt in ernste Diskussion. Hr. Moritz Köchlin aus Zürich, der Ingenieur des Eiffelturmes, ist der Urheber eines Projektes einer Jungfrau-Bahn (...) Das Projekt ist eine charakteristische Erscheinung unserer Zeit, die vor keinen technischen Schwierigkeiten mehr zurückschreckt. Wenn man an den unverhofften Erfolg der Rigibahn und der Pilatusbahn denkt sowie an die bedeutende Zahl von Touristen, welche jeden Sommer auf die Spitze dieser Berge fahren, so kann man keinen Augenblick zweifeln an einem noch grösseren Erfolg der Eisenbahn auf die Spitze der Jungfrau (...) Beinahe zweimal so hoch wie die Rigi, wird sie ein ganz neues Bild darbieten, dasjenige des ewigen Firns (...) Es ist einleuchtend, dass die Bahn auf die Jungfrau für das Berner Oberland das würde, was der Eiffelturm für Paris geworden, ein technisches Wunder, das die Reisenden aus allen Ländern anlocken müsste.»

‹Berner Tagblatt› protestiert

Ganz anders das konservative ‹Berner Tagblatt›. Ein kühnes Wagnis, aber unrealistisch die Verkehrsprognosen. So sei kaum anzunehmen, dass jährlich 30 000 Gäste die Jungfraubahn benutzen werden. Dennoch wägt der Kommentator ab: «Warum auch nicht mit einer Jungfraubahn ein würdiges Gegenstück zum geschmacklosen Eiffelturm schaffen in unserem Jahrhundert, welches das Sensationelle und Bequeme dem wahrhaft Schönen und Erhabenen, dem Beschwerlichen und den Ehrgeiz Spornenden vorzieht?» Somit könne künftig nicht alleine «der kecke Sportsmann, der Ritter unserer Tage, mit Aufwand von viel Kraft und Mut» ein solches Ziel erreichen. Dieses Erlebnis würde auch andern zuteil, «den Krüppeln und Lahmen ohne Anstrengung». Der Artikel schliesst mit einem Appell: «Genügt es denn nicht, die erhabene Stille unseres Oberlandes entweiht zu haben durch den prosaischen Pfiff der Lokomotiven und durch die alltäglichen Gestalten des kohlegeschwärzten, schweisstriefenden Maschinisten und des Billeteurs, der die Stationen der herrlich gelegenen Bergdörfer mit derselben Gleichgültigkeit in den Wagen hineinschreien wird wie etwa ‹Kerzers› oder ‹Olten›? Soll denn die letzte Achtung vor der Jungfräulichkeit unserer Alpen, auf die wir so stolz sind, verschwinden, um schnöden Gewinnes willen?»[5]

Jungfrau-Region erst kritisch ...

Blick zurück: Noch am 31. März 1887 fasst eine Volksversammlung in Lauterbrunnen den Beschluss, die Berner Regierung solle bei den Bundesbehörden intervenieren, damit weder die Talbahnen noch alle übrigen Bahnprojekte ausgeführt werden können. Mächtig ist die Wut und unbeschreiblich die Ohnmacht, als Nationalrat, Ständerat und Bundesrat Projekt um Projekt bewilligen. Und doch kippt plötzlich die Waage zugunsten der Jungfraubahn. Zum langsamen Gesinnungswandel trägt die feierliche Eröffnung der Berner Oberland-Bahn BOB von Interlaken nach Lauterbrunnen und Grindelwald am 1. Juli 1890 bei.

Die ‹Neue Zürcher Zeitung› mit spitzer Feder

«Als Finanzleute und Bahnbauer auf den Gedanken kamen, die Schienenstränge von Interlaken nach Lauterbrunnen und Grindelwald fortzusetzen, da entstand im Oberland ein riesiger Spektakel, sobald das Projekt ruchbar wurde. Die Kutscher, die Träger, die Führer, die Alphornbläser usw. hielten die Eisenbahn identisch mit ihrem völligen Ruin. Und mit den Kutschern jammerten die Wagner, Sattler und fluchten die Wirte. Die wenigen Einsichtigen, deren Blick weiterreichte und die daher das Unternehmen freudig begrüssten, sie mussten ihre Sympathien still im Busen bergen, wenn sie nicht in schwere Konflikte mit den Einwohnern geraten wollten. Der Gastwirt Gurtner in Lauterbrunnen, der als ein Freund der Bahn galt, war eine Weile seines Lebens nicht mehr sicher. Mit vielen Unterschriften bedeckte Petitionen gingen ab nach Bern an die Regierung, an den Grossen Rat, an den Bundesrat, an die Bundesversammlung.»[6]

Projekt Locher, 21. Juni 1890	Projekt Guyer-Zeller, 20. Dezember 1893	
Eduard Locher-Freuler (1840–1910) – Geboren in Zürich – Ingenieur, Erfinder und freier Unternehmer – Erbauer der Pilatusbahn mit neuer Zahnstange (System Locher; zwei horizontal drehende Zahnräder) – Präsident der Schweizerischen Lokomotivfabrik Winterthur «Bauunternehmer von erprobtestem Rufe und trefflichsten Charaktereigenschaften» (Ingenieur Simon) – Ehrendoktor der Universitäten Zürich und Genf – Erbauer des Landesmuseums – Erbauer Gotthardbahn, Abschnitt Gurtnellen–Wassen – Erbauer der Stansstad-Engelbergbahn und der Sihltalbahn – Leitender Ingenieur am Simplon-Tunnel	Adolf Guyer-Zeller (1839–1899) – Geboren in Neuthal, Gemeinde Bäretswil – Textilunternehmer und Eisenbahn-Pionier («Eisenbahnkönig») – Genialer Unternehmer mit Charisma und Durchsetzungsvermögen. – Im Gegensatz zu Koechlin und Trautweiler war Guyer-Zeller nicht Ingenieur. – Reisen nach England, Nordamerika, Ägypten und Palästin – 1869–1872 und 1875–1888 Kantonsrat – Überragende Machtstellung bei der schweizerischen Nordostbahn; 1894 setzte er die ganze Direktion und den Verwaltungsrat ab. – «Rücksichtslos in der Verfolgung eigener Interessen» (NZZ) – Planung eine Engadin-Orientbahn in Normalspur von Chur nach Meran/Bozen, mit Visionen bis Belgrad, Konstantinopel.	
Stechelberg–Jungfrau-Gipfel Unterirdische, gestreckte Linienführung Pneumatische (Rohrpost-)Bahn von 6000 m Länge	**Kleine Scheidegg–Jungfrau-Gipfel** 6 Sektionen: 1. Sektion oberirdisch bis Eigergletscher (2150 m lang); ab Eigergletscher unterirdisch in fünf Sektionen mit vier Stationen (Projekt 1893)	Strecke
Stechelberg: Genaue Koordinaten unbekannt	Kleine Scheidegg: 2064 m ü.M. Koordinaten 640'050/159'400	**Talstation**
–	21. Dezember 1894	**Konzession**
1000 mm	Erstes Projekt 800 mm, später 1000 mm	**Spurweite**
Pneumatische Bahn in Kolbenform (ähnlich Rohrpost-System) Jungfrau-Tunnel: ca. 6 km	Elektrische Zahnradbahn; System Strub Jungfrau-Tunnel: 10 250 m, (bis Endstation Jungfrau!)	**Bahnsystem**
Zwei parallele, ausgemauerte Tunnels von Stechelberg bis zum Jungfrau-Gipfel, ohne Zwischenstationen. Horizontale Stollen von 200–300 m Länge sind möglich für spätere Zwischenstationen oder als Rettungsstollen.	1. Sektion: Länge 1950 m - Kl. Scheidegg 2064 m ü.M. - Eigergletscher 2307 m ü.M. 2. Sektion: Länge1450 m - Eigergletscher 2307 m ü.M. - Grindelwaldblick* 2660 m ü.M. 3. Sektion: Länge 2440 m - Grindelwaldblick 2660 m ü.M. - Kallifirn** 3270 m ü.M. 4. Sektion: Länge1920 m - Kallifirn 3270 m ü.M. - Mönchjoch*** 3550 m ü.M. 5. Sektion: Länge 1700 m - Mönchjoch 3500 m ü.M. - Aletsch/Guggi**** 3393 m ü.M. 6. Sektion: Länge 2800 m - Aletsch/Guggi 3500 m ü.M. - Jungfrau 4093 m ü.M. - Liftanlage bis Gipfel 4167 m ü.M.	**Sektionen**
Pneumatische Bahn: 6000 m	Elektrische Zahnradbahn: 12 260 m (bis Jungfrau-Gipfel) - Totallänge heute: 9336 m Tunnellänge heute: 7122 m	**Totallänge**
3200 m	2102 m (heute bis Jungfraujoch 1293 m)	**Höhendifferenz**
700 ‰	maximal 205 ‰	**Steigungen**
Pressluft, pneumatische Bahn auf drei Laufschienen. Überdruck von 1/10 Atm.	Elektrizität aus betriebseigenen Kraftwerken in Burglauenen und Lauterbrunnen. Dreiphasiger Wechselstrom, «wie bei der elektrischen Trambahn von Lugano der Firma Brown Boveri».	**Antrieb**
15 Minuten	Keine Angaben	**Gesamtfahrzeit**
Keine verbindlichen Angaben	Budget 1893: CHF 7 500 000 Effektiv: CHF 16 320 000 (ohne Gipfel-Etappe)	**Baukosten**
«In jeder der parallelen Röhren verkehrt ein zylindrischer Wagen von rund 20 m Länge, mit je 50 Sitzplätzen. Mit Pressluft und einer Geschwindigkeit von ca. 25 km/Stunde, sollen die Passagiere vom Tal direkt zur Jungfrauspitze befördert werden.» «Diese Anwendung, des dem System zugrunde liegenden pneumatischen Prinzips ist neu (...) Man würde aber den theoretisch richtigen Grundgedanken und die Leistungsfähigkeit der Technik unserer Zeit verkennen, wenn man behaupten wollte, es sei dies nicht möglich.» Beim Projekt Locher handelte es sich nach eigenen Angaben um eine Studie. Fachleute sprechen von einem visionären, absolut sicheren System.	«Der Tunnel führt 106 m unter dem Jungfraujoch durch und schlängelt sich spiralenförmig um das oberste Massiv des Berges herum, nach dem jedem Führer bekannten, im Sommer schneefreien, 25 auf 30 m messenden Plateau (4100 m), um etwa 65 m unter der Schneespitze Halt zu machen. An dieser Stelle ist ein ca. 65 m hoher Aufzug angebracht, welcher die Reiselustigen aller Nationen auf die höchste Warte der Jungfrau (4167 m) führt.» Der von den Ingenieuren Wüst und Thormann in der Maschinenfabrik Oerlikon entwickelte elektrische Aufzug sollte mit einem «bewegenden Motor» ausgerüstet werden. «Die Anwendung von Seilen wird dadurch vermieden und es kann das automobile Fahrzeug für Steigschächte von unbegrenzter Höhe verwendet werden.»	**Bemerkungen**

*später: Eigerwand ** später: Mönch, dann Eismeer *** wurde gestrichen **** später Jungfraujoch 3454 m ü.M.

Links: Mit Polarhunden und Schlitten auf dem Konkordiaplatz.

Rechts: Auf dem Gipfel der 4158 m hohen Jungfrau. Nicht gerade viel Platz für eine Gipfelstation…

alle Gemeindepräsidenten und Gemeindeschreiber des Amtsbezirks Interlaken. Interessanterweise fehlen die Unterschriften der Gemeindebehörden von Grindelwald, Unterseen und Brienz.[8]

Proteste gegen die Wengernalpbahn

Neben der Jungfraubahn geniesst auch das Projekt einer Schynige Platte-Bahn grosse Sympathie. Nach wie vor stossen aber alle anderen Bergbahnprojekte bei der einheimischen Bevölkerung auf grundsätzlichen Widerstand. So kann sich die Berner Regierung bei der Konzessionsfrage für eine Wengernalpbahn nicht gegen die vereinigten Proteste der Bewohner von Grindelwald und Lauterbrunnen stemmen und beantragt deshalb beim Bund Ablehnung des Bauvorhabens.

Als scharfer Gegner erweist sich auch der angesehene Feuilleton-Redaktor Joseph Victor Widmann im Berner ‹Bund›: «Wir würden, wenn wir Meister wären, gewisse idyllisch schöne Gegenden der Schweiz und speziell des Berner Oberlandes, nach dem Beispiel der Vereinigten Staaten, jetzt noch rechtzeitig als Nationalpark erklären (…) Dahin würden in erster Linie die Wengernalp und das linke Ufer des Brienzersees gehören (…) Einmal wenigstens wollen wir es aussprechen, dass der Eisenring, der unsere Berge und Seen immer enger einschliesst, uns, als dem Naturfreunde, auch das Herz zusammenpresst. Es wird nichts nützen. Vielleicht jedoch, nach zwanzig Jahren, wird man uns Recht geben».[9]

Grindelwald: Kein Bedürfnis

Als «Spekulationsbau» tituliert der Gemeinderat von Grindelwald das Wengernalpbahn-Projekt. Am 26. Mai 1890 schickt die Gemeindebehörde ein mit 511 Unterschriften versehenes Protestschreiben an die Berner Regierung. Waldungen der Bergschaft würden zerschnitten und den Führern und Trägern die wirtschaftlichen Grundlagen entzogen. Die Bahn auf die Kleine Scheidegg entspreche keinem Bedürfnis der im Tal ansässigen Bevölkerung.

Eduard Lochers Jungfraubahn-Vision

Knapp bevor Anfang Juli 1890 die ersten Lokomotiven der Berner Oberland-Bahn Lauterbrunnen und Grindelwald erreichen, taucht – nach den Jungfraubahn-Projekten von Koechlin und Trautweiler – Projekt Nummer 3 auf. Eduard Locher, der geniale Pionier, Erfinder des nach ihm benannten Zahnrad-Systems und Erbauer der Pilatusbahn, erntet in der Öffentlichkeit und in den meisten Medien Kritik und Spott. Sein visionäres Projekt einer 6 Kilometer langen, pneumatischen Tunnelbahn, vom Lauterbrunnen-Tal gradlinig zur Jungfrau-Spitze, nach dem Vorbild der Rohrpost, wird als absolut irreal abgetan. Umgekehrt zeigt die involvierte Schweizer Maschinen-Industrie grosses Interesse und verspricht Oberst Locher breiteste Unterstützung. Allerdings: was technisch machbar erscheint, wirft physiologische Grundsatzfragen auf: Kann ein untrainierter Körper Höhenunterschiede von über 3000 m innerhalb von nur 15 Minuten adaptieren?

Die Qual der Projektwahl

An der Jungfrau bleiben Koechlin und Trautweiler im Rennen. Das Duell spitzt sich zu. Eine gerechte Beurteilung der beiden Projekte falle sehr schwer, schreibt der Direktor der Abteilung Eisenbahnen am 20. Mai 1890 in einem vertraulichen Exposé an Bundesrat Emil Welti. Fazit des Bundesrates in seiner Botschaft an das Parlament: «Es bleibt einzig die, wenn auch nur um 6 Tage, frühere Einreichung des Koechlin'schen vor dem Trautweiler'schen Gesuche, auf welche abgestellt werden kann».[10]

Kampf mit allen Mitteln

Trautweiler erweist sich in der Folge als schlechter Verlierer. In der ‹Berner Zeitung› lässt er unter dem Titel «Das Locher'sche Jungfraubahn-Projekt» einen Artikel platzieren, in welchem Konkurrent Koechlin als nicht ernst zu nehmender Technokrat dargestellt wird. Das Elaborat erscheint prominent auf der Frontseite, unterzeichnet ist es mit: «Von einer fachkundigen Feder – der Name steht zur

Verfügung».[11] Auf Nachfrage des Eisenbahndepartements bestätigt die Redaktion, beim Autor handle es sich «um Trautweiler selbst».

Unbekannte Gefahren oberhalb 3000 m

Zum zentralen Thema wird die Ungewissheit über die Reaktion des menschlichen Organismus auf Höhenlagen über 3000 m. Als das Gutachten Gerlich, Kronecker und Veith vom 18. September 1890[12] (vgl. Seite 32) kritische Fakten aufreiht, ist es um die Konzession geschehen. Die Experten raten vom Bau einer Bahn auf eine Höhe von über 3000 m ab. Am 6. Oktober 1890 hält die Landesregierung in einem Schreiben an den Ständerat zur Jungfraubahn-Konzession fest: «Der Bundesrat wird diese Genehmigung erst erteilen, nachdem der Konzessionär die Gefahrlosigkeit in Bezug auf Leben und Gesundheit der Beförderung von Menschen von der Talsohle auf den Gipfel der Jungfrau, bzw. auf eine Höhe von über 3000m Höhe durch Versuche nachgewiesen haben wird.»[13]

Erste Erfahrungen bei der Andenbahn

Bundesrat Welti holt weitere Gutachten ein, sogar beim Schweizer Konsul in der peruanischen Hauptstadt Lima. Hier seien die Arbeiten bei der Andenbahn «bereits auf einer Höhe von 4200 m angekommen», heisst es im Antwortschreiben vom 28. Oktober 1890. Die in Europa ausserhalb von Alpinistenkreisen noch wenig bekannte «Bergkrankheit» kenne man in Peru unter der Bezeichnung «Sorroche» oder «Veta». «Sorroche fällt die meisten Menschen auf 3000 m an, aber sehr wenige werden dadurch ernsthaft belästigt».[14]

Liberale Haltung der SAC-Führung

Während die Parlamentarier den Bau der Jungfraubahn von Beginn weg fast ausnahmslos unterstützen, nimmt der Druck der meist noch unorganisierten Umweltschutz-Pioniere mit jedem neuen Bergbahnprojekt zu. Diese Opposition rekrutiert sich aus allen Gesellschaftsschichten: Intellektuelle, Bergführer, Künstler, Arbeiter und Bauern.

Eine interessante Haltung nimmt das Zentralkomitee des Schweizer Alpen Club SAC ein. Während viele Mitglieder die Unberührtheit der Hochalpen in Gefahr sehen, vertritt die SAC-Führung eine ausgesprochen liberale Haltung: Es gebe auch für Bergsteiger kein Recht auf Alleinbegehung. Die Alpen sollen, in einem allerdings sehr beschränkten Umfange, auch Personen zugänglich gemacht werden, «welche nicht über die physischen Eigenschaften unserer Alpen-Club-Mitglieder verfügen».[15] Von einer Verunstaltung des Hochgebirges könne schon deshalb nicht die Rede sein, weil die Bahnen von Koechlin, Trautweiler und Locher unterirdisch geführt werden. Auch beim Projekt Guyer-Zeller, welches schliesslich zur Ausführung kommt, lässt sich das SAC-Zentralkomitee nicht von dieser Auslegung seiner Statuten abbringen.

Es gehe nicht an, die Hoheit des Alpenraumes den Alpinisten zu reservieren. «Abgesehen davon, dass uns kei-

Am 21. Dezember 1894 erhielt Adolf Guyer-Zeller die Konzession zum Bau der Jungfraubahn, 1896 erfolgte der erste Spatenstich, und am 19. September 1898 konnte die erste Etappe mit einer pompösen Feier beim Eigergletscher eingeweiht werden. Mit Hacke und Schaufel wird von den überwiegend italienischen Arbeitern das Trassee Kleine Scheidegg–Eigergletscher erstellt.

Adolf Guyer-Zeller
(* 1. Mai 1839 in Neuthal,
† 3. April 1899 in Zürich)
Ohne den charismatischen, forschen und vermögenden Unternehmer gäbe es keine Jungfraubahn. Umstritten blieben seine unnachgiebigen Praktiken, etwa bei der handstreichartigen Übernahme der Nordostbahn.
Die ‹NZZ› charakterisierte ihn bei seinem Tod wie folgt: «Ein an Genialität streifender Geschäftssinn verband sich mit einem bizarren und fantastischen Hang, die sorgfältige Berechnung mit einer ausgesprochenen Neigung zu uferlosen Plänen, eine bis zur schroffsten Härte und Ungerechtigkeit getriebene Rücksichtslosigkeit in der Verfolgung eigener Interessen mit unleugbarer Grossmut und weitgehender Freigiebigkeit. Herr Guyer-Zeller verkörperte in der Schweiz zum ersten Male jenes Eisenbahnkönigtum, von dem wir vor ihm nur aus Amerika Kunde hatten.» Ohne Zweifel wäre der Nekrolog 14 Jahre später, nach der Eröffnung der Jungfraubahn, milder ausgefallen.

nerlei Rechtsmittel zu Gebote stehen, um eventuell die Ausführung der Bahn zu verhindern, finden wir:

1. dass eine solche Exklusivität dem Ansehen des Schweizer Alpenklubs nur schaden könnte;
2. dass von einer Verunstaltung des Berges nicht gesprochen werden kann;
3. dass noch Tausende von Gipfeln auf die altgewohnte Art bestiegen werden können;
4. dass es nur zu begrüssen ist, wenn der Schweizer Alpenklub in der Lösung der sich selbst gestellten Aufgabe, ‹den Besuch des schweizerischen Hochgebirges zu erleichtern› (Art. 1 der Statuten), durch Dritte in so wirksamer Weise unterstützt wird.»[16]

«Absolutes Desinteresse» im Wallis

Im Gegensatz zur Berner Regierung, die den raschen Bau der Jungfraubahn geradezu herbeisehnt, gibt sich der Walliser Staatsrat ausgesprochen desinteressiert. Weil sich die Kantonsgrenze über die Gipfel von Mönch und Jungfrau zieht, hat der Bundesrat ebenfalls den Walliser Staatsrat zu den damals üblichen «konferenziellen Verhandlungen» eingeladen. In der Antwort aus Sion vom 15. November 1889 heisst es: «Nous avons l'honneur de vous faire savoir, comme déjà nous eussions dû le dire lors de la présentation du projet Koechlin, que nous nous désinteressons absolument de ces projets plus qu'extraordinaires et, quant à la question de concurrence, nous la laissons trancher par qui de droit.»[17]

Der Staatsrat gibt sich auch beim Projekt Guyer-Zeller abweisend: «Au vu de l'intérêt peu important que la construction de cette voie ferrée présente pour le Canton du Valais, le Conseil d'Etat ne croit pas devoir se faire représenter à cette conférence, tous droits appartenant au Canton du Valais réservés, si ce chemin de fer venait à être livré à l'exploitation.» Unterzeichnet ist das offizielle Antwortschreiben an den Bundesrat – nicht ganz diplomatisch – lediglich mit den Initialen V.F.[18]

Eiffelturm-Prestige für Koechlin

Maurice Koechlin, der introvertierte stille Schaffer, hat über Nacht auch im politischen Establishment der Schweiz enorm an Prestige gewonnen. Im Rahmen der Weltausstellung 1889 wird in Paris, der (damals) blühendsten Metropole der Welt, mit pompösen Feierlichkeiten der Eiffelturm eingeweiht. Die Konstruktionsidee und die generellen Pläne stammen vom Chefingenieur Gustave Eiffel von ihm, vonMaurice Koechlin. Im Grossfolio-Band «La Tour de trois cent mètres» (1900, Nachdruck 2006) wird festgehalten: «Das von den Ingenieuren Maurice Koechlin und Emile Nouguier konzipierte Projekt» trage aber den Namen seines Ideengebers Gustave Eiffel.

Konzession am 4. April 1891 …

Die harten Prestigekämpfe enden im September 1890, indem sich Locher und Trautweiler mit Koechlin verständigen und das Projekt gemeinsam unter der Führung Koechlins vorantreiben wollen. Diese Wendung gibt der Jungfraubahn Schub: Der Ständerat (17. Dezember 1890) und der Nationalrat (4. April 1891) erteilen die Konzession für den Bau der Jungfraubahn einstimmig!

… aber kein Kapital

Doch es wird plötzlich erstaunlich still um das ambitiöse Jungfraubahn-Projekt. Weder werden Detailaufnahmen im Gelände erstellt, noch kreuzen Financiers auf. In Paris versucht Maurice Koechlin ohne Erfolg dringend nötige

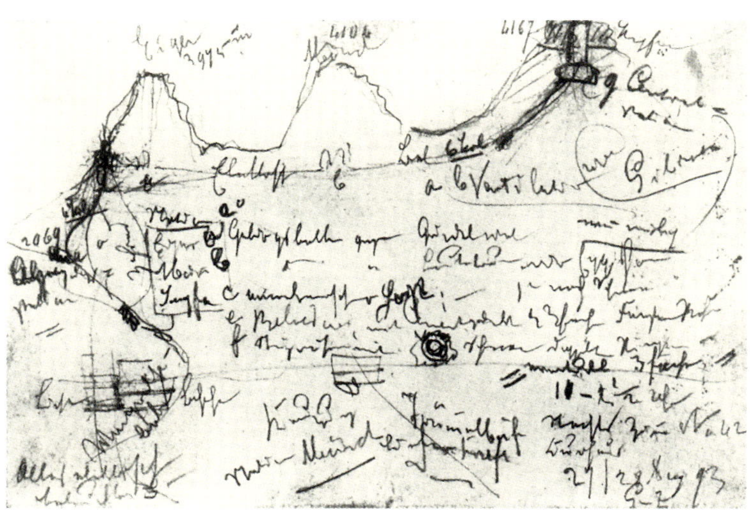

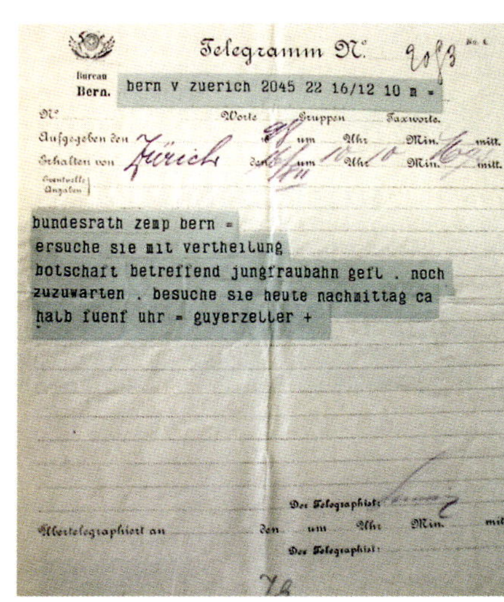

Telegramm N°

Bureau Bern. bern v zuerich 2045 22 16/12 10 n =

Aufgegeben den … Erhalten von Zürich

bundesrath zeap bern =
ersuche sie mit vertheilung
botschaft betreffend jungfraubahn gefl . noch
zuzuwarten . besuche sie heute nachmittag ca
halb fuenf uhr = guyerzeller +

Unten: Die berühmte Skizze von Guyer-Zeller mit der Planungsidee. Das Telegramm beweist es: Ein Besuch beim Bundesrat konnte recht spontan angemeldet werden.

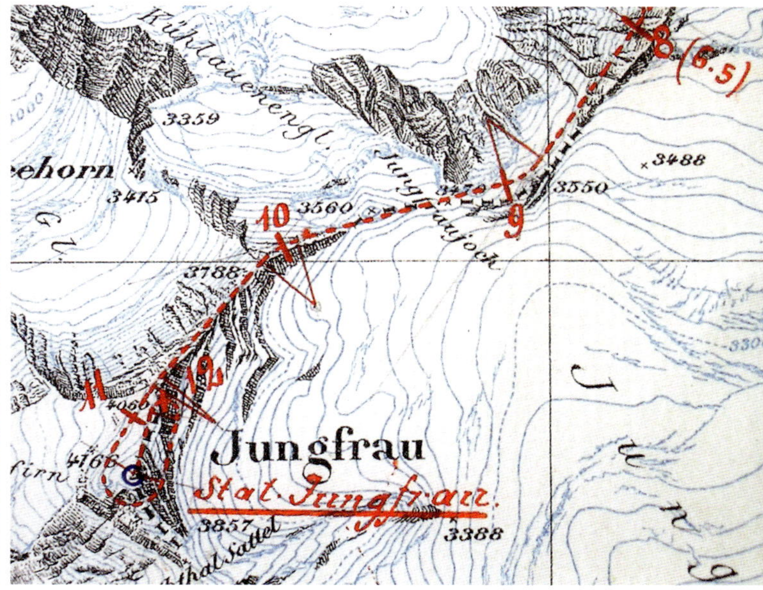

Oben links: Der Bahnhof Kleine Scheidegg um 1895. Noch gibt es keinen Meter Schiene der Jungfraubahn.

Oben rechts: Kartenausschnitt mit der letzten, nicht gebauten Sektion Jungfraujoch–Jungfrau.

Unten: Streckenführung der geplanten Jungfraubahn mit dem 10,3 km langen Tunnel vom Eigergletscher bis zur Station Jungfrau, 65 m unter dem Gipfel.

Kapitalgeber zu begeistern. So erlischt am 4. Oktober 1894 die so mühsam erkämpfte und auf 30 Monate befristet gewesene Konzession, ohne dass Koechlin die angeforderten Dokumente (Detailpläne und Finanzierung) beim Eidg. Eisenbahndepartement deponieren kann. Im Berner Oberland macht sich Resignation breit.

Adolf Guyer-Zeller packt die Chance

Das Pech Koechlins führt zur Chance und zum Lebenswerk des dynamischen, eigenwilligen und kompromisslosen Industriellen und Bankiers Adolf Guyer-Zeller. Geschickt spielt er mit den Emotionen und appelliert in der Konzessionseingabe von 1893 an vaterländische Grundwerte: Bereits die Zwischenstation Jungfraujoch biete «für sich allein schon einen der grossartigsten Fernblicke des Schweizerlandes auf die zum Teil von ihr aus sichtbare herrliche Gletscher- und Gebirgswelt, die sich zwischen den Berner Alpen und dem Rhonetal ausdehnt, sodass Tausende dort oben – und wie viel mehr dereinst auf der Jungfrauspitze! – die Gottfried Keller'schen Worte begeistert ausrufen werden:

‹*Trinkt, oh Augen, was die Wimper hält,*
von dem goldnen Überfluss der Welt!›
Zürich, den 20. Dezember 1893, Guyer-Zeller»[19]

Die ‹Neue Zürcher Zeitung› ist ihm, nach dessen handstreichartiger Übernahme der Nordostbahn-Gesellschaft, nicht besonders günstig gesinnt und orientiert über das neuste Jungfraubahn-Konzessionsgesuch am 27. Dezember 1893 lediglich mit einer Kurzmeldung, unmittelbar vor der Rubrik «Eheverkündungen»:

«Herr Guyer-Zeller hat beim Eidgenössischen Eisenbahndepartement soeben ein Konzessionsgesuch für ein neues Projekt der Jungfraubahn (anschliessend an die Wengernalpbahn) eingereicht. Die Gesamtbauzeit soll 4 Jahre dauern. Die Baukosten sind mit 7,5 Millionen Fran-

Emil Strub, einst erbitterter Gegner von Adolf Guyer-Zeller, gewann mit seinem neuartigen Zahnradbahn-System ausgerechnet bei der Jungfraubahn den ersten Preis im Wettbewerb um die optimalste technische Lösung (siehe auch Seite 38).

ken veranschlagt. Herr Guyer-Zeller schreibt uns zu dieser Nachricht: «Zur Durchführung dieses neuen Projektes einer Jungfraubahn ist von meiner Seite die bestimmte Absicht vorhanden.»

Die entscheidenden Säulen

Den endgültigen Durchbruch erzielt der Zürcher Eisenbahnkönig mit geschickter Strategie auf der technischen, politischen und finanziellen Ebene.

Säule Nr. 1: Die von der Wengernalpbahn seit 1893 erschlossene Kleine Scheidegg (2061 m ü.M.) wird zum Ausgangspunkt der Jungfraubahn, und nicht das Lauterbrunnental (800 m ü.M.). Damit kopiert Guyer-Zeller das konzessionierte Eigerbahn-Projekt (siehe Seite 38) in den Grundzügen. Mit diesem Entscheid werden über 1200 Höhenmeter «gespart» und die Baukosten massiv gesenkt.

Säule Nr. 2: Bildung einer wissenschaftlichen Kommission und Ausschreibung eines internationalen Ideen-Wettbewerbs: Tunnelprofil, Laufschienen, Zahnstangen, Betriebskraft, Rollmaterial, Stationen-Ausbau, Gipfellift, Ärztliche Betreuung, Tunnelbeleuchtung usw.

Säule Nr. 3: Erhöhung der Leistungsfähigkeit: Elektrizität, eigenes Elektrizitätswerk und dreiphasiger Wechselstrom (Drehstrom), Meterspur (statt 800 mm wie bei der Wengernalp-Bahn WAB), Zahnstangensystem Strub (statt Riggenbach).

Säule Nr. 4: Die etappenweise Eröffnung der ausgebauten Teilstrecken soll die Liquidität des Unternehmens sichern; tatsächlich lösen die Stationen Eigerwand und Eismeer weltweite Bewunderung aus und idealstes Marketing für das Unternehmen.

Optimistische Finanz- und Bauplanung

Allerdings verspekuliert sich Bankier Guyer-Zeller in seiner optimistischen Finanzplanung. Der Tunnelvortrieb im Hochgebirge erweist sich als weit schwieriger als angenommen. Infrastruktur, Logistik, Unterkunft und Verpflegung am Eigergletscher für 200–300 Arbeiter werden zur Herkulesaufgabe. Wie die meisten Konzessionsgesuchsteller vor und nach ihm setzt Guyer-Zeller die Gesamtbaukosten mit gerundeten 7,5 Millionen Franken (später auf 10 Millionen korrigiert) viel zu tief an. Trotzdem die anvisierte Endstation auf dem Gipfel der Jungfrau nicht erreicht werden kann, kommt das gigantische Bauwerk letztendlich auf über 16 Millionen Franken zu stehen.

Die gesamte Bauzeit wird vierfach überzogen und beträgt schliesslich 16 Jahre.

Konzession am 21. Dezember 1894

Wie dreieinhalb Jahre zuvor beim Projekt Koechlin, genehmigt der Nationalrat am 21. Dezember 1894 auch die Pläne von Guyer-Zeller ohne Gegenstimme. Die eidgenössischen Räte handeln jetzt effizient: Noch am gleichen Abend stimmt auch der Ständerat zu, mit zwei Ergänzungen:

- «Sitz der Jungfraubahn-Gesellschaft ist Bern» (nicht Zürich).
- «Die Bahngesellschaft hat unter allen Umständen den zu Fuss auf die Höhe gelangenden Bergsteigern das Betreten des Jungfraugipfels in seiner ganzen Ausdehnung, mit Einschluss der allenfalls von ihr daselbst erstellten Anlagen, jederzeit ungehindert und unentgeltlich zu gestatten» (SAC-Forderung).

Vor allem die Bildung einer «Wissenschaftlichen Kommission» findet in Fachkreisen grosse Anerkennung.

Guyer-Zeller, dessen Ruf nach den Wirren um die unfreundliche Übernahme des Nordostbahn-Direktoriums in Politik und Wirtschaft schwer angeschlagen ist, erlangt mit einem Mal viel Respekt. Sein Projekt Jungfraubahn kann endgültig nicht mehr weiter als Utopie und Illusion disqualifiziert werden.

Gesprächsstoff in der «gebildeten Welt»

Auch die Medien stehen dem Projekt nun grossmehrheitlich interessiert, wohlwollend bis begeistert gegenüber. Stellvertretend die bisher ungnädigen ‹Basler Nachrichten› im August 1896: «Je problematischer anfänglich die Jungfraubahn erschien, desto mehr bemächtigt sie sich jetzt des

Projekt Jungfraubahn[20]

Stationen	Höhe	HD	Distanz	Gesamtdistanz	Steigung	Fahrzeit	Gesamtfahrzeit
Kleine Scheidegg	2064 m ü.M.	–	–	–	–	–	–
Eigergletscher	2307 m ü.M.	243 m	1950 m	1950 m	250 ‰	15 min	15 min
Grindelwaldblick/Eigerwand	2660 m ü.M.	353 m	1450 m	3400 m	250 ‰	12 min	27 min
Kallifirn/Eismeer	3270 m ü.M.	610 m	2440 m	5840 m	250 ‰	19 min	46 min
Möchsjoch (nicht gebaut)	3550 m ü.M.	–	1920 m	7760 m	160 ‰	15 min	61 min
Jungfraujoch	3393 m ü.M.	123 m	1700 m	9460 m	100 ‰	13 min	74 min
Endstation, anschliessend Gipfellift	4093 m ü.M.	700 m	2800 m	12260 m	250 ‰	22 min	96 min
Jungfrau Gipfel	4166 m ü.M.	73 m	–	12260 m	–	4 min	100 min

Interesses. Heute, da die ersten Spatenstiche bereits getan sind, bildet die Jungfraubahn einen Gesprächsstoff, der die ganze gebildete Welt in Anspruch nimmt (...) Herr Guyer-Zeller hat in der Popularisierung der Jungfraubahn Erstaunliches geleistet und nach und nach alle Kreise, insbesondere der Schweiz, für den Plan zu gewinnen gewusst».[21]

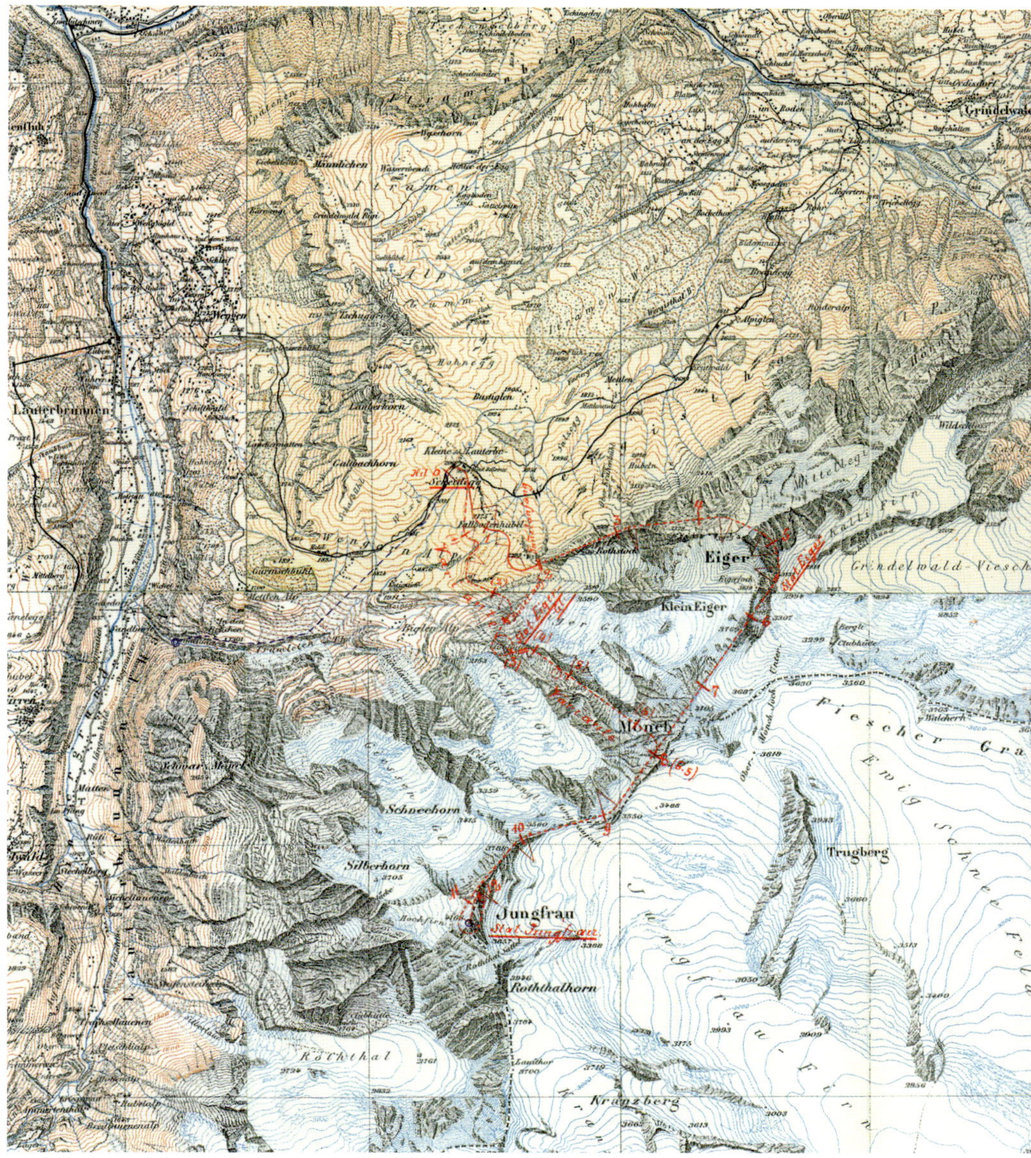

Das Jungfraubahn-Projekt von Adolf Guyer-Zeller.

Finanzielle Durststrecken

Es sollte anders kommen. Die Realisierung des gigantischen Unternehmens führt bei Adolf Guyer-Zeller zu enormen physischen und psychischen Belastungen. Kommt hinzu, dass er sich gleichzeitig mit der zeitlich parallelen Planung eines weiteren visionären Grossprojekts, der Engadin-Orientbahn (siehe Seite 94), zusätzlich enorm verausgabt. Nicht zuletzt amtet Guyer-Zeller immer noch als Verwaltungsratspräsident der Schweizerischen Nordostbahn SNO. In dieser Funktion reist er im November 1897 an die Fahrplankonferenz nach Berlin, um «die für Zürich höchste Bedeutung» erlangenden, internationalen Schnellzugsverbindungen Mailand–Zürich–Stuttgart–Berlin auszuhandeln.

Wie sich später herausstellt, erlitt der ruhelose Unternehmer in seinen letzten drei Lebensjahren «schwere Vermögenseinbussen». Sein Schwiegersohn, Prof. Ludwig Rudolf von Salis, hält als scheidender Verwaltungsratspräsident (1904–1929) in seinen Aufzeichnungen 1930 fest: «Trotzdem gab er (Guyer-Zeller) nicht zu, dass er der Schwierigkeiten nicht leicht Herr würde, und noch viel weniger, dass ihm die Finanzierung unmöglich geworden sei.»[22]

Diese Aussage unterstreicht die aussergewöhnliche Persönlichkeit und den unbändigen Durchhaltewillen von Adolf Guyer-Zeller. Selbst unter widrigsten Umständen will er an seiner grossen Idee unbeirrt festhalten.

400 Gäste am Eigergletscher

Stilvoll täuscht er am 19. September 1898 mit einer prunkvollen Eröffnungsfeier der ersten Teilstrecke Kleine Scheidegg–Eigergletscher über die grossen Finanzprobleme hinweg. Guyer-Zeller, ein Meister der Selbstdarstellung.

Das ‹Berliner Tagblatt›: «Interessanter als das Festspiel ist ein Abstecher in den Tunnel, der hier ansetzt und der die für eine Aussichtsbahn respektable Länge von 10 400 Metern haben soll; über 400 Meter in einer Steigung von 25 Grad sind bereits vollendet, 4–5 Meter werden täglich fertiggestellt. Die Jungfraubahn ist die rechte fin du siècle-Bahn. Sie wird eine Brücke bilden vom 19. ins 20. Jahrhundert. Neben den geputzten Festgenossen paradierte das Arbeiterbataillon, durch das Leben in Winter-Eis und Sonnenbrand verwildert, aus allen Nationen rekrutiert, anzusehen wie eine Räuberbande und doch ein so wichtiges Kulturinstrument.»[23]

Der Bau der Jungfraubahn fordert 30 Tote

Insgesamt kommen beim Bau der Jungfraubahn 30 Arbeiter ums Leben, 15 davon bei Dynamitexplosionen: Mineure, Handlanger, Maultiertreiber, Aufseher, Feuerwerker und Maschinisten; mit einer Ausnahme alles italienische Staatsangehörige. 92 erleiden teilweise schwere Verletzungen mit bleibenden Schäden[24] (siehe Seite 13).

Im «Elevator» auf den Gipfel

Zurück zu Adolf Guyer-Zellers Plänen. Er hat die Linienführung der Jungfraubahn im ursprünglichen Projekt wie folgt beschrieben: «Ab der Station Eigergletscher wendet sich die Strecke in östlicher, nachher in südlicher Richtung im Tunnel durch das Eigermassiv herum zur 3100 m hohen Station Eiger, die ähnlich der Axenstrasse, durch Galerien

Gutachten über die Frage der Gefährdung von Menschenleben

Technisch scheint der Bau einer Eisenbahn auf eine Höhe von über 4100 m ü.M. im ausgehenden 19. Jahrhundert keine unüberwindlichen Probleme mehr zu schaffen. Hingegen gibt es in Europa nur wenig Erfahrung über die physiologische Reaktion des untrainierten Körpers auf dieser ungewohnten Höhe. Deshalb verlangt der Bundesrat den Nachweis betreffend «die Gefahrlosigkeit in Bezug auf Leben und Gesundheit der Beförderung von Menschen von der Talsohle auf den Gipfel der Jungfrau, bzw. auf eine Höhe von über 3000 m.»[25] Im Gutachten vom 18. September 1890, raten die Professoren Gerlich, Kronecker und Veith von einer Bahn über die 3000-m-Grenze ab. Der Bau einer Bahn über die 3000-m-Grenze hinaus ist 1890 absolut blockiert.

Vier Jahre später doppelt Adolf Guyer-Zeller mit einem neuen Gutachten nach – ein politisches Meisterstück. Der clevere Unternehmer bedient die Bundesversammlung vor der entscheidenden Dezember-Session 1894 mit einer 58-seitigen Dokumentation. Fünf spannend zu lesende Gutachten werden zu einem Meisterstück der gezielten Information.[26] Die Autoren sind: Ing.-Topograph Simon Simon, Aeronaut Eduard Spelterini, Prof. Paul Regnard Paris, Prof. Kronecker Bern, Dr. J. Maurer Zürich und das SAC-Zentralkomitee.

«Tot, den Mund mit Blut gefüllt»

Kronecker zitiert die Ballonfahrer: «Schnellen Übergang von der Ebene zu bedeutenden Höhen vermittelten bisher nur die Luftballons. Glaisher wurde 1862 im Luftballon bei 8500 m bewusstlos. Er und Coxwell erreichten sogar die Höhe von 9000 Meter, kamen aber lebend zurück. Crocé-Spinelli, Sivet und Tissandier gelangten 1875 bis zu 8600 Meter, waren aber bei 7000 Meter gelähmt. Die ersten zwei fand man tot, den Mund mit Blut gefüllt, Sivel ganz schwarz im Gesichte. Es überlebte einzig Tissandier.»

«Wer bis zur Erschöpfung Velo fährt...»

Ingenieur-Topograph Simon: «Die sogenannte ‹Bergkrankheit› ist hier stets entweder auf den allzu reichlichen Genuss von Alkohol oder auf Diätfehler oder auf Überanstrengung der Kräfte durch die Marschleistung zurückzuführen. Wer bis zur Erschöpfung Velo fährt, wettrudert oder wettläuft, wird die genau gleichen Symptome der ‹Bergkrankheit› zeigen, selbst wenn auf Meilen kein Berg in der Nähe ist.» Eine Fahrt in stürmischer See ergebe «doch weiter nichts als eine höhere Potenz der sogenannten ‹Bergkrankheit›, bei viel längerer Dauer des Leidens. Trotzdem wird es doch keinem Staate einfallen, den Dampfergesellschaften zu verbieten, Vergnügungsreisende aufzunehmen.»

Expedition in Zermatt mit 60 Personen

Kronecker, der noch drei Jahre zuvor als Warner aufgetreten ist, macht «in einem pneumatischen Kabinett 23 Versuche über die Wirkung der Luftverdünnung an 15 Personen verschiedenen Alters, verschiedenen Geschlechts und verschiedener Konstitution. Dazu zitiert er andere Studien, darunter die berühmte, tragisch geendete Expedition von 1891 auf den Mont-Blanc, um abzuklären, «ob man auf dem Gipfelfirn ein Observatorium fundieren könne». Sein Fazit aufgrund dieser Studien: Unbeantwortet bleibt die wichtigste Frage: «Werden Personen, welche in den Schweizer Alpen ohne eigene Anstrengung über die Schneegrenze geschafft werden, bergkrank?»

Deshalb führt er im September 1894 «den längst geplanten Versuch» mit sieben Probanden auf dem Vorplateau des 4164 m hohen Breithorns bei Zermatt durch: der Jüngste 10-jährig, der Älteste Joseph Perren, 73-jähriger Bauer, beide aus Zermatt. «Vor dem Start wird festgehalten: 1. die Pulsfrequenz, 2. die Pulskurve, 3. die Vitalkapazität beim Atmen, 4. der Hämoglobingehalt des Blutes [...] Am 15. September um 3 Uhr morgens bei Vollmond im Halbnebel rückten wir aus: Die Karawane bestand aus etwa 60 Personen. Die 7 Versuchspersonen ritten auf Maultieren. Jedes derselben wurde im Halbdunkel von einem Treiber geführt [...] Zwei Führer zeigten der Kolonne den Weg, 42 Träger gingen mit den wissenschaftlichen Apparaten, Tragsesseln, Decken und dem Proviant zur unteren Theodulhütte. Der Ritt an steilen Abhängen im Nebel vor Sonnenaufgang war bedenklich, doch merkte die Mehrzahl der Versuchspersonen nichts von der Gefahr. Nach warmem Frühstück in der unteren Theodulhütte wurden die 7 Versuchspersonen auf die Tragsessel postiert und die Träger verteilt. Sechs Träger für jeden Sessel genügten bald nicht mehr. Ein Träger kehrte bergkrank um. Den einen schweren Herrn wollten die Träger nur tragen, wenn 8 sich ablösen könnten, und auch am Stuhle des 10-jährigen Knaben wollten nicht weniger als 6 Männer tragen [...] Die meisten Träger fanden, dass die Mühe des Tragens viel grösser sei als in Zermatt.» Der Aufstieg wurde belohnt, aber «wegen starkem Wind und fliegendem Nebel» auf dem 3750 m hohen Breithorn-Plateau abgebrochen. Auf dem gewaltigen Gletscher, zwischen Kleinem Matterhorn und der Landesgrenze, fand er den idealen Platz für die Experimente.

Interessante Erkenntnisse

Kroneckers Erkenntnisse: «Besser als die in Bern heimischen Personen bewegten sich die in Zermatt (1600 m) wohnhaften Personen, und der 73-jährige Bauer Pern, obwohl er niemals hohe Berge bestiegen und schon lange Jahre nur im Thale seine Feldarbeit verrichtete, konnte mehr als 70 Schläge mit dem Eispickel während etwa einer Minute vollführen, ohne stark ermüdet oder atemlos zu werden. Auch der 10-jährige Knabe aus Zermatt war verhältnismässig munter.»

Kronecker folgert am Schluss seines 26-seitigen Berichtes: «Gesunde Menschen werden passive Beförderung bis auf etwa 4000 Meter ohne objektive Schäden an ihrer Gesundheit und ohne subjektiven Beschwerden vertragen.»

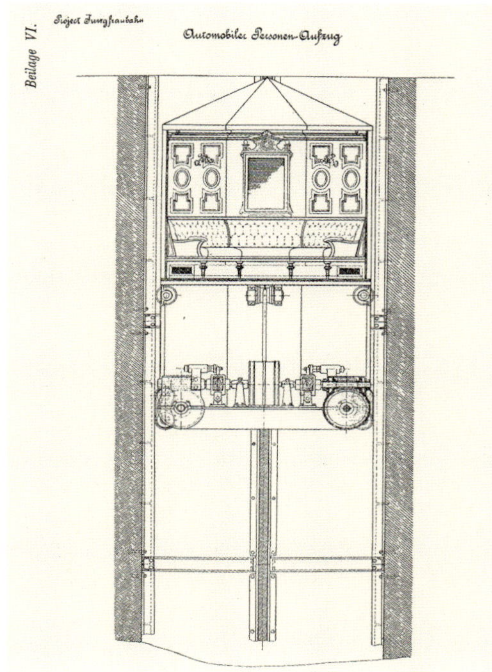

offengelegt wird, zieht sich dann in gerader Linie (wieder ganz im Tunnel) gegen den Mönch nach dem Jungfraujoch, 106 m unter demselben durch und schlängelt sich spiralenartig um das oberste Massiv des Berges herum, nach dem jedem Führer bekannten, im Sommer schneefreien, 25 auf 30 m messenden Plateau (4100 m), um etwa 65 m unter der Schneespitze Halt zu machen. An dieser Stelle ist ein ca. 65 m hoher Aufzug (...) angebracht, welcher die Reiselustigen aller Nationen auf die höchste Warte der Jungfrau führt.»[27]

Verzicht auf die «Endstation 4166 m»

Guyer-Zeller stirbt am 3. April 1899, erst 60-jährig, an einem Herzinfarkt in Zürich und kann seinen Triumph nicht mehr erleben. Mit seinem Tod ist gleichsam der Kapitän und Steuermann von Bord gegangen, dennoch sichern seine Nachkommen das Erbe.

Die grossen finanziellen Probleme lassen sich allerdings nicht mehr verbergen, der Ausbau des Tunnels bis zum Jungfraujoch wird zum gewaltigen Kraftakt. Am 1. Juli 1907 präsentieren die Nachfolger Guyer-Zeller's dem Eisenbahndepartement als Aufsichtsbehörde neue Unterlagen «für eine weitere Section unserer Bahn». Hingewiesen wird auf eine entsprechende Vereinbarung mit der Bank Guyerzeller betreffend Sicherstellung von 3,5 Millionen Franken, «behufs Fortführung der Bahn bis zum Jungfraujoch».

Die letzte Sektion der Jungfraubahn, die Strecke vom Jungfraujoch zur Endstation Jungfrau auf 4093 m über Meer (und die Liftanlage zur Jungfrau-Spitze, im Projekt mit «Kote 4166 m» vermerkt), ist für die Unternehmensleitung und für den Verwaltungsrat offensichtlich längst zur fragwürdigen Angelegenheit geworden. Die ganze Kraft und die letzten verfügbaren Geldreserven sollen eingesetzt werden, um das Unternehmen Jungfraubahn bis zur Station Jungfraujoch auf 3454 Metern zu sichern.

1905: Gornergrat übertroffen

Am 28. Juni 1903 findet die Eröffnung der Station Eigerwand statt (km 4,340). Zwei Jahre später, am 25. Juli 1905, folgen «mit grösster Bewunderung» und über 200 geladenen Gästen die Feierlichkeiten auf der Station Eismeer (km 5,700). Die Höhenkote von 3160 m ist erreicht. Das «Eismeer» wird zur höchstgelegenen Bahnstation Europas. Im geräumigen Felsen-Restaurant sollen die vielen noblen Gäste zum Höhepunkt ihrer Hochgebirgsreise dinieren können.

Die Jungfraubahn-Gesellschaft befindet sich vor dem finanziellen Kollaps – die Strecke Eismeer–Jungfraujoch muss verpfändet werden. Nach einem wochenlagen Unterbruch gehen die Arbeiten vorläufig weiter, mit einer Leistung von durchschnittlich 90 m Ausbruchmaterial pro Monat.

Der Durchbruch am 21. Februar 1912

Es ist Aschermittwoch, 21. Februar 1912, frühmorgens, 5.35 Uhr: Nach einer letzten heftigen Dynamit-Salve gelingt der epochale Durchbruch am Jungfraujoch. Schweiss, Schwielen, Staub und Lärm sind vergessen. Zwei Stunden später empfangen ein strahlender Wintermorgen und ein gewaltiges Panorama die italienischen Arbeiter und Mineure.

Kein Medium in der Schweiz ist schneller und aktueller als die ‹Neue Zürcher Zeitung›. Der Durchbruch des Jungfrau-Bahntunnels kann bereits im ersten Morgenblatt des 21. Februar 1912 gemeldet werden (die ‹NZZ› erscheint von 1894–1968 dreimal täglich): «Eigergletscher, 21. Febr. (Morgens 6 Uhr 30 Minuten). Bb. Wie eine Bombe schlug in der tiefsten Dunkelheit die Nachricht ein, der Durchschlag am Jungfraujoch sei erfolgt. Donnernd schlugen die Fäuste an die Türen, und Jubel herrschte im Verwaltungsgebäude und in der Remise, wo das Dutzend Gäste der Jungfraubahn auf winterlicher Höhe untergebracht sind. Direktor Liechti

Die Endstation «Jungfrau» plante Guyer-Zeller als Gipfelstation, 65 m unter der Jungfrauspitze. Mit einer Liftanlage und Wendeltreppe sollten die Besucher die Gelegenheit erhalten, «die höchste Warte» erreichen zu können. Mit 1 Million Besuchern, wie heute, hat allerdings selbst der Visionär nicht gerechnet.

Die Bahn auf den Mont-Blanc

Die Jungfraubahn sollte im Alpenraum durch ein noch kühneres Projekt übertroffen werden: 1895 stellte der französische Minenkontrolleur Paul Issartier in Marseille der staunenden Société scientifique industrielle den Plan einer Zahnradbahn auf die Spitze des höchsten Berges Europas vor, den 4810 m hohen Mont-Blanc. Fast analog zur Jungfraubahn, veranschlagte er die Kosten auf 8 Millionen Franken, die Bauzeit sollte 7 Jahre betragen.

Issartier plante die Talstation in Les Houches zu erstellen (1000 m ü.M., 8 km westlich von Chamonix). Mit einer «gewöhnlichen Bergbahn in offener Linie» wäre die Zwischenstation vor dem Tunneleingang auf Kote 2100 m erreicht worden. Von dort aus wollte Ingenieur Issartier mittels eines fast horizontalen Tunnels von 7,4 km die eigentliche Ausgangsstation der letzten Sektion, im Berginnern, erreichen.

Hier, in dieser Kaverne, auf 2271 Meter über Meer und zweieinhalb Kilometer senkrecht unter dem Mont-Blanc-Gipfel, hätten die grössten technischen und logistischen Probleme erst begonnen: Ein 2,5 Kilometer hoher (!) Vertikal-Schacht muss erstellt werden für den Einbau des Gipfellifts. Mit diesem wären die Gäste dann gipfelwärts geschwebt zur Station Mont-Blanc-Kulm auf 4800 m Höhe. Allerdings hätte die Fahrt, bei einer Geschwindigkeit von nur 1,4 m pro Sekunde, für die 2,5 km lange Vertikalstrecke, im fensterlosen Aufzug rund eine halbe Stunde betragen! Kommt hinzu: Im Berginnern rechnete Issartier mit Temperaturen von 40° Celsius, ähnlich der Situation, mit welcher die Tunnelbauer im Simplon zu kämpfen hatten.

Um diesen Schacht von unten nach oben erstellen zu können, wollte der findige Ingenieur einen ‹Caisson› aus Stahl von 20 Tonnen Gewicht aufstellen, «der mittels Federn auf einem Aufzug ruht». Dieser Caisson sollte die Bohrmaschinen und die Mineure aufnehmen und als Arbeitsplattform dienen, stets etwa 2 Meter unterhalb der Angriffsstelle. Dank der Abfederungen hätte er die Stösse des herunterfallenden Materials aufgefangen. Spezielle Zerkleinerungsmaschinen waren vorgesehen, um das Schottermaterial zu grobem Sand zu zermalmen. Dieser Sand wäre durch eiserne Röhren zum Schachtboden geführt worden und mittels einer speziellen Rinne und dem zu erwartenden Bergwasser aus dem Tunnel geschwemmt worden. Als Krönung war ein Gipfel-Restaurant vorgesehen «mit in den Felsen eingehauenen Kammern, unterhalb der Spitze des Mont-Blanc, auf 4800 m Höhe».

Drei weitere Projekte

Es folgten neue Ideen und weitere Projekte: 1896 Fabre, 1897 Souleyrec und 1900 Duportal. Das 1899 modifizierte Projekt Fabre sah eine 11,38 km lange Zahnradbahn vor, davon 10 km im Tunnel, fast identisch mit dem Vorbild Jungfraubahn. Die Steigungen von bis zu 600‰ sollten mit dem Zahnrad-System Locher (Pilatus-Bahn) bezwungen werden. Die eindrückliche Gesamtsteigung: 3753 m! Eine Konzession wurde jedoch nie ausgestellt.

Konzessioniert wurde das Projekt von Henri Duportal mit effektiv gewaltigen Dimensionen: 22,7 km die Streckenlänge, 3817 m die Höhendifferenz, eine Maximalsteigung von 250‰, und als Zahnrad-System wurde dasjenige von Strub gewählt. Die Talstation sah Duportal in Le Fayet/Saint-Gervais (580 m) vor, die attraktivste Zwischenstation auf der Aiguille du Gôuter (3820 m) mit dem Ziel Mont Blanc (4810 m). Am 3. August 1904 wurde die Konzession erteilt und im Juni 1905 die «Compagnie du Mont-Blanc Tramway» gegründet. Genau ein Jahr nach der Eröffnung der Jungfraubahn konnte am 1. August 1913 am Mont-Blanc die Station «Nid d'Aigle» (Adlernest) auf 2372 m eingeweiht werden – sie ist bis heute Endstation des 12,4 km langen «Tramway du Mont-Blanc» geblieben.

meldet die frohe Kunde, die zwar wider alles Erwarten und wider jede Berechnung eintrifft, die aber helle Begeisterung bei uns entfacht. Im Laufschritt eilen wir halb sieben Uhr, während langsam der Tag aufsteigt, zum Telefon, unterwegs ein paar kurze Notizen erhaschend. Schon gestern Abend merkte die Schicht, dass der Durchschlag nahe bevorstehe. Der Schicht von nachts 12 Uhr bis morgens 6 Uhr gelang dann die frohe Tat. Bei 40 Meter des Seitenstollens brach 5 Uhr 45 morgens der Tag in den Tunnel, als der Capo Glacelli das Kommando führte. Sofort traf die Nachricht beim Eigergletscher ein. Um acht Uhr fährt die Siegesschicht aus, sehnlichst von uns erwartet. Nähere Details sind einstweilen noch nicht zu erfahren. Um acht Uhr wird uns ein Extrazug zur Durchschlagsstelle führen.»

«Ein blau-weisses, wunderbares Licht»

‹Der Bund› lässt seine Leser mit einem eindrücklichen Bericht diese Stunden des Triumphes erleben.

«Ein blau-weisses, wunderbares Licht erglänzt fast plötzlich vor uns aus dem Dunkel des Tunnels. Lang schon hatten wir ausgespäht nach der Tageshelle des neuen Durchbruchs, während wir über die Steintrümmer und Schienen des erst halb ausgebauten, letzten Tunnelstückes im trüben Schein der Grubenlampen mühsam gegen die zukünftige Station Jungfraujoch vordrangen. Und nun auf einmal aus dem schwarzen Dunkel dieses seltsam blauweisse Licht, das mit jedem Schritte stärker und leuchtender wird ... Ja, das ist der Tag, das ist die Sonne, das ist das Firnelicht, ‹das grosse, stille Leuchten›, das durch dieses Loch in dieser Bergwand gewaltig und doch mild und hold in die nächtige Tiefe dringt (...) Erblendet senkt sich der Blick: Schnee, nichts als Schnee, und darüber der leuchtend blaue Himmel: eine ungeheure Symphonie von Weiss und Blau. Erst allmählich gewöhnt sich das Auge an die Herrlichkeit, und wir erkennen zu unseren Füssen ein gewaltiges, fast ebenes Schnee- und Gletscherfeld, den Jungfraufirn, der sich weiter unten nach links hin in die grandiose Firnstrasse des Concordia- und Aletschgletschers fortsetzt. Ein sanfter, breiter, weisser Strom, der sich zwischen kulissenartig vorgeschobenen Fels- und Schneebergen etwa sechs Stunden weit nach dem Wallis hinunter zieht».[28]

«Ein Kolossalpanorama»

Die ‹NZZ› fasst die Sensation auf der Frontseite des zweiten Abendblattes, Nr. 52, vom 21. Februar 1912 zusammen: «Eigergletscher, 2 Uhr nachmittags. Bb. Über den Durchschlag wurden noch folgende Einzelheiten bekannt (...): Gegen 5 Uhr hatte die Schicht, die um 12 Uhr eingefahren war und die bis 6 Uhr zu arbeiten hatte, fertig geladen, und

kurz nach halb sechs Uhr folgte als letzte Schichtarbeit die Sprengung. Da die Arbeiter seit einigen Tagen schon den Durchbruch fieberhaft erwarteten und nach Möglichkeit forcierten, war diese letzte Ladung, bei Bohrlöchern von 150 Zentimetern Länge, äusserst kräftig ausgefallen. Dann zog sich die Schicht zurück und Capo Glacelli zündete an.

Der Widerhall der Schüsse, besonders aber der starke Durchzug und das geringe Vorhandensein von Rauch nach der Detonation, machte die Arbeiter stutzig. Die Regel wäre gewesen, dass sie ohne Kontrolle der Sprengwirkung zum Zuge zurückgegangen wären, da wenige Minuten nachher der Schichtwechsel erfolgte und es Sitte ist, dass die kommende Schicht die Aufräumarbeiten der letzten Sprengung übernimmt. Diesmal aber eilten die Mineure und hinter ihnen die ganze Schichtmannschaft, verstärkt durch die frisch angekommene nächste Schicht, wieder vorwärts und erblickten plötzlich vor sich in einem Felsausschnitte, von etwa einem Meter Breite den anbrechenden Tag. Mit Jubel wurde dieses Ereignis von den Arbeitern begrüsst, und gegen fünfzig Mann machten sich daran, den Durchschlagspunkt zu erweitern, bis die Ersten hindurchschlüpfen und auf einem kleinen Felsplateau das Tageslicht begrüssen konnten, zu Füssen den grandiosen Jungfraufirn, wundervoll von der Morgensonne beleuchtet.» Die ‹NZZ› zusammenfassend: «Die Aussicht nach Süden sowohl als nach Norden wird unbeschreiblich schön sein, wie die Blicke jetzt schon vom Eismeer und vom Mönchsstollen aus beweisen. Was man von diesen beiden Punkten aus getrennt sieht, vereinigt sich auf Jungfraujoch zu einem Kolossalpanorama.»

Eröffnung am 1. August 1912

Ein knappes halbes Jahr nach dem Tunnel-Durchbruch und 16 Jahre und 5 Tage nach dem ersten Spatenstich erfolgt am 1. August 1912 die festliche Einweihung der höchstgelegenen Bahnstation Europas auf 3454 Metern Höhe.

Die Jungfraubahn ist an ihrem Ziel, auf dem Jungfraujoch, angekommen. Auch ohne diese letzte Sektion, ohne den Bau des Tunnels bis zur Gipfelstation auf über 4100 Metern, ist «Top of Europe» bis heute der Touristenmagnet der Schweiz und auch die höchste Bahnstation Europas geblieben.

Das «Erlebnis Hochgebirgswelt» war bis Ende des 19. Jahrhunderts nur den «Bergfexen», wie die ersten Alpinisten, halb bewundernd, halb spottend, damals bezeichnet wurden, vergönnt. Eine Fahrt zum Jungfraujoch oder auf den Gornergrat konnten sich in der Belle Epoque nur der Adel und das gehobene Bürgertum leisten.

Bild oben links: Die spektakuläre Aussicht bei der Station Eismeer. Darunter: Jungfraujoch, die höchste Bahnstation Europas. Rechts: Staunen und geniessen.

Aufgeführt sind nur Projekte im ehemaligen Amtsbezirk Interlaken.

Quellen: Bundesarchiv, Staatsarchiv des Kantons Bern, Botschaften des Bundesrates, Schweiz. Eisenbahn-Statistik

Spielplatz Jungfrau-Region – Konzessionsgesuche 1870–1912

Projektgesuch		Länge	Konzession	Eröffnung
1870	Bödelibahn: Därligen-Interlaken-West	4,329 km	11. Juli 1871	12. August 1872
	Därligen-Interlaken-Bönigen	8,453 km	11. Juli 1871	1. Juli 1874
	Brienzersee-Giessbach (Drahtseilbahn)	0,345 km	16. Dezember 1878	21. Juli 1879
	Brünigbahn (Brienz-Meiringen-Brünig-Alpnachstad)	57,625 km	31. Januar 1874	13. Juni 1888
1871	Interlaken-Schynige Platte (Gummihorn)	unbekannt	2. Febr. 1872	–
1873	Bönigen-Lauterbrunnen (Schweiz. Baugesellschaft Bern)	13,700 km	3. Oktober 1873	–
	Zweilütschinen-Grindelwald und Grindelwaldgletscher	11,700 km	3. Oktober 1873	–
	Grindelwald, Gletscherbahn	2,500 km	3. Oktober 1873	–
	Lauterbrunnen-Wengen-Kleine Scheidegg	9,400 km	3. Oktober 1873	–
	Grindelwald-Kleine Scheidegg	7,800 km	3. Oktober 1873	–
1876	Interlaken-Heimwehfluh (Einschienenbahn)	2,100 km	23. Dezember 1876	–
1886	Bönigen-Lauterbrunnen	12,600 km	–	–
	Bönigen/Gsteig-Schynige Platte	7,230 km	29. April 1887	–
	Interlaken-Heimwehfluh	0,220 km	–	–
1887	Merligen-Beatenberg	1,685 km	21. Dez. 1887	21. Juni 1889
	Berner Oberland-Bahn (Interlaken-Lauterbrunnen/Grindelwald)	23,580 km	28. April 1887	1. Juli 1890
	Lauterbrunnen-Grütschalp	1,440 km	28. Juli 1887	14. August 1891
	Grütschalp-Mürren	4,279 km	28. Juli 1887	14. Oktober 1891
	Wilderswil-Schynige Platte (diverse Konzessionsänderungen)	7,257 km	29. April 1887	14. Juni 1893
1889	Brienzer Rothorn-Bahn	7,600 km	20. Dezember 1889	17. Juni 1892
	Wengernalpbahn (Projekt Pümpin + Herzog)		–	–
	Wengernalpbahn (Projekt Heer-Bétrix)	19,112 km	27. Juni 1890	20. Juni 1893
	Lauterbrunnen-Wengen (Drahtseilbahn I, Projekt Heer-Bétrix)		–	–
	Lauterbrunnen-Wengen (Drahtseilbahn II, Projekt Hofer)	0,860 km	–	–
	Jungfraubahn I (Projekt Koechlin)	5,460 km	4. April 1891	–
	Lauterbrunnen-Stechelberg (Projekt Koechlin)	4,210 km	4. April 1891	–
	Jungfraubahn II (Projekt Trautweiler)	6,500 km	–	–
	Lauterbrunnen-Stegmatt (Projekt Trautweiler)	3,000 km	–	–
1890	Jungfraubahn III (Projekt Locher)	6,000 km	–	–
	Grosse Scheidegg-Bahn (Projekt Studer)	20,000 km	–	–
	Lauterbrunnen-Visp (Bern. Bodenkreditanstalt)	54,700 km	16. April 1891	–
	Interlaken-Harder (Drahtseilbahn)	1,447 km	10. Oktober 1890	15. Mai 1908
	Interlaken, erstes Tramway-Projekt (Projekt Michel)	1,650 km	–	–
	Linksufrige Brienzerseebahn (Des Gouttes/Pümpin + Herzog)	15,000 km	–	–
	Brünig-Brienzer Rothorn	13,150 km	–	–
1892	Kleine Scheidegg-Eiger (Eigerbahn)	4,700 km	20. Juni 1892	–
1893	Jungfraubahn IV (Projekt Guyer-Zeller)	9,336 km	21. Dezember 1894	1. August 1912
	Rollbahn Mürren (Rösslitram Grand-Hotel und Kurhaus)	0,449 km	13. April 1894	10. Juli 1894
1894	Wilderswil-Interlaken-West	2,500 km	–	–

Prospekt mit Panorama der 1893 eröffneten Wengernalpbahn.

Projektgesuch		Länge	Konzession	Eröffnung
1895	Lauterbrunnen-Visp (Projekt Michel)	41,500 km	2. Juli 1897	–
	Grosse Scheidegg-Bahn (Projekt Flotron)	20,350 km	14. Juli 1897	–
	Kleine Scheidegg-Lauberhorn (Drahtseilbahn)	1,300 km	17. Juni 1896	–
1896	Beatenberg-Interlaken (kombinierte Strasse-/Zahnradbahn)	9,700 km	28. Juni 1901	–
	Meiringen-Grosse Scheidegg-Grindelwald (Studer II)	20,300 km	–	–
1898	Interlaken-Matten-Wilderswil-Gsteig (Strassenbahn)	3,200 km	6. Oktober 1899	–
1899	Interlaken-Heimwehfluh	0,197 km	22. Dezember 1900	15. Juni 1906
	Sundlauenen-Beatenberg (Drahtseilbahn)	1,360 km	–	–
	Grindelwald-Eismeer (Drahtseilbahn)	1,200 km	30. März 1900	–
	Kleine Scheidegg-Männlichen (Panoramabahn)	4,100 km	30. März 1900	–
	Interlaken, Strassenbahn (Gemeinderat Interlaken)	2,480 km	19. Juni 1903	–
1900	Steffisburg-Thun-Beatenbucht-Interlaken (Strassenbahn)	26,300 km	19. Dezember 1905	20. Juni 1914
	Grindelwald-Ofni (Drahtseilbahn)	0,400 km	21. Dezember 1900	–
1901	Lauterbrunnen-Wengen (Drahtseilbahn III, Projekt Bachschmid)	1,160 km	Rückzug 7. Juli 01	–
1903	Eismeer-Eiger (Drahtseilbahn)	1,130 km	–	–
	Grindelwald-Wetterhorn (Luftseilbahn, 1. Sektion)	0,556 km	26. Januar 1904	27. Juli 1908
	Grindelwald-Ofni II (Drahtseilbahn)	0,400 km	13. April 1904	–
1904	Lauterbrunnen-Wengen (Drahtseilbahn IV, Kurverein!)	1,180 km	–	–
	Grindelwald-Oberer Gletscher (Zahnradbahn)	4,600 km	10. Dezember 1907	–
	Thunersee-Beatushöhlen (Drahtseilbahn)	0,500 km	–	–
	Brünigbahn: Brienz-Interlaken-Ost	15,919 km	17. Dezember 1907	23. August 1916
1905	Eismeer-Eiger (Aufzuganlage, Projekt Feldmann)	keine Angaben	–	–
	Meiringen-Grosse Scheidegg-Grindelwald (Hetzel)	26,400 km	–	–
	Grosse Scheidegg-Faulhorn(-Schynige Platte) (Hetzel)	10,300 km	10. Dezember 1907	–
	Meiringen-Grosse Scheidegg-Grindelwald (Initiativkomitee)	29,850 km	10. Dezember 1907	–
	Grindelwald-Talstation Eismeerbahn (Verbindungsbahn)	0,500 km	1. Juli 1905	–
	Lauterbrunnen-Trümmelbach	3,125 km	–	–
1906	Grindelwald-Mettenberg-Bäregg (Eismeerbahn)	3,486 km	28. Juni 1906	–
	Stegmatten-Mürren (Luftseilbahn)	keine Pläne	–	–
	Stegmatten-Wengernalp (Luftseil- und Adhäsionsbahn)	keine Pläne	–	–
1907	Meiringen-Grosse Scheidegg-Grindelwald (Flotron III)	51,125 km	10. Dezember 1907	–
1908	Stechelberg-Gimmelwald-Mürren (Aufzug)	keine Angaben	–	–
	Sundlauenen-Beatenberg (Zahnradbahn)	1,424 km	–	–
1909	Interlaken: Tramway-Netz (Projekt Des Gouttes)	10,227 km	–	–
1910	Grindelwald-Ofni (Schwebe-Zahnradbahn)	0,382 km	5. April 1911	–
	Mürren-Allmendhubel (Drahtseilbahn)	0,551 km	22. Dezember 1911	16. Dezember 1912
1911	Meiringen-Grosse Scheidegg-Grindelwald (Rodt)	24,950 km	–	–
1912	Beatenberg-Niederhorn (Drahtseilbahn-Projekt I, Weber)	2,070 km	20. Dezember 1912	–
	Beatenberg-Niederhorn (Drahtseilbahn-Projekt II, Frutiger)	2,412 km	–	–

Auf den «Aussichtsturm Eiger»

Emil Strub (1858–1909), Konstrukteur, Ingenieur, Bahnbauer und «Erfinder» in Personalunion. Das von ihm entwickelte Zahnstangen-System fand erstmals beim Bau der Jungfraubahn Anwendung und bewährte sich auch bei vielen weiteren Seil- und Zahnradbahnen: Triest–Opicina, Transport de Martigny, Brunnen–Morschach-Bahn, Asiago–Rochetta Monte Carlo usw. Strub wirkte als Bauleiter auch bei der Virgilbahn im Tirol (1906/1907), bei der Areskutan-Bahn in Schweden und in weiteren Staaten Europas, von Spanien bis Russland. 1896–1897 Erster Direktor der Jungfraubahn. Verfasser eines Standardwerks «Die Bergbahnen der Schweiz bis 1900» (2 Bände, 1901/1902).

Zwei Jahre bevor Adolf Guyer-Zeller sein Jungfraubahn-Projekt zur Konzession anmeldet, haben die beiden Interlakner Ingenieure Emil Strub und Hans Studer die Öffentlichkeit mit einem spektakulären Projekt überrascht: Per Drahtseilbahn auf die Spitze des Eigers! Ausgangspunkt ist die Kleine Scheidegg auf 2064 m Höhe. Eine Zahnradbahn soll von hier aus die Gäste zur Zwischen-station Rotstock (2355 m ü.M.) führen. Hier heisst es umsteigen auf die Drahtseilbahn, welche im Innern des Berges in einem steilen, 2,8 km langen Tunnel direkt zum «Aussichtsturm Eiger» auf 3979 m Höhe führt. Nur vier Monate braucht der Bundesrat, um im Sommer 1892 das Projekt zu genehmigen. Der Wettlauf um Zeit, Geld und Einfluss kann beginnen. Eiger oder Jungfrau?

Dutzendfach ist sie wiedergegeben worden, die grosse Offenbarung, die geniale Idee: In fast allen Büchern, auch in offiziellen Publikationen, wird der zündende Geniestreich heroisierend Adolf Guyer-Zeller zugeschrieben, dem Erbauer der Jungfraubahn: «Ich hab's», soll er am 27. August 1893 beim Abstieg vom Schilthorn ausgerufen haben, als er die bergwärts dampfende Lokomotive auf der gegenüberliegenden Talseite, auf der Wengernalp, entdeckt. «Die Jungfraubahn wird nicht vom Talgrund in Lauterbrunnen (800 m) gebaut, sondern von der Kleinen Scheidegg (2064 m) aus, vom Kulminationspunkt der Wengernalpbahn.» Sein Entscheid führt zum endgültigen Durchbruch einer grossen Idee.

Guyer-Zeller mit falschen Federn geschmückt

Doch bereits ein Jahr vor Guyer-Zellers Erleuchtung haben sich die eidg. Räte bereits für die Konzession einer «Zahnrad- und Seilbahn auf den Eiger» ausgesprochen. Wörtlich heisst es im Konzessionsgesuch vom 12. Februar 1892: «Inzwischen wurde die Wengernalpbahn in Angriff genommen, die nächstes Jahr in Betrieb gesetzt wird und bei ihrem höchstgelegenen Punkte, der 2064 m über Meer liegt, nahe am Eiger vorbeiführt. Es lag deshalb der Gedanke sehr nahe, die Wengernalpbahn, welche beinahe die Hälfte der Höhendifferenz zwischen Lauterbrunnen und der Eigerspitze überwunden, bis auf den Gipfel dieses Berges fortzuführen.»

Heute fahren die Züge der Jungfraubahn von der Kleinen Scheidegg bis zur Station Eigergletscher auf jenem identischen Trassee, welches die beiden Eigerbahn-Ingenieure Strub und Studer 1891/1892 für ihr Projekt reklamierten. Es ist kaum anzunehmen, dass ausgerechnet der erfolgreiche Unternehmer, Politiker und Bankier Adolf Guyer-Zeller die Botschaft des Bundesrates an die Bundesversammlung vom 19. Mai 1892 nicht gekannt hat. Mit anderen Worten: Der Zürcher Eisenbahnkönig hat diese Idee zweifelsfrei den Ingenieuren Strub und Studer abgekupfert. Auch ein anderes, Erfolg versprechendes Detail hat der Erbauer der Jungfraubahn dem Eigerbahn-Projekt entnommen: Studer und Strub planten bereits 1892, zwei Zwischenstationen in den steilen Tunnel auf den fast 4000 m hohen Eiger einzubauen. «Die zwei Aussichtsstationen gewähren eine weit genussreichere Fahrt als der projektierte Jungfraubahn-Tunnel» (gemeint ist das 1891

Wie wie bei der 1905 eröffneten Station Eismeer (Bild rechts) der Jungfraubahn, sollten die Gäste auch auf dem Gipfel des 3970 m hohen Eigers das Hochgebirgs-Feeling verspüren und eine nie gekannte Aussicht erleben.

konzessionierte Projekt Koechlin vom Lauterbrunnen-Tal zur Jungfrau-Spitze). Die heutigen Stationen «Eigerwand» und «Eismeer» der Jungfraubahn sind das Ergebnis dieser Konzeption.

Wenn nicht Jungfrau, dann eben Eiger

Seit der Konzessionierung des Jungfraubahn-Projekts von Maurice Koechlin im April 1891 ist es verdächtig still geworden um die Bahn von Stechelberg im Lauterbrunnen-Tal auf den 3300 m höher gelegenen Gipfel der Jungfrau. Die Finanzierung geht nur schleppend voran, die hohen Kosten von 9,2 Millionen Franken erweisen sich als unüberwindliche Hürde. Da ebnen die auf nur 3,9 Millionen Franken veranschlagten Kosten der Eigerbahn mit einem Mal den Weg zu neuen Dimensionen. Der Eiger als interessante Alternative zum «stotternden» Jungfraubahn-Vorhaben?

Keine grossen Schwierigkeiten

Technisch biete der Tunnelbau auf den Eiger keine ausserordentlichen Schwierigkeiten. So steht es in der bundesrätlichen Botschaft.[1] Der Stollen könne gleichzeitig an verschiedenen Punkten in Angriff genommen werden, und «da dieser durchgehend unter einem schmalen, stark vortretenden Felsgrat zu liegen komme, könnten zahlreiche Seitenstollen eingetrieben werden. Ein Zusammentreffen des Tunnels mit dem Eise» sei ausgeschlossen.

Zahnrad- und Drahtseilbahn-Sektionen

Die erste Sektion, von der Kleinen Scheidegg zum Fels-massiv des Eigers, soll als Fortsetzung der Wengernalpbahn bis zur nachmaligen Station Eigergletscher der Jungfraubahn führen. Im Konzessionsgesuch heisst es:

Die Eigerbahn «zweigt ab von der höchstgelegenen, nahe am Fusse des Eigers befindlichen Station Kleine Scheidegg der Wengernalpbahn und steigt rechts neben dem Fallbodenhubel vorbei bis hinauf an den Fuss des Rotstockes, eines Ausläufers der Eigerkette.

Die günstigen Steigungs- und Terrainverhältnisse gestatten die Anwendung des Betriebssystems der Wengernalpbahn»[2] bis zur Station Rotstock.

Nicht nur die Linienführung, auch die Station Rotstock ist praktisch identisch mit der Station Eigergletscher der Jungfraubahn. Auch stimmen die Höhenkoten erstaunlich genau überein: Station Rotstock: 2355 m über Meer; Station Eigergletscher, im Projekt Guyer-Zeller auf 2307 m projektiert, schliesslich auf 2320 m über Meer ausgeführt. Die Zwischenstation der Standseilbahn am Eiger ist auf 2990 m Höhe projektiert, die Station Eigerwand der Jungfraubahn liegt auf 2866 m ü.M.

Eiger (3970 m) und Mönch (4107 m), im Vordergrund links die Wengernalp. Gut sichtbar das Trassee der eben eröffneten Wengernalpbahn. Die Linienführung der Jungfraubahn und die Position des Tunneleingangs am Eiger ist auf dem Abschnitt Kleine Scheidegg–Eigergletscher dem Eigerbahn-Projekt entnommen worden.

Eiger, Mönch und Märjelensee

An einem Vortrag im Berliner Verein für Eisenbahnkunde[3] lässt sich Friedrich Wrubel, der persönliche Sekretär von Adolf Guyer-Zeller, bereits 1898 zu spekulativen Äusserungen zum Unternehmen Jungfraubahn verleiten. Seine Antwort auf die Frage von Präsident Kranold: «Ist beabsichtigt, auch Eiger und Mönch zugänglich zu machen?»

«Ja, man wird Wege nach den Gipfeln des Eiger und des Mönch vom Jungfraujoch aus erstellen, ferner einen Weg auf den Trugberg und nach dem Märjelensee. Endlich ist beabsichtigt für den Fall, dass bei der Jungfraubahn in absehbarer Zeit der Verkehr so zunehmen sollte, dass sie ihn nicht mehr bewältigen könnte, vom Haupttunnel aus, ähnlich wie beim Jungfraugipfel, einen Aufzug bis zum Gipfel des Mönchs und ebenso bis zum Gipfel des Eigers zu erstellen. Damit ist auch jeder Konkurrenzbahn im ganzen Reviere der Jungfrau für immer von vornherein ausgeschlossen.»

Drahtseilbahn als Tunnelbahn

«Die zweite Sektion nimmt ihren Anfang bei der oberen Station der soeben erwähnten Zahnradbahn und führt längs des westlichen Kammes des Eigers in einem Tunnel nahezu geradlinig bis zur Spitze des Eigers.»

Die «Tunnelbahn» wird mit zwei Standseilbahnen betrieben, von denen die erste Sektion ungefähr $^1/_3$, die obere $^2/_3$ der Stecke überwindet. Interessant ist die Aufteilung nicht nur wegen der eingebauten Zwischen- und Aussichtsstation, sondern weil die untere, 1100 m lange Standseilbahn «nach dem System der Bürgenstock-Bahn, die obere, 1700 m lang, nach dem System der San Salvatore-Bahn» betrieben wird.

Das Umsteigen werde von den Reisenden «ohne Zweifel eher begrüsst als beanstandet», betonen die Konzessionsbewerber Strub und Studer. «Es bringt umso mehr eine angenehme Abwechslung in eine etwa 45 Minuten dauernde Tunnelfahrt, als sich von der Zwischenstation aus eine Aussicht von überwältigender Grossartigkeit bietet.»[4]

Weshalb Eiger und nicht Jungfrau?

Noch ist im Sommer 1892 die Konzessionsfrist für Maurice Koechlins Jungfraubahn-Projekt Lauterbrunnen–Schwarzmönch–Jungfrauspitze nicht abgelaufen. Studer und Strub argumentieren mit der Forderung auf Chancengleichheit: «Als im Laufe der letzten Jahre die Projekte für eine Bahn auf die Jungfrau auftauchten, wurden sie in engeren und weitesten Kreisen warm begrüsst, und man wünschte lebhaft ihre Verwirklichung. Trotzdem konnte mit der Ausführung dieses Unternehmens nicht begonnen werden, und zwar tragen daran in erster Linie die dafür beanspruchten grossen Geldmittel die Schuld.»

Das stärkste Argument liefern Straub und Studer in der Finanzierungsfrage. Ihr Projekt beziffern sie auf 3,9 Millionen Franken. Das Jungfraubahn-Projekt von Koechlin (direkter Tunnel aus dem Lauterbrunnental zur Jungfrau-Spitze) soll auf 9,75 Millionen zu stehen kommen (inkl. Verbindungsbahn von Lauterbrunnen nach Stechelberg, zur Talstation der eigentlichen Jungfraubahn).

Schliesslich wird auch über einen subjektiven Aspekt hart gestritten: Welche Aussicht ist schöner, jene von der Jungfrau oder die vom Eigergipfel? Ingenieur-Topograph Simon Simon[5] hatte bereits beim Jungfraubahn-Konzessionsstreit von 1890 (Projekte Koechlin, Trautweiler oder Locher) die Emotionen geschürt:

«Die Aussicht vom Jungfraugipfel ist bekanntlich eine wenig malerische, die sich keineswegs mit jener der Schy-

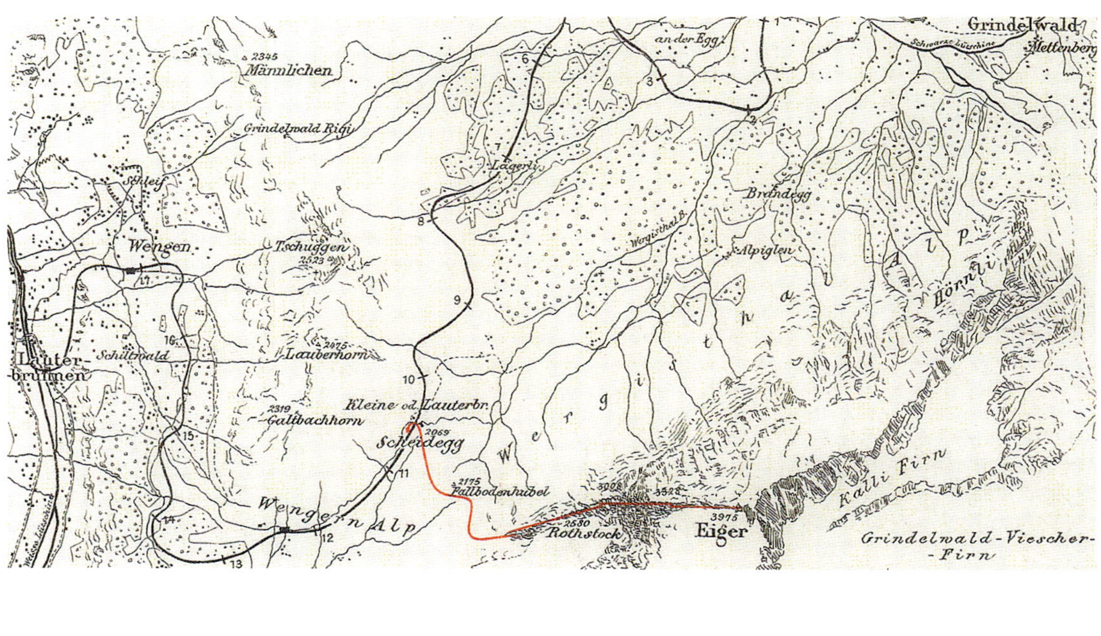

Die Linienführung der Eigerbahn (rot). Bemerkenswert ist das Trassee der Wengernalpbahn WAB (schwarz). Im ursprünglichen Projekt wurde als Ausgangspunkt die Station Schwendi der Berner Oberland-Bahn BOB, im Grindelwald-Tal, gewählt. Von hier sollte die Wengernalpbahn zuerst Richtung Männlichen geführt werden, um oberhalb der Baumgrenze, im Angesicht der gewaltigen Eigernordwand, die Kleine Scheidegg zu erreichen.

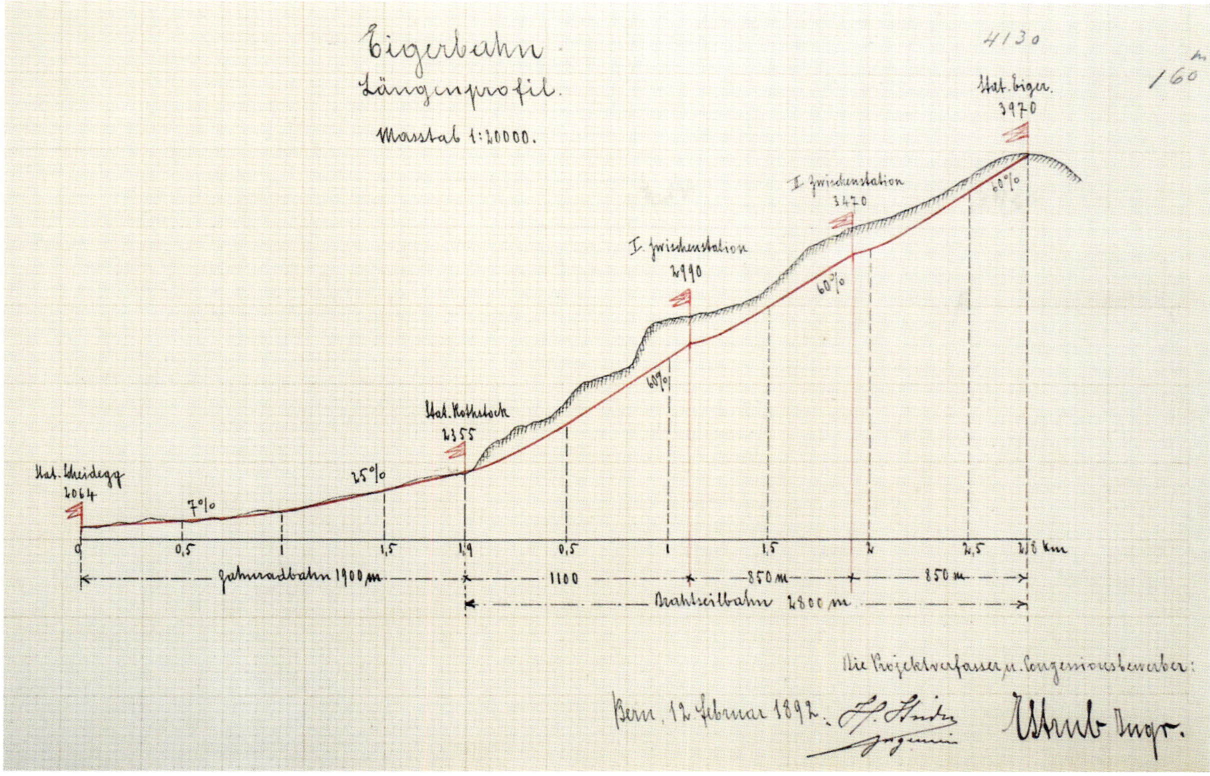

Das Längsprofil der Eigerbahn: Zahnradbahn Kleine Scheidegg–Rotstock (heute Station Eigergletscher der Jungfraubahn), mit anschliessender Standseilbahn in zwei Sektionen zum Gipfel.

nigen Platte, der des Faulhorns oder des Schilthorns messen kann.» Es gebe eine ganze Anzahl Nebengipfel, «die den Hauptgipfel selbst an malerischem Reize sowohl wie an Grossartigkeit der Szenerie weit übertreffen». Eine weitere, schriftlich festgehaltene Aussage, mit welcher Simon vier Jahre zuvor das Jungfraubahn-Projekt von Locher bekämpft hatte (Pneumatische «Rohrpost»-Bahn in einer Röhre vom Talboden bei zur Jungfrau-Spitze): Wer glaube, die Gipfelaussichten seien generell am schönsten, irre: «So ist zum Beispiel die Aussicht der Fuorcla Surlej oder der Diavolezza schöner als jene vom Piz Bernina, die vom Hugisattel bedeutend schöner als jene vom Finsteraarhorn und jene vom Schwarz Mönch oder vom Silberhorn unvergleichlich viel schöner als die der Jungfrau.»[6]

«Eiger weniger Nebelverhangen»

Strub und Studer argumentieren geschickt. Neben den attraktiven Aussichtsstationen gebe es auch physiologische Gründe für die Unterbrechung der Bergfahrt zum Gipfel: «Dazu kommt noch der vorteilhafte Umstand, dass Passagiere, die für ihr Wohlbefinden in der dünneren Luftschicht der Eigerspitze fürchten, schon in einer Höhe von 2990 m und 3470 m aussteigen und von dort aus eine wundervolle Fernsicht geniessen können.»

Schliesslich sei der Eiger weniger Nebelverhangen als die Jungfrau und der Gipfel, «wegen seiner bedeutend grösseren Ausdehnung weit geeigneter für die Anlage einer Station als derjenige der Jungfrau, wo ein Plateau künstlich hergerichtet werden müsste.»[7]

Konzession, aber keine Finanzen

Am 20. Juni 1892 bewilligt nach dem Ständerat auch der Nationalrat die Konzession für den Bau der Eigerbahn. Wie später bei der Jungfraubahn, wird auch am Eiger der Nachweis für die Unbedenklichkeit «in Bezug auf Leben und Gesundheit der Menschen» gefordert. Konkret: Die Eigerbahn darf vorläufig nur bis zur 1. Zwischenstation der Drahtseilbahn auf 2990 m Höhe gebaut werden, bis physiologische Gutachten die Gefahren der Höhenkrankheit über der 3000-m-Grenze ausräumen können.

Wochen und Monate verstreichen, ohne dass Bewegung in das Eigerbahn-Projekt kommt.

Dem Duo Straub/Studer geht es nicht anders als Maurice Koechlin mit dem ersten Jungfraubahn-Projekt von 1889: Es fehlen die Finanzen, es mangelt an Kapitalgebern. Die Schweizerische Bauzeitung attestiert dem Eigerbahn-Projekt «viele günstige Punkte». Allerdings weist das Fachblatt auf die schwierige finanzielle Situation hin: «Zwar haben sich die Zeiten wesentlich geändert, und wenn es noch vor zwei Jahren verhältnismässig leicht gewesen wäre, die nötige finanzielle Unterstützung für die Ausführung des Entwurfes zu erhalten, so werden heute die Schwierigkeiten umso grösser sein.»[8]

Was den einheimischen Ingenieuren zum Erfolg fehlt, ist der geniale Geschäftssinn des Jungfraubahn-Erbauers Guyer-Zeller, dessen Charisma, gepaart mit einem Netzwerk in Wirtschaft und Politik und nicht zuletzt der exzellente finanzielle Rückhalt dank einer eigenen Bank.

Einsprache gegen die Jungfraubahn

Als im Oktober 1893 die Pläne Guyer-Zellers für eine Bahn von der Kleinen Scheidegg zum Gipfel der Jungfrau öffentlich bekannt werden, reiben sich Strub und Studer die Augen. Die Linienführung der ersten Sektion, Kleine Scheidegg–Eigergletscher, ist vom Zürcher Eisenbahnkönig 1:1 vom Eiger-Projekt übernommen worden. Das veranlasst die Eigerbahn-Initianten, beim Eisenbahndepartement umgehend Einsprache zu erheben: «Die Konzessionäre der Eigerbahn haben Einsicht erhalten von dem Konzessionsgesuch für eine Bahn von der Scheidegg auf die Jungfrau.

Drei Eigerbahn-Projekte im Vergleich

	1892 **Kleine Scheidegg–Eiger**	1903 **Drahtseilbahn Eismeer–Eigergipfel**	1905 **Aufzugsanlage Eismeer–Eigerspitze**
Konzessionsbewerber	E. Strub (1858–1909) und H. Studer (1852–1909), Interlaken	Jungfraubahn, Verwaltungsrat	Jungfraubahn AG
Projekteingabe	12. Februar 1892	8. August 1903	4. März 1905
Konzession	20. Juni 1892 (verlängert bis 20. Juni 1896) Übertragung der Konzession für die erste Sektion Kleine Scheidegg–Rothstock (heute «Eigergletscher») an die Jungfraubahn.	Am 12. August 1903 zurückgezogen.	Verweigert
System	Zahnradbahn bis Rotstock (heute Station «Eigergletscher» der Jungfraubahn); anschliessend im Eigermassiv eine unterirdische Drahtseilbahn in zwei Sektionen bis zum Gipfel.	Unterirdische Drahtseilbahn «Der Betrieb ist elektrisch, ähnlich demjenigen der Drahtseilbahn Lauterbrunnen–Mürren projektiert.»	Luftseilbahn, System Feldmann, mit zwei Sektionen analog zum Wetterhorn-Aufzug (1908–1914; vgl. Kapitel «Die Pionierbahn am Wetterhorn»)
Maximalsteigung	600 ‰ (Drahtseilbahnen)	1000 ‰ (entspricht 45 Grad). Zum Vergleich: Handegg-Bahn (steilste Drahtseilbahn der Schweiz): 1060 ‰ max. Steigung.	Keine Angaben
Stationen	Kleine Scheidegg–Eigergipfel: 1. Sektion als Zahnradbahn: Kl. Scheidegg (2064 m)–Rotstock (2355 m) 2. und 3. Sektion mittels Standseilbahnen: - 1. Zwischenstation 2990 m ü.M. - 2. Zwischenstation 3470 m ü.M. - Bergstation Eiger 3970 m ü.M.	Eismeer–Eigergipfel: - Eismeer 3155 m ü.M. - Eigerstation 3955 m ü.M. «20 Meter unter dem Gipfel in den Felsen gesprengt. Von hier führt eine Treppe oder ein Gang zur Oberfläche, wo eine kleine Plattform mit Geländer die Touristen aufnimmt.» Tunnel-Dimension: Breite 400 cm, Höhe 650 cm Querschnittfläche: 26 m² Bauzeit: 3 Jahre	Eismeer–Eigergipfel, Fahrzeit 10 Min. - Eismeer 3160 m ü.M. - Eigerjoch 3620 m ü.M. - Eiger 3974 m ü.M. 60 m lange Felsengalerie von der Station Eismeer der Jungfraubahn bis Luftseilbahn-Talstation. «Die beiden oberen Stationen auf dem Eigerjoch und der Eigerspitze werden so ausgebaut, dass übernachtet werden kann.» Kulmstation 6 m unter der Eigerspitze, «die unberührt bleiben soll».
Länge	Gesamtlänge 4700 m Zahnradstrecke 1900 m Drahtseilbahn 1 1100 m Drahtseilbahn 2 1700 m Höhendifferenz 1906 m	Horizontal 800 m Schiefe Ebene 1130 m	Keine Angaben
Kosten	CHF 3,9 Mio.	CHF 1,38 Mio.	«Schwerlich mehr als CHF 1,0 Mio.»
Kurzfassung	Strub und Studer erhalten die Konzession zweieinhalb Jahre vor Guyer-Zellers Jungfraubahn-Projekt. Die Eigerbahn-Idee scheitert aber am Mangel an Kapitalgebern. Guyer-Zeller stützt sich bei der Planung seiner Jungfraubahn in vielen Belangen auf das Eiger-Projekt. Ausgangspunkt: Kl. Scheidegg und gleiche Linienführung bis zur Station Eigergletscher. Die 1. Sektion der Eigerbahn ist «gemäss den Wengernalpbahn-Normalien» geplant, mit 800-mm-Spur. Die nachfolgenden zwei Drahtseilbahn-Abschnitte sollen geradlinig als Tunnelbahnen bis zur Spitze des Eigers führen. 1894 treten Strub und Studer die 1. Sektion ihres Projektes für CHF 15 000 an den Jungfraubahn-Erbauer Guyer-Zeller ab.	Zwei Jahre vor der Eröffnung der Station Eismeer (1905) will der Jungfraubahn-Verwaltungsrat seinen Gästen «ausser den Herrlichkeiten, welche die Station Eismeer vermittelt», auch die Rundsicht von einem Gipfel bieten. Bei der Konzessionseingabe fehlen aber wichtige Angaben. Nur vier Tage nach der Einreichung des Gesuchs ziehen die Jungfraubahn-Promotoren ihren Antrag überraschend wieder zurück und bitten das Eisenbahn-Departement, «dieses Konzessionsgesuch bis auf Weiteres der Öffentlichkeit nicht preiszugeben» (12. August 1903). Nicht stattgegeben wird einem Gesuch, die Eigerbahn-Pläne der Ingenieure Strub/Studer von 1882 «für einige Tage» zur Verfügung zu stellen…	Zweiter Anlauf des Jungfraubahn-Verwaltungsrates – nur eineinhalb Jahre nach der Eingabe vom Sommer 1903. Diesmal ist ab der Station Eismeer keine unterirdische Standseilbahn, sondern eine Luftseilbahn geplant analog zum Wetterhorn-Aufzug in Grindelwald. Hintergrund dieser Konzessionsanfrage bildet der massiv verzögerte Bau der Jungfraubahn, zudem laufen auch die Kosten dramatisch aus dem Ruder. Der Bundesrat lehnt das Luftseilbahn-Projekt ab. Noch fehlen Erfahrungen beim Betrieb des Wetterhorn-Aufzugs. Solange die Konzession für die Jungfraubahn bestehe, sei das Bedürfnis für eine zweite Hochgipfel-Bahn in allernächster Nähe der ersten nicht vorhanden, heisst es im Eisenbahndepartement.

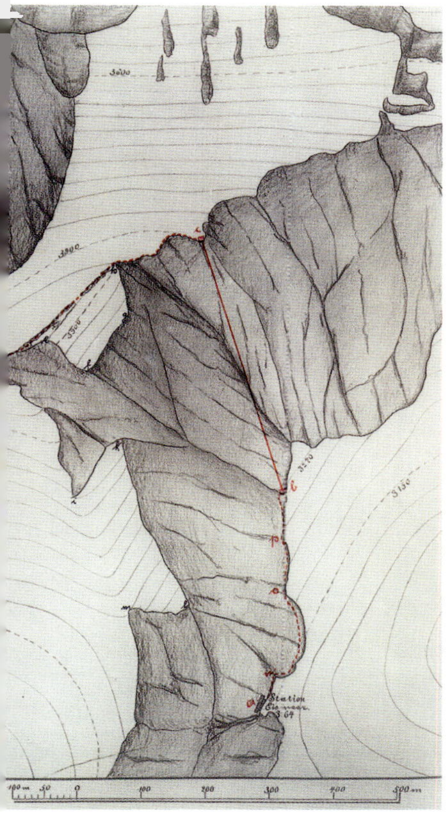

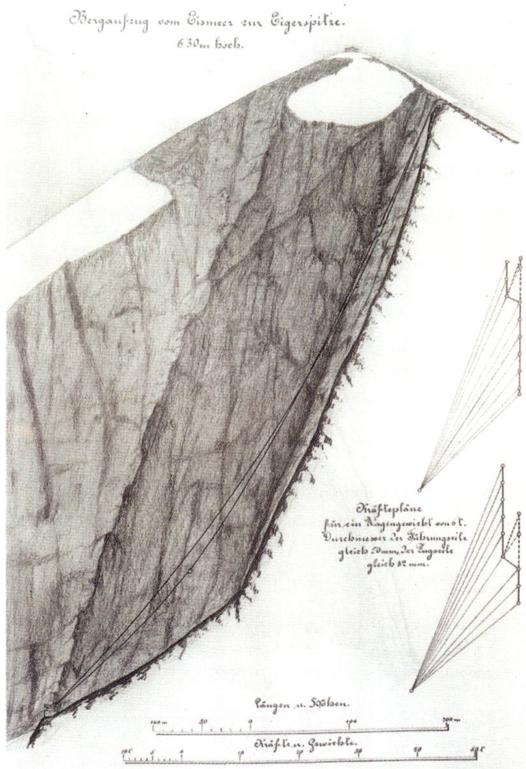

Links: Das Projekt von 1905, ausgeführt von Ingenieur Feldmann (siehe auch Wetterhorn-Aufzug, Seite 44) für einen «Bergaufzug Eismeer-Eigergipfel» im Auftrag der Jungfraubahn AG. VR-Präsident Ludwig R. von Salis: «Endlich wird erstmals Gelegenheit geboten, von einem derartigen allerersten Aussichtspunkt aus Sonnenaufgang und Sonnenuntergang zu bewundern.»

Rechts: 1903 bewarb sich der Jungfraubahn-Verwaltungsrat für den Bau und Betrieb einer unterirdischen Drahtseilbahn von der Station Eismeer bis 20 Meter unter den Gipfel des Eigers. Im Konzessionsgesuch wird festgehalten: «Von hier führt ein Aufzug oder ein Gang zur Oberfläche, wo eine kleine Plattform mit Geländer die Sicherheit bietet…»

Der Bewerber, Herr Guyer-Zeller, wählte von der Scheidegg bis zum Eigergletscher genau das im Eigerprojekt vorgesehene Tracé und veranlasst uns deshalb zur Einsprache gegen den unteren Teil seiner Bahn.»[9]

Dolchstoss der WAB-Aktionäre

Noch im August 1894 versuchen Studer und Strub ihr Projekt mit einer Übertragung der ersten Sektion von der Kleinen Scheidegg zum Eigergletscher an die Wengernalpbahn WAB zu retten. Hans Studer amtiert immerhin als Direktor der Berner Oberland-Bahn. Überraschenderweise lehnen jedoch die WAB-Aktionäre diesen Handel an der ausserordentlichen Generalversammlung vom 24. September 1894 ab. Mit 1350:1150 Stimmen genehmigen sie einen Antrag, diese Vorlage des Verwaltungsrates zu verschieben, «bis sich die Bundesversammlung über die Konzession des Guyer-Zeller'schen Eiger-Mönch-Jungfraubahn-Projektes entschieden hat». Antragsteller dieses Schachzugs ist… Adolf Guyer-Zeller. Die Verschiebung wird zum Dolchstoss und bildet das Ende der Eigerbahn, umso mehr als sich auch die Medien überwiegend für das Jungfraubahn-Projekt begeistern lassen. So schreibt zum Beispiel die Guyer-Zeller nahestehende «Schweizerische Handelszeitung» am 2. September 1894:

«Die Ausführbarkeit des Guyer-Zeller'schen Projektes ist bis jetzt noch von keinem Ingenieur von Ruf bestritten worden, im Gegenteil: Alle diejenigen, welche die Jungfraugruppe von allen Seiten kennen, erklären dieses Projekt als das einzig realisierbare. Dass durch dasselbe ein Eigerprojekt unnütz wird, liegt auf der Hand, da die Jungfrau 191 m höher ist als der Eiger, und in ihrer Grossartigkeit und majestätischen Pracht ihren Vorrang und Weltruf gegenüber ihren Nachbarn Eiger und Mönch alle Zeit behalten wird.»

Wenige Tage später werfen die beiden Ingenieure das Handtuch. Sie sind zum Steigbügelhalter der Jungfraubahn geworden. Am 29. September 1894 überschreiben sie Guyer-Zeller die erste Sektion ihrer Eigerbahn-Pläne (Kleine Scheidegg–Eigergletscher) für den Betrag von 15 000 Franken. Immerhin wird im Vereinbarungsvertrag noch ein Schlupfloch eingebaut. Sollte die Konzession für die Jungfraubahn ungültig oder verweigert werden, «so treten die Herren Strub und Studer wieder in ihre sämtlichen Rechte als Konzessionsinhaber für die ganze Eigerbahn ein.»[10]

Ein letztes Lebenszeichen

Einen Schimmer Hoffnung gibt es im Sommer 1895: Weil der Jungfraubahn-Erbauer Guyer-Zeller trotz erfolgter Konzession sein Finanzierungskonzept bei den Bundesbehörden noch immer nicht eingereicht hat, gewährt der Bundesrat der Eigerbahn eine letzte Fristverlängerung für die Konzession um ein Jahr bis zum 20. Juni 1896. Damit ist Guyer-Zeller gefordert. Der «Wettbewerb Eiger oder Jungfrau» geht – trotz der mehr als doppelt so hoch veranschlagten Baukosten – zugunsten des spektakuläreren Jungfrau-Projektes aus. Dies vor allem dank der Persönlichkeit Adolf Guyer-Zellers, seines Unternehmergeistes, des genialeren Projektes, seines finanziellen Rückhalts und auch dank seiner Winkelzugpolitik.

Ironie des Schicksals: 1896 wurde Emil Strub zum technischen Direktor der Jungfraubahn berufen. Ende Jahr gewann er den 1. Preis für sein neu entwickeltes Zahnstangensystem, welches bei der Jungfraubahn Anwendung findet. Ein Jahr später, Ende 1897, reichten Strub und der erst seit acht Monaten amtierende Bauleiter Gottlieb Lüscher ihre Demission ein. Der Grund: unüberwindliche Differenzen mit Adolf Guyer-Zeller.

Die Pionierbahn am Wetterhorn

Ingenieur Wilhelm Feldmann (1853–1905), alt Regierungsbaumeister aus Köln, Schöpfer und Bauleiter der Wuppertaler Schwebebahn und Konzessionär des von ihm konstruierten Wetterhorn-Aufzugs.

Rechte Seite: Der Wetterhorn-Aufzug, die Pionieranlage in der Schweiz. Stolz präsentiert sich der schwindelfreie Maschinist auf dem Dach der Kabine.

Eben erst ist bei der Jungfraubahn die Station Eigerwand eingeweiht worden. Im Herbst 1903 treten zwei deutsche Ingenieure und Unternehmer mit einem neuen, ebenso spektakulären Projekt an die Öffentlichkeit: eine Luftseilbahn in vier Sektionen auf einen 3500 m hohen Vorgipfel des Wetterhorns bei Grindelwald. Keine fünf Jahre später, am 27. Juli 1908, kann die erste Hochgebirgs-Luftseilbahn der Welt eingeweiht werden. Zwar führt die erste Sektion des Wetterhorn-Aufzugs nur bis zur Station Enge auf 1670 m Höhe. Dennoch gilt sie, dank ihrer wegweisenden Konstruktion, bis heute als Pionierwerk. Die mit über 2000 ‰ Neigung steilste, je gebaute Luftseilbahn der Welt wird mit dem Ausbruch des Ersten Weltkriegs eingestellt.

Spektakulär sind nicht allein die ersten Fahrten am Wetterhorn «mit der Kombination Drahtseilbahn und Lift» (‹Frankfurter Zeitung›, 1908), aussergewöhnlich ist auch der Mut der Initianten: Sie bauen die Anlage, bevor die definitive Konzession des Bundes eingetroffen ist. Erst im März 1907 erhalten sie die endgültige Bewilligung aus Bern. Ohne jegliche Planauflagen haben die Bauarbeiten am oberen Grindelwald-Gletscher ihren Anfang genommen.

Grosse Höhenunterschiede mit Luftseilbahnen zu überwinden – diese Idee lässt sich nicht mehr aufhalten. Am 14. Oktober 1903 beantragen Regierungsbaumeister a. D. Wilhelm Feldmann aus Köln und Dr. Stoessel aus Dresden beim Bundesrat, «die Konzession für einen Bergaufzug von dem am Fusse des oberen Grindelwaldgletschers gelegenen Hotel Wetterhorn nach der 1100 m höheren Glecksteinhütte (...) gütigst erteilen zu wollen».

Feldmann reist nach Bern, um seine Luftseilbahn-Pläne Bundesrat Joseph Zemp persönlich vorstellen zu können. Zwei Jahre zuvor hat er als Bauleiter die berühmte Schwebebahn von Wuppertal eröffnet. Der deutsche Ingenieur gilt als erfolgreicher Pionier und seriöser Macher, Eigenschaften, denen sich die Konzessionsbehörde nicht verschliesst. Zusammen mit Ingenieur Stoessel, Vorstandsmitglied der Elektro AG Dresden, bewirbt er sich mit einer umfangreichen Dokumentation für dieses spektakuläre Unternehmen mit Ziel Glecksteinhütte (2317 m), «um in einer weiteren Bauphase auf eine Höhe von 3500 m zu gelangen».

Je steiler, desto günstiger

Die beiden Ingenieure können sich auf zwei ausführliche Gutachten von «hervorragenden, weltbekannten Autoritäten» stützen. Die Verfasser Anton Rieppel (Generaldirektor der Maschinenbaugenossenschaft Nürnberg) und A. Goering (Prof. für Eisenbahnkunde am Polytechnikum Charlottenburg-Berlin) attestieren dem neuen Bergbahn-System ohne Zwischenstützen (!) eine Betriebssicherheit, «welche die sonst für Personenaufzüge übliche teilweise noch übertrifft». Es handle sich zudem um Anlagen, «welche nicht nur in technischer Beziehung vollständig befriedigen, sondern auch ein äusserst ruhiges, angenehmes sowie in den Anlagekosten verhältnismässig billiges Beförderungsmittel darstellen».[1]

Hohe Sicherheit

Feldmann und Stoessel waren schon um die Jahrhundertwende überzeugt, ein System erfunden zu haben, welches den Bau von Bergbahnen «für ungemein niedrige Anlagekosten» ermöglicht, und dies «bei grosser Leistungsfähigkeit sowie äusserst geringen Betriebs- und Unterhaltskosten».[2]

Die ‹Schweizerische Bauzeitung› weist 1908 auf entscheidende technische Neuerungen hin: «Feldmann sah wie bei den seit langen Jahren bekannten Seilbahnen zwei Fahrzeuge vor, die aber statt nur durch ein, durch zwei Zugseile verbunden sind (...) Die Wagen laufen auf sog. Tragseilen, die am obern und untern Endpunkt der Bahn befestigt sind, und zwar oben fest, unten beweglich. Jedes Fahrzeug läuft auf zwei Tragseilen, die, im Gegensatz zu früheren Vorschlägen anderer Erfinder, nicht nebeneinander, sondern untereinander angeordnet sind, wodurch

Erste Konzessionsgesuche in der Schweiz

19. Okt.	1884	Luftseilbahn auf den Pilatus
Sommer	1893	Luft-Bahn über den Rhein: Ruggel (FL)–Salez
8. Sept.	1899	Fesselballon-Luftseilbahn Albisgüetli-Annaburg
14. Okt.	1903	Wetterhorn-Aufzug Grindelwald (Wilh. Feldmann)
	1904	Glion–Sonzier (System Feldmann; provisorische Konzession)
	1906	Stegmatten–Mürren
	1906	Stegmatten–Trimletenbach
	1906	Matt–Mattgrat GL
	1907	Suvigliana–Monte Brè (am 6. 2. 1908 abgelehnt)
12. März	1908	Stechelberg–Gimmelwald–Mürren
	1908	Fuorcla Surlej
30. März	1908	Bundesratsbeschluss: Keine weiteren Konzessionen, bis beim Wetterhorn-Aufzug genügende Betriebserfahrungen vorliegen
6. Dez.	1908	Indemini–Lago Maggiore
	1909	Kandersteg–Stock
16. März	1910	Seilbahn für Güterverkehr Chur–Arosa
14. Mai	1910	Bergün–Latsch (System Feldmann)
15. Juni	1911	Tesserete–Cima Caval Drossa

eine wesentlich bessere Stabilität der Wagen erreicht werden konnte. Am unteren, beweglichen Ende laufen die Tragseile unter Zwischenschaltung Gall'scher Ketten über Ablenkrollen in einen Schacht, wo ein angehängtes Gewicht die Seilspannung begrenzt und konstant erhält. Das Gewicht kann im Schacht auf- und niedersteigen und erlaubt den Tragseilen, unter der wechselnden Belastung des Fahrzeugs jene Lagen einzunehmen, welche die Endspannung der Tragseile auf immer gleichem Werte belässt.» Auch die ‹Bauzeitung› bescheinigt dem Wetterhorn-Aufzug

Wetterhorn-Aufzug Grindelwald

Konzessionsgesuch	14. Oktober 1903		
Konzession	26. Januar 1904 (provisorisch) 6. März 1907 (definitiv) 1. Juli 1927 erloschen		
Eröffnung	27. Juli 1908		
Betriebseinstellung	11. September 1914 (Erster Weltkrieg)		
Konzessionsbewerber	Regierungsbaumeister a. D. W. Feldmann Dr. Stoessel, Vorstand Elektro AG Dresden Ab 9. Juli 1904 Bergaufzug-AG Bern		
Projektverfasser	Patent Feldmann AG Ingenieur M. Couchepin, Martigny-Bourg		
Hersteller	Ludwig Von Roll'sche Eisenwerke, Bern Motoranlage: Brown Boveri, Baden Eisenkonstruktion: A. Buss & Cie., Basel		
Streckenlängen	558 m (schiefe Länge); 1. Sektion		
Mittlere Neigung	1130 ‰		
	1. Sektion	Eisboden	1257 m ü.M.
		Enge	1670 m ü.M.
		Höhendifferenz	413 m
	2. Sektion	untere Hütte	1688 m ü.M.
		Gleckstein	2197 m ü.M.
		Höhendifferenz	509 m
	3. Sektion	Station «g»	2500 m ü.M.
		Station «h»	2955 m ü.M.
		Höhendifferenz	455 m
	4. Sektion	Station «i»	3100 m ü.M.
		Wetterhorn	3500 m ü.M.
		Höhendifferenz	400 m
Taxen	Bergfahrt		CHF 3.50
	Retourfahrt		CHF 5.–
	Saisonabo		CHF 100.–
Förderleistung pro Stunde	175 bis 220 Personen		
Kabinen	2 à je 16–18 Personen		
Fahrdauer	8½ Minuten		
Betriebssystem	Elektrizität		
Sitz der Gesellschaft	Bern		
Kosten	CHF 1,2 Mio. bis Wetterhorn CHF 600 000 bis «Glecksteinhütte»		

«einen in jeder Richtung so Vertrauen erweckenden und soliden Eindruck, dass am Erfolg des Systems nicht zu zweifeln ist».[3]

Leichtes Gewicht, wenig Kraft

Im Sommer 1905 übernimmt Ingenieur M. J. Couchepin aus Martigny die Bauleitung am Wetterhorn. Im «Bulletin téchnique de la Suisse Romande» orientiert er über die Konstruktion, die Sicherheit des Systems, den Bauablauf und die Überlegenheit der neuen Anlage gegenüber bisherigen Seilbahnen: «Dank des leichten Gewichts des Gefährtes und des durchaus günstigen Längenprofils, das den Tragkabeln durch die von ihnen angenommene Biegung gegeben wird, ist der Kraftverbrauch gering. Der Durchschnitt der absorbierten Kraft beträgt pro Fahrt kaum 1½ Kilowattstunden. Bei den gewöhnlichen Drahtseilbahnen muss sich das Längenprofil der Terrainformation anpassen, während man hier für die Ausgleichung der Gewichte sofort das ideale Längenprofil erhält (...) Die Kosten der Herstellung vermindern sich auf ein Minimum, und dieser Vorteil kommt umso mehr zur Geltung, je steiler und höher die Felswände sind. Ebenso verhält es sich mit den Betriebs- und Unterhaltskosten, welche sich im gleichen Verhältnis vermindern, besonders weil die Kabelaufzüge den Höhenunterschied auf dem kürzesten Weg überwinden.»[4]

«Konzession erteilt»

Am 4. Februar 1904 meldete das ‹Berner Tagblatt›: «Die Konzession für einen Bergaufzug vom Hotel ‹Wetterhorn› bei Grindelwald zur Glecksteinhütte am Wetterhorn, welchen Regierungsbaumeister Feldmann, früher in Eberfeld, jetzt hier in Bern wohnend, nach eigenem, patentiertem System entworfen hat, ist nunmehr erteilt. Die Ausführung wird, wie uns versichert wird, im kommenden Frühjahr beginnen und ist so geplant, dass die Betriebseröffnung im Sommer 1905 erfolgen kann. Es würde das die erste Hälfte sein von dem gesamten Wetterhorn-Aufzug, der nichts Geringeres erstrebt als die Spitze der Haslijungfrau»[5] (heute «Scheideggwetterhorn, 3452 m).

Ein neuer Höhenluftkurort

In verschiedenen Beilagen zum Konzessionsgesuch, sparen Feldmann und Stoessel nicht mit Superlativen. Eine nie gekannte, prächtige Aussicht biete sich allein schon von der Glecksteinhütte aus: «Es würde sich hier, mit Rücksicht auf die bequeme Aufzugverbindung nach Grindelwald, ein Höhenluftkurort allerersten Ranges bilden können mit bequemen Spaziergängen auf grünen Matten, mit vielen kleinen, ungefährlichen Kletterpartien, selbst mit viel Gelegenheit zum Edelweisspflücken.»[6]

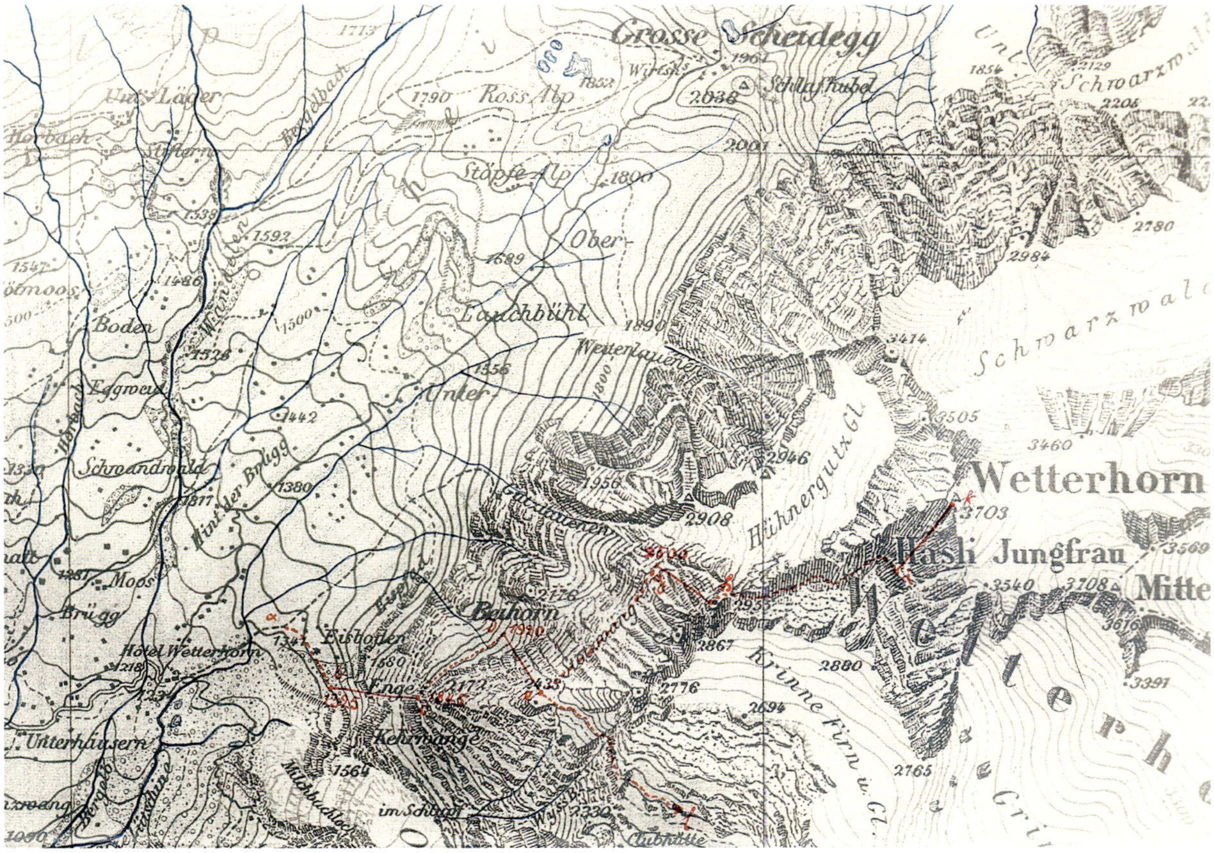

Das Wetterhorn-Projekt von Wilhelm Feldmann: In vier Sektionen auf den 3700 m hohen Gipfel. Zwischen den einzelnen Abschnitten sollen gesicherte Bergwege und Galerien angelegt werden, um den Gästen vertiefte Eindrücke in das Hochgebirge vermitteln zu können.

Aufzug mit Bergsteiger-Feeling

Das Wetterhorn-Projekt basiert auf dem Bau von vier, zum Teil recht weit auseinanderliegenden Seilbahn-Sektionen. Die Verbindung zwischen diesen Abschnitten soll mit einem spektakulären Wegnetz erreicht werden. In die Felsen gehauene, vor Steinschlag gesicherte Galerien und beleuchtete Tunnels werden den Besuchern das echte Hochgebirgserlebnis vermitteln. Im Gegensatz zur Jungfraubahn, so die Konzessionsbewerber, gebe es am Wetterhorn nicht nur eine Gipfelaussicht zu bestaunen. Hier wird den Gästen «bei der ganzen Aufzugsfahrt vollkommen freie Aussicht» geboten, dazu, dank der eindrucksvollen Wege, «alle Vorteile von Hochtouren, ohne diesen Genuss durch zu grosse Übermüdung zu schmälern.»[7]

In einem Abkommen mit dem Bergschaften Grindel und Scheidegg sichern sich die Initianten das Baurecht für die Bahn- und Weganlagen, bei kostenloser Benützung von Grund und Boden. Umgekehrt dürfen die beiden Bergschaften Hotels oder Wirtschaften errichten. Damit sind sie und auch die Gemeinde Grindelwald als wichtige Sympathieträger für das kühne Projekt gewonnen. Die Bergschaften verpflichten sich in einem Übereinkommen, für den Bau und den Unterhalt der Wege zu sorgen.

Kosten: nur 1,2 Millionen Franken

Das ganze Unternehmen will man in zwei Etappen realisieren. Die Anlagekosten werden für jede dieser Hälften etwa 600 000 Franken betragen. Der Fahrpreis soll für den unteren Teil, mit Rücksicht auf die längere Betriebszeit, 5.00 Franken betragen, für den oberen Teil 10.00 Franken. «Es würde dies einerseits eine sehr gute Rentabilität sichern, und andererseits würden auch Minderbegüterte sich ohne Bedenken einen derartigen Genuss leisten können.»[8] Die äusserst günstige Budgetierung überrascht. Robert Winkler, Direktor der technischen Abteilung im Eisenbahndepartement, hält in einem handschriftlich verfassten, internen Bericht dennoch fest: «Die im Kostenvoranschlag aufgenommenen Summen sind reichlich bemessen, und es liessen sich damit solide Anlagen erstellen.»[9]

Ohne einen allfälligen Winterbetrieb rechnen die Konzessionäre bei den Betriebskosten mit Ausgaben von jährlich nur gerade 40 000 Franken (Monatslöhne: 2 Beamte à je 150.00 Franken, 6 Beamte zu 100.00 Franken und die Direktion zu 1000.00 Franken), zuzüglich Energiekosten, Unterhalt und Erneuerung. «Um eine fünfprozentige Verzinsung der Anlagekosten zu erzielen, müssen die Einnah-

Die ersten Personen-Luftseilbahnen

Eröffnung		Bahn	Land	Konstrukteur	Bemerkungen
1878		Aerial Flight in Blackpool	NLZ	unbekannt	L. 200 m; Verbindung über Taranaki River
1893		Cable Railway, Brighton	GB	unbekannt	L. 350 m; Verbindung über das V-Tal
1894		La Ferrovia aerea, Milano Expo	I	Ceretti & Tanfani, Milano	L. unbekannt, Betrieb während Espositioni Milano
1898		Personen-Seilbahn Wien-Expo	A	Ceretti & Tanfani, Milano	L. unbekannt, Betrieb während Jub.-Ausstellung
1898		Personen-Seilbahn Torino-Expo	I	Ceretti & Tanfani, Milano	L. unbek., Betrieb während Espositione generale
1906		Sun Rice Peak, Aerial Tramway	USA	unbekannt	L. 2012 m; HD 930 m; 26 Gondeln für je 4 Pers.
1907	30.9.	San Sebastian, Monte Ulia	E	Torres y Quevedo	L. 280 m; HD 28 m; erste Pers.-Luftseilb. Europas
1908	29.6.	Bozen, Kohlernbahn*	I	Bleichert & Co., Leipzig	L. 1400 m; HD 795 m; bis 1910 (ungen. Sicherheit)
1908	27.7.	Grindelwald, Wetterhorn-Aufzug	CH	Feldmann/von Roll, Bern	L. 558 m; HD 420 m; 2 Kabinen für je 18 Pers.
1912	31.8.	Meran, Vigiljochbahn	I	Strub, Ceretti & Tanfani	L. 2196 m; HD 1153 m (2 Sekt.: 1067 m + 1129 m)
1912	27.10.	Rio de Janeiro, Zuckerhut	BR	Ramos/Cardozo/Pohlig	L. 1375 m; HD 387 m; 1 Kabine für 17 Personen
1913	10.5.	Bozen, umgebaute Kohlernbahn	I	Bleichert & Co., Leipzig	L. 1650 m; HD 840 m; 2 Kabinen für je 16 Pers.
1916		Niagarafälle, Whirlpool Aero Car	USA	L. Torres y Quevedo	L. 540 m; bis heute fast unverändert in Betrieb
1923	1.11.	Meran, Haflingbahn	I	Bleichert & Co./Luis Zuegg	L. 2538 m; HD 890 m; 2 Kabinen für je 16 Pers.
1924	Juli	Chamonix, Aiguille du Midi	F	Strub, Ceretti & Tanfani	L. 1950 m; HD 640 m; 2 Kabinen für je 24 Pers.
1924	29.12.	Oberwiesental, Fichtelberg	D	Bleichert & Co., Leipzig	L. 1175 m; HD 303 m; 2 Kabinen für je 16 Pers.
1925	6.8.	Trento–Sardagna	I	Haas/Officine Silvestri	L. 1500 m; HD 400 m; 2 Kabinen für je 12 Pers.
1925	1.10.	Zambana, Funivia Zambana–Fai	I	Off. Mecc. Bressanone	L. 2070 m; HD 743 m; 2 Kabinen für je 14 Pers.
1926	28.5.	Garmisch-P., Kreuzeckbahn	D	Bleichert & Co., Leipzig	L. 2318 m; HD 874 m; 2 Kabinen für je 26 Pers.
1926	9.6.	Rax-Seilbahn beim Semmering	A	Bleichert & Co., Luis Zuegg	L. 2162 m; HD 1015 m; 2 Kabinen für je 23 Pers.
1926	05.7.	Erwald, Tiroler Zugspitzbahn	A	Bleichert & Co., Leipzig	L. 3373 m; HD 1576 m; 2 Kabinen für je 20 Pers.
1926	20.8.	Biella, Oropabahn	I	Bleichert & Co., Leipzig	L. 2357 m; HD 643 m; 2 Kabinen für je 16 Pers.
1927	20.3.	Bregenz, Pfänderbahn	A	Bleichert & Co., Leipzig	L. 2066 m; HD 606 m; 2 Kabinen für je 24 Pers.
1927	26.6.	Ebensee, Feuerkogelbahn	A	Bleichert & Co., Leipzig	L. 2931 m; HD 1110 m; 2 Kabinen für je 16 Pers.
1927	24.12.	Engelberg, Trübseebahn	CH	Bleichert & Co., Luis Zuegg	L. 1625 m; HD 835 m; 2 Kabinen für je 16 Pers.

* 1910 musste der Betrieb wegen ungenügender Sicherheit bis zum Umbau 1913 eingestellt werden.

men 65 000 Franken betragen. Bei einem Fahrpreis von 5 bis 8 Franken für Auf- und Abfahrt zusammen würden 8000 bis 13 000 Personen auf- und abwärts zu befördern sein».[10]

Grosses Interesse in Bern

Im Eidg. Post- und Eisenbahndepartement ist man vom Detaillierungsgrad des Konzessionsgesuchs aus Deutschland beeindruckt. Winkler bezeichnet das Projekt sogar als beispielgebend: «Das ganze Projekt unterscheidet sich vorteilhaft von früheren Vorschlägen für derartige Transportunternehmungen.» So sei das Konzessionsgesuch begleitet «von eingehenden Beschreibungen, Plänen, Berechnungen und Gutachten, aus welchen der Eindruck gewonnen wird, dass das gewählte Aufzugsystem Feldmann bei günstigem Standort, bei solider Ausführung und sorgfältigem Unterhalt die nötige Betriebsicherheit unzweifelhaft bietet.» Die Anlage müsse aber «gegen Schnee- und Steinschlag gesichert sein (…) Ein bezüglicher Nachweis in Form von Gutachten einiger ortskundiger, kompetenter Männer muss noch verlangt werden.»[11]

Bundesrat Zemp für die Konzession

Probleme gibt es für den Bund einzig bei den noch fehlenden Rechtsgrundlagen für Luftseilbahnen. So existiert vom Wetterhorn-Aufzug auch keine Botschaft des Bundesrates an das Parlament. Ein Beschluss der Bundesversammlung wird deshalb nicht zwingend nötig, weil 1902 die Kompetenz direkt dem Post- und Eisenbahndepartement übertragen worden ist![12] So oder anders: Das Departement ist dem visionären Vorhaben günstig gesinnt. Eine langfristige Konzession soll aber von den Erfahrungen der ersten Betriebsjahre abhängig gemacht werden. Rechtlich stützt man sich auf die Revision der Schifffahrtsverordnung (!), welche eine Verlängerung der Konzessionsdauer von bisher nur 5 auf mindestens 20 Jahre vorsieht.[13] Unter dieser Prämisse erteilt das Departement die Konzession im Januar 1904 provisorisch auf drei Jahre. Die definitive Konzession erfolgt am 6. März 1907.[14]

Tod des Pioniers

Im Sommer 1905 soll die Eröffnung der 1. Sektion, Oberer Grindelwaldgletscher–Enge erfolgen. Bereits ein Jahr später ist die feierliche Einweihung der Station «Gleckstein» geplant. Doch am 2. Juni 1905 kommt die Meldung, Wilhelm Feldmann sei völlig unerwartet an seinem neuen Domizil in Bern verstorben. Ein Schuss soll sich bei seinem Gewehr gelöst und ihn tödlich getroffen haben, als er sich für einen Jagdausflug bereit machte. Andere sprechen von einem Freitod, der Luftseilbahn-Pionier sei mit der Ausführung des Projektes überfordert gewesen und habe überdies sein ganzes Vermögen verloren.[15]

Die Station «Enge», Bergstation der 1. Sektion mit Blick auf den oberen Grindelwaldgletscher.
Rechts: Grindelwald im touristischen Aufbruch: Das geplante, aber nie gebaute Hotel Victoria am Terassenweg, sollte mit einer modernen Hochbahn direkt mit dem Bahnhof verbunden werden.

Per «Luft-Bahn» über den Rhein

Nicht mehr mit der konventionellen Fähre den Fluss überqueren, sondern elegant, sicher und bequem per «Luft-Bahn»! Das will der Liechtensteiner Schiffsmann am Rhein, Johann Büchel aus Ruggell. Sein Gesuch hat die Hürden der fürstlichen Regierung genommen und auch jene des Kantons St. Gallen. Doch beim Schweizerischen Post- und Eisenbahndepartment bleibt sein Gesuch buchstäblich in der Luft hängen. Noch bestehen keine gesetzlichen Grundlagen, und so wird das Gesuch fast hilflos von der einen zur anderen Abteilung abgeschoben.

Johann Büchel aus dem liechtensteinischen Ruggell hat eine bestechende Idee: Er will seine Fähre nicht mehr durch den Rhein steuern, sondern mit einer «Luft-Bahn über den Rhein zum Personentransport»[16] tauschen, einer «frei schwebenden Drahtseil-Fähre». Sein Projekt hat er, als Besitzer der Rheinfähre zwischen Salez und Ruggel, im Sommer 1893 bei der Gemeinde Sennwald eingereicht. Diese leitete es pflichtgemäss an die Kantonsregierung nach St. Gallen weiter.

Unabhängig vom Wasserstand

Der Schiffsmann aus Ruggell hat es satt, den Einstieg zur Fähre bei Hoch- oder Niedrigwasser immer wieder verlegen zu müssen. Deshalb hat er sich vom k. k. österreichischen Oberingenieur Valentin Hackel ein Projekt ausarbeiten lassen, welches neue Wege aufzeigt: Luftwege. Doch da gibt es noch die Schweizerische Zollverwaltung: Bei einer derartigen Lösung müsse unbedingt der Zollposten in Salez verstärkt werden. Die bisherige Aufsicht über die Kahnfahrten würden nicht mehr genügen, schreibt der Zolldirektor des III. schweiz. Zollgebiets in Chur an die Schweizerische Oberzolldirektion in Bern.

Lockerer nehmen es der Landammann und der Regierungsrat des Kantons St. Gallen. Das Projekt sei «in Bezug auf die Verkehrssicherheit und vom flusspolizeilichen Standpunkte aus einer Prüfung unterstellt worden» und habe «zu keinen wesentlichen Einwendungen Anlass gegeben». Wichtig sei, dass durch «die neue Einrichtung der Verkehr vom jeweiligen Wasserstand unabhängig gemacht wird». Im Übrigen habe man von einer Weiterleitung der Angelegenheit an die Bundesbehörden abgesehen, «weil nach unserer Ansicht die fragliche Anlage sich lediglich als eine Verbesserung der längst bestehenden Seilfähre qualifiziert und kaum unter die gesetzlichen Bestimmungen für die Eisenbahnen fallen dürfte».[17]

In welches Departement gehört eine «Luft-Bahn»?

Die Schlussbemerkung der St. Galler Regierung bereitet dem Eisenbahndepartement in Bern ziemliche Sorgen. Dringend brauche es einen rechtlichen Rahmen. Gehört eine «Luft-Bahn» ins Eisenbahngesetz? Oder besser unter die Kontrolle der Automobil-Unternehmungen? Oder ist die «Luft-Bahn» ein Flugobjekt? Zwar gibt es seit 1894 eine Verordnung betreffend Kabel der Seilbahnen. Diese ist aber bereits veraltet, weil sie auf neue Entwicklungen keine Rücksicht nimmt. Ein Entwurf zur «Verordnung betreffend den Bau und Betrieb von Luftseilbahnen und anderen Transportanstalten mit Motorbetrieb vom August 1896 regelt zwar die Verantwortlichkeiten, hinkt der Entwicklung aber hintennach. So verlangt z. B. Art. 14: «In der Regel werden die Postsendungen durch einen Postbediensteten (Kondukteur) etc. begleitet.» Und in Art. 15 wird der Postverwaltung gestattet, «auf allen einen fahrplanmässigen Dienst versehenen Transportmitteln (Wagen, Aufzüge etc.) Briefeinwürfe zur Benutzung durch das Publikum anzubringen».

«Der Bundesrat ist nicht in der Lage …»

Noch 1909 muss der Bundesrat auf eine diesbezügliche Anfrage aus Österreich «unter Bezugnahme auf die geschätzte Note No. 2486 vom 8. September (…) dem K. & K. Österreichisch-Ungarischen Geschäftsträger, Herrn Freiherr von Zwiedinek, zur Kenntnis bringen, dass er leider nicht in der Lage sei, die gewünschten Normen mitzuteilen, da solche hier nicht vorhanden sind». Nachgeschoben wird immerhin: «Bei den Luftseilbahnen werden prinzipiell mindestens je zwei Tragseile und je nach Verhältnissen je zwei Zugseile per Kabine verlangt, und zwar soll die Festigkeit jedes Seiles eine derartige sein, dass eines allein mit der erforderlichen achtfachen Sicherheit den Betrieb aufrechterhalten kann.»[18]

Jungfraubahn AG setzt sich ins Boot

«Das Kapital wird, mit Rücksicht auf die Neuheit des Systems, der Hauptsache nach von den Konzessionsnachsuchern aus eigenen Mitteln bzw. unter Ausnützung des persönlichen Kredites beschafft werden, doch wird auf Wunsch auch schweizerischen Kapitalisten eine Beteiligung in beliebiger Höhe eingeräumt werden.» So argumentieren Feldmann und Stoessel, als sie ihr Projekt präsentieren. Die Pioniere werden bei der Suche nach Investoren schnell fündig. Für Aussenstehende überraschend, hat ausgerechnet der Verwaltungsrat der Jungfraubahn Interesse am Projekt gezeigt und sich auch gleich als Partner und Aktionär angetragen. Dem Eisenbahndepartement wird mitgeteilt, am 9. Juli 1904 habe sich unter dem Vorsitz von Prof. Louis Rudolf von Salis (VR-Präsident der Jungfraubahn und Schwiegersohn von Jungfraubahn-Erbauer Adolf Guyer-Zeller) eine neue Aktiengesellschaft mit Sitz in Bern konstituiert. Das Grundkapital beträgt 500 000 Franken, «eingeteilt in 1000 auf den Inhaber lautende Aktien von je 500 Franken». Gemäss Statuten der «Bergaufzug-Aktiengesellschaft Bern» vom 9. Juli 1904 wurde der Verwaltungsrat für die ersten drei Jahre durch ein Dreier-Gremium gebildet, mit Louis R. von Salis als Präsident sowie Ingenieur Emil Strub und Regierungsbaumeister Wilhelm Feldmann als Delegierte. Mit geschickter Strategie hat sich das Unternehmen Jungfraubahn ins Spiel gebracht und auch gleich die Führungsrolle übernommen, dank zwei eigenen Mitgliedern im dreiköpfigen Verwaltungsrat.

Keine drei Monate nach dem Tod Feldmanns, meldet das «Echo von Grindelwald»: «Währenddem die Bauarbeiten am Bau der Wetterhorn-Bahn rüstig vorwärtsschreiten, ist schon wieder ein neues derartiges Bahnprojekt aufgetaucht. Die Jungfraubahn, welche einen Grossteil der Wetterhorn-Bahnaktien besitzt, hat nämlich das Konzessionsgesuch für eine grossartige Aufzugsanlage nach System Feldmann von der Station Eismeer bis zur Eigerspitze eingereicht.»[19]

Feldmann überlistet?

Bei der Gründung der «Bergaufzug, Patent Feldmann, Aktiengesellschaft» wurde das Aktienkapital auf 500 000 Franken festgelegt. In den Statuten heisst es in Art. 3 (Verhältnis der Gesellschaft zum Patentinhaber und zur Jungfraubahn):

«Der Patentinhaber, Regierungsbaumeister a. D. W. Feldmann, überträgt der Gesellschaft seine sämtlichen Erfindungspatente für einen Bergaufzug (Schweiz 27351, Deutschland 143075, Frankreich 323884, Italien 68684/46, Österreich 16368, Nordamerika 720909) sowie seine sämtlichen Vorarbeiten für Ausführung der Erfindung, er lässt die Gesellschaft in die von ihm bereits abgeschlossenen Verträge und erworbenen Konzessionen eintreten und verpflichtet sich, von allen weiteren, mit Bergaufzügen und Seilbrücken in Verbindung stehenden Erfindungen, soweit es eigene Erfindungen sind, alle Rechte ohne weiteres an die Gesellschaft abzutreten, und soweit die Erfindungen von Untergebenen oder Unternehmern herrühren, möglichst Sorge zu tragen, dass die Erfindungsrechte auf die Gesellschaft übertragen werden.»

Feldmann erhält umgekehrt:

1. Den «Ersatz der nachgewiesenen reinen Barauslagen», 10 476.00 Franken
2. Eine Abfindungssumme von 40 000.00 Franken, «welche gleichlaufend mit den Teileinzahlungen der Aktien zur Anrechnung kommt», d. h. gleich wieder reinvestiert werden muss, sowie
3. bei weiteren Ausführungen der Gesellschaft (...) 8 % der Anlagekosten von Seilen, Wagen, Stationen mit Maschinenanlagen und elektrischer Ausrüstung.
4. Feldmann erhält «bei Lizenzerteilungen und Patentverkäufen 30 % der Lizenzgebühren und der Verkaufssumme».

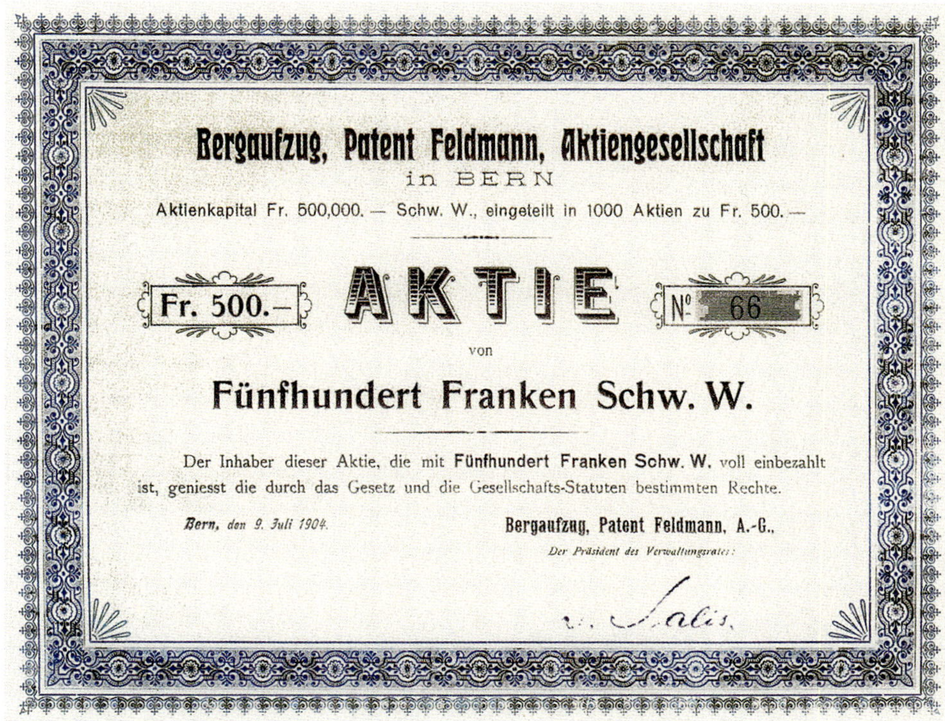

500-Franken-Aktie des Wetterhorn-Aufzugs.

Dass das oberste Organ der Jungfraubahn Interesse an einem Konkurrenten auf dem gleichen Spielplatz hat, muss bezweifelt werden. Überdies machte sich Verwaltungsratspräsident von Salis nach dem Ersten Weltkrieg nie stark für eine Betriebswiederaufnahme am Wetterhorn. Schliesslich zeigt Art. 4 der Statuten eine Strategie auf: «Wird im Anschluss an die Jungfraubahn eine grössere Aufzuganlage, etwa nach dem Eiger oder Mönch, in Angriff oder in bestimmte Aussicht genommen, worüber bis zum Schluss der ersten Betriebssaison der Eismeerstation, spätestens aber bis zum Herbst 1908, Entscheidung getroffen werden muss, so soll in den ersten Betriebsjahren dieses Jungfraubahn-Aufzuges innerhalb des Interessensgebietes der Jungfraubahn, ohne Zustimmung dieser Gesellschaft, keine andere Aufzugsanlage, deren Endziel höher als die Station Eigerwand liegt, in Bau oder Betrieb genommen werden.» Die Station «Eigerwand» liegt auf 2866 m Meereshöhe, die Bergstation am Wetterhorn auf ca. 3500 m.

Eröffnung im Sommer 1908...

Abgesehen von der immer wieder verzögerten, definitiven Konzessionserteilung verläuft die Bauphase zuerst recht problemlos, samt dem Bau der 600 m langen Zufahrtsstrasse ab dem Hotel «Wetterhorn» hinauf zum Gletscher. Am 20. Dezember 1905 erreicht der letzte Kabeltransport

Rätsel um einen tragischen Tod

Keine Würdigung im ‹Bund›, keine in der ‹NZZ›, kein Nachruf in der ‹Schweizerischen Bauzeitung›. Beim überraschenden Tod des erst 52-jährigen Pioniers Wilhelm Feldmann stellen sich Fragen.

Das ‹Oberländisches Volksblatt› aus Interlaken meldet in der Ausgabe vom 6. Juni 1905: «Als wir letzten Samstag (...) den Wetterhorn-Aufzug in Wort und Bild beschrieben, dachte wohl kein Leser daran, dass dessen Erfinder und Erbauer, Reg.-Baumeister Wilhelm Feldmann, gleichzeitig auf der Totenbahre liege. Und doch ist es so! Der geniale Techniker, der uns noch vor wenigen Wochen mit grösster Bereitwilligkeit das Material zur Illustration und Texte zur Verfügung gestellt hatte; der Mann, der sich unendlich darauf freute, im Herbst seine Bahn dem Betrieb übergeben zu können; der kühne Ingenieur, dessen Pläne auch Matterhorn und Mont-Blanc bezwingen wollten, er musste unerwartet, erst 52 Jahre alt, sein Dasein in Bern schliessen. Der Mensch denkt – Gott lenkt.

So viel für heute. Wir hoffen, von berufener Seite noch eine Würdigung des Verstorbenen zu erhalten.

Eine zweite Korrespondenz meldet uns Folgendes: der Tod des Herrn Reg.-Baumeisters Feldmann erfolgte ganz unerwartet. Er manipulierte mit einem Vetterli-Stutzer, den er zur Gemsjagd gekauft hatte; er prüfte den Lauf – ein Krach, und Herr Feldmann war nicht mehr am Leben. Die Leiche wurde noch am Samstag nach Köln übergeführt und am Sonntag dort bestattet.»

Im ‹Berner Tagblatt› vom 7. Juni 1905 wird gemeldet: «Ingenieur Feldmann, Regierungsbaumeister a. D. aus Rheinpreussen, hat sich Freitagabends in seiner Wohnung in Bern in einem Anfall von Melancholie erschossen. Er war bekannt als Schöpfer der Elberfelder Schwebebahn und durch seine Bergaufzugsprojekte für das Wetterhorn, den Mont-Blanc usw. Letztes Jahr hatte er eine Aktiengesellschaft für Bergaufzüge ins Leben gerufen.»

Wilhelm Feldmann (1853–1905), Ingenieur, Pionier und Erfinder des nach ihm benannten Luftseilbahn-Systems. Unter seiner Leitung entstand 1901 die denkmalgeschützte Wuppertaler Schwebebahn, oder wie es auf der Website der Stadt heisst: «Das weltbekannte Wahrzeichen Wuppertals und gewissermaßen die Hauptschlagader des öffentlichen Personennahverkehrs. 85 000 Fahrgäste schweben Tag für Tag kreuzungsfrei mit ihr durch die bergische Großstadt. Eis und Schnee stören sie wenig. Bei einer Höchstgeschwindigkeit von 60 km/h dauert die luftige Fahrt von Endstation zu Endstation knapp 35 Minuten. Insgesamt gibt es an der 13,3 Kilometer langen Strecke 20 Bahnhöfe.»

die Talstation am Oberen Gletscher. Zehn Pferde ziehen die 140 Zentner auf einem Spezialschlitten vom Bahnhof durchs Dorf und hinauf zur 5½ km entfernten Wetterhornbahn, ein eindrückliches Schauspiel. Nach dem langen, schneereichen Winter, können die Arbeiten erst Mitte Mai 1906 wieder aufgenommen werden. Zwei Wochen zu früh. Eine gewaltige Lawine reisst einen einheimischen Arbeiter in den Tod, fünf Kollegen haben Glück und bleiben verschont.

Drei Jahre später als geplant erfolgt am 27. Juli 1908 die Eröffnung der «ersten Personen-Luftseilbahn der Welt». Die beiden Kabinen mit je 14–16 Plätzen führen die Gäste, auf dieser ersten von vier Sektionen vom Hotel Wetterhorn (1257 m ü.M.) zur Station Enge (1677 m ü.M.), hoch über dem Oberen Grindelwaldgletscher.

Der Wetterhorn-Aufzug gilt als spektakuläre Pionierbahn. Bis in die Gegenwart ist sie mit einer Neigung von über 2000 ‰ die steilste Luftseilbahn, die je gebaut worden ist. Doch die Frequenzen entwickeln sich nie in den erhofften Dimensionen. «8000 bis 13 000 Personen pro Jahr» wollte man transportieren – dieses Ziel wird nicht annähernd erreicht. Im zweiten Betriebsjahr, 1909, wollen nur 1880 Personen das einmalige Erlebnis zwischen Erde und Himmel erfahren, dann pendeln sich die Zahlen auf durchschnittlich 1750 ein und brechen im ersten Kriegsjahr vollig zusammen.

... und unrühmliches Ende

Am 10. September 1914 wird der Betrieb des Wetterhorn-Aufzugs eingestellt. Am 1. Juli 1927 erlischt die Konzession. Noch stehen die Talstation am oberen Grindelwaldgletscher und der «Adlerhorst» als Bergstation in den Felsen der «Enge», ohne dass die Kabinen nach dem Weltkrieg nochmals für den Personenverkehr in Betrieb genommen worden wären. Ein unerwartetes, ein unrühmliches Ende für die «erste, mit allen für den Personentransport unerlässlichen Sicherheitseinrichtungen versehene Luftseilbahn der Welt».[20] Im gleichen Jahr 1927 kann in Engelberg die zweite Luftseilbahn der Schweiz, Gerschnialp–Trübsee, in Betrieb genommen werden.

Vielfältig sind die Ursachen dieser ungeahnten Entwicklung. Einerseits befindet sich die Talstation der Wetterhornbahn 5,5 km von der Station Grindelwald der Berner Oberland-Bahn entfernt (die Fahrt mit einer Kutsche schlägt mit zusätzlichen 10 Franken zu Buch), zum andern erweist sich die Reise mit dem «Lift» als zwar durchaus spektakulär, doch das Etappenziel an der Station «Enge» steht eindeutig im Schatten der bereits eröffneten Jungfraubahn-Stationen «Eigerwand» (28. Juni 1903) und «Eismeer» (25. Juli 1905). In der ‹Schweizerische Bauzeitung› heisst es: «Der Name ‹Wetterhornaufzug› verspricht «etwas zu viel, denn mit dem Aufzug erreicht man zurzeit keineswegs den Gipfel des Wetterhorns, sondern man überwindet nur die bescheidene Stufe der ersten 420 m».[21] Auffallend ist zudem, dass die Jungfraubahn als Besitzerin zwar Werbeprospekte und ein Plakat drucken lässt, sich jedoch sonst betont zurückhaltend gibt. Und so sind in den grossen Schweizer Zeitungen kaum Reportagen zu finden, sogar die «feierliche Eröffnung» hat man ohne Prominenz und Champagner hinter sich gebracht.

‹Echo von Grindelwald›, Nr. 70, 2. Septemeber 1905: «Währenddem die Arbeiten an der Wetterhorn-Bahn rüstig vorwärtsschreiten, ist schon wieder eine neues derartiges Bahnprojekt aufgetaucht. Die Jungfraubahn, welche einen Grossteil der Wetterhorn-Bahnaktien besitzt, hat nämlich das Konzessionsgesuch für eine grossartige Aufzugsanlage nach dem System Feldmann von der Station Eismeer bis zur Eigerspitze eingereicht.»

Oben: Die Talstation wird vom oberen Grindelwald-Gletscher bedrängt. Heute ist der Gletscher aus dieser Position nicht mehr sichtbar.

Unten: Der Maschinenraum mit den damals modernsten Einrichtungen.

«Und wenn das Zugseil bricht...?»

Leonardo Torres y Quevedo (1852–1936). Ingenieur, Mathematiker, Konstrukteur, genialer Erfinder. Torres entwickelte neben Luftschiffen und den ersten elektromechanischen Apparaten auch den legendären «Aerocar», die 1916 eröffnete Luftseilbahn an den kanadischen Niagarafällen (Bild rechts).

1908 wird mit dem Wetterhorn-Aufzug in Grindelwald die erste Personen-Luftseilbahn der Alpen eröffnet. Zwei Jahrzehnte vor diesem technischen Durchbruch löst ein ähnliches Pionierprojekt peinliche Kontroversen aus: Noch sind Konzessionen für «schwankende Fahrbahnen» um die Jahrhundertwende Kantonssache. 1893 meldet die Eisenbahnabteilung dem Bundesrat, eine grundsätzliche Lösung der Luftseilbahn-Frage sei absolut dringlich. Auslöser dieses Vorstosses ist Ingenieur Leonardo Torres.[22] Der in der Schweiz weitgehend unbekannte Ingenieur aus Spanien hat von der Nidwaldner Regierung am 29. Mai 1889 die Konzession für den Bau einer 465 m langen Luftseilbahn vom Klimsenhorn hinüber zum benachbarten Pilatus bekommen. Doch auf Weisung des Eisenbahndepartementes müssen die Arbeiten am Pilatus zwei Jahre später sofort eingestellt werden.

Zahnradbahnen, Standseilbahnen und nun auch noch «schwebende Bahnen» Die Schweiz erlebt an der Wende zum 20. Jahrhundert eine wahre Bergbahn-Euphorie. Kaum ein markanter Aussichtspunkt, der nicht zum Ziel eines Zahnrad- oder Drahtseilbahn-Projekts werden soll. Die Frequenzen der Rigi- und der Pilatusbahn übertreffen alle Prognosen, und die Dividenden-Ausschüttungen wecken bei Unternehmern, Touristikern, Ingenieuren und Spekulanten den Ruf nach neuen Taten. Da taucht im Eidgenössischen Post- und Eisenbahndepartement ein noch nie da gewesenes Konzessionsgesuch auf. Nicht ein Schweizer ist der Absender, sondern Don Leonardo Torres y Quevedo aus Santander welcher das Klimsenhorn und den benachbarten Pilatus mit einem neuartigen Transportmittel verbinden will.

«Bern» warnt vor einem Desaster

Torres, der für seine Anlage ein spanisches und ein deutsches Patent vorweisen kann, stützt sich auf die verbindliche kantonale Konzession, die er von der Nidwaldner Regierung bereits am 29. Mai 1889 erhalten hat. Das Post- und Eisenbahndepartement erklärte sich für derartige Anlagen als nicht zuständig und wies Torres an den Kanton Nidwalden. Dennoch warnen jetzt die Experten in Bern vor dem Risiko des Unbekannten. So heisst es in einem Bericht vom 4. November 1893:

«Abgesehen davon, dass die hier in Betracht kommenden Fragen nicht alle rechnerisch gelöst sind und teilweise nur durch Proben abgeklärt werden können, lassen die vorliegenden Berechnungen wichtige Faktoren wie die Wirkung des Winddruckes auf die Wagen und die Seile selbst und die Spannungszunahme der Tragseile beim Bremsen der Wagen ganz unberücksichtigt, und auch in Bezug auf die Wagenschwingungen, die Seilschwankungen und – bei Bruch eines der 6 Tragseile – auch hinsichtlich der ungleichen Belastung und Inanspruchnahme der übrig bleibenden Kabel, können diese Berechnungen nicht als genügend und erschöpfend betrachtet werden. Die verhängnisvollen Folgen einer Störung im freien Spiel der Tragseile, eines Austretens der Wagenrollen aus derselben, eines Bruchs gewisser Teile des Wagens (z. B. der Wagenachse oder der Aufhängung der Kabine) oder der festen Anlagen (z. B. der Kabelrollen oder deren Befestigung), eines Blitzschlages, eines Steckenbleibens des Wagens während der Fahrt usw. brauchen kaum des Näheren nachgewiesen zu werden.»[23]

Kein Bedürfnis für Schaukelfahrten in 200 m Höhe

Fazit: Das Projekt entspreche «keinem wirklichen Bedürfnis, weder für die Landesbevölkerung noch für den Touristenverkehr, und wird kaum auf einen finanziellen Erfolg rechnen können. Abgesehen von der Kürze der Betriebssaison und der absoluten Notwendigkeit, den Betrieb bei jedem Unwetter (starkem Wind, Gewitter, Nebel) zu unterbrechen, wird ohne Zweifel die Zahl der Passagiere, die für solche Schaukelfahrten in 200 m Höhe über dem Boden gewonnen werden könnten, sehr gering sein». Hervorzuheben sei «die Erschwerung – um nicht zu sagen Verunmöglichung – der Beaufsichtigung und Kontrolle einer solchen Bahnanlage, indem wohl den Kontrollbeamten nicht zugemutet werden kann, die Kontrolle über die hoch in der Luft schwebenden Drahtseile auszuüben». Es sei kaum notwendig, «dass gerade unser Land für solche Experimente gewählt wird». Ein einziger Unfall auf dieser Spezialbahn genügt, «um den im Allgemeinen guten Ruf unserer Bergbahnen sehr zu beeinträchtigen». Ja, mehr noch: «Es ist sicherlich nicht geraten, durch Anlagen ähnlich derjenigen des Herrn Torres eine förmliche Verwilderung des Bergbahnwesens herbeizuführen.»

Interessanterweise regt die Eisenbahnabteilung 1893 abschliessend an, die Luftseilbahnen nicht dem Eisenbahngesetz zu unterstellen, sondern «das Inkrafttreten des neuen Postregalgesetzes abzuwarten». Unterschrieben hat diese Stellungnahme an den Gesamtbundesrat der Departements-Chef persönlich, Bundesrat Joseph Zemp.[24]

	Klimsenhorn–Pilatus/Kulm	
Konzessionsgesuch	30. März 1889	
Konzession	Kanton Nidwalden: 29. Mai 1889 Konzession vom Bund nicht anerkannt Eisenbahndep. fühlt sich «nicht zuständig»	
Konzessionsbewerber	Don Leonardo Torres Quevedo	
Projektverfasser	Don Leonardo Torres Quevedo, Anselmier, Ingenieurbüro in Bern	
Streckenlänge	465 m Verbindung Pilatus-Kulm–Klimsenhorn	
Höhendifferenz	194 m	
Taxen	Bergfahrt:	CHF 1.–
	Talfahrt:	CHF –.50
	Retourfahrt:	CHF 1.20
Betriebssystem	Elektrizität	

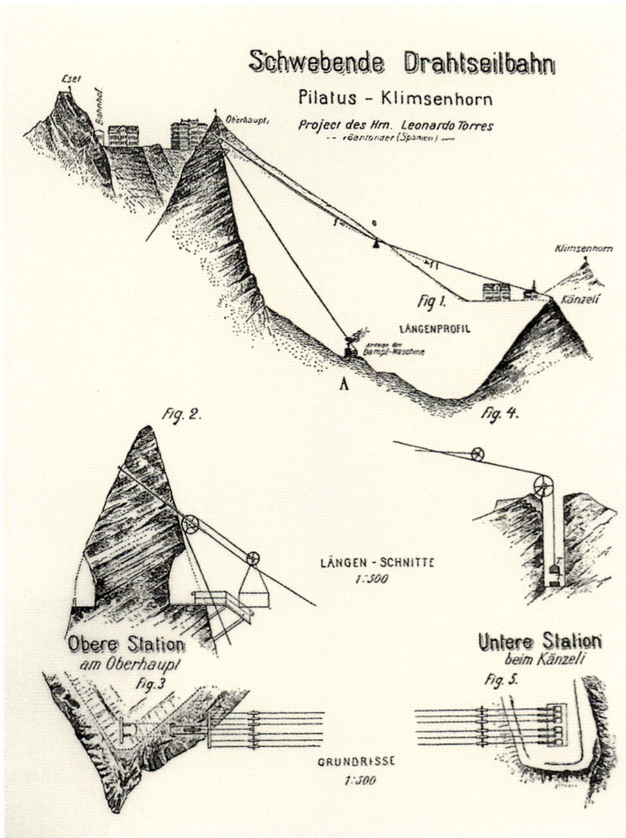

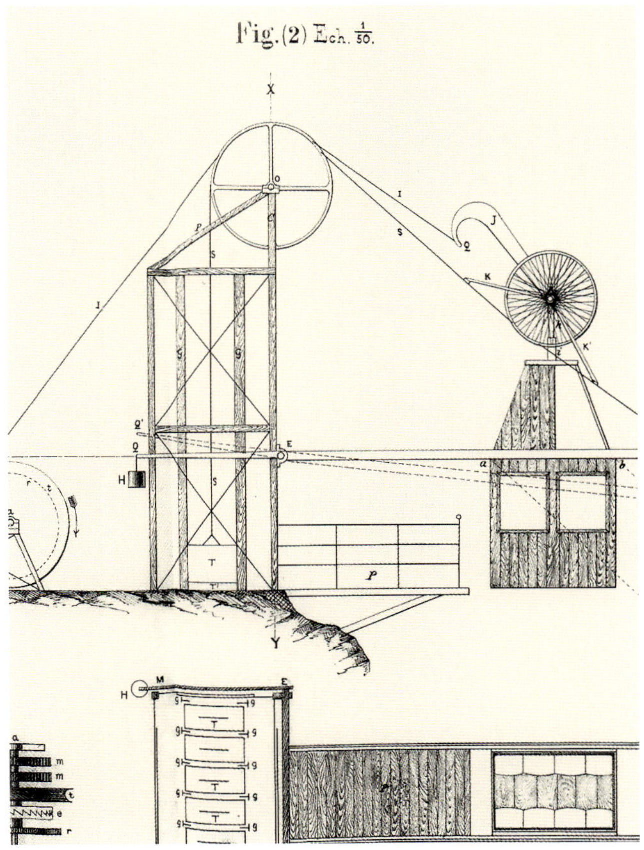

Das vom spanischen Ingenieur Leonardo Torres 1889 eingereichte Projekt einer «schwebenden Luftseilbahn» vom Pilatus zum 1100 m entfernten Klimsenhorn ist chancenlos geblieben. Es fehlten die Erfahrungen, man unterschätzte in der Schweiz die Qualifikation des spanischen Universalgenies und verpasste damit die Chance, auch im Bau von Luftseilbahnen zum Pionierland zu werden.

Torres und die Bürokratie

Im Frühling 1891 beginnt Torres mit Sprengarbeiten am Pilatus, was den Verwaltungsrat der Pilatusbahn sofort zu einer Intervention beim Bundesrat veranlasst. Es folgten weitere Proteste und Verhandlungen. Der Kanton Nidwalden muss sogar einen Polizisten zum Schutz der Arbeiter delegieren. Zudem genehmigt die Regierung in Stans eine Verlängerung der Baufrist bis 1893. Doch jetzt folgt die Intervention des Departementchefs. Die Bewilligung zum Betrieb einer Luftseilbahn falle unter das Postregal von 1849. Weil dieses eine Personenbeförderung ausschliesst, nimmt man Torres jede Möglichkeit zur Realisierung seines Projekts. Nach diesen Interventionen, neuen Belästigungen und Intrigen resigniert der Spanier. Er habe den Mut verloren, sich weiter mit dem Projekt zu befassen, schreibt das Büro G. Anselmier aus Bern, welches die technische Ausführung betreut, am 5. Dezember 1893 der Nidwaldner Regierung.[25]

Zehn Jahre später wendet sich Torres einem anderen, weit spektakuläreren Projekt zu, einer Seilbahn über die Stromschnellen des Niagara River, direkt unterhalb der Niagarafälle, auf der kanadischen Seite des Stroms. 1914 beginnen die Arbeiten, eine spanische Konstruktion mit spanischem Kapital, mit einer spanischen Gesellschaft und kanadischem Goodwill. Am 8. August 1916 wird Torres' «Whirlpool Aerocar» an den Niagara-Fällen feierlich eröffnet. Die 539 m lange Anlage mit einer 35-plätzigen «Freiluft-Kabine» wird zur berühmtesten Nostalgie-Seilbahn der Welt. Sie ist bis heute in Betrieb.

In der Schweiz verkannt – im Ausland geehrt

Die Disqualifizierung des Projekts Klimsenhorn in der Schweizer Presse und durch Bundesbeamte in Bern wirkt peinlich. Don Leonardo Torres y Quevedo (1852–1936) gilt über Spanien hinaus als Universalgenie. «Uno de los científicos más brillantes de la historia España.» Weltberühmt wird der spanische Ingenieur und Mathematiker nicht nur als Pionier und Konstrukteur von Luftseilbahnen, sondern auch von Luftschiffen (1905 «l'España», 1911 «Astra-Torres-Luftschiff»). Aufsehen erregt Torres auch mit seinen Konstruktionen von analogen Rechenautomaten, von Funksteuerungen und dem weltweit ersten Schach-Automaten. 1912 wird er Präsident der königlich-spanischen Akademie für exakte Wissenschaften in Madrid. 1922 ernennt ihn die Sorbonne zum Ehrendoktor, 1927 wird er eines der zwölf assoziierten Mitglieder der Abteilung Mechanik in der französischen Akademie der Wissenschaften. Die Genfer Gesellschaft für Physik und Naturgeschichte ernennt ihn zum Ehrenmitglied. Posthum ehrt ihn 2007 die «US EEE Computer Society» für seinen ‹Telekino› mit dem Milestone in Elektrotechnik und Informatik.

Die 1907 in San Sebastian eröffnete Seilschwebebahn von Torres gilt als die erste Personenluftseilbahn Europas. Sie transportiert allein im Sommer 1909 total 13 000 Personen – mehr als der Wetterhorn-Aufzug während sieben Betriebsjahren. Später konstruiert Torres weitere Luftseilbahnen in Spanien, Frankreich, Brasilien, USA und Kanada.

Grosse Scheidegg und Faulhorn: Erbitterter Kampf um eine Panoramalinie

Ganze 35 Jahre dauert der Kampf um die Scheidegg-Bahn, von 1890 bis 1925. «Keine wie diese Panorama-Linie wird dem reisenden Publikum eine derart grossartige Aussicht auf die Berner Oberländer Majestäten ermöglichen», heisst es im ersten Konzessionsgesuch. Doch diesen Plänen erwächst bei der einheimischen Bevölkerung massivster Widerstand. Mit ganzseitigen Aufrufen in der Lokalpresse wird zum Kampf geblasen. Meiringen und Grindelwald wollen, zumindest in Phase eins, keine Bahn, sondern eine Passstrasse über die Grosse Scheidegg. Und: Erstmals setzt sich eine Umwelt-Organisation mit Teilerfolgen gegen ein Bahnprojekt zur Wehr. Dennoch bewilligt der Bund die Konzessionen. Meiringen–Grosse Scheidegg–Grindelwald – diese attraktive Schmalspurlinie soll der krönenden Faulhorn-Bahn als Basislinie dienen. Beides scheitert an den Finanzen und am Ausbruch des Ersten Weltkriegs.

Was der Kleinen Scheidegg recht ist, muss der grossen Schwester billig sein. Am 12. August 1890, keine zwei Monate, nachdem der Bundesrat die Konzession für den Bau einer Wengernalpbahn ausgestellt hat, reichen der Thuner Ingenieur Bernhard Studer und der Fürsprecher Johannes Ritschard aus Bern bei den Bundesbehörden ein Konzessionsgesuch ein für den Bau der «Zahnradbahn von Meiringen über die Grosse Scheidegg nach Grindelwald».[1] 20 Kilometer misst die Strecke, davon 13,5 km mit Zahnrad-Betrieb. Kostenpunkt: 5,7 Millionen Franken, inkl. Rollmaterial. Eine Paradelinie soll's werden, durch eine Landschaft voller Höhepunkte: Reichenbachfall, Rosenlaui, Schwarzwaldalp und dann der Blick von der Grossen Scheidegg zu den vergletscherten Hochalpen der Jungfrau-Region. Dem Projekt haften allerdings konzeptionelle Mängel an. Beide Endstationen sind nicht mit den soeben erbauten Bahnhöfen der Berner Oberland-Bahn in Grindelwald und der Brünigbahn in Meiringen verbunden – dies allerdings aus strategischen Überlegungen. Kaum wird das Projekt bekannt, schickt der Gemeinderat von Grindelwald einen scharfen Protest an die Berner Regierung zuhanden der Bundesbehörden, u. a. mit dem Argument: «Durch die Scheidegg-Bahn wird mit der Zeit das Dorf Grindelwald mit seinen Hotels und Pensionen bloss Durchgangsstation. Dies muss mit allen Kräften verhindert werden.» Sollte die Konzession – allen Protesten zum Trotz – dennoch ausgesprochen werden, so sei «der hiesige Bahnhof niemals weder mit dem Bahnhof der Talbahn noch demjenigen der Wengernalpbahn in Verbindung zu setzen».[2] Deshalb plant Studer die künftige Scheideggbahn-Station in Grindelwald direkt neben der Dorfkirche, rund 1 Kilometer östlich des Endbahnhofs der Berner Oberland-Bahn.

In Meiringen wird an einer eiligst einberufenen Volksversammlung am 14. September 1890 «einhellig beschlossen: Es sei die Erstellung derselben (Grosse Scheidegg-Bahn) mit allen möglichen gesetzlichen Mitteln zu hintertreiben».[3] Die Proteste werden täglich massiver und gipfeln in ganzseitigen Aufrufen der Gemeindebehörden von Meiringen und von Grindelwald im ‹Oberländisches Volksblatt› zuhanden der Berner Regierung. Angesichts des massiven Widerstandes in beiden Dörfern legen die Initianten ihr Projekt 1892 aufs Eis.

Meiringen wechselt die Fronten

Sechs Jahre nach der Projekt-Eingabe macht Meiringen plötzlich rechtsumkehrt. Aus Bahngegnern sind mit einem Mal Konzessionsbewerber geworden! Im Januar 1896 bekommt das Eisenbahndepartement ein Wiedererwägungsgesuch – unterschrieben von «B. Studer und Dorfgemeinde Meiringen». Die Sachlage habe sich seit 1890 eben «etwas verändert», schreibt der Gemeinderat von Meiringen nach Bern.[4] Nicht geklärt ist, ob es sich um eine verkehrspolitische Finte handelt. Auch in Grindelwald werden Fäden gesponnen: Mit einem eigenen Konzessionsgesuch und der nachfolgenden Baubewilligung, die nie eingelöst wird, könnte man die ganze Angelegenheit blockieren…

Konkurrenz an der Scheidegg

In der Tat stellt sich die Situation ziemlich verworren dar. Erstens sind in der Zwischenzeit Konkurrenten aufgetaucht: Elias Flotron, Ingenieur aus Reichenbach bei Meiringen, und der steinreiche Innerschweizer Financier, Hotelier und Unternehmer Franz Josef Bucher aus Kerns haben im November 1895 gleich drei Konzessionsgesuche eingereicht: Grosse Scheidegg-Bahn, Reichenbachfall-Bahn und Tramway Meiringen–Aareschlucht.[5] Zudem ist der frühere Mitbewerber von Ingenieur Bernhard Studer, Fürsprecher Johannes Ritschard,[6] 1893 in die Berner Regierung gewählt worden, sodass er seine Beteiligung am Projekt zwangsläufig aufgeben muss. Dass aber Ritschard seine «Rechte und Pflichten an die Dorfgemeinde Meiringen abgetreten hat», das löst Kopfschütteln aus. Die Berner Regierung wird konkret:

«Gegen das Konzessionsbegehren der Herren Ritschard und Studer erhoben seinerzeit gerade die Gemeinden Meiringen und Schattenhalb sehr lebhaft Einspruch.» Wenn nun Meiringen dieses Konzessionsgesuch unvermittelt zum eigenen mache, so vor allem deshalb, «um die Pläne der Herren Bucher und Flotron zu durchkreuzen».[7]

Die Bahn über die Grosse Scheidegg wurde von den Behörden in Grindelwald und Meiringen mit ganzseitigen Artikeln in den Lokalzeitungen bekämpft. Lieber eine Strassenverbindung statt eine Eisenbahn, «die nur den Touristen nützt». Aus heutiger Sicht hätte die Bahnlinie zentrale Verkehrsprobleme des Gletscherdorfs lösen können. Das Projekt Flotron von 1907 (im Bild schwarz), wurde von den eidgenössischen Räten konzessioniert, blieb aber ebenso erfolglos wie die ebenfalls konzessionierte, von 51 auf 25 bis 27 km verkürzte Linie, mit «gestreckter» Streckenführung auf dem Abschnitt Grindelwald–Grosse Scheidegg.

Schützenswerte Gebiete den Nachkommen erhalten!

Am 13. Dezember 1905 protestiert der bernische Heimatschutz unter der Führung von Obmann Otto von Greyerz, gegen «die aus dem Boden schiessenden Bahnprojekte». Gleichzeitig wird eine schriftliche «Kundgebung gegen den projektierten Bau einer Schmalspurbahn zwischen Meiringen und Grindelwald» verfasst, unterschrieben von ‹Bund›-Feuilleton-Redaktor Josef Viktor Widmann: «Bei der verhältnismässigen Enge unseres Stückchens Alpenwelt werden die Gegenden immer seltener, in welchen der Einheimische wie der Fremde die Schönheit der Natur noch in ihrer keuschen Unentweihtheit (...) geniessen kann.» Es müsse dafür gesorgt werden, «auch unseren Nachkommen noch einen Begriff davon zu geben, wie die alte Schweiz einst aussah, als ihr Alpengebiet noch wesentlich ein Hirtenland war». Sollte die Scheidegg-Bahn-Konzession aller Proteste zum Trotz genehmigt werden, so müssen vier Minimalbedingungen erfüllt sein:

«1. Der Reichenbachfall darf nicht durch Mauern, Verbauungen oder ein Stationsgebäude verunziert noch überbrückt werden; die Lösung für das erste Teilstück muss in einer nach Osten ausweichenden, über das Geissholz führenden Kurve gesucht werden, die stets auf dem rechten Ufer des Reichenbaches bleibt.

2. Das Gschwandenmad (Ebene kurz vor dem Hotel Rosenlaui) darf nicht vom Bahnkörper durchschnitten, und es darf auch nicht eine Station darauf erstellt werden.

3. Der freie Blick ins Rosenlauital darf durch keinen Viadukt und keinen ähnlichen Kunstbau gehindert werden.

4. Eine etwaige Bahnlinie nach dem Faulhorn darf unter keinen Umständen weder den Bachsee noch die Talebene, in welcher er gebettet ist, berühren. Ebenso wenig ist die Errichtung einer Station am Bachsee zu gestatten.»[8]

Links: Die Grosse Scheidegg, der Übergang vom Haslital ins Jungfraugebiet. Im Hintergrund der Eiger und die vergletscherte Flanke des Mönch.

Rechts: Noble Gäste in der Maultier-Karawane auf dem Weg vom Faulhorn nach Grindelwald.

Zwischen der Konzessionseingabe Bucher/Flotron und dem überraschenden Rückkommen von Ingenieur Studer und der Dorfgemeinde Meiringen liegen nur gerade 1½ Monate.

Neues Projekt mit 800-mm-Spur

Der Wind hat gedreht im Haslital. Studer sieht in seinem neuen, verbesserten Projekt nun die direkte Anbindung der Scheidegg-Bahn an die bestehenden Bahnhöfe in Meiringen und Grindelwald vor, so wie es die Gemeinderäte plötzlich fordern. Trotz der verlängerten Strecke gelingt es ihm, die Baukosten um 1,2 Millionen auf 4,5 Millionen Franken zu senken. Beigetragen zur Kostensenkung hat primär die Reduktion der Spurweite: «Da die Grosse-Scheidegg-Bahn gewissermassen eine Fortsetzung der Wengernalpbahn und diese mit 0,8 m Spurweite gebaut ist, so adaptieren wir dieselbe Spurweite.» Der Kurvenradius wird zudem von ursprünglich 200 m auf 80 m reduziert, «was ein besseres Anschmiegen an die Terrainkonfiguration ermöglicht».[9] Bei der Rentabilitätsberechnung stützt er sich euphorisch auf die Erfolge der Wengernalpbahn. Hier stiegen die Frequenzen bereits im zweiten Betriebsjahr, 1894, auf 45 700 Personen, so viele wie bei keiner anderen Bergbahn, ausgenommen die seit fünfzehn Jahren dampfende Rigi-Bahn. Studer gibt sich höchst zuversichtlich und budgetiert mit einer Jahresfrequenz von 40 000 Personen (davon 10 000 in der 1. Klasse) – «viel zu optimistisch berechnet», konstatiert das Eisenbahndepartement.

Berner Regierung für Projekt Flotron

Wohlwollend steht der Kanton Bern dem Projekt Bucher/Flotron gegenüber. Die Streckenlänge über die Grosse Scheidegg ist mit 20,35 km fast identisch mit derjenigen von Studer. Flotron und Bucher planen aber mit der Meter-Spur, analog der Brünig-Linie und der Berner Oberland-Bahn. Dennoch rechnet man nur mit Gesamtkosten von 4 Millionen Franken. Die Berner Regierung meldet am 29. Januar 1896 dem Bundesrat:

«Nachdem eine Eisenbahn über die Wengernalp nach Grindelwald führt, ist eine bessere Verbindung über die Grosse Scheidegg nach Meiringen sehr wünschenswert, um diesen schönen Pass dem Touristenverkehr zugänglicher zu machen.»

Die Kehrtwende von Grindelwald

Ausgerechnet die nie geahnten Erfolge der nur wenige Jahre zuvor ebenfalls hart bekämpften Wengernalpbahn, haben auch in Grindelwald zu einer Kehrtwende geführt. Sie sind, nicht wie befürchtet, ab- und weitergereist, die fremden Gäste, sondern sie haben das neue touristische Potenzial für verlängerte Aufenthalte genutzt. Ein neues Zeitalter hat begonnen, der Massentourismus setzt ein und mit ihm ein Wandel der ökonomischen Rahmenbedingungen in den Tälern.

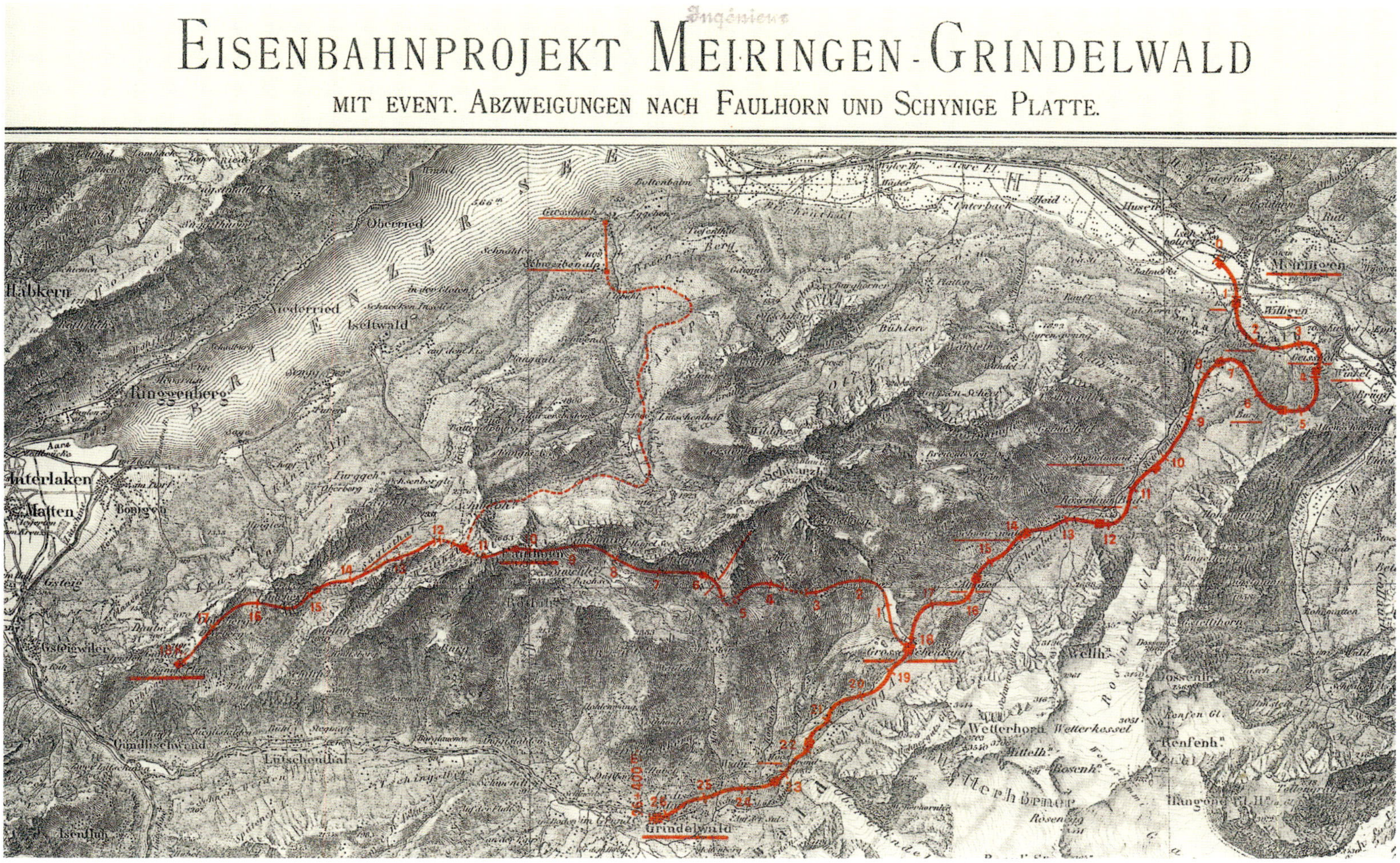

Wilhelm Hetzels Eisenbahnnetz umfasste auch eine Verbindung Grosse Scheidegg–Faulhorn–Schynige Platte. Zudem wollte der Basler Ingenieur das Faulhorn ebenfalls von der Nordseite erschliessen – mit dem Hotel Giessbach am Brienzersee als Ausgangspunkt.

Meiringen in der Mange

Eine extrem kurze Frist von nur 14 Tagen mutet das Eisenbahndepartement der Gemeinde Meiringen zu für den Entscheid, ob sie ihr Konzessionsgesuch zurückziehe oder nicht. An der stracks einberufenen Gemeindeversammlung vom 5. Mai 1896 wird schliesslich der Verzicht beschlossen. Nach wie vor rückt man nicht davon ab, das Projekt Flotron/Bucher zu bekämpfen. Dieses Bauvorhaben nehme zu wenig Rücksicht auf die Interessen der Hotellerie und des einheimischen Fremdenverkehrs, «ja es versuche gerade Meiringen den sämtlichen Fremdenstrom zu entziehen und dem Hotel Reichenbach allein sich zuzuwenden».[10] Ausserdem müsse die Station beim Rosenlauigletscher zwingend «in unmittelbarer Nähe der vorhandenen Etablissemente und nicht 12–15 Minuten entfernt» gebaut werden.[11]

Konzession am 2. Juli 1897

Die Berner Regierung und Bundesrat Zemp fordern Flotron und Bucher auf, die Postulate der Gemeinde Meiringen zu berücksichtigen, worauf der National- und der Ständerat die Konzession für Flotron/Bucher gutheissen (Bundesbeschluss vom 2. Juli 1897). Allerdings wird sich die Scheidegg-Bahn als schwer verdaulicher Brocken erweisen. Die auf sechs Jahre befristete Konzessionserteilung (Frist vom Bundesbeschluss bis zur Betriebseröffnung) läuft am 2. Juli 1903 aus, ohne dass es den Initianten gelungen wäre, die notwendigen Finanzen aufzubringen. Entnervt schreibt Elias Flotron am 7. März 1904 dem Eisenbahndepartement: «Herr Franz Josef Bucher, mein früherer Associé, hat es nun unterlassen, auftragsgemäss im Juni 1903 um die Verlängerung der Konzession nachzusuchen, ohne mich von dieser Unterlassung in Kenntnis zu setzen.» Flotron sind für die Bauplanung grosse Kosten entstanden. Er habe «zweimal die Finanzierung der Bahn so gut wie gesichert gehabt», schreibt Flotron dem Eisenbahndepartement. Die Sache sei «nur an den unerhörten Forderungen und Bedingungen des Franz Josef Bucher gescheitert».[12]

Grindelwald im Bergbahn-Fieber

Auf der Südseite der Grossen Scheidegg, in Grindelwald, beschäftigt man sich unterdessen bereits mit neuen, noch spektakuläreren Projekten: 1900 wird vom Bund die Drahtseilbahn Grindelwald–Eismeer konzessioniert (aber nie gebaut), und weit über die Schweiz hinaus fasziniert ein neues, ehrgeiziges Bauvorhaben: Die erste Hochgebirgs-Luftseilbahn der Welt auf das 3701 m hohe Wetterhorn (Seite 44). Eine Schmalspurbahn soll die Verbindung vom Bahnhof zum oberen Grindelwald-Gletscher und damit zur Talstation dieser Weltneuheit herstellen. 470 000 Franken sind für diesen Anschluss budgiert; die Grindelwalder Initianten um Grossrat Fritz Boss hoffen, die 4,6 km lange Schmalspur-Linie «übers Jahr» bauen zu können. In Mühlebach soll eine Abzweigung nach dem Ortsteil Ofni am Terrassenweg den Touristen die Sonnenterrasse des Gletscherdorfes erschliessen.

Damit keimen auch die Hoffnungen der Scheidegg-Bahn-Befürworter wieder auf. Weil sich die Initianten der

Alpenflugplatz Faulhorn

15. Dezember 1921, auf über 2000 m Höhe herrscht tiefer Winter. Es ist der Stichtag der x-mal verlängerten Konzessionsfrist für das Faulhorn-Bahnprojekt. Keine Chance für Wolfgang Hetzel, doch noch den geforderten ersten Spatenstich vollziehen zu können. Doch Wolfgang Hetzel hat das Ende schon ein Jahr zuvor kommen sehen und sattelt deshalb ein anderes Pferd: Der erste Alpenflugplatz Europas soll auf am Faulhorn realisiert werden. Die Idee findet angeblich sogar im Militärdepartement latentes Interesse. Nach etlichen Vorstudien reicht Hetzel am 15. März 1920, gemeinsam mit Bauingenieur Karl Forrer, Winterthur, und Jules Ziegler aus Basel, das Konzessionsgesuch ein.

150 Höhenmeter unterhalb des Faulhorn-Gipfels, «auf dem ziemlich flachen Gassenboden», sollen auf 2550 m Höhe eine Piste, ein grosser Hangar und auch gleich das Stationsgebäude der Faulhorn-Bahn angelegt werden. Und: «Ein Scheinwerfer auf dem Faulhorn wird nötig sein», heisst es im Konzessionsgesuch. Das Faulhorn eigne sich wegen der meist nebelfreien Lage auch ausgezeichnet als künftiger Ausweichplatz für Armeeflugzeuge. Grosses Interesse signalisiere die Fremdenindustrie, das Projekt werde sicher auch von der Schweizer Luftverkehrs AG Ad Astra in Zürich begrüsst. Positive Zuschriften habe er auch von den Luftschiffbauern, den Zeppelinwerken in Berlin-Staaken, erhalten.

Hetzel greift auf seine alten Pläne zurück und baut in das Flugplatz-Konzessionsgesuch auch gleich den Bau einer provisorischen Seilbahn ein, mit drei Sektionen und einer Gesamtlänge von 10 km, vom Giessbach am Brienzersee hinauf zum Airport. Diese Seilbahn sei ihm vom Luftamt zusätzlich aufgezwungen worden. Hetzel scheint sich in den gesetzlichen Schlupflöchern auszukennen. Eine provisorische Seilbahn bedarf 1920 keiner Konzession, zudem ist nicht der Bund, sondern der Kanton Aufsichtsbehörde. Die Berner Regierung hat bisher keine Einwendungen zum Seilbahn-Projekt gemacht, womit sich Hetzel auf der sicheren Seite wähnt.

Im Eisenbahndepartment ärgert man sich indessen über die «langen, verworrenen Ausführungen» im holprig abgefassten Konzessionsgesuch. Und im Luftamt verwahrt man sich gegen die Äusserung Hetzels, der Bund habe eine Seilbahn verlangt. «Hingegen wurde ihm seinerzeit von Dübendorf aus bedeutet, dass ein Flugplatz ohne Bahn kaum von Wert sei; der geringste Defekt an der Landungsstelle hätte ja kolossale Kosten zur Folge, wenn ein Abtransport per Bahn nicht möglich ist.»

Im Juni 1920 erhält der nunmehr 78-jährige Wilhelm Hetzel negative Post aus Bern, was das Ende seiner alpinen Flugplatz-Träume bedeutet.

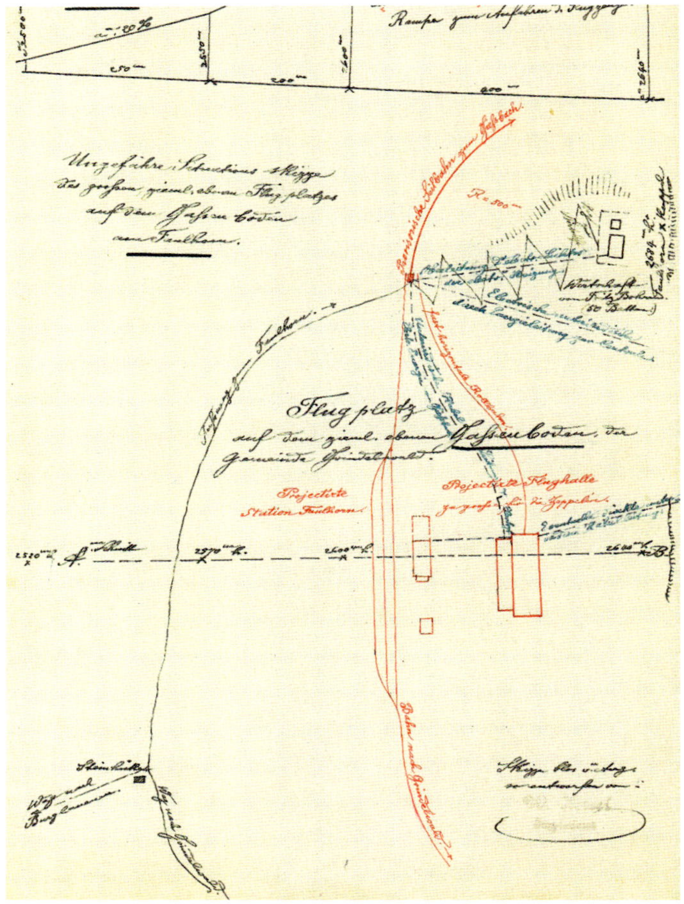

Schmalspur-Linie Grindelwald–oberer Gletscher unter dem leisen Druck des Regierungsrates bereit erklären, das überarbeitete Scheidegg-Projekt von Ingenieur Flotron zu unterstützen (dieses enthält bereits eine Station beim oberen Grindelwald-Gletscher), kommt unerwarteter Schwung in die schon verloren geglaubte Sache.[13] Auch auf der personellen Ebene gibt es Neuigkeiten: Ingenieur Flotron hat sich inzwischen endgültig von Bucher getrennt. Seine neuen Partner im 11-köpfigen «Vereinigten Initiativkomitee für die Grosse Scheidegg-Bahn» sind Notar Leuenberger, Bern, Geometer Weber, Langenthal, und Amtsschreiber Hürner in Meiringen.

Grosse Scheidegg–Schynige Platte

Was Flotron noch nicht weiss: Das Eisenbahndepartement setzt auch auf ein Konkurrenzprojekt, auf die «Panorama-Linie» von Ingenieur Wolfgang Hetzel aus Basel. Von Bedeutung sei die Tatsache, dass diese Eisenbahnlinie von der Grossen Scheidegg über das Faulhorn bis Schynige Platte führe, hält das Eisenbahndepartement am 19. Juni 1905 zuhanden der ständerätlichen Eisenbahnkommission fest: «Das Projekt des Herrn Hetzel ist also das grössere und wirtschaftlich wichtigere.»[14]

Bahnstation am Bachsee*

Die Verwirrung ist komplett, denn die bundesrätliche Botschaft liegt am 10. Juni 1905 bereits gedruckt vor. Und hier wird nur das überarbeitete Projekt Flotron vorgestellt: «Die 5500 m lange Strecke von der Grossen Scheidegg bis zum Faulhorn am Südhang der Schwarzhorngruppe gewähre eine überwältigend schöne Aussicht auf Wellhörner und Wetterhörner», heisst es in der bundesrätlichen Vorlage. Die Bahnlinie führe dann «zu dem durch die Schönheit seiner Lage hochberühmten Bachsee, an dessen Ufer die Station Faulhorn angelegt werde. Nachdem die Bahn noch den Ablauf des Bachsees mit einer 20 Meter langen Brücke

* Umgangssprachlich Bachalpsee; offiziell in der Landeskarte Bachsee (2265 m ü.M.)

gekreuzt habe, wende sie sich in raschem Bogen und gehe mit Gefällen von 100 ‰ und 148 ‰ talwärts».

Die Gesamtlänge der Bahn beträgt jetzt 29,85 km, davon 18,79 km mit Zahnstange. Die Anlagekosten werden mit 5,4 Millionen Franken budgetiert. Flotron bezeichnet sein Projekt von Beginn weg als «Aussichtsbahn» und «Panoramastrecke».

Die Kantonsregierung setzt auf Flotron. Allerdings beantragt sie am 1. März 1905 eine «gestreckte Linienführung». Die Bahn über die Grosse Scheidegg soll nicht als Panoramalinie, sondern ab Scheidegg-Passhöhe in einer direkten Linie nach Grindelwald führen, «mit Abzweigung von der Grossen Scheidegg nach dem Faulhorn». Diese Formulierung wird vom Bundesrat in der Botschaft an das Parlament übernommen. Damit verkürze sich die Strecke Meiringen–Grindelwald endlich auf 23,1 km.

Berner Heimatschutz protestiert

Die Bahnträume rufen nun einen wichtigen Gegenspieler, den Berner Heimatschutz, auf den Plan. Erstmals in seiner Geschichte verfasst die junge Vereinigung unter der Führung von Literaturprofessor Otto von Greyerz eine Kampfschrift mit dem Titel «Kundgebung». Scheidegg- und Faulhorn-Bahn werden als frevelhafter Eingriff in die Naturlandschaft dieser Region bezeichnet und vehement bekämpft. Die Eingabe an das Parlament vermag allerdings die Mehrheit der Bundespolitiker nicht zu erschüttern. Deshalb macht der bernische Heimatschutz noch mehr Druck und fordert ultimativ die Verweigerung der Konzession. Seine Aktion misslingt, bleibt aber nicht wirkungslos. Die ganze Projektierung muss abermals umgearbeitet werden, weil auch der Bundesrat dem Druck des 1905 gegründeten Schweizer Heimatschutzes nicht widerstehen kann. Nun fordert auch der Bund:

- Faulhorn-Projekt ohne den Abschnitt Faulhorn–Schynige Platte
- Rosenlauital: Linienführung auf der rechten statt auf der linken Talseite
- Bachsee: Das ganze Gebiet des idyllischen Bergsees muss komplett freigehalten werden.

Der Vorentscheid von 1906

Es türmen sich die Akten. Doch endlich erfolgt der Durchbruch im Konkurrenzkampf mit der Übereinkunft vom 21. März 1906: Die Transitlinie Meiringen–Grindelwald wird vom Initiativkomitee mit Leuenberger/Flotron

Vom Visionär zum Schwärmer und Fantast: Nach dem erfolglosen Faulhorn-Bahnprojekt versuchte es Ingenieur Hetzel 1920 mit dem Projekt «Gebirgsflugplatz für die Armee». Hundert Höhenmeter unterhalb des Faulhorns plante er auf dem Gassenboden eine Piste mit Hangars und eine vorerst provisorische Bahnstation. Das Projekt schaffte es bis zum Luftamt und zum Eisenbahndepartement.

gebaut, die Basler Initianten Hetzel/Fischer übernehmen die Faulhorn-Bahn. Allerdings will das Initiativkomitee nach wie vor an ihrer Panoramalinie bis zum Bachalpsee festhalten.

Naturschutz erstmals verankert

Am 3. Juni 1907 präsentiert der Bundesrat den eidg. Räten, «im letzten Stadium der Angelegenheit», die alles entscheidende Vorlage:

«Wir halten dafür, dass die Konzession Grindelwald-Grosse Scheidegg-Meiringen nicht wohl verweigert werden kann». Und obschon eine Bahn auf das Faulhorn kaum einem wirklichen Bedürfnis entspreche, könne auch diese Linie nicht grundsätzlich abgelehnt werden: «Dagegen sollte die Konzession für die Verbindungslinie Faulhorn-Schynige Platte mit Rücksicht auf die Erhaltung der Naturschönheit verweigert werden. Für denjenigen, der die Rundtour Interlaken-Wilderswil-Schynige Platte-Faulhorn-Grindelwald-Interlaken unternehmen will, ist es gewiss eine Wohltat, wenn er nicht die ganze Tour per Bahn machen muss, sondern gerade den schönsten Teil derselben zu Fuss zurücklegen kann.»

Erstmals kommen beim Bahnbau auch Naturschutzanliegen auf Gesetzesstufe zur Anwendung: Art. 7 der Konzession: «Bei der Erstellung der Ausführungspläne hat die Gesellschaft auf möglichste Schonung der Naturschönheiten Bedacht zunehmen», lautet die ziemlich vorsichtig gewählte Formulierung. Die eidg. Räte sprechen sich mit grossem Mehr sowohl für die Strecke Grindelwald-Grosse Scheidegg-Meiringen aus (Projekt Flotron), ebenso für das Projekt Hetzel mit der Zweiglinie Grosse Scheidegg-Faulhorn.

Offen bleibt die Frage: Stecken hinter diesem Entscheid taktische oder tatsächlich touristische Gründe? Das eidg.

	Grosse Scheidegg-Faulhorn-Schynige Platte	Grindelwald-Oberer Gletscher
Konzessionsgesuch	28. August 1905 «Meiringen über die Grosse Scheidegg nach Grindelwald, evtl. mit Abzweigung nach dem Faulhorn und zur Schynigen Platte.»	21. April 1904
Konzession	10. Dezember 1907 – Mehrmals verlängert bis 15. Dezember 1921	1905
Gesuchsteller	W. Hetzel, Ingenieur, Basel W. Fischer, Kaufmann, Basel	F. Boss, Grossrat und Hotelier R. Häsler; J. Reist, Elektriker; P. Studer, Sekundarlehrer; alle Grindelwald; A. Weber, Geometer, Langenthal
Projektverfasser	W. Hetzel, Basel	A. Weber, Geometer, Langenthal
Länge der Bahn	18 km (Adhäsion 10,262 km, Zahnradbahn 6,388 km Standseilbahn 1,350 km)	4,6 km (Eigentrassee, evtl. Benutzung der Strasse) 1,8 km Abzweigung Ofni (Hotel Viktoria)
Stationen	Grosse Scheidegg km 0,0 1960 m ü.M. Widderfeld km 6,3 2342 m ü.M. Faulhorn km 10,3 2656 m ü.M. Weites Thal (Seilbahn)* km 11,7 2172 m ü.M. Sägistalsee km 14,3 2094 m ü.M. Schynige Platte km 18,0 1970 m ü.M. * Projekt 1906: Seilbahn durch Zahnradbahn ersetzt	Grindelwald-Station 1038 m ü.M. Oberer Gletscher 1232 m ü.M. Ofni (Terrassenweg) 1130 m ü.M. 8 Haltestellen
Spurweite	1000 mm; im Projekt 1906 auf 800 mm reduziert	1000 mm
Minimalradius	150 m	40 m
Höhendifferenz	658 m	194 m
Maximalsteigung	Adhäsion 52 ‰, Zahnrad 100 ‰, Seilbahn 350 ‰	60 ‰
Fahrpreise	2. Kl. CHF 15.– / 3. Kl. CHF 11.50	Retourtaxe: CHF 1.50
Betriebssystem	Elektrizität	Elektrisch (hydro-elektrische Anlage Grindelwald)
Kosten	CHF 4,6 Mio. (CHF 230 000 pro km)	CHF 470 000 (CHF 100 000 pro km) CHF 153 000 Zweiglinie nach Ofni
Bemerkungen	Bedenken des Bundesrates werden vom Parlament übergangen. Das Projekt bleibt zudem ohne den Anschluss an die Scheidegg-Bahn chancenlos.	Die stetige Zunahme der Besucher am Oberen Gletscher mache den Bau einer Bahnlinie nötig. Schon jetzt werde der Verkehr nach dem Gletscher auf jährlich 60 000 Personen geschätzt.

Eine Bahn bis zum Bachalpsee ob Grindelwald. Das Projekt wurde vom erstarkten Natur- und Heimatschutz ebenso bekämpft wie die Linienführung der Scheidegg-bahn im Gebiet Rosenlaui. Dennoch hätten sowohl die Scheideggbahn als auch die Faulhornbahn dem See entlang geführt werden können, obwohl der Bundesrat «das ganze Gebiet des idyllischen Bergsees» schützen wollte.
Oben rechts die geplante Bergstation «Faulhorn», knapp unterhalb des Gipfels.

Parlament hat am 10. Dezember 1907 einer Panoramalinie zugestimmt, deren Streckenlänge nicht mehr wie im Projekt von 1905 23 km misst, sondern mit einem Mal auf satte 51 km verlängert worden ist!

Nochmals rechtsumkehrt

1912, fünf Jahre später, folgt, was folgen musste. Das Initiativkomitee um Ingenieur Flotron redimensioniert das Projekt von 51 km auf 25 bis 27 km. «Nach eingehenden Untersuchungen habe sich bei Anwendung eines gemischten Systems von Adhäsion und Zahnrad ein Anlagepreis von 257 000 Franken per Bahnkilometer ergeben, sodass der Bau der Bahn ein Anlagekapital von 6 400 000 Franken erfordern würde» (bisher 9 547 000 Franken), heisst es in der bundesrätlichen Botschaft. Allerdings wird auch gleich eine massive Erhöhung der Fahrpreise um 60 Prozent, von 40 auf 65 Rappen pro Kilometer, gewünscht. Dennoch, so betonen die Initianten, würde der Fahrpreis Meiringen–Grindelwald «weit unter dem bei der Erteilung der Konzession bleiben», nämlich 16.90 Franken statt 20.50 Franken, dies dank der massiven Reduktion der Streckenlänge um rund die Hälfte. Kanton und Bund lenken ein.

Erster Weltkrieg wirkt als Notbremse

1911: Ein weiterer Bewerber bringt sich überraschend ins Spiel. Ingenieur Adolf Rodt aus Bern drückt den Kostenvoranschlag für seine 24,95 km messende Linie auf 5,5 Millionen Franken hinunter, vergisst allerdings beim Posten «Rollmaterial» die Anschaffungskosten für Lokomotiven. Aber auch so kommt das Projekt nicht über ein Vorstadium hinaus.

Mit mehreren Fristverlängerungsanträgen halten die Scheideggbahn-Konzessionäre das Eisenbahndepartement jahrelang auf Trab. Doch auch die Berner Regierung hat genug. Im Oktober 1912 teilt sie den Bundesbehörden mit: «Es erscheint uns ausgeschlossen, dass das Unternehmen in absehbarer Zeit (...) finanziert werden könnte.» Unterschrieben ist der Brief von Regierungspräsident Robert Grimm.[15]

Einmal mehr bricht auch hier der Ausbruch des Ersten Weltkriegs jeder Hoffnung das Genick und führt zum sofortigen Planungsstopp.

Fristverlängerungen als Strohhalm

Dennoch kämpft Wilhelm Hetzel weiter und deckt das Eisenbahndepartement erneut mit Briefen ein. Sachlich hält er fest, es sei unmöglich, die Zweigbahn auf das Faulhorn bauen zu können, bevor nicht auch die Grosse Scheidegg-Bahn finanziert sei. Tatsächlich gewährt der Nationalrat in der Juni-Session 1913 eine weitere zweijährige Fristverlängerung. Um aber die um sich greifende Verlängerungsflut eindämmen zu können, führt das Departement zum «Schutz gegen aussichtslose oder zu Spekulationszwecken dienende Bahnprojekte»[16] eine Gebühr von 100.– Franken pro jährliches Gesuch ein. Hetzel zahlt und insistiert weiter. Das endlose Spiel verliert sich erst in den Zwanzigerjahren. Fürsprecher F. Zeerleder aus Bern bittet am 11. November 1922 als Vorsitzender einer «Studiengesellschaft AG» noch einmal um eine Gnadenfrist: «Dass die Gesellschaft das Opfer einer neuen Gebühr nicht scheut, bürgt Ihnen dafür, dass die Vertreter der Talschaften an die spätere Möglichkeit einer Verwirklichung des Projektes auch jetzt noch vertrauensvoll glauben».[17] Ein letztes Mal gewährt der Bundesrat eine Überbrückung mit Termin 1. Januar 1925. Doch auch das Interesse der Bernischen Kraftwerke BKW für das Projekt bringt in diesen harten Krisenzeiten nichts mehr.

Sieben Varianten für eine Bahn über die Grosse Scheidegg, von Grindelwald nach Meiringen

	Grindelwald–Meiringen	Grindelwald–Meiringen	Meiringen–Grindelwald	Meiringen–Grindelwald
Projekteingabe	12. August 1890	3. Januar 1896	14. November 1895	17. Juni 1904
Konzessionsbewerber	B. Studer, Ingenieur, Thun J. Ritschard, Anwalt, Bern	B. Studer, Ingenieur, Thun Gemeinde Meiringen	E. Flotron, Ingenieur, Meiringen F. J. Bucher, Kerns	E. Flotron, Ingenieur, Meiringen
Konzession	Projekt zurückgezogen: 14. September 1892	Konzession abgelehnt	2. Juli 1897	–
Streckenlänge	«ca. 20 km»	20,300 km, davon 13,560 km Zahnradbahn	20,350 km, davon 12,430 km Zahnradbahn	29,850 km, davon 18,790 km Zahnradbahn
Höhenkoten	Grindelwald 1057 m ü.M. Grosse Scheidegg 1941 m ü.M. Meiringen 603 m ü.M.	Meiringen 600 m ü.M. Grosse Scheidegg 1948 m ü.M. Grindelwald 1038 m ü.M.	Meiringen 600 m ü.M. Grosse Scheidegg 1950 m ü.M. Grindelwald 1035 m ü.M.	Meiringen 600 m ü.M. Grosse Scheidegg 2040 m ü.M. Grindelwald 1032 m ü.M.
Spurweite	1000 mm	800 mm	1000 mm	1000 mm
Betriebssystem	Elektrische Lokomotiven	Elektrische Lokomotiven	Elektrische Kraft	Motorwagen, elektr. Betrieb
Maximalsteigung	220 ‰	220 ‰	216 ‰	152 ‰
Kosten	CHF 5,7 Mio. (CHF 285 000 pro km)	CHF 4,5 Mio.	CHF 4,0 Mio.	CHF 5,4 Mio.
Fahrpreise (einfache Fahrt)	1. Klasse CHF 15.50 2. Klasse CHF 10.–	1. Klasse CHF 12.20 2. Klasse CHF 8.10		
Stationen	Grindelwald Hotel Wetterhorn Grosse Scheidegg Rosenlaui Zwirgi Meiringen	Grindelwald Hotel Wetterhorn Grosse Scheidegg Rosenlaui Zwirgi Meiringen	Meiringen Reichenbachfälle Geissholz Zwirgi Rosenlaui Schwarzwald Grosse Scheidegg Obergletscher Grindelwald	Meiringen Reichenbach Oberer Reichenbachfall Gschwandenmad/Rosenlaui Schwarzwaldgletscher Grosse Scheidegg Schwarzhorn (Oberläger) Faulhorn (am Bachalpsee) Obergletscher Grindelwald
Bemerkungen	Als Erste bewerben sich Ingenieur Studer und der nachmalige bernische Regierungsrat Ritschard um die Konzession für eine Scheidegg-Bahn. Zunächst gibt es positive Reaktionen, später aber erbitterten Widerstand in Meiringen und ebenso in Grindelwald. Nach der «Verschandelung der Kleinen Scheidegg mit der Wengernalpbahn» lasse man eine weitere Bergbahn niemals zu. Gefordert wird eine Strasse, analog dem Grimselpass.	In Bern ist man perplex: Ausgerechnet der grösste Gegner einer Scheidegg-Bahn, der Gemeinderat von Meiringen, stellt sich plötzlich selber in die Reihe der Konzessionsbewerber. Zusammen mit Ingenieur Studer präsentiert man ein verbessertes Projekt. Das Eisenbahndepartement lehnt ab, weil es einzig darum gehe, die Eingabe von Flotron/Bucher zu verhindern. Dieses Projekt ist Wochen zuvor eingereicht worden.	Ingenieur Elias Flotron und der «erste Millionär von Obwalden», Hotel-König, Bahnbauer und Unternehmer Franz Josef Bucher, erhalten die Konzession. Sie budgetieren mit den Erfahrungen der Wengernalpbahn. Ihr Budget: 1. Kl.: 10 000 Passagiere 2. Kl.: 35 000 P. pro Jahr. Verzinsung des Aktienkapitals zu 5,5 Prozent. Bund und Kanton fordern eine bessere Anbindung der Stationen an die Hotels Rosenlaui und Scheidegg.	Neue Situation, neues Projekt. Das Eisenbahndepartement verlangt eine gestreckte Linienführung von der Grossen Scheidegg nach Grindelwald. Die Planung zieht sich hin. In einem neuen Projekt wird eine Abzweigung zum Faulhorn eingebaut. Der Bundesrat lehnt eine Einheimischen-Taxe ab. Erstmals tritt der Heimatschutz auf dem Plan. Er verlangt die Ablehnung der Konzession. Der Bundesrat vertagt den Entscheid.

Grindelwald–Meiringen	**Meiringen–Grindelwald**	**Grindelwald–Meiringen**
15. Juni und 26. August1905 W. Hetzel, Ingenieur, Basel W. Fischer, Basel	1. Mai 06 und 18. Februar1907 Vereinigtes Initiativkomitee: Leuenberger / Boss / Flotron 11 Unterzeichner	1911 A. Rodt, Ingenieur, Bern
10.12.1907, Konzession nur für die Faulhorn-Bahn (siehe auch Seiten 61–63)	10. Dezember 1907 Erneuert 1912, dann mehrmals verlängert	Projekt nicht eingereicht
26,400 km Adhäsion-/Zahnradbahn	51,1km, später 25–27km Adhäsion, später kombiniert	24,950 km Adhäsion-/Zahnradbahn
Grindelwald 1037 m ü.M. Grosse Scheidegg 1960 m ü.M. Meiringen 598 m ü.M.	Meiringen 600 m ü.M. Grosse Scheidegg 1954 m ü.M. Grindelwald 1026 m ü.M.	Grindelwald 1031 m ü.M. Grosse Scheidegg 1951 m ü.M. Meiringen 599 m ü.M.
1000 mm	1000 mm	800 mm
Dampf-, evtl. elektr. Betrieb	Elektrischer Betrieb	Elektrizität
160 ‰	60 ‰	200 ‰
CHF 4,86 Mio.	CHF 9,547 Mio. Nachfolge-Projekt CHF 6,4 Mio.	CHF 5,5 Mio.
	1. Kl. CHF 20.50 (51-km-Strecke) 1. Kl. CHF 16.90 (25-km-Strecke)	1. Klasse CHF 10.– 2. Klasse CHF 7.50
Grindelwald Hotel Wetterhorn Grosse Scheidegg Schwarzwaldgletscher Schwarzwaldalp Rosenlaui Gschwandenmad Oberer Reichenbach Geissholz Winkel Reichenbach Meiringen	Meiringen Reichenbach-Hotels Geissholz Reichenbachfall-Drahtseilbahn Falchern Säge Gschwandenmad Schwarzwald Grosse Scheidegg Schwarzhorn/Gr.-Oberläger Wetterhorn-Aufzug Grindelwald	Grindelwald Wetterhorn Unterläger, Abzw. Faulhorn Grosse Scheidegg Schwarzwaldalp Rosenlaui Boden Reichenbach Meiringen
Der umtriebige Basler Bauingenieur Wolfgang Hetzel möchte an der Faulhorn-Kette ein Netz von Bergbahnen bis zur Schynigen Platte erstellen. 15 Jahre lang hält er das Eisenbahndepartement auf Trab. Schliesslich bleibt ihm einzig die Linie Scheidegg–Faulhorn. Die grosse Fessel: Ohne den Anschluss an die Scheidegg-Bahn kann eine Faulhorn-Bahn niemals existieren. Hetzel kämpft bis zu seinem Tod vergeblich.	Das Parlament und der Bundesrat konzessionieren überraschend die 51 km lange Adhäsionsstrecke (ohne Zahnrad). Auf Druck des Departementes gibt es später eine Einigung: Das Initiativkomitee erhält die Konzession für die Passstrecke Meiringen–Grindelwald (gestreckte Version von nur noch 25–27 km). Hetzel begnügt sich mit der attraktiven Panoramalinie von der Grossen Scheidegg zum Faulhorn.	1911: Weil das Scheidegg-Projekt seit Jahre harzt, wartet Ingenieur Adolf Rodt mit einer billigeren Lösung auf. 9,5 Millionen seien unmöglich zu finanzieren. Wie bei der Wengernalp-bahn basiert sein Projekt auf der billigeren 800-mm-Spur mit Steigungen von 60 bis 200 ‰, was die Kosten um 4 Millionen Franken sinken liess. Als Rodt die Aussichtslosigkeit seiner Initiative sieht, zieht er sein Projekt zurück.

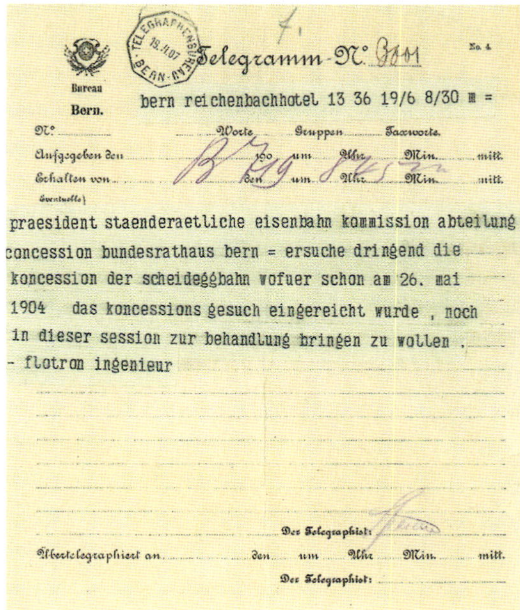
Telegramm-Nº
Bureau Bern.
bern reichenbachhotel 13 36 19/6 8/30 m =
Nº Worte Gruppen Taxworte.
Aufgegeben den um Uhr Min. mitt.
Erhalten von den um Uhr Min. mitt.
praesident staenderaetliche eisenbahn kommission abteilung
concession bundesrathaus bern = ersuche dringend die
koncession der scheideggbahn wofuer schon am 26. mai
1904 das koncessions gesuch eingereicht wurde , noch
in dieser session zur behandlung bringen zu wollen .
- flotron ingenieur
Der Telegraphist:
Übertelegraphiert an den um Uhr Min. mitt.
Der Telegraphist:

Ingenieur Elias Flotron versuchte vergeblich, sein Projekt per Telegramm zu beschleunigen.

‹Echo von Grindelwald›, Nr. 31, 19.4.1905

Antwort an ‹Bund›-Feuilleton-Redaktor Widmann: «Ja wohl, Herr Dr. J.B.W., wenn es auf Sie ankäme und das Berner Oberland nicht durch vermehrte Verkehrsmittel zugänglicher gemacht worden wäre, so würden die Oberländer, wie es das ‹Bieler Tagblatt› richtig sagt, noch heute das arme Hirtenvölklein von damals sein.

Ist es Ihnen wirklich ernst zu glauben, dass nur der Städter ein menschenwürdiges Dasein verdiene und dass der arme Teufel auf dem Lande und namentlich in den Berggegenden der frühere anspruchslose und verstossene Untertan bleibe – zum Gaudium der die Sommerfrische aufsuchenden Stadtherren?

Was nützen übrigens die grossartigsten Naturschönheiten, wenn sie nur einem Teil Bevorzugter zugänglich sind und die Bewohner verarmen und auswandern müssen?»

Breithornbahn, die neue Gletscherlinie

Concessionsbegehren
Schmalspurbahn
Lauterbrunnen-Visp
(Bern-Wallis)
Situationsplan.
1:50000
Bern, den 23. October
Verfasser:
Concessionsbewerber:

Das Breithornbahn-Projekt Lauterbrunnen–Visp unterlag im Rennen mit der Lötschbergbahn.

Unten: Das Gesuch der Bernischen Bodenkreditanstalt von 1890 für die Konzession der 55 Kilometer langen Schmalspurbahn von Lauterbrunnen nach Visp (Breithornbahn).

Zermatt–Interlaken–Luzern: Diese attraktive Schmalspurverbindung soll die Breithornbahn zur Paradebahn und Gletscherlinie werden lassen. Nur drei Monate nach der Einweihung der Berner Oberland-Bahn von Interlaken nach Lauterbrunnen und Grindelwald folgt das Konzessionsgesuch für eine Fortsetzung der Linie von Lauterbrunnen Richtung Süden, Richtung Wallis. Ende Oktober 1890 wird das Projekt eingereicht, am 16. April 1891 liegt die Konzession auf dem Tisch! Ziemlich unrühmlich folgt jedoch sechs Jahre später das bittere Ende: Die bernische Bodenkreditanstalt geht pleite und damit auch die idealisierten Pläne einer neuen Alpenbahn. Noch einmal wird die Idee durch Interlakner Promotoren aufgenommen. Doch die planerisch bereits aufgegleiste Lötschbergbahn lässt, als internationale Zugfahrtslinie zum Simplon, einer schmalspurigen Touristenbahn keinen Spielraum mehr.

Wirtschaftlich bedeutungsvoll werde sie sein, die künftige Breithornbahn, und ein touristisches Highlight dazu, geben sich die Initianten 1890 überzeugt. «Einleuchtend ist es, dass diesen beiden Cantonen (Bern und Wallis), deren lang gestreckte Grenzgebiete nur durch einige wenige Saumpfade verbunden sind, durch eine solche direkteste und kürzeste Schienenverbindung erhebliche Vortheile erwachsen», betonen die bernische Bodenkreditanstalt als Konzessionsbewerberin und Projektverfasser Hans Studer. Als Direktor der eben erst in Betrieb genommenen Berner Oberland-Bahn hat Studer ein persönliches Interesse am Zustandekommen dieser «kürzesten Verbindung zwischen Interlaken und Zermatt». Unnötig sei es heute, die Bedeutung touristischer Bahnen für die lokale Bevölkerung hervorzuheben. «Denn die Erfahrungen aus jüngster Zeit im

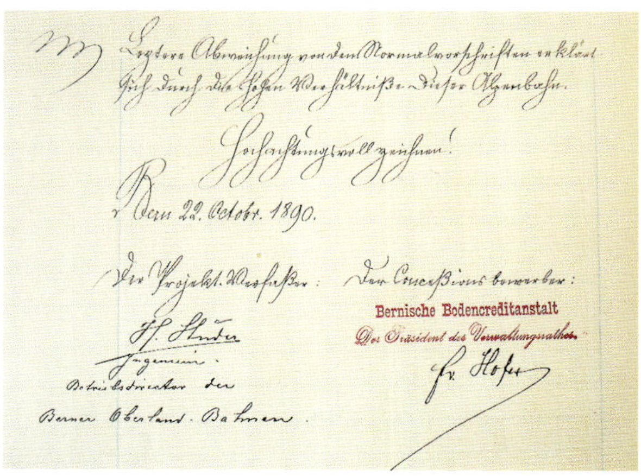
Letztere Abweichung von den Normalvorschriften erklärt sich durch die hohen Verhältnisse dieser Alpenbahn.
Hochachtungsvoll zeichnen:
Bern 22. Octobr. 1890.
Der Projekt-Verfasser:
H. Studer
Ingenieur
Betriebsdirector der Berner Oberland-Bahnen.
Der Concessionsbewerber:
Bernische Bodencreditanstalt
Der Präsident des Verwaltungsrathes
Fr. Hofer

Berner Oberland und wohl auch im Zermattertal zeigen zur Genüge, dass die Vermehrung solcher Verkehrsmittel die früheren Befürchtungen nicht rechtfertigt, sondern gegenteilig zu einer wesentlichen Erhöhung der ‹Fremdenfrequenz› beiträgt.»[1]

Scheiteltunnel auf 2200 m Höhe

Innerhalb von nur fünf Jahren soll die 54 km lange Linie gebaut sein. Weil die Verbindung Bern–Wallis nur im Sommer betrieben werde, sei ein 4,5 km langer Scheiteltunnel auf 2200 m Höhe, am Fusse des Breithorns, vertretbar. Ausgangspunkt der neuen Alpenbahn wird Lauterbrunnen. Die erste Zwischenstation ist am steilen Südhang bei Stechelberg geplant, bevor die Bahn bei km 13 die Alp Ober Steinberg auf 1736 m Höhe in zwei Serpentinen erreicht. Hochalpin und spektakulär ist die Landschaft beim nördlichen Tunneleingang in unmittelbarer Umgebung von Breithorngletscher, Wetterlückengletscher und Tschingelfirn. Möglich, dass hier heute Luftseilbahnen und andere Erschliessungsanlagen auf den vergletscherten Tschingelpass (2787 m), das Mutthorn (3134 m) oder den Petersgrat (3205 m) führen würden… Auf der Südseite der Berner Alpen durchzieht die Breithornbahn das Lötschental in seiner vollen Länge bis Goppenstein, wobei einzig drei Stationen eingeplant sind: am Südportal des Tunnels die Haltestelle Faflertal (2198 m) sowie Blatten (1542 m) und Kippel (1376 m), bevor 22 km später die Endstation Visp erreicht wird.

Kein halbes Jahr dauert es, bis die Konzession für die auf 15 Millionen Franken veranschlagte Breithornbahn aus Bern eintrifft. Einerseits fördern strategische Überlegungen dieses forsche Tempo, zum andern ebenfalls das grosse Konkurrenzprojekt. Bereits liegt nämlich auch das Konzessionsgesuch für eine Normalspurbahn Frutigen–Lötschberg–Visp vor mit einer beinahe parallelen Linienführung auf der heutigen Lötschberg-Südrampe.

Nord-Süd-Achse oder Touristenbahn?

Die Grundsatzfrage ist gestellt: Gehört der internationalen Nord-Süd-Achse durch die Berner Alpen mit Anschluss an die Simplon-Linie die Priorität, oder einer «internationalen Touristenlinie», Normalspur-Bahn oder die weit kostengünstigere Schmalspur-Strecke? An den «konferenziellen Verhandlungen» im Bundeshaus wird nicht Klartext gesprochen, doch politische Überlegungen bleiben unüberhörbar. So macht der bernische Regierungsrat Stockmar bereits zu Beginn der Sitzung vom 14. März 1891 darauf aufmerksam, hängig sei gleichzeitig ein Konzessionsgesuch Frutigen–Lötschberg–Visp. Es stelle sich damit «die Vorfrage, ob beide Konzessionen zusammen erteilt werden

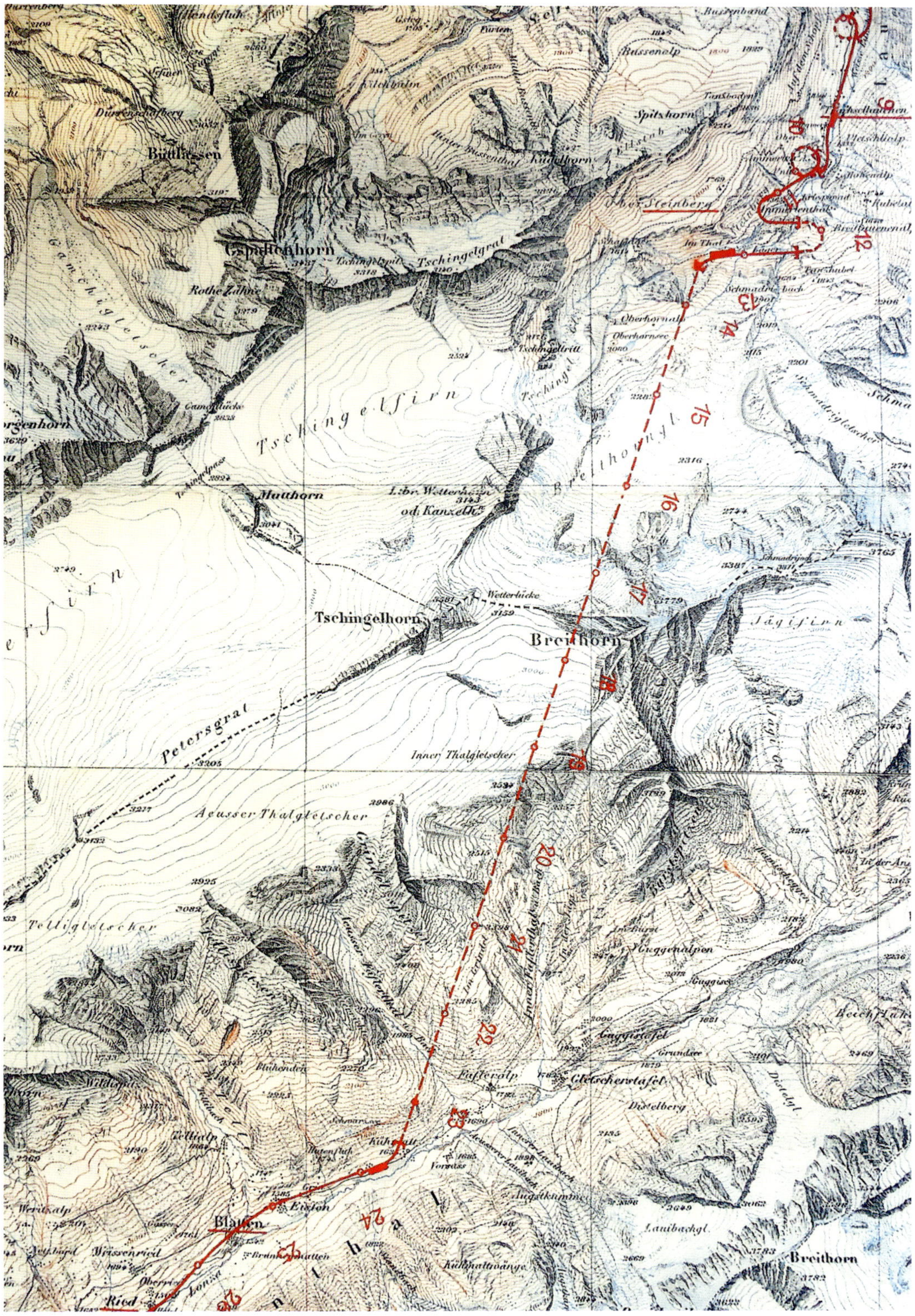

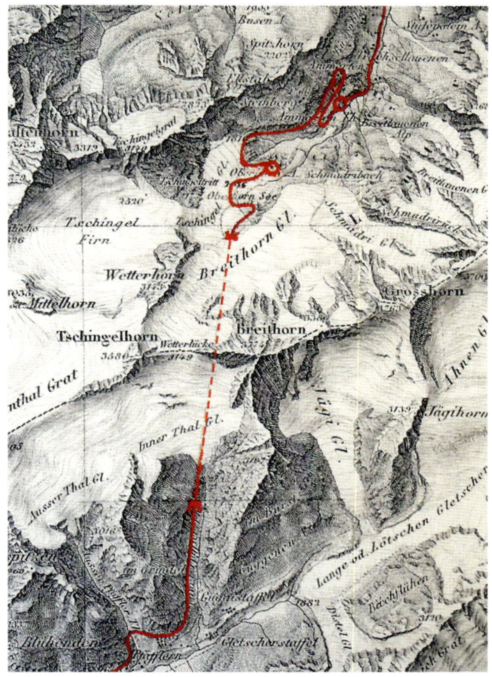

Links: Das Projekt von 1895/96 mit dem 10 km langen Tunnel von «Untersteinberg» bis «Kühmad» beim Weiler Eisten im Lötschental.

Rechts: Das Projekt der bernischen Bodenkreditanstalt aus dem Jahr 1890. Der Breithorntunnel misst nur 4,65 km (Variante A) respektive 5,49 km (Variante B). Die projektierten Scheiteltunnels befinden sich auf 2200 m Höhe. Das Projekt von 1890 wie auch jenes von 1895/96 haben den Segen von den National- und den Ständeräten erhalten.

können».[2] Ebenfalls unverbindlich gibt sich Staatsrat Chappex aus dem Wallis: «Die Regierung des Kantons Wallis begrüsst die angestrebte bessere Verbindung (mit der «Ausserschweiz»), ohne einem der beiden Projekte den Vorzug zu geben.» Beschlossen wird auf Antrag des Eisenbahndepartementes: «Die Bahn wird schmalspurig und eingleisig erstellt». Mit Rücksicht auf die bereits in Betrieb stehenden meterspurigen Strecken Interlaken–Lauterbrunnen und Visp–Zermatt müsse die Spurweite von 1000 mm verlangt werden.

Der Bundesrat argumentiert salomonisch. «Wir halten dafür, dass dem heute vorliegenden Projekte die Konzession erteilt werden kann, ohne dadurch die Konzessionierung der anderen Linie in irgendeiner Weise zu präjudizieren.» Es ergebe sich von selbst, dass beim Bau der Lötschbergbahn, bei Konflikten um die Linienführung, die Schmalspurbahn gegenüber einer internationalen Linie zurückzutreten habe. «In gleicher Weise und in gleichem Sinne ist auch die schmalspurige Linie Chur–Thusis unbeschadet einer späteren, normalspurigen Splügenbahn (...) konzessioniert worden.»

Bereits einen Monat nach diesen Verhandlungen stimmen der National- und der Ständerat der Vorlage zu (16. April 1891).

«Mächtiger Aufschwung für Interlaken»

‹Oberland›, Interlaken, 22. Juni 1897: Wir möchten in Interlaken nicht zwischen Stuhl und Bank fallen, wenn sich die Finanzierung des schwierigen Lötschbergprojektes als unmöglich erweisen sollte. Man verlange deshalb von uns nicht, dass wir auf unser Touristenbahnprojekt, welches der internationalen Lötschbergbahn nicht weh tut, Verzicht leisten. Die Gemeinden des Amtsbezirks Interlaken sind seinerzeit gegen die Konzessionierung der Talbahnen aufgetreten, die Bundesversammlung hat die Konzession dennoch erteilt. Nachdem wir uns mit diesen Bahnen befreundet haben und deren Ausbau, Weiterführung nach dem Rhonetal und Zermatt anstreben, soll und darf man uns nicht zurückweisen! Unsere Bevölkerung steht einmütig hinter dem Breithornbahnprojekt, das einen Eisenbahntechniker ersten Ranges, Herrn Ingenieur Lindner, zum Verfasser hat, und erwartet, dass die Bundesversammlung diesmal die Konzession erteilt.»

Unrühmliches Ende

Es ist schliesslich nicht allein die Konkurrenz der Lötschbergbahn, welche dem Unternehmen Breithornbahn das Genick bricht, sondern eigenes Unvermögen. Ein Jahr nach der Konzession gerät die Bodencreditanstalt selber in Kreditschwierigkeiten und schliesslich in Liquidation. Dennoch sprechen sich die Kantone Bern und Wallis und selbst der Bundesrat noch zweimal für die Verlängerung der Konzessionsfrist aus, bevor ein drittes Verlängerungsgesuch 1897 verweigert wird. Bereits vorher haben 13 Gemeinden des Amtsbezirks Interlaken, Hoteliers, Wirtevereine und auch Banken vor einer erneuten Konzessionsverlängerung an die marode Berner Bank gewarnt: «Die Bodencreditanstalt befindet sich schon seit dem Jahre 1892 in Liquidation, und der bestellte Liquidationsausschuss betrachtet die seinerzeit erhaltene Eisenbahnkonzession lediglich als ein Vermögensobjekt, das möglichst teuer veräussert werden soll.»[3] Im Gegenzug solle das neu aufgelegte Projekt von Grossrat Dr. Michel aus Interlaken bewilligt werden, welches die Bedürfnisse des Berner Oberlandes besser berücksichtige.

Umgekehrt meldet sich die «Bernische Bodencreditanstalt in Liquidation» mit einer Einsprache gegen das Konkurrenzprojekt Michel direkt beim Bundespräsidenten. Es

	Projekt 1890			Projekt 1895/96		
Projekt	Schmalspurbahn Lauterbrunnen–Visp			Schmalspurbahn Lauterbrunnen–Gampel/–Visp		
Konzessionsgesuch	22. Oktober 1890			17. Dezember 1895 (–Gampel) und 20. Januar 1896 (–Visp)		
Konzession	16. April 1891 Verlängerungen gewährt: 1893, 1895 Verlängerung verweigert: 1897			2. Juli 1897 Verlängerung gewährt: 1900 (bis 2. Juli 1903) Sistierung der Konzession am 30. März 1906		
Konzessionsbewerber	Bernische Bodencreditanstalt, VR-Präsident Fr. Hofer, Oberst, Bern			Dr. F. Michel, Fürsprecher, Interlaken		
Projektverfasser	H. Studer, Ingenieur, Interlaken Direktor der Berner Oberland-Bahnen			A. Lindner, Ingenieur, Brienz		
Kostenvoranschlag	CHF 15 Mio. (CHF 274 223 pro km)			CHF 17 Mio. (1895) / CHF 18 Mio. (1896)		
Länge	54,7 km			41,6 km (1895); 52,5 km (optimiertes Projekt)		
Scheiteltunnel	Variante A: 4,65 km; Variante B: 5,49 km			Breithorn-Tunnel 10 km		
Stationen	Lauterbrunnen	km 0,0	800 m ü.M.	Lauterbrunnen	km 0,0	800 m ü.M.
	Stechelberg	km 7,0	1041 m ü.M.	Trümmelbach	km 3,4	860 m ü.M.
	Obersteinberg	km 13,0	1736 m ü.M.	Stechelberg	km 5,9	948 m ü.M.
	Oberhorn (Nordportal)	km 16,8	2199 m ü.M.	Trachsellauenen	km 9,0	1248 m ü.M.
	Kulminationspunkt	km 19,1	2212 m ü.M.	Steinberg	km 13,2	1590 m ü.M.
	Faflertal (Südportal)	km 21,5	2198 m ü.M.	Kulminationspunkt	km 20,0	1635 m ü.M.
	Blatten	km 27,5	1542 m ü.M.	Blatten	km 23,5	1625 m ü.M.
	Kippel	km 32,0	1376 m ü.M.	Ried	km 27,3	1492 m ü.M.
	Visp	km 54,7	654 m ü.M.	Kippel	km 30,2	1436 m ü.M.
				Goppenstein	km 34,7	1232 m ü.M.
				Gampel-Dorf	km 40,5	665 m ü.M.
				Gampel (Bahnhof)	km 41,6	636 m ü.M.
				Visp	km 52,5	654 m ü.M.
Höhendifferenz	1558 m (Kulminationspunkt: 2212 m)			999 m		
Spurweite	800 mm, evtl. 1000 mm			1000 mm		
Maximalsteigung	125 ‰			100 ‰ für 24,7 km Zahnrad-Strecken 20 ‰ für 27,8 km Adhäsions-Strecken		
Minimalradius	60 m			100 m		
Betriebssystem	«Soll später bestimmt werden»			Dampflokomotiven		
Taxen	Lauterbrunnen–Visp: 2. Kl. CHF 30.– / 3. Kl. CHF 20.–			Lauterbrunnen–Visp: 2. Kl. CHF 26.– / 3. Kl. CHF 15.60		
Sitz der Gesellschaft	Bern			Interlaken		
Bemerkungen	Eisenbahndepartement: «Eine andere Spurweite als 1000 mm kann nicht gestattet werden.»			Als der Entscheid zugunsten des Lötschbergs fiel, wurde die Konzession für die Breithornbahn durch F. Michel am 30. März 1906 sistiert.		

Eisten im Lötschental. 3 Kilometer weiter oben wäre das Südportal des 10 km langen Breithorntunnels zu liegen gekommen. Im Hintergrund die Lötschenlücke, der Übergang zum Konkordiaplatz.

handle sich hier um ein «faktisch identisches Projekt» und um eine «Speculation des Besitzers einer grossen Alp im Hintergrunde des Lauterbrunnentales (...), der seiner Besitzung, die er zu verkaufen wünscht, einen fiktiv höheren Wert beilegen möchte».[4]

Neuer Anlauf im Dezember 1895

Am 17. Dezember 1895 hat Fürsprecher Friedrich Michel aus Interlaken den Faden tatsächlich wieder aufgenommen. Das von Ingenieur Lindner aus Brienz verfasste neue Projekt sieht – wohl aus Kostengründen – die Endstation der Breithornbahn in Gampel vor, im Rhonetal, unterhalb von Goppenstein. Doch bereits einen Monat später lässt er eine verbesserte Version mit der «logischen Endstation Visp» folgen. Ein Zielbahnhof Gampel hätte nämlich die Direktverbindung Zermatt-Interlaken-Luzern verunmöglicht. Die wichtigste Optimierung des Projektes bringt aber das Herabsetzen des Scheiteltunnels von 2200 m auf 1635 m Höhe. Der nunmehr 10 km lange Tunnel verteuert zwar das Bauvorhaben, lässt dafür eine wesentlich längere Betriebsdauer im Sommerhalbjahr erwarten. Weit günstiger disponiert sind ebenfalls die Zwischenstationen. So kommt die Station Stechelberg effektiv ins Dorf und nicht rund 100 Meter oberhalb des Ortes zu liegen. Zudem profitieren auch die Dörfer im Lötschental von zusätzlichen Haltestellen. Mit der Projektierung von Kehrtunnels auf der enorm steilen Nordrampe erreicht Ingenieur Lindner zudem eine massive Verringerung der Maximalsteigungen.

Dank der breiten Unterstützung durch die Gemeinden im östlichen Berner Oberland wird die Konzession am 2. Juli 1897 auch für das Projekt Michel/Lindner erteilt. Eine Verlängerung der Konzessionsfrist bringt Michel und seinem Initiativkomitee zwar eine dreijährige Atempause, die Finanzierung des visionären Bauvorhabens will trotzdem nicht gelingen. Der Kanton Bern setzt auf die Alpenbahn durch den Lötschberg, auf die Normalspur und die Direktverbindung Bern-Brig mit dem Direktanschluss an die Simplon-Linie nach Italien.

Es war, auch aus heutiger Sicht, der logische, weil verkehrspolitisch und ökonomisch richtige Entscheid. Zwei derart ambitionierte, parallele Projekte liessen sich niemals finanzieren. Auf der Strecke geblieben ist allerdings ein touristisches Highlight, die «Gletscherbahn» mit der Dreieck-Schmalspur-Verbindung Luzern-Interlaken-Zermatt respektive St. Moritz.

«Wichtig für den Aufmarsch an der Südfront»

Wie bei allen Eisenbahn-Konzessionsgesuchen üblich, holt das Eisenbahndepartement auch bei der Breithornbahn die Stellungnahme der Generalstabsabteilung ein: «Ein Durchstich der Alpen zwischen dem Genfersee und dem Gotthard hat ein hohes militärisches Interesse für den Aufmarsch der Schweizer Armee an der Südfront und speziell für die Verteidigung des Cantons Wallis, denn es kann der Fall eintreten, dass die an der Simplonlinie stehenden Truppen ganz ausschliesslich auf den Nachschub aus dem Berner Oberland angewiesen sind, weil feindliche Invasionscorps, die über den Grossen St. Bernhard eingedrungen sind, die Bahnverbindung bei Martigny oder solche, die z. B. über den Gries nach Oberwald vordrangen, die Verbindung über Furka und Grimsel unterbrochen haben.»[5] Für den Chef der Generalstabsabteilung, Oberst Keller, ist allerdings klar: «Diese Verbindung zwischen dem Berner Oberland und dem Canton Wallis müsste durch eine normalspurige Bahn bewerkstelligt werden können.»[6]

Per Monorail auf die Heimwehfluh

Staunend sitzt man vor den Plänen: Mit Tusche auf dünnstem Pergamentpapier gezeichnet, Äquidistanz der Höhenkurven im speziell entworfenen Situationsplan 6 m, dazu exakte Längs- und Querschnitte der Bahnanlage. Massstabsgetreu dargestellt werden ebenfalls die Lokomotive und zwei elegante Wagen, gezeichnet durch Ingenieure der Lokomotiv- und Maschinenfabrik Winterthur. In Rekordzeit erhält die erste Einschienenbahn der Schweiz von den eidgenössischen Räten 1876 die Konzession. Vom heutigen West-Bahnhof in Interlaken soll die 2 km lange, visionäre Bahn den nostalgischen Aussichtspunkt Heimwehfluh erreichen – mit einer Spitzkehre mitten im Wald.

Als Schweizer Testanlage hätte sie Geschichte geschrieben, die «erste Einschienenbahn der Schweiz nach amerikanischem Muster». Wie Niklaus Riggenbach bei der 1871 eröffneten Rigibahn, nehmen auch der initiative Interlakner Unternehmer und Nationalrat Friedrich Seiler sowie zwei Ingenieure der Lokomotiv- und Maschinenfabrik Winterthur in den USA Mass: «Wir beabsichtigen den Bau und Betrieb einer Eisenbahn und eines in Amerika bekannten Systems von Herrn E. Crew in Ophelia Ga.» Diese Anlage sei an der «Philadelphia International Exhibition» mit grossem Erfolg ausgestellt worden. Auch der Schweizer Konsul John Hitz, «der sie befuhr, stellt ihr in einem vom 18. April 1874 datierten Bericht ein sehr günstiges Zeugnis aus», heisst es in der bundesrätlichen Botschaft vom 16. Dezember 1876 an das Parlament. Ausführlich wird hier die «Central-Spur-Bergbahn»[1] als Einschienenbahn-System vorgestellt mit dem Hinweis, diese Anlage diene primär touristischen Zwecken, wörtlich, es gehe um eine «reine Touristen- und Luxusbahn».[2] Bei Konsul John Hitz handelt es sich um den gleichen visionären Diplomaten, der acht Jahre zuvor Riggenbach mit Silvester Marsh, dem Erbauer der ersten Zahnradbahn der Welt, auf dem Mount Washington (siehe Seite 10) bekannt gemacht hat.

Dem Fahrrad abgeguckt

«Die Betrachtung des Velocipède brachte vor einigen Jahren den amerikanischen Ingenieur E. Crew auf die Idee, eine einschienige Eisenbahn zu konstruieren. Er führte sie im Wesentlichen folgendermassen aus: Eine Reihe einzölliger Bretter ist nebeneinander auf die Kante gestellt und untereinander fest verbunden. Auf beiden Seiten sind die äussersten Bretter in (4–8' auseinanderliegende) hölzerne Querschwellen eingelassen. Durch regelmässige Abstufung der Höhe dieser Bretter erhält der ganze Körper die Form eines Prismas; der Erfinder hat denn auch der Bahn den Namen Prismoidal-Bahn gegeben. Auf der oberen Kante des Prismas ist die Schiene befestigt. Das Umkippen der auf dieser Schiene laufenden Lokomotive und Wagen wird ver-

	Einschienenbahn, Projekt 1876			Drahtseilbahn, Projekt 1886		
Konzessionsgesuch	30. November 1876			9. Oktober 1886		
Konzession	23. Dezember 1876			zurückgezogen am 18. Februar 1887		
Gesuchsteller	F. Seiler, Interlaken, namens eines 7-köpfigen Initiativkomitees			Bernische Baugesellschaft für Spezialbahnen Pümpin & Herzog, Bern		
Projektverfasser	F. Seiler sowie Schweiz. Lokomotiv- und Maschinenfabrik Winterthur			Pümpin & Herzog, Bern		
Länge	2100 m			180 m		
Stationen	Interlaken, Bahnhof	km 0,0	558 m ü.M.	Talstation Interlaken	km 0,0	560 m ü.M.
	Heimwehfluh	km 2,1	654 m ü.M.	Bergstation Heimweihfluh	km 0,2	650 m ü.M.
Höhendifferenz	96 m			90 m		
Spurweite	Einschienenbahn			1000 mm		
Maximalsteigung	70 ‰			575 ‰		
Betriebssystem	Dampf			Wasserübergewicht		
Fahrzeit	keine Angaben			keine Angaben		
Sitz der Gesellschaft	Interlaken			Bern		
Kostenvoranschlag	Gesamtkosten ca. CHF 200 000 (CHF 70 000 bis 100 000 pro km)			CHF 200 000		
Bemerkungen	Verkehrsversuch für die Schweiz			Konzessionsrückzug infolge massiver Kritik aus der Region		

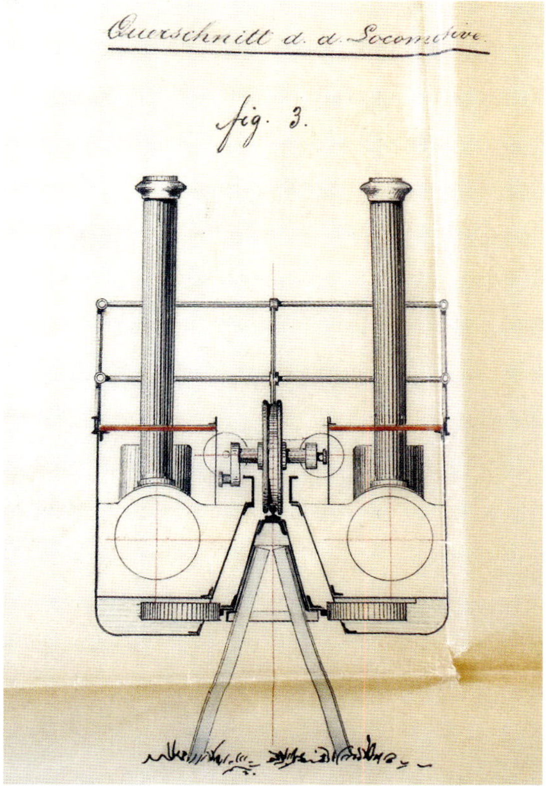

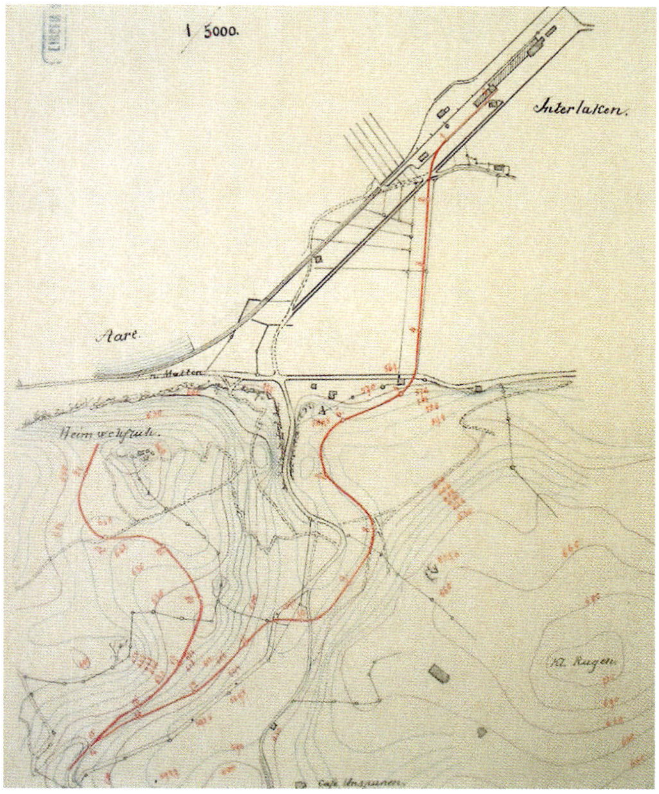

Die 1876 geplante Einschienenbahn von Interlaken auf die Heimwehfluh gehört zu den visionärsten Eisenbahnprojekten des 19. Jahrhunderts. Der visionäre Konzessionsbewerber Friedrich Seiler hatte als Erster die Idee einer Jungfraubahn ins Spiel gebracht. Ebenso mutig und spektakulär waren seine Pläne von pneumatischen Zügen, um Bergstrecken überwinden zu können.

hindert durch Rollen, welche unten an dem Rollmaterial angebracht sind und über die Seitenwände des Prismas hinlaufen. Die den Prismoidalkörper tragenden Schwellen ruhen je nach der Konfiguration des Terrains bald auf dem Erdboden, bald auf hölzernen Stützen, 12 und mehr Fuss hoch über dem Boden.»

Eine «wohlfeile Anlage»

Als Vorteile des Systems werden angeführt:

- «Wohlfeilheit der Anlage», das Trassee könne sich dem Terrain anschmiegen, «weil der Bahnkörper über der Erdoberfläche liegen kann und die Kurven mit sehr kleinen Radien zulässig sind»
- Beinahe keine Erdarbeiten notwendig
- Grosse Widerstandsfähigkeit gegen Temperatureinflüsse
- Ungefährlichkeit gegenüber Mensch und Tier, wegen der Hochlage der Schienen
- Grosse Betriebssicherheit
- Entgleisungen praktisch unmöglich
- Ruhiger Gang, je schneller sich der Zug bewegt («wie beim Velocipède»)

Centralspurbahn mit zwei Sektionen

Die 2-km-Strecke von Interlaken-West zur Heimwehfluh soll effektiv als Teststrecke dienen. In einer zweiten Phase planen die Initianten den Bau einer analogen Einschienenbahn zur Verbindung «vom Landungsplatz am Brienzersee mit dem Giessbach-Hotel». 1879 wird die Giessbach-Bahn tatsächlich gebaut, allerdings als Standseilbahn. Diese geht als erste derartige Touristenbahn der Schweiz in die Geschichte ein.

Die Winterthurer Ingenieure wollen mit ihrem Projekt in Interlaken, gegenüber der amerikanischen Pionierbahn, mit zusätzlichen Verbesserungen neue Akzente setzen. Eiserne Balken statt hölzerne Prismen. «Auf das obere Winkeleisen sind die Lauf- und Centralschienen aus Stahl aufgeschraubt. Die seitlichen Rollen laufen über nach auswärts gekehrte, eiserne Schienen. Dieser Körper ruht auf eisernen Pfosten aus Eisenbahnschienen, deren untere Enden durch Steine in Beton getragen oder, wo die Natur des Erdreichs es gestattet, direkt in die Felsen eingelassen sind, um den oberen Teil der Räder aufzunehmen.»

Am 30. November 1876 wird das Konzessionsgesuch eingereicht, vier Wochen später liegt die Konzession durch den Bundesrat für das visionäre Projekt bereits auf dem Tisch. Doch der Entscheid fällt, nach dem Börsenkrach in Wien, New York und Berlin, in die grosse europäische Wirtschaftsdepression. Die Zinsen für Bankkredite steigen stark an, in ganz Europa werden speziell Eisenbahngesellschaften und Eisenbahnprojekte im Mark getroffen. Erst ab 1890 erholt sich die Wirtschaft und führt in der Schweiz zu einem wahren Boom an Eisenbahn-Konzessionsgesuchen. Das Projekt Monorail-Bahn landet leider in der Schublade, die Chance für eine Pionierbahn zur Heimwehfluh ist unwiederbringlich vertan.

Widerstandsfähig und ungefährlich

Als die Bernische Baugesellschaft für Spezialbahnen, die Firma Pümpin & Herzog, in Bern 1886 mit dem Projekt einer Drahtseilbahn[3] zur Heimwehfluh aufwartet, stösst das Projekt sofort auf Widerstand, weil «Unterländer» die Urheber des Gedankens sind. Wie aber die gleiche Idee drei Jahre später von einheimischen Konzessionsbewerbern, angeführt von Notar Michel, Gemeinderat Mühlemann und Hotelier Bürgi, alle aus Interlaken,[4] wieder aufgenommen wird, kommen die Räder doch noch zum Rollen. Das Drahtseilbahn-Projekt von 1899 (Ingenieur Emil Strub) führt zur Realisierung der nur 170 m langen Heimwehfluh-Bahn; die Eröffnung erfolgt am 21. Juli 1906.

Meiringen-Engelberg: Die gescheiterte Krönung

Meiringen und Engelberg wollten Anfang des 20. Jahrhunderts zusammenspannen. Zum ambitionierten Schmalspurbahn-Projekt gehörte auch die geplante Schlittenbahn zum Titlis.

Meiringen, weltweites Mekka und Drehkreuz der Zahnradbahnen! Grimselbahn, Sustenbahn, Grosse Scheideggbahn, Hochstollenbahn und nun die spektakuläre Direktverbindung mit Engelberg. Aufwendig geplant, von der Berner und der Obwaldner Regierung unterstützt, vom eidg. Post- und Eisenbahndepartment, anstelle lokaler Drahtseilbahnen, sogar explizit gewünscht, hat das Projekt idealste Realisierungschancen. Doch die 30 km lange Zahnradbahn ist dennoch Vision geblieben, genau gleich wie alle anderen Schmalspurbahn-Projekte im Haslital.

Visionäre Initianten verfolgen bereits um die vorletzte Jahrhundertwende ein ehrgeiziges Projekt, welches heutigen Touristikern Tränen in die Augen treibt: eine 30 Kilometer lange Panoramabahn von Meiringen nach Engelberg mit den Stationen Hasliberg, Mägisalp, Melchsee-Frutt, Engstlenalp, Jochpass, Trübsee und Gerschnialp.

Nachdem sich die Pläne für die bereits konzessionierte Zahnradbahn Meiringen–Hochstollen (Projekt von 1891) zerschlagen haben, buhlen ein Jahrzehnt später gleich mehrere Initianten um die Gunst der Stunde: Im Sommer 1900 will ein Meiringer Unternehmer die Konzession für eine 1,7 km lange Drahtseilbahn Meiringen–Hasliberg erwerben. 1906 versucht das Duo Isler/Zumbrunn, ebenfalls aus Meiringen, eine veritable Vision zu verwirklichen: Die längste Zahnradbahn der Welt soll Meiringen mit Engelberg verbinden. Ein Jahr später bringt sich der Engelberger Talammann Cattani mit einem Konkurrenzprojekt ins Spiel. Er und die «Studiengesellschaft für eine Bahn Meiringen–Hasliberg» legen 1909 ihre vormaligen Drahtseilbahn-Projekte (Meiringen–Hasliberg, bzw. Engelberg–Gerschnialp) beiseite und lancieren eine gemeinsame Alternativlinie Meiringen–Engelberg. Auch sie wollen mit einer 30 km langen Zahnradbahn die beiden aufblühenden Tourismusdestinationen miteinander verbinden.

Drahtseilbahn-Projekt Gerschnialp

Ein Drahtseilbahn-Projekt von 1908 soll Engelberg als Winterkurort attraktiver machen: «In den wenigen Jahren, während hier die Wintersaison eröffnet ist, hat sich die Gerschnialp als das Ideal eines Skisportfeldes erwiesen, und einmal mit der Seilbahn verbunden, wird ohne Weiteres die Anlage für Schlitten- und Bobsleigh-Sport erfolgen. Dann erst wird Engelberg mit den älteren schweizerischen Winterkurorten erfolgreich in Konkurrenz treten können»,[1] heisst es im Konzessionsgesuch. Engelberg erlebt um die Jahrhundertwende einen nie gekannten Aufschwung. Seit Oktober 1898 ist das Klosterdorf dank der elektrischen Zahnradbahn mit Stansstad und Luzern verbunden. Bedeutende historische Hotelbauten («Kuranstalt», «Terrasse» und «Europäischer Hof») zeugen von dieser ereignisreichen Zeit.

«Jochbahn» Wendenalp–Engelberg

Parallel zu allen Bemühungen, die Tourismuszentren Meiringen und Engelberg per Zahnradbahn direkt zu verbinden, gibt es Pläne, welche Einheimische und Politiker gleichermassen nerven. Eines dieser Projekte heisst Sustenbahn, welches erstmals 1897 auftauchte und nun, zehn Jahre später, von Ingenieur Flotron überarbeitet und als «Oberland-Gotthardbahn» neu lanciert wird. Der initiative Meiringer Ingenieur, welcher mit zahlreichen anderen Bahnplänen aufwartet (u. a. Grosse Scheidegg-Bahn, siehe Seiten 64/65), preist mit dem zusätzlichen Jochbahn-Projekt eine Alternative zur Panoramabahn Meiringen–Engelberg an. Diese Nebenlinie der «Oberland-Gotthardbahn» soll ab der Wendenalp (hoch über der heutigen Sustenpassstrasse) u. a. mit einem Tunnel unter den Wendenstöcken, zum Jochpass und nach Engelberg abzweigen. Die Berner Regierung winkt jedoch ab und fordert Flotron auf, sich mit jener Gruppe «über ein gemeinsames Trassee» zu verständigen, welche den Anschluss nach Engelberg ab Reuti plant.[2] Unmissverständlich drückt sich die Obwaldner Regierung aus: «Wir haben auch das Gefühl, dass es für die Behörden und Organe höchst bemühend ist, sich mit solchen undurchführbaren Projekten ernstlich befassen zu müssen.»[3]

Zwei Panoramalinien in Konkurrenz

Die Regierungen von Bern und Obwalden nehmen mehrmals zu den Plänen am Hasliberg und im Raum Engelberg Stellung. Beide Kantonsregierungen und auch das Eisenbahndepartement unterstützen im Grundsatz die Bestrebungen, eine höchst attraktive, 30 Kilometer lange «Panoramabahn» vom Berner Oberland in die Zentralschweiz zu schaffen. Weil jedoch bereits seit Juni 1907 eine Konzession für die Zahnradbahn Meiringen–Hasliberg existiert, strebt die Berner Regierung eine Verständigung zwischen den bernischen Interesssenten an. In ihrer Vernehmlassungsantwort zur Schmalspurlinie von Meiringen nach Engelberg an das Eisenbahndepartement vom 30. September 1908 ist aus heutiger Sicht eine Passage besonders interessant: «Das Tracé sollte in tunlichster Nähe des Kurhauses Engstlenalp vorbeiführen!»[4] Heute wollen nicht nur Naturschutz-Organisationen, sondern auch die bernische Volkswirtschaftsdirektion genau die Engstlenalp und den Engstlensee vor touristischen Bahnprojekten schützen.

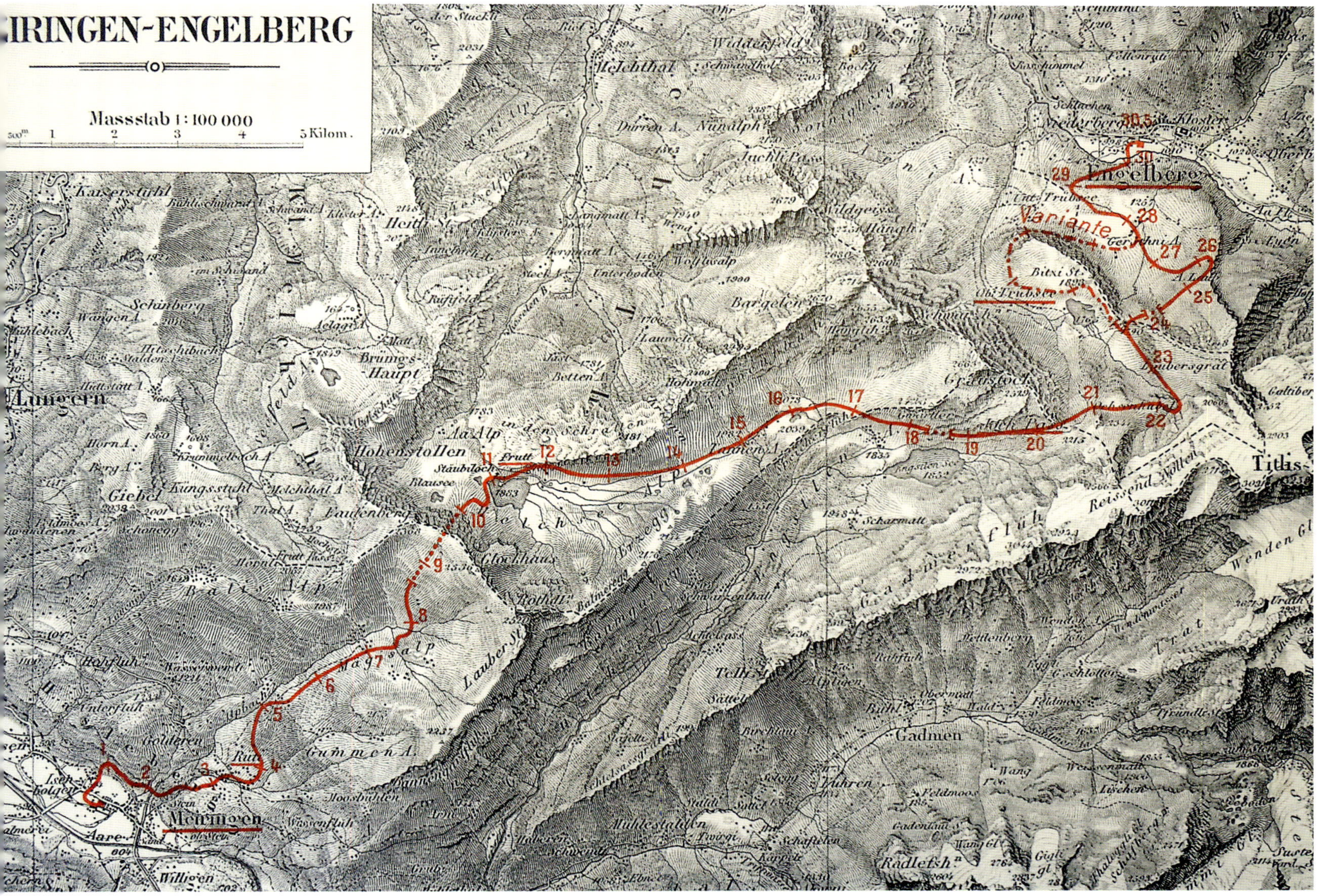

Oben: Sie hätte nicht nur zwei aufstrebende Tourismusregionen nähergebracht, die 30 km lange Panoramalinie von Meiringen nach Engelberg würde heute zur touristischen Königsklasse gehören (Projekt 1910).

Links: Vornehme Gäste am Fuss desTitlis.

Eine Parallele zum Stazerwald im Oberengadin: Auch in der national bedeutenden Moorschutzlandschaft bei St. Moritz sollte Anfang des 20. Jahrhunderts die Eisenbahn mitten durch das Hochmoorgebiet geführt werden.

Die Einigung vom 4. April 1911

Im jahrelangen Seilziehen um die 30 km lange Bahnverbindung hat das Initiativkomitee um Elektrotechniker Isler die schlechteren Karten. Wie schon sein Aletsch-Jungfrau-Bahnprojekt (Seite 192), wird auch seine neueste Kreation von Fachleuten kritisiert. In einem internen Papier der technischen Abteilung im Eisenbahndepartement heisst es, «dass sowohl in baulicher Beziehung als auch hinsichtlich der Steigungsverhältnisse dem Projekt der Studiengesellschaft der Vorzug gebührt, umso mehr, als dieses Projekt auf eingehenden Studien basiert, was beim Isler'schen Projekt nicht der Fall zu sein scheint».[5] Isler, welcher sich seit 1907 auch um eine Konzession Trübsee–Titlis bewirbt, isoliert sich mit Rundumschlägen gegen Konkurrenten und das Eisenbahndepartement selber. Sein

Schmalspurbahn Meiringen–Melchsee–Engstlenalp–Jochpass–Engelberg

	Projekt Isler & Zumbrunn, Meiringen			Projekt «Studiengesellschaft», Initianten aus Meiringen und Engelberg		
Konzessionsgesuch	30. November 1906, spätere Zusatzvarianten			24. März 1910 / 25. Juni 1907 / 2. März 1908		
Konzession	–			12. März 1912		
Gesuchsteller	J. Isler, Elektrotechniker, Goldau und Meiringen U. Zumbrunn, Gemeinderat, Meiringen, namens eines 1907 gegründeten Initiativkomitees: J. Isler / U. Zumbrunn E. Frey, Ingenieur, Basel (bis 3. April 1911) H. A. Römer, Zürich, Paris Dr. E. R. Müller, Ingenieur, Bern (bis 3. April 1911)			Initiativkomitee und «Studiengesellschaft Schmalspurbahn Meiringen–Engelberg»: P. Grossmann, Gemeindepräsident Meiringen, Nationalrat R. Stucki, Meiringen, Ed. Cattani, Talammann Engelberg, J. E. Brüstlein, Ingenieur, Bern J. von Rotz, Ingenieur, Bern		
Projektverfasser	J. Isler			J. Bosshard / E. Strub		
Streckenlänge	rund 30 km, davon 15 km Zahnradstrecke			30,5 km, Zahnstangen System Strub		
Kostenvoranschlag	CHF 4 842 000 (161 400 pro km)			CHF 8 800 000 (290 000 pro km)		
Höhenkoten	Meiringen	km 0,0	598 m ü. M.	Meiringen	km 0,0	598 m ü. M.
	Reichenbach	km 1,0	599 m ü. M.	Alpbach	km 2,2	868 m ü. M.
	Willigen	km 2,0	630 m ü. M.	Reuti	km 3,5	1053 m ü. M.
	Reuti	km 9,5	1007 m ü. M.	Stafel/Mägisalp	km 7,0	1727 m ü. M.
	Schlafenbielen	km 10,0	1937 m ü. M.	Hohenstollen	km 8,7	1976 m ü. M.
	Tannenalp	km 15,3	2050 m ü. M.	Melchsee-Frutt	km 11,5	1896 m ü. M.
	Engstlenalp	km 18,4	1835 m ü. M.	Tannalp	km 15,3	2002 m ü. M.
	Jochpass	km 22,0	2208 m ü. M.	Engstlen	km 18,0	2080 m ü. M.
	Trübsee	km 24,8	1780 m ü. M.	Jochpass	km 20,7	21 94 m ü. M.
	Engelberg	km 30,0	1002 m ü. M.	Trübsee	km 23,6	1787 m ü. M.
				Gerschni	km 27,8	1273 m ü. M.
				Engelberg	km 30,5	1002 m ü. M.
Zwischenstationen	5 Stationen, 6 Haltestellen			Total 11		
Tunnels	–			Hohenstollen-Tunnel: 1200 m		
Spurweite	1000 mm			1000 mm		
Maximalsteigung	200 ‰			200 ‰ (Adhäsionsstrecke 60 ‰)		
Minimalradius	–			80 m (Adhäsionsstrecke 50 m)		
Betriebsart	Elektrisch, kombiniert Adhäsion und Zahnradbetrieb			Elektrisch, kombiniert Adhäsion und Zahnradbetrieb		
Bemerkungen	Isler und Zumbrunn ersuchen den Bund 1911 «um eine Fristverlängerung von einigen Monaten», zwecks Abänderung ihres Projektes. Das Eisenbahndepartement lehnt ab, weil das Projekt während zwei Jahren nicht mehr weiterverfolgt worden sei.			Projekt von 1910 mehrmals abgeändert. Konferenz vom April 1911: Beschluss für den Bau von vier Etappen. Etappen 1 und 2 Meiringen–Reuti und Engelberg–Gerschnialp gem. Forderung des Bundes, Spatenstich innerhalb von 2 Jahren. Etappen 3 und 4 Reuti–Melchsee–Jochpass–Trübsee) direkt anschliessend.		

Komitee erodiert, zwei wichtige Mitstreiter erklären am 3. April 1911 den Austritt.

Doch am 4. April 1911 erfolgt der (vorläufige) Durchbruch. An der Einigungskonferenz im Eisenbahndepartement in Bern, an welcher Isler nicht teilnimmt, beschliessen die Partner der «Studiengesellschaft» aus den Kantonen Obwalden, Nidwalden und Bern, den Bau von zwei Sektionen vorzuziehen. Ziel dieser Beschleunigungsbewegung ist es, von beiden Endpunkten aus je eine Teilstrecke vorzuziehen: Meiringen–Hasliberg (bereits konzessioniert) und Engelberg–Gerschnialp. In einer zweiten Etappe werden diese Teilstrecken verbunden, inklusive eines 1200 m langen Tunnels auf knapp 2000 m Höhe, unter der Bergkette Hohenstollen-Faulenberg-Glockhaus. Ob- und Nidwalden machen an dieser Sitzung Druck: Die anwesenden Nationalräte Ming und Niederberger sowie Gemeinderat Hess aus Engelberg verlangen den sofortigen Bau des Abschnittes Engelberg–Gerschnialp. «Die Bahn sollte unbedingt im Jahr 1912 erstellt und für die Wintersaison 1912/13 in Betrieb gesetzt werden können.» Der Nidwaldner Regierungsrat Zumbühl ergänzt wohlweislich, es dürfe auf dem Abschnitt Engelberg–Gerschnialp «unter allen Umständen» keine Drahtseilbahn gebaut werden, um die «durchgehende Bahn» nicht zu gefährden.[6]

Für 1 Franken in der Holzklasse

Nun geht es schnell: Festgelegt sind bereits die Fahrpreise: Meiringen–Melchsee und Engelberg–Jochpass kosten je 1.05 Franken für die II. Wagenklasse und 70 Rappen für III.-Klasse-Passagiere. Für die ganze Strecke Meiringen–Engelberg sollen die Tarife für die einfache Fahrt nur 1.50 bzw. 1.– Franken (III. Klasse) betragen.

Nur einen Monat nach der Einigungskonferenz geht die Botschaft des Bunderates an das Parlament in Druck. Die Regierung des Kantons Nidwalden interveniert: Die Fristen für die Einreichung der Vorlagen seien mit 24 Monaten zu lang. So könne eine Beschleunigung niemals erreicht werden. Und auch in Engelberg verliert man die Geduld. Noch in der bevorstehenden Herbstsession müsse die Konzession behandelt werden. Dies geschieht beim Ständerat, nicht aber beim Nationalrat. Dieser vertagt das Geschäft auf das nächste Frühjahr. Am 12. März 1912 ist es so weit: Die Konzession für die Schmalspurbahn Meiringen–Engelberg wird Tatsache.

Engelberg schwenkt um

Der Gemeinderat von Engelberg hat genug von Ränkespielen und entscheidet sich für den Bau einer Drahtseilbahn zur Gerschnialp. Die rasche Realisierung einer Verbindung zur Gerschnialp ist für den aufstrebenden Kurort zur Lebensfrage geworden. Ausserdem biete eine Drahtseilbahn die schnellere Verbindung und im Winter die grössere Betriebssicherheit. Während plötzlich auch die Obwaldner Regierung von ihrem ursprünglichen Standpunkt abrückt und den Bau einer Drahtseilbahn auf die Gerschnialp favorisiert(die Realisierung der durchgehenden Zahnradbahn Engelberg–Meiringen sei aus finanziellen Gründen «so gut wie ausgeschlossen»), setzen Bern und Nidwalden weiterhin auf das 30 km lange Zahnradbahn-Projekt. Abwartend und abwägend das Eisenbahndepartement: Zahnradbahnen seien bei Schneefall überhaupt nicht betriebsanfälliger als Drahtseilbahnen. Die Erfah-

Oben: Die bereits vor hundert Jahren geplante Schlittenbahn vom Rotstöckli zum Titlis.

Unten: Die Zahnradbahn und auch die Schlittenbahn wurden nicht gebaut. Ruhe herrscht bis heute am Engstlensee.

Meiringen im Bahnfieber

	Drahtseilbahn Meiringen–Hasliberg	Schmalspurbahn Meiringen–Hasliberg
Konzessionsgesuch	24. Juli 1900	14. Dezember 1906
Konzession	29. März 1901; am 1. Juli 1905 auf die «Studiengesellschaft für eine Bahn Meiringen–Hasliberg» übertragen	26. Juni 1908
Konzessionär	O. Jossi-Hösli, Meiringen	Studiengesellschaft Meiringen-Hasliberg
Streckenlänge	1700 m	2831 m, davon 2367 m Zahnradstrecke
Zwischenstationen	–	2
Höhenunterschied	450 m	453 m
Spurweite	1000 mm	1000 mm
Maximalsteigung	436 ‰	250 ‰, Adhäsionstrecke 8,5 ‰
Betriebsart	Elektrizität, kombiniert mit Wasserübergewicht	Elektrizität
Kostenvoranschlag	CHF 580 000 (CHF 340 000 pro km)	CHF 580 000 (CHF 200 714 pro km)
Sitz der Gesellschaft	Meiringen	Meiringen

Engelberg setzt auf die Drahtseilbahn zum Trübsee

	Joch-Bahn (Wendenalp–Engelberg)	Drahtseilbahn Engelberg–Trübsee
Konzessionsgesuch	30. März 1908	15. Februar 1907 und 25. Juni 1907
Konzession	Gesuch zurück gezogen: 28.01.1911	–
Gesuchsteller	E. Flotron, Ingenieur, Meiringen J. Isler, Elektrotechniker, Meiringen	E. Cattani, Talammann, Engelberg namens eines Initiativkomitees
Projektverfasser	E. Flotron	Ingenieure J. Bosshard, Thalwil und E. v. Perrot
Streckenlänge	12,8 km	4393 m
Stationen	Wendenalp km 0,0 1597 m ü.M. Wendengletscher km 2,0 1980 m ü.M. Engstlen-Jochpass km 4,0 2215 m ü.M. Ober Trübsee km 6,7 1770 m ü.M. Unter Trübsee km 10,9 1202 m ü.M. Engelberg km 12,8 1002 m ü.M.	Engelberg km 0,0 1010 m ü.M. Gerschnialp km 1,7 1253 m ü.M. Trübsee km 4,4 1765 m ü.M.
Höhenunterschied	1213 m (Engelberg–Engstlen/Jochpass)	755 m
Spurweite	1000 mm	1000 mm
Maximalsteigung	200 ‰	250 ‰
Minimalradius	80 m	100 m
Betriebsart	Elektrizität	Elektrizität
Kostenvoranschlag	CHF 3 Mio.	CHF 1,2 Mio. (CHF 273 200 pro km)
Sitz der Gesellschaft	Meiringen	Engelberg
Bemerkungen	Weil das Eisenbahndepartement die geplante Meiringen–Engelberg-Bahn nicht ab Meiringen konzessionieren will, sondern erst ab Reuti (wegen der bereits erfolgten Konzession einer Meiringen–Hasliberg-Bahn), werde «diese sehr interessante und wichtige Bahnverbindung (...) an eine kurze Stumpenbahn anschliessen». Verhindert werden könne dies mit der «Oberland-Gotthard-Bahn» über den Susten, samt Abzweigung nach Engelberg (Joch-Bahn). Zudem komme der Bahnhof Meiringen zu einem weiteren Direktanschluss.	Vorgesehen ist «Saisonbetrieb». Am 25. Juni 1907 wird ein erweitertes Projekt nachgeschoben, welches zwei Alternativvarianten beinhaltet. Ziel der insgesamt drei Linienführungen bleibt der Anschluss auf Trübsee an die immer noch favorisierte Direktlinie von Meiringen nach Engelberg.

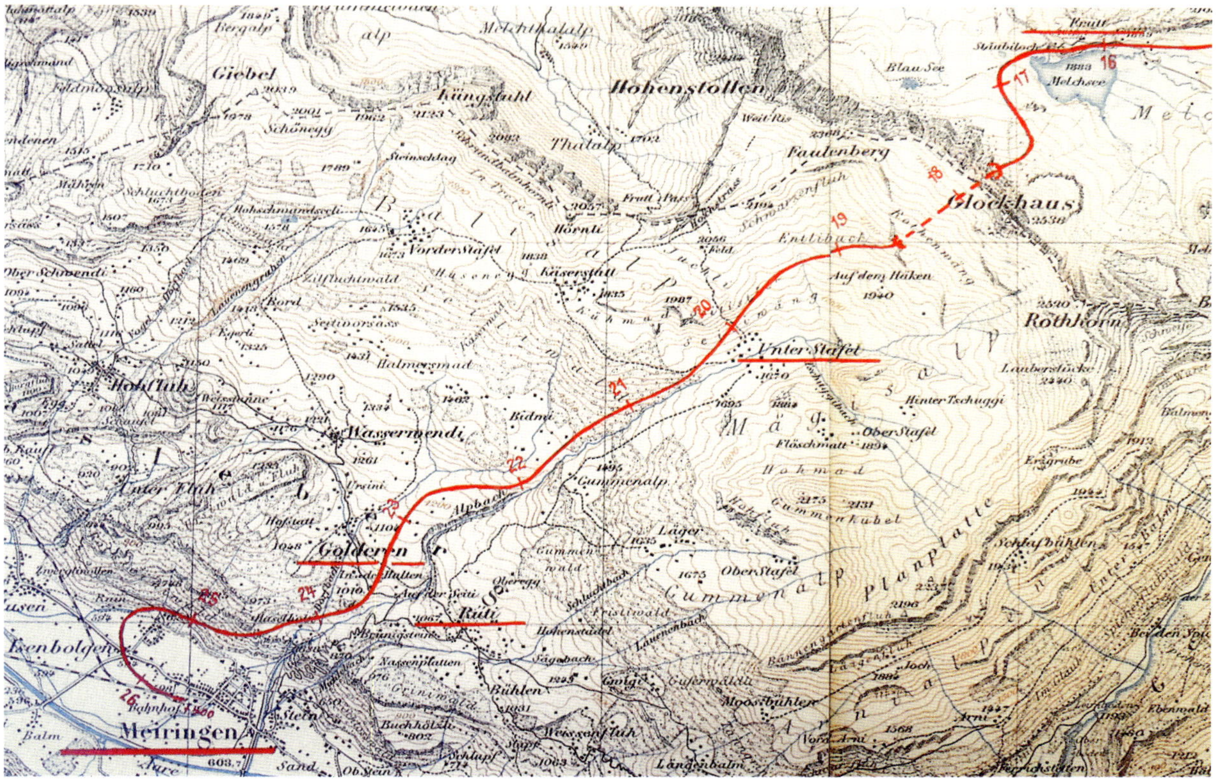

Meiringen im Bahnfieber: Die Zahnrad-Linie über den Hasliberg und die Mägisalp nach Melchsee-Frutt und weiter bis Engelberg, hätte diesen Regionen einen gewaltigen Entwicklungsschub gebracht.

rungen mit den bisher im Winter verkehrenden Zahnradbahnen Lauterbrunnen–Wengen (1274 m ü.M.), Aigle–Leysin (1266 m ü.M.) und Vitznau–Rigi/Kaltbad (1438 m ü.M.) seien sehr gut ausgefallen. Andererseits stellt die technische Abteilung des Eisenbahndepartementes im gleichen Schreiben abschliessend fest, man teile den Standpunkt Obwaldens, «wonach die durchgehende Bahn Meiringen–Engelberg keine Aussicht auf baldige Verwirklichung hat».[7]

Bundesrat Forrer für Zahnradbahn

Noch ist der Bär nicht erlegt, der Chef persönlich tritt auf den Plan. Bundesrat Ludwig Forrer zeigt zwar Verständnis für die Obwaldner Regierung, betont aber in einem Schreiben an den Präsidenten der ständerätlichen Eisenbahnkommission und späteren Bundesrat Calonder, «dass sowohl die Kantonsregierung als auch die Engelberger Interessenten lange der durchgehenden Bahn gegenüber den Teilprojekten Engelberg–Gerschnialp und Meiringen–Hasliberg das Wort geredet haben. Unseres Erachtens sollte nun der Studiengesellschaft für die durchgehende Bahn Meiringen-Engelberg Gelegenheit gegeben werden, die Finanzierung ihres Projektes, dem nicht nur als Touristenbahn, sondern auch vom Standpunkt der Volkswirtschaft aus eine gewisse Bedeutung zukommt, zu versuchen».[8] Doch schon sechs Wochen später muss auch Bundesrat Forrer an den Verhandlungen in Bern feststellen, dass die finanziellen Grundlagen für das ambitionierte Zahnradbahn-Projekt leider nicht vorhanden seien. Auch in absehbarer Zeit bestehe «keine Aussicht, die durchgehende Bahn zu finanzieren».[9] Da Engelberg für den Wintersport dringend eine Seilbahn nach der Gerschnialp bedürfe und Meiringen als erstes Ziel die Erstellung einer Bahn nach dem Hasliberg verfolge, komme das Departement beiden Parteien entgegen und stelle für beide Projekte je eine Konzession aus.

Damit lässt der Chef des Eisenbahndepartementes noch immer eine Option offen: Weil die Bahn Meiringen-Hasliberg ein Teilstück der durchgehenden Linie bilde, werde das Departement den eidg. Räten die Konzessionierung «für die durchgehende Bahn» empfehlen. Allerdings macht der Kanton Obwalden den Initianten wenig Hoffnung. «Angesichts der hohen Kosten dieser Bahn (9 Millionen) und der geringen Aussichten auf die Rentabilität des Unternehmens» könne Engelberg eine allfällige Subventionierung nicht zugemutet werden.

Lieber den Spatz in der Hand

Mehr und mehr kämpft die «Studiengesellschaft Meiringen–Engelbergbahn» allein und auf verlorenem Posten. Sie wirft den ehemaligen Mitinitianten aus Engelberg vor, die gemeinsam erarbeiteten Pläne eigensinnig verraten zu haben. Würde Engelberg, wie einmal vereinbart, «der durchgehenden Linie Hand bieten, statt seine Sonderbestrebungen zu verfolgen», wäre das ehrgeizige, aber einzig sinnvolle Projekt nach wie vor zu realisieren. Gestützt wird diese These auch von den Direktoren des Eisenbahndepartementes (Biedermann, Winkler, Pestalozzi), welche ihrerseits nochmals auf die ungleich höhere Leistungsfähigkeit einer Zahnradbahn hinweisen. Abschliessend stellen aber auch sie fest, dem Kurort Engelberg sei kurzfristig «mit der beförderlichen Erstellung der Drahtseilbahn besser gedient».

Bereits am 18. Dezember 1911, zehn Tage nach der Berner Konferenz, erhalten die Engelberger den positiven Antrag des Bundesrates und am 21. Dezember das Ja des Ständerats für die Gerschnialp-Bahn als Weihnachtsgeschenk. Die Konzessionierung erfolgt am 8. März 1912 mit dem Ja des Nationalrats. Zehn Monate später, am 21. Januar 1913, erfolgt die Betriebseröffnung!

Hochstollen – «ein Berg von Weltruf»

1850: Meiringen ist verarmt, Hunderte suchen Arbeit. «In den heimischen Küchen werden gar Nesseln, Kräuter und Gräser gekocht und gegessen».[1] Erst mit dem Bau der Brünigstrasse und der Entsumpfung des Aare-Ufers kommen Hoffnung und Aufschwung ins Tal. 1888 erfolgt der lang ersehnte touristische Durchbruch: Meiringen ist durch die Brünigbahn mit dem Vierwaldstättersee und dem Brienzersee verbunden, und im gleichen Jahr wird die Aareschlucht für das Publikum eröffnet. 1891 sorgt ein neues Projekt für Aufsehen: eine 9,4 km lange Zahnradbahn auf den Hohenstollen (heute Hochstollen). Doch das Bauvorhaben steht unter einem schlechten Stern. Ein verheerender Dorfbrand äschert im Herbst 1891 beinahe das gesamte Dorf ein und lähmt jede Initiative.

Zur gleichen Zeit, als im Jungfraugebiet die Projekte für die Wengernalpbahn und die Schynige Platte-Bahn beim Bund eingereicht werden, wollen Regierungsrat Andreas Willi aus Meiringen und der Bieler Architekt Alfred Haag die nach Süden gerichteten Berghänge oberhalb von Meiringen mit einer 9,4 Kilometer langen Zahnradbahn erschliessen. «Die zentrale Lage des Hohenstollens, auf der Scheidelinie der Vorberge und des Hochgebirges, und seine, die anderen berühmten Aussichtspunkte (Rigi, Pilatus, Niesen etc.) übertreffende Höhe von 2484 m ü.M., verschaffen ihm eine grossartige Fernsicht über die schweizerische Hochebene, das Hügelgebiet und das Hochgebirgsmassiv.» Zitiert wird im Konzessionsgesuch auch eine Passage im SAC-Jahrbuch von 1876: «Von den Melchseealpen ist nur der Hohenstollen zu ersteigen, mit einer unvergleichlichen Aussicht, welche durch die Nähe des Hochgebirges tiefe Einblicke in dessen Gletscher die ähnlichen (Gipfel) übertrifft.»[2]

	Meiringen–Hohenstollen (heute Hochstollen)		
Konzessionsgesuch	27. April / 4. Mai 1891		
Konzessionsbewerber	Regierungsrat Andreas Willi, Bern A. Haag, Architekt, Biel		
Projektverfasser	A. Haag, Architekt, Biel		
Konzession	23. Dezember 1891		
Streckenlänge	9400 m		
Spurweite	800 mm		
Maximalsteigung	250 ‰		
Stationen	Meiringen	km 0,0	610 m ü.M.
	Brünigstein	km 2,8	1005 m ü.M.
	Wasserwendi	km 4,7	1318 m ü.M.
	Käserstatt	km 6,8	1735 m ü.M.
	Hohenstollen	km 9,4	2310 m ü.M.
Höhendifferenz	1700 m		
Minimalradius	60 m		
Güterverkehr	nein		
Betriebssystem	Dampf; Zahnradbahn		
Kostenvoranschlag	CHF 2,85 Mio. (CHF 303 200 pro km)		
Sitz der Gesellschaft	Bern		

Klotzen, nicht kleckern

Sie geben sich nicht unbescheiden, die Initianten um den Oberhasler Magistraten Andreas Willi: «Nach Erstellung eines Schienenweges dürfte dieser Berg in kurzer Zeit einen Weltruf erlangen.» Gegenüber allen anderen Bergbahnen habe die Hohenstollen-Bahn den nicht zu unterschätzenden Vorzug, dass sie auf einem grossen Teil ihrer Länge ein belebtes Gebiet, einen Kurort, den Hasliberg, durchschneidet, was dem Bahnunternehmen zusätzlich «einen bedeutenden Verkehr vermitteln» werde. Der Hasliberg ist «ein Höhenkurort par excellence, da er alle Bedingungen für einen solchen auf sich vereinigt: In einer Höhe von 1000 bis 2000 m über Meer und 400 bis 1600 m über der Talsohle gelegen», vereinigt mit einer «milden, sonnigen und gegen Norden windgeschützten Lage, mit üppigen Wiesen und hochwüchsigen Waldungen».

9,4 km lang mit vier Zwischenstationen

Die Dimensionen der projektierten Bahn sind beeindruckend. Mit einer Länge von 9,4 Kilometern und einer Höhendifferenz von 1700 m würde die Hohenstollen-Bahn die Bahnen auf den Pilatus, das Brienzer Rothorn und auch die Wengernalpbahn glatt übertreffen. Vom Dorfteil Stein aus, 800 m östlich des heutigen Bahnhofs der Brüniglinie, soll das Zahnradbahn-Trassee die erste Höhenstufe auf dem Hasliberg erreichen. Vier Zwischenstationen sind vorgesehen: Brünigstein (Reuti), Goldern, Wasserwendi und Käserstatt. Bei den Konzessionsverhandlungen in Bern wünscht die Eisenbahnabteilung des Bundes eine Spurweite von 1000 mm (statt nur 800 mm wie bei den Zahnradbahnen auf die Kleine Scheidegg, Schynige Platte und Rochers-de-Naye). Zu einem ersten Stolperstein wird – ähnlich wie bei der geplanten Sustenbahn – die Forderung des Bundes nach einer ganzjährigen Postverbindung. «Es entspricht nur der Billigkeit, wenn eine Gesellschaft, die im Sommer den lohnenden Reisendentransport als Monopol für sich in Anspruch nimmt, im Falle des Bedürfnisses auch im Winter die Beförderung übernimmt.»

1891, fünfzehn Jahre vor den Plänen einer Schmalspurstrecke Meiringen–Engelberg, warteten Regierungsrat Willi aus Bern und der Bieler Architekt Haag mit dem mutigen Projekt «Hochstollenbahn» auf.

183 Gebäude eingeäschert

Am 23. Dezember 1891 stellt der Bundesrat den Meiringer Initianten die Konzession aus. Wie vorher der Ständerat, hat auch die grosse Kammer keine Einwendungen zu machen. Nicht zuletzt soll Meiringen, zwei Monate nach der Brandkatastrophe, durch wirtschaftliche Impulse geholfen werden. Doch das einschneidende Ereignis lähmt eine ganze Talschaft. Mit einem Schlag stehen elementare Probleme im Vordergrund. Der auf 2,85 Millionen Franken veranschlagte Bahnbau hat nur geringe Chancen auf eine Realisierung, und es kommt hinzu, dass Initiant Andreas Willi im Mai 1892 überraschend stirbt. Ausserdem weckt das ohnehin engmaschig gewobene Bergbahnnetz zusätzliche Widerstände. Im Umkreis von nur 25 km Luftlinie buhlen bereits zu viele Bergbahn-Unternehmen um Kunden und Gewinne: Brienzer Rothorn, Pilatus, Bürgenstock, Stanserhorn, Giessbach, Wengernalp, Schynige Platte, Grütschalp/Mürren, Beatenberg.

Meiringen wurde ein halbes Jahr nach der Projekteingabe durch einen Grossbrand verwüstet. Nach diesem zweiten Dorfbrand innerhalb von nur zwölf Jahren erfolgte eine Neuplanung des Ortes, die noch heute das Zentrum des Haslitals prägt. Das verheerende Feuer vom 25. Oktober 1891 hinterliess ein Bild der Zerstörung. 183 Gebäude wurden eingeäschert und 854 Personen obdachlos. Der Brand forderte ein Todesopfer. Bergbahn-Planungen rückten fortan in den Hintergrund, Meiringen plagten andere Sorgen.

In Adelboden fliegen die Späne

Welches Projekt macht das Rennen: die Talbahn nach Frutigen, die Bergbahn über das Hahnenmoos in die Lenk oder die Tunnelbahn durch den Lohner nach Kandersteg? Das untenstehende Projekt von Ingenieur und BGB-Nationalrat Ferdinand Rothpletz hatte am Schluss die Nase vorn. Doch ein Teil der Bevölkerung wollte nicht aufgeben und kämpfte weiterhin bedingungslos für den Anschluss nach Frutigen – und verlor so den direkten Bahnanschluss. Noch fehlt auf der Karte die Lötschbergbahn.

Während die Jungfrau-Region bereits Ende des 19. Jahrhunderts mit einem dichten Netz von Bergbahnen erschlossen ist, tut man sich im westlichen Berner Oberland schwer. Vom Genfersee her erreichen die Geleise der Montreux-Oberland-Bahn MOB 1904 immerhin das aufstrebende Gstaad, und im Juli 1905 fahren die ersten Züge über die Saanenmöser nach Zweisimmen ins Simmental. Erst 1912 wird auch die Lenk an das MOB-Netz angeschlossen. Dabei liegt seit 1907 eine Konzession auf dem Tisch für die Fortsetzung der Linie über das Hahnenmoos nach Adelboden. Hier aber fliegen die Späne: Frutigen–Adelboden oder Lenk–Adelboden oder die Tunnelbahn Kandersteg–Adelboden? Der Streit reisst tiefe Gräben in das Dorf. Fazit: Adelboden verbeisst sich in einen kompromisslos geführten Variantenstreit … und verpasst schliesslich den Direktanschluss an das Eisenbahnnetz endgültig.

Zwei Jahrzehnte lang tobt der Kampf im Engstligental um den «richtigen» Anschluss Adelbodens an das nationale Bahnnetz. Jede Stimme ist wichtig und jedes Mittel richtig, um den Gegner zu verunglimpfen. Die Polemik nimmt stetig drastischere Formen an, spaltet eine ganze Talschaft und vergiftet das Dorfleben im noch jungen Kurort. Als Hauptakteure wirken auf der einen Seite Kur- und Dorfarzt Dr. Emil Mory, zusammen mit Gemeinderat Allenbach. Sie und die vereinigten Bauern des Engstligentals kämpfen für die «Talbahn Frutigen–Adelboden». Auf der Gegenseite wirkt Ferdinand Rothpletz, Unternehmer, Chefingenieur bei der Lötschbergbahn und beim Bau des zweiten Simplon-Tunnels. Er will die gestreckte «Tunnellösung Adelboden–Kandersteg» und erhält breite Unterstützung von Gewerblern und den Hoteliers.

Talbahn Frutigen–Adelboden …

1904, genau zwanzig Jahre nach der Eröffnung der Talstrasse von Frutigen nach Adelboden, reicht der Basler Ingenieur Wilhelm Hetzel in Bern ein 14-seitiges, handgeschriebenes Konzessionsgesuch ein, «im wohlverstandenen Interesse einiger Bürger von Hirzboden und Adelboden».[1] Dieses erste Bahnprojekt im Engstligental stützt sich auf die Erfahrungen der Berner Oberland-Bahn (Interlaken–Lauterbrunnen/Grindelwald) und sieht einzig für die letzten steilen 1,35 km Zahnradbetrieb vor. «Es ist dieses Gesuch nicht etwa eine Speculation des unterzeichnenden Ingenieurs, sondern ein Bedürfnis dieser Gegend.» Der glücklose Basler, welcher rund ein Dutzend nie realisierter Projekte auf sich vereinigt (u. a. Grindelwald–Grosse Scheidegg–Faulhorn, Giessbach–Axalp–Faulhorn-Schynige Platte, Chrischona-Bahn, Leimental-Bahn, Napf-Bahn), plant den Bau einer 13,75 km langen Schmalspurlinie von Frutigen nach Adelboden. Hetzel erhält die Baubewilligung bereits am 23. Juni 1905, zehn Monate nach seinem Konzessionsgesuch. Erneut will es ihm nicht gelingen, die finanzielle Basis sicherzustellen. 1912 vermacht er die Konzession, für die Summe von 10 000 Franken in Pfandaktien, dem neu gegründeten «Initiativkomitee Frutigen–Adelboden–Lenk-Bahn» unter der Führung des Duos Allenbach/Mory aus Adelboden. Diese lassen das Projekt – auf Druck des Bundes – gemäss den Normen der Montreux-Oberland-Bahn MOB überarbeiten. Aus der Zahnradbahn soll nun eine Adhäsionsbahn werden (ohne Zahnradstrecken). Die Linienführung wird zwangsläufig um 3,5 auf 17,25 Kilometer verlängert. Damit sind die Voraussetzungen für eine Verbindung mit der MOB gegeben. Mit einem Budget von rund 5 Millionen Franken, 1,8 Millionen mehr als bisher veranschlagt, hofft man den Durchbruch zu schaffen. Unterstützung erhalten Allenbach und Mory auch vom Gemeinderat Adelboden.

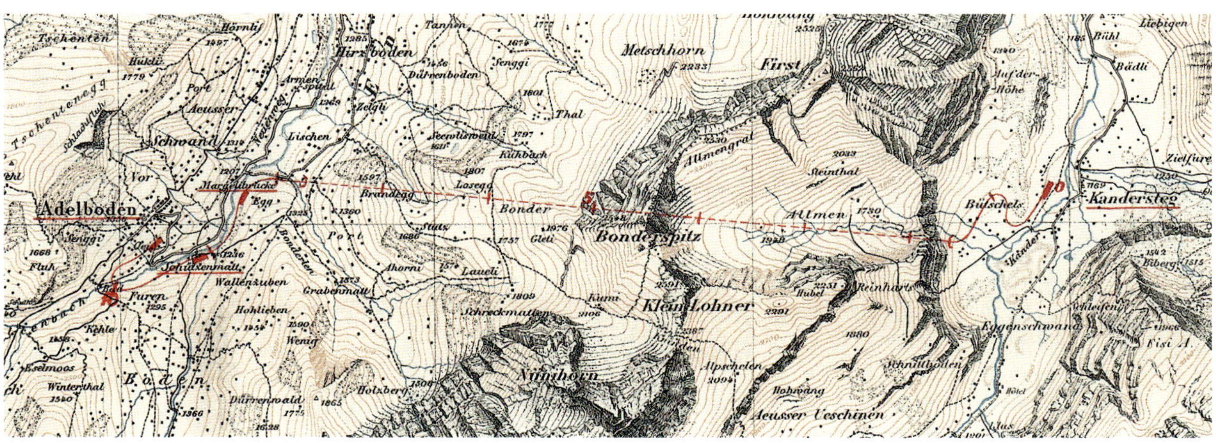

Das Projekt einer 13,75 km langen Talbahn von Wilhelm Hetzel aus dem Jahr 1904, Dampfbetrieb mit Meterspur analog der Berner Oberland-Bahn. 1911 wurde das Projekt überarbeitet: Elektrischer Betrieb, übernommen wurden die Normalien der Montreux-Oberland-Bahn mit Adhäsionsbetrieb (ohne Zahnrad-Strecken), was die Strecke auf 17,25 km verlängerte.

Der kluge Mann baut vor

‹Oberländisches Volksblatt›: «Im Hirzboden bei Adelboden will einer eine Pension mit dem schönen Namen ‹Pension Terminus und Restaurant Bahnhof› errichten. Er will nicht abwarten, bis eine Bahn gebaut ist und ihm vielleicht ein anderer mit der Wahl dieser schönen Firma zuvorkommt.»[2]

Frutigens Schiefertafeln

Rote Köpfe an der ausserordentlichen Gemeindeversammlung vom 11. Oktober 1913 in Adelboden. Wie hart die Meinungen aufeinanderprallten, zeigen Zeitungsartikel, Leserbriefe und Pamphlete. Das unterlegene Komitee für die Talbahn Frutigen–Adelboden nahm die Verhandlungsführung durch Gemeindepräsident Aellig ins Visier:

«In seiner Ansichtsäusserung über die beiden Projekte brachte er (Aellig) es fertig, unter anderem zu sagen: ‹Die Schieferindustrie des Tales hat kein Interesse, über Frutigen–Adelboden zu fahren, dem Schiefer kann es auch egal sein, über Kandersteg zu fahren, er riskiert dann wenigstens nicht, auf der Linie Frutigen–Adelboden in die Engstligen zu gheie'». Im 7-seitigen Protestschreiben wurde zudem hervorgehoben, Gemeindepräsident Aellig habe nichts unversucht gelassen, die Abstimmung so weit wie möglich hinauszuzögern: «40 Mann hatten vor der Abstimmung das Lokal verlassen. Es waren meist weit ab wohnende Bauern, die Hirtens halber zu ihrem Viehstand zurückgehen mussten, da die Versammlung von mittags 1 Uhr bis abends 5½ Uhr dauerte.» Fast ausnahmslos hatten sich die Bauern vorher für die Talbahn ausgesprochen. «Dieses Manöver» des Gemeindepräsidenten sei niederträchtig …

Dieser schreibt am 30. Juni 1909 nach Bern: «Abgesehen davon, dass eine Verbindung Montreux–Frutigen mit Anschluss an den Lötschberg eine sehr begrüssenswerte Idee ist, würde man auch in der Talschaft Adelboden einer Bahnverbindung in der Art der Montreux-Oberland-Bahn sehr sympathisch gegenüberstehen.»[3]

… kontra Tunnellösung

Mit dem Bau der Lötschbergbahn kommt plötzlich eine komplett neue Variante ins Spiel. Chef-Ingenieur Rothpletz aus Bern präsentiert acht Jahre nach Hetzel der verblüfften Fachwelt eine Direktverbindung von Adelboden nach Kandersteg und damit zur Lötschbergbahn: Nur 10,9 km lang, Normalspur und dank eines 6,1 km langen Tunnels zudem wintersicher. Dieses Projekt laufe den Interessen der ganzen Talschaft zuwider, befinden die Gemeinderäte von Frutigen und Adelboden. An der Gemeindeversammlung vom 15. Juni 1912 sprechen sich die Adelbodner in geheimer Abstimmung deutlich für die Talbahn aus: 90 Stimmen für Frutigen–Adelboden, nur 16 Stimmen für die Tunnellösung nach Kandersteg. Dieses Abstimmungsresultat hat zur Folge, dass sich auch der Regierungsrat beim Bund für die Linienführung durch das Engstligental stark macht.

Frutigen kontra Kandersteg

Eine überraschende Wende bahnt sich im August 1913 an: Ein «Initiativkomitees zur Abänderung des Gemeindebeschlusses von Adelboden vom 15. Juni 1912 hinsichtlich des Bahnprojektes Kandersteg–Adelboden» erwirkt dank 76 Unterschriften eine ausserordentliche Gemeindeversammlung. Verlangt wird nichts weniger als die Neubeurteilung der Projekte. Präsidiert wird das Komitee von den beiden Hoteliers Emil Gurtner (Grand Hotel) und F. Schärz (Hotel Adler) sowie von Peter Oester, Landwirt und Schieferwerker. Zu den Unterzeichnern gehören neben sechs weiteren Hoteliers fast alle Gewerbetreibenden, der Apotheker, der Coiffeur, der Bäckermeister, weiter sind dabei Schreiner, Sattler, Milchhändler, Spenglermeister, aber auch der Posthalter, die Lehrer und der bekannte Fotograf E. Gyger. Die ausserordentliche Gemeindeversammlung wird auf den 11. Oktober 1913 angesetzt. In der Zwischenzeit befindet sich das Engstligental beinahe im Ausnahmezustand: Um jede zusätzliche Stimme wird gerungen, jeder Stimmberechtigte umworben – hüben und drüben. In Frutigen hagelt es Proteste. Inserate und Pamphlete sind im Umlauf, das Engstligental ist in Aufruhr.

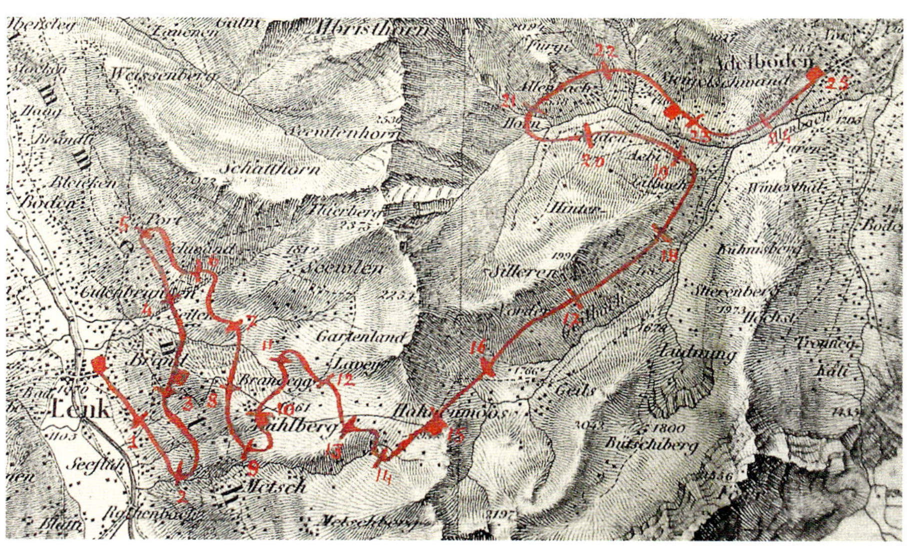

Die Verlängerung der Montreux-Oberland-Bahn MOB von der Lenk über das Hahnenmoos nach Adelboden: Das zuerst unter der Bezeichnung «Wildstrubelbahn» lancierte Projekt von 1906 hätte im Sommer neue Wanderziele ermöglicht und im Winter, in der Frühzeit des alpinen Skisports, das erste zusammenhängende Skigebiet der Schweiz erschlossen. Zur Illustration: Die Wengernalpbahn verkehrte zwar bereits im Winter 1913 erstmals von Lauterbrunnen bis zur Kleinen Scheidegg, der Winterbetrieb auf der Grindelwald-Seite erfolgte aber erst 1934.

Skifest in Adelboden vor einer erstaunlichen Kulisse. Jahrzehnte vor den Weltcuprennen am Kuonisbergli hat sich Adelboden zu einem Skisport-Zentrum entwickelt. Legendäre Fahrerinnen und Fahrer zeugen von dieser Entwicklung. Vier Beispiele: Skispringer Fritz Tschannen, der 1948 den Skiflug-Weltrekord auf 120 m verbesserte, Lauberhorn-Abfahrtssieger Fred Rubi, die Kombinations-Weltmeisterin von Bad Gastein 1958, Frieda Dänzer, oder der Weltcupfahrer, Trainer und Renndirektor Hans Pieren.

Bauern kontra Gewerbler

«Die Bevölkerung von Adelboden und des Engstligentals will keine Bahn, deren Projektverfasser von vornherein erklären, dieselbe diene nur dem Fremdenverkehr (...) Frutigen ist und bleibt der Ausgangspunkt für Adelboden, und nicht Kandersteg. Daran ändert die Eröffnung der Lötschberglinie nichts. So war es seit Jahrhunderten und so soll es bleiben. Frutigen ist der Amtssitz, Hauptmarktplatz für die landwirtschaftliche Bevölkerung des ganzen Amtes und nächstgelegener Eisenbahnpunkt. Kandersteg ist für uns nichts als ein Konkurrent unseres Kurortes. Das Projekt Rothpletz (Tunnelvariante Kandersteg–Adelboden) würde unsere Aussenbäuerten, namentlich die Bäuert Hirzboden, ganz abschneiden vom Verkehr, und unser Kurort würde zum hinteren Winkel von Kandersteg degradiert.»[3]

148 «Grundbesitzer, stimmfähige Bürger von Adelboden» haben unterschrieben. Unter den Unterzeichnern des Protestbriefes vom 14. September 1913 an das Eisenbahndepartement finden sich neben fünf Gemeinderäten vorwiegend Bauern, aber auch einige Gewerbler und drei Hoteliers. Die im Dorf gesammelten Unterschriften für das Tunnelprojekt nach Kandersteg seien missbräuchlich verwendet worden, «erzwungen und erschlichen», meldet das Lokalkomitee für die Frutigen-Adelboden-Bahn. Vier Unterzeichner protestieren zudem gegen den unerlaubten Gebrauch ihrer Unterschrift. Der Streit um die «richtige Linienführung» wird mit harten Bandagen ausgetragen. So drohen zwei Hoteliers den Metzgern und Bäckern mit dem Entzug der Warenlieferungen, falls diese nicht für das Tunnelprojekt stimmen würden. «Und der eine derselben trieb es sogar so weit, dass er tatsächlich seinem Küchenchef die strikte Order gab, kein Pfund Fleisch mehr in Adelboden zu kaufen, weil die beiden hiesigen Metzger die Schrift nicht unterzeichnen wollten.»[5]

Petition aus Frutigen

Besonders unten im Tal, in Frutigen, Kandergrund, Reichenbach und Aeschi, gehen die Wellen hoch. Eine Woche vor der Adelbodner Gemeindeversammlung reichen die Befürworter der Talbahn eine von 601 Bürgern unterzeichnete «Eingabe an die hohe Bundesversammlung» ein, in welcher sie um die «Abweisung des Projektes Rothpletz» (Tunnelvariante) bitten: «Dieses neue Projekt schädigt in hohem Masse die Interessen der Gemeinde Frutigen (...) Eine Ablenkung des Verkehrs nach Kandersteg würde unsere Talschaft schwer schädigen und eine Weiterentwicklung ganz verunmöglichen.»

Turbulente Gemeindeversammlung

Am 11. Oktober 1913 sprühen in Adelboden die Funken. 322 Bürger strömen an jenem Samstagnachmittag um 13 Uhr in die Kirche, um an der entscheidenden, ausserordentlichen Gemeindeversammlung teilzunehmen, welche bis um 17.30 Uhr dauert. Trotz des Appells für eine faire Auseinandersetzung werden die gegenseitigen Anwürfe stetig giftiger. Die Versammlung droht zu eskalieren, sodass der Versammlungsleiter mehrmals unterbricht und

Sie ist ein Traum geblieben, die bequeme Reise im Salonwagen der Montreux-Oberland-Bahn über die Lenk hinaus, übers Hahnenmoos nach Adelboden und sogar weiter in Richtung Thunersee.

Schmalspurbahn vom Genfersee zum Thunersee

Der Erfolg der Montreux-Oberland-Bahn MOB bringt dem Pays d'Enhaut, besonders aber Gstaad und dem Saanenland einen bedeutenden touristischen Schub und volkswirtschaftliche Impulse von nie erwarteter Dimension. Der erste Zug aus Montreux erreicht Gstaad am 20. Dezember 1904. Ein halbes Jahr später fährt die MOB erstmals über die Saanenmöser ins Simmental und erreicht Zweisimmen am 6. Juli 1905. Hinter dieser Entwicklung steht der visionäre Ingenieur und erste Direktor der Montreux-Oberland-Bahn, Roland Zehnder, welcher die meterspurige Gebirgsbahn weiter nach Osten, von Zweisimmen und Lenk bis Adelboden und nach Möglichkeit an den Thunersee, ausbauen möchte. Eine 150 km lange Touristenbahn vom Genfersee zum Thunersee und Interlaken soll entstehen.

«Gegenüber den Gletschern des Wildstrubels»

Für Zehnder ist es klar: Die geplante Bahn bietet eine einmalige Gelegenheit zur Fahrt «durch die Lieblichkeit der Voralpenregion, verbunden mit dem Grossartigen der Hochgebirgswelt», die ein «Bild von seltener Harmonie und Schönheit» darstellt. «Die ganze Gegend um Lenk zählt zu den herrlichsten der Alpenwelt.» Als nicht unwesentliches Argument für den Bahnbau wird im Konzessionsgesuch vom 6./7. August 1906 hervorgehoben:

«Die Fahrzeuge der Montreux-Berner-Oberland-Bahn könnten von Montreux direkt bis Adelboden durchlaufen (...) Eine Konzession ist bereits erteilt für eine Bahn von Frutigen bis Adelboden, sodass noch das Teilstück Lenk–Adelboden fehlen würde. Da man sozusagen auf der ganzen Fahrt von Lenk bis Adelboden direkt den Gletschern des Wildstrubels sich gegenüber befindet, an deren prächtigem Ausblick sich der Reisende unaufhörlich entzücken kann, soll diese Linie als ‹Wildstrubelbahn› bezeichnet werden.»

Kehrtunnels und Viadukte

Weil die steile Bergflanke von der Lenk Richtung Metschstand und weiter zum Hahnenmoos nicht mit einer Zahnradstrecke, sondern wie die ganze MOB-Linie im Adhäsionsbetrieb überwunden werden soll, dienen Wendeschleifen und Kehrtunnels, um den 900-m-Anstieg zu bewältigen:

«Unter zahlreichen Kurven» soll die Schmalspurbahn nach 15,057 km den Kulminationspunkt Hahnenmoos-Pass auf 1935 m über Meer erreichen. Wörtlich heisst es im Konzessionsgesuch: «Von hier fällt die Linie in nordöstlicher Richtung ab, biegt bei km 19 nach Westen um (...) und erreicht bei km 22,875 die Station Stiegelschwand (1475 m ü.M.). Das Trassee erreicht endlich, nach Passierung einer Galerie gegen Steinschlag bei den Geröllhalden (...), oberhalb des Geilsbachs die Endstation Adelboden (km 25; 1354 m ü.M.)».[6]

Kilometer-Baukosten

Um die vorgesehenen Baukosten von 4 Millionen Franken zu relativieren, fügt Konzessionsbewerber Zehnder folgende Vergleiche an, bezüglich Kosten pro Kilometer Bahnstrecke:

– Stansstad-Engelberg-Bahn (1898)	CHF 114 000
– Berner Oberland-Bahnen (1890)	CHF 146 900
– Lenk–Adelboden (Projekt 1906)	CHF 160 000
– Visp–Zermatt (1891)	CHF 162 000
– Appenzellerbahn (1886)	CHF 165 000
– Erlenbach–Zweisimmen (Normalspur, 1902)	CHF 198 000

Hohe Betriebseinnahmen

Erwartungsfroh gibt sich die Direktion der Montreux-Oberland-Bahn in Bezug auf winkende Dividenden:

«Das Total der jährlichen Betriebseinnahmen sollte 342 000.– Franken ergeben, bei Betriebsausgaben von 160 000.– Franken. Der Betriebsüberschuss von 170 000.– Franken werde «einer Verzinsung des Baukapitals von 4,25 Prozent» entsprechen. Falls der Betrieb durch die MOB geführt wird, so würde sich dieses Resultat noch günstiger gestalten, indem die Betriebskosten noch mehr reduziert werden könnten.»

«Ein nicht statthafter Name»

Einen unerwarteten Dämpfer gibt es durch das Post- und Eisenbahndepartement. Dieses meldet bei der Namengebung der projektierten «Wildstrubelbahn» Widerstand an: «Da die neue Bahnlinie den Wildstrubel oder dessen Gebiet nirgends berührt, sondern weit von diesem wegbleibt und nur auf das Wildstrubelgebiet Aussicht gewährt, so erscheint die Bezeichnung ‹Wildstrubelbahn› nicht als statthaft und müsste Anlass zu zahlreichen Irrtümern geben. Die Bezeichnung ist deshalb in der Konzession zu streichen.»

Konzession im Herbst 1907

Am 27. September 1907 stimmt nach dem Ständerat auch der Nationalrat der Konzession für die Strecke Lenk–Adelboden zu. Doch Adelboden verheddert sich in endlosen Variantenstreitigkeiten. Die «Hahnenmoosbahn» hätte nicht nur Adelboden und der Lenk einen wichtigen touristischen Schub gebracht. Sie wäre auch zum entscheidenden Glied in der Kette Genfersee–Thunersee geworden. Es ist nicht auszuschliessen, dass genau dieses Glied den Bewohnern des Engstligentals auch die erhoffte Fortsetzung bis Frutigen gebracht hätte.

Auch nach den Turbulenzen um Adelbodens Bahnanschluss gab man im Engstligental nicht auf. Zwischen 1912 und 1938 wurden beim Bund 9 (!) Bahn-Projekte zur Konzessionierung eingereicht: 5 Luftseilbahnen, 3 Drahtseilbahnen und 1 Schwebebahn. Hier präsentieren sich drei Bahn-Projekte zur Tschentenalp und zur Schwandfehlspitze. Realisiert wurden vor dem Zweiten Weltkrieg einzig der Schlittenaufzug (Funi) von Geils zum Hahnenmoos (1935) und die Luftseilbahn Birg–Engstligenalp (1937).

um Ruhe bittet. Schliesslich stehen sich vier Anträge gegenüber, über die einzeln abgestimmt wird. Die Schlussabstimmung bringt die kaum erwartete Wende:

– Talbahn-Projekt Frutigen–Adelboden:	137 Stimmen
– Tunnelvariante Kandersteg–Adelboden:	169 Stimmen
– Enthaltungen	11 Stimmen

Die Initianten der Frutigen-Adelboden-Bahn sind geschockt. Und die Berner Regierung muss die ganze Sache neu aufrollen. Sie beantragt beim Bundesrat, beide Projekte zu konzessionieren und den weiteren Verlauf dem Wettbewerb zu überlassen. Zwei Bahnprojekte für total 10 Millionen gleichzeitig zu bauen wäre – so der Regierungsrat – «für eine Fremdenstation von der Bedeutung Adelbodens unverhältnismässig gross. Es ist jedoch vorauszusehen, dass die Finanzierung des einen Projektes diejenige des andern ausschliessen wird».

Keine Ruhe im Tal

Der demokratisch gefällte Entscheid in Adelboden trägt aber nicht zur Beruhigung der Gemüter bei. Bereits am Tag nach der denkwürdigen Abstimmung lässt das unterlegene Komitee der Berner Regierung ein 7-seitiges Memorandum zukommen. Gemeindepräsident Gilgian Aellig habe «in schmählicher Weise seine Pflichten als unparteiischer Leiter der Versammlung verletzt».[7] Im «Oberländer Tagblatt» vom 22. November 1913 steht auf der Frontseite zu lesen:

«Wie dieser Beschluss zustande kam, weiss man in Adelboden (...) Derselbe ist und bleibt ein Schildbürgerstücklein, das seinen Regisseuren keine Ehre macht. Nicht das Interesse der Ortschaft und der Talschaft war für die Mehrheit wegleitend, sondern zu 90 Prozent der Cliquenstandpunkt, blosser Neid und persönlicher Hass».[8] Der nicht namentlich gezeichnete Artikel stammt zweifelsfrei aus der Feder Allenbach/Mory, den beiden unterlegenen Konzessionsbewerbern.

Das Initiativkomitee Frutigen-Adelboden bittet die Kantonsregierung eindringlich, «den Standpunkt, den Sie bis anhin in dieser Sache eingenommen, einer geringen Mehrheit wegen, nicht zu ändern und auch zum dritten Male die Abweisung des Rothpletz'schen Gesuches zu beantragen».

Ganz anders «Der Bund» in Bern: «Dass für Adelboden das Lohnerprojekt, der kürzeste Anschluss an die Lötschbergbahn und Verbindung mit dem Fremdenort Kandersteg, die einzig richtige Lösung der Bahnfrage bringen würde, begreift hier nach und nach auch die Mehrheit der Bauernbevölkerung; die Geschäftsleute waren rasch davon überzeugt, und jeder der Frage objektiv gegenüberstehende Sachverständige wird dies nicht lange diskutieren. Dieser Überzeugung gemäss hat denn auch die Gemeinde das mehr versprechende Projekt empfohlen.»[9]

Dennoch lassen die unterlegenen Gegner weiterhin nicht locker: Einen Monat nach dem Negativentscheid, im November 1913, beantragt Dorfarzt Mory, im Namen der Konzessionäre des Frutigen-Adelboden-Initiativkomitees beim Bundesrat eine weitere Konzessionsverlängerung. Das «inferiore Tunnelprojekt sei abzuweisen und unser Projekt zu schützen». Der Berner Regierung wirft er Parteilichkeit vor. Sie sei nur deshalb plötzlich für die Tunnellösung eingetreten, um der Sache der Löschbergbahn zu dienen und dieser «den Gewinn von 27 Tarifkilometern zu ermöglichen». Auch Frutigen bleibt nicht untätig. Einstimmig spricht sich die Gemeindeversammlung am 5. Februar 1914 «mit aller Entschiedenheit gegen die Erteilung einer Konzession für eine Bahn von Kandersteg nach Adelboden aus».[10]

Berner Regierung macht Dampf

Am 12. März 1914, ein halbes Jahr nach der turbulenten Gemeindeversammlung von Adelboden, nimmt die Berner Regierung zuhanden des Bundesrates abschliessend Stellung: Dr. Mory aus Adelboden behaupte, die gesamte

Talbahn, Bergbahn oder eine Tunnelbahn?

	Frutigen–Adelboden 1904	Frutigen–Adelboden 1920	Lenk–Adelboden 1906	Kandersteg–Adelboden 1912
Projekt	Talbahn Zahnradbahn	Talbahn Adhäsions-, teilw. Zahnradbahn	«Wildstrubelbahn» Adhäsionsbahn	Tunnelbahn Adhäsionsbahn
Konzessionseingabe	15. August 1904	25. Februar 1920	6. August 1906	21. April 1912
Projektverfasser	W. Hetzel, Basel Ingenieur; Projektänderungen 1911, 1913	F. Frutiger, Oberhofen (überarbeitetes Projekt Hetzel)	R. Zehnder-Spörry, Direktor Montreux- Oberland-Bahn MOB	F. Rothpletz, Chefingenieur beim Lötschberg- und Simplon-Tunnelbau
Konzessionsbewerber	W. Hetzel, Basel ab Winter 1912: Dr. E. Mory, Adelboden F. Allenbach, Adelboden; Financier Balke, Berlin	«Syndikat für eine elektrische Schmalspurbahn von Frutigen nach Adelboden» Präs.: Dr. E. Mory, Adelboden	R. Zehnder-Spörry, E. Krähenbühl, MOB J. Wälti, Zweisimmen	F. Rothpletz, Bern/Aarau; 1918: Gründung der Firma Rothpletz & Lienhard 1919–1922: Nationalrat BGB 1921: Ehrendoktor ETH
Konzession	23. Juni 1905 Fristverl: 1909, 1911; 1912 Übertragung auf das Komitee Allenbach/Mory; neue Konzession 20. Juni 1914, Frist verlängert bis 1919	Konzession für das über- arbeitete Projekt Hetzel: 20. Juni1914 Fristverlängerungen bis 1919, ab 1921 jährlich bis 1926	27. September 1907, verlängert bis 1.10.1913 Neue Konzession: 7. Juni 1913 Lenk–Adelboden 20. Juni 1914 Lenk–Adelboden– Frutigen	Konzession 1914 abgelehnt; falls aber Frutigen–Adelboden nicht gebaut werde, solle die Konzession auf das Tunnelprojekt übergehen
Streckenlänge	13,75 km	17,25 km	25 km	10,9 km; Tunnel: 6,1 km
Spurweite	1000 mm	1000 mm	1000 mm	1000 mm
Minimalradius	–	Adh.: 40 m / Zahnrad: 80 m	70 m	120 m
Maximalsteigung	80 ‰; teilw. Zahnrad-Betrieb	Adh.: 50‰ / Zahnrad: 120‰	60 ‰	40 ‰
Betriebssystem	Dampfbetrieb wie die Berner-Oberland-Bahn. Überarbeitetes Projekt von 1911: Elektrischer Betrieb gemäss Normen der MOB (Adhäsion)	Elektrischer Betrieb Betriebskraft Gleichstrom 1500 Volt. Das Eisenbahn- departement verlangte 1200 Volt	Elektrischer Betrieb Adhäsionsbahn, als Weiterführung der Montreux-Oberland-Bahn	Elektrischer Betrieb Einphasen-Wechselstrom; 2000 Volt; Adhäsionsbahn
Kosten	CHF 3,2 Mio. (CHF 232 720 pro km)	CHF 5,0 Mio. (CHF 305 800 pro km)	CHF 4,0 Mio. (CHF 160 000 pro km)	CHF 5,0 Mio. (CHF 458 000 pro km)
Stationen/ Haltestellen	Frutigen 780 m km 0,0 Reinisch 905 m km 2,4 Achseten 1190 m km 8,3 Hirzboden 1190 m km 11,5 Adelboden 1324 m km 13,8	Frutigen 733 m km 0,0 Prasten 870 m km 1,7 Ried 895 m km 3,8 Rohrbach 954 m km 6,3 Achseten 1054 m km 9,3 Boden 1245 m km 14,5 Adelboden 1330 m km 16,3	Lenk 1080 m km 0,0 Brand 1280 m km 3,2 Bühlberg 1661 m km 9,9 Hahnenmoos 1935 m km 15,0 Stiegelschwand 1468 m km 22,7 Adelboden 1354 m km 25,0	Kandersteg 1174 m km 0,0 Margelibrück 1230 m km 8,4 Schützenmatte 1256 m km 9,1 Adelboden 1312 m km 10,9
Bemerkungen	Die neue Bahn sollte den Anschluss an die erst 1901 eröffnete Linie Spiez–Frutigen bringen. Wie bei vielen weiteren Projekten fehlte Ingenieur W. Hetzel das Netzwerk zu Banken und anderen Kreditgebern. 1912 übertrug er die Konzession Adelbodner Initianten. 1913 versichert das neue Komitee Mory/Allenbach dem Bundesrat, eine Berliner Finanzgruppe um Ingenieur Philipp Balke wolle beide Linien, Lenk-Adelboden und Frutigen–Adelboden, finanzieren. Forderung: Konzession bis Ende 1913!	Das «Syndikat für eine elektr. Schmalspurbahn von Frutigen nach Adelboden» hatte am 20. Juni 1914 die Konzession von W. Hetzel übernommen. Auf Druck des Eisenbahn-Departements mussten die Normen an jene der Montreux-Oberland-Bahn angepasst werden (Adhäsionsbetrieb), was die Strecke Frutigen–Adelboden um 3,5 km verlängerte. Die Baukosten von 5 Millionen Franken wurden vom Bund als zu niedrig angesetzt. Bund und Kanton Bern verweigerten die Benützung der Staatsstrasse.	Die Montreux-Oberland-Bahn MOB wollte nach der Konzession für die Strecke Zweisimmen–Lenk (30. März 1906) eine Weiterführung der Linie über das Hahnenmoos nach Adelboden erreichen mit dem Ziel, eine direkte Verbindung Genfersee–Thunersee zu schaffen. Der bisherige Erfolg der MOB liess auf hohe Betriebseinnahmen hoffen. Weil die Adelbodner allzu lange nur auf die Talbahn nach Frutigen setzten, blieb auch dieses visionäre Projekt auf der Strecke.	Ferdinand Rothpletz (1872–1949) gehört zu den grossen Schweizer Alpenbahn-Pionieren: Chef-Ingenieur beim Bau des Simplon- und Lötschbergtunnels und Ehrendoktor der ETH 1921. Das Tunnelprojekt nach Kandersteg unterstützten insbesondere Tourismuskreise und die Adelbodner Gewerbetreibenden. Wegen des jahrelangen Widerstandes der Gruppe um den Adelbodner Dorfarzt Mory zog Ferdinand Rothpletz das Projekt schliesslich zurück.

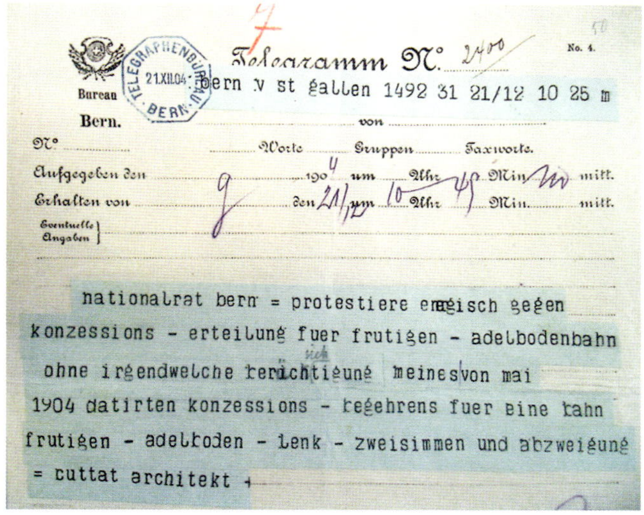

Telegramm N°. 2400
No. 4.
Bureau Bern.
TELEGRAPHENBUREAU BERN 21.XII.04
bern v st gallen 1492 31 21/12 10 25 m
von
N° ... Worte ... Gruppen ... Taxworte.
Aufgegeben den ... 1904 um ... Uhr ... Min ... mitt.
Erhalten von ... den 21/12 um 10 Uhr 45 Min. ... mitt.
Eventuelle Angaben

nationalrat bern = protestiere energisch gegen konzessions - erteilung fuer frutigen - adelbodenbahn ohne irgendwelche berichtigung meines von mai 1904 datirten konzessions - begehrens fuer eine bahn frutigen - adelboden - lenk - zweisimmen und abzweigung = cuttat architekt +

Finanzierung der Frutigen-Adelboden-Bahn werde im Frühjahr 1914 vorliegen.

Doch gerade dies scheine «noch in weiter Ferne zu stehen». Ein Kurort von der Bedeutung Adelbodens sei ohne Bahnverbindung nicht mehr konkurrenzfähig. Nachdem bereits beim Bau der Talstrasse grosse technische Schwierigkeiten aufgetreten seien, werde dieser sehr schlechte Baugrund auch für eine Eisenbahnlinie im Engstligental Probleme bieten. Deshalb fordert die Berner Regierung ultimativ den Bau des Tunnels, «auch aus Gründen der Betriebssicherheit». Speziell hervorgehoben wird abschliessend «die Wechselbeziehung» zwischen den beiden Kurorten: «Adelboden ist sonnig, bietet gute Eisbahnen, Kandersteg ist schattig und bietet gute Ski- und Schlittelgelegenheit. Im Sommer lassen sich in dem dazwischen liegenden Wildstrubelgebiet lohnende Bergtouren ausführen.»[11]

Augenschein vor Ort

Am 18. April 1914 trifft sich die nationalrätliche Eisenbahnkommission in Kandersteg (Hotel Victoria) zu einem Augenschein an Ort und Stelle. Tags darauf erfolgt die Fahrt nach Adelboden. Einen Monat später, am 20. Mai 1914, werden die Verhandlungen über die beiden Konzessionen in Adelboden geführt. Kurarzt Mory lehnt die persönliche Einladung ab, weil das für die Sitzung vorgesehene Hotel Adler «kein neutraler Ort ist, indem der Besitzer desselben die Opposition gegen unsere Konzession in einer Art und Weise betreibt, dass es uns äusserst schwer fallen wird, sein Haus zu betreten».

Bundesbeschluss von 1914

In der Sommersession 1914 haben die National- und Ständeräte schliesslich über vier Schmalspurbahn-Konzessionsgesuche der Region zu entscheiden:

1. Frutigen-Adelboden (Talbahn)
2. Lenk-Adelboden (MOB-Projekt)
3. Frutigen-Adelboden-Lenk (Zusammenschluss)
4. Kandersteg-Adelboden (Tunnelprojekt)

Der Nationalrat beschloss entgegen den Empfehlungen des Eisenbahndepartementes:

I. Auf das Tunnelprojekt Adelboden-Kandersteg «wird zurzeit nicht eingetreten».
II. Auf das Gesuch um Zusammenlegung der beiden Konzessionen Frutigen-Adelboden und Adelboden-Lenk «wird zurzeit nicht eingetreten».
III. Die Konzession Frutigen-Adelboden wird genehmigt, mit Abänderungen gegenüber der Konzession vom 23. Juni 1905.
IV. Die Konzession Lenk-Adelboden wird genehmigt, mit Abänderungen gegenüber der Konzession vom 27. September 1907.

Letzte Hoffnungen bis 1926

Der Ausbruch des Ersten Weltkriegs spült Adelbodens Bahnprojekte endgültig vom Tisch. Dennoch beschäftigen Verlängerungsgesuche des neu konstituierten «Syndikats für eine elektrische Schmalspurbahn von Frutigen nach Adelboden» die Behörden noch bis 1926. Der kompromisslose Dorfarzt deckt das Eisenbahndepartement fast vierteljährlich mit Gesuchen, Erläuterungen und Protesten ein. 1920 wird mit grossem Aufwand ein neues Projekt von Ingenieur Frutiger verfasst. Ende 1925 gelangt Mory letztmals an den Bundesrat: «Adelboden ist wohl der einzige alpine Kurort von einiger Bedeutung, welcher noch der Bahnverbindung entbehrt, und die seit 8 Jahren in Betrieb gesetzte Automobilverbindung hat wohl gezeigt, dass sie zum Teil als Ersatz angesprochen werden kann, dass aber auf die Dauer eine solche doch nicht genügt.» Nochmals lassen sich Bundesrat und Parlament erweichen, ein letztes Mal wird die Konzession um ein Jahr bis zum 1. Juli 1926 verlängert. Alles umsonst, die Zeit für grosse Würfe ist vorbei.

Links: Das Wander- und Skiparadies Hahnenmoos, die Passhöhe zwischen Adelboden und Lenk.

Rechts: Ziemlich ungehalten war er, Architekt Alfred Cuttat aus St. Gallen. Er wollte das ganze westliche Berner Oberland und das Emmental mit einem Tramway-Netz überziehen, mit 7 Hauptlinien und 37 Zweiglinien, darunter Adelboden-Grimmialp-Diemtigen-Oey, aber auch zum Beispiel Tägertschi-Dorf-Tägertschi-Station.

Gstaader Funi-Pioniere

Mit und dank der Eröffnung der Montreux-Oberland-Bahn erwacht Gstaad und entwickelt sich in kürzester Zeit zu einer internationalen Tourismusdestination. Noch fehlen aber im ganzen Saanenland Transportanlagen auf Aussichtsgipfel und in die Skigebiete. Mit dem Drahtseilbahn-Projekt Schönried–Hornfluh von 1929 soll dieser Makel endlich behoben werden. Projektänderungen verzögern das Bauvorhaben, die Weltwirtschaftskrise erfasst auch die Schweiz, mehrmals wird die Konzessionsfrist verlängert, doch alle Anstrengungen um den Bau der «lebenswichtigen» Hornfluh-Drahtseilbahn bleiben umsonst. In der Not wissen sich aber Gstaader Pioniere zu helfen: Sie entwickeln die ersten qualifizierten Schlitten-Aufzüge (Funis) der Schweiz.

Gstaad, heute Nobelkurort und Ziel exklusiver Gäste. Das war nicht immer so. Im Saanenland kämpfte man um den Anschluss zu benachbarten Destinationen wie Interlaken, Wengen oder Grindelwald. Das Manko an fehlenden Bergbahnen versuchte man mit einem besonderen Fuhrwerk-Park zu überspielen: Kleinlastwagen mit Raupenantrieb (Plakat von Alex Walter Diggelmann, 1943).

Wie St. Moritz kommt auch Gstaad erst 1904 zum Anschluss an das Eisenbahnnetz. Gstaad ist mit der prosperierenden Waadtländer Riviera erschlossen und im Sommer 1905 mit der Verlängerung der MOB-Linie über die Saanenmöser auch mit der Thunersee-Region. Zum raschen Aufstieg tragen neben der entscheidend wichtigen Montreux-Oberland-Bahn auch die die internationalen Skispringen auf der legendären Mattenschanze bei, die Spiele der Eishockey-Pioniere vom HC Rosey-Gstaad, die Pferderennen auf Schnee, das ideale Skigelände und nicht zuletzt das berühmte, 1913 eröffnete Schloss-Hotel Gstaad-Palace. Doch erstaunlicherweise fehlen in der ganzen Region noch bis in die 1950er-Jahre leistungsfähige Bergbahnen.

Drahtseilbahn Schönried–Hornfluh

«Es ist allgemein bekannt, dass in anderen Kurorten gerade die Bergbahnen sich als eines der wirksamsten und unerlässlichen Zugmittel für den grossen internationalen Fremdenstrom erwiesen haben», schreiben Ingenieur Frutiger und Baumeister Lüthi im Konzessionsgesuch für eine Drahtseilbahn von Schönried zur Hornfluh. Die projektierte Standseilban werde in idealer Weise «von zwei Seiten alimentiert», von Bern/Thun und vom Genferseegebiet mit Lausanne und Montreux als Zentren, inklusive der Region Freiburg. «Es wird sich dann ein bisher nie gekannter Andrang nach diesem Punkt einstellen, vorausgesetzt, dass die Bahn so angelegt wird, dass sie dem Sportler erlaubt, die Abfahrt bis zu der Talstation auszudehnen, und er die Möglichkeit hat, am gleichen Tage wiederholt die sausende Talfahrt zu geniessen.»[1]

Als Alternativvariante wird auch ein Projekt mit einbezogen mit der Talstation im Dorfzentrum von Gstaad: «Nach der Variante Gstaad–Hornfluh liegt der Ausgangspunkt beim grossen Viadukt der Montreux–Oberland-Bahn; die Bahn durchfährt einen Tunnel von ca. 100 m Länge in der Richtung auf das Nordende der Weissenfluh, von wo die Linie in nordöstlicher Richtung den Hang hinansteigt, um hierauf in einer Rechtskurve die Höhe von Berschel zu gewinnen. Als Endpunkt ist die nämliche Station Hornfluh in Aussicht genommen.»[2]

Der Bundesrat unterstützt das Projekt, vor allem die billigere Variante ab Schönried: «Wir halten mit den Gesuchstellern dafür, dass die Erschliessung des idealen Sportgeländes der Hornfluh durch eine Drahtseilbahn die Entwicklung des Reise- und Fremdenverkehrs der Gegend günstig beeinflussen wird, und da Bedenken grundsätzlicher Natur nicht entgegenstehen, erachten wir die Erteilung der Konzession als gerechtfertigt.»[3]

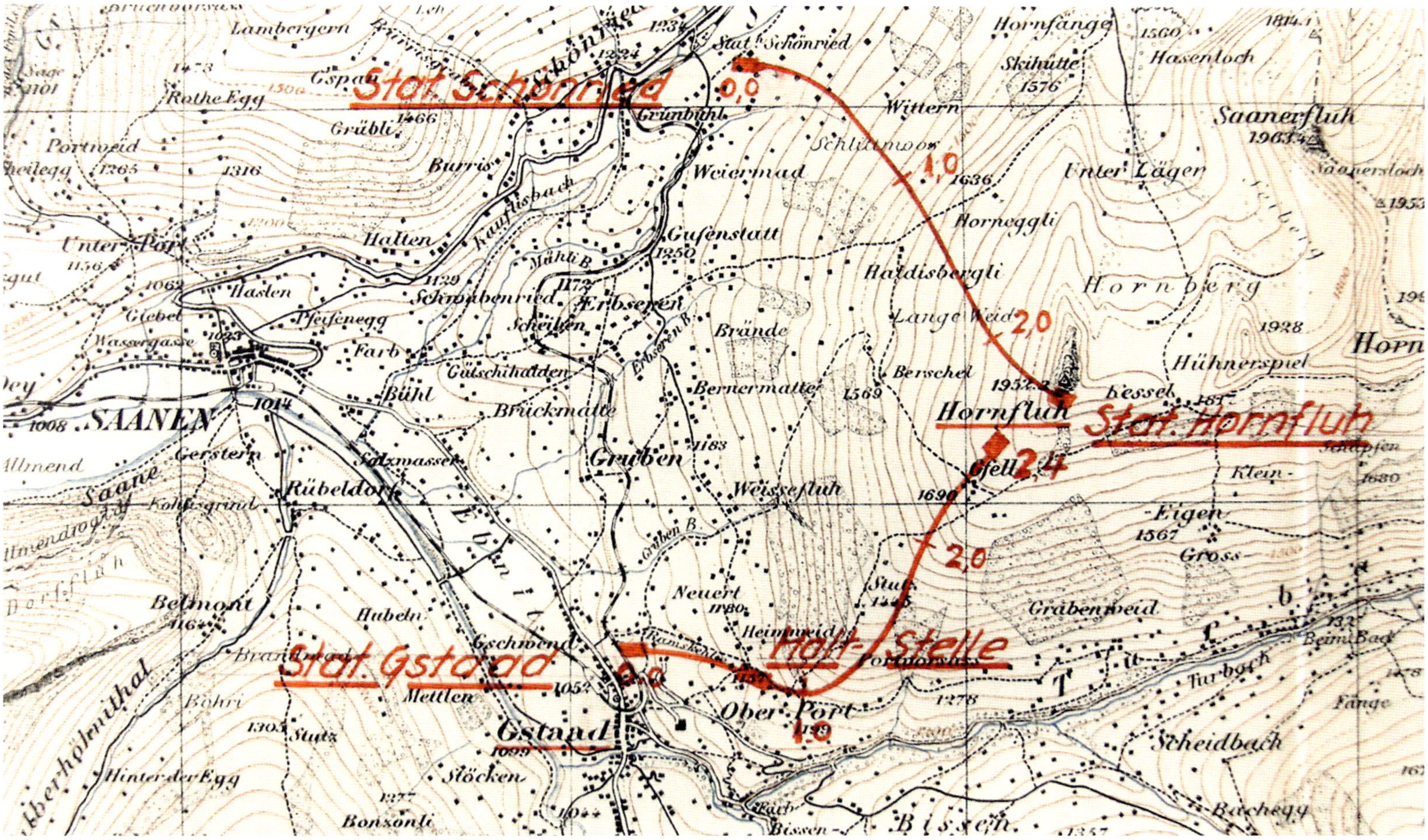

Oben: An Ideen fehlte es nicht, doch ausgerechnet in Gstaad mangelte es am Geld. Im Februar 1929 lancierten Ingenieur Frutiger aus Oberhofen, Baumeister Lüthi aus Solothurn und der Gstaader Hotelier Walter von Siebenthal zwei Varianten einer Standseilbahn auf die Hornfluh. Die prekäre Wirtschaftslage blockierte das Projekt und der Zweite Weltkrieg besorgte den Rest.

Links: Grosses Fest für eine grosse Bahn: Ankunft des ersten Zuges der Montreux-Oberland-Bahn. Am 22. Dezember 1904 wurde die Stecke Château-d'Œx-Gstaad eröffnet. Im Sommer 1905 folgte die Verbindung über Saanenmöser nach Zweisimmen.

	Drahtseilbahn Schönried–Hornfluh	Variante Gstaad–Hornfluh
Konzessionsgesuch	Februar 1929	Februar 1929
Konzession	25. Juni 1930	25. Juni 1930
Konzessionsbewerber	F. Frutiger, Ingenieur, Oberhofen L. Lüthi, Baumeister, Solothurn ab 1934 W. von Siebenthal, Hotel Bernerhof, Gstaad	F. Frutiger, Ingenieur, Oberhofen L. Lüthi, Baumeister, Solothurn ab 1934 W. von Siebenthal, Hotel Bernerhof, Gstaad
Projektverfasser	F. Frutiger, Ingenieur, Oberhofen	F. Frutiger, Ingenieur Oberhofen
Streckenlänge	2481 m	2922 m
Talstation	Schönried 1235 m ü.M.	Gstaad-Eisbahn 1050 m ü.M.
Bergstation	Hornfluh 1850 m ü.M.	Hornfluh 1850 m ü.M.
Höhendifferenz	615 m	800 m
Spurweite	1000 mm	1000 mm
Maximalsteigung	484 ‰	504 ‰
Minimalradius	1000 m	1000 m
Wagen	50 Plätze	50 Plätze
Betriebssystem	Elektrisch	Elektrisch
Fahrzeit	16 Minuten	keine Angaben
Fahrpreis	Bergfahrt 3.50 / Retourfahrt 4.80	keine Angaben
Förderleistung	150 Personen pro Stunde	keine Angaben
Sitz der Gesellschaft	Gstaad	Gstaad
Kosten	CHF 970 000	CHF 1 270 000

	Schlittenaufzug Wispile	Schlittenaufzug Eggli
Konzessionsgesuch	8. Juni 1935	27. April 1937
Konzession	10. Dezember 1935	4. Oktober 1937
Konzessionsbewerber	Arnold Annen, Lauenen Oswald von Siebenthal, Hotel Victoria, Gstaad	Marcel und Ernst Reuteler Parkhotel Gstaad
Projektverfasser	Ferd. Lempen, Zweisimmen	R. Savoldi, Ingenieur, Bern
Streckenlänge	1071 m	1250 m
Talstation	1050 m ü.M.	1055 m ü.M.
Bergstation	1295 m ü.M.	1555 m ü.M.
Höhendifferenz	245 m	500 m
Maximalsteigung	410 ‰	700 ‰
Schlitten	1 Schlitten für 12 Personen	2 Schlitten für je 17 Personen
Betriebssystem	Elektrisch, ca. 40 PS	Elektrisch, ca. 70 PS
Fahrzeit	ca. 7 Min.	ca. 10 Min.
Fahrpreis	Bergfahrt CHF 3.–	Bergfahrt CHF 2.20
Förderleistung	48 Personen pro Stunde ab 1936 85 Personen pro Stunde	93 Personen pro Stunde
Sitz der Gesellschaft	Gstaad	Gstaad
Kosten	CHF 7000 CHF 70 000	Unbekannt
Bemerkungen	Die Anlage wurde 1943 abgebrochen und durch einen Skilift ersetzt.	Eine Weiterentwicklung des Wispile-Funis mit grösserer Leistung und höherer Transportkapazität.

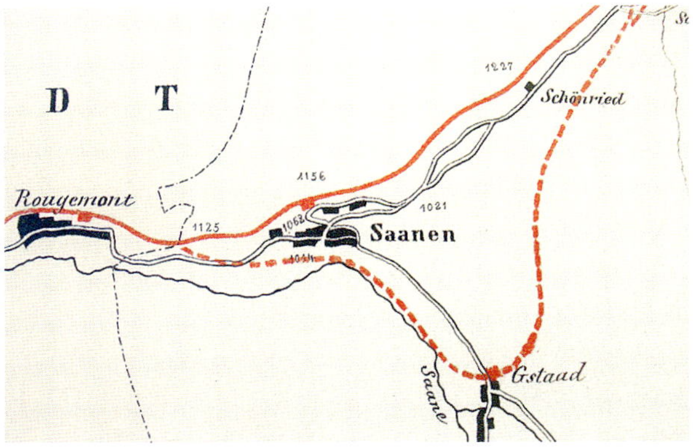

Kampf, Hoffnung, Resignation

Die Kosten für die zweieinhalb Kilometer lange Drahtseilbahn werden auf rund eine Million Franken geschätzt. Doch die prekäre Wirtschaftslage lässt keine grossen Sprünge mehr zu. Wie Grindelwald mit dem Firstbahn-Projekt, kämpft man auch im westlichen Berner Oberland um Geldgeber. Am 5. Oktober 1935 ersuchen die Initianten das Eisenbahndepartement um eine weitere Verlängerung der Konzessionsfrist: «Wir hoffen bestimmt, dass es uns möglich sein wird, bis zum Frühjahr 1936 die nötigen Geldmittel aufzubringen und dann mit dem Bahnbau beginnen zu können.» Der Brief nach Bern, unterschrieben vom initiativen Gstaader Hotelier Walter von Siebenthal und von Ingenieur Frutiger, zeigt auch den verzweifelten Kampf um die Finanzierung auf: «Es ist vorgesehen, das zum Bau der Bahn erforderliche Kapital von 1200 000 Franken zur Hälfte in Form von Aktien und zur Hälfte in Form von Obligationen aufzubringen. Die Zinsgarantie von 3½ Prozent für das gesamte Aktienkapital ist durch Interessenten fest übernommen (…) Durch Unternehmer, die am Bau beteiligt werden, sind 150 000 Franken in Aktien fest zugesichert, währenddem man bei Interessenten in Gstaad und Umgebung weitere 200 000 an Aktien aufzubringen hofft. Die restlichen 250 000 müssen von den am Fremdenverkehr des Saanenlandes interessierten Bankinstituten aufgebracht werden.»

Funi-Pionier Arnold Annen

Der langen Warterei überdrüssig, versuchen andere Pioniere die Wintersaison für die Skifahrer attraktiver zu gestalten. 1934 konstruiert der visionäre Landwirt und Schreinereibesitzer Arnold Annen aus Lauenen bei Gstaad, zusammen mit Ferdinand Lempen aus Zweisimmen, den ersten praktikablen Schlittenaufzug der Schweiz, eine Schlitten-Standseilbahn auf Kufen. Anfangs verkehrt der Funi (le funiculaire) allerdings noch nicht ganz vorschriftsgemäss. So muss sich der initiative Gstaader Ho-

telier Otto von Siebenthal, als Geschäftspartner Annens, vom Eisenbahndepartement ermahnen lassen, sein Schlittenaufzug dürfe erst nach der Abnahme durch die Bundesbehörden offiziell in Betrieb genommen werden. Noch nimmt sich die Kapazität des immerhin 1071 m langen Schlittenaufzugs relativ bescheiden aus: 48 Personen beträgt die Stundenleistung dieser Pionierbahn zur 245 m höher gelegenen Wispile. Sie wird allerdings schon ein Jahr später (1935) mit einem zweiten Schlitten zur Grossanlage verstärkt. Ergänzend dazu kann Gstaad im gleichen Winter einen weiteren Funi eröffnen, diesmal am anderen Hausberg, am Eggli. Die von der Firma von Roll erbaute Anlage überwindet die erstaunliche Höhendifferenz von genau 500 m und ist bis Mitte der Fünfzigerjahre in Betrieb. Mit einem Schlag hat Gstaad in der von Finanzkrisen geprägten Vorkriegszeit eine ideale Alternative zu den unrealistischen, weil zu teuren Zahnrad- und Standseilbahnen gefunden.

Legendär wird der Funi-Aufzug von 1938 in Saanenmöser auf den Hornberg, ebenfalls durch von Roll konstruiert. Mit zwei Sektionen von total 2800 m Länge, einer Höhendifferenz von zusammen 525 m und zwei «Kufen-Omnibussen» für je 50 Personen, steht diese grösste je gebaute Anlage bis 1987 im Einsatz.[4] Die letzte Schlittenbahn der Schweiz, der Funi auf dem Grindelwalder Skischulgelände Bodmi, stellt erst 1995 den Betrieb ein. Der «Verein Freunde des Funi Grindelwald» wollte das tot gesagte Gefährt wieder aufleben lassen, doch alles deutet darauf hin, dass diese Wiederbelebung – den enormen Anstrengungen zum Trotz – gescheitert ist.

Linke Seite: Ursprünglich sollte Gstaad von der Montreux-Oberland-Bahn grosszügig umfahren werden.

Links: Das Bedürfnis nach mechanischen Aufstiegshilfen für den Wintersport wurde immer grösser – Gstaad musste handeln. 1934 schuf Schreinermeister Arnold Annen den ersten Schlitten-Aufzug. Seine Funis (Abkürzung für Funiculaire) fanden den Weg auch zu anderen Wintersportorten, u. a. Lenzerheide, Wildhaus und Braunwald. Funis zeichneten sich zwar nicht gerade durch eine hohe Förderkapazität aus, dafür sorgten sie für fröhliche Fahrten im Skigebiet.

Unten: Kein Funi-, sondern ein Zahnradbahn-Projekt von Gstaad nach Lauenen. Die Linie wurde vom Bundesrat am 11. April 1907 konzessioniert.

Graubünden Ostschweiz

Teil 2

Der Traum von der Engadin-Orientbahn

Gotthard, Simplon, Lötschberg: Die drei grossen Alpen-Durchstiche haben die Ostschweiz und Graubünden links liegen gelassen. Lukmanier, Splügen, Tödi-Greina, San Bernardino – keines dieser Projekte hatte politisch und wirtschaftlich eine Chance, sodass sich die Bündner Regierung für die Realisierung eines rhätischen Schmalspur-Netzes stark machte. Genau dies versuchte Adolf Guyer-Zeller 1891 zu verhindern. Nur eine Normalspur-Linie könne der Ostschweiz gerecht werden, eine «Weltbahn», mit direkten Zügen aus London, Paris und Berlin bis ins Engadin. Mehr noch: Die Schweiz brauche nicht nur eine Nord-Süd-Verbindung, sondern eine echte Transversale Richtung Balkan. Der visionäre Erbauer der Jungfraubahn kämpfte und verlor.

So eindrücklich das Engagement Guyer-Zellers auch ist, der Ende des 19. Jahrhunderts von der Bündner Regierung gefällte Entscheid, Graubündens Täler mit einem Schmalspurnetz zu erschliessen, war auch aus heutiger Sicht politisch und ökonomisch richtig.

Zwei grosse Projekte will er noch verwirklichen, der Zürcher «Eisenbahnkönig» Adolf Guyer-Zeller: Die «Bahn auf die Spitze der Jungfrau» und parallel dazu die «Engadin-Orientbahn, das entscheidende Glied einer bedeutenden europäischen West-Ost-Transversale», das Tor zum Balkan und zum Orient. Guyer-Zellers feurige Rede im Oktober 1895 in Meran, vor der versammelten Südtiroler Politprominenz, hinterlässt einen gewaltigen Eindruck. Diese Ostbahnlinie «führt über Bozen und das Pustertal in kürzester Linie an die Orient-Anschlüsse und wird mit der Zeit sogar bis Indien über Bagdad und Bombay ausgedehnt werden, sodass man in 10 Tagen über Konstantinopel nach Bombay wird fahren können!»[1]

Kein Weg ist ihm zu weit, kein Gipfel zu hoch: Adolf Guyer-Zeller ist weder Träumer noch Fantast, er handelt und verhandelt als Pionier und Visionär. 1891 hat der Unternehmer, Bankier und Direktor der Schweizerischen Nordostbahn das Projekt einer Engadin-Orientbahn bei den Bundesbehörden in Bern eingereicht. Kostenpunkt: 98 Millionen Franken, allein für das 133 km lange Teilstück Chur–Engadin–Landesgrenze im Münstertal. Eine enorme Summe. Mit Basistunnels unter dem Albulapass (12 km) und dem Ofenpass (10,7 km) will er den Alpenkamm unterqueren, um von Chur ins Engadin und weiter ins Südtirol vorzudringen. Nur zwei Jahre später wartet der gleiche Guyer-Zeller mit dem visionären Jungfraubahn-Projekt auf!

«Nötig ist eine Diagonale»

Nach der Eröffnung der Gotthardbahn (1882), den Verbindungen über den Brennerpass (1867) und durch den Mont-Cenis-Tunnel (1871), sowie dem bevorstehenden Simplon-Durchstich sei eine ostschweizerische Alpenbahn «für die ganze Eidgenossenschaft von höchster Bedeutung.» Allerdings seien all diese Nord-Süd-Verbindungen, «der Gotthard, Simplon und später wohl noch der Mont-Blanc, mehr als genügend, um den Verkehr nach der lombardischen Ebene und dem Mittelmeer zu bewältigen (...) Was wir neben den genannten Pässen nötig haben, das ist eine diagonale Verbindung nach dem Adriatischen Meere hin».[2]

Die Hoffnung stirbt zuletzt

Frühling 1895: Noch immer kämpft Graubünden um sein Bahnnetz und um die Ostalpenbahn. Rivalisierende Täler und politische Intrigen haben bisher jedes Projekt zu Fall gebracht. Die Vereinigten Schweizer Bahnen VSB[3] suchten in der Zwischenzeit ebenso nach einer weiteren Nord-Süd-Transversalen, wie auch das «Komitee für eine Bündner Zentralbahn». Als Hoffnungsträger bleibt für viele Ausgang des 19. Jahrhunderts Adolf Guyer-Zeller. Der Zürcher Eisenbahnpionier sei die einzige Persönlichkeit, welche in dieser für die ganze Ostschweiz entscheidenden Frage überhaupt noch etwas bewegen könne, erklärt ‹Der freie Rätier›, das Organ der Freisinnigen Graubündens: «Für die östliche Alpenbahn ist im Schweisse des Angesichts gearbeitet worden. Sie war der erste und älteste Gedanke. Die Geschichte des Lukmaniers und des Splügen ist ein Bild angestrengtesten Strebens (...) Man unterlag, weil die überwiegende Macht der Schweiz den Gotthard wollte und der Bund dem Ausland die Anschauung beibrachte, es stehe nur der Gotthard offen. Ost- und Westpass konnten so nicht aufkommen, obwohl sie zusammen nicht mehr gekostet hätten als der Gotthard.» Das Blatt schliesst seinen Kommentar mit dem Hinweis: «Der Gotthard ist gebaut worden, er ist Wirklichkeit. Warum sollten Ost- und Westalpenbahn nicht möglich sein (...) Es ist also von höchstem Interesse, dass Herr Guyer-Zeller die Sache angeht.»[4]

«Kaltes Wasser in den Glühwein ...»

Am 23. März 1895 orientiert Guyer-Zeller als neuer Direktor der mächtigen Nordostbahn[5] in Chur vor der kantonalen Prominenz über die «missliche Situation, in welche die bündnerische Eisenbahnfrage durch das bekannte Projekt der Rhätischen Bahn geraten sei».[6] Zielscheibe seiner Kritik sind der Verwaltungsrat und die Direktion der Rhätischen Bahn mit ihren zu diesem Zeitpunkt schon weit fortgeschrittenen Plänen für ein bündnerisches Schmalspur-

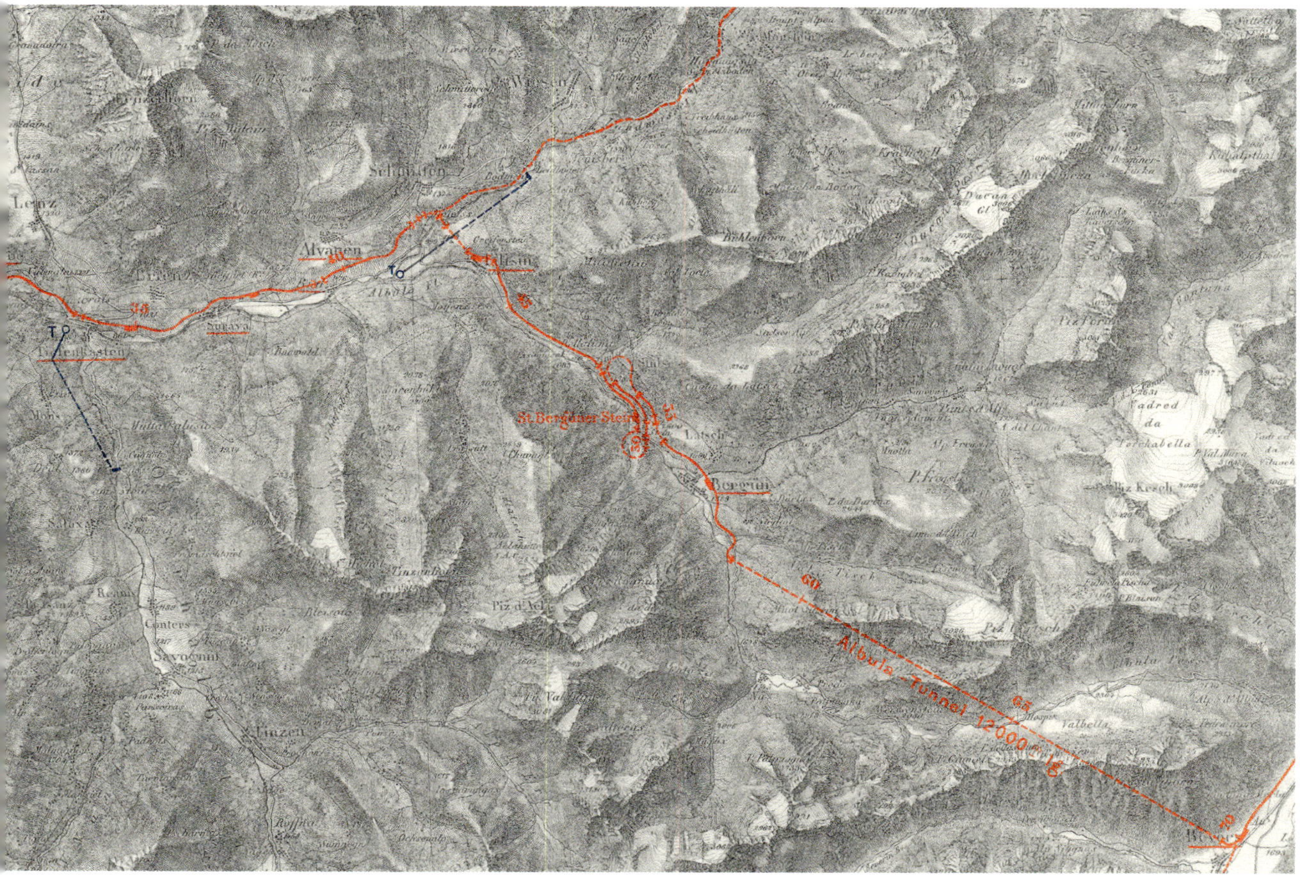

Im Gegensatz zum heutigen 5,865 Kilometer langen Albula-Tunnel, schlug Guyer-Zeller einen 12 Kilometer «Basistunnel» vor. Das Nordportal war auf 1465 m Höhe, bei Bergün, vorgesehen, das Südportal in Bever auf 1740 m Höhe.

netz. Guyer-Zeller orientiert zur Überraschung seiner Zuhörerschaft allerdings nicht über sein Engadin-Orientbahn-Projekt, sondern schürt neue Hoffnungen auf die Splügen-Linie. In der Diskussion beisst er allerdings auf Granit. Graubünden braucht primär eine Verbindung mit dem Engadin, ist die vorherrschende Meinung im Saal; entsprechend reserviert bleiben die Reaktionen bei den geladenen Politikern und Unternehmern. Letztere hätten vom Initianten – so ‹Der Freie Rätier› – «gerne positivere Vorschläge entgegengenommen und von der Konferenz ein besseres Resultat erwartet».[7] Vor allem hat Guyer-Zeller materiell wenig Konkretes geboten. Die ‹Neue Zürcher Zeitung› spottet in einer Artikelserie «Orientbahn und Schmalspurnetz» ein halbes Jahr später: «Herr Guyer-Zeller selbst goss kaltes Wasser in den Glühwein unserer Begeisterung.»[8]

Um nach Guyer-Zellers Referat nicht ganz unverrichteter Dinge auseinanderzugehen, beschliesst man, eine Dreierdelegation zu bilden, bestehend aus den Regierungsräten Conrad und Dedual sowie Grossrat Versell. Die bereits vier Tage später aufgenommenen Verhandlungen in Zürich mit der Eisenbahnbank (diese hat vom Zentralbahn-Komitee die Konzession für eine Normalspurlinie Chur–Thusis–Filisur erworben) führen allerdings zu keinem Resultat. ‹Der Freie Rätier› kommentiert: Adolf Guyer-Zeller muss «zu der Überzeugung gelangen, dass zwar der Splügen nie aus dem Auge gelassen werden darf, dass aber die Verbindung mit dem Engadin und mit Italien zunächst über den Albula zu suchen ist und dass wir vorerst alle Kräfte diesem einen grossen und erreichbaren Ziel zuwenden müssen. Bei diesen Bestrebungen soll uns Herr Guyer-Zeller ein hochwillkommener Bundesgenosse sein»![9]

London–Engadin–Konstantinopel

Die Null-Entscheide von Chur und Zürich geben den Verfechtern der Bündner Schmalspurverbindungen entscheidenden Auftrieb. Guyer-Zeller reagiert umgehend, seine Pläne gehen endgültig weg vom Splügen und hin Richtung Engadin und Südtirol. Schon am 11. April 1895 macht er auf der Frontseite des ‹Freien Rätier› Stimmung für die «Engadinbahn Albula–Ofenberg». Es sei, so Guyer-Zeller, unverantwortlich, eine Schmalspurbahn Chur–Reichenau-Bonaduz–Thusis zu erstellen. Bei der Engadin-Orientbahn handle es sich um eine «neue Verkehrslinie in grossem Stile». Die volkswirtschaftliche Bedeutung dieser «grande ligne» werde immens sein. Guyer-Zeller schwelgt in Visionen: «Wenn nachgewiesen ist, dass die Route nach Belgrad um 250 km, die nach Venedig um 151 km abgekürzt wird, so ist genugsam erwiesen, dass ein neuer Orient-Express in Zukunft von London über Paris, Zürich, Engadin, Agram (Zagreb), Belgrad, Konstantinopel (Istanbul) gehen muss.» Der Original-Orient-Express, die erste Direktverbindung von Paris nach Konstantinopel, führt seit 1883 (bis zum Ausbruch des Ersten Weltkriegs) über Strassburg, München, Wien, Budapest, Bukarest und Sofia in die Türkei. Guyer-Zeller zelebriert und visioniert: «Man ist im Begriff, die anatolischen Bahnen zu bauen, und man wird es in 20 Jahren wohl erleben, dass dieselben über Bagdad bis an den persischen Golf vordringen (…) Weitere 20 Jahre später wird es wohl auch eine Bahnverbindung Bassara (Basra)–Bombay geben, denn die Engländer werden sich von den Russen, die über Merw (Turkmenistan) an den Himalaja vorrücken, und bevor sich das übrige Europa versieht, mit ihrer sibirischen Bahn an der Küste des Stillen Ozeans anlangen werden, nicht überflügeln lassen (…) Zürich aber, die Metropole des

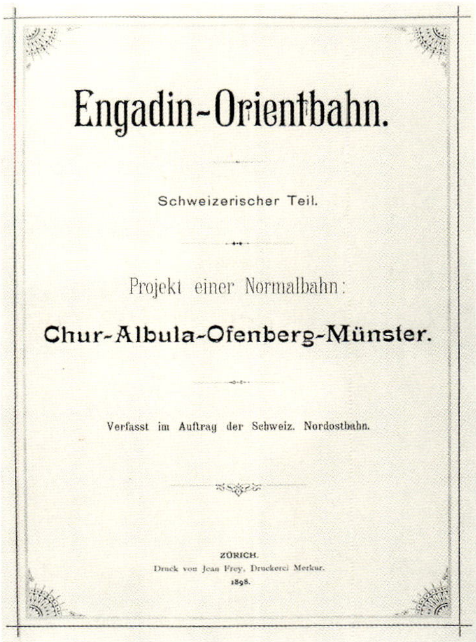

Engadin-Orientbahn.

Schweizerischer Teil.

Projekt einer Normalbahn:

Chur-Albula-Ofenberg-Münster.

Verfasst im Auftrag der Schweiz. Nordostbahn.

ZÜRICH.
Druck von Jean Frey, Druckerei Merkur.
1898.

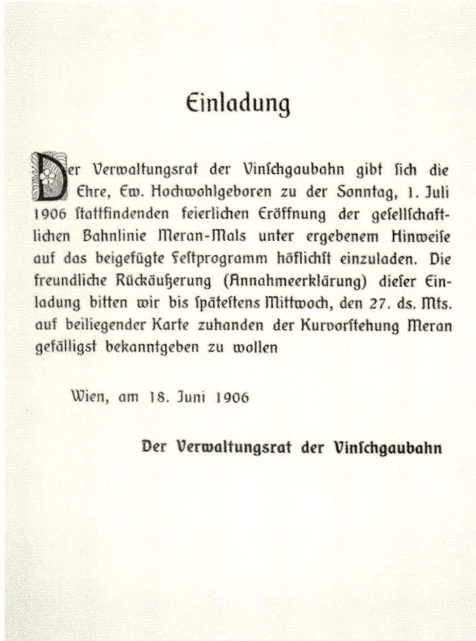

Einladung

Der Verwaltungsrat der Vinschgaubahn gibt sich die Ehre, Ew. Hochwohlgeboren zu der Sonntag, 1. Juli 1906 stattfindenden feierlichen Eröffnung der gesellschaftlichen Bahnlinie Meran-Mals unter ergebenem Hinweise auf das beigefügte Festprogramm höflichst einzuladen. Die freundliche Rückäußerung (Annahmeerklärung) dieser Einladung bitten wir bis spätestens Mittwoch, den 27. ds. Mts. auf beiliegender Karte zuhanden der Kurvorstehung Meran gefälligst bekanntgeben zu wollen

Wien, am 18. Juni 1906

Der Verwaltungsrat der Vinschgaubahn

Die Einladung aus Wien macht es deutlich: Österreich hat sich an die an der Konferenz von Meran getroffenen Vereinbarungen gehalten. Die Normalspurlinie von Meran bis Mals, hart an der Schweizer Grenze, wurde gebaut. Nach dem Ersten Weltkrieg fiel das Südtirol und damit auch der Vinschgau an Italien. Nach jahrzehntelangem Siechtum wurde die ganze Linie im Juni 1990 stillgelegt. Heute präsentiert sich die total sanierte «Vinschgerbahn» als Vorzeigeobjekt.

Handels und der Industrie in der Schweiz, wird der Kreuzungspunkt zweier grosser Weltstrassen werden, der Rom-Linie Berlin–Stuttgart–Schaffhausen–Zürich–Zug–Gotthard–Italien und der skizzierten Orientlinie.» Guyer-Zeller schliesst seinen 1½-seitigen Zeitungsartikel mit den Worten: «Alt fry Rätien, bleib wach!»[10]

Die Konferenz von Meran

Damit seine grosse Idee, die Engadin-Orientbahn[11], nicht in den Schubladen lande, lädt Guyer-Zeller im September 1895 hochrangige Persönlichkeiten ein zu einer «Begehung» der geplanten Strecke: Von Chur, der Hauptstadt Graubündens, geht es mit Ross und Wagen über Ems, Rothenbrunnen und Scharans nach Tiefencastel. Weiter führt die lange Reise über den Albula- und den Ofenpass hinunter ins Münstertal und von dort durch den Vinschgau nach Meran. Mit dabei sind u.a. das ganze Direktorium der Schweiz. Nordostbahn, der Direktor der Vereinigten Schweizer Bahnen, Otto Sand, der Bündner Regierungsrat Franz Peterelli, Graubündens Oberingenieur Giovanni Gilli, der Engadiner Landammann Johann Romedi aus Madulain, der St. Moritzer Hotelier P. R. Badrutt und nicht zuletzt auch der Bürgermeister von Meran, Roman Weinberger, und der Meraner Kurvorsteher von Penwerth sowie verschiedene Persönlichkeiten aus dem Vinschgau. Doch nicht genug: Das Südtirol wartet beim Empfang im Meraner Rathaus mit einer zehnköpfigen Delegation auf, inkl. Bürgermeister Julius Perathoner aus Bozen und dem Südtiroler Handelskammerpräsidenten Paul Welponer. Die Österreichische Regierung schliesslich lässt sich vertreten durch Oberingenieur Constantin Ritter von Chabert vom k. k. Handelsministerium in Wien. Besser könnte das grosse wirtschaftliche und touristische Interesse nicht dokumentiert werden, welches diesem Projekt südlich des Engadins und südlich des Brenners entgegengebracht wird.

Der Fahrplan der Meraner Reise

26.9.1895: Zusammenkunft der Kommission in Chur, Hotel Steinbock.

27.9.1895: Beginn der Begehung, 1. Tag Chur–Tiefencastel.

28.9.1895: Reise über den Albulapass nach St. Moritz. Hier stossen die Meraner Delegierten Weinberger, Abart, Christomannos sowie Architekt Otto Schmid (Vertreter der Alpenhotels Tirol) zur Kommission.

29.9.1895: Ausflug nach Maloja, um die Strecke einer eventuellen Flügelbahn Ponte (La Punt)–St. Moritz–Maloja zu studieren (…) Am Abend desselben Tages erreicht die Kommission von St. Moritz talwärts fahrend Zernez.

30.9.1895: Die Kommission passiert den Ofenpass und erreicht gegen Abend Mals, mit Weiterfahrt bis Spondining.

1.10. 1895: Fahrt entlang der projektierten Strecke der Meran–Schludernser-Bahn nach Meran. Am Abend desselben Tages findet in Meran ein gemeinsames, von der Stadt Meran gegebenes Diner statt mit dem Bürgermeister von Bozen, Dr. Julius Perathoner, und dem Handelskammerpräsidenten Paul Welponer.[12]

Engadin-Orient-Projekt und Jungfraubahn

Die Parallelplanung von zwei gigantischen Bahnprojekten zeigt Guyer-Zellers Verwegenheit: Am 31. März 1891 hat er das Konzessionsgesuch für die Engadin-Orientbahn eingereicht, am 20. Dezember 1893 folgt jenes der Jungfraubahn. Bereits ein Jahr später, Ende 1894, liegt die Jungfraubahn-Konzession auf dem Tisch. Die Sache mit der mehr als zehnmal teurer veranschlagten Engadin-Orientbahn hingegen zieht sich in die Länge. Auf der Kleinen Scheidegg ist noch nicht einmal der erste Spatenstich getan. Guyer-Zeller laviert. Er hat zwei riesige, weit über hundert Millionen schwere Projekte zum Erfolg zu bringen und befindet sich deshalb – seiner eigens gegründeten Guyer-Zellerbank zum Trotz – auf ständiger, ruheloser Geldsuche. Zum einen muss die Finanzierung der Jungfraubahn sichergestellt, andererseits das politische Klima für einen dritten grossen Alpendurchstich in Normalspur an der Albula und am Ofenpass geebnet werden. Gleichzeitig handeln die Ban-

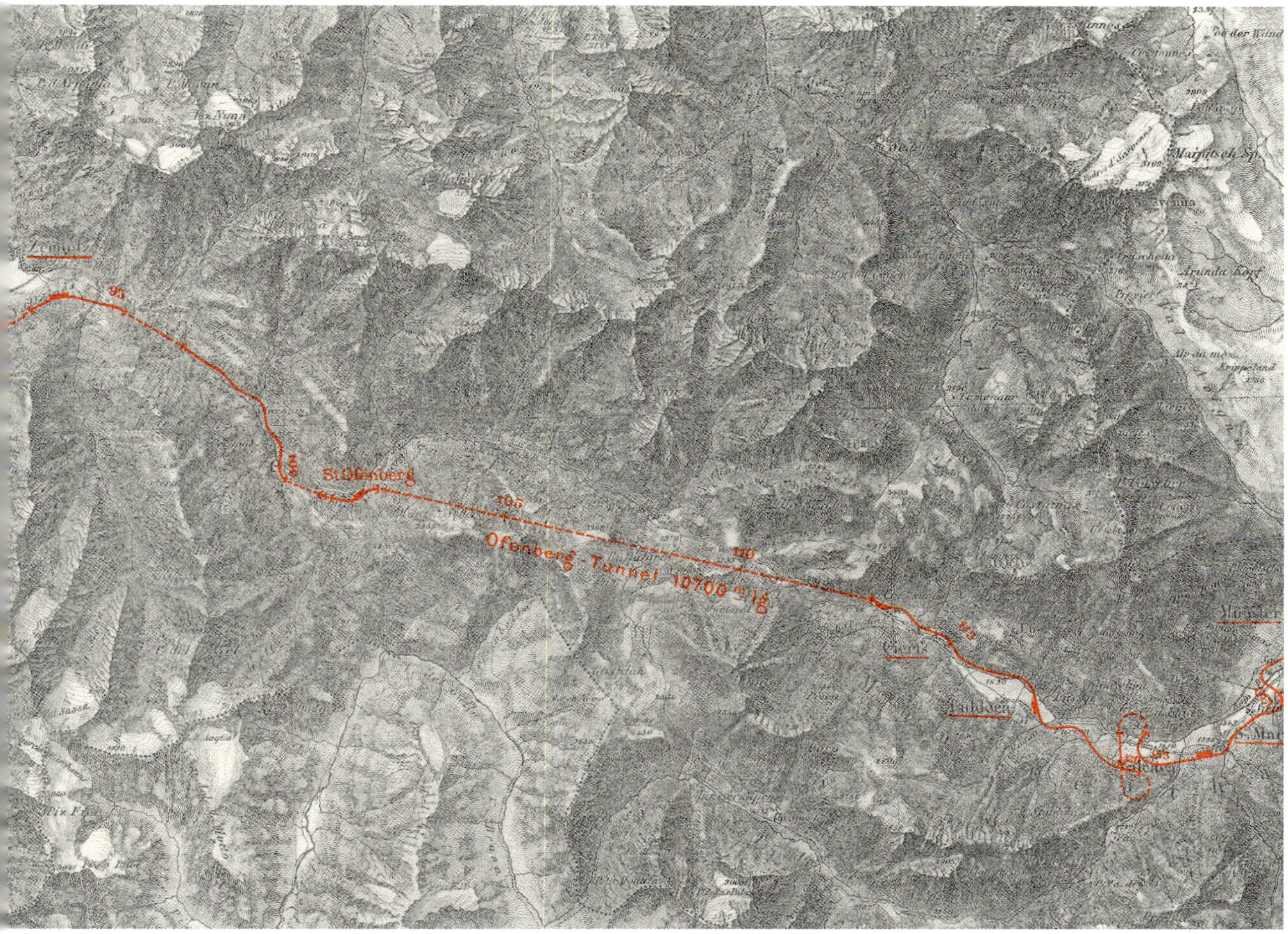

Wie der Albulapass, sollte auch der Ofenpass mit einem 10 km langen Tunnel durchstochen werden. Die Baukosten der 133 Kilometer messenden Linie, Chur–Müstair/Schweizergrenze, waren auf 98 Millionen veranschlagt.

ken ihm gegenüber äusserst zurückhaltend. Die Vorgänge bei der Nordostbahn (Guyer-Zeller hat mit einer kleinen Gefolgschaft sowohl die Direktion wie auch den Verwaltungsrat beinahe handstreichartig abgesetzt und sich selber zum Präsidenten gekrönt) haben sein Image in Wirtschaft und Politik schwer angekratzt.

Guyer-Zellers feurige Rede

Zurück zur Meraner Konferenz von 1895: Hauptredner Adolf Guyer-Zeller stellt sein Projekt, die Engadin-Orientbahn, in einen wirtschaftspolitischen und multinationalen Zusammenhang. Das (gekürzte) Protokoll vom 2. Oktober 1895[13] fasst seine Rede zusammen: «Das derzeitige Chur–Albula–Ofenpass-Projekt stamme erst aus dem Frühjahr 1895 (das erste Konzessionsgesuch datiert vom 31. März 1891), es sei als normalspuriges Vollbahnprojekt aufgegriffen worden, um die schmalspurige Fortsetzung der Chur–Thusis-Bahn zu verhindern. Graubünden, das bisher überhaupt sehr stiefmütterlich mit Bahnen bedacht worden sei, dürfe nicht durch die Schmalspur für immer dem grossen Verkehr entrückt werden (...) Die Idee dieser grossen Normalbahn habe übrigens bereits im Jahre 1890 und 1892 alt Ständerat Gengel in Chur lanciert. Neuerdings sei dieses Projekt wieder vorgenommen und studiert worden, nachdem man das Splügen- und Lukmanierbahn-Projekt fallen gelassen habe. Man habe eingesehen, dass Richtung Italien genug Bahnen führen, die Schweiz brauche jetzt eine Ostbahnlinie. Die Linie Albula–Ofenpass sei nicht nur die kürzeste Verbindung nach Osten, sondern durchlaufe Graubünden in einer Länge von 125 km.

Bis Bagdad und Bombay

Für Graubünden sei dieses Projekt deshalb von enormer Bedeutung, wogegen eine Schmalspurbahn nie eine Fortsetzung nach Osten ins Tirol erhalten werde. Gerade die Verbindung mit Österreich müsse im Interesse Graubündens und der ganzen Schweiz hergestellt werden. Die Ostbahnlinie stelle die kürzeste Verbindung der Schweiz mit Triest her und führe über Bozen und das Pustertal in kürzester Linie an die Orientanschlüsse und werde mit der Zeit sogar bis Indien über Bagdad und Bombay ausgedehnt werden, sodass man in zehn Tagen über Konstantinopel nach Bombay werde fahren können.

Es handle sich um eine Linie im grossen Stil; sie dürfe nicht durch die Schmalspur-Ideen verdorben werden. Zudem sei eine «Seitenlinie nach St. Moritz und Maloja problemlos herzustellen». Allein die Tatsache, dass in dieser Saison in einem einzigen Monat 12 000 Pferde über den Malojapass gezogen seien, spreche für die Rentabilität dieser Linie. Dies werde «auch die Italiener anspornen, die nur 30 km lange Strecke von Chiavenna herauf» zum Malojapass zu bauen.

Privatkapital gesucht

Nordostbahn-Direktor Brack bemerkt (immer gemäss Protokoll): «Auch der Umstand, dass zwei grosse Tunnels von 12 und 10 km herzustellen seien, lasse es als sinnlos erscheinen, an die Schmalspur zu denken, umso mehr, als die Kosten für eine Schmalspurbahn kaum viel geringere sein würden (...) Die Unterstützung durch die Regierung, die Städte, die Kantone und Eisenbahnen würden allein

Enttäuschung und Kritik aus Meran

Tageszeitung ‹Burggräfler›: Meran, 1.1.1897: Zwei Jahre nach der vielversprechenden Meraner Konferenz macht sich im Südtirol riesige Enttäuschung breit über den «schmalspurigen Sirenengesang» aus Graubünden. Die Meraner Tageszeitung ‹Burggräfler› verurteilt 1897 eine Vortragsreihe aufs Schärfste, in welcher der österreichische Ingenieur Carl Büchelen in Wien, Bozen und Meran den Bau von meterspurigen Nebenbahnen propagierte. Das habe gerade noch gefehlt, «dass wir durchs Vinschgau schmalspurig bauen müssen, weil die einmal nach Tirol einmündenden Rhätischen Bahnen schmalspurig werden dürften. Wir sollen also mit der Verkehrsunterbindung vorangehen, damit der fremdländische Nachbar uns nachfolgen muss. Ob wohl die Schweizer im umgekehrten Falle uns zuliebe auch so rücksichtsvoll vorgehen würden? (...) Es scheint fast, dass ein realer Kontakt zwischen Herrn Ing. Büchelen und den Rhätischen Bahnen bestände, ja, man ist schier versucht anzunehmen, Herr Büchelen handle im Auftrage der genannten Gesellschaft.»

nicht hinreichen; man müsse hierbei auch an das Privatkapital und an Österreich herantreten, falls man eine Bahn in grossem Stile, an eine Weltbahn denke.»

Kalte Dusche aus Wien

Was im Protokoll deutlich zum Ausdruck kommt: Der Auftritt des österreichischen Delegierten hat an dieser Südtiroler Konferenz nicht für Euphorie gesorgt, im Gegenteil viele Hoffnungen gedämpft (Protokoll):

«Der Delegierte des k. k. österreichischen Lokalbahnamtes, Herr Oberingenieur Ritter v. Chabert ergreift das Wort und führt aus, dass die österreichische Regierung durch das Aufgreifen des Schweizer Ostbahnprojektes überrascht worden sei; im Ministerium sei über dasselbe noch nicht gesprochen und er selbst nur abgesandt worden, um der freundlichen Einladung von Seite der Schweiz Folge zu leisten und sich zu informieren. An das grosse Projekt Chur–Meran sei bisher in Österreich nicht gedacht worden und selbst die Strecke Meran-Schluderns bloss als Lokalbahn ins Auge gefasst worden, da die Finanzierung einer solchen für die Regierung leichter durchführbar sei als die einer Hauptbahn, die der Staat ohne Beihilfe der Interessenten herstellen müsse. Bezüglich einer Beteiligung zur Finanzierung der projektierten Schweizer Ostbahn könne natürlich vorderhand gar nicht gesprochen werden, indem eine solche im Ministerium noch gar nicht ventiliert worden sei.»

Tirol: Von «unermesslicher Bedeutung»

Im Protokoll wird weiter diplomatisch festgehalten: «Herr Bürgermeister Dr. Roman Weinberger ergreift das Wort und resümiert, es könne mit Freude festgestellt werden, dass die beabsichtigten Arbeiten in Österreich dem Schweizer Ostbahnprojekt in jeder Beziehung entgegenkommen. Er sei daher nochmals von den Vertretern der Städte Bozen und Meran sowie vom Vertreter der Handelskammer Bozen ersucht worden, das energische Vorgehen des Herrn Präsidenten Guyer-Zeller sowie der anderen Herren Vertreter aus der Schweiz wärmstens zu begrüssen. In volkswirtschaftlicher Beziehung sei das Projekt für Tirol von unermesslicher Bedeutung, da speziell in Südtirol Reichtümer schlummern, die erst erschlossen und gehoben werden müssen. Die Verbindung Tirols im Westen mit dem Nachbarlande, der Schweiz, sei für Südtirol umso wichtiger, als man leider hervorheben müsse, dass vonseiten der österreichischen Regierung keine begründeten Aussichten eröffnet wurden, in absehbarer Zeit einen Anschluss von Meran nach Landeck zu erhalten.»

Obst, Wein und Marmor

«Herr Dr. Tinzl aus Schlanders betont, Obst-, Wein- und Getreide-Exporte, Pferd- und Viehausfuhr seien sehr massgebende Faktoren (...) und dürften sich in ungeahnter Weise steigern. Am meisten aber würden die riesig ausdehnbaren Marmorwerke und das beiderseits der Grenzen bereits blühende Fremdenwesen durch die neue Bahn gewinnen. Der Laaser Marmor sei imstande, dem Carrera-Marmor vollständig ebenbürtige Konkurrenz zu bieten. Das Fremdenwesen könne in Südtirol und Graubünden auf das Höchste gesteigert werden.»

Die Tiroler Resolution

In der gemeinsam abgefassten Resolution fasst Oberingenieur J. Riehl aus Innsbruck zusammen:

1. Wir erklären, mit allen Mitteln darauf zu wirken, dass die Bahn von Meran nach Schluderns, evtl. bis zur Schweizer Grenze, wie projektiert normalspurig und in jeder Beziehung für den Vollbahnbetrieb geeignet ausgebaut werde, und zwar in allerkürzester Zeit.
2. Die Anschlüsse zur Schweiz würden selbstverständlich normalspurig und gleich leistungsfähig hergestellt. Der Anschluss im Münstertal entspreche den beiderseitigen Interessen.
3. Mit Rücksicht auf die volkswirtschaftlichen Interessen Tirols und insbesondere des Fremdenverkehrs begrüssen wir mit Freuden das vorliegende Projekt und wünschen lebhaft die ehebaldigste Ausführung derselben (Bahnlinie Chur–Müstair–Grenze).
4. Nach Sicherstellung der Bahnstrecke Meran–Schluderns soll einem allfälligen Aktionskomitee beigetreten werden zur Förderung des Anschlusses nach Chur.

Schmalspur «nur im Notfall»

Die Bündner Regierung ist gespalten. Chur ist seit 1859 mit dem St. Galler Rheintal, dem Bodensee und damit auch mit Zürich per Schiene verbunden. Dank der Initiative des holländischen Wahlbündners Willem Jan Holsboer (Hotelier in Davos) und Basler Finanzkreisen konnte 1889 die Schmalspurlinie Landquart–Klosters eröffnet werden (1890: Klosters–Davos). Noch sollte es weitere sechs Jahre dauern, bis die zweite Schmalspurlinie des nachmaligen rhätischen Netzes, Landquart–Chur–Thusis, folgte (1896). Dieser Situation zum Trotz lässt sich der ins Südtirol mitgereiste Bündner Regierungsrat Peterelli zur Eisenbahnpolitik des Kantons Graubünden wie folgt protokollieren: «Der Kanton Graubünden hofft auch heute noch auf die Normalspur und wird seinerseits das Möglichste tun, um dieselbe zu erreichen; nur im Notfalle, falls die Normalspur in absehbarer Zeit nicht erreichbar wäre, würde man zur Schmalspur greifen.»[14]

Ins gleiche Horn bläst Landammann Dr. Romedi aus Madulain. Das Bündner Volk soll bedenken, dass die Engadiner unbedingt für die Normalspur sein müssen. Auch Hotelier Badrutt aus St. Moritz tritt engagiert für die Normalspur ein, zeigt aber Verständnis für die Kantonsregierung, dass sie im äussersten Notfall lieber schmalspurige Bahnen als überhaupt keine wolle. «Die Engadiner hoffen auf das Gelingen des grossen, normalspurigen Projektes, indem nur ein solches für sie grosse Bedeutung haben könne.»

Die «Schweizer Resolution»

Man will unbedingt, und das in möglichst kurzer Zeit, eingehende Studien vorantreiben für eine normalspurige Eisenbahn-Verbindung von Chur durch das Engadin (Albula) zur Grenze im Münstertal und Rentabilitätsberechnungen präsentieren, heisst es an der Meraner Konferenz von (inoffizieller) Schweizer Seite. Gleichzeitig unterbreitet die anwesende Bündner Vertretung den österreichischen Interessenten auch gleich konkrete Wünsche für die projektierte Eisenbahn Meran–Schluderns–Mals (Vinschgauer Bahn):

- «Es möchte diese Bahn im Hinblick auf den Anschluss an das schweizerische Projekt im Münstertal ebenfalls normalspurig und so angelegen, dass sie ohne Schwierigkeiten als eine Vollbahn betrieben werden kann.
- Dieselbe möge von vorn herein den Oberbau einer Vollbahn, keine kleineren Radien als 250 m und keine grösseren Steigungen als 25:1000 erhalten.
- Das Trassee in Mals ist so zu legen, dass die Weiterführung nach Münster hin nicht erschwert wird.»

Für Wien zweite Priorität

Zwar gehörte das Südtirol bis zum Ersten Weltkrieg resp. bis zum Friedensvertrag von Saint Germain von 1919 noch zur kaiserlich-königlichen Doppelmonarchie Österreich-Ungarn. Politisch liegt die Engadin-Orientbahn schon zu jenem Zeitpunkt aber nicht im zentralen Interesse der Donaumonarchie. Wien hat mit der Eröffnung der 127 km langen Brennerlinie von Innsbruck nach Bozen bereits fast 30 Jahre früher das Südtirol mit der Schiene erschlossen. Die Eröffnung dieser ersten grossen Alpenbahn wurde am 17. August 1867 gefeiert. Und als Kaiser Franz-Josef keine zwanzig Jahre später, am 20. September 1884, den 10,25 km langen Arlbergtunnel eröffnen konnte, war auch die Ost-West-Transversale, quer durch das Kaiserreich, vollzogen. Schon damals wurde der Arlberglinie das Prädikat «Weltbahn» verliehen, die Arlbergbahn werde West- und Osteuropa miteinander verbinden.

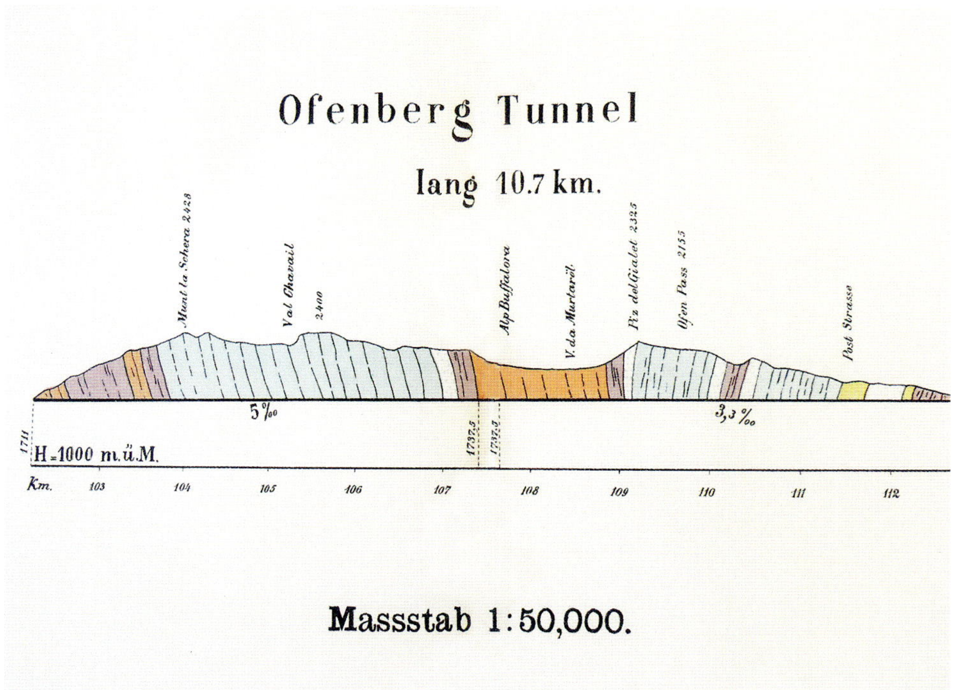

Drei Schweizer Alpen-Querungen?

Auch in der Schweiz sind Ende des 19. Jahrhunderts die Karten verteilt: Am 1. Januar 1882 fuhr der erste Zug durch den Gotthardtunnel (15,003 km). Mit der bisher kühnsten Alpen-Durchquerung hat auch unser Land endlich die wichtige Verbindung nach dem Süden durch die Alpen erreicht (nach der Semmeringbahn 1854, der Brenner-Linie 1867 und dem Mont-Cenis-Tunnel 1871). Die zweite Schweizer Nord-Süd-Achse, jene durch den Simplon, ist 1895 per Staatsvertrag mit Italien beschlossene Sache (Eröffnung: 1906; der Simplontunnel war mit 19,823 km bis 1982 der längste Eisenbahntunnel der Welt).

Graubünden und die Ostschweiz fühlen sich durch diese Entwicklung krass benachteiligt und streben weiterhin einen dritten Schweizer Alpendurchstich an. Adolf Guyer-Zeller setzt auf diesen buchstäblich letzten Zug und nährt die Hoffnungen: «Es ist begreiflich, dass man im Bündnerland, wo man so viele Jahre hindurch der Meinung war, die erste Alpenbahn werde über einen seiner Pässe führen, neuerdings wieder gewaltige Anstrengungen macht, um der bestehenden Gotthardbahn und der kommenden Simplonbahn eine dritte Alpenbahn zuzugesellen.»[15] Es dürfe erwartet werden, «dass der Bund den starken Arm, den er der Westschweiz geliehen, nun auch dem Osten reicht.»

Guyer-Zeller spekulierte auch auf lokalpolitische Unterstützung. Mit der Engadin-Orientbahn hätten Graubünden und die ganze Ostschweiz die lang ersehnte Ostalpenbahn erhalten. Zumindest geologisch stand dem grossen Werk nichts im Wege.

Guyer-Zeller im Visier der «NZZ»

Wie so viele vor und nach ihm, kommt auch der Visionär Guyer-Zeller ein paar Jahre zu spät. Die Zeit arbeitet gegen ihn. Nicht gut gesinnt sind ihm viele Politiker vor allem aus den Zürcher Finanzkreisen. Im Gegensatz zum ebenfalls freisinnigen Parteiorgan ‹Der freie Rätier› gibt primär die ‹Neue Zürcher Zeitung› Gegensteuer. Der Direktor der Nordostbahn sei ein Fantast. In einer sechsteiligen, redaktionell nicht gezeichneten Artikel-Serie[16] ebnet der unbekannte Verfasser, zehn Tage vor Guyer-Zellers Meran-Reise, das Terrain für Graubündens Schmalspurnetz. Eine wirkliche Leistung habe in Graubünden bisher einzig die Rhätische Bahn erbracht. Die ‹NZZ› mit den Worten Guyer-Zellers: «Alt fry Rätien, wach auf (...) Wiege dich nicht län-

Die Engadin-Orientbahn (Chur–Engadin–Meran–Bozen–Triest)

Konzessionsgesuch	31. März 1891	
Konzessionsbewerber	Adolf Guyer-Zeller, VR-Präsident Nordostbahn NOB und Erbauer der Jungfraubahn	
Projektverfasser	Ingenieur F. Hennings	
112-seitige Broschüre	«Engadin-Orientbahn» Projekt einer Normalbahn Chur–Albula–Ofenberg–Münster Druck Jean Frey und Druckerei Merkur, Zürich, 1898 (Nachzug zum Projekt 1891) Beilagen: Übersichtskarte 1:100 000, 1:250 000, Längenprofil 1:100 000 und 1:5 000, Geologische Tunnelprofile, sowie Eisenbahnkarte 1:1 250 000 und 1:10 000 000	
Streckenlänge	Schweizer Abschnitt: 133.75 km: Chur (588 m ü.M.)–Müstair, Landesgrenze (1244 m ü.M.);	
Spurweite	Normalspur	
Maximalsteigungen	25 ‰ (gleich wie Gotthardbahn); Albulatunnel 20 ‰; Ofenbergtunnel 5 ‰	
Minimalradius	250 m	
Linienführung	– Chur	Bahnhof der Vereinigten Schweizer Bahnen VSB
	– Bei Vogelsang	800 m langer Tunnel
	– nach Rothenbrunnen	950 m langer Tunnel bei km 17
	– Schinschlucht	2700 m langer Tunnel
	– Steinerne Bogenbrücke	«mit der gewaltigen Spannung von 70 m»
	– Station Alvaschein	km 29,8
	– Tiefencastel	km 34,9
	– Schmittenbach	gewölbte Brücke 60 m, anschl. 390 m langer Tunnel
	– Landwasser-Überquerung	Eiserne Brücke von 106 m, plus 480 m langer Tunnel
	– Filisur	1115 m ü.M.
	– oberhalb Filisur	1120 m ü.M., langer Kehrtunnel
	– Bergün	1420 m ü.M.
	– Albula-Tunnel, oberhalb Bergün	1465 m ü.M. km 58,3–km 70,3 (12 km)
	– Tunnelausgang: Bever	1740 m ü.M.
	– Bever	1705 m ü.M.
	– Station Zernez	1600 m ü.M. «ca. 130 m über der Ortschaft; eventuell mit elektrischer Verbindungsbahn»
	– Ofenberg-Tunnel	1711 m ü.M. km 102,18 – km 112,88 (10,7 km)
	– Station Fuldera	1621 m ü.M. kurz nach dem Tunnelausgang
	– Sta. Maria, Val Müstair	1420 m ü.M. anschliessend Viadukt mit 14 Öffnungen
	– Station Müstair/Münster	1256 m ü.M. km 133; Landesgrenze bei km 133,75
Stationen	22 Stationen, mit Chur und Münster/Müstair; davon 13 mit Wasserstationen. Die Grenz- und Zollstation an der Landesgrenze ist auf österreichischem Gebiet in Mals vorgesehen, da hier auch die künftige Linie nach Landeck abzweigt.	
Baukosten	Total: CHF 98 246 000, davon Bahnbau: CHF 81 000 000	
Geplante Anschlüsse	Zur Rhätischen Bahn	Thusis–Davos, 42 km
	Zur Arlbergbahn	Chinus-chel–Landeck, 90 km Mals–Landeck, 80 km
	Zum italienischen Bahnnetz	Bever–Maloja–Chiavenna, 78 km (max. 30 ‰) Die wichtigste Verbindung. Die Strecke Mailand–München könnte gegenüber der Brennerlinie um 126 km und jene gegenüber dem Gotthard um 154 km verkürzt werden.

Noch fehlte im Engadin der Bahn-Anschluss, deshalb musste bis zur Eröffnung der Albulabahn, 1903, mit den Zufahrtsstrassen um Gäste geworben werden.
Seit 2010 sind Studien zur Wiederbelebung der «Idee Ofenbergbahn» aufgenommen worden. Mit ihr könnten nicht nur die Bewohner des Münstertals an das nationale Bahnnetz angeschlossen werden, auch die benachbarten grossen Wirtschaftsräume würden profitieren.

ger in dem Traum, man dürfe mit der Eisenbahnfrage spielen, im rechten Augenblick werde die Bahn von selbst kommen! Jetzt scheint uns das Kapital nicht ungeneigt, sich unter gewissen erleichternden Voraussetzungen einem vernünftigen bündnerischen Eisenbahnprojekt zuzuwenden.» Graubünden dürfe sich nicht immer wieder von schönen Worten blenden lassen und weiterhin von der Weltbahn träumen, umso mehr als «einstweilen und für geraume Zeit keine Aussichten auf eine solche vorhanden sind.» Die einzige realistische Hoffnung bleibe ein Schmalspurnetz. «Die Schmalspurbahn ist gerade das, was ein Gebirgsland wie Graubünden braucht.»

«Das internationalste Möbel der Welt ...»
Guyer-Zeller kämpft weiter. Sein Projekt schliesse nicht aus, dass die Rhätische Bahn ihr Schmalspurnetz weiter in die Täler ausbaue. Die Normalspur jedoch müsse ins Herz Graubündens, bis nach Thusis gebaut werden, damit von hier dereinst auch die Splügenbahn als Verlängerung bis Chiavenna gebaut werden könne.

Ziel seiner Bemühungen bleibt aber die Verbindung Chur–Engadin per «Vollbahn» (Normalspur) mit einem Albula-Basistunnel als Rückgrat des Projekts. Den nördlichen Tunneleingang bei Bergün sieht er auf 1400 m vor, das heisst rund 400 m tiefer als heute. Ohne allen Zweifel müsse «die Schmalspur derjenigen Spurweite weichen, auf der das internationalste Möbel der Welt, der normale Güterwagen, passieren kann».

Während die von der Rhätischen Bahn vorgeschlagene Schmalspurlinie Steigungen bis zu 45‰ und einen Tunnel auf alpiner Höhe von 1800 m aufweise, erreiche die Normalspurbahn die Talsohle des Engadins mit einem 12 km langen Tunnel und mit Maximalsteigungen von höchstens 25‰.

Die Vision bleibt ein Traum
Guyer-Zeller kommt um entscheidende Jahre zu spät. Drei Ereignisse lassen seine Idee platzen:
- 1895 Gründung der Rhätischen Bahn
- 1897 Die Bündner stimmen dem «Gesetzesentwurf betreffend Ausbau des bündnerischen Schmalspurnetzes» im Verhältnis 4:1 zu.
- 1898 Bundessubvention für ein Schmalspurbahnnetz in Graubünden: 8 Millionen Franken.

Die Vision Engadin-Orientbahn bleibt eine Illusion, ein Traum, ebenso wie Guyer-Zellers Idee von direkten Zügen aus Berlin oder Paris nach St. Moritz.

Fakt ist: Auch ohne die Engadin-Orientbahn ist Graubünden, ist die Schweiz, zu einem weltweit bekannten, unvergleichlichen Bauwerk gekommen. Seit Juli 2008 zählen die Albula- und Berninalinie der Rhätischen Bahn zum UNESCO Welterbe.

Albulatunnel II

Auf 2014 ist der Baubeginn für einen neuen, einspurigen Albulatunnel festgesetzt. Dieser soll in einem Abstand von 30 Metern nördlich des bestehenden, schadhaften Tunnels gebaut werden. Die Gesamtkosten sind auf 290 Millionen Franken veranschlagt, plus 55 Millionen für die Erneuerung der Stationen Preda und Spinas und für zusätzliche Erschliessungen. Die Bauzeit beträgt voraussichtlich sechs Jahre. Der bisherige Tunnel wird zum Rettungstunnel umgenutzt.

Arosa kämpft 1908 für den Anschluss zur Lenzerheide

Schon hundert Jahre vor der jetzt realisierten Luftseilbahn-Verbindung zwischen Arosa und der Lenzerheide lösen ähnliche Ideen hitzige Diskussionen aus. Seit dem 19. Dezember 1905 ist die Bahnlinie Chur–Arosa durch das Schanfigg konzessioniert, aber noch immer nicht im Bau. Ein Variantenstreit löst hitzige Diskussionen aus. Hier die kleinen Gemeinden im Schanfigg, welche den Bahnanschluss ersehnen und die Stationen möglichst nahe den Ortschaften möchten, dort Arosa und die Dörfer im Kreis Churwalden, die eine Alternative über die Lenzerheide fordern. Die Bündner Regierung wagt den Spagat und möchte beide Linien konzessioniert wissen.

Gemeinsam projektieren statt verlieren, sagen sich im Spätherbst 1904 zwei konkurrierende Gruppen und bewerben sich im Frühjahr 1905 um die Konzession für eine Schmalspurbahn Chur–Arosa durch das Schanfigg. Noch im gleichen Jahr wird das Projekt der Ingenieure Wildberger, Chur, Thormann, Bern, und des Ingenieurbüros Müller, Zerleeder & Gobat, Zürich, von der Bundesversammlung bewilligt. Allerdings zögert sich die Finanzierung des Bauvorhabens als Folge des Konjunktureinbruchs in die Länge.

Schmal war sie und steil, die 1875 gebaute Poststrasse von Chur bis Langwies. Erst 1890 wurde sie bis Arosa verlängert.

Der andauernden Verzögerungen und Verschiebungen überdrüssig, wird die Frage erneut aufgeworfen: Soll das bereits konzessionierte Projekt durch das enge, kurvenreiche und steile Schanfigg wirklich gebaut werden – oder doch eine Variante über die Lenzerheide nach Arosa?

Noch im März 1909 schreibt der Bündner Oberingenieur dem Regierungsrat (Kleiner Rat), es handle sich bei dieser Linie «in der Hauptsache um ein Spekulationsgeschäft».[1] Weil Thormann für das Schanfigger Projekt in der Zwischenzeit auf eigene Kosten über 100 Querprofile erstellt, ausserdem aufwendige Terrainaufnahmen der ganzen Strecke im Massstab 1:5000 vornimmt und schliesslich kostensparende Projektänderungen präsentiert, gewähren der National- und der Ständerat, entgegen den Empfehlungen der Bündner Regierung, eine dreijährige Fristverlängerung der Konzession bis zum 1. Januar 1913.

Schwarzhorn- und Hörnli-Tunnel

Alternativprojekte sehen die Erschliessung von Arosa über Chur–Parpan oder über Chur–Tschiertschen vor. Die Initiative geht von den Gemeinden Arosa und dem Kreis Churwalden aus, mit Malix, Churwalden, Parpan und Obervaz (Lenzerheide). Am 10. Oktober 1908 bewerben sie sich beim Bundesrat um die Konzession «einer elektrischen Schmalspurbahn von Chur über Parpan nach Arosa und von Parpan nach Lenzerheide».

Das Projekt Ausfeld & Spyri besticht auch aus heutiger Sicht durch zwei Vorzüge:

- Mit der Linienführung über Parpan/Lenzerheide wäre eine wichtige Bündner Tourismusregion mit der Bahn erschlossen.
- Die Verbindung der beiden Skiregionen hätte, je nach Variante, hundert Jahre früher realisiert werden können.

Mit zwei Tunnels von 1880 m (Schwarzhorn-Tunnel) resp. 1300 m Länge (Hörnli-Tunnel) soll die Verbindung Parpan–Arosa möglich gemacht werden. Recht ambitiös geplant sind die Scheiteltunnels auf einer Höhenlage von 2160 m! Allfällige Winterprobleme kontern die Konzessionsbewerber von 1905 mit schönen Worten: «Gegen die

Vier Projekte von 1905 bis 1910

Linienführung	Projekt	Länge	Kosten
Plessur-Linie	1905	23,4 km	CHF 4 Mio.
Schanfigger Linie (heutige)	1905	28,0 km	CHF 6,3 Mio.
Chur–Parpan–Arosa	1908	34,4 km	CHF 7,22 Mio.
Chur–Tschiertschen–Arosa	1910	27,9 km	CHF 11,29 Mio.

Der Langwieser Viadukt, ein brückenbautechnisches Kunstwerk, Herzstück der 1914 eröffneten Arosa-Bahn. Mit 287 Metern Länge war das Bauwerk lange Zeit die grösste Stahlbeton-Bahnbrücke der Welt.

Die Eröffnung der Chur-Arosa-Bahn

1914 – es herrscht Krieg in Europa, «die grösste Völkerschlacht, die es je gegeben hat» («Der Freie Rätier»). Deshalb soll die Eröffnung der Chur-Arosa-Bahn, «in Rücksicht auf den ernsten Charakter der Zeiten, einfach und schlicht» ausfallen. Bei schönstem Winterwetter fahren am 12. Dezember, einem Samstagmorgen, die über 200 geladenen Gäste in zwei festlich geschmückten Zügen von Chur nach Arosa. Auf allen Stationen ein kurzer Halt, Hände schütteln, Ehrendamen, Ehrenwein, «in Langwies kreisten wieder die Gläser», und am Ziel in Arosa die unvermeidlichen Reden, acht an der Zahl.

«Der Freie Rätier» aus Chur schwärmt in der Weihnachtsausgabe vom 25. Dezember 1914, den ernsten Zeiten nicht ganz angepasst:

«In wenig mehr als drei Stunden gleiten wir auf dem Schienenwege von Zürich nach Arosa, mitten hinein in die weisse Skidomäne Graubündens. Der Gehpelz und der matt gebügelte Seiden-Zylinder der Vormittagspromenade in Zürich ist in wenigen Minuten mit dem bunt leuchtenden Sportdress vertauscht, und wieder ein halbes Stündchen später gehorchen wir dem Kommando unseres Bobsleigh-Captains oder wagen als Skifahrer den ersten Telemark-Schwung im trockenen Pulverschnee des Hochgebirges, oder wiegen uns auf der spiegelglatten Eisbahn zu den Klängen einer Kurkapelle an der Hand einer stolzen, blonden Partnerin den feinen, sanften Faustwalzer (will wohl heissen «Strauss-Walzer»...), der, golden durchstrahlt von der warmen Wintersonne Arosas, das Herz erfrischt.»

Drei Tage vorher, in der Ausgabe vom 22. Dezember 1914, klagt ein Korrespondent in der gleichen Zeitung:

«Mit der Eröffnung der Chur-Arosa-Bahn, ist der vordere Teil unseres Tales auf ewige Zeiten vom Verkehr abgeschnitten. Anstelle der bisherigen, dreimaligen Verbindung wird Maladers durch einen Einspänner einmal im Tag von Chur aus bedient.»

Höhenlage der Tunnelportale auf 2100 Metern können ebenfalls keine Bedenken geltend gemacht werden. Die Zufahrtsrampen zu den Tunnelportalen liegen beidseitig an lawinenfreien Halden, deren Schneeverhältnisse auf 2100 Metern Höhe nachweislich nicht wesentlich schwieriger sind als etwa auf 1800 Metern. Verwehungen sind nicht zu befürchten, weil den beiden Tunnels über den Portalen und den Zufahrten eine genügende Bergüberlagerung als Schutzwall wirkt.»[2]

Das Eisenbahndepartement teilt diese Zuversicht nicht ganz. Das Projekt Chur–Parpan–Arosa weise gegenüber der Linie durchs Schanfigg wesentliche Nachteile auf:

- Mehrlänge von 6,4 km, ab Bahnhof Chur RhB
- Verlorene Gefällshöhe von 340 m
- Kulminationspunkt 2160 m, gegenüber 1750 m auf der Linie durchs Schanfigg
- Zahnstangenrampen statt durchgehende Adhäsionsbahn.

Robert Winkler, Direktor der Eisenbahnabteilung in Bern, wiegt ab: Das Projekt Ausfeld & Spyri dient «weitgehenderen allgemeinen Interessen als das schon konzessionierte». Weil aber ein gemischter Betrieb als Adhäsions- und Zahnradbahn vorgesehen ist, könnten die Wagen der Rhätischen Bahn nicht auf dieser Strecke verkehren, «was aber sehr wünschenswert wäre». Deshalb und weil die vorgesehene Bahn mit einem maximalen Zugsgewicht von nur 50 Tonnen nicht sehr leistungsfähig ausgelegt ist, gibt er dem Projekt durch das Schanfigg den Vorzug.

Arosa kontra Schanfigg

Die Bündner Regierung ersucht die Gemeinden im Winter 1909 nochmals um eine Stellungnahme zu beiden Projekten.

Arosa antwortet umgehend am 10. Februar: «Dass die Konzessionsinhaber unser Projekt nicht gerne gesehen haben, begreifen wir sehr wohl (...) Wird jetzt aber nur eine Linie konzessioniert, so müssen die andern drei Jahre warten, bis sie in Konkurrenz treten können; es geht unnützerweise Zeit verloren. Herr Thormann (Schanfiggerlinie) hat ohne unser Zutun das Projekt aufgestellt und ausgearbeitet aus Spekulation; das ist doch wahrhaftig kein Grund, sein Projekt in irgendeiner Weise zu bevorzugen.»

Das Kreisamt Schanfigg unterstützt hingegen den Antrag des Post- und Eisenbahndepartementes in dem Sinne «entschieden und eindringlich». Man empfinde es als in höchstem Grade ungerecht, den Konzessionären der Schanfiggerlinie diese Bewilligung zu entziehen, «wo dieselben mit aller Energie und etwelcher Aussicht auf Erfolg an die Realisierung ihres Projektes herantreten können». Einer ganzen Talschaft drohe der wirtschaftliche Niedergang, «wenn die Bahnverbindung nach Arosa von der andern Seite als durch unser Tal zustande kommen sollte».

Umgekehrt zeigt sich das Kreisamt Churwalden erstaunt: «Aus welchem Grund und mit welcher Berechtigung die Schanfiggerlinie diese Bevorzugung erfahren soll, ist uns unbegreiflich und unerklärlich, und wir müssen gegen den Vorschlag des Eidg. Eisenbahndepartementes energisch protestieren.» Arosa werde so oder so «durch die

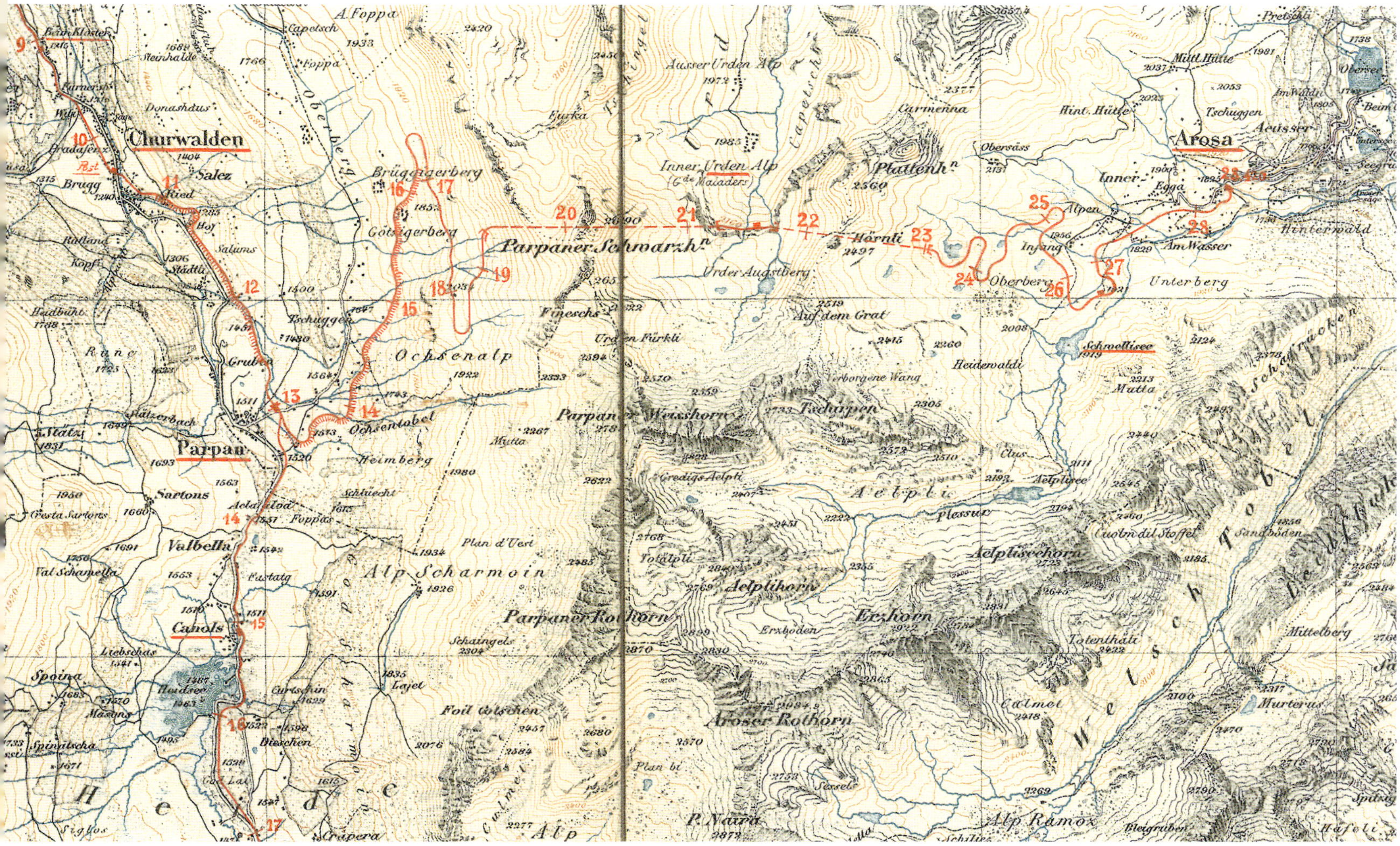

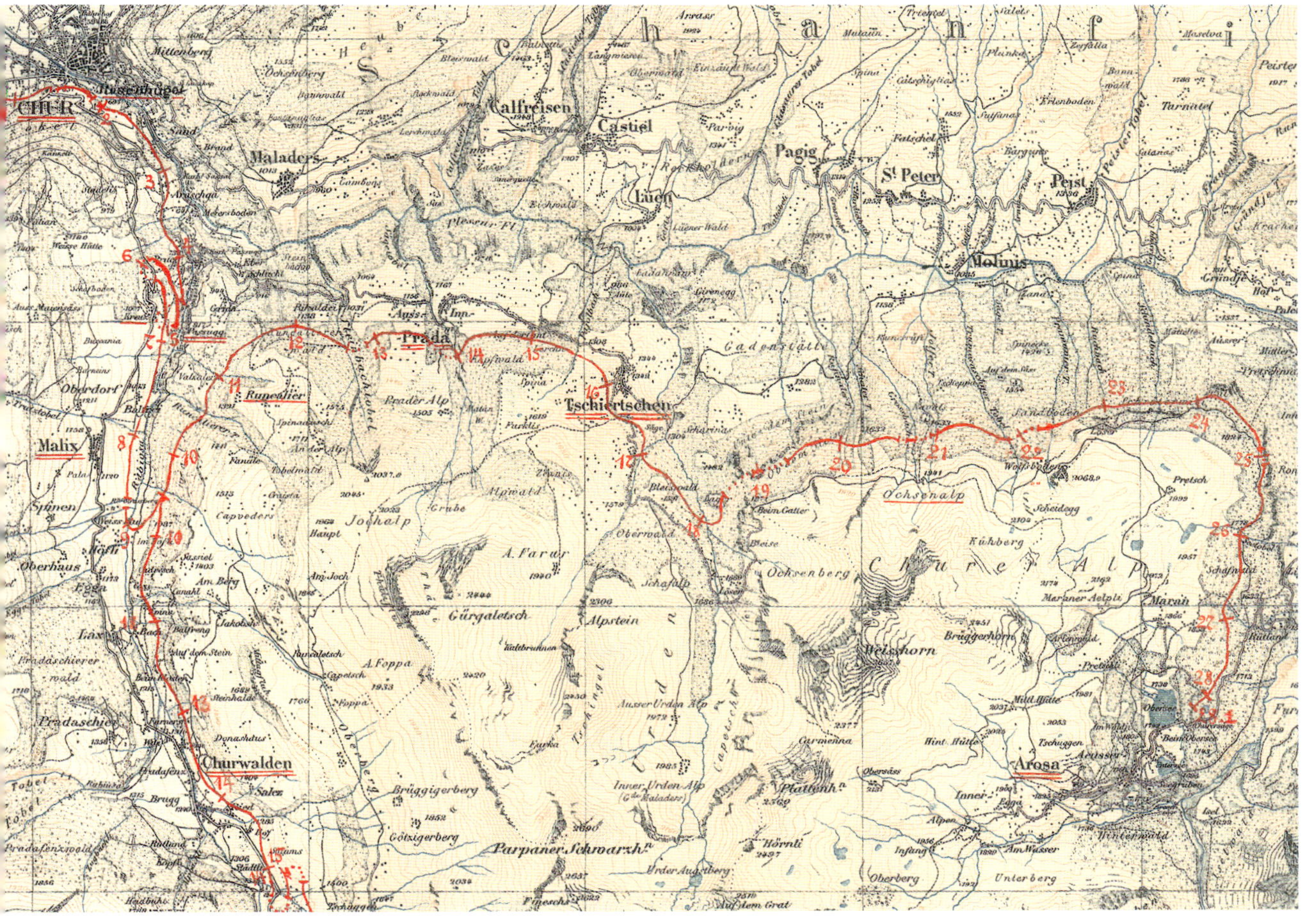

Oben: Bereits über hundert Jahre vor der nun erfolgten Skigebietserschliessung durch eine Doppel-Pendelbahn kämpfte der Gemeinderat von Arosa für die Verbindung mit der Lenzerheide und Parpan. Das Projekt des Basler Ingenieurbüros Ausfeld & Spyri sah eine 34 km lange Verbindung mit zwei Tunnels unter dem Schwarzhorn und dem Hörnli vor, inklusive der 4 km langen Abzweigung von Parpan zur Lenzerheide.

Links: Das Churer Ingenieurbüro Versell präsentierte 1910 ein Projekt Chur–Tschiertschen–Arosa mit einer Verbindung von Malix über Churwalden und Lenzerheide nach Tiefencastel.

eine oder andere Linie alimentiert. Nun fragen wir: Haben wir, das heisst die Landschaft Churwalden, nicht das gleiche Recht, eine Bahn zu erstreben, wie das Schanfigg?»[3]

Schon im Dezember 1907 hat sich die ‹Neue Bündner Zeitung› gegen das Alternativprojekt ausgesprochen: «Wahrlich, die Aroser hätten besser getan, statt ein mit Sorgfalt ausgearbeitetes, fertiges Projekt in übereilter Weise zu ignorieren und die Stadt Chur und die Schanfigger Gemeinden vor den Kopf zu stossen, sich die Sache näher zu besehen.»[4] Allein das «Verbindungsstück» zwischen Parpan und Arosa koste mit rund 7 Millionen Franken ungefähr gleich viel wie die ganze Schanfiggerlinie.

Am liebsten zwei Bahnen

Churwalden und mit ihm die Gemeinden auf der Lenzerheide fordern eine Parallelkonzession. «Wir verlangen keine Bevorzugung der einen oder anderen Linie, nur gleiches Recht für beide.» Die Bündner Regierung schliesst sich dieser Argumentation an: «Wir (...) befürworten die bedingungslose Erteilung der Konzession für die Parpaner-

	Chur–Churwalden–Parpan–Arosa Elektrische Schmalspurbahn			Chur–Tschiertschen–Arosa und Lenzerheide–Tiefencastel Elektrische Schmalspurbahn		
Konzessionsgesuch	10. Oktober 1908			4. Oktober 1910		
Konzession	Abgelehnt			Abgelehnt		
Konzessionsbewerber	Gemeinde Arosa und Kreis Churwalden (Malix, Churwalden, Parpan, Obervaz)			H. & W. Versell, Chur		
Projektverfasser	Ausfeld & Spyri, Basel			H. & W. Versell, Chur		
Streckenlänge	32,4 km			Chur–Arosa		28,0 km
	34,4 km Betriebslänge, inkl. RhB-Strecke			Chur–Tiefencastel		30,4 km
				Totale Baulänge		48,8 km
Stationen/Haltestellen	Chur	km 0,0	588 m ü.M.	Chur	km 0,0	588 m ü.M.
	Brugg-Passugg	km 5,9	798 m ü.M.	Rosenhügel	km 1,7	634 m ü.M.
	Malix	km 8,5	1120 m ü.M.	Araschga-Passugg	km 4,1	777 m ü.M.
	Egga	km 9,7	1161 m ü.M.	Kreuz	km 7,0	953 m ü.M.
	Churwalden Kloster	km 10,8	1215 m ü.M.	Malix	km 8,6	1042 m ü.M.
	Churwalden Post	km 12,1	1236 m ü.M.	Abzweigung	km 9,6	1075 m ü.M.
	Parpan	km 14,8	1487 m ü.M.	Runcalier	km 11,8	1184 m ü.M.
	Abzweigung	km 15,0	1500 m ü.M.	Praden	km 13,4	1251 m ü.M.
	Inner Urdenalp	km 23,3	2160 m ü.M.	Tschiertschen	km 15,7	1383 m ü.M.
	Schwellisee	km 28,4	1930 m ü.M.	Ochsenalp	km 21,4	1735 m ü.M.
	Arosa	km 34,4	1820 m ü.M.	Arosa	km 28,0	1750 m ü.M.
	Zusatzlinie ab km 15,0:			Zusatzlinie ab km 9,6:		
	Canols	km 19,1	1506 m ü.M.	Churwalden	km 12,7	1273 m ü.M.
	Lenzerheide	km 21,3	1476 m ü.M.	Parpan	km 16,4	1497 m ü.M.
				Passhöhe	km 17,4	1551 m ü.M.
				Valbella	km 18,1	1531 m ü.M.
				Heidsee	km 18,9	1510 m ü.M.
				Lenzerheide	km 20,5	1468 m ü.M.
				Obervaz	km 24,6	1229 m ü.M.
				Alvaschein	km 28,1	1022 m ü.M.
				Tiefencastel	km 30,4	887 m ü.M.
Tunnellängen	Schwarzhorn-Tunnel 1880 m Hörnli-Tunnel 1300 m					
Spurweite	1000 mm			1000 mm		
Maximalsteigung	150 ‰ (Adhäsion 70 ‰)			65 ‰		
Kosten	CHF 7,22 Mio. (CHF 221 300 pro km)			CHF 11,293 Mio. (CHF 231 414 pro km)		
Fahrzeiten/Tarife	Chur–Arosa 2.00 h CHF 7.50 (2. Kl.), CHF 5.10 (3. Kl.)			Chur–Arosa		1.24 h CHF 3.20
				Chur–Lenzerheide		1.09 h CHF 2.20
				Chur–Tiefencastel		1.42 h CHF 3.20

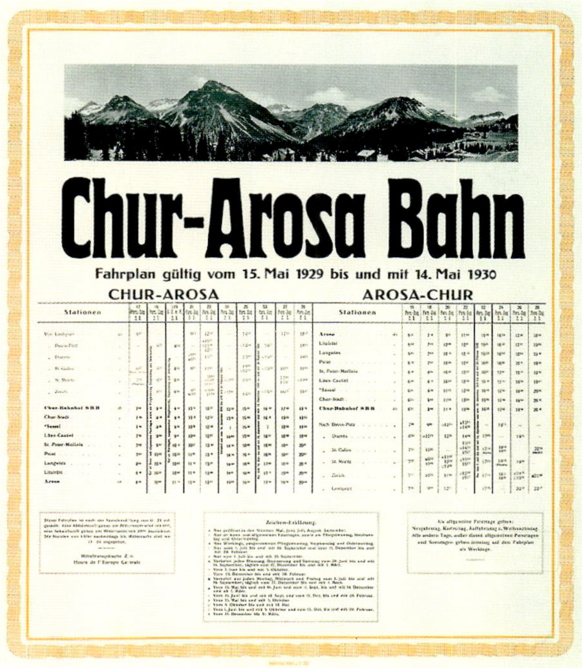

Arosa, die höchstgelegene Siedlung im Schanfigg, wies 1870 nur 61 Einwohner auf, heute sind es knapp 3400. Mit jährlich 900 000 Logiernächten und 12 000 Gästebetten gehört Arosa zu den führenden Tourismus-Destinationen der Schweiz. Auf den 1. Januar 2013 haben sich die Gemeinden Arosa, Calfreisen, Castiel, Langwies, Lüen, Molinis, Peist und St. Peter-Pagig zur Gemeinde Arosa zusammengeschlossen.

linie und die gleichzeitige Fristverlängerung für die Schanfiggerlinie.» In zweiter Linie, so der Kleine Rat des Kantons Graubünden, «wenn wider Erwarten unserem Antrag nicht beigestimmt werden könnte, empfehlen wir, wenigstens die Konzession für die Bahn Chur–Churwalden–Parpan-Lenzerheide ohne weitere Bedingungen zu erteilen, und eventuell nur auf die Abzweigung von Parpan nach Arosa den Vorbehalt zu knüpfen, dass die Konzession für diese Teilstrecke erst Ende 1911 in Kraft trete».[5]

Chur–Tschiertschen–Arosa

Am 20. August 1910 präsentiert das Büro Froté & Cie. aus Zürich ein sehr umfangreiches und ambitioniertes Projekt für eine Julierbahn von Chur bis Celerina/St. Moritz, mit einer Variante Septimer bis zur italienischen Grenze in Castasegna (siehe Seite 148). In den Plänen ist – wohl eher in spekulativer Absicht – auch eine Abzweigung von Churwalden nach Arosa vorgesehen.

Nicht genug: Im Oktober 1910 trifft in Bern ein weiteres Projekt für die Erschliessung von Arosa ein: «Die Verbindung von Arosa (über Tschiertschen) mit der Lenzerheide und Tiefencastel ist durch diese Linie eine so vorzügliche, wie sie bei gleichen Kosten, gleicher Leistungsfähigkeit und Schönheit der Linienführung keine andere Bahn leisten kann!», geben sich die Ingenieure H. und W. Versell in Chur überzeugt. Die Initianten wollen eine «leistungsfähige Bahn auf eigenem Bahnkörper»[6] bauen und bekommen dafür ungeteilte Unterstützung bei den Fachleuten im Eisenbahndepartement. Dennoch lehnt die Bündner Regierung das Projekt mit Blick auf die bereits vergebene Konzession von 1905 und das Projekt der Gemeinde Arosa entschieden ab. Dies akzeptieren die Gebrüder Versell nicht. Am 2. Dezember 1910 schreiben sie an das Post- und Eisenbahndepartement: «Da sich unsere Kantonsregierung entgegen bisheriger Übung über das Gesuch ausgesprochen hat, ohne die beteiligten Gemeinden anzufragen, darf wohl deren ablehnende Begutachtung nicht als eine abschliessende betrachtet werden.» Sie ist es aber. Auch «Bern» lässt keinen Spielraum mehr offen, ganz einfach, weil das Konzessionsgesuch zu spät eingereicht worden ist.

Schanfiggerlinie 1914 eröffnet

Während das optimierte Projekt Thormann von 1905, durchs Schanfigg, schliesslich die (hohen) finanziellen Hürden meistert und über die Parpanerlinie triumphiert, bleiben als Konsequenz Churwalden, Parpan und die Lenzerheide ohne Bahn.

Feststimmung kommt am 12. Dezember 1914 dennoch auf, als der erste Zug aus Chur durchs Schanfigg Arosa erreicht. Nach nur zwei Jahren Bauzeit ist endlich auch der höchstgelegene alpine Klimakurort der Schweiz per Bahn erschlossen, 9 Jahre nach St. Moritz (1904), 22 Jahre nach Zermatt (1891) und sogar 23 Jahre nach Davos und Grindelwald (1890). ‹Der freie Rätier› kommentiert: «Anstelle der mühsamen, sechsstündigen Fahrt in der ratternden Postkutsche wird von nun an die Strecke Chur–Arosa in leicht und elegant dahingleitenden Wagen der elektrischen Bahn in 1¼ Stunden zurückgelegt, und wo früher im Tag 3 Postkutschen funktionierten, verkehren von nun an täglich 6–8 Züge.»[7]

Luftseilbahn statt Zahnradbahn

Was Anfang des zwanzigsten Jahrhunderts entworfen und wieder verworfen worden ist, hat nach über hundert Jahren – mit ebenfalls langen, harten Auseinandersetzungen – auf andere Weise die Verwirklichung erlebt: Eine moderne Doppel-Pendelbahn ohne Stützen setzt vom Urdenfürggli im Skigebiet Lenzerheide über das innere Urdental hinüber zur Bergstation Hörnli ins Skigebiet von Arosa. Dank dieser 1674 m langen Verbindung werden beide Partner, so die Werbung, «in die Liga der grössten und bekanntesten Schweizer Schneesport-Destinationen aufsteigen – ein Quantensprung betreffend Attraktivität und Wettbewerbsfähigkeit».

Attraktive Direktverbindung Arosa–Davos

Arosa, die «junge Villenstadt»

‹Bündner Nachrichten›, 1. Mai 1890: «Nicht nur in Davos, sondern auch in Arosa, also auf beiden Seiten des Strela, wird eine grosse Bautätigkeit entfaltet. Während an ersterem Orte die Bahnarbeiten schon so weit fortgeschritten sind, dass neben vielen Erdarbeitern auch der Dampf in Dienst gezogen wird und seit vielen Wochen der schrille Pfiff der Lokomotive ertönt, so gilt's in Arosa, die junge Villenstadt zu erweitern. Die neue Strasse wird bald zur Kollaudation gelangen können. Einstweilen ist der Ort freilich nur für Fourgons, Chaisen und Postkutschen erreichbar. Aber Telegraph und Telefon haben daselbst ihren Einzug schon gehalten, und wo diese bestehen, ist die Erstellung einer Eisenbahnverbindung nur eine Frage der Zeit – in Bünden freilich auch eine Finanzfrage. Es wird sich zeigen, ob zuerst die Nachbarn in Davos ein Loch in die Strela schlagen und Arosa mit Davos verknüpfen, oder ob die Churer endlich das Herz in die Hand nehmen und einen Eisenstrang durchs Schanfigg legen.»

Als Arosa 1851 zur selbstständigen Gemeinde erklärt wird, leben im verarmten Bergbauerndorf zuoberst im Schanfigg gerade mal 51 Einwohner. Niemand kann die stürmische Entwicklung erahnen, die allerdings deutlich später als in Davos oder St. Moritz einsetzt. Davos wird bereits 1890 mit der Eisenbahn erschlossen, während Arosa im gleichen Jahr endlich die lang ersehnte Poststrasse erhält. 1912–1914 wird die Chur-Arosa-Bahn erbaut. Fast gleichzeitig tauchen interessante Pläne für neue Bahnverbindungen auf. Wie Grindelwald und Wengen (seit 1893) sollen auch Arosa und Davos per Zahnradbahn auf direkter Linie «über die Berge» verbunden werden.

Das Schanfigg mit dem Landwassertal verbinden, das wollen im Februar 1913 zwei Ingenieure aus Chur und Zürich. Robert Wildberger und Heinrich Peter planen ihr gemeinsames Projekt in Meterspur mit wechselnden Zahnrad- und Adhäsionsstrecken, dies im Gegensatz zur Rhätischen Bahn, welche bis heute ohne eine einzige Zahnradstrecke auskommt. Die Bündner Regierung unterstützt das Bauvorhaben, und der Bund bewilligt die Konzession «Langwies–Davos/Platz und Arosa–Frauenkirch», innert kürzester Frist noch in der Sommersession 1913.

Schon seit Langem, so die Initianten in ihrem Konzessionsgesuch, gebe es Bestrebungen, beide Orte mit einer Strasse zu verbinden. Man habe sogar von einer Verbindungsbahn Davos–Arosa gesprochen, bevor der Bau der elektrischen Linie Chur–Arosa gesichert war. «Zwischen den beiden weltbekannten und viel besuchten, in der Luftlinie 10 km voneinander entfernten Kurorten Davos und Arosa liegt ein Gebirgskamm, über welchen zwei Pässe die Verbindung für geübte Fussgänger herstellen. Es sind dies der Strelapass mit 2353 m und die Furka mit 2445 m Meereshöhe (...) In der Hochsaison weist Davos derzeit nahezu 5000 gleichzeitig anwesende Gäste auf, während Arosa es bis heute auf 1500 gebracht hat, ziemlich genau gleich viel wie Davos vor der Erstellung der Landquart-Davos-Bahn. Für die im Bau begriffene Bahn Chur–Arosa wird für die ersten Betriebsjahre jedenfalls ein Personenverkehr von 70 000 spezifischen Reisenden sich einstellen.»[1]

Bei beiden Projekten wollte Ingenieur Peter ein von ihm entwickeltes und patentiertes «Zahnstangen-System mit horizontalem Zahneingriff» zur Anwendung bringen, in Analogie zum perfekten Locher'schen System bei der Pilatusbahn.

	Langwies–Davos-Platz			Arosa–Davos-Frauenkirch		
Konzessionsgesuch	4. Februar 1913			4. Februar 1913		
Gesuchsteller	R. Wildberger, Ingenieur, Chur Heinrich Peter, Ingenieur, Zürich			R. Wildberger, Ingenieur, Chur Heinrich Peter, Ingenieur, Zürich		
Konzession	21. Juni 1913			21. Juni 1913		
Verlängerungen	23. Nov. 1915 bis 15. Juli 1917 21. Aug. 1917 bis 15. Juli 1919 18. Aug. 1919 bis 15. Juli 1921			23. Nov. 1915 bis 15. Juli 1917 21. Aug. 1917 bis 15. Juli 1919 18. Aug. 1919 bis 15. Juli 1921		
Sitz der Gesellschaft	Chur			Chur		
Strecke total	12,4 km			11,9 km		
Stationen	Langwies-Station	km 0,0	1320 m ü.M.	Arosa	km 0,0	1742 m ü.M.
	Langwies-Dorf	km 0,8	1365 m ü.M.	Furggabödeli*	km 3,2	1967 m ü.M.
	Küpfen	km 4,8	1784 m ü.M.	Maienfelder Furgge**	km 5,8	2445 m ü.M.
	Strela-Pass	km 8,1	2353 m ü.M.	Chummeralp***	km 9,8	1930 m ü.M.
	Schatzalp	km 10,6	1861 m ü.M.	–		
	Davos-Platz	km 12,4	1543 m ü.M.	Frauenkirch-RhB	km 11,9	1508 m ü.M.
Spurweite	1000 mm			1000 mm		
Maximalsteigung	300 ‰			300 ‰		
System	Kletter-Zahnstangen, Patent Peter mit horizontalem Zahneingriff			Kletter-Zahnstangen, Patent Peter mit horizontalem Zahneingriff		
Betriebskraft	Elektrisch			Elektrisch		
Rollmaterial	Motorwagen, evtl. Vorschiebewagen			Motorwagen, evtl. Vorschiebewagen		
Fahrtdauer	1.55 h			1.46 h		
Baukosten	CHF 3,65 Mio. (CHF 295 000 pro km)			CHF 3,25 Mio. (CHF 275 000 pro km)		

* Siegfriedkarte 1910: Furka-Obersäss ** Siegfriedkarte 1910: Furka *** Siegfriedkarte 1910: Kumma-Alp

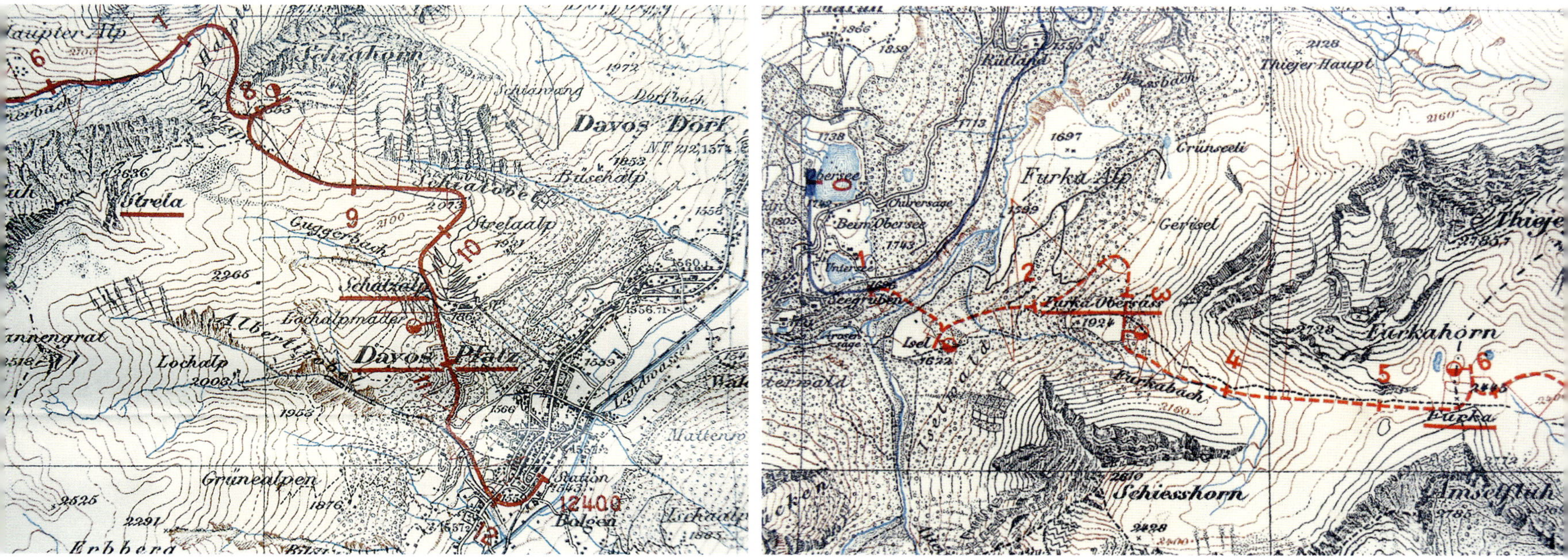

Arosa–Davos: Links die Variante über den Strelapass, rechts die Linienführung von Arosa über die Maienfelder Furgge, auf der Siegfriedkarte als «Furka» bezeichnet.

Langwies–Strela–Davos/Platz

Die Strelabahn soll von der Station Langwies (1320 m) der Chur–Arosa-Bahn zuerst ins Dorf Langwies (1379 m) führen und von dort aus, durchs Sapüntal, nach 4,7 km Küpfen (Landeskarte «Chüpfen», 1763 m) erreichen. Das zur Gemeinde Langwies gehörende Tal sei das ganze Jahr bewohnt, gerade deshalb werde die Bahn besonders zur Winterszeit willkommen sein.

«Bei km 8,1 wird die auf 2353 m ü.M. schön gelegene Station Strelapass» erreicht, «die aus betriebstechnischen Gründen als Spitzkehre ausgebildet ist». Wie bei allen Zahnradbahnen schiebt die Lokomotive bei der Bergfahrt die Wagen bergwärts, und wirkt umgekehrt, bei der Talfahrt, auf den steilen Zahnrad-Rampen vor den angehängten Wagen als sichernder Puffer.

Vom Strelapass Richtung Davos/Platz soll die Bahn dem Fussweg entlang die Strelaalp erreichen und auf 1860 m die Schatzalp bedienen. «Diese Haltestelle ist wie die übrigen Stationen und Haltestellen in einer Adhäsionsstrecke gelegen; sie wird Reisenden und Sportsleuten von und nach der Schatzalp dienen, kommt jedoch als Konkurrenz der Davos–Schatzalp-Drahtseilbahn wohl kaum in Betracht, da letztere bereits an der Grenze ihrer Leistungsfähigkeit angelangt ist. Von der Haltestelle Schatzalp zieht sich die Bahn in letzter Zahnradstrecke mit maximal 300‰ Gefälle dem Alberti-Tobel zu, um in die Station Davos-Platz (1534 m ü.M.) der Rhätischen Bahn einzumünden.»

Arosa–Furka–Davos/Frauenkirch

Die Alternativlinie über die 2445 m hohe Maienfelder Furgge hat ihren Ausgangspunkt beim heutigen Bahnhof. «Bis km 1,0 das Geleise der Chur–Arosa-Bahn benützend», soll die Bahn über einen Viadukt die Plessur überqueren. Mit wechselnden Adhäsions- und Zahnradstrecken wollen die Ingenieure die Station auf dem Kulminationspunkt ab dem Furkabach «in ziemlich gestreckter Richtung», analog dem heutigen Bergweg, erreichen. Die Maximalsteigung der Zahnrad-Abschnitte wird mit 300‰ angegeben. Mit Ausnahme der Pilatusbahn (bis 480‰) weisen bisher alle Zahnradbahnen in der Schweiz Maximalsteigungen von höchstens 250‰ auf. Von der Passhöhe Richtung Landwassertal führt die Linie dem (heutigen) Wanderweg entlang zur «Chummeralp», bevor sie schliesslich den RhB-Bahnhof Davos/Frauenkirch erreicht.

Vergebliches Hoffen «auf bessere Zeiten»

Auch hier blockiert der Erste Weltkrieg jegliche Aktivitäten. 1919 folgt das Gesuch für eine dritte Fristverlängerung: «Bei den herrschenden europäischen Zuständen» ist an eine Finanzierung nicht zu denken. Gemäss üblicher Praxis gewährt der Bund nach dem Erteilen der Konzession eine 2-Jahres-Frist. Der entscheidende Passus (Art. 6) fordert: «Binnen einer Frist von 24 Monaten, vom Inkrafttreten des gegenwärtigen Beschlusses an gerechnet, sind dem Bundesrat die vorschriftsmässigen technischen und finanziellen Vorlagen, nebst den Statuten der Gesellschaft, zur Genehmigung einzureichen. Innert 6 Monaten nach der Plangenehmigung ist mit den Erdarbeiten für die Erstellung der Bahn zu beginnen. Binnen 3 Jahren, vom Beginn der Erdarbeiten an gerechnet, ist die ganze konzessionierte Linie zu eröffnen.»[2]

Das sind harte Bedingungen, besonders in rauen Zeiten. Die Strelabahn oder das Alternativprojekt Arosa–Davos/Frauenkirch über die Maienfelder Furgge hätten zehn Jahre vorher gute Chancen auf eine Verwirklichung gehabt.

Und heute?

Davos–Arosa: Per Luftlinie sind es knapp 11 km, mit dem Auto über Landquart und Chur 88 Kilometer, geschätzte Fahrzeit mit dem Auto samt 200 Kurven 1:45. Mit der Rhätischen Bahn beträgt die Reisezeit 2 Stunden und 45 Minuten. Fazit: Direktverbindung Davos–Arosa – eine verpasste Chance.

Davoser Hickhack um die Parsenn-Bahn

Parsenn weist gemäss Rhätischem Namenbuch auf eine Rodung hin. Obwohl die Bergbahnen Klosters/Davos das Parsenngebiet als «Wiege des Skisports der Schweiz» bezeichnen, weiss zumindest das Geographische Lexikon der Schweiz von 1905 nichts von einer derartigen Bedeutung, hingegen wird hier die Alp Parsenn als «grosser Alpengarten» dargestellt. Glarus, mit dem ersten Skiklub und dem ersten Skirennen der Schweiz, nimmt die Pionierrolle für sich in Anspruch, St. Moritz wirbt mit «Wiege des Wintersports» und Grindelwald will die ersten Wintersportgäste der Schweiz beherbergt haben. Gesichert ist: Die Parsennbahn machte Davos weltweit bekannt, und der erste Skilift der Schweiz stand ebenfalls hier, allerdings am Bolgen auf der gegenüberliegenden Talseite.

«Das grossartigste Skigebiet Europas» und «die grösste Eisbahn des Kontinents!» Die Davoser greifen Ende der Zwanzigerjahre zu den Superlativen. Man will sich auch als Sportort besser positionieren und nicht Höhenstation für Kranke und Erholungssuchende bleiben. Erste konkrete Pläne für die Erschliessung der berühmten Parsenn-Arena tauchen 1925 auf. Allerdings bleibt Victor de Beauclair aus Zürich mit seinem Luftseilbahn-Projekt chancenlos. Im Eisenbahndepartement will man zuerst Erfahrungen sammeln. Kommt dazu, dass die Landschaft Davos jede Initiative, die ausserhalb des Landwassertals entspringt, vehement zu ersticken versucht. Auf alle Zeiten soll die Parsennbahn in der Gemeinde selbst verankert werden. Wenig visionär gibt sich dann allerdings der Landammann, als es 1930 um den Bau des ersten Skilifts geht. Er bittet die Eisenbahnabteilung in Bern schriftlich, «solchen Spielereien einen Riegel zu schieben».[1]

22. November 1925: Der Zürcher Unternehmer Victor de Beauclair wendet sich aus Freiburg im Breisgau an die Eidg. Oberpostdirektion, er beabsichtige sich um die Konzession einer Schwebebahn («Drahtseil-Luftbahn nach dem Pylonensystem») zu bewerben.[2] Drei Tage später wird ihm durch den Direktor persönlich beschieden, sein Gesuch sei direkt an die zuständige Behörde, die Eisenbahnabteilung des Post- und Eisenbahndepartementes, übermittelt worden. Doch diese Abteilung tut sich schwer. Am 10. Dezember 1925 teilt man de Beauclair mit, man könne ihm gegenwärtig die Erteilung einer eidg. Konzession nicht in Aussicht stellen. Das Eisenbahndepartement darf, gemäss Bundesrat, keine weiteren Konzessionen für Luftseilbahnen verfügen, «bis über die Zweckmässigkeit und Betriebssicherheit solcher Unternehmungen» genügende Erfahrungen vorliegen. Bei der ersten derartigen Anlage in der Schweiz, dem 1908 eröffneten Wetterhorn-Aufzug in Grindelwald (siehe Seite 44), «konnten diese Bedingungen noch nicht erfüllt werden, weil der Betrieb dieser Bahn seit 1914 eingestellt ist». Nun müssen die Erfahrungen mit dem Gerschnialp–Trübsee-Projekt in Engelberg abgewartet werden (Eröffnung: 23. Dezember 1927).

«Erste Gipfelbahn Graubündens»

De Beauclair befindet sich im Dilemma. Einerseits verlangen die Behörden als Grundlage zur Konzessionserteilung ein generelles Projekt, zum andern kann und will er keine finanziellen Risiken eingehen. Immerhin schickt er einen Situationsplan im Massstab 1:50 000 «zur freundlichen Beurteilung» nach Bern. Gleichzeitig preist de Beauclair sein Projekt als Aussichtsbahn «und Sportbahn par excellence» an. «Insbesondere den vielen Rekonvaleszenten und Halbkranken von Davos» solle die Bahn dienen und gleichzeitig ideale Höhenwege erschliessen, «die zur Ausheilung der Tuberkulose immer mehr geschätzt werden». Im Winter werde die Anlage den Skisport fördern, «indem sie das grossartigste Skigebiet Europas, das Weissfluh-Parsenn-Gebiet, leicht zugänglich macht und das mühevolle Aufsteigen mit Skiern nach Wunsch ganz oder teilweise auszuschalten erlaubt». Projektiert wird die erste Gipfelbahn des Kantons in drei Sektionen: Davos–Dorfberg, Dorfberg–Wasserscheide, Wasserscheide–Weissfluhgipfel. Mit einer Länge von 5,5 Kilometern würde sie mit einem Schlag, und dies für viele Jahre, zur längsten Luftseilbahn der Welt.

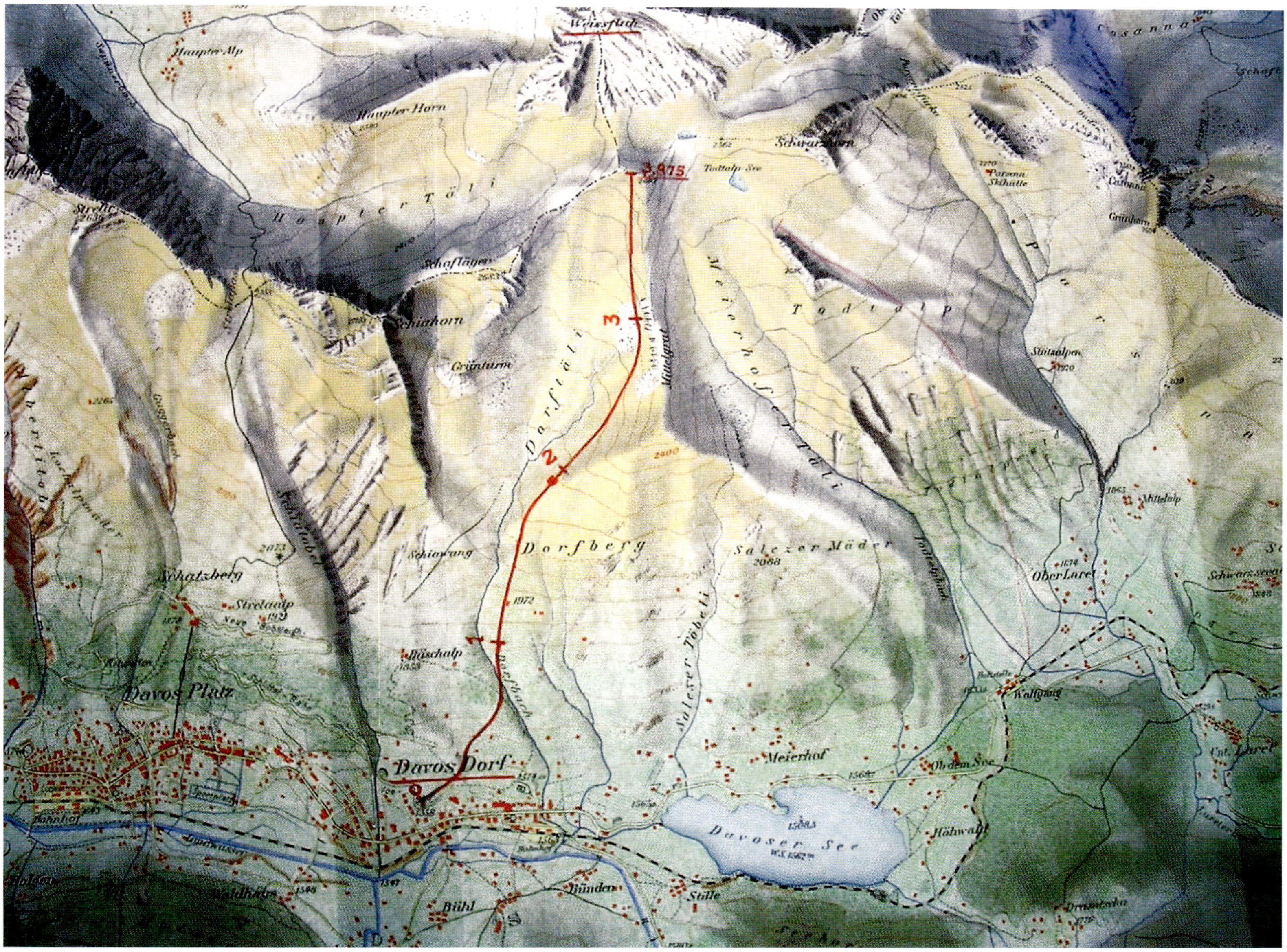

Davos mit dem 1928 eingereichten Parsennbahn-Projekt der Gemeinde und eines Initiativkomitees.

Der erste Skilift der Schweiz

Auf Umwegen und nach etlichen Querelen erlebt Davos 1934 die Geburtsstunde des ersten Bügel-Skilifts der Schweiz. Bereits am 28. Juni 1930 stellt der Davoser John Lemm beim Eisenbahndepartement das Gesuch zum Bau einer «sehr preiswürdigen Schleppseilbahn für den Wintersport» der Firma Robert Aebi & Cie. aus Zürich. Das neuartige Skilift-System, ursprünglich vom Luftseilbahn-Pionier Bleichert & Co. in Leipzig entwickelt, soll die Skifahrer «von Wolfgang, 1623 m, auf die Spitze des Totalphorns auf ca. 2500 m» bringen. Die Baukosten berechnen Lemm und die Firma Aebi mit nur 260000 Franken. Bei einer minimalen Zugseilgeschwindigkeit von 1,5 m/s. hätten die Skifahrer für die Fahrt auf der rund 2,5 km langen Skilift-Strecke allerdings 29 Minuten gebraucht. Deshalb würden «gegen Ermüdung bei der Schleppfahrt Karabiner-Haken an die Gäste abgegeben».[3]

Das Projekt scheitert am Eisenbahndepartement («Nur für den Wintersport geeignet») und an Landammann Branger. An ihm kommt keiner so leicht vorbei, auch Maschineningenieur Ernst Gustav Constam aus Zürich nicht, der sich zuerst vergeblich um den Bau einer «Schleppseilbahn für Skifahrer» bewirbt. Sein System hat er bereits 1930 patentieren lassen. Branger bezeichnet das Gesuch von John Lemm in einem Brief an das Eisenbahndepartement in Bern als Spielerei, eine Idee, «der man einen Riegel schieben muss, da mit [diesem System] doch eine wesentliche Gefährdung der beförderten Personen verbunden ist».[4]

Eröffnung an Weihnachten 1934

Wie aber Lieni Fopp, Hotelier und Landwirt, sein Grundstück am Bolgen für die Versuchsanlage zur Verfügung stellt, ist der Bann gebrochen. Am 24. Dezember 1934 lassen sich an der von Constam entwickelten Anlage die ersten Skifahrer am Bolgenlift in die Höhe ziehen. Die Höhendifferenz beträgt nicht 800 m wie bei Lemms Projekt am Totalphorn, sondern lediglich 60 m, die Länge des Skilifts 270 m, mit einer Förderleistung von 170 Personen/h.

Die ‹Davoser Zeitung› stellt am 27. Dezember 1934 erfreut fest, «dass die Anlage sich in jeder Beziehung glänzend bewährt hat [...] «Ein einziger ‹Betrübter› hat sich bisher gemeldet: ‹Wir waren schwer enttäuscht, denn man kann zuschauen, solange man will, höchst selten gibt es einen kleinen Sturz beim Start, nie aber richtige Purzelbäume, die ein wirkliches Gaudi à la Luna-Park ermöglichen. Im Gegenteil, die ganze Up-hill-Fahrerei ist so harmlos wie nur möglich, und es soll sogar passiert sein, dass eine absolute Skisäuglingsfahrerin [...] ohne jede Schwierigkeit zum Bolgen-Kulm gelangte. Dass sie dort dann allerdings die Skis auszog und zu Fuss zu Tale stieg, sei nebenbei bemerkt...»

Constam und der Davoser Skilehrer Jack Ettinger verbessern das System weiter, indem sie anstelle des J-förmigen Bügels einen «T-Bügel» entwickeln. Damit kann die Transport-Kapazität bereits in der Wintersaison 1935/36 nicht nur verdoppelt werden, dank des «Sie-und-Er-Lifts ist auch der erste moderne Bügellift der Welt geboren, erstellt von der Firma Bleichert & Cie. in Leipzig.

Davos geht in die Offensive

Die Davoser Behörden werden durch dieses Projekt allerdings nicht beglückt, sondern aufgeschreckt. Dass ein Auswärtiger die berühmten Parsenn-Hänge erschliessen könnte, das will die Gemeinde nicht zulassen. Noch dauert es, bis eigene Pläne vorliegen. Erst drei Jahre nach de Beauclair, am 3. Dezember 1928, bewirbt sich nun auch die Gemeinde Davos um die Konzession einer «Standseilbahn von Davos-Dorf zur Wasserscheide, Weissfluh». Am 24. Dezember 1899 wurde mit der Schatzalp-Bahn die erste Standseilbahn Graubündens eröffnet, die 29. der Schweiz. «Davos legt Gewicht darauf, nicht nur Kurort, sondern ebenso Sportort zu bleiben.» Man besitze nicht nur «die grösste und berühmteste Eisbahn des europäischen Kontinents, sondern auch eine bekannte Bobbahn und neuerdings eine ideale Skisprunganlage», schreibt Landammann Dr. Erhard Branger[5] nach Bern. Schliesslich verfüge Davos über eines «der schönsten Skitourengebiete der Schweizer Alpen». Vordringlich müsse jetzt das Parsenn-Gebiet besser erschlossen werden.

Luftseilbahn-Projekt Nummer zwei

Zum neuen Ärger der Gemeindebehörde hat fast ein Jahr zuvor bereits ein anderer Bewerber ein neues Luftseilbahn-Projekt zur Konzession in Bern angemeldet. Ein Davoser. Der nicht ganz unumstrittene Variété-Unternehmer John Lemm will das Parsenn-Gebiet vom Wolfgangpass zur Weissfluh erschliessen, ein Projekt, das er allerdings im Februar 1929 zurückzieht und gegen eine Standseilbahn Wolfgang–Totalphorn eintauscht. Der Wolfgangpass zählt seit dem Bau der Bahnlinie Landquart–Klosters–Davos zu einem Skisport-Zentrum, welches Gäste sowohl aus dem Landwassertal als besonders auch von Klosters und dem ganzen Prättigau anzieht. Postwendend schreibt der Landammann Branger am 11. April 1928 nach Bern: «Wir haben keine Veranlassung, Verkehrseinrichtungen zu unterstützen oder zu dulden, die nur dazu geeignet sein können, den Besuch von Parsenn unter Umgehung von Davos zu erleichtern.» Nur zwei Jahre später gibt es wieder Groll im Landwassertal. Das zur Standseilbahn umgewandelte Projekt Lemm wird von Hoteliers und von der Nachbargemeinde Klosters übernommen und im Februar 1929 zur Konzession angemeldet.

Graubündens Regierung unterstützt Davos

Der Kleine Rat des Kantons Graubünden (Exekutive) spricht sich in der Vernehmlassung aber für das Projekt der Gemeinde Davos aus: «Es wäre nicht recht verständlich, wollte man den Davosern auf Davoser Gebiet ein Verkehrsmittel aufoktroyieren, das allen Ernstes und in un-

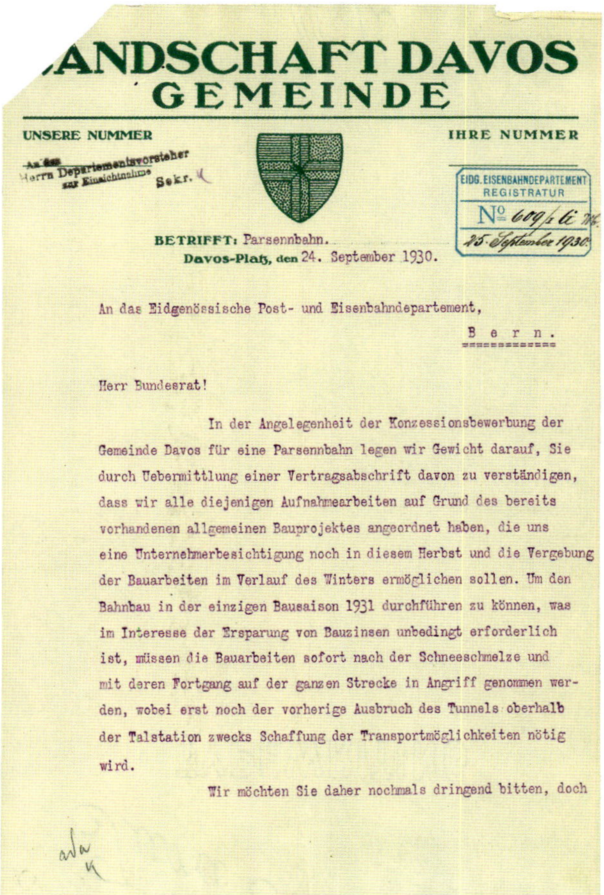

LANDSCHAFT DAVOS
GEMEINDE

UNSERE NUMMER — IHRE NUMMER

~~An den~~ Herrn Departementsvorsteher zur Einsichtnahme Sekr.

EIDG. EISENBAHNDEPARTEMENT REGISTRATUR
No 609/1 Li
25. September 1930

BETRIFFT: Parsennbahn.
Davos-Platz, den 24. September 1930.

An das Eidgenössische Post- und Eisenbahndepartement,

B e r n .

Herr Bundesrat!

In der Angelegenheit der Konzessionsbewerbung der Gemeinde Davos für eine Parsennbahn legen wir Gewicht darauf, Sie durch Uebermittlung einer Vertragsabschrift davon zu verständigen, dass wir alle diejenigen Aufnahmearbeiten auf Grund des bereits vorhandenen allgemeinen Bauprojektes angeordnet haben, die uns eine Unternehmerbesichtigung noch in diesem Herbst und die Vergebung der Bauarbeiten im Verlauf des Winters ermöglichen sollen. Um den Bahnbau in der einzigen Bausaison 1931 durchführen zu können, was im Interesse der Ersparung von Bauzinsen unbedingt erforderlich ist, müssen die Bauarbeiten sofort nach der Schneeschmelze und mit deren Fortgang auf der ganzen Strecke in Angriff genommen werden, wobei erst noch der vorherige Ausbruch des Tunnels oberhalb der Talstation zwecks Schaffung der Transportmöglichkeiten nötig wird.

Wir möchten Sie daher nochmals dringend bitten, doch

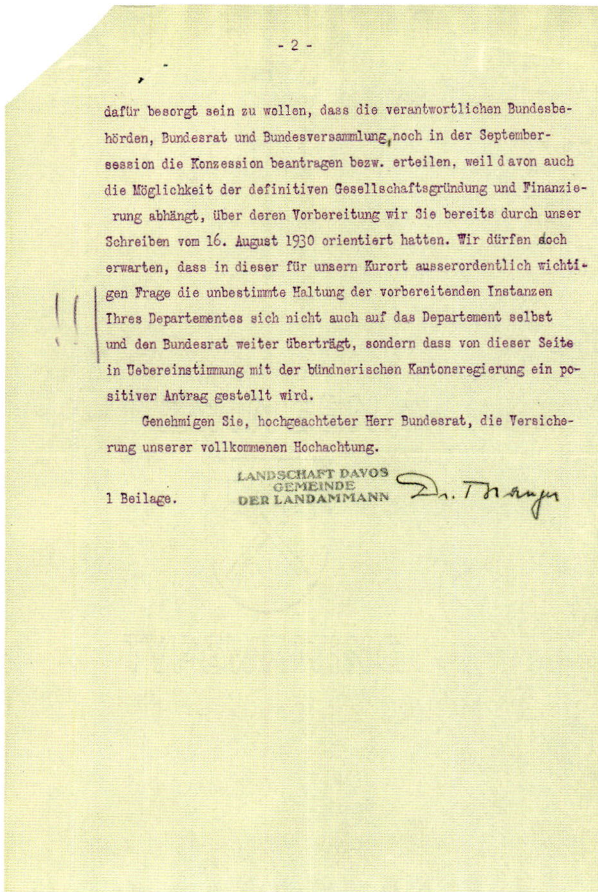

- 2 -

dafür besorgt sein zu wollen, dass die verantwortlichen Bundesbehörden, Bundesrat und Bundesversammlung, noch in der Septembersession die Konzession beantragen bezw. erteilen, weil davon auch die Möglichkeit der definitiven Gesellschaftsgründung und Finanzierung abhängt, über deren Vorbereitung wir Sie bereits durch unser Schreiben vom 16. August 1930 orientiert hatten. Wir dürfen doch erwarten, dass in dieser für unsern Kurort ausserordentlich wichtigen Frage die unbestimmte Haltung der vorbereitenden Instanzen Ihres Departementes sich nicht auch auf das Departement selbst und den Bundesrat weiter überträgt, sondern dass von dieser Seite in Uebereinstimmung mit der bündnerischen Kantonsregierung ein positiver Antrag gestellt wird.

Genehmigen Sie, hochgeachteter Herr Bundesrat, die Versicherung unserer vollkommenen Hochachtung.

1 Beilage.

LANDSCHAFT DAVOS GEMEINDE DER LANDAMMANN
Dr. Branger

Nicht gerade zimperlich sprang der Davoser Landammann und nachmalige Direktor der Rhätischen Bahn, Erhard Branger, mit den Behörden in Bern um. Selbst der Bundesrat wurde zur Zielscheibe seiner Verbalattacken.

missverständlicher Weise von ganz Davos abgelehnt wird.»[6] Interessant ist die Rolle von Klosters: In einer ersten Stellungnahme vom 19. Februar 1929 zeigt sich der Gemeindevorstand von Klosters-Serneus, betreffend Drahtseilbahn Davos-Weissfluh, desinteressiert. Die Auswirkungen einer solchen Bahn zu beurteilen sei nicht leicht, «da neben begeisterten Anhängern einer solchen viele Natur- und Sportfreunde die Entartung dieser hehren Gebirgswelt bedauern würden». Diametral anders der Kur- und Verkehrsverein von Klosters. Dieser setzt voll auf das Projekt Lemm, eine Bahn mit Ausgangspunkt Wolfgang-Pass. «Wolfgang liegt als zentraler Punkt zwischen zwei der wichtigsten Wintersportplätzen Graubündens.»[7] Im Übrigen seien es nicht die Abfahrten nach Davos und Klosters, welche «Parsenn seinen Weltruf verschaffen, sondern die grossen Abfahrten ins Prättigau, die in Serneus, Küblis, Fideris und Jenaz ausmünden».

Schlamperei in Bern?

Landammann und Anwalt Branger gibt sich im Umgang mit den Bundesbehörden recht unzimperlich. So schreckt er nicht davor zurück, dem Post- und Eisenbahndepartement einen negativen Leumundsbericht seines Konkurrenten Lemm zuzustellen. Ausserdem deckt er das Eisenbahndepartement regelmässig mit Anfragen und vor allem mit Vorwürfen ein. Unverblümt spricht er sogar von Schlamperei.

Bei der Konzessionseingabe im Dezember 1928 an das Eidg. Post- und Eisenbahndepartement hiess es noch «Hochgeehrter Herr Bundesrat». Unterdessen wählt der Herr Landammann in harschem Ton bei der Anrede die Kürzestformel: «Herr Bundesrat!»[8] Das vierseitige Protestschreiben an den Departementschef, Bundesrat Marcel Pilet-Golaz, gipfelt in der Bemerkung, der Kleine Rat der Landschaft Davos empfinde es als «eine bürokratische Überheblichkeit beleidigender Art», wie eine schweizerische Gemeinde mit einem Spekulanten (gemeint ist John Lemm) gleichgesetzt wird. Andere Passagen sind ebenfalls nicht dazu angetan, das Verhältnis mit dem Eisenbahndepartement zu entspannen: Der Kleine Landrat der Landschaft Davos bezeichnet «den bisherigen Gang der Erledigung dieser Angelegenheit nicht vereinbar mit einer den öffentlichen Interessen Rechnung tragenden Dienstauffassung», Unterschrift Branger.

Davos erwartet nicht nur die sofortige Behandlung dieser Konzession in der nächstmöglichen Session der Eidg. Räte, sondern sieht sich auch als der einzig infrage kommende Konzessionär. Allerdings muss das Eisenbahndepartement eine erneute Vernehmlassungsantwort der Bündner Regierung abwarten. Trotzdem doppelt Branger am 28. Mai 1930 nochmals nach. Er erwarte endlich, «dass unser Gesuch nunmehr für die Juni-Session der Bundesversammlung spruchreif gemacht werde». Provoziert von einer derartigen Haltung, lässt sich das Departement erst recht nicht drängen und kommt im Juli 1930 zum Schluss, beide Projekte seien «als ungefähr gleichwertig zu bezeichnen (...) So dürfte wohl kein anderer Weg übrig bleiben, als auf die Stellungnahme (...) der Kantonsregierung abzustellen».[9] Am 15. August 1930 entscheidet der Kurverein Davos an einer ausserordentlichen Generalversammlung mit 125 gegen 16 Stimmen, für die noch zu gründende Aktiengesellschaft «eine Dividende von brutto 4 Prozent auf eine Million Aktienkapital zu übernehmen». Damit soll die Bahn auf alle Zeiten in der Gemeinde verankert werden.

Davoser Landammann mit dem Zweihänder

Bundesrat Pilez-Golaz empfängt den Bündner Regierungspräsidenten, Ständerat Huonder, am 28. August 1930 zu einem persönlichen Gespräch, worauf sich die Kantonsregierung endlich, am 8. September, für das Davoser Projekt entscheidet. Trotzdem prangert Branger weiter an, dieses Mal noch aggressiver. Im Brief vom 24. September 1930, adressiert an das Eidg. Post- und Eisenbahndepartement, bittet er den Herrn Bundesrat zuerst, «dafür besorgt zu sein, dass die verantwortlichen Bundesbehörden, Bundesrat

	Luftseilbahn Davos–Weissfluh		Luftseilbahn Wolfgang–Weissfluh	
Konzessionsgesuch	4. März 1926		27. Februar 1928 – Rückzug am 23. Februar 1929	
Konzession	–		–	
Konzessionsbewerber	Victor de Beauclair, Zürich		John Lemm, Zürich/Davos	
Projektverfasser	Victor de Beauclair, Zürich		H. Bernold, Mels, und J. Grünenfelder, Grundbuch-Geometer, Davos	
Streckenlänge	5525 m		2760 m	
Talstation	Davos-Dorf	1565 m ü.M.	Wolfgang	1633 m ü.M.
Bergstation	Weissfluh	2836 m ü.M.	Skihaus Parsenn	200 m ü.M.
Sektionen	3		1	
Höhendifferenz	1271 m		567 m	
Stundenleistung	unbekannt		40 Personen	
Kabinen	unbekannt		Kabinen für je 20 Personen	
Kosten	unbekannt		unbekannt	
Fahrpreis	unbekannt		unbekannt	

	Parsennbahn		Standseilbahn Wolfgang-Totalphorn	
Konzessionsgesuch	3. Dezember 1928		23. Februar 1929	
Konzession	8. Dezember 1930 Fristverlängerung bis Ende 1932		Abgewiesen	
Eröffnung	1. Dezember 1932		–	
Konzessionsbewerber	Initiativkomitee und Gemeinde Davos		John Lemm uund Verkehrsverein Klosters	
Projektverfasser	Ingenieur H. H. Peter, Zürich			
Streckenlänge	4138 m		2751 m	
Talstation	Davos-Dorf	1556 m ü.M.	RhB-Station Wolfgang	1634 m ü.M.
Bergstation	Wasserscheide	2670 m ü.M.	Totalphorn	2470 m ü.M.
Sektionen	2		1	
Höhendifferenz	1114 m		836 m	
Spurweite	800 mm		1000 mm	
Maximalsteigung	400 ‰		500 ‰	
Fahrzeit	19 Minuten		14 Minuten	
Fassungsvermögen	72 Personen		80 Personen	
Stundenleistung	205 Personen		300 Personen	
Kosten	CHF 1,82 Mio. (CHF 440 000 pro km)		CHF 1,35 Mio. (CHF 490 000 pro km)	
Fahrpreis	Bergfahrt Talfahrt Retour	CHF 7.50 CHF 4.50 CHF 10.–	Bergfahrt Talfahrt Retour	CHF 4.00 CHF 2.00 CHF 5.00

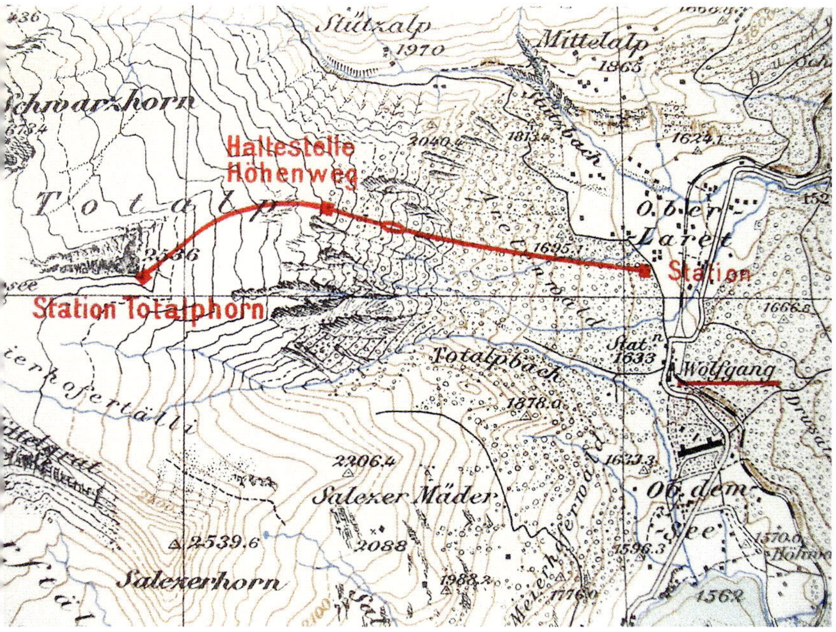

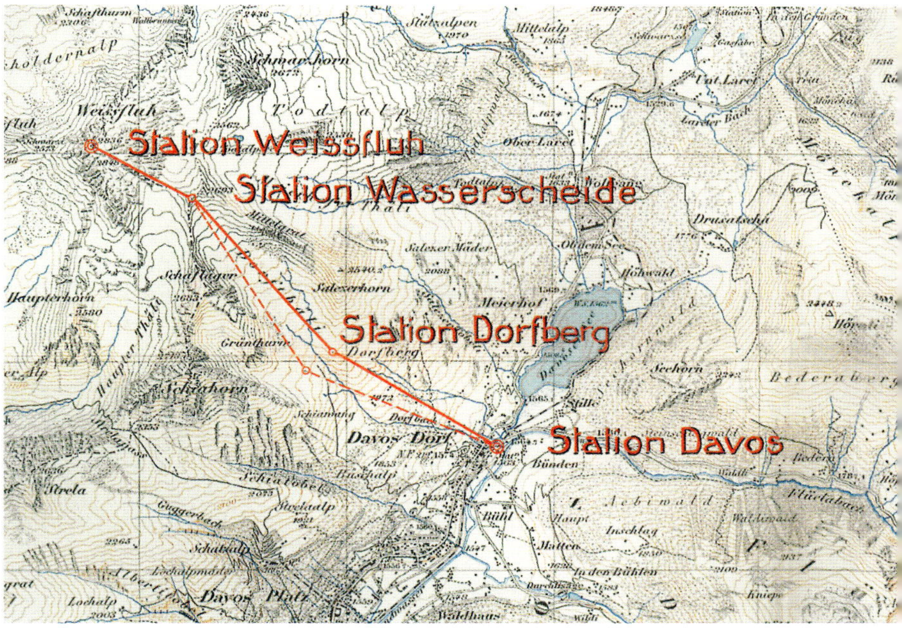

Diese Projekte weckten neue Gelüste. Davos wollte eine Parsennbahn nicht von Unterländern als Spekulationsobjekt vor die Nase gesetzt bekommen.

und Bundesversammlung, noch in der September-Session die Konzession beantragen bzw. erteilen (...).

Wir dürfen doch erwarten, dass in dieser für unseren Kurort so wichtigen Frage die unbestimmte Haltung der vorbereitenden Instanzen Ihres Departements sich nicht auch noch auf das Departement selbst und den Bundesrat überträgt...!»

Die Antwort aus Bern kommt schon fünf Tage später: Bundesrat Pilez-Golaz stellt am 29. September 1930 fest, «dass der Departementsvorsteher wie seine Abteilungen keinen Augenblick Zeit verloren haben». Zuerst müsse bei einer derart heiklen Angelegenheit alles erforderliche Material gesichtet werden, weil sich «nach Sichtung der Vor- und Nachteile beide konkurrierenden Projekte fast die Waage halten. Im Übrigen ist es Sache der Kommissionen der eidg. Räte, zu bestimmen, ob es möglich und angängig ist, die ihnen unterbreitete Angelegenheit noch im Laufe der gegenwärtigen Session zu verabschieden. Was den letzten Teil Ihres Schreibens betrifft, gestatten Sie mir wohl, dass ich mich dazu nicht äussere. Es ist in der Tat besser, wenn ich mich jeder Entgegnung enthalte. Genehmigen Sie, Herr Landammann, die Versicherung meiner vorzüglichen Hochachtung».

Auch die ‹NZZ› wird eingespannt

Interessanterweise publiziert die ‹Neue Zürcher Zeitung› fast zeitgleich einen längeren Artikel unter dem Titel «Davos-Parsenn-Bahn». Einleitend wird mit Huldigungen nicht gespart: «Einer grossen internationalen Gemeinde der Skiläufer gilt Parsenn als das europäische Skiparadies. Wer kann sich etwas Schöneres denken, als Abfahrten von 10 km und mehr, über Gefällstufen von mehr als 1800 m (gemeint ist wohl Weissfluhjoch–Küblis) – einmal, zweimal, ja dreimal an einem sonnigen Wintertag oder im leisen Spiel der wirbelnden Flocken?» Abschliessend heisst es: «Da das Konzessionsgesuch der Gemeinde Davos am 3. Dezember 1928 beim Bundesrat eingereicht worden ist, wird es einigermassen befremden, dass es erst in der diesjährigen September-Session der eidgenössischen Räte behandelt werden soll.» Gezeichnet ist der Artikel mit dem Kürzel «Brg.» (Branger).

Erst in der Dezember-Session, Ende 1930, stimmen der Ständerat und der Nationalrat dem Bau der Parsennbahn zu. Mit einem grossen Festakt wird sie bereits zwei Jahre später, am 1. Dezember 1932, eröffnet. Am Festbankett auf dem Weissfluhjoch dürfen sich die geladenen Gäste nicht weniger als zwölf Reden anhören. Ein Bundesrat ist allerdings nicht dabei.

Erfolgsgeschichte Parsenn

In der Konzessionsvorlage für die «Drahtseilbahn Davos–Wasserscheide» budgetieren die Parsenn-Initianten noch mit relativ bescheidenen Werten, Zahlen, die sich innerhalb weniger Jahre vervielfachen sollten. Bereits viereinhalb Jahre nach der Betriebseröffnung beschliesst die Generalversammlung der Parsennbahn AG, die Bahn mit einem Kostenaufwand von 900 000 Franken auf doppelte Leistung umzubauen. Die Verstärkung der Antriebskraft, gekoppelt mit grösseren Wagen, führen zu einer Leistungserhöhung der Transportkapazität von bisher 350 auf 700 Personen pro Stunde. Davos hat seine Sonnenhänge zur denkbar richtigen Zeit für den alpinen Skisport erschlossen. Der touristische Aufstieg kann beginnen.

Flims: Nichts als Enttäuschungen

Auch Flims befindet sich am Ende des 19. Jahrhunderts auf dem Weg vom verschlafenen Bergdorf zum gefragten, sonnigen Touristenort. Im Sommer 1893 machen hier sogar Königin Wilhelmine und Königin-Mutter der Niederlande ihre Aufwartung, was die Hoffnungen auf den entscheidenden Aufschwung nährt. Doch riesig ist die Enttäuschung, als die Geleise der Rhätischen Bahn von Reichenau nach Ilanz durch die enge Rheinschlucht und nicht über «die aussichtsreiche Flimser Terrasse» gelegt werden. Ernüchterung Nummer zwei folgt auf dem Fuss: Zwei Schmalspurbahn-Projekte, die Flims über Trins mit Reichenau verbinden sollen, lassen sich ebenso nicht verwirklichen wie die Drahtseilbahn Versam–Flims.

1. Juni 1903 – Jubel in der Surselva: Endlich ist Ilanz, die erste Stadt am Rhein, per Schiene mit der Kantonshauptstadt Chur verbunden. In Flims jedoch herrscht Katerstimmung. Aus drei Projekten – linke Talseite (Flims), rechte Talseite (Versam) und direkte Führung der Geleise durch die Rheinschlucht – hat sich der Verwaltungsrat der Rhätischen Bahn RhB für die dritte Variante entschieden. Vier Jahre später tauchen in Flims neue Bahn-Ideen auf. Erneut stehen drei Projekte zur Diskussion: Zwei Schmalspurbahn-Varianten von Reichenau über Trins nach Flims und – das Kostengünstigste – eine Drahtseilbahn von der RhB-Station Versam in der Rheinschlucht direkt hinauf nach Flims. Es hat aber den gewichtigen Nachteil, dass die Bergstation der Seilbahn zwar hoch über der Rheinschlucht, 200 m westlich des Restaurants «Conn» zu liegen käme, allerdings rund 3 km von Flims entfernt. Deshalb lehnt die Bündner Regierung diese Variante kategorisch ab.

Nein zum Drahtseilbahn-Projekt

Es sind der Luzerner Ingenieur Fritz Durrer und der Flimser Kaufmann Christian Meiler, die sich im November 1907 um die Konzession einer Standseilbahn von der RhB-Station Versam nach Flims und/oder einer «Schmalspurbahn von der RhB-Station Reichenau nach Trins, Flims und Waldhäuser» bewerben. Die Flimser Bergterrasse sei «zufolge ihrer geschützten Lage und dem grossartigen Ausblick aufs Hochgebirge, inmitten von herrlichen Tannenwaldungen, schon längst als beliebter Kurort von Fremden viel besucht worden und entwickelt sich immer mehr zu einem Kurort 1. Ranges».[1] Vor allem sei Flims nunmehr vom Eisenbahnverkehr abgeschnitten und nur durch eine mehr als zweistündige, mühsame Wagenfahrt ab Reichenau oder Ilanz erreichbar.

Der kürzeste und billigste Weg «und daher auch derjenige, der am meisten Aussichten hat auf Verwirklichung», sei, den Kurort und die Station Versam mit einer Drahtseilbahn zu verbinden. Infolge der günstigen Betriebskosten und der idealen, sonnigen Lage werde diese Bahn auch im Winter ohne Schwierigkeiten zu betreiben sein. Die Maximalsteigung wird mit 690 ‰ berechnet: «Wegen dem sehr steilen Rheinufer ist es kaum möglich, mit kleinerer Steigung das Plateau zu erreichen; indem aber dieses Jahr in Österreich (Virgl-Bahn, Bozen, Südtirol) eine Drahtseilbahn mit 700 ‰ maximaler Steigung in Betrieb gesetzt und hiefür sowohl Triebwerk als Wagen aus der Schweiz geliefert wurden, so ist anzunehmen, dass auch in der Schweiz diese maximale Steigung acceptiert werde». Doch das Eisenbahndepartement bleibt hart: «Die Maximalsteigung darf, wie kürzlich für die Niesenbahn und die Drahtseilbahn Cassarate–Monte Brè zugestanden, höchstens 660 ‰ erreichen.»[2]

Es ist aber nicht die enorme Steigung, welche auch die Bündner Regierung zu einem Nein veranlasst. Ausschlaggebend sind die zu hohen Taxen und die periphere Lage der Bergstation, 100 Höhenmeter unterhalb der Kurhäuser. Einzig zwei Faktoren würden für die Drahtseilbahn sprechen: die wesentlich geringeren Baukosten und das grosse Interesse der Gemeinde Versam auf der anderen Talseite. Die Bündner Regierung wäre zu einem Ja bereit, wenn die Taxen um 50 Prozent reduziert würden.

Zustimmung für eine Schmalspurbahn

Dennoch plädiert die Kantonsregierung in der Abwägung der Projekte für die Schmalspurbahn, ebenso die Gemeinden Flims, Trins und Tamins. Weil am 1. Februar 1908 ein zweites Projekt für eine Schmalspurlinie Reichenau–Flims auftaucht (Projekt Caflisch, Winterthur), wird die Sache komplizierter. Die Bündner Regierung entscheidet sich, der günstigeren Personen- und Gütertarife wegen, für das Projekt Caflisch, beharrt aber darauf, dass sich die beiden Konzessionsbewerber auf ein gemeinsames Projekt einigen. Was in der langen Reihe der schweizerischen Bergbahn-Projekte höchst selten geschah, trifft ein. Beide Konkurrenten kooperieren und setzen im März 1908 auf das «Winterthurer Projekt» Caflisch. Dieses bietet nicht nur billigere Tarife, es weist auch eine günstigere Maximalsteigung auf. Dadurch wird die Strecke Reichenau–Flims zwar um einen Kilometer verlängert, dennoch bleiben die Baukosten mit knapp über 2 Millionen Franken fast identisch. Nun sind es die Hotelbesitzer (und Kutscher!) von Waldhaus (damals «Waldhäuser»), welche sich melden und keine Streckenverlängerung wünschen.

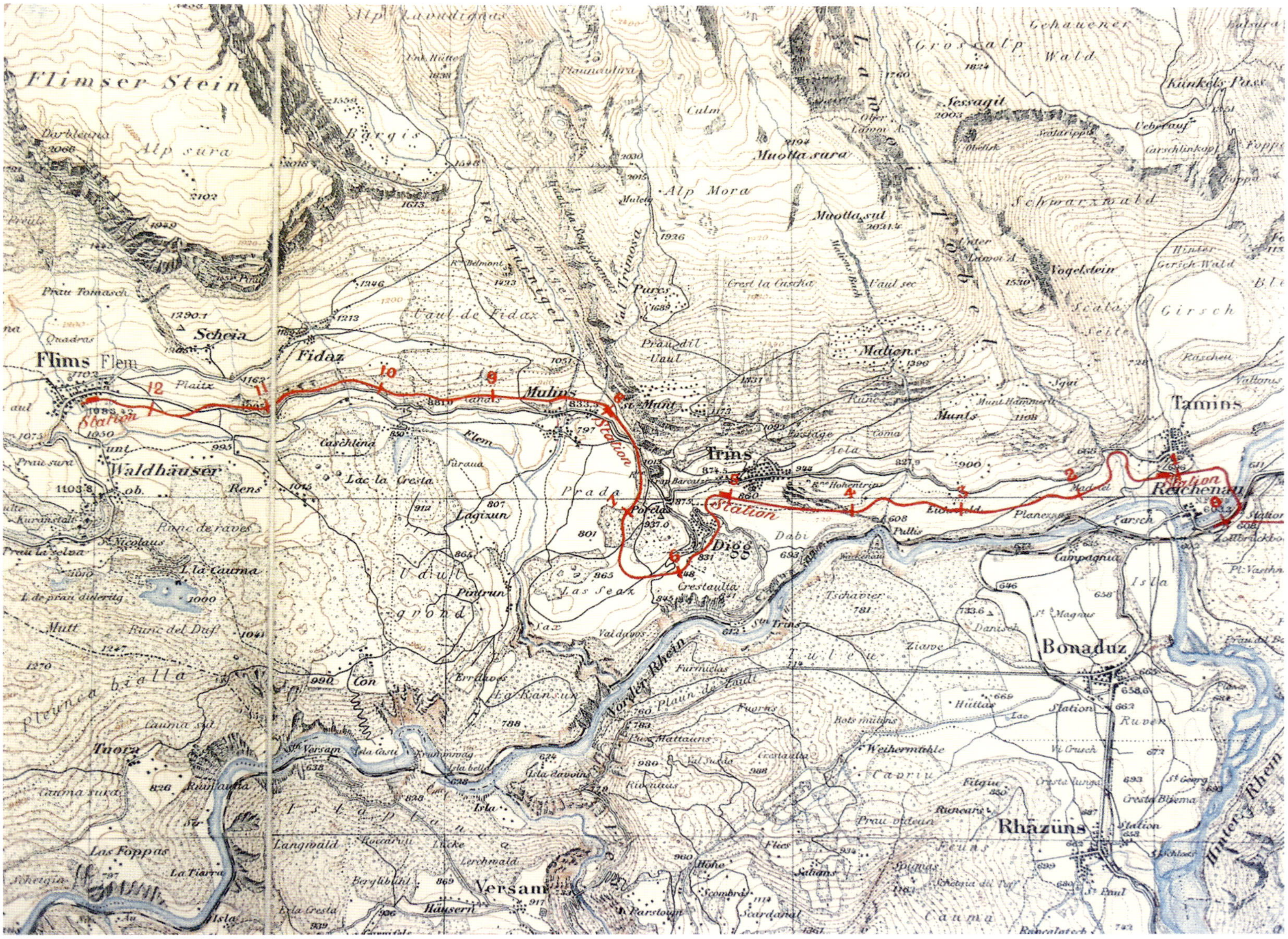

Katerstimmung in Flims, als der Entscheid fiel, die Rhätische Bahn nicht über die Sonnenterrasse, sondern durch die Rheinschlucht von Chur nach Ilanz zu führen. Drei neue Bahnprojekte brachten Hoffnung, doch keines konnte verwirklicht werden. Und so blieben einstweilen die Post-Fourgons für den Gästetransport von Chur respektive von Reichenau.

Endlich keimt Hoffnung auf: Der Ständerat spricht sich am 5. Juni 1908 für die Konzession aus, der Nationalrat folgt am 12. Juni. Allerdings muss Ingenieur Caflisch beim Eisenbahndepartement für eine Verlängerung seiner Konzessionsfrist um drei Jahre bis 1914 bitten; sie wird problemlos gewährt. Kurz vor dem Ausbruch des Ersten Weltkriegs sucht Caflisch ein weiteres Mal um Fristerstreckung nach. Leider sei das Projekt «durch die Hinhaltung der Gemeinden in eine Zeit der wirtschaftlichen Depression hineingekommen, welche uns eine Finanzierung in der Schweiz vorläufig verunmöglicht», schreibt er am 30. Mai 1914 nach Bern. Die Arbeit des Initiativkomitees sei «an einem Totpunkte angelangt». Dennoch wird intensiv versucht, «die Bestrebungen zur Finanzierung in eine neue Bahn zu lenken».[3] Die neue Fristerstreckung wird vom Parlament und vom Bundesrat grosszügig gleich in einem «Fünferpaket» gewährt, denn alle anderen Bahnprojekte sind, angesichts der Weltlage, in Schieflage geraten, darunter Bulle–Romont, Siders–Vermala, Sissach–Gelterkinden und Brig–Belalp.

Einmal mehr macht aber der Weltkrieg alle Anstrengungen zunichte. Die Schmalspurbahn nach Flims ist endgültig zum Scheitern verurteilt. Den Gemeinden bleibt nichts anderes übrig, als den Ausbau der Strassen zu fördern. Gute Postautokurse sollen eine Alternative zur Eisenbahn bilden. Bis es so weit ist, organisiert die Gemeinde Flims, gemeinsam mit dem Kur- und Hotelierverein, für ihre Gäste sogar einen «Spezial-Eildienst per Landauer», welcher im Sommer 1919 durch den Postautokurs Reichenau–Flims ersetzt wird.

Die «unausweichliche Notwendigkeit»

Noch bleibt eine weitere Seilbahn-Konzession ungenutzt: Im Herbst 1930 spricht sich das Eidg. Parlament für die Drahtseilbahn Flims–Caumasee aus. «Die Erstellung einer Bahnverbindung zwischen der Hotelsiedlung Waldhaus-Flims und dem Seebad ist zur unausweichlichen Notwendigkeit geworden, wenn dem Sommerkurort Flims seine bisherige Zugkraft erhalten werden soll»,[4] schreibt der Kur-

Vier Flimser Bahnprojekte auf einen Blick

	Elektrische Drahtseilbahn Versam–Flims	Schmalspurbahn Reichenau–Flims–Waldhaus	Schmalspurbahn Reichenau–Trins–Flims	Drahtseilbahn Flims–Caumasee
Konzessionsgesuch	16. November 1907	16. November 1907	1. Februar 1908	4. Januar 1930
Konzession	–	–	12. Juni 1908	4. Oktober 1930
Konzessionsbewerber	F. Durrer, Ingenieur, Luzern Chr. Meiler, Kaufmann, Flims	Fritz Durrer, Ingenieur, Luzern Chr. Meiler, Kaufmann, Flims	A. Caflisch, Ingenieur, Winterthur Prof. G. Weber, Winterthur H. Kummler, Aarau	Kur- und Verkehrsverein Flims und Waldhaus
Projektverfasser	Ingenieur und Baubüro Durrer	Ingenieur und Baubüro Durrer	A. Caflisch, Ingenieur, Winterthur	H. Peter, Ingenieur Zürich
Streckenlänge	640 m	13,0 km	12,7 km	574 m
Kosten	CHF 0,6 Mio. (CHF 1 132 000 pro km)	CHF 2,2 Mio. (CHF 170 000 pro km)	CHF 2,1 Mio. (CHF 165 000 pro km)	CHF 0,26 Mio. (CHF 450 000 pro km)
Stationen	Versam-Station 630 m ü.M. Bergstation 983 m ü.M.	Reichenau km 0,0 608 m ü.M. Trins km 5,5 871 m ü.M. Porclas km 6,0 872 m ü.M. Flims km 11,7 1076 m ü.M. Waldhaus km 13,0 1100 m ü.M.	Reichenau km 0,0 608 m ü.M. Tamins km 1,2 635 m ü.M. Trins km 5,1 802 m ü.M. Mulins km 8,0 860 m ü.M. Flims km 12.7 1077 m ü.M.	Bergstation 1111 m ü.M. Talstation 1008 m ü.M.
Spurweite	1000 mm	1000 mm	1000 mm	1000 mm
Maximalsteigung	690 ‰	70 ‰	50 ‰	240 ‰
Minimalradius	200 m	40 m	80 m	240 m
Betriebssystem	Elektrischer Motor wie Stanserhorn	Elektrizität mit oberirdischer Stromzuführung	Elektrizität, Gleichstrom, 1000 Volt, Fahrdrahtspannung	Elektrisch
Tarife	Bergfahrt II. Klasse CHF 3.00 III. Klasse CHF 2.00 Drahtseilbahn mit 2 Klassen	Bergfahrt II. Klasse: CHF 4.55 III. Klasse: CHF 2.60	Bergfahrt II. Klasse: CHF 3.80 III. Klasse: CHF 1.90	Bergfahrt CHF –.80 Retourfahrt CHF 1.20
Bemerkungen	Normalien der Stanserhornbahn	Normalien der Sernftalbahn	Normalien der Rhätischen Bahn	Sommerbetrieb 15. Juni bis 15. Sept. 2 Personenwagen à 40 Pers.

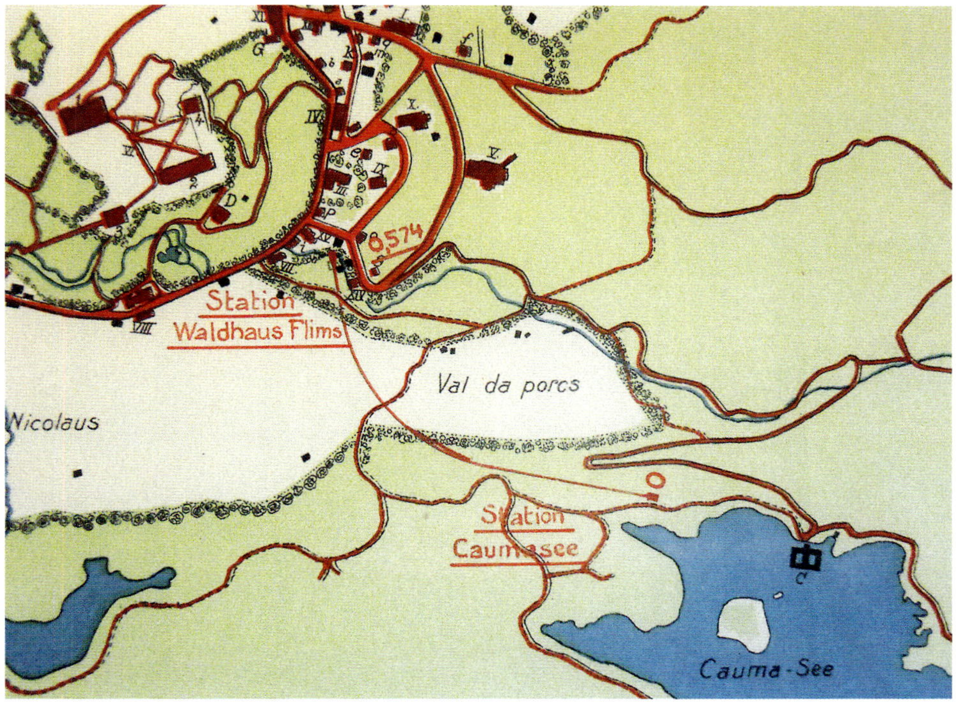

und Verkehrsverein Flims und Waldhaus-Flims im Konzessionsgesuch vom 4. Januar 1930. Der idyllische Caumasee habe Flims jahrzehntelang eine konkurrenzlose Vorzugsstellung unter den Berg- und Luftkurorten Graubündens und der Schweiz gebracht. Jetzt aber seien die Verhältnisse wesentlich anders geworden. «Die Wandlung der Anschauungen über Körperkultur und Körperhygiene, der Drang nach Luft, Sonne und Licht haben allenthalben, insbesondere aber an Ferienkurorten, dem Entstehen moderner Freiluft- und Strandbäder Vorschub geleistet. Gleichzeitig aber sind die Ansprüche der modernen Reisewelt hauptsächlich hinsichtlich der Bequemlichkeit gewaltig gestiegen.» Das erkläre auch die vielen Reklamationen der Gäste über die Beschwerden des Weges vom und zum Seebad. Der Caumasee liegt auf einer Höhe von 1000 m, die Hotels von Flims-Waldhaus hingegen zwischen 1100 und 1150 m. Die Konzession von 1930 bleibt ungenutzt.

Ein letzter Anlauf vor dem Krieg

31. März 1937, ein letzter Versuch mit einem radikal abgespeckten Projekt: Nur noch knappe 100 m lang soll der Schrägaufzug werden, gebaut von der Waggonfabrik Schlieren. «Direkt vom Strandbad ausgehend, wird die grosse Steilhalde überwunden, sodass die Strandbadbesucher nach zehn Minuten ebenen Spaziergangs ihre Hotels erreichen können.» Absender ist diesmal der Kur- und Verkehrsverein Flims, nachdem der Direktor der «Kurhotels und Seebad AG» den entscheidenden Anstoss zum neuen Projekt gegeben hat. Um eine eidg. Konzession umgehen zu können, wird der Aufzug als «Hilfsbetrieb und nicht-öffentliches Transportmittel» bezeichnet. Der Lift diene nur den Besuchern des Bades, es sei auch vorgesehen, den in Flims-Waldhaus ansässigen Personen die Gratis-Benützung des Liftes in der Zeit von 14 bis 16 Uhr ebenfalls zu gestatten. Noch im gleichen Jahr kann der Betrieb aufgenommen werden. 1990 erfolgt eine Totalerneuerung der Bahn samt Verlängerung der Strecke auf 125 m und Automatisierung der Anlage.

Oben links: Das Minimal-Projekt von 1907 mit einer Standseilbahn von der Station Versam in der Rheinschlucht hinauf zur Waldlichtung von Conn. Die Weiterfahrt nach Flims war mit Kutschen angedacht.

Oben rechts: Die Verbindungsbahn vom idyllischen Caumasee hinauf ins Dorf. Das Projekt von 1931 (rechts) konnte nicht verwirklicht werden. Erst die Initiative des Direktors der ehemaligen «Kurhotels und Seebad AG» machte den Bau einer Schräglift-Anlage möglich. Seit 1937 bringt der Caumasee-Lift die Badegäste zurück ins Dorf. 1990 wurde der Schrägaufzug automatisiert. Der Lift überwindet auf 125 m Länge eine Höhendifferenz von 90 Metern.

Links: Das Seebad am Caumasee um 1880.

«Local-Bahnnetz» im Oberengadin: Piz Languard, Rosegtal, Morteratsch

Luxuszüge London–Chur

Die ‹Engadiner Post› publiziert 1897 den Sommer-Fahrplan London–Chur und fügt bei: «Die Fahrzeit London–Chur beträgt somit nur 23 Std. 48 Min. [...] Doch die grossen Gasthöfe in Zürich betrachten diese Luxuszüge bislang mit keinen grossen Sympathien in der Meinung, die Züge führen eine gute Fremdenklientel an Zürich vorbei.»[1]

London	ab	11.00 Uhr
Calais	ab	14.45 Uhr
Basel	ab	05.03 Uhr
Zürich	an	06.58 Uhr
	ab	07.03 Uhr
Rapperswil	ab	07.55 Uhr
Bad Ragaz	ab	09.18 Uhr
Chur	an	09.48 Uhr

Ende des 19. Jahrhunderts bewerben sich über ein Dutzend Unternehmer, Ingenieure, Initianten und Spekulanten für Tal- und Bergbahn-Konzessionen im «goldenen Dreieck» Samedan–St. Moritz–Pontresina. Bereits 1873 will die Bank in Winterthur eine Normalspurlinie St. Moritz–Samedan–Pontresina bauen. Später versuchen es auch der St. Moritzer Hotelier Peter Badrutt und der Winterthurer Unternehmer Fritz Marti. Zwei unter vielen, welche sich mit gewichtigen Worten um das interessante Geschäft reissen: «Die beiden grossen Emporien des Oberengadiner Fremdenverkehrs, Pontresina und St. Moritz, sollen durch die projektierte Bahn einander so nahe gebracht werden, dass sie fortan sich in wirksamster Weise gegenseitig in ihren grossen Vorzügen und in ihrer Eigenart ergänzen.»[2] Mit weiteren Bahnen will man die Gletscherwelt Pontresinas erschliessen: Rosegtal, Morteratschgletscher, Piz Languard.

Im Engadin fiebert man Ende des 19. Jahrhunderts dem Tag entgegen, wo die Eisenbahn endlich auch das peripher gelegene Hochtal erreichen wird. Am Vormittag des 1. Juli 1903 trifft der Eröffnungszug mit vier Bundesräten (!) in Samedan ein und übers Jahr, am 10. Juli 1904, folgt die Eröffnung der Etappe Celerina–St. Moritz. Allerdings soll St. Moritz nicht Endstation bleiben, im Jahrestakt folgen sich die Projekte. Hochtrabende Konzepte sehen das Engadin bereits als Drehscheibe internationaler Bahnlinien: Mailand–Engadin–Innsbruck–München und Zürich–Engadin–Meran–Triest. «Der kürzeste Weg von München nach Mailand führt durch das Engadin!» betonen deutsche Promotoren. «Von Berlin könnte man auf dieser Route in 27 Stunden nach Genua gelangen, während die Reise jetzt über Frankfurt-Gotthard 36 Stunden und über den Brenner ebenfalls 36 Stunden beansprucht.»[3]

Alles beginnt 1873

Schon drei Jahrzehnte, bevor der erste Zug aus Chur das Engadin erreicht, präsentiert die Bank von Winterthur 1873 den Plan einer 7,8 km langen Bahnlinie Samedan–St. Moritz und eines 4,5 km messenden Schenkels Samedan–Pontresina; Baukosten von 2,24 Millionen Franken oder 180 000 Franken pro Kilometer. Die Bündner Regierung wehrt sich gegen dieses Normalspur-Projekt, dennoch erteilt der Bundesrat die Konzession. Der Kanton wendet sich absolut nicht grundsätzlich gegen die Erschliessung des Engadins mit der Schiene, nur dürfe die vorgesehene kurze Strecke nicht zum Hindernis werden für eine durchgehende Bahnlinie Richtung Italien und Österreich. Immerhin erreicht der Kleine Rat (Exekutive), dass die Konzessionärin verpflichtet wird, die Bahn gegen Entschädigung an jenen Konzessionär abzutreten, der im Engadin eine weiterführende Direktlinie bauen will.

Lokalbahn ohne Anknüpfungspunkte

Bereits dieses erste konkrete Projekt stösst bei der einheimischen Bevölkerung auf wenig Gegenliebe, weil die Lokalbahn nur in den Sommermonaten als Touristenbahn betrieben werden soll. Visionär ist der Plan, die Linie normalspurig zu bauen «mit Rücksicht auf allfällige spätere Fortsetzungen nach Nord und Süd, mit grossen Kurvenhalbmessern, deren Minimum 300 Meter beträgt».[4] Ausgearbeitet hat das Projekt Ingenieur und Nationalrat Simeon Bavier, der 1879 von der Bundesversammlung zum ersten Bundesrat Graubündens gewählt wird. Die Baukosten beziffern die Initianten auf 2,24 Millionen Franken. Für den Gleisbau im Hochtal auf 1800 m Höhe kommen allerdings enorme Probleme hinzu, weil die Strecke an keine andere Bahn oder an eine Schiffsstation anschliesst. Jede Schiene, jede Schwelle, fast das ganze Bau- und Betriebsmaterial, auch die Tonnagen an Steinkohle müssen per Fuhrwerk hinaufgeschafft werden, was die Baukosten stark belastet.

Grosser Tag im Engadin: Am 1. Juni 1903 wird die Albulabahn eröffnet. Vier Bundesräte und das halbe nationale Parlament unterstreichen die Bedeutung dieses Tages. Der Empfang in Samedan wird zum unvergesslichen Ereignis.

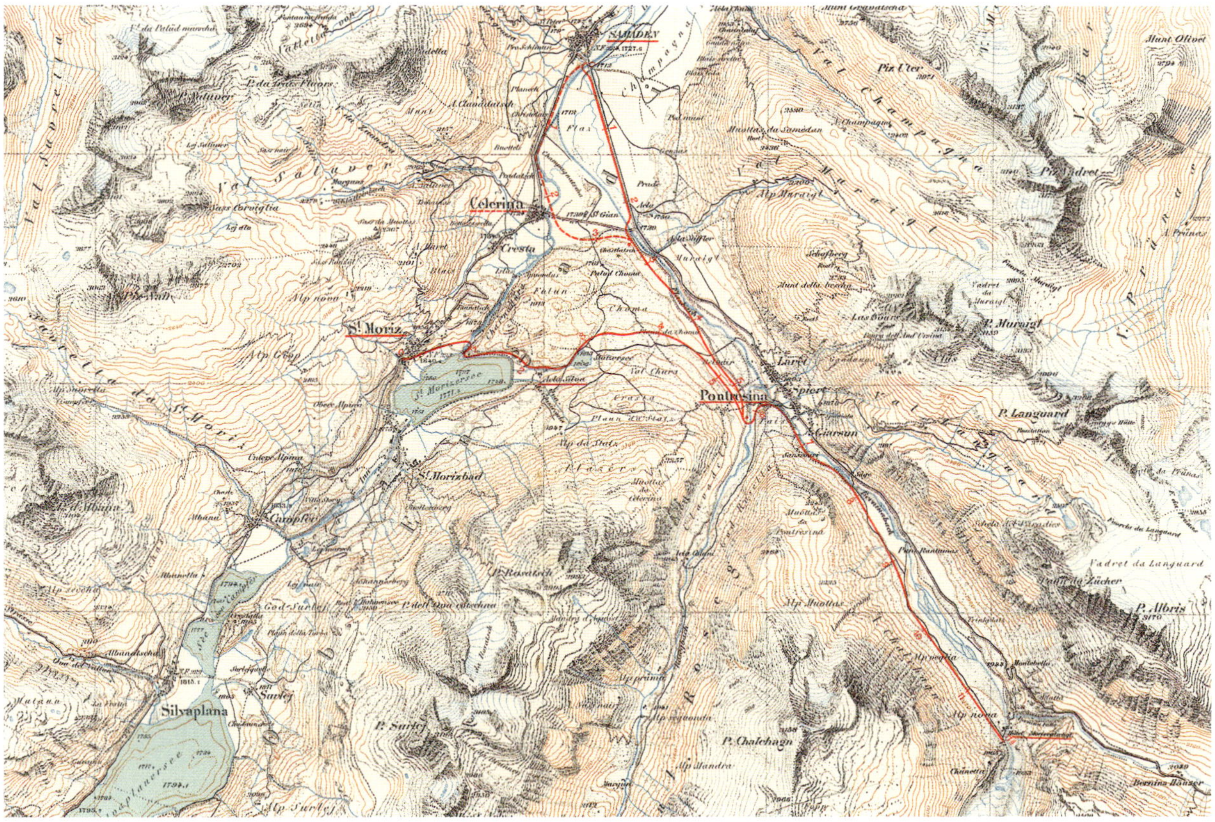

Oben: Blick zum Morteratschgletscher. Rechts hinten der Piz Bernina mit dem Bianco-Grat. Die Postkutsche im Vordergrund ist unterwegs zum Berninapass.

Links: Pionierhaft wirken die ersten Pläne eines «Local-Bahnnetzes» im Oberengadin. Bereits 1873 sollen «im goldenen Dreieck» Samedan, St. Moritz und Pontresina verbunden werden. Die Weiterführung ist bis Morteratsch geplant.

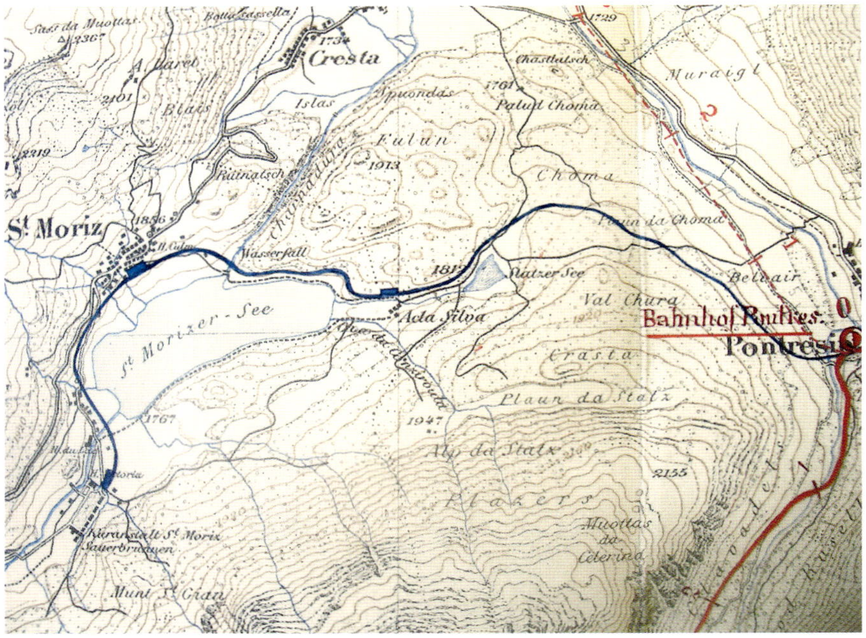

Projekt der Schmalspurbahn St. Moritz-Bad–St. Moritz-Dorf –Pontresina. Konzessionsbewerber ist Peter Badrutt.

Mitten durch das Hochmoor

Mit dem St. Moritzer Hotelier Peter Badrutt folgt 1883 ein prominenter Einheimischer. Das von Ingenieur Fritz Marti aus Winterthur ausgearbeitete Projekt einer 7,2 km langen Schmalspurbahn beschränkt sich auf die Verbindung von St. Moritz-Bad über St. Moritz-Dorf nach Pontresina. Die Gemeinde Celerina sieht sich umfahren und meldet prompt eine Beschwerde an. Nicht der fehlende Anschluss ist Stein des Anstosses, sondern die Zerschneidung des Waldes. Die gemeinderätliche Variante führt mitten durch den Stazerwald (damals als wertlos erachtet – heute ein geschütztes Hochmoor).

	Pontresina–Roseggletscher		Pontresina–Morteratsch	
Konzessionseingabe	31. März 1891		31. März 1891 (Paralleleingabe)	
Konzession	–		–	
Gesuchsteller	Fritz Marti, Winterthur		Fritz Marti, Winterthur	
Projektverfasser	Robert Wildberger, Chur		Robert Wildberger, Chur	
Bahntyp	Adhäsionsbahn		Adhäsionsbahn	
Streckenlänge	6800 m		5400 m	
Ausgangsstation	Pontresina	1782 m ü. M.	Pontresina	1782 m ü. M.
Zielstation	Hotel Roseg	2000 m ü. M.	Morteratsch	1890 m ü. M.
Höhendifferenz	218 m		108 m	
Maximalsteigung	45 ‰		45 ‰	
Spurweite	1000 mm		1000 mm	
Baukosten	CHF 537 200		CHF 437 400	

Die Ängste der Lohnkutscher

Wie im ganzen Alpenbogen, sind es vor allem die Kutschereibesitzer, die Schmiede, die Bergführer, die Träger und viele Gewerbetreibende, welche protestieren: «Die gegenwärtigen Verkehrsmittel (Ross und Wagen) genügen in vollstem Masse»; die projektierte Bahn:

- diene keinen Landesinteressen
- beeinträchtige den Naturgenuss der Gäste
- schade Pontresina, und
- bringe der Fuhrhalterei den Ruin.

Der Bundesrat zerzaust die Argumente und fügt zuletzt an: «Die Gefahr für die Lohnkutscherei erscheint sofort in einem anderen Lichte, wenn man den Ansprüchen der Kutscher diejenigen des verkehrenden Publikums gegenüberstellt.»[5]

«Private Spekulation»

Spätestens am 1. Juli 1884 hätten die Erdarbeiten beginnen sollen (innerhalb einer Frist von 12 Monaten). Hotelier Badrutt kann diesen Fahrplan nicht einhalten. Er muss fünf Fristverlängerungsgesuche stellen, das letzte am 1. Juli 1888 mit der Begründung, dass sich die endgültige Finanzierung verzögere «infolge technischer Bedenken über die Zulässigkeit der vorgesehenen Steigung des Trassees von Bad nach Dorf St. Moritz für elektrischen Betrieb».[6] Nun sei aber «seit Kurzem» ein passenderes Steigungsverhältnis gefunden worden, sodass der Abschluss mit einer Unternehmung in Aussicht stehe.

Die Bündner Regierung geht mit Konzessionär Badrutt hart ins Gericht. Zuhanden des Bundesrats beantragt der Kleine Rat, eine fünfte Fristverlängerung sei nicht zu gewähren, «weil denn doch derartige Konzessionen nicht in aeternum verlängert werden können, besonders wenn die konzessionierte Eisenbahn, wie im vorliegenden Fall, nicht einem volkswirtschaftlichen Bedürfnis entspricht, sondern mehr privater Spekulation zu dienen hat».[7] Der Bundesrat schliesst sich dieser Argumentation an. Zudem sei Badrutts Behauptung, der Abschluss mit einer Unternehmung stehe in nächster Aussicht, «in keiner Weise belegt».

Station am Stazersee

Hotelier Badrutt gibt sich aber nicht geschlagen und nimmt im Gegenteil Anlauf Nummer sechs. Anstelle eines weiteren Fristverlängerungsgesuchs wartet er beim Eidgenössischen Eisenbahndepartement am 7. Oktober 1890, zusammen mit dem Winterthurer Financier Fritz Marti («Fritz Marti, Winterthour, Paris, Milan, Madrid»), kurzerhand mit einer neuen Konzessionseingabe auf. Dieses Projekt weicht in der Trassee-Führung nur unwesentlich vom alten ab. Neu sehen Badrutt und Marti aber keinen Dampf-

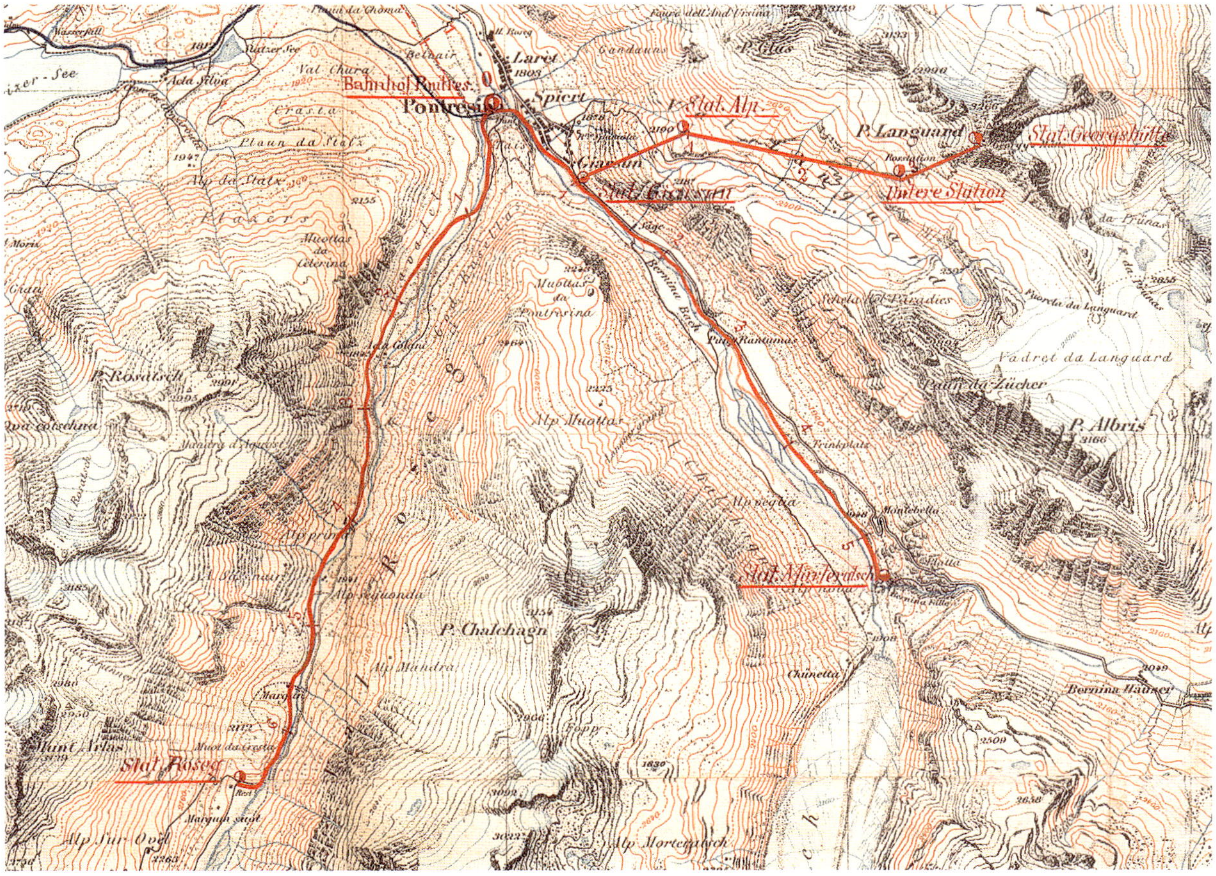

Das Drei-Bahnen-Projekt des Winterthurer Unternehmers Fritz Marti: St. Moritz–Pontresina–Morteratsch, Pontresina–Rosegtal und Pontresina–Piz Languard von 1891. Die Gemeinde Pontresina blieb hart: «Keine Bergbahnen auf unserem Gemeindegebiet!»

betrieb, sondern elektrische Traktion vor. Die Behörden lassen sich erweichen: «Wir halten mit der Regierung von Graubünden dafür, dass die hauptsächlichste Chance des Unternehmens in den veränderten Verhältnissen des Geldmarktes überhaupt und der speziell für Berg- und Touristenbahnen so ausgesprochen günstigen Stimmung des Kapitals liegt.»

Vorgängig hat allerdings die Gemeindeversammlung von Pontresina auch gegen dieses Projekt mit 27 gegen 14 Stimmen opponiert. Interessant ist die Haltung der Gemeinde Celerina: Wie Samedan und Pontresina lehnt auch sie das Projekt ab. «Sollte aber trotz der Abneigung und entgegen den Interessen besagter Gemeinden die Konzession dazu trotzdem erteilt werden, so wünscht die Gemeinde Celerina, dass jedenfalls eine Haltestelle beim Stazersee in der Konzession zur Bedingung gemacht werde.»

National- und Ständerat stimmen dem Projekt in der Dezember-Session 1890 zu.

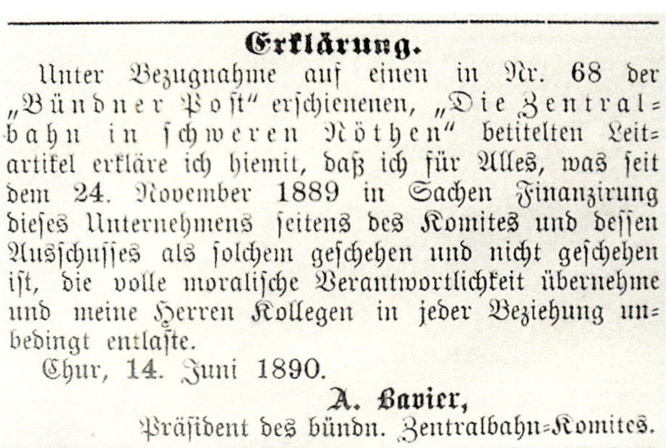
Erklärung.

Unter Bezugnahme auf einen in Nr. 68 der „Bündner Post" erschienenen, „Die Zentralbahn in schweren Nöthen" betitelten Leitartikel erkläre ich hiemit, daß ich für Alles, was seit dem 24. November 1889 in Sachen Finanzirung dieses Unternehmens seitens des Komites und dessen Ausschusses als solchem geschehen und nicht geschehen ist, die volle moralische Verantwortlichkeit übernehme und meine Herren Kollegen in jeder Beziehung unbedingt entlaste.

Chur, 14. Juni 1890.

A. Bavier,
Präsident des bündn. Zentralbahn-Komites.

«Bahn mit Tramway-Charakter»

Erneut ist es der Winterthurer Unternehmer Fritz Marti, der 1891 eine Denkschrift für ein weiteres Konzessionsgesuch, diesmal für drei «Engadiner Localbahnen», vorstellt: «Während vielerorts in der Schweiz, besonders am Vierwaldstättersee und im Berner Oberland, am Genfersee, in der italienischen Schweiz, im Wallis etc., teilweise schon seit vielen Jahren solche Verkehrsmittel den gleichen Zwecken mit grossem Erfolge dienen und andere in der Ausführung und im Projekte begriffen sind, konnte bis jetzt im Bündnerland, speziell im Engadin, einem Hauptsitze der Fremdenindustrie, die endgültige Realisation solcher wesentlicher Hilfsmittel zur Erleichterung und Förderung des Verkehrs noch nicht durchdringen.»

Die projektierte Bahn solle «den Charakter eines Tramways haben, d.h. in ganz kurzen Zeitintervallen dem Publikum öfter Gelegenheit zum Abfahren geben, was durch die elektr. Wagen, von welcher jeder seinen elektrischen Motor mitführt, ermöglicht wird, indem der Strom durch eine Schiene zugeleitet, und nachdem er die Maschine im Wagen in Tätigkeit gesetzt hat, durch die andere Schiene wieder der primären Maschine zugeführt wird, wobei mehrere Wagen gleichzeitig an beliebigen Stellen der Bahn in beiden Fahrrichtungen ununterbrochen verkehren können und immer nur so viel Strom konsumieren, als es der tatsächlich zu leistenden Arbeit entspricht».

10-Minuten-Intervall

Siemens & Halske, Berlin und Wien, erklären im Anhang: «Es werden auf der 7,6 km langen Bahn, bei normalem Betriebe stets mehrere Wagen resp. Züge gleichzeitig in Bewegung sein, und zwar in derselben Fahrtrichtung, dem

Spielplatz Engadin: Konzessionsgesuche 1873–1937 (53 Konzessionsgesuche)

Gesuch	Konzession	Strecke	Länge	Konzessionsbewerber	Projekt	Spur	Bahntyp
1863	-	Nauders-Samedan, mit Abzw. Maloja/Bergell und Albula-Chur	unbekannt	Eugster, St. Gallen	Eugster	1435	Adhäsionsbahn
1873	-	Martinsbruck-Samedan-Maloja	unbekannt	Ges. f. Lokalbahnen	unbekannt	unb.	unbekannt
1873	24.9.1873	Samedan-St. Moritz/Pontresina	12,4 km	Bank in Winterthur	Simeon Bavier	1435	Zahnradbahn
1883	-	(Thusis-)Maloja-Castasegna	104,8 km	Zschokke, Aarau	Olivier Zschokke	1000	Zahnradbahn
1883	7.7.1885	St. Moritz-Pontresina	7,5 km	Badrutt, St.Moritz	Fritz Marti	1000	Adhäsionsbahn
1884	23.12.1885	Samedan-Maloja	22,6 km	Zschokke, Aarau	Olivier Zschokke	1000	Adhäsionsbahn
1885	23.12.1886	Maloja-Castasegna	52,0 km	Zschokke, Aarau	Olivier Zschokke	1000	Zahnradbahn
1886	-	Maloja-Samedan	22,1 km	Kuoni, Chur	R. Wildberger	750	Adhäsionsbahn
1888	-	Pontresina-Alp Languard	0,7 km	Marti, Winterthur	R. Wildberger	1000	Standseilbahn
1888	-	St. Moritz-Oberalpina	0,46 km	Marti, Winterthur	R. Wildberger	1000	Standseilbahn
1888	-	Kurhaus Tarasp-Vulpera	0,105 km	Marti, Winterthur	R. Wildberger	1000	Standseilbahn
1889	27.6.1889	Landquart-Davos-Samedan-Chiav.	155,0 km	Holsboer, Davos	Willem Holsboer	1000	Adhäsionsbahn
1890	20.12.1890	St. Moritz-Pontresina	7,6 km	P. Badrutt / F. Marti	Fritz Marti	1000	Adhäsionsbahn
1891	-	St. Moritz-Pontresina-Morteratsch	19,8 km	Marti, Winterthur	Fritz Marti	1000	Adhäsionsbahn
	-	Pontresina-Rosegtal	6,8 km	Marti, Winterthur	Fritz Marti	1000	Adhäsionsbahn
	-	Pontresina-Piz Languard	3,8 km	Marti, Winterthur	Fritz Marti	1000	Zahnradbahn
1891	-	Engadin-Orientbahn Chur-Müstair	133,8 km	Guyer-Zeller, Zürich	Büro Guyer-Zeller	1435	Adhäsionsbahn
1892	22.12.1892	Tramway St. Moritz	1,7 km	Strassenbahn AG	C. v. Schumacher	1000	Strassenbahn
1893	-	Pontresina-St. Moritz-Champfèr	5,9 km	Wildberger, Chur	R. Wildberger	1000	Adhäsionsbahn
1893	-	Pontresina-St. Moritz-Maloja	17,8 km	Wildberger, Chur	R. Wildberger	1000	Bahn/Schiff
1895	15.10.1895	Samedan-Maloja-Castasegna	52,0 km	Albula-Komitee	P. Planta / G. Gilli	1000	Adhäsion/Zahnrad
1895	-	Castasegna-Maloja-St.Moritz	54,0 km	Rambert, Nidau	Maurice Rambert	1000	Adhäsion/Zahnrad
1895	-	Samedan-Maloja	21,3 km	Schumacher, Luzern	C. v. Schumacher	1000	Adhäsion/Zahnrad
	-	Samedan-Morteratsch	11,0 km	Schumacher, Luzern	C. v. Schumacher	1000	Adhäsion/Zahnrad
	-	St. Moritz-Bad-Pontresina	6,3 km	Schumacher, Luzern	C. v. Schumacher	1000	Adhäsion/Zahnrad
1895	23.12.1896	Punt Muragl-Muottas Muragl	1,5 km	Wildberger, Chur	R. Wildberger	1000	Standseilbahn
1896	-	Sondrio-Poschiavo-Samedan	unbekannt	Lardelli, Chur	J. Lardelli	1000	Adhäsion/Zahnrad
1897	-	St. Moritz-Pontresina-Morteratsch	12,7 km	Schumacher, Chur	C. v. Schumacher	1000	Adhäsionsbahn
1898	22.12.1899	Samedan-Campocol. Berninabahn	51,0 km	Froté & Westermann	Froté & Westermann	1000	Strassenbahn
1899	-	St. Moritz-Pontresina-Morteratsch		Elektro AG Nürnberg	C. v. Schumacher	1000	Adhäsionsbahn
	-	Samedan-Pontresina		Elektro AG Nürnberg	C. v. Schumacher	1000	Adhäsionsbahn
1902	-	St. Moritz-Hahnensee	1,3 km	Schumacher, Luzern	C. v. Schumacher	1000	Zahnradbahn
1902		Tramway-Ringlinie St. Moritz	2,4 km	VR Strassenbahn AG	C. v. Schumacher	1000	Strassenbahn
1902	10.10.1902	Schuls-Martinsbruck (österr. Grenze)		Rhätische Bahn	-	1000	Adhäsionsbahn
1904	-	St. Moritz-Fuorcla Surlej	7,5 km	Emil Strub, Zürich	Emil Strub	1000	Zahnradbahn
1904	-	Pontresina-Piz Languard	6,8 km	Guyer-Zeller, Zürich	C. v.Schumacher	1000	Zahnradbahn
1904	1.5.1905	Samedan-Piz Ot	4,7 km	Köchlin, Samedan	Froté & Westermann	1000	Stands./Luftseilb.
1904	-	St. Moritz-Piz Julier	7,5 km	Guyer-Zeller, Zürich	C. v.Schumacher	1000	Zahnr./Adh./Lufts.
1904	1.1.1905	Samedan-Pontresina	5,3 km	Rhätische Bahn	Froté & Westerm.	1000	Adhäsionsbahn
1908	-	St. Moritz-F. Surlej.-Pontresina	20,1 km	Ausfeld & Spyri, Basel	Ausfeld & Spyri	1000	Adhäsion/Zahnrad
1909	-	St. Moritz-Alp Giop	1,2 km	Hetzel & Bolliger, BS	Wilhelm Hetzel, Basel	1000	Standseilbahn
1910	-	St. Moritz-Piz Julier	6,5 km	Ausfeld & Spyri Basel	Ausfeld & Spyri	1000	Zahnr./Luftseilbahn
1910	2.6.1910	St. Moritz-Alp Giop	0,985 km	Kurverein u. Gemeinde	H. Peter, Zürich	1000	Standseilbahn
1910	22.6.1911	Julierbahn: Chur-Champfèr	73,0 km	Froté & Cie. Zürich	E. Froté	1000	Strassenbahn
1911	21.12.1911	St. Moritz-Chantarella	0,456 km	R. Nater St. Moritz	R. Rychener, Ing.	1000	Standseilbahn
1912	-	Samedan-Maloja-Castasegna	44,0 km	Init. Bergellerbahn	E. Froté/Nowacki	1000	Adhäsionsbahn
1927	28.3.1928	Chantarella-Corviglia	1,62 km	Init. Thoma-Badrutt	H. Peter, Zürich	800	Standseilbahn
1930	-	Morteratsch-Piz Bernina	9,3 km	Berninabahn	Ed. Zimmermann	1000	Adhäsion/Zahnrad
1931	19.6.1935	Alp Bondo-Diavolezza	2,5 km	Berninabahn	Ed. Zimmermann	1000	Standseilbahn
1933	-	Morteratsch-Diavolezza	4,0 km	C. Gianotti/K. Eha	A. Weidmann	1000	Standseilbahn
1935	25.5.1935	Skilift Suvretta-Randolins		Bon/Koller St. Moritz	Ernst Constam		1. Skilift im Engadin
1935	30.8.1936	Skilift Randolins-Plateau Nair		Bon/Koller St. Moritz	Ernst Constam		2. Sektion
1937	18.9.1937	Schlittenbahn Corviglia-Pitschen	0,880 km	E. Thoma, St. Moritz	-		1. Funi im Engadin

Verkehrsbedürfnis entsprechend in Minimalintervallen von 10 Minuten, mit entsprechenden Gegenzügen in der anderen Fahrtrichtung.»

Was fast nach S-Bahn-Dimensionen klingt, kommt im beschaulichen Engadin schlecht an. Ohnehin sei auch dieses Bahnnetz einzig auf die Bedürfnisse der Touristen ausgerichtet, mit einer Betriebsdauer von Mitte Juni bis Mitte September.

Neues Projekt, neue Probleme

Vier Jahre später wartet Ingenieur Fritz v. Schumacher aus Luzern mit einem ganzen Bündel von Bahnlinien auf. Es soll «den bestehenden Übelständen abhelfen und dem Oberengadin ein Netz von Sekundärbahnen geben, welche durch rationelle, billige und sichere Anlage dem reisenden Publikum ein bequemes und angenehmes Verkehrsmittel bringen». Seine Oberengadiner Talbahnen umfassen die Strecken Samedan–St. Moritz–Silvaplana–Maloja sowie Samedan–Pontresina–Morteratsch. «Ein dritter Strang endlich, verbindet St. Moritz-Bad über die Meierei direkt nach Pontresina.» Auch dieses Konzessionsbegehren von 1895 wird abgewiesen, erneut mit der Begründung, «dass durch die Beschienung des Oberengadins allein eine später zu erstellende durchgehende Bahn infrage gestellt würde, und dass das vorliegende Projekt zum grössten Teile die Strassen benütze, was bei der Schmalheit der Engadiner Strassen als unzulässig erscheint».[8] Ingenieur v. Schumacher kämpft weiter, beschränkt sich aber bei einer neuen Eingabe von 1897 auf die Strecke St. Moritz–Pontresina–Morteratsch.

«Harte Oberengadiner Schädel»

Da er bereits die 1896 (!) eingeweihte St. Moritzer Strassenbahn erstellt hat, darf sich der Luzerner Ingenieur für eine weitere Konzession Hoffnungen machen. Und doch verweigern ihm die Gemeinden die Gefolgschaft. Die «Engadiner Post» kommentiert: Das Projekt «ist in St. Moritz mit 27 gegen 13 Stimmen und in Pontresina sogar mit 42 Stimmen bei 4 Enthaltungen abgelehnt worden. In ersterer Gemeinde rückten die Kutscher und Oberdörfler, die ihre Interessen gefährdet sahen, wie ein Mann dagegen auf. In Pontresina erachtet man eine Bahn als ebenfalls nicht im Interesse des Ortes liegend. Die Seitentäler Morteratsch und Roseg sollen frei und damit den schönsten Promenaden der erquickende Hauch der Ursprünglichkeit gewahrt bleiben. Auch ein Standpunkt!»[9]

Aber vielleicht zeigt ein Brief vom 18. Juli 1894 noch Nachwirkungen. Als Projektverfasser des St. Moritzer Tramway hat sich der forsche Innerschweizer Ingenieur mit einigen Gemeindevertretern überworfen. Im erwähnten Schreiben drängt er auf eine möglichst zügige Projektumsetzung. Die Fertigstellung der Tramlinie sei auf den 1. Juli 1895 nur möglich, «wenn ich im Herbst zeitig anfangen kann. Nun haben sich aber die Herren vom Verwaltungsrat in den Kopf gesetzt – und was ein Oberengadiner im Schädel hat, ist schwer daraus hinauszubringen –, sie wollen nichts machen, bis das Eisenbahndepartement definitiv gesprochen habe. P.S. Entschuldigen Sie, wenn der Brief schlecht stilisiert ist, ich habe noch kein Bureau und neben mir wird ein Klavier auf unerhörte Art misshandelt».[10]

Es liegt nicht am Klavier. 1897, fast parallel zu Schumachers Konzessionsgesuch, entscheidet sich Graubünden für ein zusammenhängendes Bündner Meterspurnetz. Die Bündner Regierung will aufgrund dieses Entscheids neue Linien primär der Rhätischen Bahn vergeben.

Durchbruch mit der Berninabahn

33 Jahre nach der ersten Konzessionsanfrage von 1873, bringt das Jahr 1906 endlich den Durchbruch mit der Bewilligung für die Berninabahn. Bereits zwei Jahre später, am 1. Juni 1908, können drei wichtige Abschnitte dieser neuen Nord-Süd-Verbindung eröffnet werden:
- Samedan–Pontresina (RhB)
- Pontresina–Morteratsch
- Poschiavo–Campocologno–Tirano

Noch im gleichen Sommer folgt der Abschnitt Morteratsch–Bernina Suot und am 1. Juli 1909 die Verlängerung bis Ospizio Bernina. Mit dem letzten noch fehlenden Streckenabschnitt, von der Passhöhe nach Alp Grüm und hinunter nach Poschiavo, wird am 5. Juli 1910 eine der grossartigsten Bergbahnen der Welt vollendet.

Den Durchbruch schaffte das Projekt «Berninabahn». Sie und die Albulastrecke der Rhätischen Bahn wurden 2008 mit dem Label «UNESCO-Weltkulturgut» geadelt. Die Linien wurden 1910 respektive 1904 fertiggestellt und gelten als eine technische Meisterleistung aus der Pionierzeit der Gebirgsbahnen.

Bahnprojekte auf den Piz Languard

Sowohl das Projekt einer dreiteiligen Drahtseilbahr als auch die Planung einer Zahnradbahn von Pontresina auf den 3262 m hohen Piz Languard haben nicht den Hauch einer Chance. Beide Bauvorhaben werden von der Gemeinde Pontresina kategorisch abgelehnt. Allerdings sind die Pläne ausgeheckt worden, noch bevor das Engadin mit dem übrigen Kantonsteil verbunden ist. Die ablehnende Haltung der Behörden und der Bevölkerung liegt aber auch hier in der tief verwurzelten Angst, die Bahn würde vielen Menschen die Lebensgrundlagen entziehen.

Der Winterthurer Unternehmer Fritz Marti will 1891 nicht nur eine Konzession für Engadiner Talbahnen, er plant neben der Bahn auf Muottas Muragl auch eine Drahtseilbahn auf den schon damals viel gepriesenen Aussichtpunkt Piz Languard. Diese erste Gebirgsbahn Graubündens wird von Ingenieur Wildberger projektiert.

Höchstgelegene Seilbahn der Welt

Mit einer Höhe von 3160 m hätte die Bergstation bei der Georgy-Hütte sogar die heutige Luftseilbahn auf den Corvatsch übertroffen und einen Weltrekord für Standseilbahnen geschafft. Erst die 1986 eingeweihte Metro Alpin in Saas-Fee, die Standseilbahn Felskinn-Mittelallalin, hat mit 3456 m Höhe das rund hundert Jahre vorher ausgeheckte Piz Languard-Projekt übertroffen!

Ingenieur Wildberger untermauert sein Bauvorhaben mit Argumenten: «Trotzdem der für das Engadiner Fremdenzentrum am meisten Anziehungskraft bietende Hochgebirgs-Aussichtspunkt Piz Languard bis jetzt nur einer verhältnismässig kleinen Zahl guter und gewandter Exkursionisten zugänglich ist, beträgt die Frequenz, laut Aussage des Wirtes auf dem Piz Languard (Georgy-Hütte), im Hochsommer bis 150 Personen täglich.» Mit einer Hochgebirgsbahn würde die grossartige Aussicht allen Gästen des Oberengadins zugänglich gemacht, zudem würden zahlreiche Hoteliers profitieren. In eigener Sache stellt Unternehmer Marti im Konzessionsbegehren fest: «Es liegt im Interesse des guten Gelingens dieser Projekte, dass sie alle in der Hand der Gesellschaft bleiben, die St. Moritz–Pontresina zur Ausführung bringt, um mittels einheitlichen Betriebes das ganze Netz der Engadiner Lokalbahnen günstig fördern und Rivalitäten vermeiden zu können.» Auch für Wildberger bedeutet bereits der Kanton Endstation.

Im Interesse der Spekulanten

Schon 1888 musste der Winterthurer Fritz Marti einen negativen Beschluss der Gemeindeversammlung von Pontresina verdauen. Sein Plan einer 700 m langen Drahtseilbahn zur Alp Languard kam auch beim Gemeinderat nicht gut an und wurde mit entsprechender Bewertung an die Regierung nach Chur weitergeleitet: Die Alp Languard sei «gar kein hervorragender Aussichtspunkt, steht vielmehr als solcher vielen anderen von gleicher Höhenlage weit zurück». Komme hinzu, dass Fremde solche Beförderungsmittel gar nicht wünschen: «Sie haben ja zu Hause das ganze Jahr Eisenbahnen mit Dampf und Elektrizität, mit Pferden und Drahtseilen zum Überdruss und wollen im Gebirge etwas anderes haben: Ruhe vor allem, dann auch Abwechslung (...) Hier handelt es sich wirklich nur um eine Privatspekulation (...) Von Alters her wurde der Languardwald zum Schutzwald erklärt. In diesem wertvollen Teil würde nun das Bahntrassee einen Schlitz machen in schnurgerader Linie von der Landstrasse bis zur obersten Waldgrenze. Was wir seit Jahrhunderten geschont und gehütet wie unseren Augapfel, das müsste nun fallen, ein Stamm nach dem andern, bis die Herren Ingenieure genug für ihre Pläne hätten. Auf dem sehr steilen Terrain würde eine Breite entstehen, gerade wie gemacht, um Schnee- und Erdrutschen, Lawinen und Rüfen ihre Entstehung zu erleichtern!» Der Brief von Gemeindepräsident Saratz an die Regierung in Chur endet mit den Worten:

«Wir hoffen darum, dass die hochgeachteten Herren unseren Standpunkt in nachdrücklichster Weise bei den Tit. Bundesbehörden vertreten werden. Wir hoffen auch, dass Mutter Helvetia ihre ureigenen Kinder, die Ge-

	Pontresina–Languard I		Pontresina–Languard II		Pontresina–Languard III	
Konzessionseingabe	2. November 1888		31. März 1891		20. Januar 1904	
Konzession	–		–		–	
Gesuchsteller	Fritz Marti, Winterthur		Fritz Marti, Winterthur		Firma Guyer-Zeller, Zürich	
Projektverfasser	Robert Wildberger, Chur		Robert Wildberger, Chur		Fritz von Schumacher, Luzern	
Bahntyp	Drahtseilbahn		Drahtseilbahn, 3 Sektionen		Zahnradbahn	
Streckenlänge	0,7 km		3,8 km		6,8 km	
Stationen	Pontresina	1829 m ü.M.	Pontresina-Giarsun	1826 m ü.M.	Pontresina	1815 m ü.M.
	–		Alp Languard		Alp Languard	2335 m ü.M.
	–		untere Station		Rossstation	2880 m ü.M.
	Alp Languard	2206 m ü.M.	Georgy-Hütte	3160 m ü.M.	Piz Languard	3240 m ü.M.
Höhendifferenz	377 m		1334 m		1425 m	
Maximalsteigung	–		710 ‰		250 ‰	
Spurweite	1000 mm		1000 mm		1000 mm	
Betriebssystem	Wasserübergewicht		Wasserübergewicht		elektrisch	
Bergfahrt-Dauer	–		–		57 Minuten	
Gesellschaftssitz	–		–		Zürich	
Baukosten	CHF 167 000		CHF 1 125 000		CHF 3 360 000	

meinden, nicht verstossen wird, um an ihrer Statt Spekulanten zu adoptieren!»

Pontresina sieht weiterhin keinen Bedarf…
Im Sommer 1904 hat die Albulabahn auch St. Moritz erreicht. Ein halbes Jahr vorher bewirbt sich die Unternehmung Guyer-Zeller, zusammen mit Ingenieur Fritz von Schumacher, um eine Konzession, diesmal für eine elektrische Zahnradbahn zum Piz Languard. Doch der Gemeinderat von Pontresina winkt schon in der Frühphase der Planung erneut kategorisch ab. Der Nutzen einer solchen Bahn sei nach wie vor absolut infrage gestellt, und erneut würden «die mit sehr grossen Kosten erstellten Rüfen- und Lawinenverbauungen durchschnitten».[11]

… für eine «hochbedeutende Attraktion»
Da fruchten auch die Argumente der Jungfraubahn-Unternehmung Guyer-Zeller nicht. Hier biete sich die einmalige touristische Chance, mit dieser Bahn einen der grossartigsten Aussichtspunkte des Bündnerlandes zu erschliessen. Dem Oberengadin werde eine «hoch bedeutende Attraktion geschaffen». Interessant ist die Linienführung tatsächlich. So soll den Reisenden bereits auf der Fahrt eine möglichst spektakuläre Aussicht geboten werden: «Das Trassee beginnt am oberen Ende des Unterdorfes, inmitten des Ortes Pontresina […] und steigt zuerst in östlicher, dann in südöstlicher Richtung gegen die Alp Languard, von da wieder in östlicher Richtung gegen die Rossstation; von hier unter dem in südöstlicher Richtung verlaufenden Grat hindurch nach dem äussersten Kegel dieses Grates, dreht um denselben herum und kommt auf die Südseite zurück, um in entgegengesetzter, nordwestlicher Richtung gegen die Spitze anzusteigen. Die Endstation kommt nicht ganz auf die Spitze, sondern auf ein etwas unterhalb derselben gelegenes Plateau in der Nähe der Georgy-Hütte zu liegen.»[12] Die Bergfahrt für die 57 Minuten dauernde Reise auf den Piz Languard soll 15.00 Franken kosten. Vorgesehen sind sieben Kurse pro Tag, mit «vermehrter Einschaltung von Supplementszügen in der Hochsaison». Anstelle der üblichen, sehr einfach ausgestalteten Haltestellen sollen die Zwischenstationen auf der Alp Languard und auf Rossboden gedeckte Warte- und Einsteigehallen erhalten mit Wohnräumen für je einen Stationsbeamten.

Prof. von Salis, Verwaltungsratspräsident der Guyer-Zeller-Unternehmung und der Jungfraubahn, sowie Projektverfasser Ingenieur von Schuhmacher rechnen mit kurzen Fristen. In der Hoffnung, die Konzession werde bereits in der März-Session 1904 der eidg. Räte erteilt, schreiben sie am 30. Januar 1904 dem Bundesrat, die Bahn sei innerhalb von zwei Jahren, im Sommer 1906, betriebsbereit. Für die Rentabilitätsberechnungen stützen sie sich auf die Erfahrungen der drei einzigen Bergbahnen, die nicht mit Dampf, sondern mit Elektrizität betrieben werden. Der prozentuale Anteil der Betriebsausgaben in Bezug auf die Gesamteinnahmen betrage bei der Gornergrat-Bahn 33,5 Prozent, bei der Jungfraubahn 29,7 Prozent und bei der Stansstad–Engelbergbahn 57,8 Prozent. Bei einem Mittelwert von 40 Prozent würden für die Verzinsung des Aktienkapitals 5,7 Prozent verbleiben.

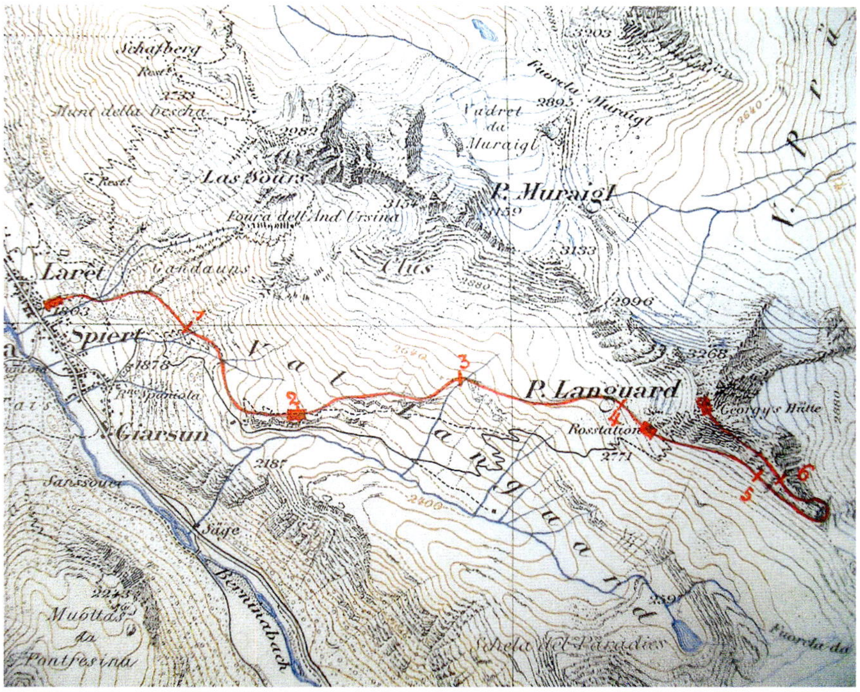

Mit dem Projekt Piz Languard versuchte sich auch die Firma Guyer-Zeller, Zürich, im Oberengadin zu etablieren. Doch die Gemeinde Pontresina sah, ebenso wie bei allen Vorgänger-Projekten, «erneut keinen Bedarf». Als vehemente Kritiker traten auch die Natur- und Heimatschützer auf.

«Reine Luxusbahnen»
Weil sich die Gemeinde Pontresina «sehr energisch gegen das Projekt» ausgesprochen hat, weist der Kleine Rat des Kantons Graubünden das Konzessionsgesuch ebenso kategorisch zurück. Einzig die (damalige) kleine Gemeinde Ponte-Campovasto will die Bahn. Die Behauptung sei absurd – so die Bündner Regierung in der Vernehmlassungsantwort an das Eisenbahndepartement –, «dass solche Bergbahnen einem wirklichen, allgemein empfundenen und allgemein geltend gemachten Bedürfnis des Oberengadins selber und seiner Fremdenwelt entsprechen, und das qualifiziert diese Bergbahnen überhaupt als reine Luxusbahnen und einfache Spekulationsversuche. Die Talsohle im Oberengadin liegt 1800 m hoch. Zu seiner Gesundheit noch höher hinauf braucht niemand, und wer nur zu seinem Vergnügen gelegentlich einen Berg besteigen will, kann das […] so leicht und bequem tun, dass es dazu der Eisenbahn ernstlich nicht bedarf».[13]

Die Rosegtal-Bahn
Als Ausgangspunkt seiner meterspurigen Rosegtal-Bahn wählt Ingenieur Robert Wildberger, im Auftrag von Unternehmer Marti, «seinen» bereits für die Verbindung mit St. Moritz geplanten Bahnhof Pontresina. Dieser soll (im Gegensatz zum heutigen Standort) in den Taiswald zu liegen kommen. Mit der 6,8 km langen Linie wollen die Initianten «das malerische Seitental besser erschliessen». Die Kutscher wehren sich erfolgreich für ihre «gemütliche Verbindung» zum bekannten Hotel Roseg. Ende des 19. Jahrhunderts reicht der Roseggletscher bis auf wenige Hundert Meter an das Hotel heran und übt, gleich wie der Morteratschgletscher, auf die Touristen eine enorme Faszination aus. Doch die Gemeinde Pontresina wehrt sich seit Ende des 19. Jahrhunderts erfolgreich «gegen jegliche Bahn-Spekulationen» im malerischen Rosegtal.

Panoramafahrt St. Moritz–Maloja–Chiavenna

Die virtuelle Reise im Panoramawagen der Rhätischen Bahn von St. Moritz den Oberengadiner Seen entlang nach Maloja und hinunter durchs Bergell ins italienische Chiavenna (oder umgekehrt) wird zum touristischen Highlight. Doch St. Moritz ist für die roten RhB-Züge Kopfbahnhof und Endstation geblieben. Wie überall bedeuten der Erste Weltkrieg, mitsamt den Wirtschaftskrisen und der Konkurrenz durch das Auto, auch im Oberengadin und im Val Bregaglia das Ende jeglicher Bahnträume. Allerdings haben sich die Bergeller dieses Scheitern selber zuzuschreiben.

Übelstände

Generalversammlung des Oberengadiner Kurvereins, Februar 1907: «Traktandum 6: Die Gemeinde St. Moritz wird höflichst ersucht, die in Aussicht genommenen Anlagen zur Vermeidung von Übelständen, welche durch den Ausfluss der Kanalisation in den Inn sich gemeldet, mit möglichster Beschleunigung zu erstellen und die Ablagerungsplätze in jener Gegend zu tilgen.»

Bereits 1872/73 verfasst Ingenieur, Nationalrat Simeon Bavier (erster Bundesrat Graubündens) aus Chur eine Studie unter dem Namen «Engadiner Bahnen Lokal-Comité», welche eine Bahnlinie in Normalspur von Sils/Baselgia bis nach Schuls verspricht. In der handkolorierten Karte ist ebenfalls eine Abzweigung von Samedan nach Pontresina vorgesehen. Es ist dies die erste konkrete Projektstudie einer Engadiner Talbahn, die allerdings nicht als Konzessionsgesuch den Weg nach Bern findet.

1873 und 1883 werden Projekte verfasst, die Samedan, Pontresina und St. Moritz zum «Goldenen Dreieck» verbinden wollen (Seite 120, «Local-Bahnnetz im Oberengadin»). Für zwei Pioniere sind Direktverbindungen vom Engadin nach Österreich und Italien selbstverständliche Voraussetzung für den Erfolg ihrer Projekte: für den Wahlschweizer Willem Jan Holsboer mit seinem Scaletta-Projekt von 1889 und für Adolf Guyer-Zeller mit der visionären Engadin–Orientbahn-Vorlage (1891).

Ein volles Dutzend Maloja-Projekte

Am 14. November 1884 bekommt das Eisenbahndepartement in Bern delikate Post aus Aarau: Die Firma Zschokke & Cie. stellt das Gesuch um die Konzession für eine Normalspurlinie von Chur über Thusis nach Maloja und weiter bis Castasegna. Es ist die Flucht nach vorn, nachdem das ein Jahr zuvor eingereichte Bewerbung für die Strecke Chur–Thusis durch die Bündner Regierung verweigert worden ist.

Die Kantonsregierung hält nach wie vor an ihrem Ziel fest, nur eine «den ganzen Kanton durchziehende Alpenbahn nach Italien» könne die Isolierung des Kantons verhindern. Während Jahren prägt der für Graubünden enttäuschende Gotthardbahn-Entscheid die Bündner Eisenbahnpolitik. Dazu kommt die fatale und jeden Fortschritt lähmende Blockierung kleinlicher Talschaftskämpfe.

Zschokke hat sein Projekt auf Schmalspur reduziert und sich für den Ausgangspunkt Thusis entschieden. Von hier will er die Bahn über Tiefencastel, Bivio und den Julierpass direkt ins Bergell bis nach Chiavenna bauen. Erneut winkt die Bündner Regierung ab. Intensive Verhandlungen im November 1885 in Bern scheitern. Die Kantonsregierung akzeptiert keine Talbahn mit exklusivem Sommerbetrieb. Überdies brauche es «angepasste, mässige Taxen». Aufgrund dieser «inakzeptablen Bedingungen» zieht Zschokke sein Konzessionsgesuch zurück und setzt neu auf die Strecke Samedan–Maloja–Castasegna.

Geschickter Schachzug

Tatsächlich erhält Zschokke am 23. Dezember 1886 die Konzession für die Schmalspur-Verbindung Samedan–Maloja und genau ein Jahr später auch für sein Maloja–Castasegna-Projekt. Er überträgt dieses aber 1889 vertraglich auf seinen ehemaligen Mitkonkurrenten W. J. Holsboer. Das mag nur aufs Erste überraschen. Dahinter steht geschickte Strategie: Willem Jan Holsboer, der ehemalige Textil-Grosshändler, Schiffskapitän und Londoner Privatbankier, ist 1867 wegen seiner tuberkulosekranken Frau aus Holland nach Davos umgezogen, leitet schon bald danach das Kurhaus Davos, gründet den Kurverein und kämpft als Initiant und Begründer erfolgreich für die erste Bündner Bahnlinie Landquart–Klosters–Davos. Der Mann hat jene Durchschlagskraft, die es braucht um weiteren Bahnprojekten politisch zum Durchbruch zu verhelfen. Auf diese Eigenschaften baut Zschokke und will sich als junger Unternehmer im Gegenzug den lukrativen Bauauftrag sichern.

Wankende Haltung im Bergell

Holsboer erhält 1889 von der Bundesversammlung problemlos die Konzession für seine Scaletta-Bahn Davos–Engadin mit einem 6,59 km langen Tunnel im Dischmatal unter dem Scaletta-Pass ins Val Susauna nach Chinuoschel, obschon die Bündner Regierung den Durchschlag ins Engadin an der Albula fordert. Er erhält 1890 auch die Konzession für die Weiterführung seiner Linie ins Unterengadin über Scuol hinaus bis zur österreichischen Grenze bei Martinsbruck, und nun hat er auch Richtung Malojapass und Bergell freie Hand.

Zschokke und seine Basler Finanzgruppe fordern von den Anliegergemeinden die unentgeltliche Abtretung des für den Bahnbau benötigten Terrains sowie die Gratislieferung von Sand, Steinen, Holz für die Bahnschwellen und ebenfalls die Abtretung von Wasserkräften während des Baus.[1] Was beim Bau der Linie Landquart–Davos im Prättigau zum Tragen gekommen ist, stösst im Bergell auf

Oben: Blick von Muottas Muragl auf die Seen des Oberengadins. Die 1907 eröffnete Drahtseilbahn auf den 2454 m hohen Aussichtspunkt ist die erste Bergbahn des Oberengadins.

Links: Startbereite Berninabahn im Bahnhof St. Moritz.

«Untergeordnete Elemente»

«In sozialer Beziehung wird das Engadin durch eine Eisenbahn einer Veränderung entgegengehen, die die grössten Befürchtungen aufkommen lässt. Namentlich auch eine Verbindung mit Italien und Tirol wird uns eine Menge sehr untergeordneter Elemente zuführen, die hier nach Verdienst und Auskommen fahnden. Die bedeutende Steigerung der Bevölkerung wird und muss unser Armenwesen, das jetzt noch in glücklichen Schranken gehalten ist, ins Rapide steigern. So und so viele dubiose Elemente werden sich herumtreiben und breitmachen und die jetzt freundlichen sozialen Beziehungen lockern. Selbst das Verbrechen wird mehr heimisch werden und uns in den Strudel der modernen Unsicherheit hineinreissen (...) Das Idyll ist vorbei. Das Engadin gehört nicht mehr den Engadinern, und eine widrige, kalte, fremde Atmosphäre erstickt künftig das lebendige Heimatgefühl!»

Rechte Seite: Die Rhätische Bahn entlang der Oberengadiner Seen: Gleich mehrere Projekte sahen die Verlängerung der Bahnstrecke über St. Moritz hinaus und bis Maloja vor und teilweise weiter durch das Bergell hinunter ins italienische Chiavenna.

Unten: Plakat der Rhätischen Bahn von Emil Cardinaux, 1916.

breiten Widerstand, auch wenn die Gemeinden im Gegengeschäft mit Aktien bedient werden sollen. So fragt der Dorfkorrespondent von Vicosoprano im ‹Freien Rätier› von 28. Februar 1910: «Und für diese ganz enorme Subvention, was erhalten wir von der Gesellschaft?» Der Berichterstatter gibt die Antwort gleich selber: «Eine Bahn durch so enorme Subventionen unterstützen zu wollen, wie die von uns jetzt verlangten sind, hiesse mit anderen Worten (für die Gemeinden), einen ökonomischen Selbstmord begehen.»[2]

Wie in den Tälern des Berner Oberlandes und wie im Wallis kämpfen zu Beginn der Eisenbahn-Revolution auch die Bergeller «gegen die Kapitalisten aus dem Unterland». Die RhB spart im Geschäftsbericht von 1905 nicht mit Kritik am Bergell, welches «nicht den geringsten Versuch unternommen hat, die Finanzierung durchzuführen».[3] Während die Gemeinden im Oberengadin den touristischen Nutzen einer Bergeller-Bahn realisieren und der Gesellschaft Holsboers 388 000 Franken an die ihnen zugemuteten 500 000 Franken sprechen,[4] sieht man im bevölkerungsarmen, noch vorwiegend auf Land- und Forstwirtschaft fokussierten Val Bregalia noch keinen Nutzen der eisernen Schienen.

Wer zu spät kommt ...

Die Stimmung kippt Anfang des 20. Jahrhunderts. So bemerkt die ‹Engadiner Post›: «Die Fortsetzung der Rhätischen Bahn von St. Moritz nach Chiavenna (...) kommt, sobald sich die Zeiten erfüllt haben, mit Urgewalt, und die Zeiten werden sich früher erfüllen, als heute mancher glaubt.»[5]

Allerdings stellt das Ja der Bündner zum neuen Eisenbahngesetz die Weichen am 20. Juni 1897 anders. Die Albulabahn ist aufgegleist, was das Projekt Scaletta-Bahn verblassen lässt. Noch schürt die projektierte Engadin-Orientbahn (Seite 94) auch im Bergell Hoffnungen. Das Normalspur-Projekt soll nicht nur die Verbindung von Davos ins Engadin und ins Münstertal bringen, sondern mit einer Zweiglinie auch den Anschluss in Chiavenna mit der Lombardei sicherstellen. Doch auch dieser Strohhalm erweist sich als zu schwach.

Das Konzessionsgesuch Zschokke von 1884 hat unterdessen den Weg über Holsboer und das Albula-Komitee zur Rhätischen Bahn genommen. Doch die RhB setzt die Prioritäten anders und verlängert ihr Schmalspurnetz nicht nach Westen, sondern ins Unterengadin, welches 1913 mit der Verbindung Bever–Zernez–Scuol den lang gewünschten Bahnanschluss nach Chur und zum schweizerischen Schienennetz bekommt. Auch im Westen tut sich Neues: Die Konzessionsfrist für die RhB und das Projekt Samedan-Maloja–Castasegna läuft aus. Im Bergell sieht man die Felle davonschwimmen.

... nimmt das Heft selber in die Hand

Deshalb hat ein neu gegründetes «Initiativkomitee für den Bau einer Bergellerbahn» 1911 bei den Bündner Behörden und bei der Rhätischen Bahn politischen Druck aufgebaut. Tatsächlich macht die RhB-Direktion «bestimmte Zusicherungen», ohne sich allerdings festlegen zu

SAMADEN
Celerina
Cresta
St. Moriz
Dorf
Bad
Campfer
Silvaplana
Silvaplaner See
Surlej
Sils
Baseglia
Segl
Isola
Maloggia
Silser See
Julier Pass
Julier Alp
P. Julier
P. Lagrev
P. Polaschin
Cima da Flex
P. Picuogl
P. d'Agnelli
P. Traunter ovas
P. Suvretta
P. Corvatsch
P. Surlej
Fl. Chapütschin
La Margna
La Sella
Gümels
P. Glüschaint
P. Rosatsch
P. Aguagliouls
P. Chüern
P. Led
Curtins
Crasta
Platta
St. Moritzer See

Adieu Kanton!

‹Engadiner Post›; St. Moritz, 23. Juli 1896: «Bei der Eröffnung des Teilstückes Chur-Thusis der Rhätischen Bahn ist das Wort geflossen: ‹Ohne das Engadin kein Graubünden›. Wenn man nun das Engadin als einen Hauptbestandteil von Graubünden ansieht, warum macht man sich nicht daran, demselben bessere Verkehrswege zu errichten? [...] Entweder eine Normalbahn oder nichts, so sagte schon verschiedene Male unser Bergeller Korrespondent, und das wiederholen wir auch. Wenn nun unser Vaterland uns nicht hilft, so wird es nicht fehlen, dass das Engadin in absehbarer Zeit einfach in wirtschaftlicher Beziehung ganz vom anderen Teil des Kantons abgeschnitten wird. Schon jetzt ist das Oberengadin, was Arbeiter und auch verschiedene Produkte anbelangt, fast ganz auf Italien angewiesen. Der viele Kohlebedarf zum Beispiel kommt ausschliesslich von Chiavenna her [...], weil eben der Transport über Chur zu teuer ist [...] Im Unterengadin hilft das Tirol aus. Kommt nun die Bahn nicht von Chur her zu uns, so werden unsere Italiener oder Tiroler Nachbarn nicht ermangeln, mit einem Projekt aufzutreten, das die Verbindung des Engadins mit ihnen herstellt – und dann Adieu Kanton [...] Als eine für uns einzig richtige Bahn erachten wir die Orientbahn, und diese wird stets unser Ziel sein.»

wollen. Prompt stellt das Bergeller Komitee am 11. April 1912 beim Bundesrat ein «Konzessionsgesuch für den Bau einer elektrischen Schmalspurbahn von St. Moritz nach Castasegna», erklärt sich dann allerdings damit einverstanden, dieses Gesuch zurückzuziehen, falls «dem Fristverlängerungsgesuch der Rhätischen Bahn entsprochen werde».[6]

Auch die Rhätische Bahn ist nicht untätig. Direktor Schucan schreibt am 5. April 1916 an den Bundesrat: «Wir haben uns alsbald nach der Eröffnung der Linie Bevers-Schuls, d. h. sobald das nötige technische Personal frei wurde, an das Studium des generellen Projektes für die Linie St. Moritz–Maloja–Castasegna gemacht und es nach Möglichkeit gefördert. Für das Bergeller Teilstück waren noch topografische Aufnahmen erforderlich, die wir, wie Ihnen bekannt, mit Zustimmung der königlichen Italienischen Regierung bis Chiavenna ausgedehnt haben. Die Arbeiten erlitten indessen durch den Ausbruch des europäischen Krieges und die Mobilisation der Schweizer Armee sowie auch durch den Tod unseres Oberingenieurs eine starke Verzögerung.»

Rhätische Bahn in einer kritischen Lage

Und so wendet sich im Herbst 1920 das «Initiativkomitee der Bergellerbahn» an das kantonale Justiz- und Polizeidepartement: Die Gemeinden des Bergells und des Oberengadins, Castasegna, Soglio, Bondo, Stampa, Vicosoprano, Casacchia, Sils und Silvaplana – das heisst alle Gemeinden bis zum Silvaplanersee – machen zur Bedingung, dass die Bergellerlinie absolute Priorität erhalte, konkret: Wenn die Rhätische Bahn ihr Netz weiter ausbaut, «soll die erste zu bauende Linie die Bergellerlinie sein und keine andere».[7]

Die Antwort der RhB-Direktion folgt wenige Tage später, ist aber an das Eisenbahndepartement in Bern adressiert: «Der Bau weiterer Bahnen in Graubünden, über den man zurzeit eher skeptisch denken muss, darf nur nach dem Verkehrsbedürfnis und nicht nach Versprechungen erfolgen, welche oft zu schweren Lasten geworden sind, wie einige Zürcher Moratoriumslinien und Berner Dekretsbahnen.» Im Übrigen werde die Rhätische Bahn jede leistungsfähige Fortsetzung der Linie von St. Moritz nach dem Bergell begrüssen und fördern. Das betreffe sowohl eine Linie nach Maloja als auch hinunter «nach der schwe-

Maloja mit dem 1884 eröffneten Grand-Hotel Palace des belgischen Architekten Jules Rau.

St. Moritz–Maloja–Castasegna: Das Projekt der 44 km langen Bergellerbahn von 1912.

rer anschliessbaren Grenzstation Castasegna». Dieser Nebensatz beinhaltet, weniger diplomatisch ausgedrückt, ein Nein zur Bergellerlinie. Tatsächlich ist es für RhB-Direktor Schucan «eine äusserst schwierige Finanzfrage, die, nach den heutigen Verhältnissen beurteilt, jedenfalls erst im Zusammenhang mit der Vollausnützung der Wasserkräfte Silsersee–Bergell (!) gelöst werden kann».[8] Die Rhätische Bahn befindet sich zu Beginn des Ersten Weltkriegs in einer finanziell höchst kritischen Lage, «am Rande des finanziellen Ruins».[9]

Das Bergell fühlt sich allein gelassen

Das Kreisamt Bergell fordert den Bundesrat im August 1925 auf, der Rhätischen Bahn die Konzession für die Linie zu entziehen. Die RhB-Direktion argumentiert, nach wie vor bleibe der Ausbau des Netzes «an die bedeutenden Fremdenverkehrsgebiete Oberitaliens und Tirols ein wichtiger Programmpunkt unserer Bündner Verkehrspolitik». Allerdings sei bisher «wegen der anhaltend hohen Baukosten und der teuren Zinssätze» nicht an eine Realisierung dieser Ziele zu denken gewesen. Was die Bergeller erneut in Wallung bringt, ist der Zusatz: «Vorläufig besitzen die interessierten Talschaften einen annehmbaren Ersatz für die fehlende Bahnverbindung im Automobil.»

Im Val Bregaglia ist man längst auf Distanz zu den Kantonsbehörden gegangen. Das Kreisamt stellt verbittert fest, die Rhätische Bahn habe offensichtlich nie ernsthafte Absichten gehegt, die Bergellerbahn bauen zu wollen. Silvaplana stärkt den Bewohnern im Bergell den Rücken mit der Feststellung, die RhB sei kaum in der Lage, dieses Bauvorhaben je zu realisieren. Und Sils doppelt nach: Jede Fristverlängerung für die RhB bedeutet verlorene Zeit für konkrete andere Studien. Schliesslich fordern auch Gemeinden des Unterengadins und der Südtäler den Verzicht auf Konzessionsverlängerungen für die Rhätische Bahn. Umgekehrt legt sich St. Moritz quer: Der Kurort wünscht 1930 für die Verlängerung der Bahnlinie nach Maloja ultimativ die Umfahrung des Dorfes mit einer Tunnel-Lösung, was aber für die Rhätische Bahn aus Kostengründen verworfen wird.[10]

Was auch immer passiert: Der Bundesrat erstreckt die Konzessionsfristen für die Bahnlinien St. Moritz–Maloja–Castasegna sowie Schuls–Martinsbruck und neu Martinsbruck–Landesgrenze bei Schalkel im Vierjahres-Rhythmus bis 1936.

Verzicht und Resignation

Am 6. August 1936 meldet die RhB-Direktion dem Eisenbahndepartement in einer 16-Zeilen-Nachricht: «Wir beehren uns, Ihnen die Mitteilung zu machen, dass unsere Verwaltung beschlossen hat, auf eine Verlängerung dieser Konzession zu verzichten, da ein Ausbau nach der gegenwärtigen Verkehrsentwicklung und politischen Lage überhaupt nicht mehr in Betracht gezogen werden kann.»[11]

Nur wenige Jahre zuvor keimt zumindest im Oberengadin noch einmal berechtigte Hoffnung auf. 1929 hat sich ein Initiativkomitee aus Vertretern der Gemeinden St. Moritz, Silvaplana, Sils, Stampa, Casaccia und Vicosoprano gebildet, «um wenigstens den Bau des Teilstückes St. Moritz–Maloja sicherzustellen. Dieses Komitee hat in kurzer Zeit die gemäss unserem kantonalen Eisenbahngesetz vorgeschriebene erste Aktienquote von 25 000 Franken pro Kilometer, insgesamt 450 000 Franken, gezeichnet und ist dann an den Kleinen Rat mit dem Gesuche gelangt, um Festsetzung der grundsätzlichen Aktienbeteiligung des Kantons (...) und um Erstellung der nötigen generellen Planvorlagen und Kostenvoranschläge durch die Rhätische Bahn». Die Rhätische Bahn hat ihrerseits zwei Projektvarianten ausgearbeitet und diese im Herbst 1931 der Bündner Regierung eingereicht. Der Ausbruch des Zweiten Weltkrieges begräbt die letzten Hoffnungen endgültig.

Ehrgeizige St. Moritzer Trampläne

St. Moritz wartet bereits 1896 mit einer elektrischen Strassenbahn auf, während in Bern noch munter Dampftrams pusten und in Zürich und Genf auf vielen Strecken immer noch Pferde die «Omnibusse» ziehen.[1] Bereits 1892 liegt die Konzession bereit für die Tramway-Verbindung von St. Moritz-Bad hinauf ins Dorf. Die 1,6 km lange Linie soll sieben Jahre später sogar zur Ringlinie verlängert werden: vom Dorfzentrum hinunter zum Bahnhof der Rhätischen Bahn, von dort dem See entlang zu den Heilquellen in St. Moritz-Bad und weiter bis zum Lej da Champfèr. Was heute die grosse Touristenattraktion sein könnte, muss 1932, mangels genügender Frequenzen, aufgegeben werden.

Sie ist eine echte Pionierleistung, die St. Moritzer Strassenbahn auf 1800 Meter über Meer! Mit Initianten wie Eduard Michel, Christian Gartmann und Hotelier Caspar Badrutt an der Spitze, will die «Strassenbahn St. Moritz AG» der teuren Klientel ein Optimum an Komfort bieten. Die Baukosten belaufen sich auf 338 500 Franken, oder per Kilometer auf 205 775 Franken. Dieser ausserordentlich hohe Betrag ist auf die Strassenverbreiterung zurückzuführen. Tatsächlich verlangte die Gemeinde, dass die Aktiengesellschaft die Strasse, «soweit dies wegen der daran gebauten Häuser möglich ist, von ca. 6 m gegenwärtiger Breite auf 10 m verbreitere und ein Trottoir auf die ganze Länge anlege».[2] Dennoch kann Verwaltungsratspräsident Badrutt im August 1894 freudig nach Bern melden: «Wir sind ferner in der angenehmen Lage, Ihnen, hochgeehrter Herr Bundesrat, mitteilen zu können, dass von 6 eingegangenen Offerten zum Unterbau 5 wesentlich unter dem Kostenvoranschlag stehen.»

Europäischer Adel im Engadin

Die weit gereiste Schickeria frequentiert das Gebirgs-Tramway in der Anfangsphase reichlich, man resp. Madame, lässt sich von der elektrischen Kutsche gerne ins Kurhaus St. Moritz-Bad fahren und vor allem wieder zurück, hinauf in Badrutts Kulm-Hotel, das 1886 fast ausschliesslich die ausländische High Society beherbergt. Ebenso edel geht es im Kurhaus St. Moritz-Bad zu. Ein Blick auf die alle zwei Wochen erscheinende Gästeliste zeigt, dass «Mr. Argyropoulos avec famille et domestq.» gleich fünf Suiten belegt hat, ähnlich wie «Herr Baron von Harder mit Bedienung aus St. Petersburg» oder «Frau Ministerialdirektor Moser und Frl. Tochter, Berlin». Nebenan im «Victoria» logierten «Ihre kaiserliche Hoheit, Frau Herzogin Wera von Württemberg, Grossfürstin von Russland, Hofdame Fräulein von Roeder und Hofmarschall von Baldinger aus Stuttgart»,[3] dazu kommen Dutzende noble Gäste aus der europäischen Aristokratie und Bourgeoisie. In den angesehenen grossen Tourismus-Orten der Schweiz gehört es zum Marketing, sich mit der Veröffentlichung von Gästelisten anzupreisen.

St. Moritz geht voran

St. Moritz will seine in dieser Zeit des touristischen Aufbruchs ohnehin schon führende Stellung weiter ausbauen. Im Kulm-Hotel leuchtet an Weihnachten 1878 erstmals eine Glühlampe in der Schweiz. Die elektrische Strassenbahn im Engadiner Hochtal verkehrt seit dem

	Das Tram von St. Moritz	
Konzessionsgesuch	15. November 1892	
Konzession	22. Dezember 1892	
Konzessionärin	Strassenbahn St. Moritz AG	
Projektverfasser	C. F. von Schumacher, Luzern	
Eröffnung	5. Juli 1896	
Betriebseinstellung	18. September 1932	
Länge	1664 m	
Stationen	Paracelsus-Quelle Bad	1774 m ü.M.
	Endstation Postplatz Dorf	1822 m ü.M.
Spurweite	1000 mm	
Maximalsteigung	50 ‰	
Baukosten	CHF 338 500 (Voranschlag)	
Frequenzen	1930	119 713 Personen
	1931	80 632 Personen
	1932	59 786 Personen

	Drahtseilbahn St. Moritz-Bad–Oberalpina	
Konzessionsgesuch	22. Oktober 1888	
Konzession	–	
Gesuchsteller	Fritz Marti, Winterthur	
	R. Wildberger, Chur	
Projektverfasser	R. Wildberger, Chur	
Länge	460 m	
Stationen	St. Moritz-Bad	1777 m ü.M.
	Alpina	1966 m ü.M.
Spurweite	1000 mm	
Maximalsteigung	453 ‰	
Betriebssystem	Seilbahn mit Wasserübergewicht	
Baukosten	CHF 140 000 (CHF 304 348 pro km)	
Bemerkungen	Die Gemeindeversammlung von St. Moritz lehnt das Gesuch einstimmig ab. Die Bahn entspreche keinem Bedürfnis.	

Oben: Der Bahnhof St. Moritz kurz nach seiner Eröffnung 1904.

Links: Legendär ist es, das elektrische Tram von St. Moritz. In Betrieb gesetzt wurde es acht Jahre, bevor der erste Zug der Rhätischen Bahn das Dorf erreichte.

Das erste Automobil im Engadin

‹Engadin-Express›, 30. Juli 1907: «Es ist wirklich erschienen, das viel geschmähte und viel gefürchtete ‹Automoppel›. Vergangenen Sonntag war's, als es mitten in der promenierenden Kurgesellschaft vor dem Kurhause in St. Moritz-Bad auftauchte, sanft und fromm wie ein gutmütiger Langohr. Dem Automobilsten, Herrn Ed. Jans aus Krefeld, wurde die Erlaubnis zum Fahren mit seinem vierplätzigen Automobil von 40 HP von Schuls nach Martinsbruck und von Castasegna nach St. Moritz von der Regierung des Kantons Graubünden erteilt. Es wurden dabei sehr strenge Vorschriften aufgestellt, die auch von den Fahrern strikte befolgt worden sein sollen.

Man schreibt uns darüber aus dem Bergell: Sonntag, 28. corr., morgens 7 Uhr, fuhr, von Chiavenna herkommend, das erste Automobil – jedenfalls mit regierungsrätlicher Erlaubnis – durch Vicosoprano und das Bergell hinauf, um via Maloja das Engadin zu erreichen. In Castasegna hatte dasselbe abends zuvor Halt gemacht. Das elegante, mit zwei Herren und zwei Damen besetzte Vehikel machte einen sehr günstigen Eindruck und verlautet nichts von irgendwelchen unliebsamen Geschehnissen und Zwischenfällen, die sich während der Fahrt ereignet hätten.

Bekanntlich befährt die Firma Gebrüder Scartazzini in Promontogno mit besonderer Erlaubnis seit mehr als Jahresfrist die Strecke Chiavenna–Promontogno mit einem Lastautomobil, das zu voller Zufriedenheit funktioniert und unseres Wissens ebenfalls zu Klagen etc. keinerlei Anlass gab.

Anmerkung der Redaktion: Wir enthalten uns vorläufig jeglicher Kommentierung der Sachlage. Unfälle sind keine vorgekommen, obschon an einigen kritischen Stellen Fuhrwerke nicht eben angenehm überrascht wurden. Es herrscht im Engadin grosse Entrüstung über diese Fahrt; dieser Entrüstung gibt ein längerer Artikel eines Fremden Ausdruck, der bei uns einlief, für diese Nummer aber zu spät.»

Noch 1880 zählte St. Moritz erst 394 Einwohner, dreissig Jahre später waren es 3197. Das Zentrum des touristischen Aufbruchs befand sich über die Jahrhundertwende hinaus in St. Moritz-Bad mit der sorgfältig gepflegten Kurzone.

5. Juli 1896 mit der modernsten Traktion; die Rhätische Bahn hat vier Tage vorher eben gerade das Teilstück Chur–Thusis eröffnet – mit Dampfbetrieb. Das Erstaunliche: Es dauert noch acht Jahre, bis der erste Zug der Rhätischen Bahn St. Moritz erreicht (10. Juli 1904).

Indes hat der Bahnhof von St. Moritz von Beginn weg einen gewichtigen Nachteil: «Die Station der Rhätischen Bahn in St. Moritz liegt so weit ab von Dorf und Bad, dass eine gute Verbindung mittels einer Strassenbahn unbedingt erforderlich ist», schreibt der Verwaltungsrat im Konzessionsgesuch für eine Linienverlängerung der St. Moritzer Strassenbahn.

Tram-Ringlinie geplant

Zwei Jahre vor der Bahnhofeinweihung beantragt man beim Bund eine Streckenverlängerung: Vom Postplatz im Dorf bis zur Station der Rhätischen Bahn (0,93 km) und von dort weitere 1,46 km direkt nach St. Moritz-Bad. «Es entsteht also eine Art Ringbahn vom Kurhaus im Bad über die alte Linie zum Dorf hinauf, von da hinunter zur Station und von dieser letzteren längs dem See wieder ins Bad zurück. Diese Anlage wird eine grosse Annehmlichkeit sein nicht nur für den Verkehr von und nach der Station, sondern auch für die vielen Spaziergänger nach der Meierei, Pontresina etc., welche gerne einen Teil des Weges fahren werden.» Kostenpunkt: 360 000 Franken. Die ‹Engadiner Post› hält hoffnungsvoll fest: «Es steht ausser Zweifel, dass vielleicht schon für nächstes Jahr das Ringbahn-Projekt zur Ausführung gelangt, da die Finanzierung ziemlich gesichert erscheint.»[4]

Allerdings zieht sich die Sache hin, und parallel dazu verteuert sich das Ausbauprojekt 1912 nach einem neuen Gutachten um fast das Doppelte auf 650 000 Franken, wobei allerdings eine weitere Linienverlängerung bis an den Champfèrer See inbegriffen ist. Diese Vorwärtsstrategie ist recht mutig, denn die Tramfrequenzen hinken mit einem Mal deutlich hinter den Erwartungen zurück. Dennoch zeigt der Verwaltungsrat Entschlossenheit: «Es ist auch berechtigte Hoffnung vorhanden, dass das bestehende Unternehmen, welches bis anhin kaum imstande war, die Betriebskosten zu decken, sich in Zukunft einer gesunden Prosperität erfreuen wird, wenn das Netz in der beabsichtigten Weise ausgebaut ist.» Die Rhätische Bahn

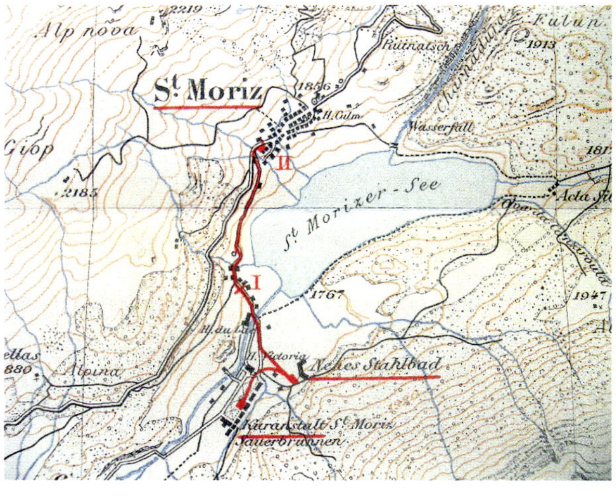

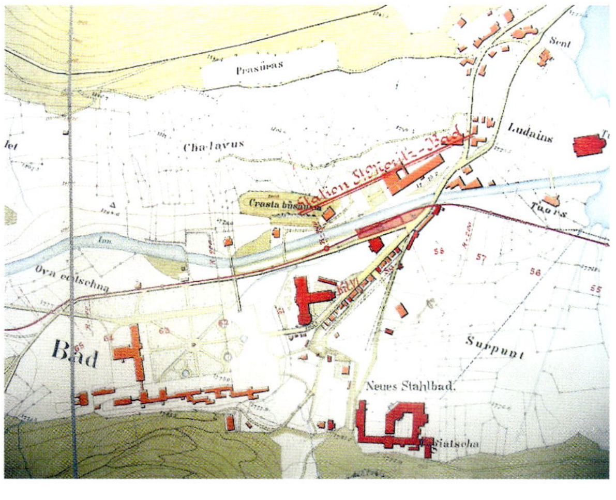

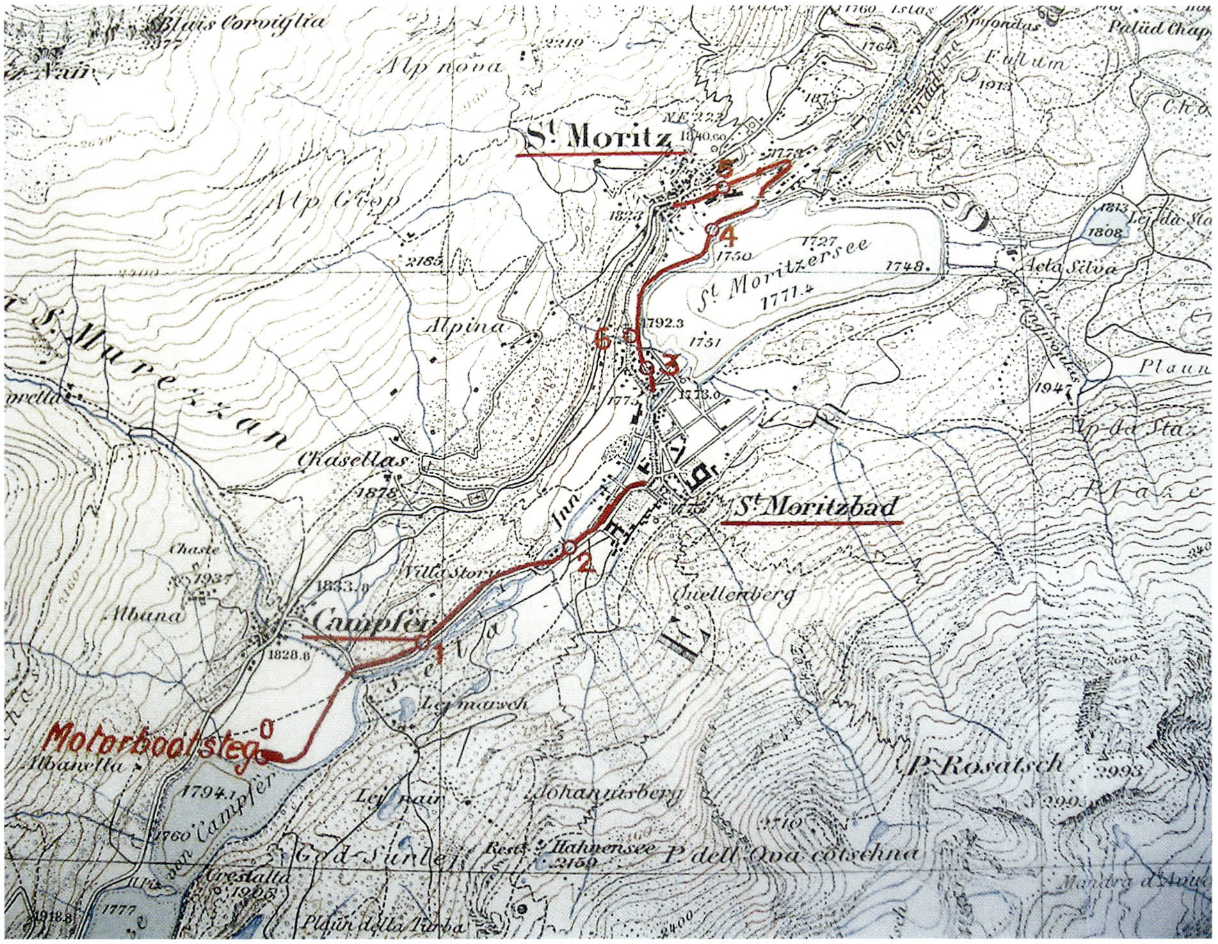

Das Ringbahn-Projekt sah einerseits die Verbindung vom Postplatz in St. Moritz-Dorf mit dem Bahnhof am See vor, zum Andern eine Verlängerung der Linie bis ans Ufer des Champfèrer Sees.

habe «das Bestreben, ihr Netz noch gegen den Champfèrer See auszudehnen, da auf den Oberengadiner Seen eine Motorbootverbindung bis Maloja aufgenommen werden soll, was infolge der lästigen staubigen Strasse erforderlich wird».[5]

Der Bundesrat bewilligt auch dieses Gesuch postwendend. Die Linienerweiterung kommt allerdings nicht zustande, und 1917, mitten im Ersten Weltkrieg, versucht die Gemeinde St. Moritz das Tram zu retten, indem sie es von der maroden Strassenbahn AG übernimmt.

Bäder-Hotellerie in der Krise

Vier Faktoren lassen das St. Moritzer Tram (zu) früh sterben: Das Auto verdrängt die Bahn, die Noblesse will sich nicht mehr mit dem profan gewordenen Tramway transportieren lassen. Die Frequenzen sinken Anfang der Dreissigerjahre dramatisch, und überdies müssen auch die Geleise, sowie das Rollmaterial dringend saniert werden. Der St. Moritzer Gemeinderat kann sich «angesichts der heutigen, sehr unsicheren Lage unserer Hotellerie und besonders angesichts der immer mehr zurückgehenden Frequenz der Hotels in St. Moritz-Bad nicht entschliessen, der Gemeindeversammlung grössere Kredite für die Erneuerung von Wagenpark, Geleiseanlage und Oberleitungen der Strassenbahn zu beantragen».[6]

Als 1932 eine Untersuchung der Strecke gravierende Mängel aufdeckt, scheinen die Tage der St. Moritzer Strassenbahn gezählt zu sein: «Der bauliche Zustand der Anlagen, der Fahrleitung und des Unterbaus ist ein schlechter, und besonders die Fahrleitung muss dringend umgebaut werden, wenn man die Garantie für den Betrieb übernehmen will. Die Wagen, die aus dem Jahre 1892 stammen, sind sehr klein, die Motoren ausgelaufen und sollten ersetzt werden.» Die Sanierung schlägt mit 89 000 Franken zu Buch, inkl. «vier neue Wagen, gebrauchte von Zürich». Kommt dazu, scheibt der Gemeinderat nach Bern, dass der Winterbetrieb für eine Trambahn auf dieser Höhe sehr aufwendig werde, weil die Schienen «im Winter tief unter Schnee liegen und eine Freilegung der Geleise infolge des Schlittelns und des übrigen Verkehrs nicht möglich ist. Die Behörde der Gemeinde St. Moritz muss konstatieren, dass die Verhältnisse seit der Konzessionserteilung vor 40 Jahren sich gänzlich verändert haben, sodass man der Gemeinde kaum zumuten kann, grössere Gelder aufzubringen, um die Anlagen der Strassenbahn zu erneuern».[7]

Keine Chancen mehr für das Tram

Am 18. September 1932 ist endgültig Schluss. Vierzig Jahre nach der Inbetriebnahme der einst so gefeierten, hochmodernen St. Moritzer Strassenbahn, fährt zum letzten Mal ein Tramwagen vom Bad ins Dorf hinauf. Die St. Moritzer weinen ihrem Tram keine Träne nach. Der Antrag des Gemeindepräsidenten wird im Gemeinderat im November 1934 mit 15:0 Stimmen genehmigt, die Strassenbahn durch einen Postautobetrieb ersetzt.[8]

Zahnradbahn über die Fuorcla Surlej

Es würde überraschen, wenn die Fuorcla Surlej nicht auch das Ziel von Bergbahn-Projekten gewesen wäre. 1904, ein knappes halbes Jahr, nachdem die Albulabahn St. Moritz erreicht hatte, deponierte der erfahrene Ingenieur und Zahnradbahn-Pionier Emil Strub ein minutiös geplantes Bauvorhaben beim Eisenbahndepartement. Es wurde von den Gemeinden St. Moritz und Silvaplana abgelehnt.

Rechte Seite: Pontresina mit dem Rosegtal. Im Vordergrund das Schloss Hotel Pontresina, dahinter der Bahnhof der Rhätischen Bahn, um 1913.

Viel besungen wird sie, die 2756 m hohe Fuorcla Surlej, mit der grandiosen Aussicht auf die Bernina-Gruppe. Zwei Bahnprojekte sollen dem Passübergang neue Besucher bringen. Der Zahnradbahn-Pionier und erste Direktor der Jungfraubahn, Ingenieur Emil Strub, reicht 1904 ein Konzessionsgesuch ein, 1908 doppelt das Ingenieurbüro Ausfeld & Spyri aus Basel nach. Allerdings meldet der Kleine Rat des Kantons Graubünden nach Bern schriftlich: «Die betreffenden Territorialgemeinden, zur Willensäusserung über die Projekte eingeladen, haben sich sämtlich und einstimmig gegen die Concessionierung ausgesprochen.»[1]

Längst klettern im Berner Oberland, im Wallis und in der Zentralschweiz berühmte Zahnradbahnen bergwärts. Die Schweiz gilt in der Hochblüte der Belle Epoque als das Eldorado der Bergbahnen, als Spielplatz der Alpen. Goldene Eier legt die Rigibahn ihren Aktionären mit Dividenden in der Höhe von 16 bis 20 Prozent, die Pilatusbahn erklimmt weltweit nie gekannte Steigungen, und dank der beiden von Beginn weg elektrifizierten Hochgebirgsbahnen auf den Gornergrat und auf das Jungfraujoch (1905 bis Eismeer), können sich vermögende Touristen bis in die Hochalpen vorwagen. Nur die Ferienecke Graubünden kennt noch keine einzige Bergbahn. Erst 1907 wird die Muottas-Muragl-Bahn eröffnet, 1913 folgt die Drahtseilbahn auf das Plateau von Chantarella, 1928 Chantarella–Corviglia und 1930 die Parsennbahn in Davos. Zahnradbahnen verkehren in ganz Graubünden bis heute nicht, sieht man von der Bergstrecke der Matterhorn-Gotthardbahn am Oberalppass ab.

Angst vor Massentourismus

In Stein gemeisselte Grundsätze und auch Ängste sind es, welche im Oberengadin zu einer breiten Front gegen den Bau jeglicher Bergbahnen führen. Bergführer und Träger bangen (wie im Berner Oberland und im Wallis) um ihr Auskommen, um ihre Lebensgrundlagen, einflussreiche Hoteliers befürchten ein Ausbleiben der noblen Klientel, wenn sich plötzlich im auch Engadin der Massentourismus entwickeln sollte, und schliesslich gibt es Abwehrreaktionen gegen die «Spekulanten und Kapitalisten aus dem Unterland». Zu hören sind nicht wenige Mahner, welche die noch unberührten Täler, Pässe und Gipfel vor dem überbordenden Bahnbau schützen wollen.

Prestigeträchtiges Projekt

Er hat sich in ganz Europa Achtung verschafft, Ingenieur Emil Strub aus Interlaken. Der erste Direktor der Jungfraubahn und Erfinder des nach ihm benannten Zahnradsystems wirkt u. a. als Konstrukteur, Erbauer und Berater im ganzen Alpenraum und darüber hinaus. Deshalb ist sein am 2. November 1904 eingereichtes «Conzessionsgesuch für eine electrische Zahnradbahn St. Moritz–Surlej» besonders prestigeträchtig.

Die einzigartige Szenerie des Engadins, hält Strub in seinem Konzessionsgesuch fest, übe eine enorme touristische Anziehungskraft aus. «Die Seen und Gletscher, die klare Luft, die bedeutende Höhelage von 2000 m ü. M. und somit der verhältnismässig leichte Aufstieg ins Hochgebirge» mache den Genuss komplett. Im Engadin finde der Fremde «so ziemlich alles, was er sich in der Schweiz wünschen mag». So zum Beispiel «die wohl gepflegten Spaziergänge in schönen Lärchen- und Arvenwäldern, ebenso die sauberen, wohlhabenden Ortschaften und nicht zum Wenigsten die von den Bündnern in vorzüglicher Weise verstandene Hotelindustrie».[2]

Emil Strub präsentiert sein Projekt dem Eisenbahndepartement sogar im Massstab 1:10 000. Dennoch tut sich der Kleine Rat des Kantons Graubünden schwer. Auf dem ersten Teilstück stehe das Bauvorhaben in Konkurrenz zum bereits vom Bund konzessionierten Drahtseilbahn-Projekt

Muottas Muragl macht den Anfang

‹Engadin-Express›, 13. August 1907: «Die Drahtseilbahn Muottas Muragl ist am vergangenen Freitagnachmittag eröffnet worden. Der Betrieb spielte sich dieser Tage mit grösster Sicherheit und Regelmässigkeit ab und erweckt den Eindruck, dass diese neuste industrielle Anlage des Engadins für dieses Tal einen ganz entscheidenden Fortschritt bedeutet. Unsere erste Engadiner Bergbahn dürfte nun viele ihrer ursprünglichen Feinde versöhnt, ja zu Freunden umgewandelt haben. Die Anlage ist äusserst solid, was auch den eidgenössischen Experten zur offenen Aussage führte, dass von den drei Bahnen, die er dieses Jahr abgenommen, diejenige auf Muottas Muragl die bestgebaute sei.»

Eine Woche später meldet der ‹Engadin Express›: «Das war wieder ein Betrieb auf der jungen Muottasbahn (…) Wagen um Wagen schlich den Berg hinan, voll bepackt bis zum letzten Stehplatz. Und oben war ein Leben wie an einem Jahrmarkt, das Hotel Muottas-Kulm konnte dem Andrange nur mit Aufbietung aller Kräfte gerecht werden. Eine Ehrung erfuhren die Bahn und das neue Hotel an diesem Tage durch den Besuch einiger unserer hohen Staatswürdenträger, die sich die Anlage besahen. Es waren u. a. anwesend Herr Bundesrat Comtesse, Ständerat Calonder, Staatsrat Perrier von Neuenburg, Standespräsident Ogliatti usw.»

… oder eine neue «Bergbahn-Seuche»?

Doch noch Kritik in der ‹Engadiner Post› (22. August 1907): «Keinem Menschen kann es in den Sinn kommen, die Bahn trage etwas zur Verschönerung des Oberengadins bei (…) Über das Bergbahnfieber, wie es im Berner Oberlande grassiert, spotten gern gesehene Sommergäste, besonders in englischen Blättern; sie machen sich lustig über diejenigen, welche zu träg und nicht mehr marschierfähig seien, sich aber mit dem Drahtseil emporziehen lassen zu den Höhen, wo sie Bier oder Tee trinken und Ansichtskarten adressieren können. Die Gemeinde Pontresina hat wohl getan zu beschliessen, dass der Languard von einer Bahn verschont bleiben soll. Möge die Muraglbahn, wie sie die erste Bergbahn des Tales ist, so auch die letzte bleiben!»

Die Redaktion der ‹Engadiner Post› kommentiert am Schluss: «Es ist eine alte Geschichte: Man kann keine Hosen machen, ohne dass man ins Tuch schneidet. Die Linie der Muottas Muragl-Bahn sieht heute allerdings nicht gut aus. Sie hat etwa 300 Bäumen das Leben gekostet.» Nun sind alle Vorkehrungen getroffen worden, «um die nackten Stellen zu besäen und den Baumwuchs zu fördern, und so wird man von der Bahn in einigen Jahren vom Tale aus nicht mehr viel sehen».

von Ingenieur v. Schuhmacher, St. Moritz-Hahnensee. Ausserdem haben sich die Gemeinden einmütig gegen den Bau ausgesprochen.

«Aussichtsreiche Terrassen»

Strub umschreibt die Linienführung seiner Zahnradbahn wie folgt: «Der Anfangspunkt der Bahn ist in St. Moritz-Bad, zwischen dem neuen Stahlbad und der Endstation der Tramway (Tramlinie St. Moritz-Bad–St. Moritz-Dorf) angenommen, wo auch der Fussweg nach dem Pass beginnt. Das Trassee folgt im Allgemeinen der Richtung dieses Weges, indem es zunächst die waldige Anhöhe zur Terrasse des bekannten Hahnensees hinaufsteigt (…) Von der Zwischenstation Hahnensee, ohne wesentliche Richtungsänderung weiter ansteigend, gewinnt unser Trassee bei km 4,7 eine noch höher gelegene, aussichtsreichere Terrasse, auf welcher vorläufig nur eine Ausweichstelle vorgesehen ist. Die starken Neigungswechsel im Längenprofil zwischen km 3 und 4 erfolgten, um einer alten Steinschüttung auszuweichen. Von der Ausweichstelle bis zur Passhöhe schmiegt sich das Trassee der schwach geneigten Berglehne an, ohne nennenswerte Kunstbauten zu fordern.»

Grosser Zuspruch zu erwarten

Im Gegensatz zu vielen anderen Bergbahnen, deren Konzentration auf engste Räume er immer kritisiert hat, ist Strub überzeugt, dass die Surlej-Bahn eine goldene Zukunft hat. «Für die Bestimmung des zu erwartenden Verkehrs kann wohl am ehesten die Gornergratbahn in Vergleich gezogen werden. Obgleich der Verkehr in St. Moritz bedeutend grösser ist als in Zermatt, soll dennoch den Einnahmen nur diese Jahresfrequenz von etwa 20 000 Personen in jeder Fahrtrichtung zugrunde gelegt werden. Beträgt der Personentarif pro km ebenfalls 1.20 Franken, so werden Hin- und Rückfahrt St. Moritz-Bad–Surlej etwa 15 Franken und St. Moritz-Bad–Hahnensee etwa 5 Franken kosten.» Aufgrund dieser Annahmen rechnet Strub für die Surlej-Bahn jährlich mit Gesamteinnahmen von 210 000 Franken und Betriebsausgaben von 145 500 Franken. Bei einem Aktienkapital von 1,1 Millionen Franken soll dies in den ersten Betriebsjahren eine Dividende von 5,8 Prozent ergeben.

Die Konzession hat Emil Strub nie erhalten, was den berühmten Zahnradbahn-Pionier zeitlebens kränkt. Er, der in ganz Europa und Nordafrika Bahnen gebaut hat, findet im Engadin verschlossene Türen vor.

Auch das Rosegtal kommt ins Visier

Vier Jahre später hat sich der Bundesrat erneut mit der Fuorcla Surlej zu befassen. Das Basler Ingenieurbüro Ausfeld & Spyri wartet mit einem modifizierten Projekt auf.

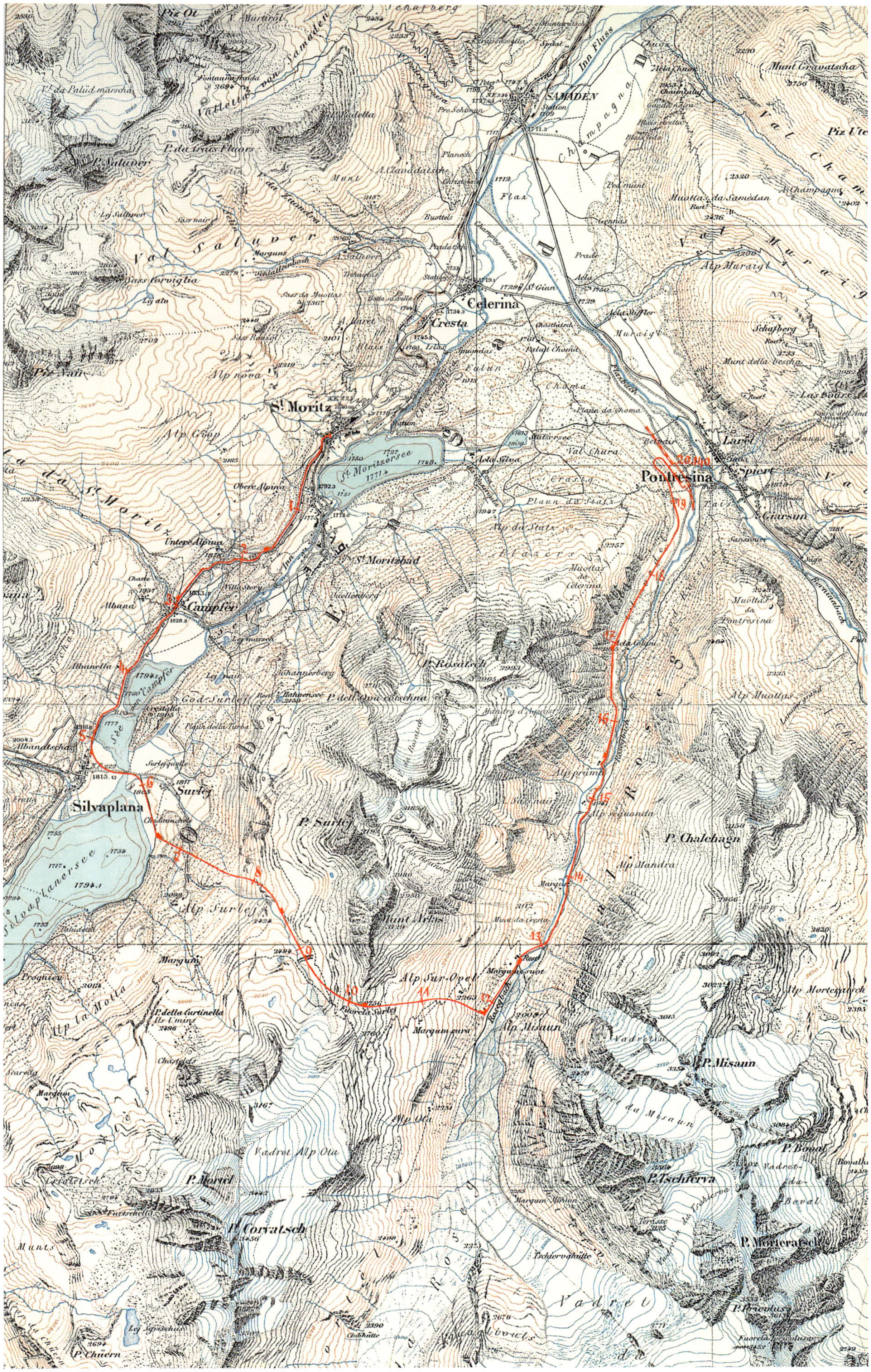

20,1 Kilometer lang sollte die Bahnlinie St. Moritz – Silvaplana–Fuorcla Surlej–Pontresina werden. Es hätte das stille Rosegtal durchschnitten und wurde von allen betroffenen Gemeinden wuchtig abgelehnt.

Diesmal soll nicht nur die Fuorcla Surlej erschlossen, sondern ebenso das Rosegtal und Pontresina mit einbezogen werden:

Sektion 1: Adhäsionsbahn St. Moritz–Champfèr–Silvaplana–Surlej
Sektion 2: Drahtseilbahn Surlej–Fuorcla Surlej
Sektion 3: Drahtseilbahn Fuorcla Surlej–Roseg
Sektion 4: Adhäsionsbahn Roseg–Pontresina

Ausfeld & Spyri beabsichtigen, mit ihrer Bahn auch den Anschluss von St. Moritz mit Silvaplana herzustellen. Das Projekt Strub weise grosse Schwächen auf, «weil diese Linienführung die Parkanlagen des Stahlbades St. Moritz und die ganze daran anschliessende Waldpartie zerstört». Zudem mache es keinen Sinn, diese Bahn auf dem Scheitelpunkt des Passes enden zu lassen. «Eine Bahn mit der Passhöhe als Endpunkt dürfte so unrentabel werden, dass deren Finanzierung sehr schwer sein dürfte.»

Die Kritik am gegnerischen Bauvorhaben kommt beim Eisenbahndepartement nicht gut an. Das Basler Projekt weise zudem gravierende Mängel auf. So müsse die Maximalsteigung bei der Seilbahnstrecke Fuorcla Surlej–Rosegtal von 706 Promille unbedingt reduziert werden, «da dieselbe im Verein mit den schweren Wagen von 60 Plätzen zu einem abnorm schweren Seil und grossen Beanspruchungen des mechanischen Teils führen würde (...) Die für die Seilbahn in Aussicht genommenen Schienen von 21 kg (pro Meter Länge) genügen nicht für die Bremsung der schweren Wagen auf den vorkommenden grossen Gefällen». Schliesslich sei auch der Kostenvoranschlag für die Seilbahnstrecken zu niedrig angesetzt.

Front gegen die Kapitalisten

Ob St. Moritz oder Silvaplana, Samedan oder Pontresina, die Projekte werden von den Behörden und an allen vier

Zahnradbahn-Projekte St. Moritz(-Hahnensee)-Fuorcla Surlej-Pontresina

	Projekt Strub			Projekt Ausfeld & Spyri			St. Moritz-Hahnensee	
Konzessionsgesuch	2. November 1904			1. April 1908			27. August 1902	
Konzessionsbewerber	Emil Strub			Ausfeld & Spyri, Basel			J. v. Schumacher, Luzern	
Projektverfasser	Emil Strub			Ausfeld & Spyri, Basel			J. v. Schumacher, Ingenieur	
Konzession	Verweigert			Verweigert			20. Dezember 1902 Fristverlängerung bis 1910	
Streckenlänge	7,476 km (Zahnradbahn)			20,14 km (gemischter Betrieb)			1,332 km	
				St. Moritz–Surlej Adhäsion		6,65 km		
				Surlej–Fuorcla Zahnrad		3,59 km		
				Fuorcla–Roseg Zahnrad		1,61 km		
				Roseg–Pontresina Adhäsion		8,29 km		
Spurweite	1000 mm			1000 mm			1000 mm	
Maximalsteigung	250 ‰			44 ‰ (Adhäsion), 706 ‰ (Zahnrad)			429 ‰	
Stationen	St. Moritz	km 0,0	1790 m ü.M.	St. Moritz	km 0,0	1830 m ü.M.	St. Moritz-Bad	1787 m ü.M.
	Hahnensee	km 2,4	2189 m ü.M.	Alpina	km 1,7	1860 m ü.M.	Hahnensee	2155 m ü.M.
	Ausweichstelle	km 4,7	2450 m ü.M.	Champfèr	km 2,9	1830 m ü.M.		
	Fuorcla Surlej	km 7,5	2760 m ü.M.	Silvaplana	km 5,1	1799 m ü.M.		
				Surlej	km 6,7	1797 m ü.M.		
				Alp Surlej	km 8,5	2430 m ü.M.		
				Fuorcla Surlej	km 10,2	2756 m ü.M.		
				Roseg	km 11,9	2010 m ü.M.		
				Margum Suot	km 12,7	1995 m ü.M.		
				Alp Prüma	km 15,6	1920 m ü.M.		
				Acla Colani	km 16,8	1880 m ü.M.		
				Pontresina	km 20,1	1770 m ü.M.		
Höhendifferenz	970 m			986 m			368 m	
Minimalradius	80 m			40 m Zahnrad / 50 m Adhäsion			1500 m	
Güterverkehr	ja			Nur Stückgüter			Nur Gepäck	
Betriebssystem	Elektrisch wie Jungfraubahn			Elektrisch			Wassergewicht	
Kosten	CHF 2 000 000 (CHF 268 400 pro km)			CHF 3 600 00 (CHF 178 750 pro km)			CHF 470 000 (CHF 369 500 pro km)	

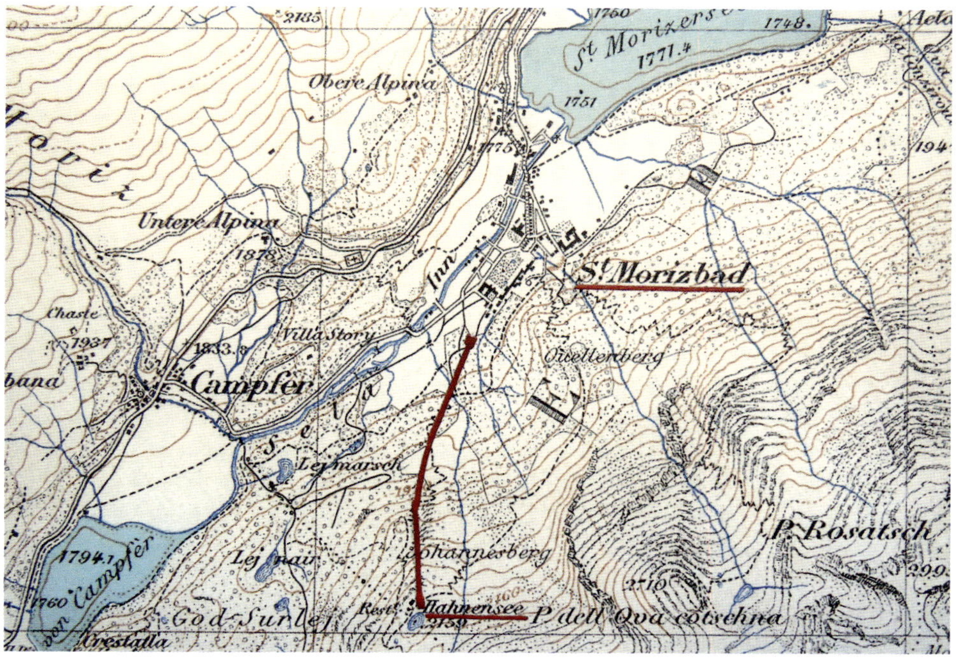

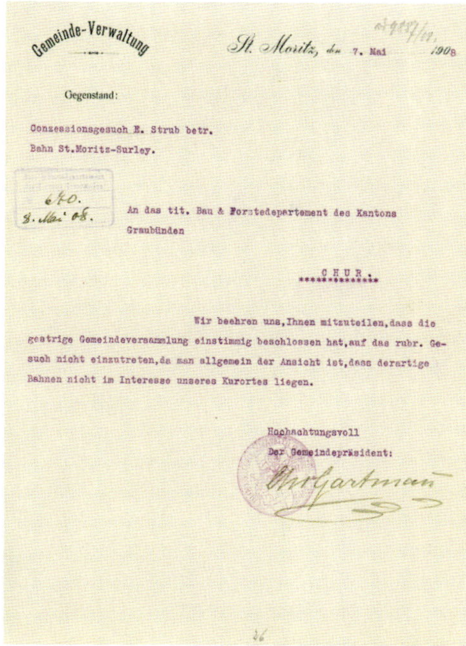

Gemeinde-Verwaltung

St. Moritz, den 7. Mai 1908

Gegenstand:

Conzessionsgesuch E. Strub betr.
Bahn St.Moritz-Surley.

640.
8. Mai 08.

An das tit. Bau & Forstedepartement des Kantons
Graubünden

C H U R .

Wir beehren uns, Ihnen mitzuteilen, dass die gestrige Gemeindeversammlung einstimmig beschlossen hat, auf das rubr. Gesuch nicht einzutreten, da man allgemein der Ansicht ist, dass derartige Bahnen nicht im Interesse unseres Kurortes liegen.

Hochachtungsvoll
Der Gemeindepräsident:
Hartmann

Gemeindeversammlungen einstimmig (!) abgelehnt. Nur zwei Jahre zuvor war das Projekt einer Drahtseilbahn St.Moritz–Hahnensee (Projekt Schuhmacher von 1902) in der «Engadiner Post» noch wärmstens unterstützt worden: «St. Moritz hat ein grosses Interesse an dem Zustandekommen dieser Bahn.»[3] Nun aber lehnt das gleiche St. Moritz urplötzlich jedes Projekt ab, «da man allgemein der Ansicht ist, dass derartige Bahnen nicht im Interesse unseres Kurortes liegen».[4] Nicht zuletzt würden sich ohnehin die Kapitalisten aus dem Unterland auf Kosten der Natur bereichern.

Noblesse oblige

Adel verpflichtet. «Nicht im Interesse unseres Kurortes» heisst übersetzt: Man will im Oberengadin gut betuchte Gäste und keine «Touristen». An der Herbst-Generalversammlung des Sommerkurvereins St. Moritz von 1908 wird klar hervorgehoben, «die Losung muss eher die sein, mit Hülfe guter Preise die Klientel zu ‹verbessern› als sie mit allzu niedrigen Preisen zu verschlechtern».

In einem redaktionellen Artikel nimmt die ‹Engadiner Post› am 29. Juli 1908 gegen das Bahnprojekt Stellung: «Der gute Gast, welcher zu seiner Erholung ins Engadin kommt, wünscht Ruhe, nimmt sich zu seinen Ausflügen Zeit und Musse, er will die Natur sehen und geniessen (...) und braucht zu diesem Zwecke keine Bahnen, die ihm den Reiz des Natürlichen, des Idyllischen nehmen und rauben.» Es gelte, den «vielen Vorspiegelungen dubioser Spekulanten, die bei der ganzen Sache nichts anderes als ein gutes Privatgeschäft machen wollen», mit einem Nein zu begegnen. «Die Gegenden im Tirol, die noch fern von Bahnen liegen, die Dolomiten werden zuhnemend besucht, für unser Engadin immer stärkere Konkurrenten.»

Deutliche Worte aus Silvaplana

Samedan fügt keine Begründungen an, sondern verweist einzig auf den Beschluss der Gemeindeversammlung. Front gegen das Projekt macht Silvaplana: «Die Gemeinde vertritt die Ansicht, dass erstens alle diese Bahngesellschaften in erster Linie nicht die Interessen des Landes zu heben trachten, sondern einzig eine möglichst gute Platzierung ihres Kapitals anstreben, zweitens wird durch diese Anlage die Gegend verunstaltet, drittens liegt gar keine Notwendigkeit vor, eine Bahn auf die Fuorcla Surlej zu bauen, und im Übrigen ist die Gemeinde Silvaplana Gegnerin jeder Berg- und Schmalspurbahn, deswegen, weil dieselben nur dazu dienen sollen, die Taschen der Aktionäre zu füllen.» Die Gemeinde Pontresina schliesslich bittet die Kantonsbehörden, das Rosegtal und die Fuorcla Surlej «als Landschaften von seltenem Reiz (...) vor Verunstaltung zu bewahren».[5]

Während Ingenieur Strub das Projekt enttäuscht zu den Akten legt, ziehen Ausfeld & Spyri ihr Konzessionsgesuch unter Vorbehalten zurück, «weil es unsere feste Überzeugung ist, dass in nicht allzu langer Zeit unser heute einstimmig abgelehntes Projekt ebenso einstimmig von der Hoteliers selbst aufgegriffen werden wird».[6]

Drahtseilbahn zum Hahnensee

Mehr Glück hat 1902 ein anderer Ingenieur: Fritz von Schumachers Hahnensee-Projekt stösst in St. Moritz auf keinen Widerstand, und demzufolge empfiehlt auch die Bündner Regierung das Projekt zur Konzession. Der ‹Freie Rätier› ist kritisch: «Wollen wir um eines kleinen materiellen Vorteils willen auch nur einen Teil unserer wertvollsten, unveräusserlichen, ideellen Güter preisgeben?»[7] Die Drahtseilbahn soll, bei einer Länge von 1,32 km, von St. Moritz-Bad zum 400 m höher gelegenen Aussichtspunkt Hahnensee führen. Trotz der eidg. Konzession bleibt auch dieses Projekt Papier. Erst der Wintertourismus macht den Bau neuer Anlagen nötig. Anstelle von Zahnrad- oder Drahtseilbahnen zieren heute Luftseilbahnen die Oberengadiner Landschaft.

Links: Neben der bereits 1896 konzessionierten Muottas Muragl-Bahn hatte einzig der Plan einer Standseilbahn von St. Moritz-Bad zum Hahnensee eine Chance. Das Projekt wurde 1902 konzessioniert, konnte aber nicht finanziert werden.

Rechts: Aufschlussreich die 4-Zeilen-Antwort des Gemeinderates von St. Moritz zum Konzessionsgesuch von Emil Strubs Fuorcla Surlej-Bahn (Karten-Ausschnitt, Seite 138). «Wir beehren uns Ihnen mitzuteilen, dass die gestrige Gemeindeversammlung einstimmig beschlossen hat, auf das rubrizierte Gesuch nicht einzutreten, da man allgemein der Ansicht ist, dass derartige Bahnen nicht im Interesse unseres Kurortes liegen.»

Bergstation Piz Bernina auf 4018 m

«Piz Bernina – an Höhe und Schönheit gibt es in ganz Graubünden keine Steigerung mehr!» Der visionäre und initiative Berninabahn-Direktor Eduard Zimmermann will 1930 buchstäblich hoch hinaus. Die Region Engadin/Puschlav brauche unbedingt ein zusätzliches Highlight, «eine Attraktion, wie z. B. der Gornergrat für das Wallis oder in noch viel stärkerem Masse die Jungfraubahn für das Berner Oberland.»[1] Als Ausgangspunkt des spektakulären Projekts wählt er die Station Morteratsch der Berninabahn; die Bergstation soll 37 Meter unter dem Gipfel des Piz Bernina auf einer Höhe von 4018 m gebaut werden. Die Kosten veranschlagt er auf 12 Millionen Franken. Wenig Freude an der Bernina-Vision zeigen die Gemeinde Pontresina, die Kantonsregierung, Heimat- und Naturschutz-Organisationen sowie der Alpen Club.

«Was dieser an schönen Landschaften reich gesegnete Kanton noch braucht, ist eine spektakuläre Attraktion. Nichts eignet sich besser als der höchste Gipfel der Ostalpen.» Mit euphorischen Worten und Bildern preist der dynamische Bahndirektor Eduard Zimmermann 1930, genau zwanzig Jahre nach Betriebsbeginn der Berninabahn, sein Projekt an. Neue Dimensionen brauche das Engadin. Ziemlich zuversichtlich heisst es im Konzessionsgesuch vom 3. Mai 1930: «Bis zur Spitze des Berges Piz Bernina 4055 m, welche von Bauten vollständig frei bleiben soll, wird ein gut gangbarer Weg oder eine Treppe gebaut werden.»[2] Die heftige Opposition veranlasst Zimmermann allerdings noch im gleichen Jahr, seine Maximal-Variante herunterzuschrauben und den benachbarten, weniger exponierten, 3751 m hohen Piz Morteratsch ins Visier zu nehmen. Aufgrund des massiven Widerstandes in den Gemeinden Samedan und Pontresina beantragt die Bündner Regierung beim Bund, auch diese Alternative abzuweisen.

Jungfraujoch als Vision

Eduard Zimmermann argumentiert mit anderen Fakten: «Die Kurorte des Oberengadins bemühen sich nach jeder Hinsicht, den Fremden das Beste zu bieten. Ausflüge nach Alp Grüm, Muottas Muragl, Corviglia, Maloja werden von den Kurgästen sehr geschätzt und vielfach ausgeführt. Gewiss sind genannte Aussichtspunkte wunderschön und einzig in ihrer Art. Aber niemandem wird es nach der persönlichen Ansicht des Unterzeichneten einfallen, aus Deutschland, England oder gar Amerika wegen der Alp Grüm, Muottas Muragl, Maloja etc. ins Engadin zu reisen. Diese Punkte werden nur als Ausflugsziele vom Engadin aus geschätzt.» Die Erfolge der Gornergratbahn und insbe-

Blick auf Pontresina mit dem eindrücklichen Panorama der Berninagruppe.

sondere der spektakulären Jungfraubahn würden beweisen, welche enorme Bedeutung diese Anlagen für das ganze Wallis und das Berner Oberland haben. Es sei stossend, dass ausgerechnet im grossen Kanton Graubünden «heute in dieser Hinsicht nichts besteht, was im Wallis und im Berner Oberland längst ausgeführt wurde.» Zimmermann zitiert im «Allgemeinen Bericht» zum Konzessionsgesuch den Delegierten der Bank Guyerzeller AG, F. Ehrensperger, welcher anlässlich der Generalversammlung der Jungfraubahn im März 1930 ausgeführt habe: «Die Anziehungskraft des Jungfraujochs als Sehenswürdigkeit ersten Ranges hat wiederum dem schweizerischen und besonders dem Berner Oberländischen Fremdenverkehr grosse Werbekraft verliehen.» Auf das Engadin bezogen: Die Erfahrungen mit der neu eröffneten Corviglia-Bahn zeigen, dass die Nachbarbahnen eine solche Konkurrenz nicht zu fürchten brauchen. Die Gewinner heissen Berninabahn und Rhätische Bahn.

Der Piz Bernina, der einzige Viertausender der Ostalpen, stand im Visier von Berninabahn-Direktor Eduard Zimmermann. Das Engadin – und damals wohl auch die Berninabahn – brauche ein spektakuläres Pendent zur Jungfraubahn im Berner Oberland und zur Gornergratbahn im Wallis, war er überzeugt. Der Plan kam in der Bevölkerung Pontresinas nicht gut an, auch nicht die «abgespeckte» Variante einer Piz-Morteratsch-Bahn.

Endstation direkt unter dem Gipfel

Ausgangspunkt der geplanten Piz Bernina-Bahn soll die attraktive Station Morteratsch der Berninabahn werden. Als Adhäsionsabschnitte sind vorgesehen die Stationen Morteratsch und Boval sowie die Ausweichstation Pas-Chüra «und zwar deshalb, um die Schwierigkeiten, welche im Freien liegende Zahnstangenweichen dem Winterbetrieb bieten, auszuweichen.»

Auf der Lehne des Chalagn, «der nach langjährigen Beobachtungen von der Berninabahn aus sozusagen vollständig lawinensicher ist», wird in nur 12 Minuten die Station und Ausweichstelle Pas-Chüra (1,72 km) erreicht. Ein kleines, gemauertes Stationsgebäude ist bei der Station Boval auf 2590 m Höhe geplant – «und evtl. ein Stumpengeleise für ein bis zwei Wagenlängen». Bei km 3,96 wird das Portal des 5,38 km langen Bernina-Tunnels erreicht. Die nachfolgenden Stationen Coaz, Prievlus und Piz Bernina sind alle in Felskavernen geplant, in Analogie zur Jungfraubahn.

«Die Endstation samt Zahnstangenweiche 1:5½ liegt im Gefälle von 330 ‰ und erhält einen Mittelperron von 2½ bis 3 Metern Breite in Treppenform. Ob das Aufnahmegebäude im Tunnel auf dem Zwischenperron oder aber am Ende des Tunnels gegen aussen (nördlicher Berghang) errichtet werden soll, muss noch näherem Studium überlassen werden. Auf alle Fälle wird, ähnlich wie bei der Jungfraubahn auf dem Joch, ein Berggasthaus zur Aufnahme von Reisenden, Personal, Alpinisten etc. nötig werden und ersuche ich bereits jetzt darum, dass dieses Berggasthaus mit in die Konzession genommen wird.»

Keine Bau-Probleme in Sicht...

Zimmermann erwartet beim Bau keine Probleme, weil die ganze Tunnelanlage überall in gesunden Granit zu liegen komme. «Einzig die Stelle unter dem Boval-Gletscher erweckt diesbezüglich einige Bedenken. Immerhin dürfte auch hier der Tunnel tief unter dem Gletscher im gesunden Fels liegen, sodass auch hier eine Ausmauerung kaum nötig wird.» Die gesamte Bahnanlage befinde sich zum grössten Teil auf dem Gemeindegebiet Pontresinas und auf einem kleinen Teilstück von Samedan. Die Landesgrenze Schweiz–Italien liege bei der Bergstation Piz Bernina aber nur etwa 250 m in südlicher Richtung entfernt.

Als Betriebssystem sieht Zimmermann Gleichstrom mit 900/1000 Volt vor, welcher es erlauben würde, die Züge auch auf der Strecke der Berninabahn verkehren zu lassen. Ohnehin sollen alle Revisionsarbeiten nicht in einer speziell noch zu bauenden Werkstätte bei Morteratsch ausgeführt werden, sondern in jenen der Berninabahn unten im Puschlav, in Poschiavo.

Die Piz Bernina-Bahn

Konzessionseingabe	3. Mai 1930		
Konzession	abgelehnt		
Gesuchsteller	Ed. Zimmermann, Ingenieur, Poschiavo Direktor der Berninabahn		
Projektverfasser	Ed. Zimmermann		
Bahntyp	Gemischte Adhäsions- und Zahnradbahn		
Streckenlänge	9340 m		
Tunnellänge	5380 m		
Stationen	Morteratsch	km 0,00	1899 m ü.M.
	Pas-chüra	km 1,72	2225 m ü.M.
	Boval	km 3,65	2590 m ü.M.
	Coaz	km 5,53	2924 m ü.M.
	Prievlus	km 7,34	3432 m ü.M.
	Piz Bernina	km 9,34	4018 m ü.M.
Gesamtfahrzeit	69 Minuten		
Höhendifferenz	2119 m		
Spurweite	1000 mm		
Maximalsteigung	Adhäsion: 50 ‰, Zahnradstrecke: 330 ‰		
Minimalradius	50 m bei Weichen; 80 m Strecke		
Betrieb	Elektrisch, Stromart noch nicht feststehend		
Kostenvoranschlag	CHF 12 Mio.		
Sitz der Gesellschaft	Pontresina		
Bemerkungen	«Um die richtige Höhe zu gewinnen, muss unterhalb des Piz Bianco-Gipfels ein Spiraltunnel von 80 m Radius gebaut werden, welcher voraussichtlich nach Osten und Westen ebenfalls Stollenfenster erhalten wird.»		

... dafür Frontal-Opposition

Offensichtlich hat Eduard Zimmermann mit Opposition gerechnet, nicht aber in dieser heftigen Form. Dabei hat er doch gerade erst die Alpinisten umgarnt – dabei allerdings nicht gerade mit Fachkenntnissen geglänzt. Eine mächtige Förderung werde er erleben, der Alpinismus. «Man denke sich die wundervollen Bergtouren, welche in voller körperlicher Frische vom Piz Bernina aus in fast alle Himmelsrichtungen ausgeführt werden können, wenn der ermüdende Aufstieg wegfällt.»

Es ist schliesslich ein Kollektivschreiben vom 1. November 1930, welches dem Projekt das Genick bricht. Sowohl der Schweizerische Bund für Naturschutz, das SAC-Zentralkomitee, die SAC-Sektion Rhätia, ebenso die Bündner Vereinigung für Heimatschutz, die Bündner Naturschutzkommission, der Vorstand des Royal English Alpine Club in London und nicht zuletzt der hoch angesehene Geologe und Naturforscher Prof. Albert Heim (1849–1937) fordern vom Kanton Graubünden und vom Bundesrat einen konsequenten Verzicht solcher Bahnen.

Noch versucht Zimmermann Zeit zu gewinnen und das Projekt zu retten, indem er seine Alternativ-Variante mit einem analogen Projekt zum Piz Morteratsch aus dem Hut zieht. Aber auch diese erlebt bei der Bündner Regierung und in Pontresina die gleiche Ablehnungsfront.

Die «internationale Attraktion»

Anders die ‹Neue Zürcher Zeitung›. Mit einer ausführlichen Darstellung des Projektes macht die ‹NZZ› Werbung für das ambitiöse Bauvorhaben. Im Vorfeld der Gemeindeversammlungen bezeichnet sie das Piz Bernina-Projekt als «ein einzigartiges internationales Attraktionsobjekt». Den einzigen Unsicherheitsfaktor bilde der Heimatschutz. Doch sowohl er wie auch der Alpen Club würden sich «bei näherem Studium des Projektes von dessen Grossartigkeit selbst überzeugen».[3]

Die ‹Neue Bündner Zeitung› schwenkt, nach anfänglich positiver Beurteilung, ins gegnerische Lager. Noch im Sommer heisst es in der ‹NBZ›: Wer behaupte, mit Bergbahnen gehe die Anziehungskraft einer ganzen Region bei den Touristen verloren, solle doch mal die Hoteliers in Interlaken fragen. «Jahraus, jahrein wird darüber gejammert, dass die Alpentäler sich entvölkern, weil keine Arbeit, kein Verdienst vorhandnen sei (...) Durch Idealismus kann aber diesem Übelstande nicht abgeholfen werden, nur durch Taten.» Wer nach wie vor die alten, besseren Zeiten besinge, solle entsprechend handeln: «Gut, dann schliesse man den Albula-Tunnel zu und nehme die alten Postkutschen wieder hervor.»[4] Zwei Monate später tönt es differenzierter:

Heute vermisst kaum jemand eine Hochgebirgsbahn im Engadin. Die Berninabahn setzt erfolgreich auf Nostalgie – ohne den Zusatz «Piz».

«Während es die Jungfraubahn verstanden hat, durch Angliedern von Unterkunftshäusern, wissenschaftlichen Laboratorien und Forschungsinstituten ihre Interessensphäre zu erweitern, kommen ähnliche Zweigunternehmen für unsere Bahn wohl kaum infrage. Damit dürfte wohl dargetan sein, dass eine Piz-Bernina-Bahn weit schlechtere Rentabilitätsaussichten bietet als die Jungfraubahn, und dass mit den vorgesehenen 12 Millionen wohl der Sommerverkehr auf anderem Weg weit besser gefördert werden kann.»[5] Mit dem «andern Weg» ist der Ausbau des Wanderwegnetzes gemeint, was «eine gleichmässigere und länger dauernde Arbeitsbeschaffung bringen würde als der Bahnbau».

Der Vizepräsident der SAC-Sektion Rätia, C. Eggerling, macht in einem Leserbrief den Kompromissvorschlag, eine Bahn auf den Munt Pers zu bauen. «Eine Haltestelle auf Diavolezza wäre auch für den Winterbetrieb ganz praktisch, die bekannte Morteratsch-Skiabfahrt könnte dann, als Attraktion, im Schlittelbetrieb durchgeführt werden. Oder man baue eine Bahn auf den Piz Languard, evtl. auf den Piz Corvatsch oder gar auf den schönen Piz della Margna mit seinen herrlichen Talblicken.»

Hände weg von den Hochalpen

Entscheidend in der Meinungsbildung sind aber zwei Reaktionen «an die Bevölkerung von Pontresina». Beide stammen aus der Feder berühmter Hochschul-Dozenten. Prof. Schröter, «einer der besten Kenner unserer Bündner Berge und Bündner Flora», appelliert an die patriotischen Gefühle: «Das Vaterland schaut auf Sie und vertraut auf Ihre Treue!» Und der berühmte Geologe Professor Albert Heim richtet sich schriftlich an die Gemeindeversammlung: «Die höchsten Gipfel sollen wir lassen, wie die Natur sie so wunderbar geformt hat. Sie sind die Hochaltäre der Alpen.»

Die Sache kippt endgültig

Der Appell aus Zürich zeigt Wirkung. Am 17. Oktober 1930 teilt die Gemeinde Pontresina der Bündner Regierung mit, die Bedürfnisfrage nach einer Bahn auf den Piz Bernina sei nicht gegeben. Mit 60 zu 10 Stimmen hat die Gemeindeversammlung grundsätzlich beschlossen, jedes Konzessionsgesuch für eine Bahn auf den Piz Bernina zu bekämpfen. Abgelehnt wird ebenfalls die Variante einer Piz Morteratsch-Bahn, etwas weniger deutlich mit 49 zu 33 Stimmen. Und ein Nein kommt auch aus der Gemeinde Samedan, allerdings überraschend knapp: 41 zu 31 lautet hier die Entscheidung gegen das Bernina-Projekt.

Der letzte amtliche Briefwechsel zwischen dem Berninabahn-Direktor und dem Eisenbahndepartement datiert vom 16. Dezember 1935. Resignierend schreibt Zimmermann nach Bern: «Es wäre mir schon angenehm gewesen, wenn irgendeine Amtsstelle wenigstens mitgeteilt hätte, die Sache scheine aussichtslos zu sein».[6] Umgekehrt hat der Direktor der Berninabahn sein Interesse, längst auf ein neues Projekt fokussiert: Nur ein knappes Jahr nach dem Piz Bernina-Flop lanciert er Projekt Nummer 3, die Diavolezza-Bahn. Das ursprünglich vorgesehene Standseilbahn-Projekt fällt allerdings dem Ausbruch des Zweiten Weltkriegs zum Opfer.

Grosses Feilschen um eine Julierbahn

Leinen-Einband mit Goldprägung – so präsentiert sich das «Projekt Julierbahn» des Ingenieurbüros Froté & Cie., Zürich. Auch der Inhalt überzeugt, detailreich wird die künftige Bahnstrecke dargestellt. Das Eisenbahndepartement und die Bündner Regierung kritisieren allerdings ein zentrales Problem: 73 Kilometer, mehrheitlich als Strassenbahn ohne Eigentrassee. Dennoch wird die Konzession 1911 erteilt. Wie andernorts auch, verunmöglicht der Ausbruch des Ersten Weltkriegs die Finanzierung.

Der Kampf Graubündens für eine Ostalpen-Bahn und das Feilschen der Talschaften für «ihre Bahnlinie» zieht sich wie ein roter Faden durch die Bündner Verkehrsgeschichte. Die Palette der Engadin-Vernetzung reicht vom visionären Engadin-Orientbahn-Projekt bis zur Vereinabahn, Scalettabahn, Albulabahn, Julierbahn, Septimerbahn, Berninabahn, Bergellerbahn, Ofenbergbahn. Das Rennen macht 1897 die Albulalinie. Für den Julier ist es aus. Zwanzig Jahre später bringt der Erste Weltkrieg fundamentale Veränderungen, und 1923 nehmen regelmässige Postautokurse den Julierbahn-Plänen den letzten Wind aus den Segeln.

Ausgerechnet die Oberengadiner wollen die Julierbahn nicht, zumindest vorerst nicht. Mit Ausnahme von Sils und Silvaplana sprechen sich ausgangs des 19. Jahrhunderts alle Gemeinden für die Albulalinie und gegen andere Projekt-Ideen aus. Erst als die Albulabahn am 1. Juli 1903 mit der Verbindung Thusis bis Celerina (am 10. Juli 1904 bis St. Moritz) endlich Tatsache wird, wächst auch im Engadin der Appetit auf mehr. Weil aber wichtige Finanzkreise das Transportaufkommen als zu niedrig einschätzen, lassen sich die Banken nur schwerlich für eine weitere Bahnverbindung Chur–Engadin einspannen. Wichtiger für das Engadin und ganz Graubünden wäre – so die vorherrschende Meinung – eine Verlängerung der Albula-Linie über die Schweizer Grenze Richtung Osten bis Nauders und von St. Moritz westwärts bis Chiavenna.

Heisse Kämpfe um 1897

Noch vor dem Bau der Albulabahn hat sich ausgerechnet der Bündner Bahnpionier W. J. Holsboer aus Davos in die erste Reihe der Julier-Gegner eingereiht. In einer zweiseitigen Beilage zur ‹Engadiner Post› vom 2. September 1897 schreibt er: «Der Bund hat kein besonderes Interesse daran, Chur und Graubünden Italien näher zu rücken, sondern ihm muss alles daran liegen, das Engadin mit dem übrigen Kanton und der Gesamtschweiz zu verbinden. Dazu aber bedarf man einer Bahn, die nicht am obersten Ende ins Engadin mündet, sondern möglichst nahe an der Mitte desselben. Den Julier bauen hiesse allerdings, vielleicht die Fortsetzung nach Chiavenna sofort ermöglichen, aber es hiesse auch, das Engadin ein für alle Mal der Schweiz zu entfremden und Italien auszuliefern.» Holsboer spricht ein grosses Wort aus und vielen Politikern aus dem Herzen. Gleichzeitig versucht er seinem Scaletta-Bahnprojekt (Davos–Engadin) den Weg zu ebnen. Dennoch verliert er den Kampf gegen die durchschlagskräftigere Albula-Fraktion.

Der Postverkehr (Reisende Mai bis September)

	1902	1905 (Albulabahn)	1912
Albulapass	15854	–	–
Julierpass	12364	2275	4045
Berninapass	4453	6460	
Malojapass	11214	16935	18375

Volksversammlung in Samedan

Ganze Talschaften kämpfen in diesen Schicksalsjahren um «ihre» Variante. Um sich nicht dem Vorwurf der Einseitigkeit auszusetzen, lässt der Verwaltungsrat der Rhätischen Bahn in letzter Minute doch noch die Julier-Variante prüfen. Der Widerstand gegen eine periphere Linie regt sich nicht nur im Landwassertal, sondern auch im (geografisch gesehen ebenso peripheren) Prättigau. Und im Engadin werden die Messer gewetzt:

Die ‹Engadiner Post› meldet aus Samedan: «Die Volksversammlung vom letzten Sonntag (14. November 1897) zugunsten eines Albula-Durchstichs war eine Demonstration, wie wir sie im Engadin im seltensten Fall erleben. 140 Männer aus allen Winkeln des Tales, selbst von Zernez und Süss herauf, haben getagt, um eine einheitliche Kundgebung ans übrige Bündner Volk zu erlassen.» Die einstimmig gefasste Resolution schliesst mit den Worten: «Das Engadin wird nur für eine Albulalinie Aktien zeichnen!» Oberst Stiffler aus Davos findet es bemühend, «dass man über diese Frage heute noch in öffentlichen Versammlungen zu sprechen gezwungen ist». Er selber habe «seinerzeit die Worte empathisch gebraucht: ‹Ich lege Schild und Speer nieder zugunsten der Albulabahn, ich, ein Kämpfer für Scaletta!›»[1]

Wer sich in der Öffentlichkeit für eine andere Linie ausspricht, wird hart angepackt: «Die letzte Kundgebung des Herrn Theophil Sprecher beantwortet das Engadin mit gelassener Verachtung. Der Ritter auf dem hohen Gaul, die Pfauenfeder auf dem Hut, dürfte dieselbe ruhig herunternehmen und bescheiden bekennen, dass er diesmal recht unschön gekämpft hat.»[2]

Transitlinien ja – Bergbahnen nein

Die Wogen legen sich erst, als das Oberengadin 1903, dank der Albula-Linie, endlich mit der Kantonshauptstadt Chur, mit der übrigen Schweiz, mit dem europäischen Schienennetz verbunden ist. Die massive Verkürzung der Reisezeit führt in St. Moritz zu einem nie gekannten Anstieg der Gästefrequenzen. Nach wie vor wehrt sich aber die Bevöl-

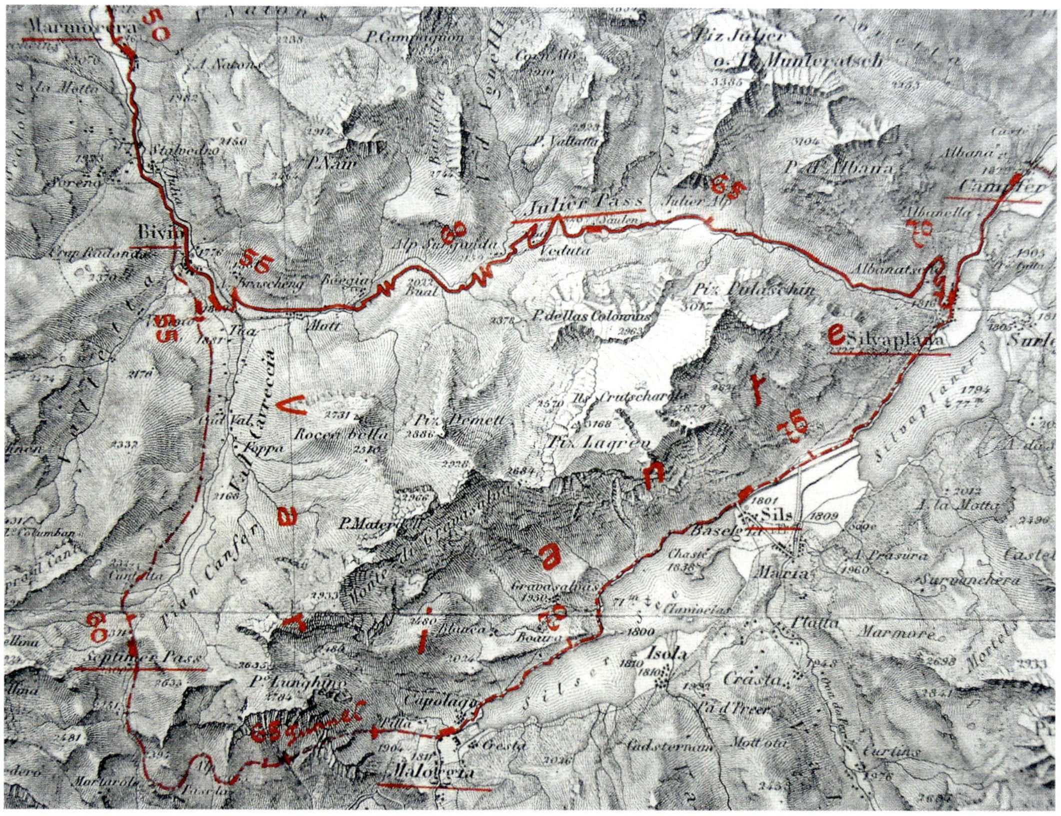

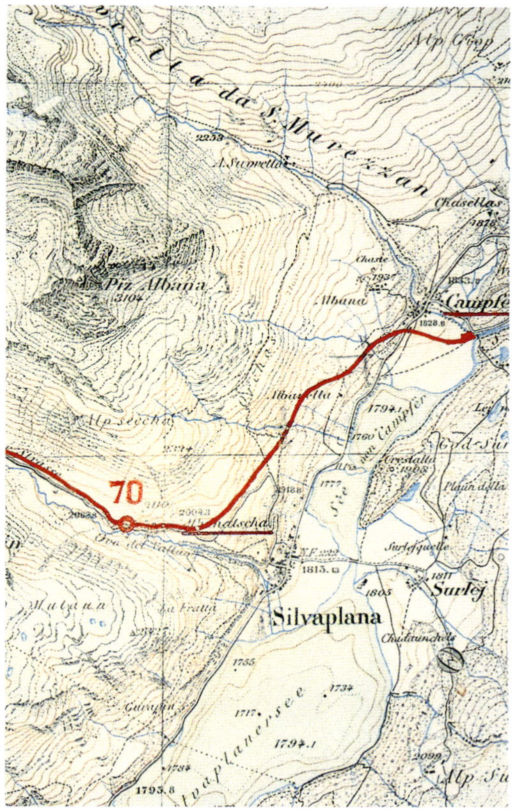

Mit der Variante Septimerpass hätten auch Maloja und Sils-Baselgia vom Bahnprojekt profitiert. Recht aufwendig wäre hingegen heute die Trennung von Schiene und Strasse.

kerung gegen den Bau von Touristenbahnen. Und so zeigt sich das Bündnerland – im Gegensatz zum Berner Oberland, zur Zentralschweiz und zum Wallis – Anfang des 20. Jahrhunderts fast frei von Bergbahnen. Eine einzige Standseilbahn bildet die Ausnahme: Davos-Schatzalp, an Heiligabend 1899 eingeweiht.

Per Strassenbahn ins Engadin?

Im Sommer 1910 legt einmal mehr die umtriebige Bau- und Ingenieurfirma Froté & Cie. aus Zürich eine alte Idee mit einem neuen Konzept vor. Eine zusätzliche Bahnlinie ins Engadin solle von Chur via Lenzerheide und Oberhalbstein «und über den Julier- oder Septimerpass nach dem Engadin führen». Als Endpunkt ist «Champfèr vorgesehen in der Meinung, dass die Strassenbahngesellschaft St. Moritz ihr Netz bis zum Bahnhof St. Moritz auf der einen Seite und zur Gemeindegrenze Champfèr auf der anderen Seite selbst erweitere».[3] St. Moritz-Dorf ist seit dem Sommer 1896 mit dem prosperierenden St. Moritz-Bad mit einer elektrischen Strassenbahn verbunden.

Mit der Eröffnung der Albulabahn sei der Verkehr durch die Talschaften Churwalden, Oberhalbstein und über den Julierpass nach dem Engadin zusammengebrochen, argumentieren die Konzessionsbewerber, der Bau einer Julierbahn erweise sich als zwingend notwendig.

Aus Kostengründen beschränkt sich das Zürcher Ingenieur-Unternehmen allerdings auf eine Strassenbahn, weitgehend ohne eigenes Trassee. «Da hauptsächlich mit einem Sommerverkehr zu rechnen ist und im Winter voraussichtlich nur einige Strecken befahren werden können, wird der vorauszusehende Verkehr mit einer Bahn, die grösstenteils die Strasse benützt, bewältigt werden können (...) Die 5 Meter breite Strasse wird in der Weise verbreitert, dass neben dem Bahnwagen noch ein Fuhrwerk bequem fahren kann.»[4] Diese Argumentation stösst sowohl beim Kanton als auch beim Eisenbahndepartement auf massiven Widerstand.

Konkurrenzprojekt aus Chur

Nur zwei Monate nach Froté & Cie. versuchen es die Churer Ingenieure H. und W. Versell. Ihr Bahnprojekt hat nicht das Engadin zum Ziel, sondern soll Chur über Malix und Tschiertschen mit Arosa verbinden. Eine Abzweigung von Malix über die Lenzerheide würde nach Tiefencastel führen und könnte später durch die Rhätische Bahn betrieben werden. Diesem Projekt müsse, gegenüber dem Projekt Froté aus Zürich, «entschieden der Vorzug gegeben werden», dies vor allem, weil die Bahn auf einem Eigentrassee projektiert werde, urteilt Eisenbahninspektor Brunschweiler in einer Note an das Eisenbahndepartement. Dazu komme, dass bei diesem Projekt die Normalien der Rhätischen Bahn verwendet würden. Schliesslich sei das Projekt Versell nicht als Konkurrenz, sondern im Gegenteil als Ergänzung zur Rhätischen Bahn zu betrachten. Weil die RhB aber «mit Rücksicht auf die grosse Inanspruchnahme durch die neuen, im Bau begriffenen Linien»[5] kein Interesse am Projekt Versell zeigt, privilegiert die Bündner Regierung in der Vernehmlassung nun die «Julierbahn», fügt aber bei, «der im Engadin liegende Teil der zu konzessionierenden Linie, nämlich die Strecke von Silvaplana, eventuell Maloja nach Champfèr, müsse vorderhand ausgeschaltet werden, da die Rhätische Bahn im Besitze einer mit dieser Strecke zusammenfallenden Konzession St. Moritz–Landesgrenze (Chiavenna) sei».[6]

Später korrigiert der Kleine Rat Graubündens diese Einschränkung wieder. Und Bundespräsident Marc-Emile Ruchet betont am 9. Juni 1911 in einem Brief an Ständerat

Die Julierbahn

Konzessionsgesuch	20. August 1910, überarbeitetes Projekt: 13. Februar 1911		
Konzession	22. Juni 1911 (Chur–Bivio) Diverse Fristverlängerungen, zuletzt am 18. Mai 1920, gültig bis 1. Januar 1921		
Gesuchsteller	E. Froté & Cie., Zürich		
Projekt	E. Frotté & Cie., Zürich		
Streckenlänge	73 km, teilweise Strassenbahn		
Stationen	Chur	km 0,0	595 m ü.M.
	Brugg	km 4,4	940 m ü.M.
	Malix	km 6,6	1120 m ü.M.
	Egga-Lax	km 8,7	1190 m ü.M.
	Churwalden	km 10,7	1220 m ü.M.
	Parpan	km 13,4	1506 m ü.M.
	Canols	km 15,5	1511 m ü.M.
	Lenzerheide-Obervaz	km 17,8	1475 m ü.M.
	Lenz	km 22,3	1342 m ü.M.
	Brienz	km 25,8	1130 m ü.M.
	Tiefencastel	km 27,6	887 m ü.M.
	Burvagn	km 33,5	1184 m ü.M.
	Conters	km 35,2	1187 m ü.M.
	Savognin	km 36,8	1216 m ü.M.
	Tinzen	km 38,9	1236 m ü.M.
	Roffna	km 42,0	1415 m ü.M.
	Mühlen-Sur	km 46,6	1485 m ü.M.
	Marmels/Marmorera	km 50,2	1633 m ü.M.
	Stalla (Bivio)	km 53,8	1776 m ü.M.
	Julier, Passhöhe	km 62,9	2288 m ü.M.
	Champfèr	km 73,0	1800 m ü.M.
Spurweite	1000 mm		
Maximalsteigung	75 ‰ (später 70 ‰)		
Kosten	CHF 8,5 Mio. (CHF 116 500 pro km)		
Fahrzeiten	Keine Angaben		
Bemerkungen	Zuerst als Strassenbahn geplant, was vom Eidg. Eisenbahndepartement als «verfehlt» abgelehnt wird. Daraufhin ändert Frotté & Cie. das Projekt um. Benützung der Strasse nur in Chur, sonst «wo es tunlich ist längs der Strasse, jedoch auf erhöhtem Bankett». Kosten neu: ca. 12 Millionen Franken. Art. 13 des Bundesbeschlusses vom 22. Juni 1911: Die Beförderung von Personen soll täglich mindestens viermal nach beiden Richtungen, von einem Endpunkt der Bahn zum andern und mit Anhalten auf allen Stationen, erfolgen. Art. 15, Taxen: 1. Klasse 60 Rp./km, 2. Klasse 25 Rp./km; Chur–Silvaplana, 3. Klasse: CHF 7.85		

Calonder, Präsident der Eisenbahnkommission, die Verantwortlichen der Rhätischen Bahn hätten inzwischen die Angelegenheit neu geprüft und seien «zur Überzeugung gelangt, dass der ihr im Falle des Zustandekommens der Julierbahn drohende Verkehrsentzug nicht beträchtlich sein könne und dass sie daher keinen Grund habe, der Konzessionierung dieser Bahn entgegenzutreten (…) Unter diesen Umständen dürfte es sich empfehlen, die Konzession für die ganze Linie Chur–Engadin, statt nur für die Strecke Chur–Bivio, zu erteilen».

Abweichende offizielle Akten

Interessanterweise finden sich in den offiziellen Akten divergierende Einträge. Entgegen dem bundesrätlichen Antrag genehmigten der Ständerat und der Nationalratdie Konzession nur für die Strecke Chur–Bivio. Die Schweizerische Bundeskanzlei übermittelte aber mit Datum vom 29. Juni 1911 dem Kleinen Rat des Kantons Graubünden und der Firma Froté & Cie. in Zürich «den Bundesbeschluss vom 14./22. Juni 1911 über Konzession einer elektrischen Strassenbahn Chur–Lenzerheide–Bivio und über den Julier nach Silvaplana.»[7]

Vorleistungen, Hoffnungen, Krieg

Bereits ein Jahr später hat das Ingenieurbüro Froté die umfangreichen topografischen Arbeiten fertiggestellt und das gesamte Bauprojekt auf einer Länge von 90 km, teilweise mit mehreren Varianten, vollständig ausgearbeitet. Die Stationsgebäude, so auch jene von Lenzerheide, Savognin oder Bivio, sind erstellt, ebenso die Situationspläne im Massstab 1:1000, Längenprofile und Normalien. «Was die Finanzierung betrifft, so stehen wir mit einer Pariser Finanzgruppe in Verbindung (…) Wenn die Finanzierung bis zur Stunde noch nicht perfekt ist, so sind vor allem die politischen Verhältnisse der letzten Monate die Ursache davon», schreiben E. Froté und Dr. Nowacki am 16. Mai 1913 an Bundesrat Ludwig Forrer. Bereits haben die Initianten 300 000 Franken (mit heutigem Geldwert mehrere Millionen) aufgewendet. Die Regierung des Kantons Graubünden befürwortet das Gesuch um eine Verlängerung der Konzession, worauf der Bundesrat diese Frist ein erstes Mal auf den 1. Juli 1915 festsetzt.

In der Zwischenzeit, mitten im Ersten Weltkrieg, stellt die Firma Froté «infolge der Schwierigkeiten, welchen die Finanzierung dieser verhältnismässig langen und kostspieligen Linie begegnete»,[8] das Gesuch, die Bahn in zwei Sektionen bauen zu können:

- Chur–Lenzerheide–Tiefencastel
- Tiefencastel–Bivio–Julier–Silvaplana oder via Septimer–Maloja

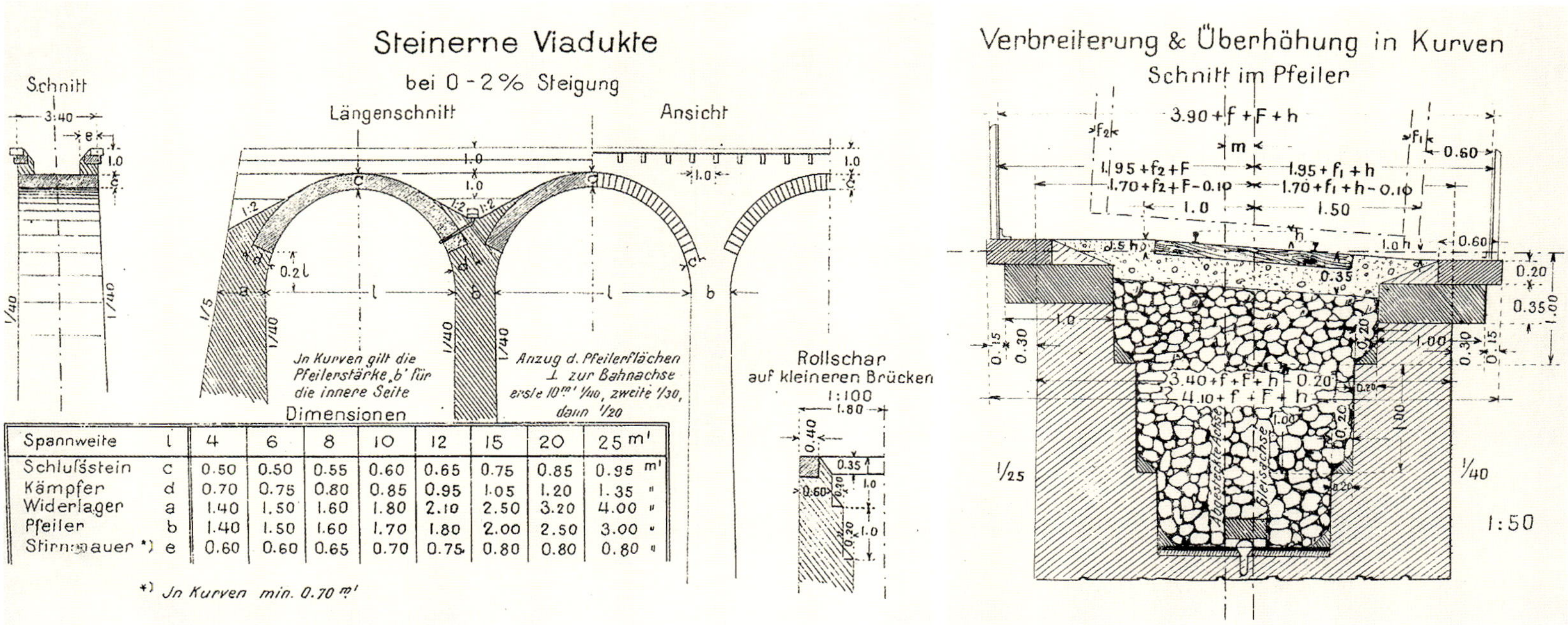

Dem wiederum widersetzt sich der Kreisrat Oberhalbstein «auf das Entschiedenste», weil er befürchtet, dass damit primär die erste Sektion bis Tiefencastel gebaut und die Weiterführung der Linie durch das Oberhalbstein-Gebiet ad acta gelegt würde. Dennoch stimmt der Bundesrat der Konzessionsänderung zu, weil auch die Bündner Regierung keine grundsätzliche Ablehnung beantragte.

Weitere Fristverlängerungsgesuche treffen beim Bundesrat – nicht nur von den Julierbahn-Initianten – nun geradezu reihenweise ein. Froté begründet sein erneutes Gesuch vom 2. Dezember 1916 wie folgt: «Zur Begründung fügen wir an, dass es wegen des europäischen Krieges bisher nicht möglich war, das Unternehmen zu finanzieren.»

Die Hoffnungen auf eine Julierbahn zerschlagen sich. Zwar genehmigt die Landesregierung auch nach dem Ersten Weltkrieg noch zwei weitere Fristverlängerungen bis 1923 (inkl. 50 Prozent Taxerhöhung wegen der seit 1911 wesentlich gestiegenen Bau- und Betriebskosten). Doch selbst der letzte Strohhalm, die Verlängerung bis 1925, hilft nicht mehr. Wie fast alle Bahnprojekte überlebt auch die Julierbahn den Ersten Weltkrieg und die nachfolgende Wirtschaftskrise nicht.

Ob aber eine Julierbahn dieser Dimension Überlebenschancen gehabt hätte, bleibt offen. Bereits am 19. Dezember 1910 hatte Kontrollingenieur Brunschweiler im Eisenbahndepartement auf seine Befürchtungen hingewiesen: Er könne sich mit diesem Projekt nicht recht befreunden, «weil hauptsächlich eine Strassenbahn mit einer Maximalgeschwindigkeit von fast durchwegs nur 25 km/Std. als Konkurrenzbahn mit einer schon seit längerer Zeit bestehenden Schmalspurbahn (RhB) wenig Aussicht auf Prosperität hat».[9]

Mit dem Postauto über den Julier

Am 19. Februar 1923 schreibt Oberpostdirektor Reinhold Furrer an das Sekretariat des Eidg. Eisenbahndepartementes, man habe gegen die Fristverlängerung für die Eisenbahnkonzession Chur–Engadin nichts einzuwenden. «Wir wollen aber nicht unterlassen, darauf aufmerksam zu machen, dass seit 33 Jahren im Sommer auf der Strecke Chur–Mühlen (Molins) ein Postautomobildienst betrieben wird, der vom Sommer 1923 an sogar bis St. Moritz ausgedehnt werden soll.» Das stimmt zwar nicht ganz, denn die erste «automobile» Strecke der Post, der Start des Postautos, wurde erst 1906 zwischen Bern und Dettligen aufgenommen. Dennoch bedeutet die «Post-Konkurrenz» für die Julierbahn-Träume das endgültige Ende. Der Oberpostdirektor argumentiert: «Unseres Erachtens besteht kein Bedürfnis, auf dieser Strecke eine Bahn zu bauen, deren Baukosten schon bei der Konzessionserteilung im Jahr 1911 auf 8 500 000 Franken berechnet worden sind.»

Somit steht fest: Ein weiteres Ingenieur-Unternehmen hat für seine Projektstudien – nach heutigem Geldwert – Millionen in den Bündner Granit gesetzt, ohne realistische Chancen auf die Verwirklichung dieser Pläne zu haben.

Detailreich präsentiert sich im Vorprojekt bereits die Konstruktion der Viadukte und der Schnitt zur Linienführung in den Kurven.

Ofenberg-Bahn: Von Zernez ins Münstertal

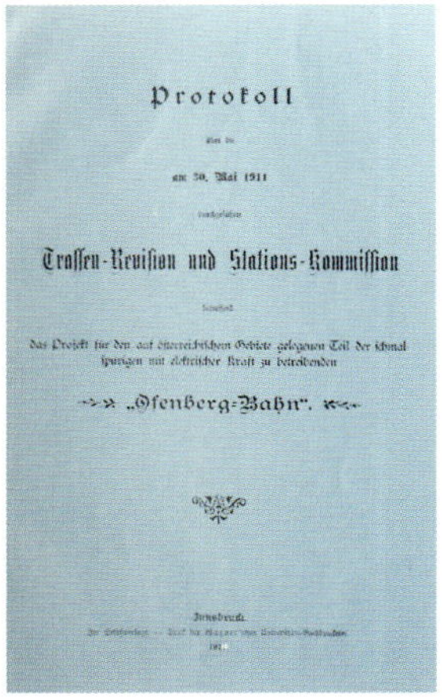

Protokoll

am 30. Mai 1911

Trassen-Revision und Stations-Kommission

das Projekt für den auf österreichischem Gebiete gelegenen Teil der schmalspurigen mit elektrischer Kraft zu betreibenden

„Ofenberg-Bahn".

Innsbruck.

Viel Hoffnung für die Verbindung Zernez zur Landesgrenze bei Münster/Müstair. Diese ist schliesslich an der Politik gescheitert.

Unten: Der Bundesbeschluss von 1909 für die Konzession der Ofenberg-Bahn.

Was Adolf Guyer-Zeller mit seinem ambitionierten Engadin-Orientbahn-Projekt nicht gelang, versucht ein Jahrzehnt später der St. Galler Ingenieur M. Kürsteiner im Kleinformat zu erreichen. Am 12. März 1906 bewirbt er sich um die Konzession für eine «Schmalspurbahn von Zernez über den Ofenpass bis zur Landesgrenze bei Müstair, als Teilstück einer durchgehenden Linie Zernez–Schluderns, eventuell Mals».[1] Das Bahn-Projekt ins Val Müstair bleibt jedoch Makulatur, weil die Schweiz aufs falsche Pferd setzt. Man suchte den Anschluss an das österreichische Bahnnetz mit einer Linienverlängerung der Rhätischen Bahn von Scuol/Tarasp nach Stuben/Pfunds. Doch der Ausgang des Ersten Weltkriegs macht alles anders: Österreich verliert das Südtirol und damit das Interesse an einer Bahnverbindung von Landeck über den Reschenpass zur Vinschgaubahn. Das Nachsehen haben die Unterengadiner und die Bewohner des Münstertals.

52 km lang soll sie werden, die Verbindungsbahn vom Engadin über den Ofenpass und durch das Münstertal (Val Müstair) nach Schluderns/Sluderno, evtl. bis Mals. Im Gegensatz zu den überschwänglichen, inoffiziellen Versprechungen einiger Bündner Vertreter an der Meraner Konferenz von 1895 (siehe Seite 98, «Der Traum von der Engadin-Orientbahn»), setzt Österreich und setzt auch das Land Tirol seine Verpflichtung um, welche in Meran feierlich belobigt worden ist: Die Bahnlinie von Meran durch das Etschtal zur vorläufigen Endstation Mals, am Fuss des Reschenpasses, wird, wie vereinbart, in Normalspur gebaut und am 1. Juli 1906 eröffnet. Zu Tausenden stehen die Menschen am Bahngleis und winken seiner kaiserlichen Hoheit Erzherzog Eugen zu, der im ersten Zug der neuen Vinschgaubahn von Meran talaufwärts bis hart an die Schweizer Grenze fährt.

Nach diesem ersten Betriebsjahr der Vinschgaubahn werden neue Hoffnungen auf eine Linienverlängerung über den Reschenpass nach Pfunds und Landeck geweckt. In Meran setzt man aber nach wie vor auch auf eine Direktverbindung mit dem Engadin. In einem «Gedenkblatt» zum ersten Jahrestag der Vinschgaubahn heisst es im ‹Burggräfler› aus Meran: «Die südtirolischen Interessen, welche mit der Vinschgaubahn erhofft werden und zusammenhängen, können in Bezug auf die Schweiz nur von der Konzessionserteilung der Ofenberg-Bahn gefördert werden.» Allerdings wird im gleichen Artikel am Schluss mit Bitterkeit vermerkt, der österreichische Botschafter in Bern überlasse es der Schweizer Regierung, ob der Ofenberg-Line oder der Strecke mit dem Anschluss des Unterengadins nach Landeck im Tirol Priorität einzuräumen sei: «Wir Südtiroler erwarten als Gleichberechtigte, dass von den heutigen beiderseitigen Regierungspersönlichkeiten gleiches Mass auch für uns geübt werde.»[2]

‹Der Bund› aus Bern, macht sich für die Münstertaler stark: Es sei befremdend, wie sich der Bundesrat «der Konzession an die Ofenberg-Bahn konstant verweigert, ja sogar sich weigert, das Konzessionsgesuch den eidg. Räten vorzulegen. Und doch gehört das Münstertal zu den abgelegensten bündnerischen Talschaften und hätte es am allernötigsten, an das Netz der Rhätischen Bahn und damit an den allgemeinen Verkehr angeschlossen zu werden».[3]

Die Schweiz setzt auf die falsche Karte

Drei Jahre vor der Einweihung der Vinschgaubahn wartet die Rhätische Bahn RhB mit einer triumphalen Eröffnung der Albulalinie in Samedan auf. Vier Bundesräte machen dem Oberengadin ihre Aufwartung. In der Zwischenzeit hat die RhB auch die Konzession für die Weiterführung ihres Streckennetzes über die geplante Linie Bever–Scuol/Tarasp hinaus bis zur Landesgrenze bei Martina/Martinsbruck erlangt. Das Primärinteresse des Kantons Graubünden und des Eisenbahndepartementes in Bern gilt damit dem

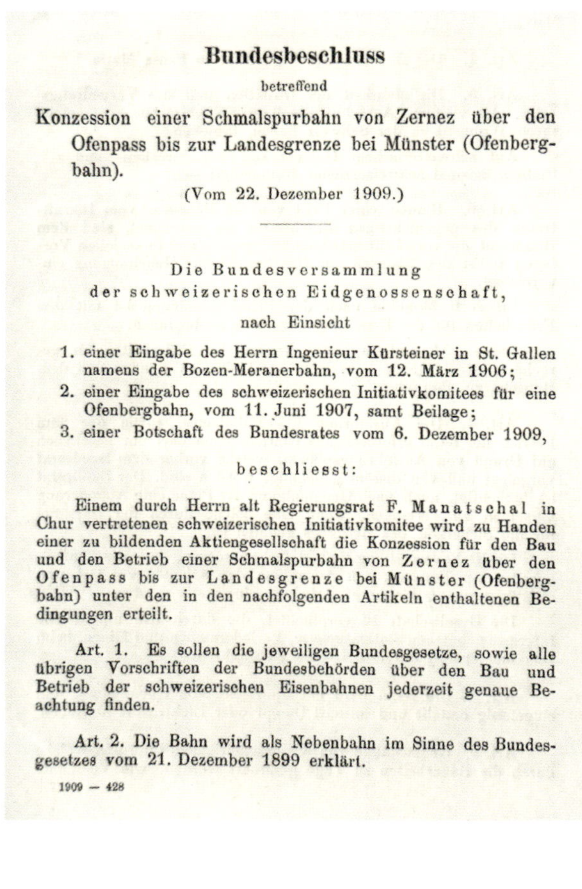

Bundesbeschluss

betreffend

Konzession einer Schmalspurbahn von Zernez über den Ofenpass bis zur Landesgrenze bei Münster (Ofenbergbahn).

(Vom 22. Dezember 1909.)

Die Bundesversammlung der schweizerischen Eidgenossenschaft,

nach Einsicht

1. einer Eingabe des Herrn Ingenieur Kürsteiner in St. Gallen namens der Bozen-Meranerbahn, vom 12. März 1906;
2. einer Eingabe des schweizerischen Initiativkomitees für eine Ofenbergbahn, vom 11. Juni 1907, samt Beilage;
3. einer Botschaft des Bundesrates vom 6. Dezember 1909,

beschliesst:

Einem durch Herrn alt Regierungsrat F. Manatschal in Chur vertretenen schweizerischen Initiativkomitee wird zu Handen einer zu bildenden Aktiengesellschaft die Konzession für den Bau und den Betrieb einer Schmalspurbahn von Zernez über den Ofenpass bis zur Landesgrenze bei Münster (Ofenbergbahn) unter den in den nachfolgenden Artikeln enthaltenen Bedingungen erteilt.

Art. 1. Es sollen die jeweiligen Bundesgesetze, sowie alle übrigen Vorschriften der Bundesbehörden über den Bau und Betrieb der schweizerischen Eisenbahnen jederzeit genaue Beachtung finden.

Art. 2. Die Bahn wird als Nebenbahn im Sinne des Bundesgesetzes vom 21. Dezember 1899 erklärt.

1909 — 428

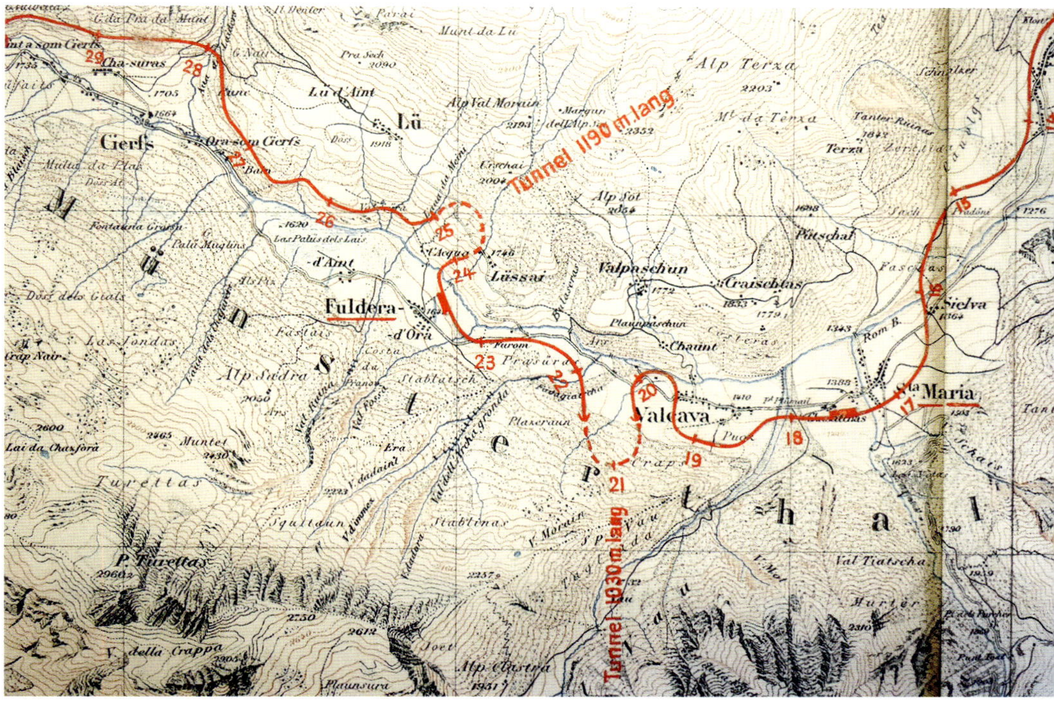

Unterengadin und nicht mehr dem Münstertal. Der Bundesrat lässt sich Zeit und unterbreitet das Projekt erst vier Jahre nach dem Konzessionsgesuch dem Parlament mit einer recht gewundenen Begründung: «Das Gesuch um Erteilung einer Konzession für die Ofenberg-Bahn konnte nicht ohne Weiteres behandelt und Ihnen zur Beschlussfassung unterbreitet werden, es musste vorerst die gesamte Frage der Anschlüsse des Unterengadins an die Vinschgaubahn ihre endgültige Lösung finden.»[4]

Die Bestrebungen für diese Verbindungen reichen bis 1892 zurück. Insbesondere das Projekt Engadin–Orientbahn weckte im Münstertal und im Südtirol enorme Hoffnungen. Doch die eidgenössischen und kantonalen Behörden schweigen dieses Projekt nach wie vor tot und spielen den Ball den österreichischen Behörden zu: «Zuerst nahm die österreichische Regierung den Anschluss in Nauders in Aussicht. An der Konferenz, welche auf die Anregung des österreichischen Eisenbahnministeriums am 3. Mai 1906 in Nauders stattfand, wurde von den Delegierten der Schweiz in unserem Auftrage die Erklärung abgegeben, dass die schweizerischen Interessen in erster Linie eine Schmalspurlinie auf dem linken Inn-Ufer bis Schalkhof (auf der Landeskarte mit «Schalkl» bezeichnet) und von dort bis Pfunds verlangen – und dass auf Verhandlungen über andere Anschlüsse nur unter der Voraussetzung eingetreten werden könne, dass die Verbindung mit Pfunds vorher gesichert sei.»

Wirtschaftlich wichtig

Das Münstertal bleibt vom übrigen Schweizer Bahnnetz abgeschnitten. Diese Isolation kommt im «Geographischen Lexikon der Schweiz» von 1905 drastisch zum Ausdruck: «Das ganze Jahr täglich ein Postwagenkurs Zernez–Münster und umgekehrt (6–7 Stunden). Fussgänger brauchen von Zernez bis zum Ofenwirtshaus Il Fuorn 3½ Stunden, vom Wirtshaus bis zur Passhöhe 2 Stunden, von da bis Santa Maria 2½ Stunden und bis Mals oder Glurns noch weitere 3 Stunden.»

In der gleichen Ausgabe des «Geographischen Lexikons» wird aber auch ein Zukunftsbild entworfen: «Zu dem ziemlich bedeutenden Warenverkehr über den Pass kommt im Sommer noch ein ziemlicher Personenverkehr, der besonders seit der Eröffnung der Umbrailstrasse und der Albulabahn mächtig zugenommen hat. Dagegen wird der Pass nach dem Bau und dem gegenseitigen Anschluss der geplanten Bahnen durch das Engadin und den Vinschgau an Bedeutung erheblich verlieren.»

Auch die Konzessionsbewerber weisen auf die Verkehrsentwicklung hin: Seit 1899 habe sich der Postverkehr über den Ofenpass (innerhalb von sieben Jahren) verdoppelt. «Diese Zunahme ist ausschliesslich auf das Vordringen der Rhätischen Bahn zurückzuführen.» Dies beweise die Bedeutung dieser Verbindung für den künftigen Fremdenverkehr. Nun gehe es darum, «zwei der allerersten Touristenzentren Europas miteinander zu verbinden. Wenn heute der Verkehr zwischen Bozen-Meran und Sölden-Trafoi einerseits und dem Engadin andererseits verhältnismässig nur ein geringer ist», so sei das in erster Linie den umständlichen, zeitraubenden und teuren Verbindungen zuzuschreiben. Der Reisende müsse sich zwangsläufig «kostspieligen Wagenfahrten unterwerfen». Die künftigen Passagierzahlen werden «kaum hinter denjenigen zurückstehen, welche die Rhätische Bahn dem Engadin gebracht hat».[5]

Die projektierte, 52,68 Kilometer lange Ofenbergbahn sollte einerseits das Münstertal mit dem Engadin verbinden und zudem in Schluderns den Anschluss an die Vinschgaubahn nach Meran und Bozen bringen.
Die Hoffnung stirbt zuletzt: Was vor dem Ersten Weltkrieg nicht gelang, soll jetzt nachgeholt werden Die Bündner Regierung strebt wichtige Verbesserungen der Verkehrsverbindungen mit den angrenzenden Regionen an. Ganz oben auf der Prioritätenliste die Verbindung des Engadins mit dem Vinschgau und damit die Schliessung einer zentralen Schienenlücke. Unterstützung erhält der Kanton auch von den Behörden der Provinz Bozen-Südtirol. Ingenieur Kürsteiners Projekt von 1906 könnte wieder aufleben.

Links: Die Situation in Zernez. Noch fehlt die Rhätische Bahn, und auch der Spöl-Bach ist noch nicht korrigiert.

Rechts: die Linienführung im Münstertal, rechts oben angeschnitten Müstair an der Landesgrenze.

Kulminationspunkt auf 1973 Metern

Gegenüber Guyer-Zellers Engadin-Orientbahn-Normalspur-Projekt weist die vorgesehene Schmalspurlinie mindestens in einem Fall einen gewichtigen Vorteil auf. Zernez wird nicht 130 m über der Ortschaft umfahren. Als Ausgangspunkt der neuen Bahn ist die Station Zernez der Rhätischen Bahn vorgesehen. Hingegen sieht das neue Ofenberg-Projekt die Untertunnelung des Passes mit einem nur 2520 m langen Scheiteltunnel auf der respektablen Höhe von 1973 Meterb vor (Projekt Engadin-Orientbahn: Tunnel 10,7 km lang, Kulminationspunkt 262 m tiefer, auf 1711 m ü.M., beim nördlichen Tunneleingang).

In Konzessionsgesuch wird das geplante Trassee wie folgt beschrieben: «Die projektierte Linie schliesst bei der Station Schluderns der Vinschgaubahn an und überschreitet bei km 12 zwischen den Stationen Taufers und Münster die Landesgrenze. Das Talgefälle gestattet von Laatsch bis Sta. Maria die Überwindung der bedeutenden Höhendifferenz von 463 m ohne künstliche Entwicklung, dagegen stösst man oberhalb der Station Sta. Maria, die auf erhöhter Terrasse südwestlich des gleichnamigen Dorfes projektiert ist, bei Valcava auf eine steil ansteigende Talstufe. Die grosse Breite des Tales gestattet aber eine zum grössten Teil offene Entwicklung des Trassees, allerdings mit einem Kehrtunnel von 1030 m Länge im rechten Talhang. Die Bahn erreicht sodann auf einer Höhe von 1620 m ü.M. die Station Fuldera, durchquert das Tal und gewinnt den linksseitigen Hang, welcher zur Überwindung der zweiten Talstufe mittels eines 1190 m langen Kehrtunnels unterfahren wird. Die Linie verbleibt nun auf dem linksseitigen, sonnigen Hang, bedient die Station Cerfs (1800 m ü.M.) im obersten Teil des Münstertales und tritt dann in den 2520 m langen Ofenbergtunnel ein, der die Wasserscheide zwischen Inn und Etsch durchbricht. Nachdem die Bahn bei Kote 1973 m ihren Kulminationspunkt und die Station Ofenberg erreicht hat, gelangt sie längs der Poststrasse und des Ofenbachs zur Station Fuorn bei km 39,6. Das Trassee gestaltet sich weiter wieder schwieriger. Bis zum Eintritt ins Inntal muss die Linie auf mehr als 9 km Länge der wilden Schlucht des Ofen- und des Spölbachs folgen. Diese Strecke weist grosse Ähnlichkeit mit der Strecke Thusis–Tiefenkastel der Albulabahn auf. Nach dem Austritt aus dem wilden Tobel erreicht die Bahn in weitem Bogen die von der Rhätischen Bahn projektierte Station Zernez.»[6]

Im Münstertal freut man sich auf eine bessere Zukunft und endliche auf die Anbindung an die übrige Schweiz.

Die Ofenberg-Bahn

Konzessionsgesuch	12. März 1906 / 11. Juni 1907	
Konzession	1. Januar 1910	
Konzessionäre	Bozen–Meranerbahn, ab 1907 alt Regierungsrat Manatschal	
Sitz der Gesellschaft	Sta. Maria	
Länge der Bahn	52,680 km (davon 40,68 km auf Schweizer Gebiet)	
Stationen	7 plus eine Betriebsstation	
	Zernez	1500 m ü.M.
	Kulminationspunkt	1973 m ü.M.
	Müstair	1250 m ü.M.
Ofenberg-Tunnel	2520 m lang	
Spurweite	1000 mm	
Maximalsteigung	40 ‰	
Minimalradius	120 m	
Betriebssystem	Elektrischer Betrieb, evtl. Dampfbetrieb	
Kosten	CHF 16,745 Mio. (CHF 318 000 pro km)	

Der Bundesrat setzt auf Schuls/Scuol–Pfunds

So schwungvoll die Bahnbestrebungen im Südtirol angepackt werden, so kompromisslos gibt sich die Schweizer Regierung. In der «Geschäftsführung des Bundesrates 1906» heisst es: «Am 3. Mai 1906 fand in Nauders anlässlich der Tracenrevision für die normalspurige Fortsetzungsstrecke der im Bau befindlichen Vinschgaubahn (Meran–Mals) von Mals nach Nauders und die in Aussicht genommene schmalspurige Eisenbahn von Nauders zur Schweizer Grenze oberhalb Martinsbruck eine internationale Konferenz schweizerischer und österreichischer Delegierter statt, zum Zwecke des Anschlusses der Vinschgaubahn an das bündnerische Eisenbahnnetz. Nach eingehender Prüfung der Anschlussverhältnisse haben wir die schweizerischen Delegierten ermächtigt , an der Konferenz zu erklären, dass die schweizerischen Interessen in erster Linie eine Bahnlinie vom Unterengadin nach Pfunds verlangen, und dass nur so auf die Anschlüsse des schweizerischen Netzes an die Vinschgaubahn eingetreten werden könne. Aus diesem Grunde werden wir Ihnen auch das im März 1906 von der Direktion der k. k. priv. Bozen–Meranerbahn eingereichte Konzessionsgesuch für eine schmalspurige Linie von Zernez über den Ofenberg nach Münster (Schluderns, eventuell Mals) erst vorlegen, nachdem die Linie Martinsbruck–Pfunds gesichert sein wird.»

Verhärtete Fronten

1907 meldet das österreichisch-schweizerische Initiativkomitee einen prominenten Zuzug: Prof. Ludwig von Salis, Verwaltungsratspräsident der Jungfraubahn und Schwiegersohn des Jungfraubahn-Erbauers Adolf Guyer-Zeller, soll den Verhandlungen neuen Schwung und mehr Durch-

schlagskraft gegenüber den Schweizer Behörden verleihen. Gemäss von Salis kommt der Ofenberg-Bahn als direkte Verbindung des Engadins mit dem Südtirol durch den Vinschgau eine weit wichtigere Bedeutung zu als der Verlängerung der projektierten Unterengadiner Linie über Schuls hinaus nach Pfunds und Landeck.

Noch einmal macht sich auch der Bündner Regierungsrat Manatschal stark für die Ofenberg-Bahn. Er spricht, gemäss ‹Engadiner Post› vom Februar 1907, von einer «unbegreiflichen Stellungnahme des schweiz. Eisenbahndepartementes, das die Ofenberg-Bahn verweigern will, bis und solange nicht die Linien Mals–Landeck und Schuls–Pfunds gesichert sind». Dieser starren Haltung «in Bern» sei es zuzuschreiben, dass die österreichische Seite nun mit Gegendruck antworte (der Vinschgau gehörte wie das Südtirol bis 1918 zum k. u. k. Kaiserreich). Von einer Fortsetzung der Vinschgaubahn nach Landeck und von einer Verlängerung der Rhätischen Bahn von Schuls bis Pfunds (auf österreichischem Gebiet) könne keine Rede sein, solange die Ofenberg-Bahn nicht konzessioniert werde. Manatschal fordert einen Staatsvertrag Schweiz–Österreich, dieser wird allerdings nie angepackt.

Der ‹Freie Rätier› kommentiert am 14. Juli 1907: «Einzige Bedingung ist noch, dass die Rhätische Bahn die österreichische Konzession für die Stecke schweizerisch-österreichische Grenze bei Finstermünz/Pfunds erhalte (...) Hoffen wir, dass auch das abgelegene Münstertal bald mit dem Netz der Rhätischen Bahn, d.h. mit dem übrigen Kanton, durch ein Schienennetz verbunden sein werde. Nötig hätte es das recht dringend!»

Allerdings wird im Südtirol befürchtet, ein Anschluss des Unterengadins mit Pfunds auf der Nordseite des Reschenpasses durch die Rhätische Bahn werde den Bau der Ofenberg-Bahn auf Jahrzehnte hinaus verhindern. Die ‹Meraner Zeitung› kommentiert: «Die Verbindung von Mals über den Ofenberg nach Zernez bedeutet für Südtirol nicht nur die direkteste und kürzeste Verkehrslinie zwischen Trient, Bozen und Meran einerseits und den grossen Fremdenverkehrszentren des Ober- und Unterengadins andererseits, sondern auch die direkteste Anschlussroute von Südtirol an die Albulabahn und nach Chur. Die Ofenberg-Linie ist für die Fremdenverkehrsinteressen Südtirols und ebenso für den Export der wirtschaftlichen Produkte dieses Landesteiles (Wein, Obst, Marmor, Pferde und Rindvieh) von ganz ausserordentlicher Wichtigkeit, ja geradezu von vitaler Bedeutung.»

Tatsächlich kommt zwei Jahre später Bewegung in die verhärteten Fronten. Der National- und der Ständerat genehmigen die Ofenberg-Bahn-Konzession auf den 1. Januar 1910 zuhanden eines durch alt Regierungsrat F. Manatschal aus Chur vertretenen schweizerischen Initiativkomitees.

Wiedergeburt der Vinschgaubahn

Doch innerhalb kürzester Zeit ändern sich die Landesgrenzen und mit ihnen die politischen Verhältnisse. Als Österreich nach dem Ersten Weltkrieg das Südtirol an Italien verliert, hat dies auch für die Ofenberg-Linie Konsequenzen. Die neu gezogene Grenze über den Reschenpass verhindert jegliche Eisenbahnträume. Die Vinschgaubahn endet endgültig vor der Schweizer Grenze in Mals.

Jahrzehnte später, 1990, wird die Linie, heftigsten Protesten zum Trotz, durch die italienische Staatsbahn FS sogar stillgelegt. Es ist die Südtiroler Regionalregierung, welche mit einem aufwendigen Sanierungsprojekt die ganze Strecke auf den neusten technischen Stand bringt und bei der Stadler Rail Group neues Rollmaterial beschafft. Seit dem 5. Mai 2005 erlebt die bei der Bevölkerung und den Touristen gleichermassen beliebte «Vinschgerbahn» als Direktverbindung mit Meran und Bozen einen nie erwarteten Höhenflug.

Ähnlich der Albulalinie könnte die Bahnstrecke auf der Südseite des Ofenpasses im Val Müstair aussehen. Im Bild die Viadukte und Kehrtunnels unterhalb von Preda (links) und der Engadin-Express auf der Fahrt von Bergün Richtung Albula-Tunnel. Mit Bedacht hat die Rhätische Bahn vor über hundert Jahren die Brücken-Konstruktionen gewählt. Der damals besonders kritische Heimatschutz bezeichnete im Sonderheft «Bergbahnen» vom September 1912 die steinernen Brücken «als Kunstwerk, das die Grossartigkeit der Natur nur unterstützt, nicht schädigt».

SBB-Veto stellt Rhätische Bahn und Liechtenstein neben die Schienen

1905: Die Schmalspurbahn Landquart–Bad Ragaz–Vaduz–Schaan ist bereits aufgegleist. Im Fürstentum sehnt und freut man sich auf gute Verkehrsbedingungen. Endlich hat der industrielle Aufschwung auch im verarmten Liechtenstein eingesetzt. Und Graubünden profitiert von Direktverbindungen ins Ländle. Doch es kommt anders. Das Projekt scheitert am erbitterten Widerstand der SBB. Diese Schmalspurbahn werde der Rhätischen Bahn RhB in Feldkirch den Anschluss an die Arlbergbahn bringen und damit die Rheintal-Strecke der SBB massiv konkurrenzieren. Bundesbahn-Generaldirektor Plazid Weissenbach interveniert mehrmals beim Bundesrat – da bleibt sogar Theophil Sprecher von Bernegg, der nachmalige Generalstabschef, als RhB-Verwaltungsratspräsident chancenlos.

Nur ein paar Wochen, nachdem das Konzessionsgesuch vom 25. April 1905 für den Bau einer Schmalspurbahn von Landquart über Maienfeld nach Schaan im Fürstentum Liechtenstein Bern erreicht hat, steigen die ersten Rheintaler Lokalpolitiker bereits auf die Barrikaden. Der St. Galler Ständerat Johannes Geel sowie Gemeindevertreter aus Sargans, Mels und Vilters ersuchen den Bundesrat, «energisch gegen das Projekt Stellung zu nehmen.»[1] Umgekehrt zeigen vor allem die Rhätische Bahn RhB und Hoteliers aus Bad Ragaz SG grosses Interesse am Projekt. Auch die Bündner Regierung befürwortet die «Verlängerung der Rhätischen Bahn» nach Liechtenstein und eventuell bis Feldkirch mit Nachdruck.

SBB-Frontalopposition

Wenn es sich nur um eine Fortsetzung der Rhätischen Bahn handeln würde, könnten die Bundesbahnen darauf verzichten, gegen das Projekt Stellung zu nehmen, hält SBB-Generaldirektor Plazid Weissenbach[2] in der Vernehmlassungsantwort am 23. Juni 1905 fest. Hier aber handle es sich um eine internationale Linie und nicht primär um eine Konkurrenzverbindung zur Arlbergbahn: «Viel gefährlicher ist die Erstellung einer direkten Verbindung mit dem Bodensee und weiter nach Süddeutschland unter Umgehung der Bundesbahnen und der Schweiz überhaupt.» Die Stellung der SBB gegenüber ausländischen Bahnen werde mit dieser Konkurrenzlinie, «welche den Fremdenverkehr mit Graubünden unter vollständiger Beiseitelassung der Bundesbahnen vermitteln kann», erheblich erschwert. Auffallend sei ferner, «dass im gleichen Augenblick, in welchem der Bund um Leistung einer weiteren Subvention von sieben Millionen Franken an den Ausbau der Rhätischen Bahn angegangen wird», auch noch die Interessen der SBB «durch ein schwer schädigendes Unternehmen» tangiert werden. Die SBB ersuchen, ja verlangen vom Eisenbahndepartement, der Bundesversammlung die Ablehnung dieses Konzessionsgesuchs zu beantragen.[3]

«Unbegreiflich, kleinlich, engherzig»

In einem 12-seitigen Brief zeigt sich das siebenköpfige Initiativkomitee mit Oberst Theophil Sprecher von Bernegg (Präsident bis 1907)[4], Kantonsrat Fridolin Simon, Mitbesitzer des Grand-Hotels Quellenhof in Bad Ragaz, Landammann Paul Tanner aus Maienfeld, Regierungsrat Thomas Marugg aus Fläsch, Ingenieur Hans von Gugelberg aus Maienfeld (Präsident ab 1907), Gemeindeammann Bernhard Rist aus Bad Ragaz und Gemeinderat Josef Riederer, ebenfalls Ragaz, erstaunt über die harsche SBB-Reaktion: Es gehe darum, diese Konzessionsbewerbung «nicht nach kleinlichen, engherzigen Rücksichten» zu beurteilen, «sondern nach weit ausschauenden, das Ganze und längere Zeiträume umfassenden Gesichtspunkten. Wenn wir solche bei der Generaldirektion der SBB nicht finden, so suchen wir sie beim hohen Bundesrat und in der Bundesversammlung».[5]

Allenfalls könnten einige der von den Bundesbahnen gemachten Vorbehalte und Einsprachen dann zutreffen, «wenn es sich um den Bau einer Normalspurbahn handeln würde». Beim vorliegenden Projekt gehe es aber um eine schmalspurige Lokalbahn. Als internationale Verkehrslinie könne nur die SBB-Strecke Sargans–Buchs gelten. «Hier verkehren die Schnellzüge Paris–Wien». Der Einfluss des internationalen Reiseverkehrs auf die geplante Schmalspurbahn wird von den Initianten als derart marginal betrachtet, dass sie diesen nicht in ihre Finanzberechnungen eingeplant haben. Gleichzeitig weisen sie auf die Badischen Staatsbahnen hin, welche zwischen Basel und Schaffhausen, auf der deutschen Seite des Rheins und parallel zur SBB, ebenfalls eine Linie gebaut hatten «zum Wohle und zur gedeihlichen Entwicklung» der ganzen Gegend.

Bundesrat schützt SBB-Interessen

Die Replik der SBB folgt prompt und bissig. Man halte an den Erklärungen vom 23. Juni 1905 fest. Wie üblich werden die beteiligten Kreise (Bundesrat, Konzessionsbewerber, Kantone) jeweils gegenseitig mit Kopien informiert. Weil es noch keine anderen Vervielfältigungsmöglichkeiten gibt, müssen diese Briefe jeweils mit Schreibmaschine, vor der Jahrhundertwende mit Feder und Tinte, vervielfältigt werden.

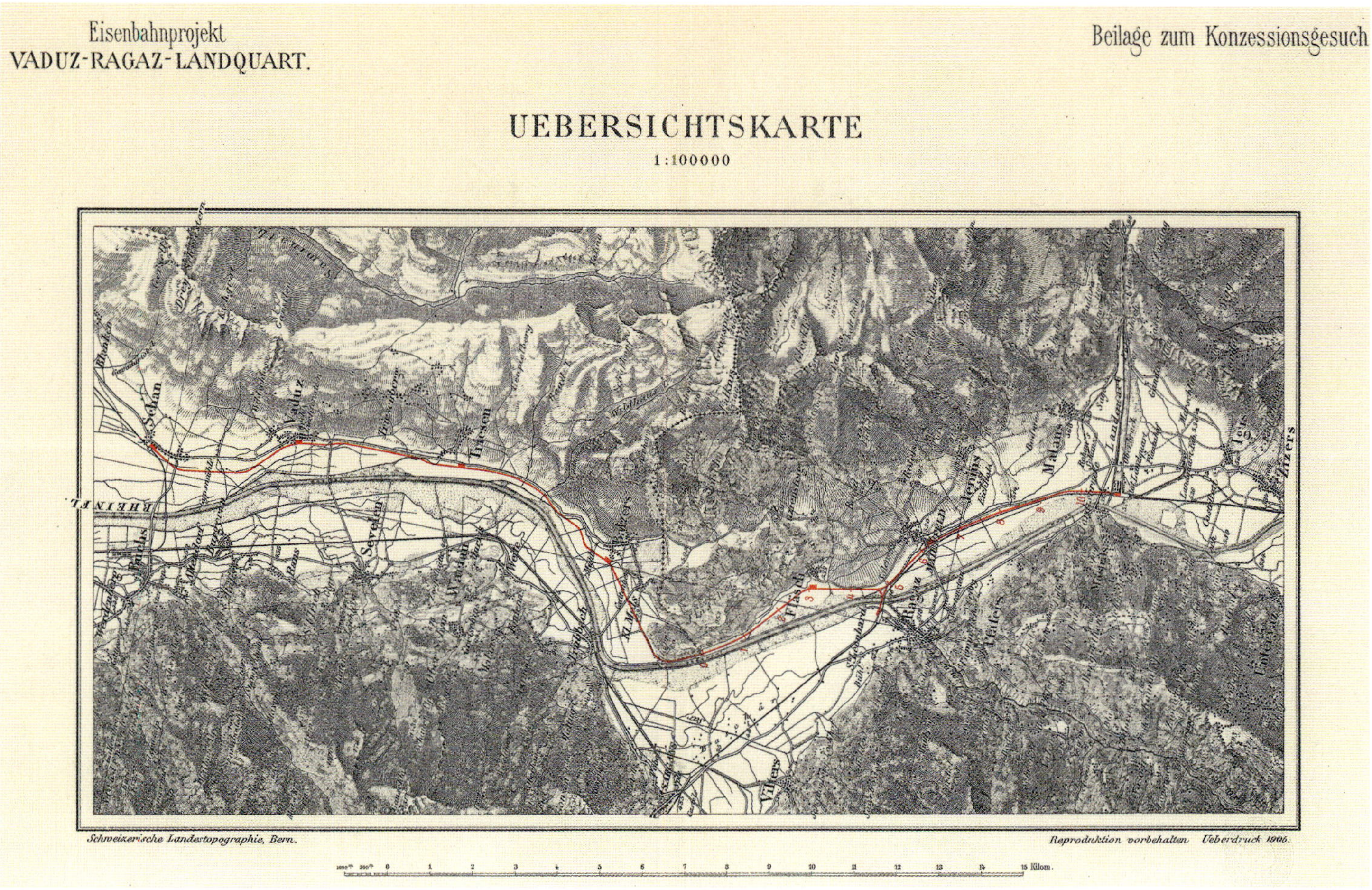

Die Macht der jungen Bundesbahn – 1905 hervorgegangen aus den grossen Schweizer Privatbahnen – verhinderte 1907 das Projekt einer Schmalspur-Linie von Landquart über Bad Ragaz nach Vaduz und Schaan im Fürstentum Liechtenstein. Sogar Bundesrat Josef Zemp musste sich dem Njet aus der SBB-Generaldirektion beugen.

Im Eisenbahndepartement wird die SBB-Replik zuhanden der involvierten Kreise gekürzt respektive «geschönt», indem eine herabwürdigende Passage in den Kopien ganz einfach weggelassen wird. Und so liest man einzig die Bemerkung: «Wir verwahren uns gegen den Vorwurf, als ob wir den Sekundärbahnbestrebungen Hindernisse in den Weg legen.» Gestrichen und verschwiegen wird der SBB-Seitenhieb: «Die phrasenhafte Argumentation mit ‹kleinlichen, engherzigen Rücksichten› einerseits und ‹weit ausschauenden, das Ganze nach längeren Zeiträumen umfassenden Gesichtspunkten› andererseits richtet sich durch ihre selbstgerechte Pose ohne weiteres.»

St. Gallens Regierung für Ablehnung

Auch die St. Galler Kantonsregierung fürchtet die ennetrheinische Konkurrenz. Die projektierte Bahnlinie werde «ohne Zweifel einen bedeutenden Lokalverkehr auf dem rechten Rheinufer ins Leben rufen (…) infolge der leichteren Möglichkeit zur Bildung besserer und öfterer Zugsverbindungen».[6] Allerdings: Genau diese Argumente sind es, «die leichteren Möglichkeiten und besseren Zugsverbindungen», welche, zusammen mit der optimaleren Erschliessung ganzer Talschaften, beim Bund bisher immer als Basis für eine Konzessionierung der Baugesuche gedient haben. Genau das verlangt Art. 3 des Eisenbahngesetzes von 1872. Das Schreiben des St. Galler Landammanns endet mit der Schlussbemerkung: «Obschon wir daher den Wert der neuen Linie für die Rhätische Bahn und den nördlichen Teil des Kantons Graubünden sowohl als auch namentlich für Liechtenstein und Vorarlberg anerkennen, ist uns der aufgezählten Konsequenzen halber die Möglichkeit nicht gegeben, dem Projekte gegenüber uns sympathisch zu zeigen.» Form und Inhalt dieser Vernehmlassungsantwort überraschen deshalb, weil die St. Galler Regierung bei der Beratung dieser Frage alles andere als einig war. Bei der Abstimmung im Regierungsrat hat es ein knappes 4:3-Ergebnis abgesetzt.

Unterstützung aus St. Moritz

Sogar der Direktor des Hotels Du Lac in St. Moritz, schaltet sich ein und wendet sich direkt an Bundesrat Joseph Zemp: 18 Jahre lange sei er Direktor des «Hof Ragaz» gewesen und wisse darum um die Bedeutung des Bahnprojekts für den Bäder-Kurort. Seit der Eröffnung der Albula-Bahn, habe Ragaz «eine ausserordentliche Einbusse erfahren». Am Schluss fügt Hotelier J. Giger an: «Im Falle mündlichen Aufschluss in Sachen Bahnprojekt erwünscht, bin ich sehr gerne bereit, nach Bern zu kommen und bitte mir Tag und Stunde anzugeben».[7]

Militärische Begutachtung

Jedes Eisenbahnprojekt muss im Eidgenössischen Militärdepartement EMD auf seine strategische Bedeutung beurteilt werden. Die Planung und Anlage der Bahnstationen hat den strengen militärischen Normen zu entsprechen, wichtige Tunnels und Viadukte müssen mit Minen-Kavernen ergänzt werden. Im Falle der Schmalspurbahn Schaan–Maienfeld–Landquart ist inzwischen der zum Oberstdivisionär beförderte und damit in den Generalsrang gewählte Theophil Sprecher von Bernegg als Ini-

Den Nachbarn nicht als Luft behandeln

Die Hoffnungen waren gross im Fürstentum Liechtenstein, die Enttäuschung über die Haltung der Schweiz umso bedeutender. Das Liechtensteiner «Vaterland» kommentierte bereits am 26. Januar 1906, d. h. noch vor der bundesrätlichen Kehrtwende:

«Es ist zu hoffen, dass der Bundesrat und die Nationalversammlung nicht den engen geschäftlichen Standpunkt der Bundesbahnen einnehmen, sondern sich im allgemeinen Verkehrsinteresse von höheren und moderneren Gesichtspunkten leiten lassen werden (...) Endlich müsste es offenbar als ein Akt der Unfreundlichkeit gegen das benachbarte kleine Liechtenstein aufgefasst werden, wenn uns durch eine ablehnende Entschliessung der Schweiz die noch einzig bestehende Möglichkeit, eine Eisenbahn zu bekommen, vereitelt würde.» Der Kommentator schloss mit der Hoffnung, dass sich die Schweizer Politik weitherzig zeige «und das kleine Land, welches als friedlicher Nachbar bisher stets die besten Beziehungen zur Schweiz unterhalten hat, nicht als Luft behandle».

Der österreichische Gesandte in Bern musste beim Bundesrat intervenieren, um auch eine liechtensteinische Delegation für die Besichtigung der Strecke einzuladen.

tiant der Linie in den Ausstand getreten. Die militärische Beurteilung übernimmt der Waffenchef der Genietruppen, Oberst Robert Weber:

«Einen Nutzen kann diese Schmalspurbahn der Landesverteidigung nicht bieten, denn sie liegt zu einem grossen Teil auf österreichischem [sic.] Gebiet (...) Zwar kann zu Beginn des Krieges von Buchs aus die Station Schaan durch Feldartilleriefeuer zerstört werden, und solange wir im Besitze des linken Rheinufers sind, kann der Betrieb der Bahn durch Infanteriefeuer über den Rhein hinweg vermutlich zerstört werden (...) Für einen Einbruch der Österreicher in die Schweiz, Richtung Chur und Gotthard, kann die projektierte Bahn als Etappenlinie Wert haben von dem Zeitpunkt an, da wir von der Luziensteig und aus dem Talkessel bereits vertrieben sind, was dem Feind wohl nicht allzu leicht fallen dürfte.»

Liechtensteins Argumente

In einem 16-seitigen Memorandum, überschrieben mit «Pro memoria», spricht sich die Liechtensteiner Regierung am 16. Januar 1906 mit Nachdruck für den Bau der Schmalspurbahn von Landquart nach Schaan aus. Die «schon längst lebhaften Bestrebungen, bessere Verkehrsverbindungen zu erhalten», würden bei der Umsetzung des Projektes «in befriedigender Weise verwirklicht». Politisch und taktisch geschickt werden aber nicht die Vorteile für das Fürstentum, sondern jene für die Schweiz hervorgehoben. Seitenhiebe fehlen trotzdem nicht. So habe die SBB-Generaldirektion «offenbar ausser Betracht gelassen, dass der Fremdenverkehr in der Schweiz gerade wegen der vielen Konkurrenzlinien eine so bedeutende Ausdehnung erfahren hat». Und weiter: «Durch den Ausbau der Rhätischen Bahn nach Davos und nach dem Engadin erhielt die Rheintallinie der Bundesbahnen einen sehr erheblichen und ihr vorteilhaften Zufluss. Und nun, wo es sich darum handelt, der Rhätischen Bahn durch Ermöglichung des Anschlusses an die österreichischen Staatsbahnen in Schaan die Gelegenheit zu einer vorteilhaften Entwicklung zu eröffnen, sind es gerade die Bundesbahnen, welche einen solchen Vorteil zu verhindern suchen.»

In Liechtenstein ist man überzeugt, dass die projektierte Bahn schweizerische Interessen nicht benachteilige, sondern geradezu fördere. Das Liechtensteiner Memorandum endet mit deutlichen Worten:

«Die Verweigerung der (...) Konzession könnte daher nur als ein Akt ganz besonderer Unfreundlichkeit gegenüber dem kleinen Fürstentum, welches mit den schweizerischen Nachbarn stets in bestem Einvernehmen stand, welchem aber trotz alldem ein Aufschwung missgönnt wird, angesehen werden.»[8]

Kehrtwende in St. Gallen

Zwei Monate vor dieser Liechtensteiner Erklärung hat der Wind in St. Gallen allerdings bereits gedreht. Anfänglich beanstandete der Regierungsrat auch die Linienführung der Bahn von Landquart über den Rhein nach Bad Ragaz. Die Zusatzschlaufe auf das linke Rheinufer sei kompliziert und deshalb unnötig. Um das Projekt nicht zu gefährden,

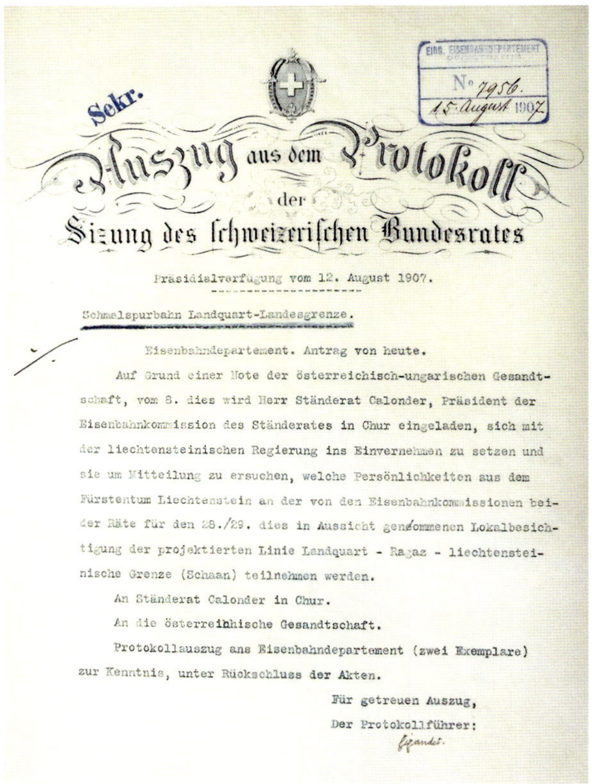

Sekr.

EIDG. EISENBAHNDEPARTEMENT
N° 7956.
15. August 1907.

Auszug aus dem Protokoll der Sizung des schweizerischen Bundesrates

Präsidialverfügung vom 12. August 1907.

Schmalspurbahn Landquart-Landesgrenze.

Eisenbahndepartement. Antrag von heute.

Auf Grund einer Note der österreichisch-ungarischen Gesandtschaft, vom 8. dies wird Herr Ständerat Calonder, Präsident der Eisenbahnkommission des Ständerates in Chur eingeladen, sich mit der liechtensteinischen Regierung ins Einvernehmen zu setzen und sie um Mitteilung zu ersuchen, welche Persönlichkeiten aus dem Fürstentum Liechtenstein an der von den Eisenbahnkommissionen beider Räte für den 28./29. dies in Aussicht genommenen Lokalbesichtigung der projektierten Linie Landquart - Ragaz - liechtensteinische Grenze (Schaan) teilnehmen werden.

An Ständerat Calonder in Chur.

An die österreichische Gesandtschaft.

Protokollauszug ans Eisenbahndepartement (zwei Exemplare) zur Kenntnis, unter Rückschluss der Akten.

Für getreuen Auszug,
Der Protokollführer:

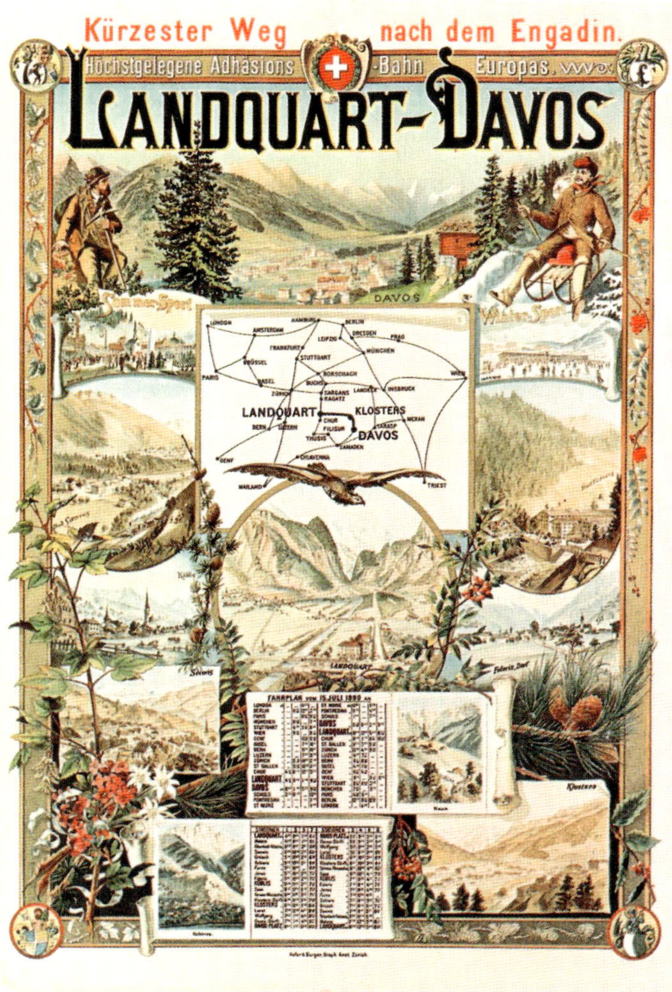

Nicht nur Liechtenstein hat grosse Hoffnungen in das Bahnprojekt Landquart–Schaan gesteckt. Zweifellos hätte auch die Rhätische Bahn von der neuen Linie vom zusätzlichen Passagieraufkommen und damit der Alimentierung der Linie Landquart–Davos profitieren können.

änderten in der Folge die Initianten ihre Pläne und streckten die Linie mit dem Verzicht auf den Einbezug des auf St. Galler Kantonsgebiet liegenden Kur- und Badeortes Bad Ragaz. Diese höchst unerwartete Entwicklung schreckt St. Gallen plötzlich auf. Prompt stimmt nun der Regierungsrat dem Bauvorhaben hastig zu und knüpft die Konzession zugleich an die Bedingung, «dass alle Züge, ohne Ausnahme, welche Personen befördern, nach Ragaz geführt werden müssen»...[9]

Monopolistische Haltung in Bern

Nach wie vor hält das Eisenbahndepartement aber an seiner SBB-konformen Haltung fest: «Der Zweck der Linie ist weniger dem Lokalverkehr zu dienen, als der Rhätischen Bahn einen direkten Anschlusspunkt an ausländische Linien zu verschaffen.»[10] Auch an der Einigungskonferenz in Bern gibt sich das Departement kompromisslos, es handle sich um eine «Hauptbahn». Umgekehrt halten die Konzessionsbewerber und der Bündner Regierungsrat an der Klassifizierung «Nebenbahn» fest. Man einigt sich schliesslich darauf, diesen Streitpunkt «dem Entscheide des Herrn Departementvorstehers vorzulegen»[11]. Interessanterweise entscheidet Bundesrat Joseph Zemp auf «Nebenbahn», «da diese vorwiegend lokalen Bedürfnissen zu dienen bestimmt sei». Zemp übergeht damit die zuständigen Chefbeamten im Eisenbahndepartement und lässt sich weder vom SBB-Verwaltungsrat noch von SBB-Generaldirektor Weissenbach einbinden oder beeinflussen.

Interessante personelle Verflechtungen mögen mitspielen, dass sich Bundesrat Joseph Zemp auf die Seite der Konzessionäre stellt. Der 1902 bei der Gründung der Schweizerischen Bundesbahnen zum SBB-Generaldirektor gewählte Placid Weissenbach gehörte bis anhin als administrativer Direktor dem obersten Kader des Eisenbahndepartementes an. Eine Erklärung für die starre, unnachgiebige Haltung der Chefbeamten dieses Departementes?

Freude herrscht in Liechtenstein

Mit der Botschaft an das Parlament vom 16. April 1907 empfiehlt der Bundesrat die Erteilung der Konzession. Das «Liechtensteiner Volksblatt» kommentiert am 31. Mai 1907 hoffnungsvoll: «Wir Liechtensteiner begrüssen es, dass der Bundesrat und die beiden Kantonsregierungen (SG und GR) nicht den geschäftlichen Standpunkt der Bundesbahnen einnahmen, sondern im Sinne einer richtigen Verkehrsraison und Staatsraison ihre dem Projekte zustimmenden Beschlüsse fassten (...) Die Zustimmung der Bundesversammlung wird in der Hauptsache schweizerischen Interessen – der Kanton Graubünden, die Rhätischen Bahnen und der Kurort Ragaz gehören in diese Interessensphäre – nützen, daneben aber in freundnachbarlicher Weise dem kleinen Nachbarland Liechtenstein ermöglichen, aus seiner Isolierung etwas herauszutreten und seinen Verkehr zu verbessern.» Als gänzlich haltlos bezeichnet der Kommentator im ‹Liechtensteiner Volksblatt› den angeblich geplanten Direktanschluss an die Arlbergbahn. «Eine solche Verbindung, welche den Anschluss der Schmalspurbahn anstatt in Schaan in Feldkirch suchen würde, ist überhaupt noch nie ernstlich in Frage gekommen.» Und schliesslich heisst es: «Der moderne Verkehrsgedanke trachtet auf Verbindung und nicht auf Trennung der benachbarten Länder. Erträgt denn das breite Rheintal, das einem zunehmenden Verkehr entgegengeht, nicht mehr den kleinen Zuwachs von 28 km, die zudem nur den Charakter einer Nebenbahn haben?»

Das Fürstentum Liechtenstein kämpft Anfang des 20. Jahrhunderts mit ökonomischen Problemen. Politisch seit 1806 ein souveräner Staat, wirtschaftlich seit 1852 durch eine Zollunion mit der österreichisch-ungarischen Doppelmonarchie verbunden, sucht es als kleines Agrar- und Textilindustrieland die Infrastruktur zu entwickeln. Eine das ganze Fürstentum durchziehende Schmalspurlinie hätte dem Ländle damals bedeutende Verbesserungen und eine direkte Anbindung Richtung Ragaz und Graubünden gebracht.

SBB-Veto auch bei Visp–Brig

Am 24. Juli 1908 verweigerten die SBB auch dem Konzessionsgesuch Visp–Brig (8,725 km) die Zustimmung: «Durch die direkte Verbindung der projektierten elektrischen Schmalspurbahn Brig–Gletsch und Gletsch–Meiringen mit der Linie Visp–Zermatt würde nur eine überflüssige Konkurrenzlinie zu der Bundesbahnstrecke geschaffen.» Weiter heisst es in der SBB-Antwort an das Post- und Eisenbahndepartement: Die Linie sei «nur geeignet, den Bundesbahnen Verkehr zu entziehen, dieselbe also direkt zu schädigen, ohne einen volkswirtschaftlichen Nutzen zu bringen!»[12]

Begehung der geplanten Strecke…

Den bundesrätlichen Entscheid in Sachen «Nebenbahn» will die SBB-Generaldirektion partout nicht akzeptieren. Prompt wird die Vorlage «Schmalspurbahn Landquart–Schaan» noch während der laufenden Sommer-Session 1907, kurzfristig zurückgezogen – wie es offiziell heisst «behufs Aktenvervollständigung». Neu wird auf den 29. August 1907 eine Besichtigung der geplanten Bahnlinie angesetzt. An dieser Begehung nehmen unter Führung von Bundesrat Joseph Zemp insgesamt 32 Personen teil, darunter SBB-Generaldirektor Weissenbach, Vertreter der Eisenbahnkommissionen sowie der Kantone Graubünden und St. Gallen und natürlich die Konzessionsbewerber. Besonders peinlich: Es braucht die Intervention des österreichischen Gesandten in Bern, um zu erreichen, dass das Eisenbahndepartement für diesen wichtigen Augenschein nachträglich auch die Repräsentanten des Fürstentums Liechtenstein einlädt. Neu dabei sind:

- Karl von In der Maur, Chef der fürstlichen Regierung
- Ingenieur Gabriel Hiener, fürstlicher Landestechniker
- Dr. Albert Schädler, Obmann des Initiativkomitees für die Bahn Landesgrenze–Schaan und Vorsitzender des Liechtensteinischen Landesausschusses
- Realitätenbesitzer und Ingenieur Karl Schädler.

Programm

«der Augenscheins-Reise der Eisenbahnkommission beider Räte betr. Landquart–Landesgrenze (–Schaan)

Mittwoch, den 28. August 1907
5.13 Uhr Zürich ab
8.16 Uhr Eintreffen in Ragaz, Hotel Quellenhof

Donnerstag, den 29. August 1907
Morgens Fahrt per Wagen von Ragaz nach Landquart und über die Tardisbrücke, retour über Maienfeld nach Fläsch.
10 Uhr ca. Ankunft in Fläsch, dort kleiner Imbiss.

Von Fläsch um das Ellenhorn bis Balzers zu Fuss.
Von Balzers per Wagen über Vaduz nach Schaan und retour nach Vaduz.

2 Uhr ca. Ankunft in Vaduz.

Mittagessen in Vaduz und Schluss des Augenscheines».

… und bundesrätlicher Rückzug

Kein halbes Jahr nach der positiven Beurteilung des Konzessionsgesuches erfolgt die Kehrtwende in Bern. Mit welch harten Bandagen gekämpft wird, legen das von den SBB verfasste Gutachten und die Vernehmlassungsantwort dar: «Der vom Ausland herkommende Reisende, der nach Ragaz, Landquart, Davos, St. Moritz etc. will, wird unzweifelhaft die direkten Wagen der Rhätischen Bahn benützen, welche Verwaltung solche Wagen wohl schon von der Betriebseröffnung an in Schaan bereitstellen würde; ebenso in umgekehrter Richtung.» Komme hinzu, dass dann «alle internationalen Schnellzüge in Schaan anhalten müssen». Zur Wahrung ihrer berechtigten und ganz erheblichen Interessen gebe es «kein anderes wirksameres Mittel als die Verweigerung der Konzession für eine Linie Landquart–Schaan».[13]

In der überarbeiteten Botschaft des Bundesrates vom 19. November 1907 an das Parlament heisst es nun: «Aus den sehr einlässlichen Erhebungen der Generaldirektion der Schweizerischen Bundesbahnen geht hervor, dass die projektierte Linie in erheblichem Masse auch dem Durchgangsverkehr zu dienen bestimmt wäre. Der infolge dieser Konkurrenz sich ergebende Einnahmeausfall wird von der Generaldirektion auf das Jahr 1910 berechnet und auf 460 000 Franken angegeben (…) Wenn wir mit Botschaft vom 16. April 1907 die Erteilung der Konzession beantragt haben, so geschah es hauptsächlich aus dem Grunde, weil wir dem Charakter der projektierten Linie Schaan–Landquart hauptsächlich lokalen Charakter beimassen und weil die Gemeinden Landquart, Jenins, Maienfeld, Ragaz und Fläsch ein Interesse an der Verwirklichung dieses Projektes hatten. Allein der diesen Gemeinden erwachsende Vorteil würde mehr als aufgewogen durch die erheblichen Nachteile, welche die projektierte Linie den Schweizerischen Bundesbahnen bringen würde. Wir kommen daher auf unseren Antrag vom 16. April 1907 zurück und empfehlen Ihnen, auf das Konzessionsgesuch nicht einzutreten.»[14]

Wurde Bundesrat Zemp genötigt?

Es steht ausser Zweifel: Der Chef des Eidg. Post- und Eisenbahndepartementes, Bundesrat Joseph Zemp (kath.kons./CVP) – der erste Bundesrat in der Landesregierung, der nicht dem Freisinn angehört – wurde offensichtlich derart hart bedrängt, dass er schliesslich kapitulierte und die Vorlage an das Parlament überarbeiten liess. Das ist deshalb bemerkenswert, weil der im Volk populäre Joseph Zemp als Wegbereiter der Eisenbahn-Verstaatlichung (SBB) gilt. Die Sache setzt ihm gesundheitlich zu. Am 17. Juni 1908 tritt er zurück, am 8. Dezember 1908 stirbt Joseph Zemp 74-jährig in Bern. Der Historiker Urs Altermatt würdigt ihn als «eine Symbolfigur für die politische Integration und Gleichberechtigung». Zeitgenössische Stimmen attestieren ihm «Charaktereigenschaften wie Loyalität, Geradlinigkeit und Durchsetzungswillen», womit er grosse «überparteiliche Anerkennung genoss».[15] Sein Platz im Eidgenössischen Post- und Eisenbahndepartement wird im August 1908 vom Zürcher Ludwig Forrer (FDP) eingenommen.

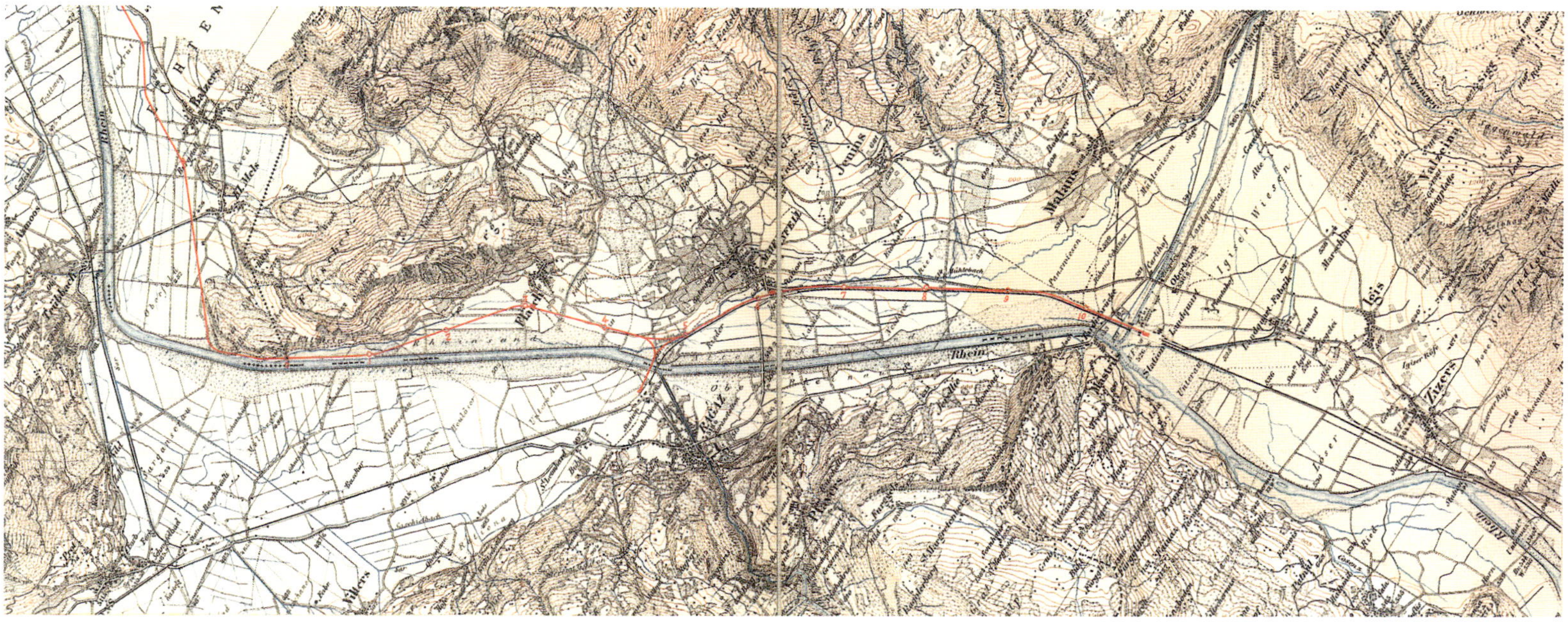

Die projektierte Schmalspurbahn auf der rechten Talseite des Rheins als gefürchtete Rivalin der Schweizerischen Bundesbahnen.

Kampf gegen SBB-Monopolgelüste

Erstaunt über die bundesrätliche Kehrtwende und verärgert über «die Monopolisten bei den SBB und im Eisenbahndepartement» zeigt sich Südostbahn-Direktor Alfred Laube. Das reisende Publikum wisse «sehr gut, den Unterschied in den Betriebseinrichtungen einer Hauptbahn grossen Stils wie die Schweizerischen Bundesbahnen daselbst und einer blossen tramartigen elektrischen Schmalspurbahn herauszufinden». Letztere diene dem Lokalverkehr und werde mithelfen, «das Ländchen Liechtenstein aufs engste mit der Schweiz zu verknüpfen».[16] Laube machte in einem weiteren, auf der Front-Seite der ‹NZZ› platzierten Artikel aufmerksam auf entscheidende Differenzen zwischen den beiden Bahnlinien:

	Länge	km/h	Steigung	Fahrzeit
SBB-Linie Schaan–Sargans–Chur	46 km	75	8 ‰	37 Min.
Schmalspur Schaan–Vaduz–Chur	42 km	45	12 ‰	57 Min.

Von einer echten Konkurrenz zur SBB könne keine Rede sein. Der Reisende ziehe es ohnehin vor, «den ‹Normalbahnzug› zu benützen für so lange als es überhaupt geht». Komme hinzu, dass der Durchschnittsreisende den Komfort und «die äusserst ruhig laufenden Wagen der Bundesbahn» stets vorziehen werde. «Wo in aller Welt ist der Fahrgast, der sich in den Einspänner setzt, wenn ihm ums gleiche Geld ein flotter Zweispänner angeboten wird?»[17]

Eisenbahnpolitik oder «Stimmungsmache»?

Die ‹Neue Zürcher Zeitung› präsentiert und kommentiert das Bahnprojekt als einziges Presseorgan aussergewöhnlich umfassend. Bereits am 1. Dezember 1905 weist die ‹NZZ› auf die stets guten Beziehungen der Schweiz mit Liechtenstein hin: «Mit dem kleinen, seit alten Zeiten mit der Schweiz befreundeten Fürstentum Liechtenstein hat man immer freundnachbarschaftlich verkehrt; die gegenseitigen Beziehungen waren stets vorzüglich, und man war auch jenseits des Rheines immer sehr loyal. Es fragt sich nun, ob wir, selbst ein kleines Land, nun einmal die Gelegenheit benutzen wollen, um dem noch viel kleineren Liechtenstein gegenüber unsere Grossmachtstellung zu zeigen, und ob wir ihm den Bau seiner eigenen kleinen Lokalbahn, die ohne Anschluss eben eine wertlose Sacklinie bliebe, verhindern wollen, weil sich dann unsere zweifelsohne stark überlegenen Bundesbahnen etwas Mühe geben müssten, um sich den Durchgangsverkehr ganz zu erhalten.»[18] Ein Vierteljahr später heisst es in der ‹Neuen Zürcher Zeitung›: Die geplante Schmalspurlinie biete für den Personen- wie den Güterverkehr weder einen Taxgewinn noch Zeitvorteile und werde deshalb «volkswirtschaftlich vollständig unproduktiv bleiben (...) Der Nutzen der Linie beschränkt sich somit auf den Verkehr mit den Gemeinden Vaduz, Triesen, Balzers und Fläsch. Dafür rechtfertigt sich aber eine durchgehende Linie mit Anschluss- und Zollstation nicht».[19] Der ‹NZZ›-Kommentator spricht sich für eine Reduktion der Linie auf die Strecke Landquart–Bad Ragaz aus.

Widersprüchliche Haltung in der NZZ

Ganz anders wieder am 4. Juni 1907: Man könne es drehen, wie man wolle, «von einer angeblichen Gefährlichkeit des Projektes (gegenüber der SBB) zu reden» sei absurd. Die «gewundene Linienanlage» und dazu «die Überschreitung der Landesgrenze hart am Rheinufer, zwischen Fluss und Felswand», stünden in «grellem Widerspruch zu den geradezu idealen Kurven- und Gefällsverhältnissen der SBB-Linie, dass zu einer Konkurrenzierung der letzteren schon eine völlig neue Anlage, eine dritte Bahn, nötig wäre!» Interessant ist im gleichen Artikel der Hinweis auf die Stellung von Bad Ragaz. Der Bäderkurort und nicht Feldkirch oder Liechtenstein bilde den Angelpunkt des Projekts. Die Gemeinde, die Kuranstalten und kapitalkräftige Private seien sich einig: Ragaz wolle sich «den seit Jahrzehnten ge-

---

Was 1907 nicht sein durfte, soll nun doch wieder erweckt werden: Diesmal geht es um das S-Bahn-Projekt «FL.A.CH» (Liechtenstein-Österreich-Schweiz). Ab 2015 soll Liechtenstein in einem ersten Schritt im Halbstunden-Takt mit Feldkirch sowie mit Buchs, Sargans und Chur verbunden werden. In der Projektphase befindet sich aber auch eine Neubaustrecke vom SBB-Bahnhof Trübbach, mit einer Linie über den Rhein nach Balzers-Vaduz-Schaan, mit Anschluss an die Linie Buchs-Feldkirch.

Projekt Schaan–Vaduz–Ragaz–Landquart

Konzessionsgesuch	26. April 1905 «Gesuch für die Bundeskonzession zum Bau und Betrieb einer Eisenbahn mit Meterspur von der schweiz.-liechtensteinischen Grenze am ‹Ellhorn› über Fläsch–Ragaz–Maienfeld nach Landquart».	
Konzession	1. Botschaft des Bundesrates vom 16. April 1907: Positive Beurteilung des Eisenbahndepartementes mit Antrag auf Konzessionierung. Überarbeitete Botschaft vom 19. Nov. 1907: Ablehnender Antrag an das Parlament. Konzession verweigert.	
Konzessionsbewerber	– Oberst Theophil Sprecher von Bernegg, Präsident, 1905–1919 Generalstabschef – Fridolin Simon, Kantonsrat, Mitbesitzer Grand-Hotel Quellenhof, Ragaz – Paul Tanner, Landammann, Maienfeld – Thomas Marugg, Regierungsrat (1894–1899), Fläsch – Hans von Gugelberg, Ingenieur Zürich und Maienfeld; erster Kommandant Schweizer Ballon-Kompagnie – Bernhard Rist, Gemeindeammann, Ragaz – Josef B. Riederer, Gemeinderat, Ragaz Nach der Wahl zum Generalstabschef trat Sprecher 1906 zurück. Er wurde von Ingenieur Hans von Gugelberg, Zürich, und dem St. Galler Kantonsrat Fridolin Simon, Eigentümer der Kuranstalten Bad Ragaz/Pfäfers, abgelöst.	
Projektverfasser	Ingenieurbüro Kürsteiner, St. Gallen	
Streckenlänge	27,9 km (davon 12,2 km in der Schweiz)	
Stationen	Schaan FL	km 0,0
	Vaduz FL	km 3,9
	Triesen FL	km 7,2
	Balzers FL	km 12,6
	Fläsch	km 19,0
	Bad Ragaz	km 21,2
	Maienfeld	km 23,4
	Jenins	km 25,4
	Landquart	km 27,9
Spurweite	1000 mm	
Maximalsteigung	12 ‰	
Minimalradius	120 m	
Betriebssystem	Elektrisch	
Sitz der Gesellschaft	Chur	
Fahrtaxen	Schaan–Bad Ragaz	2. Klasse CHF 2.65
	Schaan–Chur	2. Klasse CHF 5.20
Kosten	CHF 3,717 Mio. (CHF 134 000 pro km) CHF 1,737 Mio. schweizerisches Gebiet CHF 1,980 Mio. liechtensteinischer Teil	

suchten Vorteil einer direkten Verbindung mit dem Engadin und den übrigen bündnerischen Hochtälern niemals wieder entreissen lassen».[20]

Diametral anders wiederum ein Korrespondent der ‹Neuen Zürcher Zeitung› am 28. November 1907, der das von SOB-Direktor Laubi erstellte Gutachten abfällig als «Broschürchen» bezeichnet, dessen einziger Zweck es sei, «Stimmung für das Projekt zu machen»; es gehe hier effektiv um «die Verkehrsablenkung von den Bundesbahnen», und da müsse eben berücksichtigt werden, «dass die Rhätische Bahn ihre direkten Wagen von und nach Davos und ins Engadin selbstverständlich bis und ab Schaan laufen lassen wird».[21]

Weltkrieg als Projektkiller

Die Sache zieht sich hin. Man kommt aufgrund der Fakten nicht umhin anzunehmen, das Eisenbahndepartement habe in Hinhaltetaktik gemacht. Schliesslich sorgt auch hier der Ausbruch des Ersten Weltkriegs für den definitiven Marschhalt. Im Oktober 1915 empfiehlt das Eisenbahndepartement gegenüber dem Präsidenten des Initiativkomitees, Kantonsrat und Hotelier Fridolin Simon in Bad Ragaz, «angesichts dieser Verhältnisse» den Rückzug des Konzessionsgesuches. Weil Simon nicht antwortet, wird der Ton aus Bern deutlicher, doch der Präsident des Initiativkomitees gibt sich standhaft taubstumm. Im Mai 1916 setzt ihm das Eisenbahndepartement per Einschreibebrief eine Frist bis zum 10. Juni, sonst werde man die Eisenbahnkommission der eidg. Räte in Kenntnis setzen. Weil sich Fridolin Simon immer noch verweigert, wird das Geschäft schliesslich vom Nationalrat in der Dezember-Session 1916 und vom Ständerat im März 1917 «abgeschrieben», d. h. als erledigt betrachtet.

Späte Erkenntnis im Bundesrat

Hätte das Projekt Landquart–Schaan bei anderen politischen und vor allem bei anderen personellen Konstellationen eine andere Wende genommen? Ausgerechnet der direkte Nachfolger im Post- und Eisenbahndepartement, Bundesrat Ludwig Forrer, macht 1909 – nur ein Jahr nach Zemps Rücktritt – in einem «Memorial zur künftigen Eisenbahnpolitik der Eidgenossenschaft» u. a. folgende interessante Bemerkung:

«Eine engere Verbindung des Vorarlbergs und von Liechtenstein mit der Schweiz ist eisenbahnpolitisch von entscheidendem Vorteil für uns, indem dadurch das diesseits des Arlbergs gelegene Stück der Arlbergbahn in unsere Hand gelangen und das Projekt einer Bahn auf dem rechten Rheinufer von Landquart–Maienfeld flussabwärts eine ernsthafte Bedeutung erlangen würde.»[22]

Nachtrag

Am 11. Januar 1908 erkundigt sich der Präsident der ständerätlichen Eisenbahnkommission und spätere Bundesrat (1913–1919), Felix-Louis Calonder, beim Eisenbahndepartement über den Verbleib der Akten, welche vereinbarungsgemäss dem Präsidenten des Initiativkomitees, Kantonsrat Fridolin Simon in Bad Ragaz, hätten zugestellt werden sollen.

Was heute eine innenpolitische Affäre auslösen würde, versuchte man vor hundert Jahren zu verstecken, zu vertuschen, zu vergessen. Fridolin Simon, der Besitzer des Grand-Hotels Quellenhof, erhält zwar endlich die gewünschten Akten, doch es fehlt ausgerechnet das wichtigste Element, das SBB-Gutachten. Ständerat Calonder reagiert beim Eisenbahndepartement umgehend: «Ich ersuche Sie höfl. mir sofort über den Verbleib dieses Gutachtens Aufschluss zu geben und mir dasselbe zuzusenden, falls es bei Ihnen ist.»[23] Das vermisste Papier befinde sich voraussichtlich im Besitze eines der Kommissionsmitglieder, antwortete der Departementsekretär. Calonder lässt nicht locker und fordert, «die nötigen Recherchen über den Verbleib des Gutachtens anzustellen und mir so bald als möglich eine Kopie des Gutachtens zuzustellen».[24]

Nun erklärt Bundesrat Joseph Zemp die Nachforschung zur Chefsache. Schriftlich wendet er sich mit Brief vom 11. März 1908 an alle Mitglieder der ständerätlichen Eisenbahnkommission. Calonder bekommt bereits eine Woche später eine Kopie dieses SBB-Gutachtens zugestellt, die Affäre aber nimmt staatspolitische Dimensionen an. Am 16. März 1908 teilt Departementsekretär Biedermann seinem Chef, Bundesrat Zemp, mit, «dass es Herr Präsident Weissenbach für ratsam hält, die Vernehmlassung der Gen. Dir. der SBB vom 17. September 1907 nicht für die eidg. Räte zu vervielfältigen, weil die Vernehmlassung in der Botschaft des Bundesrates vom 19. November 1907 in der Hauptsache enthalten ist und nur diejenigen Stellen weggelassen oder abgeschwächt sind, welche bei der österreichischen Gesandtschaft oder den Rhätischen Bahnen Anstoss hätten erregen können». Das Schreiben endet mit der Anmerkung: «Wir können uns dieser Ansicht anschliessen und werden von einer Drucklegung der Vernehmlassung absehen, wenn Sie nichts anderes verfügen.» Bundesrat Joseph Zemp verfügt ‹nichts anderes›. Bei ‹Herr Präsident Weissenbach› handelt sich nicht um den Nationalratspräsidenten, sondern um den Präsidenten der SBB-Generaldirektion.

Um welche ‹Stellen› geht es, die auf Weisung des Departement-Sekretärs weggelassen worden sind? «Es liegt nicht der geringste Grund vor, anzunehmen, dass die Österreichischen Staatsbahnen die Situation nicht gründlich ausnützen würden.»

«Bei Taxgleichheit (RhB und ÖBB günstiger als SBB) wird der vom Ausland herkommende Reisende, der nach Ragaz, Landquart, Davos, St. Moritz etc. will, unzweifelhaft die direkten Wagen der Rhätischen Bahn benützen, deren Verwaltung solche Wagen wohl schon vor der Betriebseröffnung in Schaan bereitstellen würde; ebenso in umgekehrter Richtung. Alle internationalen Schnellzüge würden in Schaan anhalten müssen, die Rhätische Bahn würde österreichischerseits nach dem Knotenpunkt Feldkirch fortgesetzt. Nichts hindert, die elektrische Schmalspurbahn von Anfang an so zu bauen, dass bedeutende Fahrgeschwindigkeiten erreicht werden können. In Verbindung mit den Österreichischen Staatsbahnen und der Regierung des Kantons Graubünden dürfte es ihr ohne Schwierigkeiten gelingen, auch den Fahrplan ihren Zwecken dienlich einzurichten. Auf den Personenverkehr via Arlberg und via Bregenz (für Ost- und Norddeutschland), nach Graubünden und später nach der Ostalpenbahn verlieren die Bundesbahnen allen Einfluss, indem ihre ganze Rheintallinie St. Margrethen–Buchs–Chur umgangen wird» (damals Dampfbetrieb, sic).

Die Rhätische Bahn habe seinerzeit das Publikum veranlasst, den Güterverkehr über ihre, die RhB-Linien zu buchen, was dazu führte, dass «nahezu 50 % des Gesamtverkehrs den Bundesbahnen auf diese Weise in Landquart weggenommen wurden».

Mit der neuen Linie habe es die Rhätische Bahn «mit Hilfe des bündnerischen Publikums wieder in den Händen, den Verkehr zu dirigieren; es genügt, die Verzollung in Fläsch vorzuschreiben, um den Bundesbahnen den Verkehr zu entziehen».[25]

Links: Die fürstliche Regierung in Vaduz und die Bevölkerung Liechtensteins erhofften sich von der geplanten Bahn endlich den Aufschwung vom armen Agrarland in eine prosperierende Zukunft.

Rechts: Fridolin Simon, Konzessionsbewerber und Mitbesitzer des Hotels Quellenhof in Bad Ragaz (Bild aus den Zwanzigerjahren), träumte von Direktverbindungen Bad Ragaz–Engadin.

Fehlende Solidarität im Toggenburg

Schiene statt Strasse, Eisenbahn statt automobile Staubplage. Die Gemeinden des Obertoggenburgs und des Bezirks Werdenberg haben genug. Doch dreimal stürzen unmittelbar vor dem Ersten Weltkrieg Projekte ab, auch die von fast allen Gemeinden favorisierte «Werdenberg-Toggenburgbahn» von 1909, die dem Tal Prosperität bringen soll. So rauft man sich 1920 noch einmal zusammen: Die projektierte elektrische Schmalspurbahn soll nicht nur Nesslau über Wildhaus mit dem Rheintal verbinden, es rückt auch die Möglichkeit einer Verlängerung von Buchs «über Liechtenstein-Luziensteig nach Landquart in den Bereich der Möglichkeit».[1]

Bereits Anfang des 20. Jahrhunderts tauchen Pläne einer Schienenverbindung durch das Toggenburg auf. 1906 wird das Projekt einer elektrischen Strassenbahn von Ebnat nach Unterwasser präsentiert. Im Januar 1907 folgt Ingenieur K. A. Breüer aus Freiburg mit einer 4,8-Millionen-Vorlage für eine 27,8 km lange Schmalspurbahn von Nesslau über Wildhaus nach Buchs im Rheintal. Zwei Drittel der Strecke sind im Adhäsionsbetrieb vorgesehen (18,5 km), ein Drittel als Zahnradstrecke (9,3 km), dies auf dem steilen Abschnitt von Gams (510 m) hinauf zum Kulminationspunkt auf 1090 m bei Wildhaus. Die bundesrätliche Vorlage ist vorbereitet, der Segen der St. Galler Regierung erteilt, als im Mai 1908 ein breit abgestütztes 8-Millionen-Projekt auftaucht, welches schliesslich zum Rückzug des Projekts Nesslau–Buchs führt.

Drohende Entvölkerung

Die detaillierten Pläne des St. Galler Ingenieurs A. Sonderegger sind im Auftrag der Gemeinden des Bezirks Werdenberg ausgearbeitet worden. Hier, ebenso wie im oberen Toggenburg, setzt man auf bessere Verkehrsverbindungen, ostwärts mit dem Rheintal, westwärts mit der «direkten trans-sanktgallischen Verbindungsbahn vom Bodensee zum Zürichsee».[2] Geprüft wird, «ob die Bahn über die Passhöhe von Wildhaus, also über Tag, oder aber in einem Tunnel unter dem Pass durchzuführen sei; weiter, ob sie mit normaler oder mit schmaler Spur, auf der Staatsstrasse oder mit selbständigem Unterbau gebaut werden soll, und endlich ob sie vorteilhafter mit Dampf oder mit Elektrizität betrieben werden könnte».

Für das Toggenburg ist die Bahn lebenswichtig geworden, wenn man die Abwanderung junger Berufsleute stoppen will. Im oberen Toggenburg hat die Einwohnerzahl zwischen 1888 und 1900 um durchschnittlich 3,5 Prozent abgenommen, am meisten in Stein (–9 Prozent), gefolgt von Wildhaus (–5,7 Prozent). Umgekehrt verzeichnet der aufstrebende Bahnknotenpunkt Buchs im gleichen Zeitraum einen Bevölkerungszuwachs von 17,7 Prozent. Im Konzessionsgesuch wird dazu vermerkt: Während sich die St. Gallischen Stickereibezirke einer «zunehmenden Entwicklung und Prosperität» erfreuen, ist das obere Toggenburg mit dem «Rückgang der Industrie, des Wohlstandes und der Bevölkerungszahl» belastet. Die Ursache dieser Entwicklung «muss in erster Linie dem Mangel an Bahnverbindungen zugeschrieben werden. Diese Zustände sind auf die Dauer nicht haltbar».

Fehlende Solidarität

Ursprünglich war mit der Werdenberg-Toggenburgbahn die Verbindung von Buchs nach Wattwil gemeint, eine 44 km lange, elektrische Schmalspurbahn auf Eigentrassee. Das Projekt Sonderegger sieht noch einen Aufwand von 7 Millionen Franken vor. Weil das Konzessionsgesuch auch von den Gemeindeammännern von Grabs, Buchs, Gams, Stein und Alt St. Johann vertreten wird, besteht kein Zweifel: Hier ist mit Sorgfalt an einer Erfolg versprechenden Vorlage gearbeitet worden. Gewissenhafte Planunterlagen und seriöse Finanzierungsmodelle lassen auf eine baldige Realisierung hoffen. Doch ausgerechnet die beiden Talgemeinden Nesslau und Krummenau machen in Opposition und halten an der für sie interessanteren Verlängerung der Normalspurstrecke von Ebnat nach Nesslau fest, dem heutigen «Wurmfortsatz» der ehemaligen Bodensee-Toggenburgbahn. Damit aber wird den Initianten wichtiges Kapital entzogen. Ein weiteres Mal werden die Baukosten für die Werdenberg-Toggenburgbahn heruntergedrückt, diesmal auf noch 5,1 Millionen. Unterstützung erhält das Projekt auch durch den Kanton. So kommentiert der Landammann von St. Gallen gegenüber den Bundesbehörden in der Vernehmlassungsantwort unmissverständlich: «Eine erspriessliche Weiterführung dieser Angelegenheit können wir nur dann erwarten, wenn die beteiligten Gemeinden an der Spitze der Initianten stehen, was nur beim heute vorliegenden Projekt der Fall ist.»[3] Doch die verbale Hilfe nützt nichts, das Bauvorhaben scheitert an der mangelnden Solidarität im Tal.

Innerhalb von fünf Jahren hätten die vorschriftsmässigen technischen und finanziellen Vorlagen dem Bundesrat eingereicht werden sollen. Aber es herrscht Krieg in Europa. Das Projekt hat keine Chancen, hingegen erlebt die Normalspur-Linie von Ebnat/Kappel bis nach Nesslau gerade noch rechtzeitig, am 1. Oktober 1912, die feierliche Eröffnung.

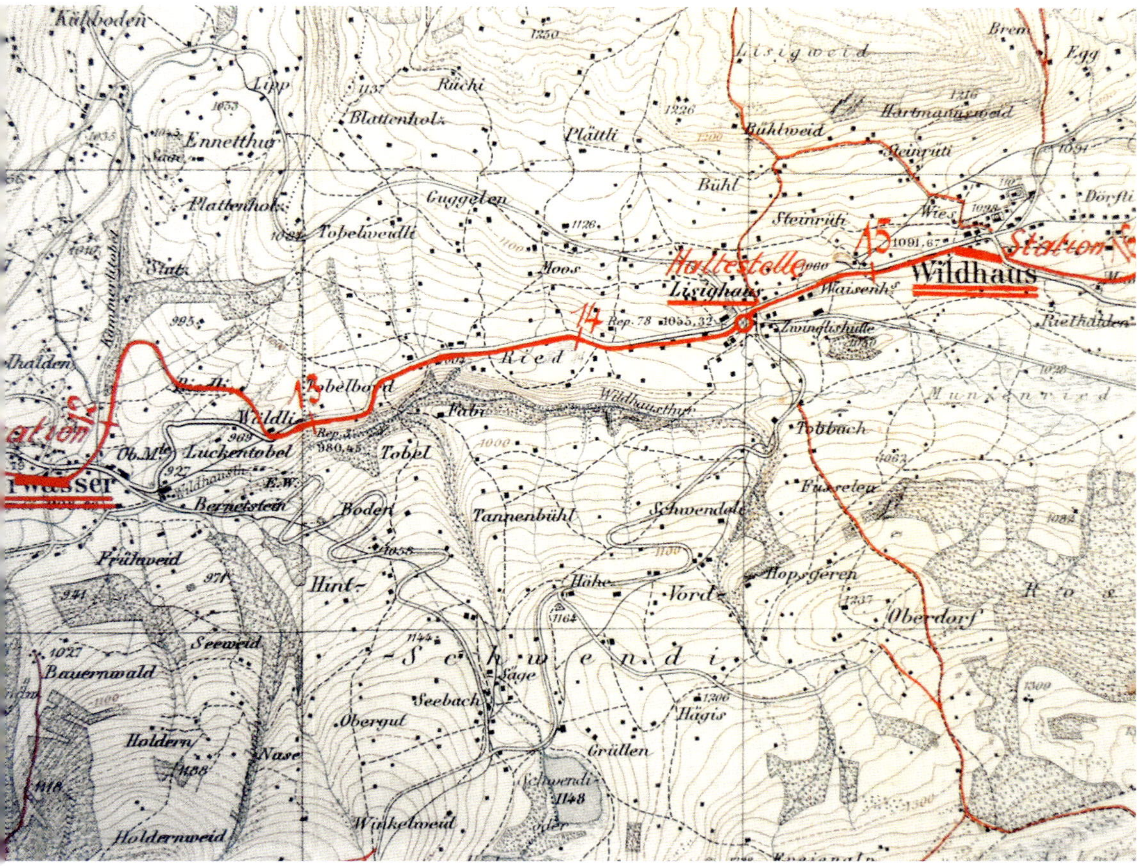

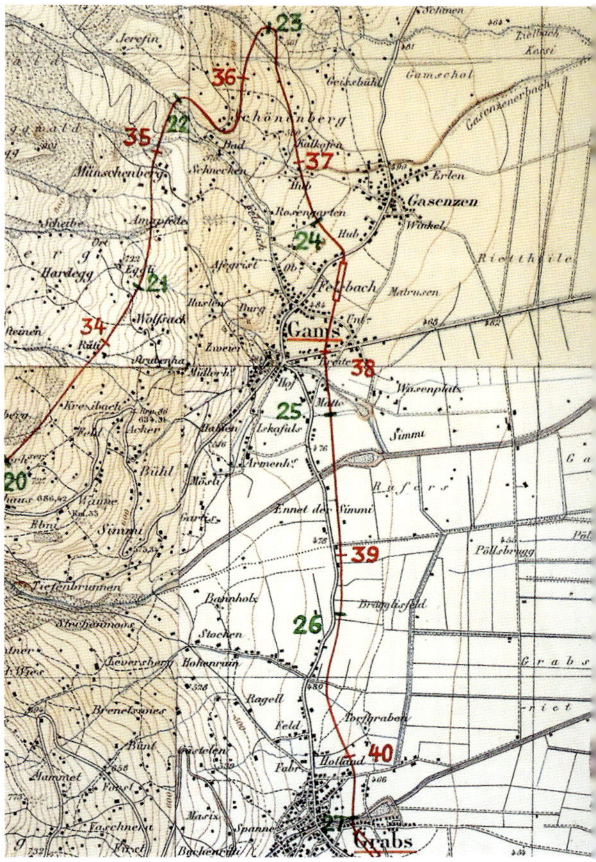

Oben: Nesslau–Buchs, Werdenberg–Toggenburg und Toggenburgbahn: drei Projekte, drei Enttäuschungen. Fehlende Solidarität und mangelnder Weitblick haben – nicht nur im Toggenburg – alle Bahnpläne zu Fall gebracht.

Links: Zugsabfahrt in Krummenau.

«Postautomobilkurse ungenügend»

Zwei Jahre nach dem Ersten Weltkrieg: Ein neuer Anlauf mit einem neuen Projekt schürt Hoffnungen. Wiederum ist das Vorhaben gut vorbereitet und durch Vertreter aus allen tangierten Gemeinden des Obertoggenburgs und des Bezirks Werdenberg prominent gestützt. Der Fremdenverkehr habe sich direkt nach dem Krieg «mächtig entwickelt», dem stünden «die ungenügenden Postautomobilkurse» gegenüber sowie die ohnehin «beschränkte Leistungsfähigkeit der Automobile, die ausserordentliche Beanspruchung der Strasse (...) und die durch die Automobile verursachte Staubplage. Letztere ist geeignet, den guten Ruf der Kurlandschaft Obertoggenburg in kurzer Zeit zu untergraben». Keineswegs müsse Buchs Endstation dieser Schmalspurbahn bleiben. Eine Verlängerung ins Fürstentum Liechtenstein und weiter bis Landquart mit Anschluss an das Rhätische Schmalspurnetz würde der ganzen Region enorme wirtschaftliche Impulse geben. Fallen gelassen wird die Möglichkeit zum Einbau einer dritten Schiene zwischen Nesslau und Wattwil in den Geleisen der Bodensee-Toggenburg-Bahn, um das komplizierte Umsteigen zu vermeiden. Doch die Geschichte wiederholt sich: Unverhältnismässig hohe Kosten und die «entschiedene Abneigung einzelner Gemeinden» schaden dem Kernprojekt.

	Nesslau–Buchs, Projekt 1907			**Werdenberg–Toggenburg 1909**			**Toggenburgbahn 1920**		
Konzessionsbewerber	K. A. Breüer, Freiburg			Dr. G. Baumgartner, kantonaler Departementssekretär, und das Initiativkomitee mit den Gemeindepräsidenten sowie Kantonsrat Chr. Beusch, Grabs			Initiativkomitee W. Brändle, Arzt, Neu St. Johann J. Geissler, Neu St. Johann J. Kuhn, Kantonsrat, Buchs Chr. Hardegger, Gams C. Bohl, Kantonsrat, Stein E. Looser, Gemeindeschreiber, Wildhaus		
Projektverfasser	Ingenieur Breüer, Freiburg			A. Sonderegger, Ingenieur, St. Gallen			W. Kesselring, Ingenieur		
Konzessionseingabe	Januar 1907			Juni 1909			18. August 1920		
Konzession	Projekt zurückgezogen			24. Juni 1910			1. Juli 1922		
Bahntyp	Elektrische Schmalspurbahn			Elektrische Schmalspurbahn			Elektrische Schmalspurbahn		
Spurweite	1000 mm			1000 mm			1000 mm		
Streckenlänge	27,8 km			30,7 km			32,1 km		
Stationen	Nesslau	km 0,0	759 m ü.M.	Nesslau	km 0,0	763 m ü.M.	Nesslau	km 0,0	762 m ü.M.
(12 Zwischenstationen)	I			I			Dicken	km 1,5	815 m ü.M.
	I			I			Germen	km 2,4	810 m ü.M.
	Stein	km 3,5	840 m ü.M.	Stein	km 3,4	840 m ü.M.	Stein	km 4,1	850 m ü.M.
	Starkenbach	km 4,2	894 m ü.M.	Starkenbach	km 6,2	893 m ü.M.	Starkenbach	km 7,0	882 m ü.M.
	Alt St. Johann	km 9,2	896 m ü.M.	Alt St. Johann	km 8,9	893 m ü.M.	Alt St. Johann	km 9,9	893 m ü.M.
	Unterwasser	km 10,8	907 m ü.M.	Unterwasser	km 10,5	905 m ü.M.	Unterwasser	km 11,7	907 m ü.M.
	I			I			Lisighaus	km 14,6	1055 m ü.M.
	Wildhaus	km 14,4	1089 m ü.M.	Wildhaus	km 14,1	1038 m ü.M.	Wildhaus	km 15,4	1082 m ü.M.
	Säge	km 17,5	901 m ü.M.	I			Schönenboden	km 17,4	980 m ü.M.
	I			I			Gamserberg	km 21,9	720 m ü.M.
	Zollhaus	km 20,2	700 m ü.M.	I			Gasenzen	km 25,6	488 m ü.M.
	Gams	km 22,4	510 m ü.M.	Gams	km 24,4	485 m ü.M.	Gams	km 26,2	470 m ü.M.
	I			I			Krone	km 27,8	475 m ü.M.
	Grabs	km 24,4	470 m ü.M.	Grabs	km 27,2	468 m ü.M.	Grabs	km 28,6	470 m ü.M.
	Stauden	km 25,5	463 m ü.M.	I			Hochhaus	km 29,3	458 m ü.M.
	Werdenberg	km 26,7	448 m ü.M.	Werdenberg	km 29,0	450 m ü.M.	Werdenberg	km 30,7	450 m ü.M.
	I			I			Buchs-Dorf	km 31,3	455 m ü.M.
	Buchs-SBB	km 27,8	451 m ü.M.	Buchs-Bahnhof	km 30,7	450 m ü.M.	Buchs-Bahnhof	km 32,1	451 m ü.M.
Maximalsteigung	140 ‰ (Zahnradstrecke)			67 bis 70 ‰			65 ‰		
Minimalradius	60 m (70 m Zahnradstrecke)			60 m			60 m		
Kosten	CHF 4 800 000 (CHF 172 500 pro km)			CHF 5 000 000 (CHF 166 100 pro km)			CHF 9 250 000 (CHF 288 000 pro km)		
Sitz der Gesellschaft	Nesslau			Buchs			Grabs		

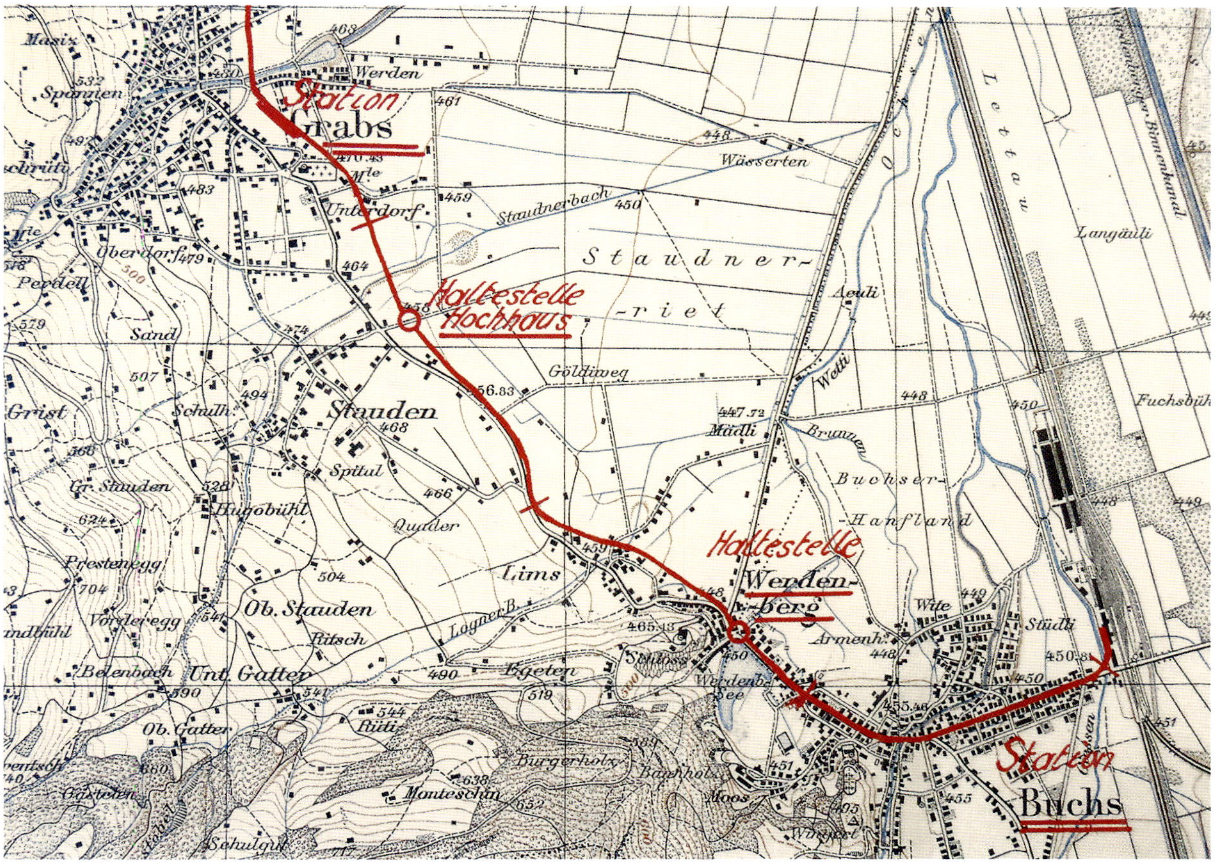

Buchs–Werdenberg–Grabs mit der Haltestelle «Hochhaus». Trotz breiter Unterstützung stirbt das Projekt Toggenburgbahn in den Schicksalsjahren der Nachkriegszeit.

SBB diesmal kein Stolperstein

Im Gegensatz zum Schmalspurbahn-Projekt Landquart–Vaduz–Schaan opponieren wenigstens die Schweizerischen Bundesbahnen diesmal nicht. Damals hat sich die SBB-Generaldirektion mit allen Mitteln gegen den Bau einer «Liechtensteiner Lokalbahn» zur Wehr gesetzt (siehe Seite 156). Im Falle der Toggenburgbahn liege die Sache anders, führt die Generaldirektion der SBB aus:

«In kommerzieller Hinsicht bemerken wir, dass die zu konzessionierende Linie zwischen dem Toggenburg einerseits und dem Rheintal andererseits gegenüber den heute bestehenden Bahnlinien Buchs–Sargans–Uznach–Ricken, Buchs–Rorschach–St. Gallen und Altstätten–Gais–Appenzell eine bedeutende Abkürzung verwirklicht. Als direkte Verbindungslinie zwischen zwei wichtigen Talschaften würde die Schmalspurbahn die grossen Umwege über St. Gallen oder Appenzell entbehrlich machen.» Mit diesem Projekt werde ein beliebtes Gebiet für Kurgäste und Touristen erschlossen und somit auch den Bundesbahnen zusätzlicher Verkehr auf den Zubringerlinien zugeführt.

Die St. Galler Regierung spricht in der Vernehmlassung erneut von einer «grossen und wertvollen Errungenschaft für das obere Toggenburg» und erwähnt, es seien «wiederholt Klagen laut geworden, dass nicht alle Reisenden (von der Postverwaltung) haben befördert werden können». Einzige Negativpunkte sind die zu vielen Bahnübergänge («Kreuzungen der Staatsstrasse à niveau») und dass die Schmalspurbahn «auf einer Länge von zirka 8,8 km derart an die Staatsstrasse lehnt, sodass die Fahrbahn bis auf 4½ m eingeengt wird». Positiv vermerkt wurde die mögliche Etappierung des Projektes: 1. Etappe Buchs–Gams; 2. Etappe: Nesslau–Wildhaus; 3. Etappe: Wildhaus–Gams.[4]

Einmal mehr wendet sich das Blatt. Am 7. Juni 1924 ruft das Eisenbahndepartement dem Präsidenten des Initiativkomitees, Dr. Brändle aus Neu St. Johann, das nahende Ende der Konzessionsfrist in Erinnerung.[5] Dieser macht die Kompliziertheit der Verhältnisse geltend, bittet um Geduld und hofft auf Nachsicht – allerdings vergeblich. Die Krise der Zwanzigerjahre lässt auch dieser Vision keine Chance.

Wallis Waadtland

Teil 3

«Beugt sich das Matterhorn dem Joche des Kapitals?»

Xaver Imfeld (1853–1909) Berühmter Panoramenzeichner, Topograph und Kartograph, bahnbrechend in der Reliefkunst, sowie Planer und Erbauer zahlreicher Bergbahnen. 1876–1890 im Eidgenössischen Topographischen Bureau in Bern (heute SwissTopo). 1891 im Auftrag des französischen Ingenieurs G. Eiffel dreiwöchige Expedition auf den Mont-Blanc zur Abklärung eines Standortes für ein Observatorium auf dem Gipfel. Zu seinen bedeutendsten Arbeiten gehören, neben dem kartographischen Werk Panoramen von Titlis, Monte Rosa, Schilthorn, Gornergrat, Pilatus, Mont-Blanc, Weissenstein u. a. sowie Reliefs der Zentralschweiz, der Simplon-, Jungfrau- und Rigi-Gruppe, des Matterhorns, des Pilatus. Imfeld hat zahlreiche Bahnprojekte ausgearbeitet, darunter: 1887 Visp–Zermatt-Bahn, 1890 Gornergrat- und Matterhornbahn, 1896 Jungfraubahn, 1904 Brig–Gletsch-Bahn.

Kampf und Intrigen am Matterhorn! Nicht allein Sturm und Alpinisten-Dramen haben den Berg der Berge in die Schlagzeilen gebracht. Im Sommer 1890 bekommt der Bundesrat brisante Post: Zwei Unternehmer stellen das Gesuch für den Bau einer Bahn von Zermatt auf den 4478 m hohen Gipfel. Das Erstaunliche: Sowohl der National- wie auch der Ständerat winken das Projekt im Juni 1892 diskussionslos durch. Der Weg ist frei für eines der weltweit spektakulärsten Bahnprojekte. Doch im Gegensatz zur Jungfrau, wo mit Adolf Guyer-Zeller ein visionärer Unternehmer und dynamischer Bankier das Projekt durch alle Stürme steuert, fehlen den Matterhorn-Planern ein vernetztes Lobbying und vor allem eine charismatische, finanzstarke Persönlichkeit.

Im letzten Viertel des 19. Jahrhunderts übertreffen sich Ingenieure und Techniker, Unternehmer und Spekulanten mit Projekten, Plänen und Konzessionsgesuchen. Immer wieder werden neue, spektakulärere Eisenbahnlinien ausgeheckt. Je höher der Berg, desto imposanter die Fernsicht – je aussergewöhnlicher die Projekte, desto lukrativer die Gewinnaussichten. Jedes herausragende Bergbahnprojekt stachelt andere Unternehmer an, weckt Gelüste und schürt Neid in anderen Regionen. Die Schweiz wird in der Belle Epoque endgültig vom Bergbahn-Fieber erfasst. Drei Hochalpen-Projekte sorgen für weltweites Aufsehen: die Gornergratbahn (Baubeginn 1896, Eröffnung 1898) und die Jungfraubahn (Baubeginn 1896, Eröffnung 1912). Den endgültigen Triumph der Technik über die Natur soll Projekt Nummer drei bringen: die Matterhornbahn mit der Endstation auf 4500 m Höhe.

Werbung mit Superlativen

Für den Bieler Unternehmer Leo Heer-Bétrix und für den berühmtesten Ingenieur-Topographen der damaligen Zeit, für Xaver Imfeld als Projektverfasser, ist es klar: «Eine Bahn auf das Matterhorn würde für die ganze Schweiz eine Attraktion ersten Ranges!» Im Konzessionsgesuch vom 22. August 1890 für die Zermatter Hochgebirgsbahnen auf den Gornergrat und das Matterhorn wird nicht mit Superlativen gespart: «Der sensationelle Rundblick vom Matterhorn ist von ergreifender Grossartigkeit.» Leo Heer-Bétrix, Buchdruckerei-Besitzer aus Biel und Konzessionär der Wengernalpbahn, legt seinem Gesuch Karten im Massstab 1:50 000 und 1:25 000 bei, sowie den technischen Bericht von Ingenieur M. Stocker, den Kostenvoranschlag, die Rentabilitätsrechnung und eine Skizze der geplanten Endstation auf dem Matterhorn.

Gornergrat und Matterhorn

Parallel zum Matterhorn-Projekt favorisieren die Initianten unter dem Label «Zermatter Hochgebirgsbahnen» in einer ersten Etappe die Erschliessung des Gornergrats. Der Aufstieg von Zermatt auf den berühmtesten Aussichtspunkt des Mattertals dauert selbst zu Pferd (Taxe 12.– Franken) volle 4 Stunden. Doch die Eisenbahn-Promotoren blicken bereits in die nahe Zukunft: «Wer mit Morgenzügen in Zermatt anlangt, kann mittags die Aussicht auf dem Gornergrat geniessen und abends wieder in Lausanne sein, was namentlich zurzeit einer Überfüllung der Zermatter Hotels von Werth ist.» Hervorgehoben werden im Konzessionsgesuch auch die klimatischen Vorzüge der südlichen Walliser Täler:

«Der Wein wächst dort bis zu 1200 m Höhe (Staldenried), das Dorf Findelen (1900 m) bei Zermatt pflanzt sein Korn selbst und die Waldgrenze steht bei 2400 m, während sie am Rigi und Pilatus auf 1800 m herunterrückt. Auf 3000 m hält der Botaniker am Gornergrat noch reiche Ausbeute und stehen diese Höhen im Wallis klimatisch wenigstens so günstig wie das Brienzer Rothorn (2351 m) oder das Faulhorn (2680 m) im Berner Oberland.»

Tatsächlich weist das Mattertal statistisch gesehen die niedrigsten Niederschlagsmengen und auch die geringste Bewölkung der Schweiz auf. Die südliche Talkammer bei Zermatt liegt auf dem gleichen 46. Breitengrad wie die Palmengärten von Lugano und südlicher als Meran und Bozen im Südtirol.

Wallis mit Nachholbedarf

Am Vierwaldstättersee boomt der frühe Massentourismus, Eisenbahnen und Dampfschiffe begeistern Zehntausende von Touristen. Im Wallis hingegen führt der Schienenstrang vom Genfersee her erst bis kurz über die Kantonshauptstadt Sion hinaus. «Der Tourist hatte von dort aus (ab Sion) 6 Stunden in Post- oder Reisewagen bis Visp und von hier 9 Stunden zu Fuss oder Pferd zurückzulegen, um nach Zermatt zu gelangen.»[1] Allerdings haben die Verlängerung der Bahn von Sierre bis Leuk (1877) sowie weiter nach Brig (1878) und vor allem die Erweiterung des Saumwegs zu einer Fahrstrasse (St. Niklaus–Zermatt) in kurzer Zeit zu einer starken Erhöhung der Besucherzahlen geführt. «Wenn erst die Züge bis Zermatt gelangen und eine Schnellzugsverbindung zwischen Lausanne und Visp das Dorf Zermatt aus der Nord- und Ostschweiz in einem Tag erreichbar machen (die Lötschberg-Achse war noch nicht gebaut), dann wird die Frequenz noch sehr bedeutend steigen.»[2]

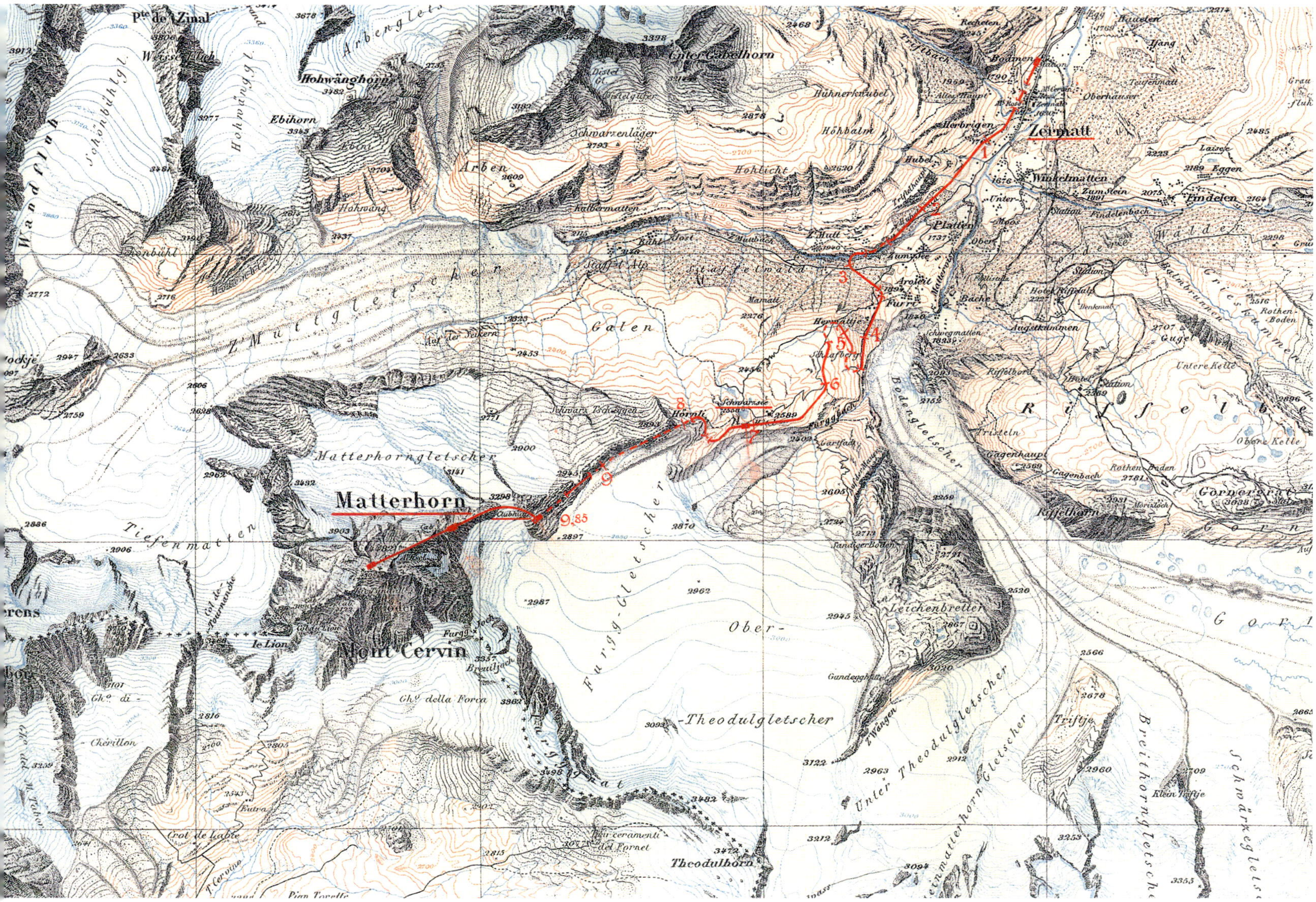

Sie hätte gebaut werden können, die spektakuläre Bahn auf das Matterhorn. Am 20. Juni 1892 wurde die Konzession von den eidgenössischen Räten fast oppositionslos erteilt. Gescheitert ist das ehrgeizige Projekt an der Finanzierung. Nur anderthalb Jahrzehnte später wurde ein neues, verbessertes Projekt aufgelegt (Karte oben). Doch inzwischen hatte der Wind gedreht. Eine wahre Protestwelle ertränkte das Projekt von 1906. Die mit 68 000 Unterschriften versehene Petition des Schweizer Heimatschutzes verlangte vom Bundesrat ein kategorisches Nein zu einer weiteren Hochalpen-Bahn.

Das «Geldbaronentum»

Zwei Jahre nach der Eröffnung der Talbahn Visp-Zermatt kommentiert die konservative ‹Berner Volkszeitung› am 15. August 1891 in ihrer Saisonchronik aus Zermatt: «Welch ein Treiben und Jagen in dem einst so stillen, patriarchalischen Gebirgsdorfe. Unglaublich und doch so! Wie noch niemals vorher im Monat Juli sind dort alle Hotels überreichlich bevölkert von Luftkurgästen (...) Die Hotels, von Visp angefangen bis hinein nach Randa, liegen dermalen beinahe brach (...) Auch die meisten Kutscher und Pferde stehen nunmehr ohne Arbeit da. Die Geldbeutel der guten äusseren Talleute hangen leer am Nagel, aber dafür wollen wir hoffen, dass den Gütern und Ackern wieder mehr Fleiss und Aufmerksamkeit geschenkt werden. So sind auch die armen geplagten Pferdchen vielen Leiden und Strapazen entronnen. Aber das meiste Geld geht per Dampf davon. So hängt das Geldbaronentum dem Volke den Brotkorb immer höher.»

Die Visp-Zermatt-Bahn entlang der Vispa.

Ehrgeizige Bauplanung

Wie Adolf Guyer-Zeller an der Jungfrau, so geben auch der Bieler Unternehmer Leo Heer-Bétrix und Ingenieur Xaver Imfeld bei ihrem Matterhorn- und Gornergrat-Projekt ehrgeizige Ziele vor: «Die sämtlichen Linien sollen im Verlauf von 4-jährlichen Bauperioden ausgeführt werden. Zur Ausführung des grossen Schachtes am Matterhorn (Bahntunnel) und Errichtung der Seilbahn in demselben wird diese Zeit durchaus nötig sein. Inzwischen werden im ersten Jahr die Verbindungsbahnen nach Moos und Zum See, im zweiten die Seilbahnen nach Riffelalp und Schafberg, im dritten die Zahnrad-Bahnen nach Gornergrat und Whympershütte erstellt und successive dem Betrieb übergeben, um nach dem 4. Baujahre die Matterhorn-Seilbahn anzuschliessen.»[3]

Matterhorn: ideale Bahnstation

Leo Heer-Bétrix und Xaver Imfeld preisen den Matterhorn-Gipfel als «ideale Bahnstation»: «Die Bahn erreicht die Gegend des höchsten Punktes 4505 m des von Ost nach West verlaufenden, nahezu horizontalen Gipfelkammes zirka 20 m unterhalb der Kammhöhe. Daselbst werden längs des Gipfelkammes Galerien angelegt und Räumlichkeiten für Restauration, für Betriebspersonal, die Führer etc.»

Für den letzten Streckenabschnitt Whympershütte–Matterhorngipfel mit fast 1000 ‰ Maximalsteigung (entspricht einem Winkel von 45 Grad) werden besondere Massnahmen für die Betriebssicherheit garantiert: «Erhöhung der Seilbiegsamkeit durch Verwendung mehrerer Seile, mehrfache Bremsung, Geschwindigkeits-Reguliervorrichtungen. Dazu war eine Treppenanlage längs des ganzen Bahnkörpers vorgesehen «und Nischen in kurzen Zwischenräumen.»[4]

Konzessionsgesuch Nummer zwei...

Genau einen Monat nach Leo Heer-Bétrix präsentieren auch der Walliser Nationalrat Jean-Antoine Rothen sowie Kantonsingenieur S. Zen Ruffinen aus Sion, zusammen mit dem Berner Bankier von Ernst, ein Konzessionsgesuch für eine Gornergrat- und Matterhornbahn. Die Kosten werden mit 10 Millionen Franken beziffert, davon 7,5 für die Matterhornbahn (Projekt Heer-Bétrix: 7 Millionen). Xaver Imfeld, der Projektverfasser und Mitkonzessionär des ersten Projektes, protestiert beim Bundesrat «gegen die Art und Weise, wie ein Mitglied einer Kantonsregierung eine technische Vorlage, die ihm zur Prüfung und Begutachtung unterbreitet worden ist, in illegaler Weise ausnützt».[5] Als die Konzessionsbewerber die Aussichtslosigkeit ihrer Aktion einsehen, ziehen sie ihr Gesuch schliesslich zurück.

... gefolgt von der Nummer 3

Doch es folgt sogar die Eingabe Nr. 3. Absender ist die Gemeinde Zermatt mit dem Begründer der Walliser Hotelier-Dynastie, Alexander Seiler: Auch diese Pläne und Kostenberechnungen sind auffallend identisch mit jenen von Heer und Imfeld. Was die Konzessionsbehörde (noch) nicht weiss: Beim Begründer der Hotel-Dynastie Seiler handelt es sich um den Schwiegervater von Erstbewerber Xaver

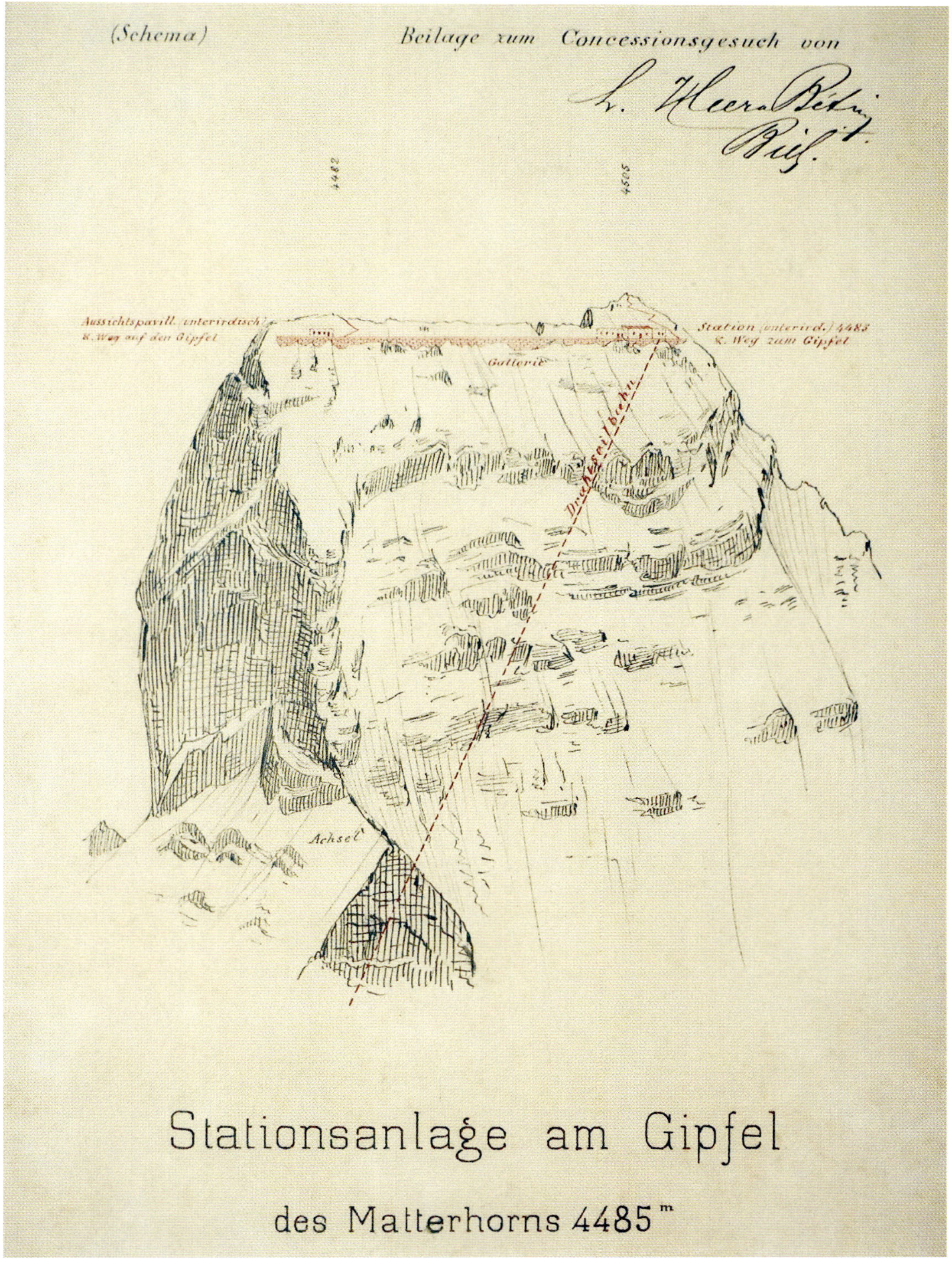

PROJEKT

der

Zermatter-Hochgebirgs-Bahnen

Gornergrat und Matterhorn

I. Zufahrt von Zermatt zum Fuss der Steilrampen.
II. Matterhorn-Bahn, Hauptstrang.
III. Gornergrat-Bahn.

Concessions-Gesuch

von

L. Heer-Bétrix in Biel und X. Imfeld, Ingenieur in Zürich

vom 22. August 1890.

Imfeld. In seiner Botschaft an das Parlament hält der Bundesrat denn auch lakonisch fest: «In dritter Linie sah sich dann auch noch die Gemeinde Zermatt, in Verbindung mit dem dortigen Gasthofbesitzer (!) Alexander Seiler[6], veranlasst, mit Eingabe vom 23. November und 4. Dezember 1890 um die Konzession für eine Eisenbahn auf den Gornergrat einzukommen.»[7]

Bemerkenswert ist die komplett neue Argumentation des Zermatter Gemeinderats: Ob Schlitzohrigkeit oder bessere Einsicht, für die Lebens- und Erwerbsverhältnisse des Matterhorndorfes werde die Gornergratbahn eine entscheidende Bedeutung ausüben, heisst es mit einem Mal im Zermatter Gemeinderat. Das Konzessionsgesuch wird ein halbes Jahr später aus taktischen Gründen zurückgezogen. Gleichzeitig erklärt der Gemeinderat, «Herr Seiler und die Visp-Zermatt-Bahn haben sich dem Konzessionsbegehren des Herrn Heer angeschlossen». Diese Wende geschieht im vollen Einverständnis der Gemeinde, welche auch ihre «anfänglich erhobene Einsprache» zurückzieht.

Völlig überraschend verstirbt im Dezember 1890 der initiative Bieler Unternehmer und Konzessionär Leo Heer-Bétrix.[8] Die Baubewilligung wird an seine Erben, Frau Louise Heer-Bétrix und Sohn Louis Heer, sowie an Ingenieur Xaver Imfeld übertragen.

Noch blieb es ruhig auf und am Fusse des Matterhorns. Nur vereinzelt meldeten sich Kritiker und Mahner. Fast scheint es, als wären die gegnerischen Argumente erfroren.

Das Matterhorn, die stolzeste Speerspitze der Alpen. Was sich im Mattertal als erhabenes Monument präsentiert, zeigt sich von Süden in der Tat als massiger Brocken. Ingenieur Xaver Imfeld und Mitkonzessionär Leo Heer-Bétrix preisen die «Plattform» nicht zu Unrecht als die fast perfekte Gipfelstation. Gemäss der heutigen Landeskarte liegen die West- und Ostspitzen des fast 100 Meter breiten Gipfelkamms auf 4476,4 beziehungsweise 4477,5 Meter über Meer.

Appell des Zermatter Gemeindepräsidenten

Im Gegensatz zu 17 Gemeindebehörden der Jungfrau-Region, welche 1890 gemeinsam beim Bundesrat für den sofortigen Bau der Jungfraubahn intervenieren, sprechen sich die Zermatter gegen das «überrissene Bergbahnprojekt am Matterhorn» aus. An der Spitze der lokalen Opposition steht Zermatts Gemeindepräsident Lauber: «Nein! Jeder wahre Zermatter, Greis und Kind, Mann und Frau, Bauer, Senn und Bergführer, alle sind erklärte Gegner der Matterhornbahn. Ich habe die Augen der stärksten und härtesten Männer feucht werden sehen, als man ihnen sagte, das Matterhorn müsse sich dem Joche des Kapitals beugen. Und an alle, die unser schönes Vaterland lieben und die den Sinn für Freiheit und den Geist unseres Volkes hochhalten, richten wir die innige Bitte, uns zu helfen bei der Erhaltung des schönsten Gipfels der Alpen, bei der Rettung der einzigartigen Schönheit des Matterhorns vor Entheiligung und Ausbeutung. Darum ersucht Sie im Namen der ganzen Gemeinde von Zermatt deren Präsident. M. Lauber».[9]

Links: Kritische Äusserung in der ‹Berner Volkszeitung› zum Matterhornprojekt von 1890.

Rechts: Das Konzessionsgesuch von Xaver Imfeld und Prof. H. Golliez vom 4. Dezember 1905.

Rote Köpfe in Bern

Leidenschaftlich und impulsiv wird in den Verhandlungen in Bern zwischen den Konzessionsbewerbern und dem Walliser Staatsrat gekämpft. Was im Eisenbahndepartement normalerweise in einer bis zwei Stunden erledigt wird, nimmt an diesem 17. Juni 1891 den ganzen Nachmittag in Anspruch. Gleich zu Beginn verwahrt sich Ingenieur Imfeld gegen den Vorwurf, die Gornergrat- und die Matterhornbahn seien Spekulationsunternehmen. Der Fremde komme nicht des Dorfes wegen nach Zermatt, sondern um von dort aus seine Ausflüge zu machen.

Bedingt durch die neue Konstellation (Walliser Konkurrenzprojekt) hat die Walliser Regierung nun grundsätzlich keine prinzipiellen Einwendungen mehr gegen eine Konzessionserteilung gemacht. Allerdings verlangt Staatsrat und Ständerat Henri de Torrenté, «den Sitz der Gesellschaft nach Sitten zu verlegen». Endgültig rote Köpfe gibt es, als Staatsrat de Torrenté bemerkt, die Interessen der Zermatter Bürger würden eher gewahrt, «wenn die Bahn durch Bürger des Kantons Wallis erstellt werde; deshalb habe der Grosse Rat auf Antrag der Regierung die Konzession den Herren Rothen & Cons. erteilt». Nun muss sich der Staatsrat durch den Departementsadjunkten belehren lassen, «die Kantone können (seit 1873) nicht mehr Konzessionen erteilen», worauf ein Anwalt der Familie Heer-Bétrix nachdoppelt: «Man weiss nun, was die Vertreter des Kantons Wallis wollen.» Alles laufe offensichtlich auf Protektionismus und Verschleppungstaktik hinaus. Das wiederum lassen sich die Staatsräte de Torrenté und de la Pierre nicht bieten. Sie protestieren – laut Protokoll – «gegen die Auslassungen des Herrn Kunz und verlangen, dass seine, die Walliser Regierung beargwöhnende Bemerkung protokolliert werde, mit der Bei-

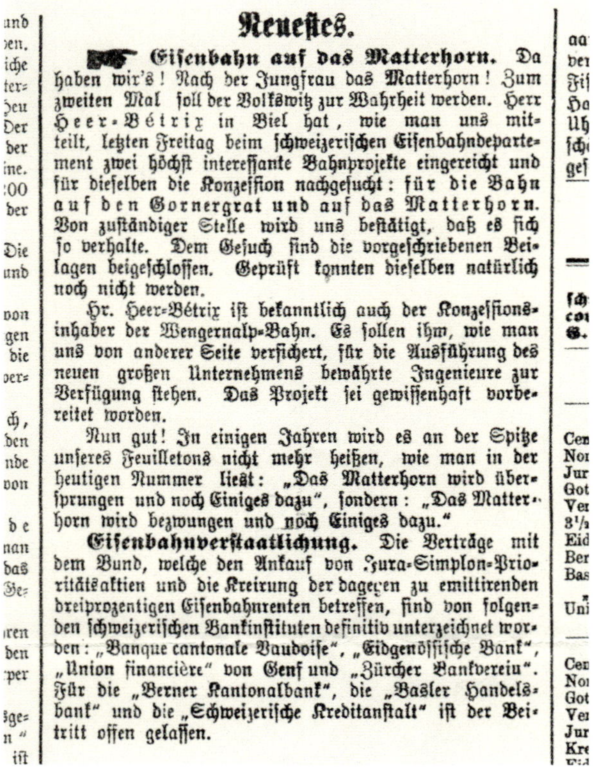

Neuestes.

Eisenbahn auf das Matterhorn. Da haben wir's! Nach der Jungfrau das Matterhorn! Zum zweiten Mal soll der Volkswitz zur Wahrheit werden. Herr Heer-Bétrix in Biel hat, wie man uns mitteilt, letzten Freitag beim schweizerischen Eisenbahndepartement zwei höchst interessante Bahnprojekte eingereicht und für dieselben die Konzession nachgesucht: für die Bahn auf den Gornergrat und auf das Matterhorn. Von zuständiger Stelle wird uns bestätigt, daß es sich so verhalte. Dem Gesuch sind die vorgeschriebenen Beilagen beigeschlossen. Geprüft konnten dieselben natürlich noch nicht werden.

Hr. Heer-Bétrix ist bekanntlich auch der Konzessionsinhaber der Wengernalp-Bahn. Es sollen ihm, wie man uns von anderer Seite versichert, für die Ausführung des neuen großen Unternehmens bewährte Ingenieure zur Verfügung stehen. Das Projekt sei gewissenhaft vorbereitet worden.

Nun gut! In einigen Jahren wird es an der Spitze unseres Feuilletons nicht mehr heißen, wie man in der heutigen Nummer liest: „Das Matterhorn wird übersprungen und noch Einiges dazu", sondern: „Das Matterhorn wird bezwungen und noch Einiges dazu."

Eisenbahnverstaatlichung. Die Verträge mit dem Bund, welche den Ankauf von Jura-Simplon-Prioritätsaktien und die Kreirung der dagegen zu emittirenden dreiprozentigen Eisenbahnrenten betreffen, sind von folgenden schweizerischen Bankinstituten definitiv unterzeichnet worden: „Banque cantonale Vaudoise", „Eidgenössische Bank", „Union financière" von Genf und „Zürcher Bankverein". Für die „Berner Kantonalbank", die „Basler Handelsbank" und die „Schweizerische Kreditanstalt" ist der Beitritt offen gelassen.

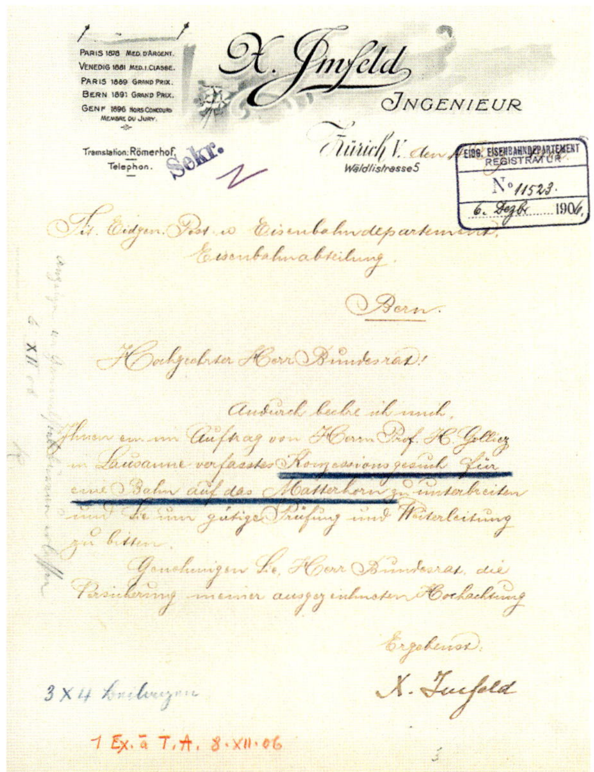

PARIS 1878 MED. D'ARGENT.
VENEDIG 1881 MED. I. CLASSE.
PARIS 1889 GRAND PRIX.
BERN 1891 GRAND PRIX.
GENF 1896 HORS CONCOURS MEMBRE DU JURY.

X. Imfeld
INGENIEUR

Tramstation: Römerhof.
Telephon.

Sekr.

Zürich V. den
Wäldlistrasse 5

EIDG. EISENBAHNDEPARTEMENT REGISTRATUR
No 11523.
6. Dezb. 1906.

Tit. Eidgen. Post- u. Eisenbahndepartement,
Eisenbahnabteilung.

Bern.

Hochgeehrter Herr Bundesrat!

Andurch beehre ich mich, Ihnen ein im Auftrag von Herrn Prof. H. Golliez in Lausanne verfasstes Konzessionsgesuch für eine Bahn auf das Matterhorn zu unterbreiten und Sie um gütige Prüfung und Weiterleitung zu bitten.

Genehmigen Sie, Herr Bundesrat, die Versicherung meiner ausgezeichneten Hochachtung.

Ergebenst.

X. Imfeld

3 X 4 Beilagen

1 Ex. ā T. A. 8. XII. 06

Europas höchstgelegene Tramlinie: Das Riffelalp-Tram verkehrte in der Sommersaison der Jahre 1899 bis 1960 als Verbindungsbahn von der nahe gelegenen Zwischenstation der Gornergratbahn zum Hotel Riffelalp. Hinter der marketingträchtigen Idee stand der Zermatter Hotel-König Alexander Seiler. Nach dem Hotelbrand von 1961 wurde die Linie stillgelegt. Die Renaissance erfolgte im Sommer 2001. Seither rollt der Liebling vieler Gäste des neuen Fünfsterne-Resorts mit restauriertem Rollmaterial.

fügung, dass sie wünschen, es möchte den Herren Roten & Cons. die Konzession für eine Bahn von Zermatt auf den Gornergrat und das Matterhorn noch in dieser Session erteilt werden».[10] Das jedoch lehnen das Eisenbahndepartement und der Bundesrat ab.

Die Matterhorn-Bahn kann gebaut werden

Was aus heutiger Sicht unglaublich klingt: Am 10. Juni 1892 erteilt der Ständerat die «Konzession Zermatt-Gornergrat und Zermatt-Matterhorn» – oppositionslos! Die ‹Neue Zürcher Zeitung› hält im Tagesbericht über die Ständeratssession in einer Kürzestmeldung fest: «Gutgeheissen wird ebenfalls eine Konzessionsbewilligung von der Wengernalp auf den Eiger (Referent Schoch), dann für die Eisenbahnen Zermatt-Gornergrat und Zermatt-Matterhorn (Referent Eggli) mit einigen Abänderungen. Schluss 14 Uhr.»[11] Zehn Tage später gleiches Thema, gleicher Entscheid in der zweiten Kammer: Auch die Nationalräte sehen keine Probleme – eine Diskussion findet nicht statt. Damit fällt am 20. Juni 1892 ein historischer Entscheid: Die Bahn auf den Gipfel des Matterhorns kann gebaut werden! Lapidar kommentiert die konservative ‹Berner Volkszeitung› am 25. Juni 1892: «In ehrfurchtsvollem Schweigen wurden die Berichterstattung entgegengenommen und die Konzession erteilt.»

Nur ein Jahr nach der Konzession für den Bau einer «Eisenbahn auf die Spitze der Jungfrau» kann bereits der zweite majestätische Gipfel der Alpen mit einer spektakulären Bahn erschlossen werden.

«Tief empfundene Angst»

Die Talbevölkerung und die Walliser Regierung kämpfen weiter, auch gegen den Bau der Gornergratbahn: In einem Schreiben vom 4. Juni 1894 gibt der Staatsrat dem Bundesrat zu bedenken: «Der Bezirk Visp und speziell die Gemeinde Zermatt drücken zum geplanten Bau der Gornergratbahn ihre tief empfundene Angst aus (expriment des craintes fondées à l'endroit de la création d'un chemin de fer au Gornergrat). Seit Jahren schon wird, durch den Bau der Bahnen, die Lebensgrundlage dieser Bevölkerung zerstört. Diese Schienen sind ohnehin nur ein finanzielles Ziel privater Spekulanten, exklusiv für Touristen bestimmt und ohne Nutzen für die Bevölkerung.»[12] Die Argumentation der Walliser Regierung steht allerdings diametral zur eigenen Haltung vom Juni 1891, als sich der Staatsrat und der Grosse Rat für eine Konzession für die «Herren Rothen & Cons.» aus Sion eingesetzt hatten, die sogar die Matterhorn-Bahn in die Planung mit einbezogen hatten. Die Fristverlängerung um 12 Monate für beide Projekte, bis zum 20. Juni 1895, wird vom Parlament bewilligt.

Konzentration auf den Gornergrat

Neues Jahr, neue Probleme. Im Sommer 1895 melden sich die Konzessionäre erneut mit einem Verlängerungsgesuch. Bundespräsident Josef Zemp lenkt ein. Die kostspieligen Detailaufnahmen, «welche den ernsthaften Willen bekunden, die Bahn auf den Gornergrat wirklich zu erstellen, würden in noch verstärktem Masse für eine weitere Fristverlängerung für dieses Teilprojekt sprechen».[13] Keine Chance hat hingegen die Matterhorn-Bahn. Das Ja zum Gornergrat bedeutet gleichzeitig das Ende der Matterhorn-Pläne, dies nur dreieinhalb Jahre, nachdem der National- und der Ständerat genau diese Konzession noch diskussionslos gutgeheissen haben.

Snobistischer Modepöbel

Die Schweiz gilt Anfang des 20. Jahrhunderts in Heimat- und Naturschutzkreisen als «warnendes Beispiel betr. Ausschreitungen der Fremdenverkehrsindustrie».[14] Am zweiten internationalen Kongress für Heimatschutz in Stuttgart 1912 wird das Matterhorn-Projekt von Karl Giannoni aus Wien-Mödling als «Scheusslichkeit» gebrandmarkt. «Auf das Matterhorn eine Bahn zu führen halte ich für eine jedes anständigen Zweckes bare Spekulation auf die Kulturlosigkeit und Sensationslüsternheit des reichen, snobistischen Modepöbels (...) Wenn das Matterhornprojekt zustande käme, oder die nächtliche Beleuchtungsreklame der Stanserhornbahn mit einer Inschrift von 700 m Länge und Buchstaben von 60 Metern Höhe, so sollen alle europäischen Heimatschutzvereine und alle alpinen Vereine ihre Mitglieder zum Boykott der ganzen Umgegend solcher Scheusslichkeiten aufrufen und verpflichten.»[15]

Das Drei-Bahnen-Projekt von 1890

	I. Zufahrt von Zermatt zum Fuss der Steilrampen
Talbahn	- Zermatt-Gorges (Zermatt-Umfahrung) 2000 m - Gorges-Moos, Talstation Gornergratbahn 700 m - Gorges-Zum See, Talstation Matterhornbahn 900 m
Länge	Total 3600 m
Höhendifferenz	177 m (Zermatt-Zum See 1785 m ü.M.) 52 m (Zermatt-Moos 1670 m ü.M.)
Mittlere Steigung	128 ‰ (Gorges-Zum See)
Spurweite	1000 mm, analog Visp-Zermatt-Bahn
Kosten	Zermatt-Gorges-Zum See CHF 462 700 Verbindungsbahn Gorges-Moos CHF 26 000

Das «Concessions-Gesuch» betreffend «Projekt der Zermatter Hochgebirgs-Bahnen Gornergrat und Matterhorn von Unternehmer Leo Heer-Bétrix, Biel und Xaver Imfeld, Ingenieur, Zürich, vom 22. August 1890» beinhaltet drei Bahnprojekte:

I. Zufahrt von Zermatt zum Fuss der Steilrampen
II. Matterhornbahn
III. Gornergratbahn

Die Baupläne sehen eine «natürliche Fortsetzung» der Visp-Zermatt-Bahn (heute Matterhorn Gotthard Bahn) vor. Diese soll um 3,6 km «zum Fuss der eigentlichen Steilrampen» verlängert werden. Interessant und aus heutiger Sicht geradezu visionär: Beim Bahnhof Zermatt soll die sog. Talbahn das Dorf in einem 180 m langen Tunnel westlich umfahren. Bei der Zwischenstation «Gorges» (= Schlucht, siehe Siegfriedkarte 1888; auf der heutigen Landeskarte 1:25 000 mit «Tufteren» bezeichnet) ist die Trennung der Linie vorgesehen: einerseits nach «Zum See», der Talstation der Matterhornbahn, andererseits nach «Moos» zur Talstation der geplanten Gornergratbahn.

	II. Matterhornbahn
Erste Sektion	Drahtseilbahn Zum See-Schafberg (2320 m)
Länge	1850 m (schiefe Länge)
Höhendifferenz	535 m
Mittlere Steigung	480 ‰
Maximalsteigung	550 ‰
Spurweite	800 mm (Abt'sche Zahnstange)
Stationen	- Zum See, Umsteigestation - Schafberg, Umsteigestation
Kosten	CHF 550 000
Zweite Sektion	Zahnradbahn Schafberg-Whympershütte (3140 m)
Länge	4450 m (horizontale Länge)
Höhendifferenz	820 m
Mittlere Steigung	180 ‰
Spurweite	800 mm (Abt'sche Zahnstange)
Betriebssystem	Elektrisch
Stationen	- Schwarzsee, Halt - Hörnli, Ausweichstelle
Kosten	CHF 1 582 100
Dritte Sektion	Drahtseilbahn Whympershütte-Matterhorn (4485 m)[16]
Länge	2230 m (schiefe Länge)
Höhendifferenz	1345 m
Mittlere Steigung	755 ‰
Spurweite	800 mm
Stationen	- Whympershütte, Umsteigestation - Matterhorngipfel, Endstation
Kosten	CHF 2 007 000
Total	CHF 4 139 100 (3 Sektionen)

	III. Gornergratbahn
1. Sektion	Drahtseilbahn Moos-Riffelalp (2310 m)
Länge	1490 m
Höhendifferenz	640 m
Mittlere Steigung	480 ‰
Maximalsteigung	550 ‰
Spurweite	800 mm
Stationen	- Moos - Riffelalp
Kosten	CHF 650 000
2. Sektion	Zahnradbahn Riffelalp-Gornergrat (3120 m)
Betrieb	Elektr. Zahnradbahn
Länge	4250 m
Höhendifferenz	810 m
Mittlere Steigung	190 ‰
Maximalsteigung	230 ‰
Spurweite	800 mm
Stationen	- Riffelalp - Riffelberg - Roten Boden - Gornergrat
Kosten	CHF 1 237 000
Total	CHF 1 887 000 (beide Sektionen)

Kosten total	6 514 800 Franken (Gornergrat/Matterhorn)
Bauzeit	Insgesamt 4 Jahre

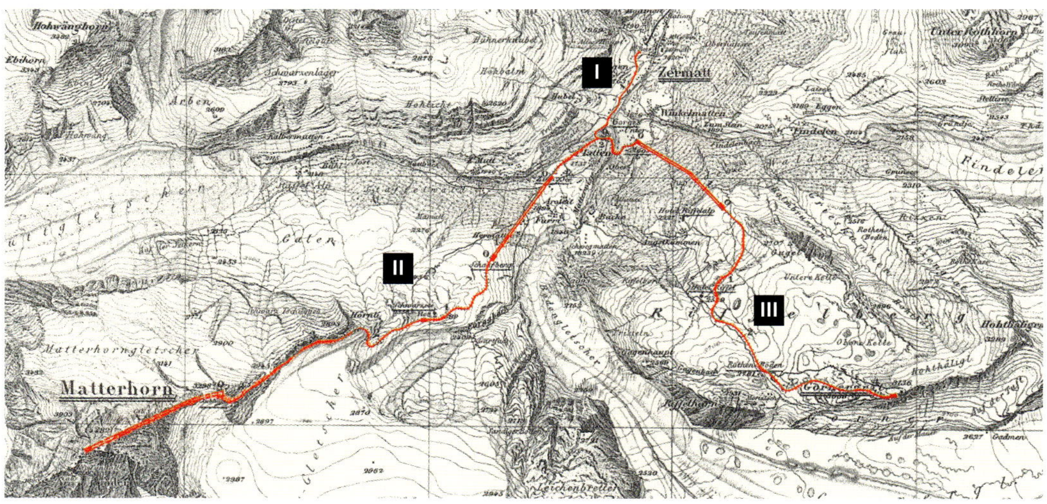

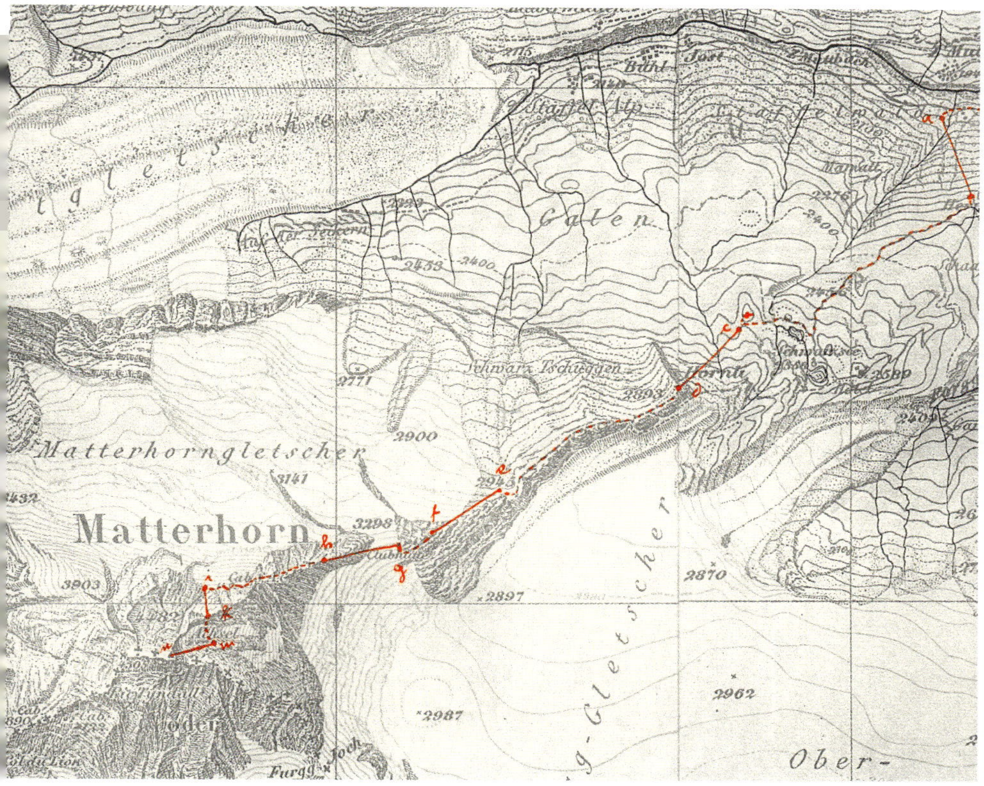

Eine weitgehend unbekannte Projektstudie von Wilhelm Feldmann, dem Schöpfer des Wetterhorn-Aufzugs bei Grindelwald. Der deutsche Ingenieur wollte, wie am Wetterhorn, mit verschiedenen Luftseilbahn-Sektionen den Gipfel des Matterhorns erreichen. Die Studie gelangte nie bis zum Bundesparlament.

Wetterhorn statt Matterhorn …

Interessanterweise wirft auch dieser Entscheid in den Schweizer Zeitungen nicht eine einzige Welle. Der Matterhorn-Entscheid wird von der ‹Neuen Zürcher Zeitung› sogar unterschlagen; die ‹NZZ› und auch die ‹Gazette de Lausanne› melden einzig die Konzessionsverlängerung für die Gornergratbahn. Selbst der ‹Walliser Bote›, die einzige deutschsprachige Zeitung des Kantons, geht nicht auf die Beerdigung des Matterhorn-Projekts ein, würdigt aber den (vergeblichen) Kampf von Nationalrat Loretan gegen den Bau der Gornergratbahn. Das ‹Berner Tagblatt›[17] schliesslich vergreift sich in den Abstimmungszahlen, verwechselt das Matterhorn mit dem Wetterhorn bei Grindelwald, nimmt aber immerhin die Argumentation von Nationalrat Gustav Loretan (Wallis) auf: «Bundesrat und Ständerat haben die Fristverlängerung für den Gornergrat bewilligt und die fürs Wetterhorn (statt Matterhorn) abgelehnt. Loretan beklagt sich, dass bei Eisenbahnkonzessionen dieser Art so wenig auf die Bedürfnisse der Bevölkerung Rücksicht genommen werde; er konstatiert, dass seit der Erbauung der Linie Visp–Zermatt der Wohlstand der in Betracht kommenden Bevölkerung zurückgegangen sei, und beantragt, beide Fristverlängerungsgesuche abzulehnen. Der Rat entscheidet mit 43 gegen 31 Stimmeen zugunsten des Gornergrats» (korrektes Stimmenverhältnis 53:31).

Proteste, Petitionen, Kampfschriften

1905: Ein neuer Anlauf mit einem von Ingenieur Xaver Imfeld komplett überarbeiteten Projekt. So problemlos Leo Heer-Bétrix nur dreizehn Jahre früher zur Matterhornbahn-Konzession gekommen ist, so kompromisslos prasseln jetzt die Proteste hernieder. Allerdings gibt es nicht wenige, die das Matterhorn-Unternehmen mit dem Bau des Eiffelturms vergleichen und die Schweiz als visionäres Land preisen und bewundern. Doch die Spirale der ungebremsten Bergbahn-Ideen führt zu einem verhärteten politischen Klima. Die Proteste gegen jegliche Eingriffe in die Hochgebirgswelt, insbesondere aber am «majestätischsten Gipfel der Alpen», schwillt von Monat zu Monat an. Geführt wird der Kampf von vier Gruppierungen: vom eben erst gegründeten Schweizer Heimatschutz, von naturforschenden Gesellschaften aus der ganzen Schweiz, von Berggängern, Alpinisten und nicht zuletzt vom Schweizer Alpen Club SAC sowie von einer klaren Mehrheit der einheimischen Bevölkerung. Dazu kommen erstaunlich viele Proteste aus dem Ausland. Projektverfasser (und SAC-Ehrenmitglied!) Xaver Imfeld wird schliesslich von ehemaligen Verehrern als «seelenloser Nur-Techniker» apostrophiert.

24-seitige Kampfschrift

Zu den heftigsten und eifrigsten Gegnern des Matterhorn-Bahnprojektes zählt der Freiburger Geologieprofessor R. de Girard, Mitglied des SAC, Präsident der Freiburger Delegation in der schweizerischen Kommission zum Schutze der Naturdenkmäler und Mitglied der 9-köpfigen «Commission spéciale du Cervin», welche sich zum Kampf gegen das Projekt gebildet hat. In der 24-seitigen Kampfschrift «Le chemin de fer du Cervin au point de vue de l'alpinisme, des intérêts locaux, de l'esthétique naturelle et de la science»[18], die er als «persönliches Exemplar» auch Bundesrat Zemp zuschickt, bezeichnet de Girard das Matterhorn als in der gesamten Alpenwelt einzigartig dastehendes Monument. Bergbahnen sollen, so de Girard, die Touristen nicht in Gletscher- und Felsregionen führen, sondern, wenn schon, auf Aussichtsterrassen (belvédères).

Kritik an der Kritik

Ausgerechnet der angesehene Geologe Professor Albert Heim schloss sich der Protestwelle nicht an. In der ‹Academia› («Schweizerische Hochschulzeitung», Nr. 31, 1907), kritisierte er die Kritiker: «Von der ‹Pracht und Majestät unseres lieben Alpenlandes› wird durch die Matterhornbahn nicht das Geringste zerstört (…) Unter dem Hörnli geht sie in den Tunnel und bleibt in Form einer Kettenlinie im Innern des Berges bis zum Gipfel (…) Die Behauptungen, das Matterhorn werde ‹zerstört›, ‹verkauft›, ‹erniedrigt›, ‹geschändet›, ‹prostituiert› etc. sind für mich hohle Phrasen, gegründet auf einem unbewussten, verborgenen Egoismus.»

«Sogar Krüppel und Fettsüchtige...»

Ausgerechnet die «Hauszeitung» der Oberwalliser, der ‹Walliser Bote›, handelt die Eröffnung der Gornergratbahn vorerst mit einer Kurzmeldung ab: «Am 1. Juni wurde die Gornergratbahn eröffnet. Es verkehren nun täglich fünf Züge. Die Saison fängt sehr gut an. Eine bedeutende Anzahl Engländer sind schon eingetroffen.»[19]

Drei Wochen später orientiert der ‹Bote› seine Leser mit zynischen Worten und knappen 20 Zeilen: «Vom Gornergrat redet bald die ganze Welt. Man bedenke nur, dass vor kurzem an einem Tage gegen 500 Fremde ihn besucht und ihn mit gar herzigen Worten ‹beautifull›, ‹splendid› und ‹grossartich› nahezu hätten konfus machen können. Und jetzt geht das erst recht los und steigert sich; denn jetzt können sich alle Krüppel und Fettsüchtigen sogar, gegen ein paar Batzen, sage Fünffränkler, auf Polster und Sessel behaglich hinter Glas und Vorhang hinaufziehen lassen, zu dem unvergleichlichen Höhenschauspiel, wohl dem herrlichsten der Schweiz.»[20]

Die technischen Daten der geplanten Matterhornbahnen

	Projekt 1890	Projekt 1906
Konzessionseingabe	22. August 1890	4. Dezember 1906
Konzession	20. Juni 1892 Verlängerung: 18. Juni 1894 Erloschen: 20. Juni 1895 Verlängerung: abgelehnt am 16. Dezember 1895	Zurückgezogen
Konzessionäre	Leo Heer-Bétrix, Biel, gestorben 20. Dezember 1890 Die Erben: Louise Heer-Bétrix (Witwe) Louis Heer (Sohn), beide in Biel Ingenieur Xaver Imfeld, Hottingen ZH Nach der schweren Erkrankung von Imfeld Konzessionsübertrag an August Haag (1894), Gründer der Baufirma Haag & Greulich, Biel	Prof. H. Golliez, Lausanne
Projektverfasser	M. Stocker, Ingenieur, und Xaver Imfeld; ab 1894: August Haag	Xaver Imfeld, Zürich
Streckenlänge	Total: 10,800 km Zermatt–Zum See, Zahnradbahn 2,900 km Zum See–Matterhorn 7,470 km Zum See–Schafberg, Drahtseilbahn 1,300 km Schafberg–Whympershütte, Zahnradbahn 4,400 km Whympershütte–Matterhorn, Drahtseilbahn 2,200 km	Total: 12,180 km 1. Sektion: Zermatt–Klubhütte, Zahnradbahn 9,850 km 2. Sektion: Klubh.–Matterhorn, Drahtseilbahn 2,330 km
Stationen	Zermatt, Bahnhof 1619 m ü.M. Zum See 1785 m ü.M. HD 177 m Schafberg 2320 m ü.M. HD 535 m Whympershütte 3140 m ü.M. HD 820 m Matterhorn 4485 m ü.M. HD 1345 m	Zermatt, Bahnhof 1619 m ü.M. Schwarzsee 2578 m ü.M. HD 959 m Klubhütte 3052 m ü.M. HD 474 m Matterhorn 4475 m ü.M. HD 1423 m
Betrieb	Zermatt–Zum See: Dampf-, anschl. elektr. Betrieb	Durchgehend elektrisch
Spurweite	1000 mm	1000 mm
Steigung	128 ‰ mittlere Steigung, maximal 950 ‰	1. Sektion: 200 ‰; 2. Sektion: 950 ‰
Sektionen	Zum See–Schafberg: elektrische Drahtseilbahn 800-mm-Spur/550 ‰ maximale Steigung Schafberg–Whympershütte: Zahnradbahn Elektrischer Betrieb/800-mm-Spur/180 ‰ Steigung Whympershütte–Matterhorn: Drahtseilbahn Elektrischer Betrieb/800-mm-Spur/755 ‰ Steigung	1. Sektion: Zahnradbahn (Zermatt–Klubhütte) 2. Sektion: Drahtseilbahn, zwei Abschnitte von der Klubhütte (Hörnlihütte) bis zum Matterhorn-Gipfel
Kosten	CHF 4,6 Mio. (erster Voranschlag: CHF 3,5 Mio.) (CHF 416 000 pro km)	CHF 10 Mio. (CHF 821 000 pro km)
Bemerkungen	Kaum Wortmeldungen im eidg. Parlament, das Projekt wurde buchstäblich durchgewinkt. Erbitterte Gegnerschaft in der Talbevölkerung und der (Burger-) Gemeinde Zermatt auch gegen die Gornergratbahn. Doch nur wenig später warteten die Walliser Regierung und die Gemeinde Zermatt mit eigenen Projekten auf. Man wollte den Trumpf Matterhorn und Gornergrat nicht «den Kapitalisten aus dem Unterland» überlassen...	Eineinhalb Jahrzehnte später dreht der Wind: Erstmals Grossoffensive «gegen die Verschandelung der Bergwelt». Über 68 000 Unterschriften an den Bundesrat: «Der Boden unserer Gipfel ist heiliges Land.» Prominenteste Gegner: Zentralkomitee SAC, Schweizer Heimatschutz, Schweizer Bergführerverein, italienischer und britischer Alpenklub. Heutige Höhenkote des Matterhorns, gem. Swisstopo 2013: 4477.5 m, Siegfriedkarte von 1888: 4505 m

Bis 1928 verkehrte die Gornergrat-Bahn nur im Sommer. Mit der zunehmenden Bedeutung des Wintersports entschied sich die Bahndirektion, auch im Winter Züge zu führen, je nach Schneeverhältnissen bis zu den Stationen Riffelalp oder Riffelboden. Das besonders lawinengefährdete Teilstück am Riffelbord verhinderte die Weiterfahrt bis zum Gipfel. Nach dem Bau der rund 800 Meter langen Schutzgalerie kurz vor der Station Riffelberg konnte 1942 der Ganzjahresbetrieb bis zur Station Gornergrat-Kulm aufgenommen werden.

68 356 Unterschriften

Der Proteststurm wird zum Orkan: Auf vier A3-Seiten (deutsch/französisch) platzieren die Schweizerische Vereinigung für Heimatschutz und die «Spezialkommission für das Matterhorn» ihre fundamentale Opposition gegen das Matterhorn-Bahnprojekt. Begleitet ist das Schreiben an den Bundesrat von 68 356 Unterschriften.[21] Engagiert haben sich diese Leute «aus wirtschaftlichen, sittlichen und vaterländischen Gründen». Es ist die bisher grösste und spektakulärste Unterschriftenaktion im noch jungen Bundesstaat Schweiz.

«Gipfel sind unverkäuflich»

Die junge Heimatschutzbewegung hat die politische Unabhängigkeit auf ihre Fahnen geschrieben. Wohl deshalb kann sie beinahe klassenkämpferisch auftreten: «Es ist in moderner Form der alte, brutale Egoismus der Feudalherren. Die Sucht, rasch und mühelos reich zu werden, tritt bei vielen an die Stelle einer würdigen Auffassung von Arbeit und persönlicher Anstrengung.»

Der Protest erzielt Signalwirkung, das Projekt gerät endgültig in Schieflage, um die Matterhornbahn ist es geschehen. Nie zuvor ist eine rein ideelle Protestaktion derart massiv unterstützt worden. Die Petition beruht auf einem zentralen Grundsatz: «Die Gipfel unserer Hochalpen sind das ideale Eigentum des ganzen Schweizervolkes und somit unverkäuflich!»

Heimatschutz fordert Kampf gegen Spekulation

Hochalpenbahnen seien reine Spekulationsgeschäfte, schreibt die Heimatschutz-Bewegung. Dem Schweizerischen Alpen Club wird zugutegehalten, er habe sich dadurch verdient gemacht, dass er den Zugang zu den Bergen erleichtert und den Sinn für das Gebirge gefördert habe. «Zu bescheidenem Preis kann jeder in ein paar Stunden den Rigi, den Pilatus, das Brienzer Rothorn, die Rochers-de-Naye, den Gornergrat und andere Berghöhen erreichen (...) Hat aber die Lokomotive auch den Niesen, das Faulhorn und den Säntis erobert, so wird man sagen müssen, sie hat ihr Reich genügend erweitert und es bleibt dem bescheidenen Wanderer kaum mehr ein klassischer Gipfel der Voralpen übrig.»

Die Vereinigung für Heimatschutz weist das Innendepartement darauf hin, dass bereits aufgrund der bestehenden Verfassung, auf dem Wege der Gesetzgebung, «gegen Verunstaltung durch Bergbahnen, welche bloss Spekulationszwecken dienen, wirksame Abhülfe gewährt werde.»[22]

Vorgeschlagen wird eine Ergänzung des Bundesgesetzes über den Bau und Betrieb der Eisenbahnen von 1872: «Die Bundesversammlung kann die Konzessionierung von Bergbahnen untersagen, welche das Landschaftsbild beeinträchtigen und keinem gerechtfertigten wirtschaftlichen Bedürfnis entsprechen (...).

«Das Matterhorn wie die Jungfrau zu demütigen und herabzuwürdigen, hiesse, das Herz von Tausenden verletzen.»

Die höchsten Gipfel sind «heiliges Land!»

Die Petition schliesst mit einem eindringlichen Appell an den Gesamtbundesrat: «Der Bundesrat hat den ‹Wilhelm Tell› unter die Schulkinder verteilen lassen, um durch diese Gabe ihren Sinn für alles Ideale zu stärken. Wir erstreben dasselbe Ziel. Wir ersuchen die Bundesregierung zu erklären: «Der Boden unserer höchsten Gipfel ist heiliges Land!»

Bern–Gornergrat

1890: 3-Tages-Reise
1898: 9.30 h
1958: 4.37 h
2013: 2.50 h

Gornergrat: Erste elektrische Hochgebirgsbahn

Die Konzentration aller (finanziellen) Kräfte auf das Gornergrat-Projekt bringt der 1895 gegründeten Gesellschaft den entscheidenden Durchbruch und Zermatt einen nie geahnten Erfolg: Das Bahnunternehmen wirbt mit der höchstgelegenen Bahnstation Europas und der leistungsfähigsten Bergbahn der Welt. Möglich macht dies ein komplett überarbeiteten Projekt: Elektrizität statt Dampfbetrieb, 1000 mm Spurbreite statt der ursprünglichen 800-mm-Variante. Die eindrücklichste Leistung: In nur zwei Jahren wird die spektakuläre Hochgebirgsbahn erstellt.

Drei verschiedene Teilstrecken mit Zubringerbahn und Standseilbahnen sollten gemäss Projekt 1890 zum Gornergrat führen, drei komplett andere Bahnsysteme. Ingenieur Xaver Imfeld erkennt die Schwachstellen seiner ursprünglichen Pläne und übernimmt im zweiten Projekt von 1895 offensichtlich die Elemente der ebenfalls im Planungsstadium stehenden Jungfraubahn. Kein zweimaliges Umsteigen mehr, sondern eine Direktverbindung per Zahnradbahn von Zermatt auf den Gornergrat. Mit dem Einsatz modernster Elektrolokomotiven will er den Durchbruch erzwingen. Entgegen allen früheren massiven Widerständen ist es der Gornergratbahn-Gesellschaft «in geduldigen Verhandlungen» gelungen, mit der Gemeinde Zermatt einen Kaufvertrag abzuschliessen: Gegen eine Pauschalentschädigung von 100 000 Franken bekommt das Unternehmen «den Grund und Boden für die Bahnanlagen, dazu die Kraft des Findelenbaches (für die Stromerzeugung) zu Eigentum».[23] Mit diesem Entscheid ist der zukunftsweisende elektrische Betrieb für die Gornergratbahn gesichert.

Die neuen Eckdaten

Ausgangspunkt	Zermatt, gegenüber Bahnhof
Länge der Linie	9011 m (heute 9339 m)
Spurbreite	100 mm (statt 800 mm)
Kurvenradius	80 m
Mittlere Steigung	157 ‰
Maximalsteigung	200 ‰
Talstation	1607,6 m ü.M.
Bergstation	3018,3 m ü.M. ab Juni 1909: 3089 m ü.M.
Höhendifferenz	1410,7 m
Betriebssystem	Elektrizität statt Dampf

Aktionäre aus der «Ausserschweiz»

Am 11. Juni 1896 wird, die «Gornergratbahn-Gesellschaft» im Bahnhofbuffet Olten, gegründet. Ein einziger Walliser gehört dem 11-köpfigen Verwaltungsrat an: Advokat J. B. Graven aus Sion. Präsident des Verwaltungsrats ist Jean-Jacques Rudolf, Bankdirektor in Zürich, die restlichen VR-Mitglieder kommen aus Zürich, Basel, Bern, Biel, Winterthur und Interlaken.

203 Aktionäre stellen 2 Millionen Franken zur Verfügung. Den grössten Aktienanteil zeichnet die Maschinenfabrik Haag & Greulich in Biel, gefolgt vom Zürcher Bankhaus Kugler & Cie., dem Basler & Zürcher Bankverein sowie der Berner Handelsbank. Von den 4000 Aktien à 500.– Franken findet sich eine einzige im Wallis, jene von Hotelier Alexander Seiler aus Zermatt. Die Firma Haag & Greulich übernimmt vertragsgemäss den Bau der Gornergratbahn «incl. Terrain- und Wasserkraftbeschaffung, Lieferung des Rollmaterials und des Mobiliars für die Pauschalsumme von 3 Millionen Franken». Die effektiven Baukosten weichen von dieser vereinbarten Bausumme gemäss der ersten veröffentlichten Bilanz etwas ab: Sie betragen 3,006 Millionen Franken...

Nur zwei Jahre Zeit...

Frühsommer 1896: Nicht nur übernimmt das Bieler Unternehmen Haag & Greulich den Bau der Gornergratbahn für die Pauschalsumme von 3 Millionen Franken. Es hat auch für die Einhaltung der extrem engen Baufrist geradezustehen. Der Vertrag beinhaltet zwingend, die ganze Strecke spätestens bis zum 1. Juli 1898 betriebsbereit zu übergeben. Der Gornergratbahn-Gesellschaft steht «das Recht zu, für jeden Tag Verspätung vom 1. Juli 1896 an 2000 Franken an dem hievor ausgesetzten Übernahmepreis in Abrechnung zu bringen».[24] Überdies muss das Unternehmen beim Vertragsabschluss eine Kaution von 200 000 Franken hinterlegen...

Kein Wunder, dass die Arbeiten unverzüglich aufgenommen werden. Dies wiederum führt zu einer scharfen Rüge aus Bern. Das Eisenbahndepartement hält am 9. Juli 1896 gegenüber dem Bundesrat fest, man habe sich genötigt gesehen, «die Unternehmer auf die Unzulässigkeit eines solchen Vorgehens aufmerksam zu machen und dieselben zur sofortigen Sistierung der Arbeiten bis nach erfolgter Plangenehmigung einzuladen». Ausserdem werden diverse zusätzliche Plan-Unterlagen angefordert und verlangt, die Tunnelprofile zu erweitern und mit Nischen zu versehen.[25]

Erste vorsichtige Sympathien der Zermatter Bevölkerung erwirbt die Gornergratbahn, als es den Ingenieuren und Bauarbeitern gelingt, den für unbezwingbar gehaltenen Findelenbach mit einem 48 m hohen, 80 m langen und mit 124 Promille Steigung aufweisenden Viadukt zu überspannen.

... und ein harter, langer Winter

Durch einen Regierungsbeschluss des Walliser Staatsrats wird dem Bauunternehmen aus Rücksicht «auf die Fremden in Zermatt» verboten, Sprengarbeiten während der Nacht auszuführen, was bei anderen Tunnelbauten, auch bei der Jungfraubahn, im Mehrschichtenbetrieb selbstverständlich ist. Der Probleme nicht genug. So meldet die Schweiz. Bauzeitung: «Ende September 1896 war in Zermatt so viel Schnee gefallen, dass die Arbeiten im Freien eingestellt werden mussten. Um das Versäumte nachzuholen, wurde für die Tunnels Winterbetrieb eingerichtet. Zu diesem Zwecke hat man an den Mündungen oder in deren unmittelbaren Nähe solide Holzbaracken mit doppelter Verschalung, die Zwischenwände mit Moos ausgestopft, hergestellt, jede Baracke für 35 bis 40 Mann eingerichtet, und mit je zwei Öfen versehen. Auf diese Weise waren während des ganzen Winters 1896/97 auf einer Höhe von 2000 m ü.M. 150 Mann untergebracht, welche von Zermatt aus verproviantiert wurden. Sämtliche Tunnels wurden in diesem Winter durchgeschlagen und die drei unteren, ganz in Felsen gelegenen, auch vollendet.»[26]

2400 Arbeiter, meist aus Italien

1000 Mann arbeiten ab April 1897 am Schienenstrang. Um die spektakuläre Bahnlinie innerhalb der geforderten zwei Jahre eröffnen zu können, werden während der Bauzeit insgesamt 2400 Arbeiter beschäftigt. Wie bei den meisten Tunnelbauten in der Schweiz kommen sie aus Italien, am Gornergrat vor allem aus der Provinz Bologna.

Wie später beim Bau der Jungfraubahn zeigen sich bei den Arbeitern auf einer Höhe von über 2700 m im Herbst bei sinkenden Temperaturen, «schnelle Ermüdung, Mattigkeit, starke Kopf- und Rachenschmerzen, Appetitlosigkeit, Herzklopfen und Atembeschwerden (...) Zuletzt sah sich die Bauleitung veranlasst, die aus der Tiefebene stammenden Arbeiter durch Bergbewohner zu ersetzen;

Noch bevor an der Jungfraubahn-Baustelle die erste Sektion zur 2320 Meter hohen Station Eigergletscher am 19. September 1898 eröffnet werden konnte, erlebte die Gornergratbahn als erste Hochgebirgsbahn Europas am 20. August 1898 die feierliche Einweihung.

auch sie wurden von der Krankheit ergriffen. Die beim Bau der Gornergratbahn gemachten Erfahrungen ergaben so die wissenschaftlich bemerkenswerte Feststellung, dass die Schwerstarbeitsleistung des Menschen von etwa 2700 m ü.M. an zunehmend nachlässt und von etwa 3000 m Höhe an bald gänzlich aufhört».[27]

Erneut eine Intervention aus Bern

Eineinhalb Monate vor der feierlichen Eröffnung der eindrucksvollen Hochgebirgsbahn bekommt die Gornergratbahn-Gesellschaft wieder unangenehme Post aus Bern, diesmal betrifft es die Personal-Krankenkasse. Bundesrat Zemp persönlich setzt sich in dieser Sache ein. Statt das Personal bei einer «öffentlichen Krankenkasse» zu versichern, handle es sich «bei dem in Frage stehenden Institut um nichts anderes als um eine Sparkasse zugunsten der Angestellten. Laut Art. 19 der Konzession ist jedoch die Gornergratbahn verpflichtet, für das Personal eine Krankenkasse zu errichten oder dasselbe bei einer Anstalt gegen Krankheit zu versichern».[28]

Stärkste Elektrolokomotiven

Weltweit erstmals setze ein Bergbahn-Unternehmen für die Zugskompositionen auf die elektrische Antriebskraft (sieht man von der ehemaligen Bahn auf den 1375 m hohen Mont Salève bei Genf ab; 1893–1937). Aus fünf Konkurrenz-Angeboten wählt die Gornergratbahn-Gesellschaft dasjenige von Brown-Boveri. Im Gegensatz zu den vier anderen Bewerbern, welche auf Gleichstrom setzen, kommt die Verwendung von Dreiphasen-Wechselstrom zum Einsatz. Die ersten Lokomotiven liefert die Schweiz. Lokomotivfabrik Winterthur (SLM) zusammen mit der Schweiz. Industriegesellschaft Neuhausen (SIG): drei viel bestaunte 180-PS-Elektrolokomotiven, 10,5 Tonnen schwer, mit zwei Drehstrommotoren von je 90 kW Maximalleistung ausgerüstet, welche die Passagiere mit einer Geschwindigkeit von 9 km/h auf 3000 m über Meer führen.

Erste Gletscherbahn Europas

Was selbst die Fachwelt überraschte: Die Gornergratbahn kann in einer nicht für möglich gehaltenen Frist, am 20. August 1898, feierlich eröffnet werden. Dennoch muss die Bauunternehmung Haag & Greulich der Gornergratbahn AG 50 000 Franken als Entschädigung zahlen, weil die Eröffnung der Bahn auf den 1. Juli 1898 vereinbart worden war.

‹Der Bund› widmet der Gornergratbahn-Eröffnung die Frontseite: «Ein Wunderwerk der Natur vereinigt sich mit einem Meisterwerk der schweizerischen Technik.»[29] Begeistert berichtete der ‹Bund›-Korrespondent wenige Tage später von der ersten offiziellen Fahrt der «Gletscherbahn»: «Wie leicht und elegant sie das bewerkstelligt. Man steigt in die schönen, luftigen Wagen und wird in 1½ Stunden sanft und leise auf die Höhe von 3020 m gehoben, als ob man sich in einem Lift befinde. Das ist das Werk der Elektrizität. Kein, Ruck, kein Stoss, kein Pusten und Keuchen; in überlegener Ruhe wird die Höhe spielend genommen.»[30]

Die Gäste feiern und lassen sich feiern, darunter auch jene, welche noch vor wenigen Jahren in der ersten Reihe der Gegner gestanden haben. Und sie drängen sogar zum Rednerpult, so auch Nationalrat Alexander Seiler: «Es könnte wie Ironie klingen, dass gerade ich die Gäste des Eröffnungszuges der Gornergratbahn hier begrüsse!»

«Die ganz vorzügliche Rede des Dr. Seiler» (‹Der Bund›) zeigt den Stimmungswandel: «Bin doch ich es gewesen, der seinerzeit in Wort und Schrift gegen die Erteilung der Konzession an dieses Unternehmen tätig war. Die Bevölkerung fürchtete, dass sie durch die Bahn ein schönes Stück Verdienst verlieren werde. Seit dem Tage aber, an dem die erste Lokomotive der Visp-Zermatt-Bahn das Tal herauf keuchte, ist in unserem Fremdenverkehr ein gewaltiger Umschwung eingetreten (...) Ich gebe der Hoffnung Ausdruck, dass die Gornergratbahn als die höchste und schönste Bergbahn Europas unseren Fremdenverkehr mächtig fördern und dass sich auch die Bevölkerung mit ihr aussöhnen werde.»[31]

Inmitten der Viertausender: Sierre–Zinal–Zermatt

3

CANTON DU VALAIS

PROJET

DE

CHEMIN DE FER ÉLECTRIQUE

à Voie étroite

DE ZINAL A ZERMATT

Plan de situation.

Der Projektentwurf für eine elektrische Eisenbahn von Zinal nach Zermatt.

Unten: Harsche Kritik des Bundesrates an der Sitzung vom 3. Mai 1901 an die Adresse der Konzessionäre.

Wäre das eine spektakuläre, eine fantastische Reise! Mit der Zahnradbahn von Sierre/Siders durch eines der interessantesten Täler der Schweiz hinauf nach Zinal. Im Val d'Anniviers findet man Anfang des 20. Jahrhunderts noch echte Ursprünglichkeit und inneralpine Traditionen. Erst 1951 erhält Zinal, zuhinterst im 25 km langen Südtal, eine Strasse. Ein halbes Jahrhundert früher, bereits 1899, hat der Bund eine Schmalspur-Bahn von Sierre nach Zinal bewilligt. Zwei Jahre später ist der Weg frei für die «Eis-Route», für die spektakuläre Linie von Zinal nach Zermatt. Doch es fehlen die Macher und die Investoren.

Grösser könnte sie nicht sein, die Spannweite zwischen mediterranem Flair im Rhonetal mit Reben und Zitrusfrüchten an den berühmten Sonnenhängen von Sierre und den vergletscherten Viertausendern in der Hochgebirgs-Arena, hoch über Zinal. Ein Höhepunkt jagt den andern auf dieser imaginären Bahnreise. Nach der genussreichen Fahrt durch das urwüchsige, viel besungene Val d'Anniviers (Eifischtal), biegt der Zug bei Ayer ins Val de Zinal ein, wo wir nach genau 25 Kilometern Zinal erreichen. Drei Hotels, eine Postablage mit Telefon und Telegraph machen das kleine Dorf «zu einem wichtigen Alpenkurort».[1] Wir befinden uns auf 1680 m, 1100 Höhenmeter sind bereits geschafft, doch es ist erst Halbzeit. Später klettert die Lokomotive bis fast zur Cabane du Grand-Mountet (2886 m) hoch und bietet den Fahrgästen einen unvergesslichen Blick in die gewaltige Gletscher-Arena der 4357 hohen Dent Blanche. Das touristische Highlight endet nach 50 km spektakulärer Bahnfahrt in Zermatt, wo die längste Zahnradbahn der Alpen nahtlos an die Gornergratbahn anschliesst…

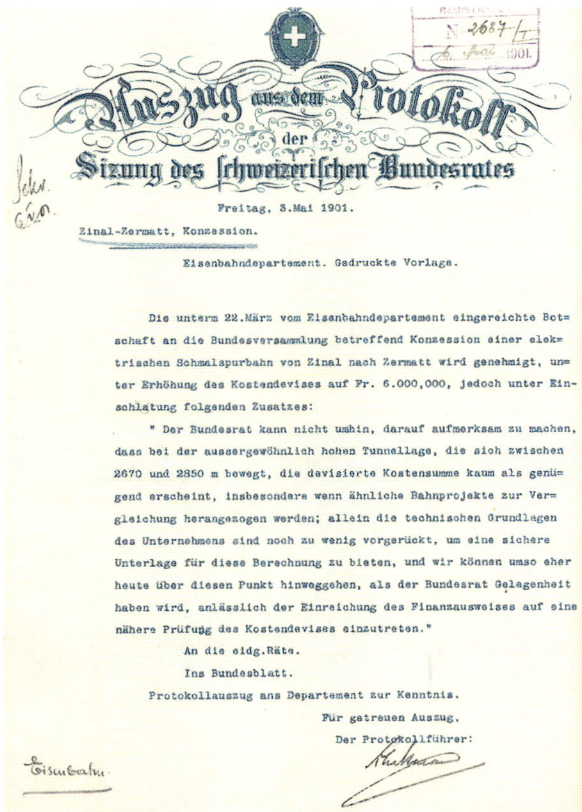
Auszug aus dem Protokoll der Sizung des schweizerischen Bundesrates

Freitag, 3. Mai 1901.

Zinal-Zermatt, Konzession.

Eisenbahndepartement. Gedruckte Vorlage.

Die unterm 22. März vom Eisenbahndepartement eingereichte Botschaft an die Bundesversammlung betreffend Konzession einer elektrischen Schmalspurbahn von Zinal nach Zermatt wird genehmigt, unter Erhöhung des Kostendevises auf Fr. 6.000,000, jedoch unter Einschlatung folgenden Zusatzes:

" Der Bundesrat kann nicht umhin, darauf aufmerksam zu machen, dass bei der aussergewöhnlich hohen Tunnellage, die sich zwischen 2670 und 2850 m bewegt, die devisierte Kostensumme kaum als genügend erscheint, insbesondere wenn ähnliche Bahnprojekte zur Vergleichung herangezogen werden; allein die technischen Grundlagen des Unternehmens sind noch zu wenig vorgerückt, um eine sichere Unterlage für diese Berechnung zu bieten, und wir können umso eher heute über diesen Punkt hinweggehen, als der Bundesrat Gelegenheit haben wird, anlässlich der Einreichung des Finanzausweises auf eine nähere Prüfung des Kostendevises einzutreten."

An die eidg. Räte.

Ins Bundesblatt.

Protokollauszug ans Departement zur Kenntnis.

Für getreuen Auszug.

Der Protokollführer:

Eisenbahn

Elf Monate bis zur Konzession

Primeur im Bundeshaus: Am 1. November 1898 bekommt das Eisenbahndepartement gleich zwei Projekteingaben für eine rund 25 km lange Bahnverbindung von Sierre/Siders durch das Val d'Anniviers nach Zinal. Was heute, der zahlreichen Vernehmlassungen und blockierenden Einsprachen wegen, mehrere Jahre in Anspruch nimmt, geht vor hundert Jahren ziemlich schlank durch die Institutionen. Die einzige Vernehmlassungsbehörde und Ansprechstation des Bundes ist die betroffene Kantonsregierung, die ihrerseits die tangierten Gemeinden und das Kantonsparlament konsultiert. Der Bundesrat und das eidg. Parlament können aber aufgrund des geltenden Eisenbahngesetzes eine ablehnende Haltung von Kanton und Gemeinden locker übergehen. So dauert es auch hier nur elf Monate, bis die Konzession am 6. Oktober 1899 auf dem Tisch liegt. Normalerweise entscheidet sich das Departement bei der Konzessionsvergabe nach dem Prinzip «First come, first served». Bei dieser einmaligen Situation von zwei gleichzeitig eingereichten Projekten stützt sich der Bundesrat auf die Entscheide des Staatsrats und des Grossen Rats des Kantons Wallis, welche – nicht überraschend – dem einheimischen Projekt Gay/Cottier, gegenüber dem fast identischen Bauvorhaben Isler, Gilliéron & Amrein aus Vevey, den Vorzug geben. In blumigen Worten besingen die Akteure ihre geplanten Bahnen. Die Linie sei, nach dem riesigen Erfolg der Visp–Zermatt-Bahn, geradezu prädestiniert, zu einer der bestfrequentierten Verbindungen des ganzen Alpenraums zu werden. Zinal, umrahmt von Viertausendern, werde ähnliche Höhenflüge erleben wie Zermatt. Das Fehlen einer guten Strasse wirke sich negativ auf die doch schon so zahlreich vorhandenen Hotels im Tal aus. Auch deshalb sei der Bahnbau dringend nötig. Und so wird die Zeit bald vorbei sein, als Zinal erst nach einer mühsamen Tagesreise aus dem Rhonetal erreicht werden konnte. Nur noch vierzig Minuten dauert die Eisenbahnfahrt von Sierre nach Vissoie, ins Herz des Eifischtals, nach einer weiteren Dreiviertelstunde steigt man in Zinal aus der neuen, elektrisch betriebenen

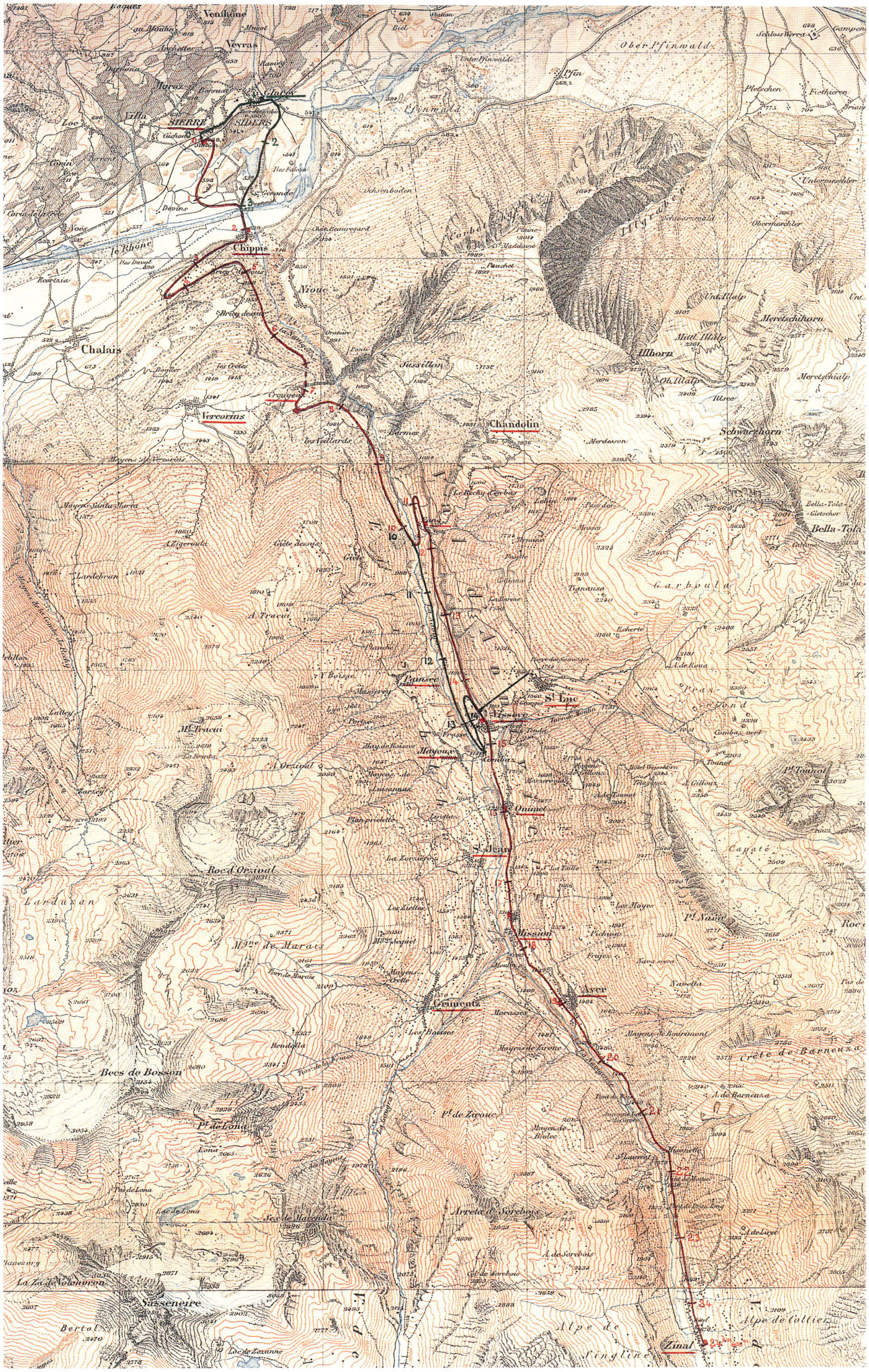

Man kann ins Schwelgen kommen über die geplante Hochalpenbahn Zinal–Zermatt. Allein die Anfahrt vom Rhonetal durch das Val d'Anniviers hätte neue touristische Perspektiven ergeben. Und erst die Fahrt in die Gletscherwelt von Dent Blanche, Zinalrothorn, Grand Gendarme und Weisshorn!

«Nachrichten für die Reisenden in der Schweiz, 1796»

Johann Georg Heinzmann: «Wild und schauerlich ist der Abhang der Pässe gegen das italienische Land; überall zertrümmerte Berge, Abgründe, in Wolken gehüllte Bergspitzen, einsturzdrohende Felsen, ausgerissene Bäume (…) Wer keine gute, freie und leicht atmende Brust hat, sollte sich gar nicht auf die Berghöhen begeben, denn die Erhitzung und Ermattung wird so gross, dass die Leute keuchen wie Verrückte. Bis sie sich dann wieder erholen, geht die Zeit des Genusses der schönsten Aussichten verloren.»

Zugskomposition. Die neue Zeit bricht auch im Val d'Anniviers an. Zudem soll eine Drahtseilbahn «Vissoie mit St-Luc verbinden, damit die vier wichtigsten Hotels des Tales direkt erschlossen werden können: die beiden Hotels von St-Luc, das Hotel von Chandolin und das Hotel Weisshorn».[2]

1900: Von Zinal nach Zermatt

Nicht lange lässt die finale Fortsetzung der projektierten «Val d'Anniviers-Bahn» auf sich warten. Ingenieur Dietrich aus Eclépens und Architekt Gay aus Montreux stellen zwei Jahre später die spektakuläre Verlängerung von Zinal nach Zermatt vor. Nicht ganz unbegründet schmücken die Initianten ihr Projekt mit dem Prädikat «Königin der Alpen» und sprechen von einem weiteren Höhepunkt des Schweizer Bergbahnbaus.[3]

In der Tat mutet das Projekt auch heute noch abenteuerlich an, Science-Fiction an der Schwelle zum 20. Jahrhundert. Nach der idyllischen Alpe l'Arpitetta zieht das 4506 m hohe, majestätische Weisshorn alle Blicke auf sich, die Baumgrenze liegt hier bei 2250 m, vorbei ist es auch mit saftigen Alpweiden, von jetzt an beherrschen Gletscher, Fels und Eis die Szenerie. Direkt über dem (heute allerdings mit Geröll bedeckten) Glacier de Zinal, schlängelt sich die Bahnlinie Kilometer um Kilometer an den Ausläufern des

	Bergbahn Sierre–Zinal I	Sierre–Zinal II	Zinal–Zermatt
Konzessionsgesuch	1. November 1898	1. November 1898	19. Mai 1900
Konzession	6. Oktober 1899	–	22. Juni 1901
Fristverlängerung	22. Oktober 1901 15. April 1904 (neu) 23. Dezember 1903 22. Dezember 1906	–	8. Juli 1903 22. Dezember 1906
Konzessionsbewerber	A. Gay, J. Martin, H. Florey, A. Tabin Architekt Ernest Gay, Sion	J. Isler, O. Amrein, F. Gilliéron Ingénieurs-Contructeurs, Vevey	Ingenieur G. Dietrich, Eclépens, und A. Gay, Arch., Montreux/Lausanne
Konzessionsübertragung	15.4.1904: Elektrizitätswerk Val d'Anniviers	–	18.4.1904: Elektrizitätswerk Val d'Anniviers
Projektverfasser	A. Cottier, Geometer, Lausanne	Gilliéron & Amrein, Vevey	A. Gay, Arch., Montreux/Lausanne
Sitz der Gesellschaft	Sierre	Sierre	Sierre
Streckenlänge	24,6 km	21,2 km	25 km
Stationen	Sierre km 0,0 538 m ü.M.	Sierre km 0,0 539 m ü.M.	Zinal km 0,0 1630 m ü.M.
	Chippis km 2,1 539 m ü.M.	Chippis km 2,4 563 m ü.M.	Mountet km 10,2 2670 m ü.M.
	Crougeaz km 7,3 906 m ü.M.	Fang km 7,4 935 m ü.M.	Vue du Cervin km 15,7 2850 m ü.M.
	Fang km 11,7 1031 m ü.M.	Painsec km 9,3 1035 m ü.M.	Trift km 21,5 2080 m ü.M.
	Vissoie km 14,7 1230 m ü.M.	Vissoie km 11,2 1193 m ü.M.	Zermatt km 25,0 1620 m ü.M.
	Quimet km 16,0 1279 m ü.M.	St-Jean km 13,1 1290 m ü.M.	
	Mission km 17,5 1307 m ü.M.	Grimentz km 14,4 1377 m ü.M.	«Kulm-Tunnel» (Länge: 5,5 km)
	Ayer km 19,0 1410 m ü.M.	Ayer km 16,5 1450 m ü.M.	
	Zinal km 24,6 1680 m ü.M.	Zinal km 21,2 1670 m ü.M.	
Höhendifferenz	1142 m	1131 m	1220 m
Spurweite	1000 mm	1000 mm	800 mm
Maximalsteigung	75 ‰	81 ‰	200 ‰
Minimalradius	30 m	125 m	30 m
Betriebssystem	Elektrisch	Elektrisch	Elektrisch
Tarife	Sierre–Zinal 3. Klasse: CHF 5.– 2. Klasse: CHF 7.50	Sierre–Zinal 3. Klasse: CHF 5.25 2. Klasse: CHF 7.35	Zinal–Zermatt 3. Klasse: CHF 25.–
Kosten	CHF 2,2 Mio. (CHF 89 430 pro km)	CHF 2,1 Mio. (CHF 98 820 pro km)	CHF 6 Mio. (CHF 240 000 pro km)
Bemerkungen	Harsche Kritik von Bundesrat Walter Hauser: Punkto Budgetierung sei «wohl noch kein Eisenbahnprojekt unter so oberflächlicher Behandlung eingereicht worden»! Dennoch befürworten alle Gemeinden des Val d'Anniviers das Projekt, einzig Grimentz stemmt sich dagegen.	Die technische Abteilung des Eisenbahndepartements bemerkt in einer Notiz an den Bundesrat: «Für diese Linie wurde schon ein Gesuch von Herrn Gay & Cie eingereicht, jedoch mit weniger sorgfältig studierten Projektvorlagen.»	Nur Sommerbetrieb: 1. Juni bis 1. Oktober. Auf Intervention der Walliser Regierung wird eine reduzierte Taxe für Einheimische eingeführt: 40 Prozent Reduktion.

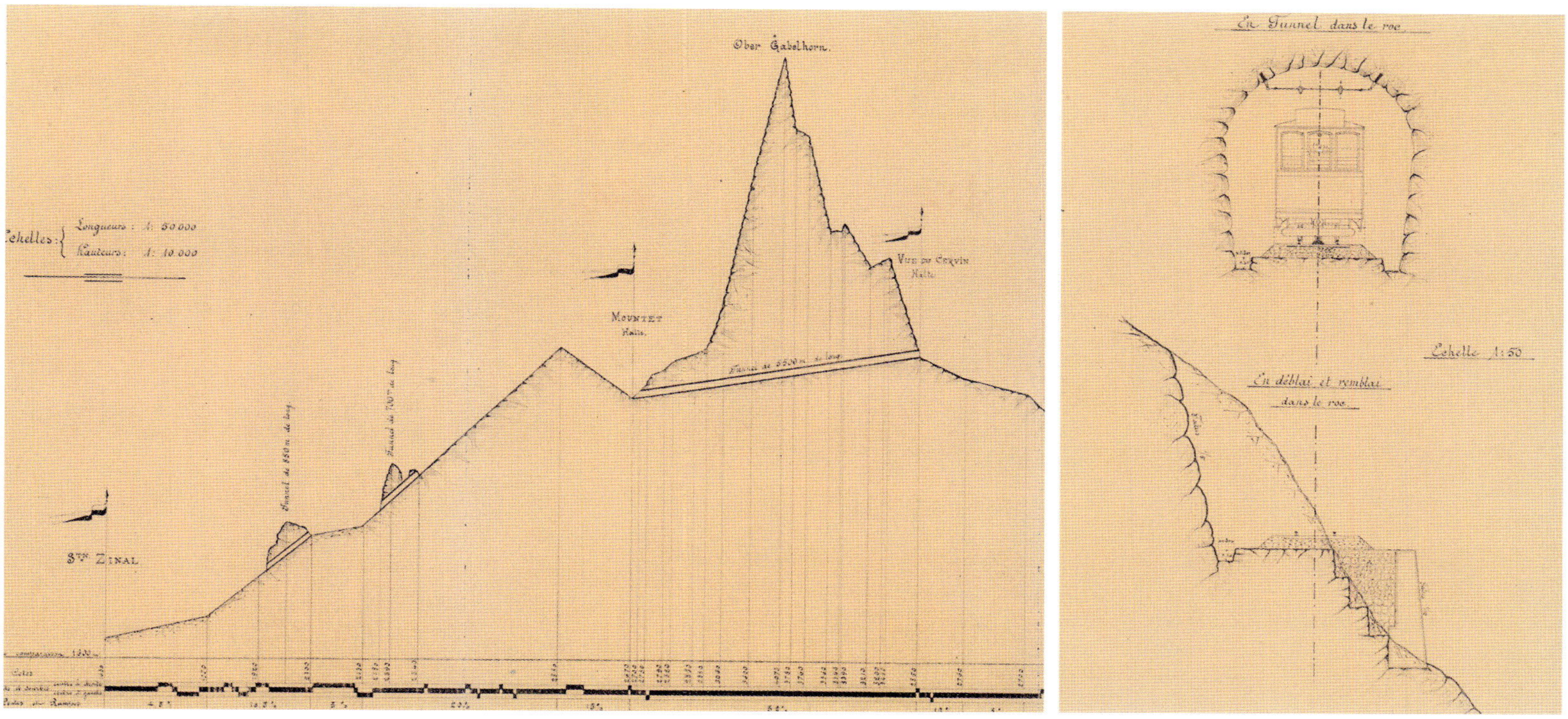

Fast metergenau liegt die 5,5 km lange Tunnelachse unter dem Gipfel des Obergabelhorns, einem weiteren Viertausender in der gewaltigen Arena von Schnee, Fels und Eis.

Zinalrothorns (4221 m) bergwärts. Übrigens: Auf der Siegfriedkarte ist dieser Gipfel noch mit «Moming ou Rothorn» bezeichnet. Freie Sicht auf den letzten Kilometern vor dem Scheiteltunnel in die imposante Eis-Arena, gebildet aus dem Glacier du Mountet, dem Glacier de l'Obergabelhorn, dem Glacier Durand und dem imposanten Eis-Strom des Glacier du Grand Cornier. Vier Viertausender umrahmen die Szenerie, und ein ausgewachsenes Mammut blickt von links oben auf den Zug herunter. «Le Mammouth» heisst der 3219 m hohe Gipfel, gut 300 m oberhalb der SAC-Hütte, der Cabane du Grand Mountet.

Scheiteltunnel auf 2850 m Höhe

Auf 2670 m Höhe erreicht der Zug die Station Mountet, direkt beim westlichen Portal des «Kulm-Tunnels» (Koordinaten 616 200/100 800). Mit fünffacher Fussgängergeschwindigkeit rast der Zug dem Ostportal des 5,5 km langen Scheiteltunnels entgegen. In der Tunnelmitte befinden wir uns senkrecht unter dem 4063 m hohen Obergabelhorn. Neue Dimensionen bei der Station «Vue du Cervin»: Wir erreichen den Kulminationspunkt auf 2850 m (Koordinaten 619 250/96 300), und direkt vor uns ein wahrhaft gewaltiges Panorama. Die berühmtesten Viertausender der Walliser Alpen reihen sich in Reih und Glied, vom Matterhorn bis zu den höchsten Gipfeln der Schweiz mit dem Kranz der Monte-Rosa-Gruppe. Auf den folgenden 9 Kilometern schweift der Blick auf immer wieder neue Zinnen und Kreten, auch hinüber zur benachbarten Gornergratbahn zur (damals) höchsten Bergbahn-Station des Kontinents. Ankunft in Zermatt, nach 50 Kilometern mit der längsten Zahnradbahn der Welt!

Vom Saulus zum Paulus

Erst fünf Jahre sind es her, seit der Walliser Staatsrat und der Grosse Rat mit aller Kraft gegen den Bau der Visp–Zermatt-Bahn und der Gornergratbahn angekämpft haben: «Diese Schienen sind ohnehin nur ein finanzielles Ziel privater Spekulanten, exklusiv für Touristen bestimmt und ohne Nutzen für die Bevölkerung.»[4] Nach dem einsetzenden Touristenstrom in Zermatt und dem riesigen Erfolg der 1898 eröffneten Gornergratbahn unterstützen die Walliser Behörden nun alle Projekte fast vorbehaltlos. Die oft weitschweifigen «konferenziellen Verhandlungen» im Bundeshaus zur artikelweisen Beratung der Konzessionsvorlage, sind nun in Rekordzeit erledigt. Was damals bis drei Stunden in Anspruch genommen hat, wird bei der Behandlung der Panoramalinie Zinal–Zermatt in einer Viertelstunde erledigt.

Harsche Kritik der Bundesräte Zemp und Hauser

Dennoch lehnt es der Chef des Post- und Eisenbahndepartements, Bundesrat Joseph Zemp, ab, die Konzessionsvorlage für die Zinal–Zermatt-Bahn in dieser Form dem Parlament zu präsentieren. Die vorgesehene Kostensumme von zuerst nur 4,8 Millionen Franken und auch der kurzfristig auf 6 Millionen erhöhte Kostenvoranschlag genüge angesichts der «aussergewöhnlich hohen Tunnellage, die sich zwischen 2670 und 2850 m bewegt,» kaum. Noch deutlicher wird Zemps Stellvertreter, der Vorsteher des Finanzdepartements, Bundesrat Walter Hauser: Es sei «bezüglich des Kostenpunktes wohl noch kein Eisenbahnprojekt unter so oberflächlicher Behandlung eingereicht worden. Wir halten es auch heute noch für eine starke Zumutung, dass der Bundesrat solche Zahlenirrtümer unbesehen in eine Botschaft an die Bundesversammlung aufnehmen soll».[5] Der Konzessionsantrag zuhanden des Parlaments wird mit dem Zusatz ergänzt, der Bundesrat werde beim Einreichen des Finanzvorschlages den Kostenrahmen näher prüfen. Im Sommer 1901 stimmen der Ständerat und der Nationalrat dem Projekt problemlos zu.

Schwierige Finanzierung

Steinreich ist das Wallis. Geradezu mit Felsbrocken konfrontiert sehen sich die Konzessionsbewerber bei der Suche

	Standseilbahn Vissoie–St-Luc (I)	Vissoie–St-Luc (II)
Konzessionsgesuch	1. November 1898	1. November 1898
Konzession	6. Oktober 1899 15. April 1904 (neu) 22. Oktober 1901 (Verlängert) 23. Dezember 1903 (Verlängert) 22. Dezember 1906 (Verlängert)	–
Konzessionsbewerber	A. Gay, Montreux; J. Martin, H. Florey, A. Tabin, Vissoie	J. Isler, F. Gilliéron, O. Amrein
Projektverfasser	A. Cottier, Geometer, Lausanne	Gilliéron & Amrein, Vevey
Streckenlänge	900 m	1390 m
Stationen	Vissoie 1230 m ü.M. St-Luc 1650 m ü.M.	Vissoie 1190 m ü.M. St-Luc 1680 m ü.M.
Höhendifferenz	420 m	490 m
Spurweite	1000 mm	1000 mm
Maximalsteigung	477 ‰	498 ‰
Minimalradius	30 m	Keine Kurven vorgesehen
Betriebssystem	Elektrisch	Wasserübergewicht, oder elektrisch
Tarife	Bergfahrt CHF 1.50 Talfahrt CHF 1.–	Bergfahrt CHF 1.80 Talfahrt CHF 1.80
Kosten	CHF 270 000 (CHF 300 000 pro km)	CHF 300 000 (CHF 230 770 pro km)

Interessant ist auch die projektierte Standseilbahn von Vissoie nach St-Luc. Welche Verkehrserleichterung würde sie im vom Autoverkehr geplagten Tal bringen!

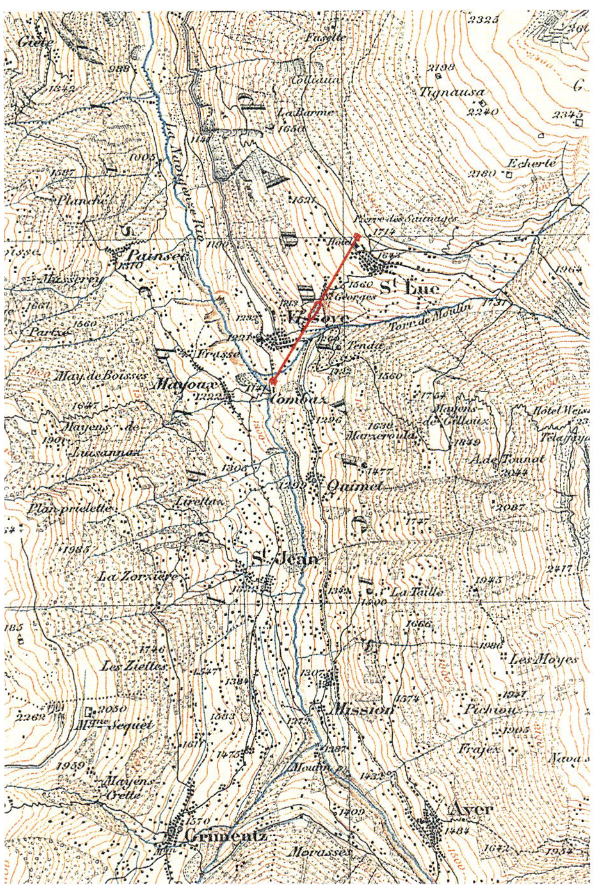

nach Investoren. Die erhofften Geldströme bleiben aus. Das Obergabelhorn ist nicht das Matterhorn, Zinal ist nicht Zermatt. Am 6. Oktober 1903 läuft die Konzessionsfrist für den Bau der Talbahn Sierre–Zinal und jene der Drahtseilbahn Vissoie–St-Luc ungenutzt ab. Sie wird am 23. Dezember 1903 als Weihnachtsgeschenk der eidg. Räte diskussionslos verlängert. Ein halbes Jahr später folgt die Überschreibung der Konzession an die Elektrizitätsgesellschaft Val d'Anniviers.

Um das Projekt retten zu können, beantragt die Gesellschaft die Aufteilung des Projekts in zwei Teil-Konzessionen: Sierre–Vissoie und Vissoie–Zinal. «Unsere bisherigen Schritte zur Finanzierung der ganzen Strecke haben deutlich ergeben, dass eine Teil-Ausführung und Teil-Inbetriebsetzung durch sukzessiven Ausbau leichter durchzuführen ist, und so rechnen wir für die erste Teilstrecke Sierre–Vissoie, den Finanzausweis bis zum nächsten Frühjahr leisen zu können.»[6] Doch auch diese Hoffnung erweist sich als Strohhalm. Ende 1905 folgen weitere Schritte: Erneutes Fristverlängerungsgesuch sowie abschnittsweiser Bau in der Reihenfolge Sierre–Chippis, Chippis–Vissoie, Vissoie–Zinal, Standseilbahn Vissoie–St-Luc und schliesslich Zinal–Zermatt. Gleichzeitig wird das Talbahn-Projekt überarbeitet: gemischter Zahnrad- und Adhäsionsbetrieb statt Adhäsionsbahn wie bei der Rhätischen Bahn und der Montreux–Oberland-Bahn. Damit kann die Strecke verkürzt und die Baukosten können gesenkt werden. Zudem soll ab Vissoie auf einen Winterbetrieb verzichtet werden. Das neue Projekt trägt die Handschrift von Ingenieur Emil Strub, dem Konstrukteur vieler Bergbahnen. Erneut lassen sich der Bundesrat und die eidg. Räte erweichen, es folgt eine weitere Galgenfrist, diesmal bis Ende 1908. In der Zwischenzeit macht sich auch die Stadt Sierre für die Konzession stark. Nochmals hat «Bern» ein Einsehen mit einer letzten Fristverlängerung bis zum 1. Januar 1911 – und dann versiegt die Korrespondenz.

Der Zug ist abgefahren

So bleibt Zinal ein weiteres halbes Jahrhundert lang das, was es immer gewesen ist: ein verträumtes kleines Dorf zuhinterst im Tal, abseits der Hektik, weit weg von den Auswüchsen des grossen Touristenstroms. Das berggewohnte Volk lebt weitere Jahrzehnte im traditionellen Alltag, der «tief im Gemeinschaftsleben und in der Landwirtschaft wurzelt».[7] Doch auch das ist Vergangenheit. Heute besorgen Postautos aus Sierre den öffentlichen Verkehr nach Vissoie, St-Luc, Chandolin, Grimentz und Zinal, und tagtäglich wälzt sich in der Touristensaison eine einzige Blechlawine durch das enge Tal – morgens hin, abends wieder zurück.

Oben: Die beiden «Z», Zinal und Zermatt, verbunden durch eine leider nie realisierte Hochalpen-Zahnradbahn-Verbindung.

Links: Nur wenige Meter unterhalb der Cabane du Grand Mountet liegt der virtuelle Eingang zum Scheiteltunnel. Im Bild die SAC-Hütte mit der 4063 m hohen Pyramide des Obergabelhorns.

Keine Bahnen für Saas-Fee

Das Auto vor dem Dorfeingang: Werbung für den autofreien Tourismusort.

Die Zahl der Reisenden nach Saas-Fee betrage jährlich 5000, aber das werde sich mit der Eröffnung der Bahnlinie rasch ändern, gibt sich der Lausanner Initiant Charles Masson 1898 überzeugt. Wie die Initianten für die Val d'Anniviers-Bahn stützt auch er sich auf den riesigen Erfolg der Visp–Zermatt-Bahn, ebenso wie auf den europaweiten Applaus für die eben eröffnete Gornergratbahn: «Man darf mit mindestens 10 000 bis 20 000 Reisenden rechnen.»[1] Masson verweist in seinem Konzessionsgesuch auch auf die bevorstehende Eröffnung des Simplontunnels (erbaut von 1898–1905). Doch die Saaser wollen keine Bahnen sondern endlich eine Strasse.

Totale Kehrtwende der Walliser Regierung: Nach der Frontal-Opposition gegen die Talbahn Visp–Stalden–Zermatt und gegen den Bau der Gornergratbahn macht Staatsratspräsident de Torrenté nur noch Randbemerkungen zum Eisenbahn-Projekt Stalden–Saas-Fee. Der «Conseil d' administration» müsse im Verwaltungsrat des Bahnunternehmens vertreten sein, und die Bevölkerung soll zum «gleichen Kilometer-Preis» fahren dürfen wie auf der Linie Visp–Zermatt. Ausserdem beantragt die Kantonsregierung die Verlegung der projektierten Wasserstation um 300 m: «Pour une prise d'eau devra être installée de manière qu'elle serve de station pour la Commune d'Eisten.» Das müsse auch für Saas-Grund, für den Hauptort des Tals, gelten, welcher besser an die Linie angeschossen werden soll.

Unten: Am Weg nach Saas-Fee: Die Wallfahrtskapelle Maria zur Hohen Stiege. Holzstich von Edward Theodore Compton 1904.

Die Angst vor der Zukunft

Sieben Jahre sind es her: Am 18. Juli 1891 ist die Visp–Zermatt-Bahn eröffnet worden, nachdem die Dampflokomotiven aus Visp im Jahr zuvor bereits die halbe Strecke bis St. Niklaus erreicht haben. Sämtliche Prognosen werden übertroffen, der Zustrom der Gäste Richtung Matterhorn reisst nicht ab, auch dank der innovativen Hotellerie entwickelt sich Zermatt innerhalb einer einzigen Generation vom peripheren Bergdorf zum renommierten Zentrum des alpinen Bergsports. Noch nicht verhallt sind allerdings die Proteste der vereinigten Talbevölkerung von Visp bis Zermatt, gestützt von Walliser Politikern, die mit aller Kraft gegen jeden Meter Schiene angekämpft haben.

Die Geschichte wiederholt sich im Saas-Tal. Keine Zahnradbahn, Jahrzehnte später auch keine Standseilbahn von Saas-Grund nach Saas-Fee. Jeder Vorstoss für ein Bahnprojekt wird bekämpft, der technische Fortschritt überfährt die einheimischen Bewohner. Eine jahrhundertealte Bergbauerntradition sieht sich bedroht und löst auch in diesem Tal Ängste und Abwehrreaktionen aus.

In Saas-Fee leben Anfang des 20. Jahrhunderts 280 katholische Einwohner, und um die 1896 eingeweihte Kirche gruppieren sich 37 von der Sonne gebräunte Walliser Holzhäuser. Bis in die Dreissigerjahre führt nur ein Saumpfad ins Saas-Tal, Maulesel besorgen den Personen- und den Gütertransport. Kurz vor dem Ausbruch des Zweiten Weltkriegs erreicht die nicht asphaltierte Staatsstrasse endlich Saas-Grund, aber erst 1951 kurvt das erste Postauto auch nach Saas-Fee.

3,5 Millionen Baukosten

Ungeachtet der ablehnenden Haltung der lokalen Behörden, stimmen der National- und der Ständerat im Dezember 1899 dem Bau einer Schmalspurbahn von Stalden nach Saas-Fee oppositionslos zu. 3,5 Millionen Franken sind für die 15,2 km lange Strecke budgetiert, wobei sich das Parlament auf keine Betriebsrechnung stützen kann. Einen einzigen Streitpunkt gibt es bei der Vorbehandlung des Geschäfts noch: Wie bei allen Eisenbahn-Geschäften will die Kantonsregierung den Sitz der Bahn-Gesellschaft im Wallis wissen. Doch es bleibt bei Lausanne: «Wir halten das Begehren (der Initianten) deshalb für berechtigt, weil seitens der Konzessionsbewerber beabsichtigt ist, entweder die Konzession später auf die Visp–Zermatt-Bahn, welche

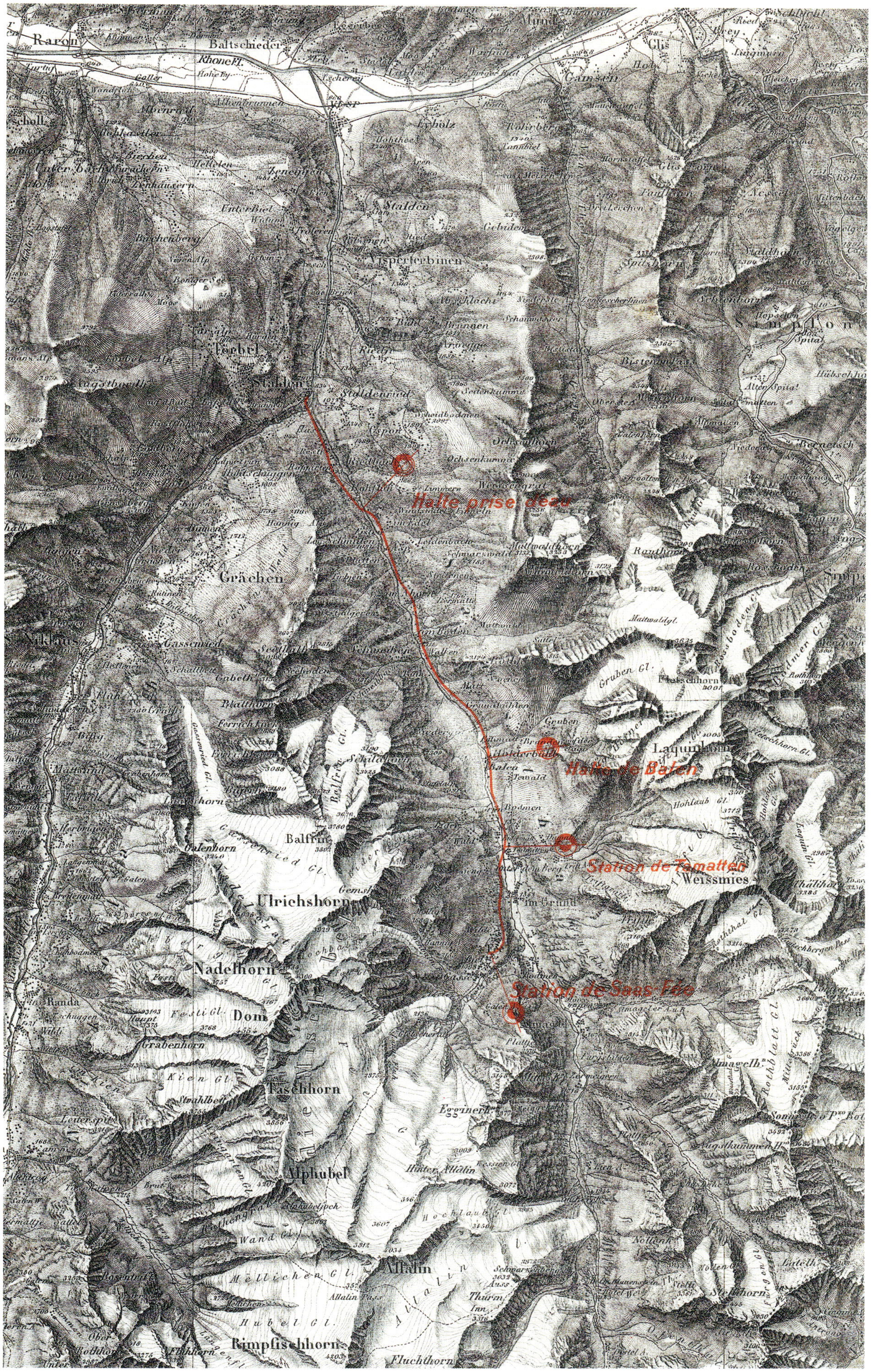

Die Bewohner des Saas-Tales (auf Walliserdeutsch «Saaseni») wollten weder eine Zahnradbahn noch eine Standseilbahn. Dessen ungeachtet stimmten sowohl der Nationalrat wie auch der Ständerat 1899 der Konzession für die Zahnradbahn Stalden–Saas-Fee zu. Von den Behörden abgelehnt wurde vierzig Jahre später auch der Bau einer Standseilbahn von Saas-Grund hinauf in die «Freie Ferienrepublik» auf 1800 Metern Höhe.

Saas-Fee und Zermatt im Banne der höchsten Gipfel der Schweiz.

ihr Domizil ebenfalls in Lausanne hat, zu übertragen, oder eine Fusion der beiden Gesellschaften herbeizuführen», argumentiert der Bundesrat. «Ausserdem machen die Konzessionsbewerber deutlich, dass das Kapital zum geringsten Teil aus dem Kanton Wallis, sondern hauptsächlich im Kanton Waadt werde aufgebracht werden müssen.»[2] Doch auch dieses Kapital sprudelt nicht im erwarteten Mass. Das Projekt erlebt Schiffbruch. So bleibt das ganze Tal ohne Bahnverbindung mit der Visp–Zermatt-Bahn in Stalden, wo sich das Saas-Tal und das Matter-Tal verzweigen.

Die «unerträgliche» Drahtseilbahn

Auch als kurz vor dem Zweiten Weltkrieg ein knapp 500 m kurzes Standseilbahn-Projekt zur Diskussion steht, weht diesem erneut ein kühler Bergwind entgegen – aber nicht nur von der Bergbevölkerung. Das Landschaftsbild werde durch eine Standseilbahn von Saas-Grund nach Saas-Fee «unrettbar zerstört und das schöne Saas-Tal dauernd entstellt»,[3] erklärt der Ausschuss der Eidg. Natur- und Heimatschutzkommission. Als Alternative schlägt der Heimatschutz vor: «Die Erleichterung möge in einer über Almagell ausbiegenden Strasse gesucht werden, die auch der einheimischen Bevölkerung Verdienst bringen würde.»

Im Konzessionsgesuch vom 15. Dezember 1936 versuchen die zwei Briger Initianten auf gute Stimmung zu machen: «Weitab vom grossen Verkehr, in einem lieblichen Seitental des Wallis und des nach Zermatt führenden Nikolaitales, liegt Saas-Fee, die Perle der Walliser Alpen.»[4] Doch diese Perle – «still geborgen in einem sonnigen Bergkessel, zu Füssen eines Kranzes unserer höchsten, schneegekrönten Bergriesen» – könne nach wie vor ab der Abzweigung in Stalden nur per Pferd oder Maulesel oder «durch ca. 5-stündigen anstrengenden Marsch auf beschwerlichem Saumweg erreicht werden». Hoffnungen auf

	Schmalspurbahn Stalden–Saas-Fee		
Konzessionsgesuch	24. November 1898		
Konzessionsbewerber	Ch. Masson & Cie., Lausanne		
Projektverfasser	Chappuis & Stockalper, Sion		
Konzession	23. Dezember 1899		
Streckenlänge	15,2 km (9,41 km Zahnradstrecke)		
Stationen	Stalden	km 0,0	802 m ü.M.
	Wasserstation	km 3,2	1020 m ü.M.
	Saas-Balen	km 10,0	1500 m ü.M.
	Tamatten	km 12,3	1550 m ü.M.
	Saas-Fee	km 15,2	1800 m ü.M.
Höhendifferenz	998 m		
Spurbreite	1000 mm		
Maximalsteigung	120 ‰		
Kurvenradien	80 m Adhäsion, 100 m Zahnrad		
Fahrtaxen	Stalden–Saas-Fee	2. Klasse CHF 15.–	
		3. Klasse CHF 9.–	
Betriebssystem	Dampfbetrieb «wie für Visp–Zermatt» Eventuell elektrischer Betrieb		
Kostenvoranschlag	CHF 3 500 000 (CHF 230 263 pro km)		

	Drahtseilbahn Saas-Grund–Saas-Fee	
Konzessionsgesuch	15. Dezember 1936	
Konzessionsbewerber	J. Peter und W. Perrig, Brig; später Nationalrat Josef Escher, Glis/Brig Advokat Hans Schröter, Visp Kluser&Lagger, Hotels AG, Saas-Fee Hotel Simplon-Kulm, Brig Maschinenfabrik Th. Bell & Cie. AG, Kriens Ingenieur Rauchenstein, Sitten Ingenieur Jakob Peter, Glis/Brig	
Projektverfasser	F. Rauchenstein, Sitten Masch.fabrik Th. Bell & Cie. AG, Kriens	
Konzession	–	
Streckenlänge	478 m	
Stationen	Saas-Grund	1572 m ü.M.
	Saas-Fee	1823 m ü.M.
Höhendifferenz	251 m	
Maximalsteigung	675 ‰	
Kurvenradien	200 m	
Rollmaterial	2 Wagen à 30–36 Personen	
Fahrzeit	4 ½ Minuten	
Stundenleistung	395 Personen	
Betriebssystem	elektrisch	
Kostenvoranschlag	CHF 350 000 (CHF 732 000 pro km)	

Erst kurz vor dem Zweiten Weltkrieg erreicht die nicht asphaltierte Poststrasse auch das hoch über dem Tal gelegene, idyllische Saas-Fee. Doch es dauert bis 1951, als erstmals Postautos die Verbindung mit der übrigen Schweiz herstellen. Saas-Fee ist jahrzehntelang in seiner Ursprünglichkeit eine Ausnahme unter den grossen Tourismus-Orten geblieben. Heute jedoch spiegeln unzählige Drahtseil-, Luftseil- und Gondelbahnen die neue Wirklichkeit.

einen raschen Bau machen sich die Konzessionsbewerber angesichts der grassierenden hohen Arbeitslosigkeit im Tal. «In Erwartung, Ihr verehrliches Departement möge dieses, den heutigen Verhältnissen und den verschiedenen Zweckbestimmungen bestmöglichst Rechnung tragende Projekt einer wohlwollenden Prüfung unterziehen, und demselben Ihre Genehmigung erteilen, zeichnen mit vorzüglicher Hochachtung J. Peter und W. Perrig, Brig.»[5]

Zwei Jahre später übernimmt Nationalrat Josef Escher (1950 wird er zum ersten Walliser Bundesrat gewählt) das Präsidium. Doch auch diese Vitaminspritze bringt nichts.

Wuchtiges Nein der Urversammlung

Weil neben dem Natur- und Heimatschutz-Verband auch das Zentralkomitee des Alpenklubs SAC opponiert, bleibt dem Projekt keine Chance. Einzig die SAC-Sektion Monte Rosa «anerkennt die verkehrstechnische Verbesserung».[6] Die Meinungen sind in Saas-Fee gemacht: Strasse ja, Bahn nein. Eine Bahn würde erstens nie rentieren, zweitens vor allem den Strassenbau von Saas-Grund nach Saas-Fee verunmöglichen sowie «die Interessen der Gemeinde Saas-Fee auf ewige Zeiten ausserordentlich schädigen. Wenn die Strasse einmal gebaut sein wird, so werden die Lieferanten sämtliche Waren mit den Camions gratis an Ort und Stelle befördern».[7] Mit 82 gegen 19 Stimmen wird das Projekt Standseilbahn abgelehnt.

Findet Saas-Fee genügend Anklang?

Interessant aus heutiger Sicht sind Anmerkungen aus dem Eisenbahndepartement. Die aufgeführten Baukosten von 350 000 Franken würden wegen der vielen Kunstbauten (150 m Viadukte, 40 m Tunnel) kaum genügen. Ausserdem stelle sich die Grundsatzfrage, «ob Saas-Fee als Skisportplatz Anklang findet und eine genügende Besucherzahl anzuziehen vermag».[8]

Im September 1946 lässt das Initiativkomitee den Bundesrat wissen, man verzichte endgültig auf die Realisierung des Standseilbahn-Projekts.

Die einheimische Bevölkerung und die Behörden des Saas-Tals hatten 1936 mit dem Heimatschutz einen erfolgreich Partner beim Kampf gegen den Bau der nur 478 Meter langen Standseilbahn.

Die «Aletsch-Jungfrau-Bahn»: Brig–Märjelensee–Jungfraujoch

ALETSCH-JUNGFRAU-BAHN
BRIGUE-ALETSCH-COL DE LA JUNGFRAU

Projekt
einer Schmalspurbahn
von
BRIG zum ALETSCHGLETSCHER

PROJET
d'un chemin de fer de Brigue au glacier d'Aletsch

SITUATIONSPLAN – PLAN DE SITUATION
1:50000

Die Konzessionsbewerber: – Les Promoteurs:

Lith. Armbruster Söhne, Bern.

Ambitioniert und touristisch interessant: das Projekt einer Schmalspurbahn von Brig zum Aletschgletscher von 1907. «Aletschgletscher» ist ein weit gefasster Begriff, die Ziele sind der Märjelensee, der Konkordiaplatz und sogar das Jungfraujoch. Letzteres soll mit einer Schlittenbahn erreicht werden.

Hundert Jahre bevor das Jungfrau-Aletschgebiet zum ersten UNESCO-Weltnaturerbe der Alpen erklärt worden ist, will man das Jungfraujoch auch aus dem Wallis erschliessen. Im Projekt von 1907 soll eine Schmalspurbahn von Brig zur Riederalp und über die Bettmeralp, die Fiescheralp bis zum eindrucksvollen Märjelensee gebaut werden. «Von dort bis zum Jungfraujoch gedenken wir, die Zahnradbahn vermittelst einer Schlittenbahn mit elektrischem Betrieb über den oberen Teil des Grossen Aletschgletschers und den Jungfraufirn zu komplettieren»,[1] geben sich die Initianten erstaunlich selbstsicher. Ende 1913 erfolgt der letzte Anlauf, diesmal mit Fiesch als Ausgangspunkt. Das Konzessionsgesuch sieht nichts weniger vor als eine Zahnradbahn zum Märjelensee und entlang des Aletschgletschers zur Station Concordia!

Vom Saulus über den Paulus zur Jungfrau Maria: Während der Bau der Visp–Zermatt-Bahn und besonders die Konzessionierung der Gornergratbahn Ende des 19. Jahrhunderts bei der Bevölkerung im Wallis und bei den Politikern einen Entrüstungssturm ausgelöst haben, unterstützen diese nun eine Bahn zum Märjelensee am Aletschgletscher vorbehaltlos. In einem einzigen Jahrzehnt haben sich die Ansichten und Argumente diametral gewandelt. Ja, sogar die angesagte Schlittenbahn über den Konkordiaplatz zum Jungfraujoch ist nicht mehr des Teufels.

Schalmeienklänge aus dem Berner Oberland

Gleicher Meinung sind die Konzessionsbewerber Isler und Zumbrunn (Meiringen), Müller (Bern) und Römer (Zürich): «Ist schon die Jungfrau mit einer Bergbahn konzessioniert, von der Berner Seite her, so wird es nicht ganz für unbillig gelten, dass auch den Touristen, Hotelgästen und Bergfreunden des Wallis die Möglichkeit geboten werde, von dieser Seite aus diesen prachtvollen Berggipfel (gemeint ist die Jungfrau) besuchen zu können, ohne an seine Muskeln allzu grosse Anforderungen machen zu müssen.» Diese Schalmei haben zwei Konzessionsbewerber aus Meiringen komponiert. Und sie zählen denn auch zwölf «hochinteressante Gipfel» auf, die dank ihrer Bahn bequemer und ohne «mühsame Strassen-(!) und Gletscherwanderung» bestiegen werden können. Nicht zuletzt, so argumentieren sie, werde die Bahnanlage den Fahrgästen «auch gesundheitlich viel bringen, denn eine Gletscher- und Firnschnee-Schlittenfahrt bei warmer Sommersonne in dieser reinen, kräftigen Bergluft wird sicher schwachen und leidenden Personen vielfach empfohlen werden!»[2]

«Hochinteressante Sommer-Schlittenfahrt»

Mit einer Fahrgeschwindigkeit von 8,1 km/h sollen die Zahnradstrecken befahren werden, die Adhäsions-Abschnitte werden mit Tempo 16 km/h zurückgelegt. So wird die Reise von Brig zum Märjelensee am Aletschgletscher plötzlich in 1 Stunde und 38 Minuten möglich – ein Quantensprung. Nie hat sich die Welt schneller gedreht. Die Initianten schwärmen in höchsten Tönen. Der Märjelensee ist nicht Endstation, man will weiter bis zum Jungfraujoch: «Die totale Fahrdauer der Schlittenbahn wird ca. 1 Stunde 40 Minuten betragen, und somit Brig–Jungfraujoch 3 Stunden und 28 Minuten unter Hinzurechnung von 10 Minuten für Umsteigen in Zenbächen. Wahrscheinlich wird es aber ratsam sein, in Zenbächen, der Umsteigestation, einen grösseren Halt zu rechnen, um notfalls eine kleine Stärkung zu sich zu nehmen und sich für die Gletscherfahrt rüsten zu können.»

Auf der Berner Seite ist 1905 die Jungfraubahn bis zur Station Eismeer auf 3160 m Höhe fertig erstellt. Nun wird am Abschnitt Eismeer–Jungfraujoch gebaut, um anschliessend das grosse Finale, die letzte Etappe in Angriff zu nehmen: die Weiterführung des Tunnels bis auf den Gipfel der 4158 m hohen Jungfrau (siehe Kapitel «Jungfraubahn – die grosse Unvollendete!»).

Dank des zweiten «goldenen Eingangstors der Schweiz», des Simplon-Tunnels, darf mit vielen Gästen aus der Lombardei gerechnet werden. Auch die Aletsch-Jungfrau-Bahn-Initianten schwärmen: Nach Vollendung der visionären Jungfraubahn wird es dank des neuen Projekts sogar für Mailänder möglich werden, die Spitze der Jungfrau in rund 8 Stunden zu erreichen. Ein Fahrplanbeispiel verdeutlicht die Vision: «Mailand ab abends 11 Uhr 15, Brig an 3 Uhr 30, Brig ab um 4 Uhr, Ankunft auf dem Jungfraujoch um 7 Uhr und auf der Spitze der Jungfrau 7 Uhr 30 morgens; es könnte so der Mailänder Tourist wieder abends beim Diner in Mailand von seinen Erlebnissen auf der hochinteressanten Sommer-Schlittenfahrt und von der Aussicht auf dem Gipfel der Jungfrau auf 4166 m Höhe erzählen!»[3]

Zweiteiliges Bahnprojekt

Die Aletsch-Jungfrau-Bahn ist von den Konzessionsbewerbern in zwei Sektionen geplant:

- Elektrische Schmalspurbahn Brig–Aletschgletscher
- Schlittenbahn Aletschgletscher–Jungfraujoch

Am 1. Oktober 1907 verwerfen sie ihr ursprüngliches Projekt Brig–Belalp–Zenbächen auf der Nordseite des Aletschgletschers und setzen auf die Variante Brig–Riederalp–Bettmeralp–‹Hotel Jungfrau›–Märjelensee. Gerechnet wird mit Gesamtkosten von 4,2 Millionen Franken, davon 350 000 für die Schlittenbahn.

Oben: Faszination Grosser Aletschgletscher: Er muss vor hundert Jahren ein gewaltiger Anblick gewesen sein. Die Gruppe befindet sich bei Oberaletsch, ca. zwei Kilometer nordöstlich des Hotels Belalp.

Unten: Zwei Jahre nachdem die Jungfraubahn die Station Eismeer auf 3160 m Höhe erreicht hatte, sollte das Jungfraujoch auch vom Wallis, von Süden her, erschlossen werden: per Schmalspurbahn zum Märjelensee. Von hier per Schlittenseilbahn über den Aletschgletscher und den Konkordiaplatz hinauf auf 3500 m. Vier Projekte (Seite 198) standen zur Diskussion, konzessioniert wurde 1911 die Schmalspurbahn Brig-Riederalp-Märjelensee.

Heute geht es um viel

Es ist der 23. Juli 1910: Auf dem Gipfel des 2927 m hohen Eggishorn stehen die Präsidenten der Eisenbahnkommission des National- und des Ständerates, Andreas Vital und Felix Ludwig Calonder (der spätere Bundesrat), sowie Robert Winkler, der Direktor der technischen Abteilung im Eisenbahndepartement. Mit dabei sind die Konzessionsbewerber der Aletsch-Jungfrau-Bahn. In der Dunkelheit ist die Gruppe vom Hotel «Jungfrau» oberhalb der Fiescheralp aufgebrochen und geniesst nun die wärmenden Strahlen der aufgehenden Sonne. Sie ist wahrhaft überwältigend, die Rundsicht: Im Norden die Berner Hochalpen, im Süden das Matterhorn, westwärts, überraschend nah, grüsst der 4810 m hohe Gipfel des Mont-Blanc und zu Füssen liegt der mächtige Eisstrom des Aletschgletschers.

Bereits am Vortag ist man von Bern her per Bahn via Lausanne zum Treffpunkt Brig gereist, um dann gemeinsam in zwei Kutschen nach Fiesch aufzubrechen; die Lötschberg-Bahn ist noch im Bau, die Schmalspurlinie Brig-Gletsch-Disentis konzessioniert, der erste Spatenstich soll in wenigen Monaten erfolgen. Nach dem verspäteten Mittagsessen nahm die Gruppe den 1200-m-Aufstieg unter die Füsse und erreichte gegen Abend endlich das Hotel «Jungfrau». Zeit genug, um heisse Fragen zu diskutieren. Es geht um viel: Welches der drei Projekte macht das Rennen? Die Schmalspurbahn Brig–Märjelensee, die Zahnradbahn Fiesch–Hotel Jungfrau auf der Fiescheralp (beide vom Initiativkomitee Isler) oder das kombinierte Projekt Kluser/Hurter Fiesch-Hotel Jungfrau–Märjelensee?

Der 2-tägige Augenschein mit den beiden höchsten Eisenbahn-Vertretern des Parlaments und dem Direktor der technischen Abteilung des Eisenbahn-Departements unterstreicht die Ernsthaftigkeit, mit welcher diese Weichenstellung angegangen worden ist.

Brig–Belalp

Konzessionsgesuch	30. November 1905		
Konzession	12. Juni 1908, verlängert bis 1. Juli 1920		
Konzessionsbewerber	Johann von Stockalper, Anwalt, Brig G. Dietrich, Ingenieur, Lausanne		
Projektverfasser	G. Dietrich		
Bahnsystem	Elektrische Schmalspurbahn, teilweise Zahnradbahn		
Spurweite	1000 mm		
Streckenlänge	11,7 km, davon 10,5 km Zahnradbahn		
Höhendifferenz	1450 m		
Stationen/Haltestellen	Brig	km 0,0	680 m ü.M.
	Naters-Dorf	km 1,1	682 m ü.M.
	Massaschlucht	km 2,6	840 m ü.M.
	Hegdorn	km 3,0	930 m ü.M.
	St. Wendelin	km 3,6	945 m ü.M.
	Geimen	km 5,0	1050 m ü.M.
	Mehlbaum	km 6,0	1200 m ü.M.
	Blatten	km 7,0	1340 m ü.M.
	Mattern/Müllern	km 7,4	1500 m ü.M.
	Rischenen	km 8,0	1560 m ü.M.
	Eggen	km 8,6	1770 m ü.M.
	Belalp	km 11,7	2130 m ü.M.
Maximalsteigung	1. Sektion: 200 ‰, 2. Sektion: 80 ‰		
Minimalradius	80 m		
Betriebssystem	Elektrizität		
Kosten	CHF 2 147 900 (CHF 183 583 pro km)		
Bemerkungen	Das Unternehmen soll die Hebung des Fremdenverkehrs bezwecken.		

«Grand-Hotel Jungfrau» oberhalb der Fiescheralp

Parallel zu diesen Plänen werden auch Projekte für eine Zahnradbahn oder evtl. eine Standseilbahn von Fiesch zum alten ‹Hotel Jungfrau› hoch über der Fiescheralp ausgearbeitet. Im Dezember 1907 ist, laut Konzessionsunterlagen, ein neuer Partner zu den Initianten gestossen: Jules/Julius Cathrein, Hotelier in Brig. Korrekter und im Zusammenhang mit dem Konzessionsgesuch wichtiger: Die Familie Cathrein ist Besitzerin des legendären ‹Hotels Jungfrau› über der Fiescheralp. 1856 als kleine Gaststätte von Vater und Sohn Franz und Alexander Wellig 1856 erbaut, wurde sie 1871 von der Gesellschaft Cathrein-Clausen-Seiler erworben und Schritt für Schritt in eine Nobelherberge mit 95 Zimmern umgebaut. Hier kehren nicht nur Berggänger und Touristen ein, im zweitältesten Berghotel des Oberwallis (nach dem 1855 erbauten Hotel «Riffelberg») ist auch die Noblesse zu Gast: «Auch Gentlemen im Smoking und Ladys mit tiefem Décolleté liessen sich von Kellnern im Frack das Menü eines Grand-Hotels servieren. Von Fiesch bis zum Hotel, ja selbst bis zum Gipfel des Eggishorns, sind Adelige und Staatsmänner auf Tragsesseln befördert worden.[4] Und hier oben, auf 2181 m über Meer, liessen die Besitzer sogar den höchstgelegenen Tennisplatz des Kontinents errichten. Heute sind von der einstigen Pracht nur noch Grundmauerfragmente zu sehen; am 20. April 1972 ist das berühmte Haus durch Brandstiftung in Flammen aufgegangen.

Konkurrenz taucht auf

Überraschend wird im März 1908 ein Projekt von Othmar Kluser, Advokat in Brig, und Alfred Hurter, Ingenieur in Zürich, eingereicht. Auch sie wählen Fiesch (1050 m ü.M.) zum Ausgangspunkt. Eine zweiteilige, 2,9 km lange Draht-

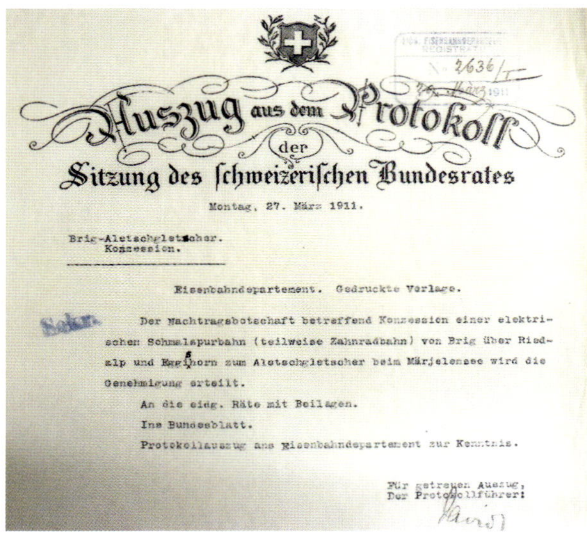
Auszug aus dem Protokoll der Sitzung des schweizerischen Bundesrates

Montag, 27. März 1911.

Brig-Aletschgletscher.
Konzession.

Eisenbahndepartement. Gedruckte Vorlage.

Der Nachtragsbotschaft betreffend Konzession einer elektrischen Schmalspurbahn (teilweise Zahnradbahn) von Brig über Riedalp und Eggishorn zum Aletschgletscher beim Märjelensee wird die Genehmigung erteilt.

An die eidg. Räte mit Beilagen.

Ins Bundesblatt.

Protokollauszug ans Eisenbahndepartement zur Kenntnis.

Für getreuen Auszug,
Der Protokollführer:

Das Projekt «Aletsch-Jungfrau-Bahn» in seiner beeindruckenden Dimension. Die Konzessionsbewerber verzichteten auf die ursprüngliche Zenbächen-Variante, in der heutigen Landeskarte als «Ze Bächu» bezeichnet. Die geplante Schlittenbahn zum Jungfraujoch geriet sofort ins Visier des Eisenbahndepartementes und wurde dort intern als inakzeptabel bezeichnet.

Linke Seite: Der Beschluss des Bundesrates zur Konzession der Aletsch-Jungfrau-Bahn.

Links: Eindrücklicher Anblick: der Märjelensee Anfang des 20. Jahrhunderts.

Rechts: Das ehemalige, luxuriöse Hotel «Jungfrau» auf der Fiescheralp, ca. 1 km nördlich der Luftseilbahn-Station. Seine beste Zeit hatte das Haus und dessen Besitzer Emil Cathrein in der Belle Epoque vor dem Ersten Weltkrieg, als sich noble englische Gäste hier mit allem Luxus verwöhnen liessen. 1972 wurde das Hotel abgerissen. Bei der Projektierung der Aletsch-Bahnlinien wurde das Hotel «Jungfrau» in die Planung mit einbezogen, entweder als Ziel oder als wichtige Zwischenstation.

seilbahn soll die steile Flanke zum ‹Hotel Jungfrau› (2181 m ü.M.) überwinden. Von hier führt eine 5,2 km lange Schmalspurbahn zum Märjelensee. Im Eisenbahndepartement gibt man dieser neuesten Eingabe wesentlich mehr Kredit: «Das Projekt Kluser/Hurter scheint entschieden besser studiert zu sein!»

Anderer Meinung ist man im Wallis. Der Grosse Rat wie auch der Staatsrat setzen auf das «Schmalspurbahn-Projekt Isler und Konsorten» mit dem Ausgangspunkt Brig. Der

	Fiesch–Märjelensee–Faulberg Elektrische Schmalspurbahn, teilweise Zahnradbahn		
Konzessionsgesuch	Dezember 1913		
Konzession	–		
Konzessionsbewerber	«Initiativkomitee Furkabahn AG und die Herren H.A. Römer, Zürich, Julius Cathrein, Brig»		
Projektverfasser	J. Chappuis, Ingenieur		
Streckenlänge	18,5 km		
Höhendifferenz	1779 m		
Stationen	Fiesch	km 0,0	1066 m ü.M.
	Hotel Jungfrau	km 5,6	2165 m ü.M.
	Märjelensee	km 10,4	2385 m ü.M.
	Concordia	km 18,4	2845 m ü.M.
Spurweite	1000 mm		
Maximalsteigung	Adhäsionsstrecke		70 ‰
	Zahnradstrecke		220 ‰
Kosten	Fiesch–Märjelensee		CHF 4 860 000
	Märjelen–Faulberg		CHF 5 500 000

emotional gefärbte Walliser Entscheid hat nachvollziehbare Gründe. Die Bahn werde auch den Dörfern hoch über dem Tal dienen und ganz besonders der Alpwirtschaft. «Hier oben, auf einem der schönsten Hochplateaus der Schweiz, weiden im Sommer über 1000 Kühe, die Käse- und die Butterproduktion sind für die Region sehr wichtig, ebenso wie die Hotels auf der Riederalp, der Bettmeralp und am Eggishorn», schreibt der Staatsrat.

Kampf mit harten Bandagen

Doch Kluser und Hurter, die neuen Konkurrenten, geben nicht auf und legen nach: «Für das bisschen Butter- und Käseproduktion der dortigen Alpen, baut doch kein Mensch eine 22 km lange, viele Millionen kostende Zahnradbahn!» Um das einzige in der Gegend auch für den Wintersport praktikable ‹Hotel Jungfrau› rasch und billig zu erreichen, biete sich die im Bau befindliche Talbahn (die heutige Matterhorn-Gotthard-Bahn) und eine Drahtseilbahn von Fiesch zum ‹Hotel Jungfrau› in geradezu idealer Weise an. «Gegenüber einem Kostenvoranschlag für mein Projekt von 1 230 000 Franken stellt sich das Isler'sche Projekt nach Erfahrungsziffern auf mindestens 8 000 000 Franken.» Um seinen Worten die nötige Wirkung zu geben, fügt Ingenieur Alfred Hurter aus Zürich noch schnell an: «Zum Schluss darf ich wohl noch darauf hinweisen, dass der gegenwärtige Projektverfasser, Herr Isler, sich zurzeit in Konkurs befindet und zudem wegen einer Wechselgeschichte zu einer längeren Freiheitsstrafe verurteilt wurde.»[5]

Als Reaktion auf dieses Schreiben verfügt Bundesrat Ludwig Forrer die Verschiebung des Traktandums ‹Aletsch-

Parallel zu den Aletsch-bahn-Plänen verfolgte der Briger Anwalt Johann von Stockalper die Erschliessung der Belalp mit einer Schmalspurbahn ab Brig. Auch dieses 2-Millionen-Projekt kam nicht vom Fleck und scheiterte ebenso wie die Aletsch-Jungfrau-Bahn am Ausbruch des Ersten Weltkriegs.

Bahnen› «zwecks nachträglicher Aktenergänzung» auf die nächste Session. Umgehend protestiert der angegriffene Isler beim Bundesrat «gegen solches unloyales Gebaren eines Konkurrenten». Er könne beweisen, dass er sich «nicht im Entferntesten in Konkurs befinde». Im Übrigen sei die gegen ihn ausgesprochene Freiheitsstrafe von 3 Monaten vor Bundesgericht pendent. Die beiden Parteien schenken einander nichts und kämpfen weiter mit dem Zweihänder.

Aletsch-Schlittenbahn chancenlos

Ob Ausgangspunkt Brig oder Fiesch: In einem Punkt macht das Eisenbahndepartement buchstäblich keine Konzession: «Eine Verunstaltung der Alpenwelt zu Spekulationszwecken kann nicht gebilligt werden.» Weniger diplomatisch formuliert: Die geplante Schlittenbahn über den Aletschgletscher zum Jungfraujoch kommt für das Departement niemals infrage.

Der Staatsrat des Kantons Wallis privilegiert die Panorama-Linie Brig–Riederalp–Bettmeralp–Fiescheralp–Märjelensee (Aletsch–Jungfrau-Bahn, Projekt Cathrein/Römer) und erhält Unterstützung durch die Eisenbahn-Abteilung in Bern und schliesslich auch durch den Bundesrat. Am 4. April 1911 fällt der Entscheid zugunsten des Initiativkomitees, «vertreten durch die Herren J. Cathrein, Hotelier in Brig, und A. Römer, in Paris, für den Bau und Betrieb einer elektrischen Schmalspurbahn von Brig zum Aletschgletscher beim Märjelensee».[6]

Vier Aletsch-Bahnen im Quervergleich

	Schmalspurbahn Brig–Aletschgletscher–Zenbächen	**Schmalspurbahn Brig–Riederalp–Märjelensee**	**Zahnradbahn, evtl. Drahtseilbahn Fiesch–Hotel Jungfrau–Fiescheralp**	**Standseilbahn und Schmalspurbahn, Fiesch–Hotel Jungfrau–Märjelensee**
Konzessionsgesuch	11. September 1907	5.Oktober 1907	Dezember 1907	21. März 1908
Konzession	Konzessionsgesuch zurückgezogen	4. April 1911	Konzessionsgesuch zurückgezogen	Konzessionsgesuch abgelehnt
Konzessionsbewerber	– J. Isler & U. Zumbrunn, Meiringen – H. A. Römer, Zürich und Paris – E. Müller, Ingenieur, Bern (bis Juni 1908) – J. Cathrein, Brig (seit Dezember 1907) Namens eines Initiativkomitees	– Isler & Zumbrunn, (bis März 1908) – H. A. Römer, Zürich und Paris – E. Müller, Ingenieur, Bern (bis Juni 1908) – J. Cathrein, Brig (seit Dezember 1907) Namens eines Initiativkomitees	– J. Isler & U. Zumbrunn, Meiringen – H. A. Römer, Zürich und Paris – E. Müller, Ingenieur, Bern (bis Juni 1908) – J. Cathrein, Brig (seit Dezember 1907) Namens eines Initiativkomitees	Othmar Kluser, Advokat, Brig
Projektverfasser	- J. Isler, Elektrotechniker, Meiringen - Ulrich Zumbrunn, Meiringen	- J. Isler, Elektrotechniker, Meiringen - Ulrich Zumbrunn, Meiringen	- J. Isler, Elektrotechniker, Meiringen	Alfred Hurter, Zürich-Oerlikon
Bahnsystem	Schmalspurbahn (Zahnrad/Adhäsion)	Schmalspurbahn (Zahnrad/Adhäsion)	Zahnradbahn, evtl. Drahtseilbahn	1. Sektion: Drahtseilbahn 2. Sektion: Adhäsionsbahn
Spurweite	1000 mm	1000 mm	1000 mm	1000 mm
Streckenlänge	17,2 km 7,8 km Adhäsionsstrecke 9,4 km Zahnradstrecke	22,3 km 15,4 km Adhäsionsstrecke 6,95 km Zahnradstrecke	3,4 km Zahnradbahn evtl. Drahtseilbahn (1 km) anschl. Zahnradbahn (2,35 km)	Gesamtstrecke: 8,0 km 1. Sektion: 2810 m 2-teilige Drahtseilbahn 2. Sektion: 5190 m Adhäsionsbahn
Höhendifferenz	1564 m	1763 m	1235 m	1322 m
Stationen / Höhenkoten	Brig km 0,0 676 m ü.M. Naters km 1,6 680 m ü.M. Blatten km 6,3 1345 m ü.M. Belalp/Riederalp km 10,6 1810 m ü.M. Aletsch/Zenbächen km 17,2 2240 m ü.M.	Brig km 0,0 677 m ü.M. Naters km 1,0 687 m ü.M. Bitsch km 3,1 855 m ü.M. Ried km 5,6 1390 m ü.M. Riederalp km 8,4 1920 m ü.M. Bettmeralp km 11,1 2015 m ü.M. H. Jungfrau km 16,4 2250 m ü.M. Märjelensee km 22,3 2430 m ü.M. H. Jungfrau = Hotel Jungfrau	Fiesch, Bhf. km 0,0 1000 m ü.M. Fiesch Dorf km 1,0 1082 m ü.M. Fiescheralp km 2,6 1910 m ü.M. H. Jungfrau km 3,4 2235 m ü.M. H. Jungfrau = Hotel Jungfrau	Fiesch Bhf. km 0,0 1050 m ü.M. Fiescheralp km 1,9 1890 m ü.M. Fiescheralp km 0,0 1890 m ü.M. H. Jungfrau km 1,0 2190 m ü.M. H. Jungfrau km 0,0 2190 m ü.M. Märjelensee km 5,2 2372 m ü.M. H. Jungfrau = Hotel Jungfrau
Maximale Steigungen	Adhäsion 65 ‰ Zahnstange 200 ‰	Adhäsion 65 ‰ Zahnstange 200 ‰	Zahnradbahn 450 ‰ Drahtseilbahn 600 ‰	Drahtseilbahnen 650 ‰ Adhäsionsbahn 60 ‰
Minimalradius	Adhäsion 60 m Zahnstange 80 m	Adhäsion 60 m Zahnstange 80 m	Zahnradbahn 120 m	Drahtseilbahn 400 m Adhäsionsbahn 60 m
Betriebssystem	Elektrizität mit Oberleitung Kraftbezug noch nicht bestimmt	Elektrizität mit Oberleitung Kraftbezug noch nicht bestimmt	Elektrizität, Zuleitung mit 3. Schiene	Elektrizität, Saisonbetrieb 1. Juni bis Mitte September
Kostenvoranschlag	CHF 3 300 000 (CHF 192 000 pro km)	CHF 3 850 000 (CHF 172 600 pro km)	CHF 920 000 (CHF 270 600 pro km)	CHF 2 610 000 1. Sekt. CHF 1 360 000 (484 000/km) 2. Sekt. CHF 1 250 000 (242 800/km)
Bemerkungen Eisenbahndepartement	«Das ganze Projekt ist nicht eingehend studiert bzw. die Trassee-Führung (Kurven, Lage der Stationen usw.) noch mehr oder weniger unbestimmt. Was den Kostenvoranschlag betrifft, so ist derselbe zu knapp bemessen. Namentlich ist der Ansatz fürs Rollmaterial wohl zweimal zu klein, da 40-plätzige Motorwagen mit Adhäsions- und Zahnradbetrieb mindestens 50 000 statt 26 000 Franken kosten.»	Am 18. Oktober kritisiert der techn. Direktor des Eisenbahndepartements das Projekt Isler/Zumbrunn als zu wenig ausgereift. Die erforderlichen Projektänderungen würden wesentliche Mehrkosten nach sich ziehen. Die Kritik betrifft vor allem die Tunnelprofile, den Zahnradmechanismus und einmal mehr die viel zu niedrig budgetierten Kosten für einen 40-plätzigen Motorwagen für gemischten Adhäsions- und Zahnradbetrieb mit nur 26 000 Franken. «Wir halten dafür, dass die bezügliche Offerte nicht von einer seriösen Firma herrühren kann.» Dennoch setzt die Walliser Regierung auf das Projekt Isler/Zumbrunn.	Keine technischen Probleme sieht das Eisenbahndepartement beim Bau der Zahnradbahn mit 450 ‰ Steigung. Hingegen solle «von der Anlage einer Drahtseilbahn abgesehen werden». Kritisiert werden das Oberbau-System und der Zahnrad-Mechanismus mit den «primitiven Darstellungen». Die budgetierten Kosten für das Rollmaterial sind entschieden zu tief angesetzt. Elektrische Zahnrad-Motorwagen würden mindestens 50 000 Franken kosten pro Stück, und nicht 30 000 wie veranschlagt. Die Konzession erhält das Bahnprojekt Brig–Riederalp–Fiescheralp–Aletschgletscher.	Beide Projekte mit Ausgangspunkt Fiesch werden beim Eisenbahndepartement als gleichwertig beurteilt. «Das Projekt Kluser scheint aber entschieden besser studiert zu sein.» Weil die Walliser Regierung die Variante Brig–Riederalp–Märjelensee bevorzugt, setzt das Eisenbahndepartement auf das Projekt der Berner Ingenieure. Nachteilig sei das zweimalige Umsteigen. Offen bleibe deshalb «die Frage, ob nicht vielleicht die Drahtseilbahn (1. Sektion) vorteilhaft durch eine Zahnradbahn mit 250 ‰ Maximalsteigung ca. 4,8 km Länge ersetzt würde».

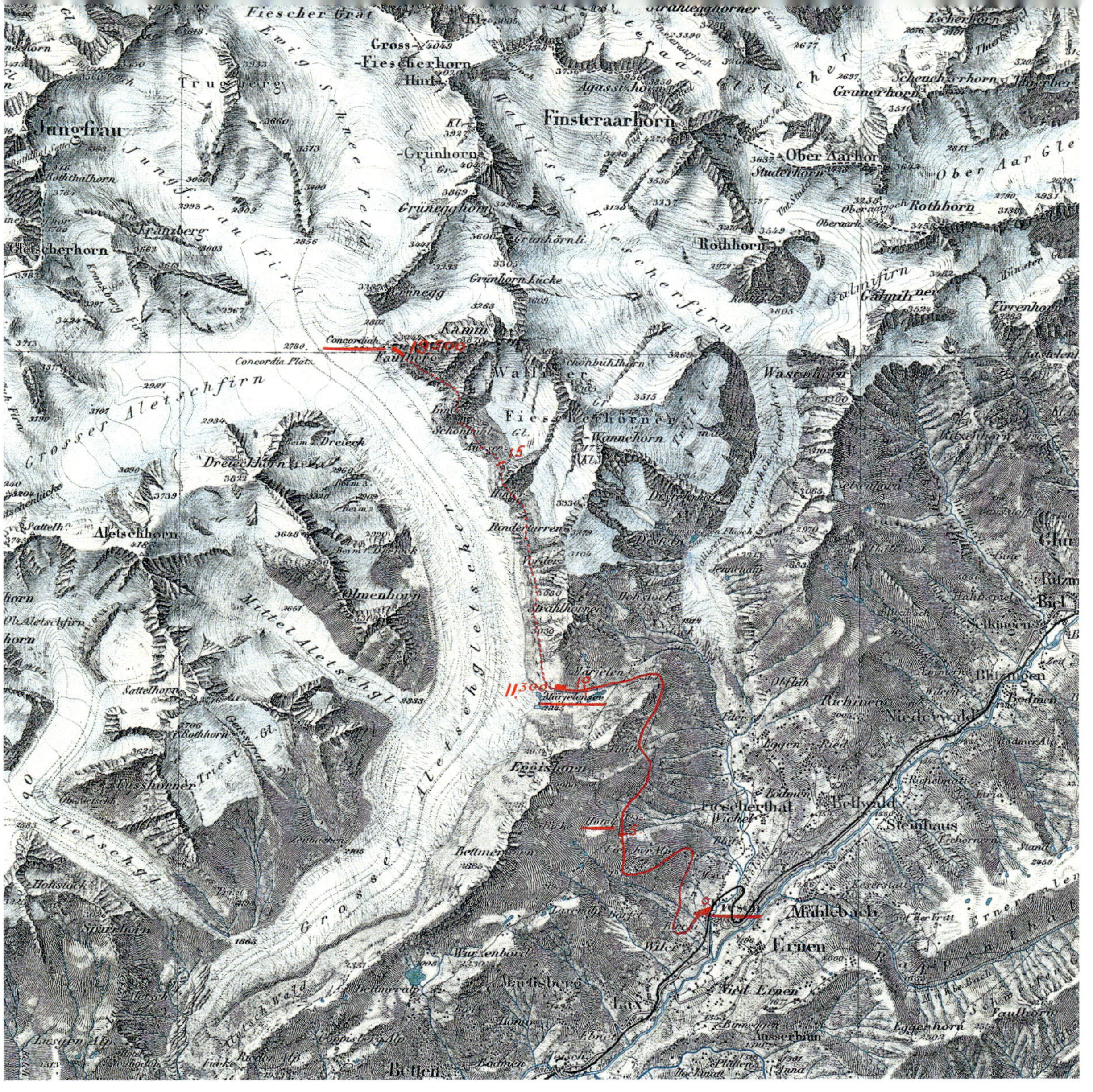

1913 gingen die Aletsch-Jungfrau-Bahn-Initianten einen Schritt weiter. Nicht Brig, sondern die Station Fiesch, der vor der Eröffnung stehenden Talbahn ins Goms, wurde zum Ausgangspunkt gewählt. Nicht der Märjelensee, sondern «Konkordia» hiess jetzt das Ziel.

Schmalspurbahn bis zur Konkordiahütte

Nur zweieinhalb Jahre später ist das nunmehr konzessionierte Projekt Brig–Märjelensee für die Initianten bereits wieder Makulatur. In der Zwischenzeit hat das Initiativkomitee der «Aletsch-Jungfrau-Bahn» einen weiteren wichtigen Partner ins Boot geholt: die Brig–Furka–Disentisbahn BFD (seit 2003 Matterhorn Gotthard Bahn). 1915 soll die Teilstrecke Brig–Gletsch eröffnet werden. Damit werde Fiesch zum idealen Ausgangspunkt für die Erschliessung der Aletsch-Arena. Aber nicht der Märjelensee ist die geplante Endstation der Schmalspurbahn, das Ziel ist wesentlich weiter gefasst.

Deshalb eilt Anwalt Römer zehn Stunden vor dem Jahreswechsel mit dem neuen Konzessionsgesuch zur Post, der wichtige Brief soll mit Datum vom 31. Dezember 1913 gestempelt sein. Gewünscht wird die Abänderung der erteilten Konzession «in eine solche von Fiesch nach Märjelensee, evtl. bis Faulberg». Hinter der Bezeichnung «Faulberg» versteckt sich die an dessen Flanke liegende Konkordiahütte. Ingenieur Chappuis ist namens der BFD verantwortlich für Planung und Bau. Drei Kehrtunnels sind vorgesehen zur Überwindung der über 1000 Höhenmeter am Steilhang der Fiescheralp, 5,6 km misst die Schienenlänge bis zum ‹Hotel Jungfrau›. Die restlichen 4,8 km zum Märjelensee auf 2385 m Höhe können ohne Zahnradstrecke bewältigt werden. Noch wird die Weiterführung der Bahn Richtung Konkordiaplatz im Begleitschreiben als «provisorisch» bezeichnet. Der technische Bericht hingegen enthält durchaus Angaben über die 10 km lange Bahnlinie, «40 bis 70 Meter über dem Aletschgletscher». Von schwierigem Terrain ist die Rede. «Es ist sehr geneigt und durch viele Schrunden und Gräte durchzogen, die Tunnels und Schutzgalerien erfordern.» Wohl aus taktischen Gründen wird das Projekt mit «Chemin de fer éléctrique Fiesch–Märjelensee–Faulberg» bezeichnet. Mit keinem Wort wird in der Eingabe der Konkordiaplatz oder die Konkordiahütte erwähnt, man will schliesslich nicht bereits in dieser Phase den Alpen Club und den Naturschutz-Bund (heute Pro Natura) auf den Plan rufen. In den Plänen unübersehbar ist aber die Endstation «Concordia». In der Einleitung heisst es: Nun müssen geeignete Transportverbindungen hergestellt werden «nach dem Aletschgletscher und über diesen hinweg zum Jungfraujoch, der vorläufigen Endstation der Jungfraubahn!» Rückendeckung gibt es von der Regierung des Kantons Wallis, welche «lebhaftes Interesse an diesem Bahnprojekt nimmt».[7] Wenige Monate später bricht der Erste Weltkrieg aus.

Kampf gegen die «Teufelsbahn»

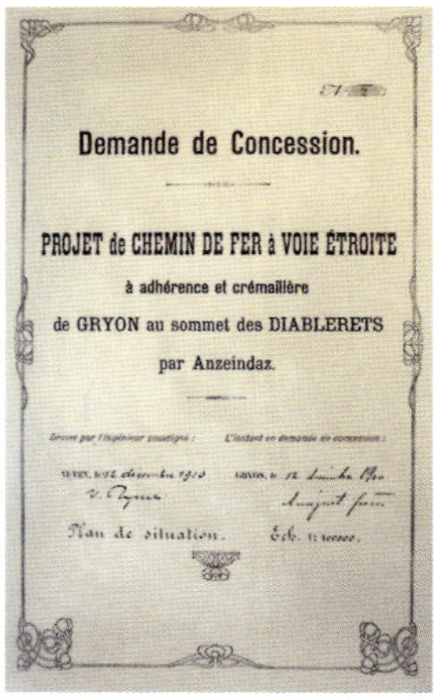
Demande de Concession.

PROJET de CHEMIN DE FER à VOIE ÉTROITE
à adhérence et crémaillère
de GRYON au sommet des DIABLERETS
par Anzeindaz.

Konzessionsgesuch der Gebrüder Amiguet aus Gryon für eine Schmalspurbahn von Gryon auf die 3210 Meter hohen Diablerets, die höchsten Gipfel des Kantons Waadt.

Die Wogen gehen hoch, die Proteste gegen den geplanten Bau der «Teufelsbahn» auf die 3246 m hohen Les Diablerets[1] ebben 1911/12 kaum mehr ab. Mit Vehemenz kämpfen der Heimatschutz und der Schweizer Alpen Club SAC «gegen die industrielle Ausnützung unserer schönsten Alpenwelt». Von Genf bis in die Ostschweiz, von Basel bis in das Tessin erfassen die Protestwellen sämtliche sozialen Schichten. Nach dem landesweiten Kampf gegen die Matterhornbahn (1905) ist es die zweite grosse Widerstandsaktion gegen Hochgebirgsbahnen, «welche keinem Bedürfnis entsprechen, keinem gemeinnützigen Zwecke dienen, sondern nur Spekulationsunternehmungen sind».[2]

«Stolz überragen die Gipfel der Diablerets das pittoreske Tal», preisen die Gebrüder Amiguet die beeindruckende Landschaft im Konzessionsgesuch für die Schmalspurbahn auf den höchsten Gipfel der Waadtländer Alpen an. Tausende von Touristen, welche jährlich die Höhenkurorte Gryon, Villars und Chesières besuchen, begrüssen und unterstützen das Projekt. Nicht zu reden von den Besuchern der Genferseeküste, «überglücklich, nun vor ihrer Türe einen Tagesausflug mit einer unvergleichlichen Aussicht auf das grandioseste Panorama der Region erleben zu können».[3] Die hohen Ansprüche einer reichen und anspruchsvollen Klientel könnten durch dieses spektakuläre Projekt befriedigt werden. Tatsächlich wird die Rundsicht von den Diablerets im ‹Geographischen Lexikon der Schweiz› von 1902 als «eine der ausgedehntesten und lehrreichsten der ganzen Schweiz» bezeichnet. Der Name der «Diablerets» geht auf den angeblichen Tummelplatz der bösen Geister zurück, welche von hier oben die Gegend mit ihren gewaltigen Wurfgeschossen immer wieder unsicher machen.

Schmalspurbahn Gryon-Les Diablerets

Konzessionsgesuch	12. Dezember 1910		
Konzessionbewerber	M. M. Amiguet frères, Gryon		
Projektverfasser	V. Ryncky, Ingenieur, Vevey		
Konzession	–		
Streckenlänge	Total: 11,750 km		
	1. Sektion	2. Sektion	3. Sektion
	5100 m	4400 m	2250 m
Spurweite	1000 mm	1000 mm	800 mm
Maximalsteigung	60 ‰	190 ‰	480 ‰
Zahnradsystem	Strub	Strub	Locher
Stationen	La Barboleusaz	km 00.0	1216 m ü.M.
	Solalex	km 05.1	1502 m ü.M.
	Anzeindaz	km 07.9	1904 m ü.M.
	Diablerets Kulm	km 11.7	3143 m ü.M.
Höhendifferenz	1927 m		
Minimalradius	60 m		
Taxen Bergfahrt	1. Sektion		CHF 1.–
	2. Sektion		CHF 5.–
	3. Sektion		CHF 4.–
Taxen Retourfahrt	Reduktion 20 %		
Betriebssystem	Dampf, ev. elektrisch		
Kosten	CHF 3 500 000 (CHF 298 000 pro km)		

Von 1216 m auf 3143 m

Fast 2000 Höhemeter wird die Zahnradbahn zum Hauptgipfel des Diablerets-Massivs überwinden. Das ist noch beeindruckender als die ohnehin schon imponierende Gornergratbahn, welche seit 1898 zur 3000-m-Grenze führt.

Das Projekt der Gebrüder Amiguet aus Gryon sieht drei Sektionen vor: Von der Abzweigung der Linie Bex–Gryon–Villars in La Barboleusaz (1216 m) soll nach 5,1 km die Alp Solalex (1502 m) erreicht werden. Von hier führt die 2. Sektion nach weiteren 2,8 km auf das idyllische Hochplateau von Anzeindaz (1904 m). Der mit 480 Promille Steigung (!) spektakulärste Abschnitt in der Südflanke des Diablerets-Massivs kulminiert nach 3,8 km auf der 3143 m hohen Gipfelstation. Interessanterweise sehen die Initianten hier nicht mehr das Zahnradsystem Strub vor, sondern wählen – der enormen Steigung wegen – das Locher'sche System, analog der Pilatusbahn (mit ebenfalls 480 Promille die steilste Zahnradbahn der Welt).

Die Baukosten sollen 3,5 Millionen Franken nicht übersteigen. Der jährliche Betriebsgewinn ist, bei Annahme von 30 000 Bergfahrten, mit 190 000 Franken veranschlagt, was den Investoren eine Dividende von 4½ Prozent bringen soll. Im Vergleich mit den Zahlen anderer Bahnunternehmen sind diese Schätzungen recht hoch gegriffen. Die Streckenwahl ist recht gewagt, enorm spektakulär; auf den letzten Kilometern weist die Himmelfahrt auf der Südflanke der Diablerets eine Neigung bis 480 Promille auf, die in Tunneln und vielen attraktiven Galerien überwunden wird. Die 1898 eröffnete, 9,3 km lange Gornergratbahn hat 3,88 Millionen Franken gekostet, bei einer vergleichsweise «harmlosen» Linienführung.

Schweizweite Protestlawine

Ausgerechnet die Sektion Les Diablerets des Schweizer Alpen Club SAC ist es, welche eine eigentliche Protestlawine auslöst. Einzig die Gemeinde Gryon (mit den Touristenorten Villars und Chesières) steht einmütig hinter den

Die Schmalspurbahn der 1906 eröffneten «Chemin de fer Bex–Gryon–Villars–Chesières (BGVC)» auf dem Weg nach Gryon. Hier sollte die umstrittene Zahnradbahn über die Alp Solalex und Anzeindaz zum Sommet Diablerets abzweigen, mit der Bergstation auf 3143 Metern Höhe.

Links: Die 1892 eröffnete Zahnradbahn von Caux zum Rochers-de-Naye gehört zu den ältesten Zahnradbahnen der Schweiz und erhöhte die Attraktivität der Waadtländer Riviera mit Montreux und Vevey zusätzlich.

Rechts: Mit den Bahnen nach Villars (1906) und Leysin (1900) blühten die beiden Kurorte und Tourismus-Stationen in den Waadtländer Alpen mächtig auf und wurden zu Zentren der neuen Wintersportarten in der Romandie.

Eisenbahnplänen. Bex, auf welches rund zwei Drittel der Bahnlinie zu stehen kommen, wendet sich zwar nicht grundsätzlich gegen das Projekt, macht aber umfangreiche Vorbehalte. Ähnlich wie sechs Jahre zuvor beim Matterhorn-Bahnprojekt, bilden die Heimatschutz-Bewegung und der SAC die Speerspitze der Frontal-Opposition. Dazu gesellen sich Gruppierungen von Studentenverbindungen und Kantonalsektionen des Eidgenössischen Turnverbandes ETV. Es gehe nicht an, weitere Hochgebirgsgipfel zu erschliessen und die Alpenwelt zu entweihen. Die ‹Gazette de Lausanne› reduziert alle Bergbahnen zu Spekulationsobjekten («Les chemins de fer de montagne sont des entreprises de spéculation»). Indem die Bahnunternehmen die Schönheiten der Natur ohne Skrupel zerstören, würden sie direkt den Tourismus und damit das Hotelgewerbe kompromittieren. Es sei an der Zeit, dieser Entwicklung eine Bremse zu setzen.[4] Auf Initiative des Alpenclubs sind innert kurzer Frist über 29 000 Unterschriften gegen das Projekt beim Bundesrat eingereicht worden.

Rückzug «aus finanzieller Perspektive»

Die Protestwelle scheint die Initianten nicht zu bremsen, umso mehr als sich der Waadtländer Staatsrat mit einer klaren Haltung schwer tut. Einerseits befürwortet er die touristische Initiative und sieht vor allem wirtschaftlich interessante Perspektiven, zum andern kann er die breite Gegnerschaft nicht übergehen. Am 16. April 1914, ein Vierteljahr vor Kriegsausbruch, melden die Initianten dem Eisenbahndepartement in Bern, die Umstände seien dem Unternehmen in finanzieller Hinsicht nicht günstig gesinnt. Man bittet um Geduld, bis die weiteren (technischen) Studien abgeschlossen sind. Auf einem Begleitzettel an das Departement vermerkt die technische Direktion der Eisenbahnabteilung: «Antworten, dass wir an und für sich gegen eine weitere Fristerstreckung nichts einwenden, aber die Herren Amiguet darauf aufmerksam machen (…), man sei entschlossen, dem Bundesrat den Antrag auf Ablehnung der Konzession für die oberste Sektion (…) zu stellen».[5] Das entspricht wohl eher einer taktischen Massnahme, um schliesslich das ganze Projekt in sich zusammenbrechen zu lassen. Letzteres übernimmt schliesslich der Erste Weltkrieg.

«Eine grosse Bedrohung für Leysin»

Leysin ist Ende des 19. Jahrhunderts die prosperierende Sommer- und Winterdestination in den Waadtländer Alpen. Als der Kurort am 6. November 1900 durch die Chemin de fer Aigle–Leysin mit dem Rhonetal erschlossen wird, boomen die Hotels und Sanatorien. Dank seiner Südhanglage entwickelt sich Leysin bis in die Fünfzigerjahre des 20. Jahrhunderts, zu einem nationalen Zentrum für die Behandlung von Tuberkulosekranken. Dass sich die Waadtländer Höhenstation lange Zeit nicht auch als renommierte Skistation entfalten kann, liegt an den einheimischen Bauern, welche sich mit allen Mitteln gegen jede Bergbahn stemmen.

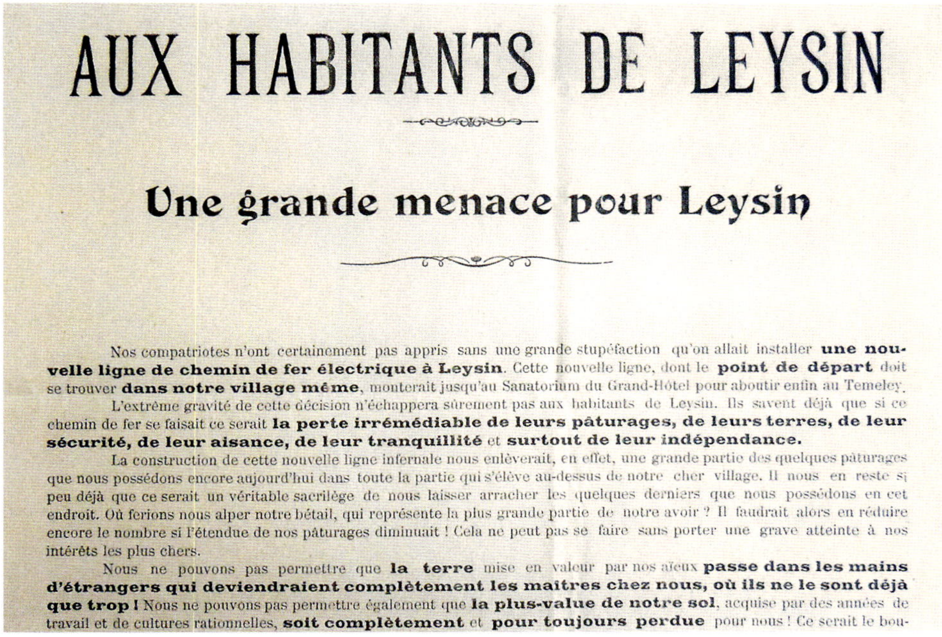

AUX HABITANTS DE LEYSIN

Une grande menace pour Leysin

Nos compatriotes n'ont certainement pas appris sans une grande stupéfaction qu'on allait installer **une nouvelle ligne de chemin de fer électrique à Leysin**. Cette nouvelle ligne, dont le **point de départ** doit se trouver **dans notre village même**, monterait jusqu'au Sanatorium du Grand-Hôtel pour aboutir enfin au Temeley.

L'extrême gravité de cette décision n'échappera sûrement pas aux habitants de Leysin. Ils savent déjà que si ce chemin de fer se faisait ce serait **la perte irrémédiable de leurs pâturages, de leurs terres, de leur sécurité, de leur aisance, de leur tranquillité** et **surtout de leur indépendance.**

La construction de cette nouvelle ligne infernale nous enlèverait, en effet, une grande partie des quelques pâturages que nous possédons encore aujourd'hui dans toute la partie qui s'élève au-dessus de notre cher village. Il nous en reste si peu déjà que ce serait un véritable sacrilège de nous laisser arracher les quelques derniers que nous possédons en cet endroit. Où ferions nous alper notre bétail, qui représente la plus grande partie de notre avoir ? Il faudrait alors en réduire encore le nombre si l'étendue de nos pâturages diminuait ! Cela ne peut pas se faire sans porter une grave atteinte à nos intérêts les plus chers.

Nous ne pouvons pas permettre que **la terre** mise en valeur par nos aïeux **passe dans les mains d'étrangers qui deviendraient complètement les maîtres chez nous, où ils ne le sont déjà que trop !** Nous ne pouvons pas permettre également que **la plus-value de notre sol**, acquise par des années de travail et de cultures rationnelles, **soit complètement** et **pour toujours perdue** pour nous ! Ce serait le bou-

«An die Einwohner von Leysin – Eine grosse Bedrohung für Leysin». Einen Tag vor der Gemeinderatssitzung, die zur Vorbereitung des Traktandums «Standseilbahn-Projekt» diente, verteilten anonyme Gegner Flugblätter, welche zum Kampf gegen neue Bahnen aufriefen. Weil die Proteste nicht abebbten, zog das Bahnunternehmen seine Ausbaupläne resignierend wieder zurück.

Neun Jahre nach der Schmalspurbahn Aigle–Leysin, sollen die Schienen über die 1300-m-Grenze hinaus gelegt werden. Das Bahnunternehmen, welches Leysin im Jahr 1900 mit Aigle verbunden hat, will höher hinaus, will zuerst mit einer 600 000 Franken teuren Standseilbahn den alten Dorfkern von Leysin mit dem 110 m höher gelegenen Le Feydey verbinden, der heutigen Endstation der Aigle-Leysin-Bahn, und in einer zweiten Sektion die sonnige Alp Temeley auf 1700 m Höhe erschliessen (auf älteren Karten mit «Poyeux» bezeichnet).

Nur drei Jahre später präsentiert die Chemin de fer Aigle–Leysin ein ambitiöseres Projekt: Nicht die Alp Le Temeley wird Endstation, sondern der idyllische Lac d'Aï an der Berneuse. Geplant ist, den Felskopf Berneuse östlich zu umfahren und die Endstation Lac d'Aï direkt am idyllischen kleinen Bergsee zu bauen. Ausserdem soll das berühmte Grand-Hôtel Leysin, 60 m oberhalb des Bahnhofs der Aigle–Leysin-Bahn, mit einem Tunnel den direkten Bahnanschluss erhalten. Während diese Linienverlängerung auch von der Waadtländer Regierung befürwortet wird, gibt es von Beginn weg massive Proteste, sodass das Bahnunternehmen diesen Teil des Projektes bereits ein halbes Jahr später zurückzieht.

	Standseilbahn Leysin–Temeley		Zahnradbahn Leysin–Lac d'Aï	
Konzessionsgesuch	26. April 1909		3. Oktober 1912	
Konzession	–		–	
Gesuchsteller	Cie. du Chemin de fer Aigle-Leysin		Cie. du Chemin de fer Aigle-Leysin	
Projektverfasser	Cie. du Chemin de fer Aigle-Leysin		A. Michaud, Ingenieur, Lausanne	
Länge der Bahn	1. Sektion	354 m	3580 m	
	2. Sektion	685 m		
	Total	1039 m		
Stationen	Leysin	1280 m ü.M.	Leysin	1395 m ü.M.
	Le Feydey	1390 m ü.M.	Le Feydey	1395 m ü.M.
	Le Temeley	1680 m ü.M.	Grand Hôtel	1457 m ü.M.
			Le Temeley	1702 m ü.M.
			Lac d'Aï	1898 m ü.M.
Höhendifferenz	110 m / 290 m		503 m	
Maximalsteigung	320 ‰ / 580 ‰		230 ‰	
Minimalradius	–		80 m	
Betriebssystem	Elektrizität		Elektrizität	
Kosten	CHF 600 000 (CHF 577 500 pro km)		CHF 870 000 (CHF 243 000 pro km)	

In Leysin prallten Anfang des 20. Jahrhunderts Welten aufeinander: Hier die von jahrhundertealten Traditionen geprägten Bergler – dort die dem Genuss frönende Schickeria und obendrein die jungen Sportler, die ersten Ski- und Bobfahrer.

Zahnradbahn Le Bouveret–Lac de Tanay VS

Konzessionsgesuch	14./16. Januar 1907		
Konzessionsbewerber	Curdi, Gemeinderat, Le Bouveret L. Rey, Avocat, Monthey G. Bussien, Inspektor, Genève E. Pignat, Gemeinderat, Vouvry H. Chenaux, Ingenieur, Villeneuve L. Heymann, Propriétaire, Bouveret		
Projektverfasser	H. Chenaux, Ingenieur, Villeneuve		
Konzession	–		
Streckenlänge	6060 m		
Spurweite	800 mm		
Maximalsteigung	250‰		
Stationen	Le Bouveret	km 0,0	377 m ü.M.
	Chalavornayres	km 4,7	1117 m ü.M.
	Lac de Tanay	km 6,1	1480 m ü.M.
Höhendifferenz	1103 m		
Minimalradius	60 m		
Betriebssystem	elektrische Zahnradbahn, System Strub		
Kostenvoranschlag	CHF 1 800 000 (CHF 297 200 pro km)		
Bemerkungen	Ein weiteres Projekt mit dem Ziel Lac de Tanay sieht Vouvry als Ausgangspunkt vor. Es wurde am 4. Dezember 1906 eingereicht, vom Eisenbahndepartement als ungenügend bezeichnet.		

Nein, niemals!

Einen Tag bevor sich der Gemeinderat von Leysin mit dem Standseilbahn-Projekt auseinandersetzen will, wartet eine anonyme «Groupe d'habitants de Leysin» mit Flugblättern gegen den Bau der Standseilbahn auf: «Une grande menace pour Leysin» – «Eine grosse Bedrohung für Leysin»! Die Bahn stelle «eine Gefahr für unsere Kinder» dar und bedeute den unwiderruflichen Verlust der Weiden, des Bodens, der Sicherheit, der Ruhe, vor allem der Unabhängigkeit. «Die Konstruktion dieser neuen, teuflischen Linie nimmt uns mit Sicherheit einen grossen Teil einiger Weiden, die heute noch unser Eigentum sind (...) Wo soll unser Vieh, unser wichtigstes Gut, unser Stolz, künftig noch weiden?»

«Verbrecherische Sportgeräte»

«Wir können doch nicht zulassen, dass der Boden unserer Vorfahren in die Hände von Ausländern wechselt, welche sich anschliessend als Meister bei uns aufspielen, hier, wo es ohnehin schon zu viele hat.» Und weiter wird ins Feld geführt, dass diese Linie ohnehin nur im Interesse der Entwicklung des Sports gebaut werde und niemals im Interesse der Bewohner von Leysin. Im Winter würden Horden von Sportlern mit ihren Bobsleighs und anderen verbrecherischen Sportgeräten einfallen... Interessant ist diese Feststellung auch deshalb, weil Leysin genau zu jener Zeit zu den Pionieren des Schweizer Eishockeys zählt. Zusammen mit dem HC Bellerive Vevey und dem HC Les Avants gehört der Leysin Sporting Club 1908 zu den drei Gründungsmitgliedern des Schweizerischen Eishockey-Verbandes (heute Swiss Hockey).

Zurück zu den «Bedrohungen», zurück zum Flugblatt der anonymen Bewohner: «Um die neue Linie vom Sana-

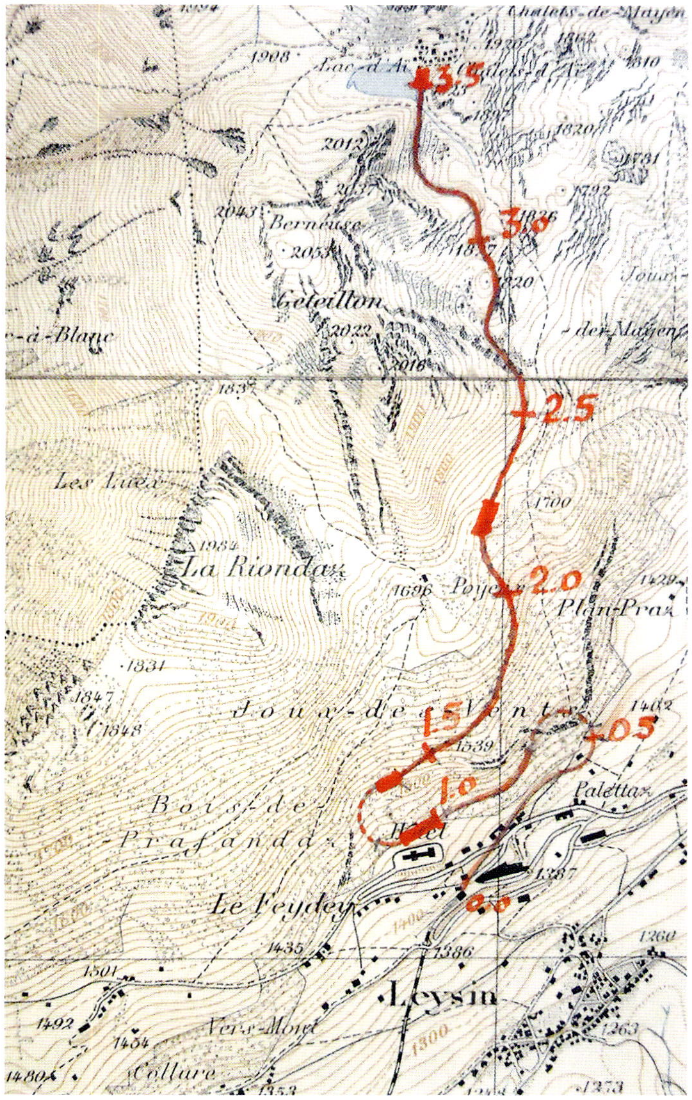

torium des Grand-Hotels nach Temeley hinauf bauen zu können, wird es unumgänglich sein, einen Tel des wunderschönen Waldes niederzuholzen, welcher sich genau zwischen dem Grand-Hotel und Le Temeley befindet. Das heisst nichts anders als sich den Lawinen ausliefern zu müssen.» Diese neue Errungenschaft könne in den Händen ausländischer Industrieller nichts anders bedeuten als Abhängigkeit; als Erstes würde wahrscheinlich das Dorf komplett verschwinden. «Unsere wichtigsten Bedürfnisse stehen ausnahmslos auf dem Spiel; es gilt, unser Leben zu retten.»[1] Aufgerufen wird schliesslich, an der Gemeindeversammlung vom Mittwoch das schamlose, infernalische «Projekt Leysin-Village–Temeley» bachab zu schicken.

Das Projekt bleibt chancenlos

Der Gemeinderat von Leysin schliesst sich dieser Opposition am 29. Mai 1909 einstimmig an. Der nicht namentlich unterzeichnete Brief an das «Departement des Travaux Public» des Kantons Waadt trägt die gleiche Handschrift wie die bereits sieben Tage zuvor lancierte Petition an den Gemeinderat.

Nicht ganz unerwartet befindet sich die Bahngesellschaft Aigle-Leysin in der Defensive. Noch versucht sie mit einem eigenen Pamphlet das Ruder herumzureissen. Die projektierte Standseilbahn diene allen, bringe Fortschritt und Verdienst. Im Übrigen würden die Bobsleighs und Schlitten in Feydey und nicht im Dorf unten ihren Endpunkt haben («...et ne descendront pas plus bas»). Das Flugblatt endet mit dem Aufruf an die Einwohner, sich doch bei den Bewohnern vieler anderer Orte zu informieren, welche von den Errungenschaften und Erleichterungen der neuen Bahnen schwärmen: «Wir schliessen in der Hoffnung, dass Sie uns moralisch und finanziell unterstützen werden, damit das Projekt zum Guten führen wird.»[2]

Es nützt nichts, die Meinungen sind in Leysin zementiert. Die Compagnie du chemin de fer Aigle–Leysin resigniert, lässt indes ein neues, ambitionierteres Projekt ausarbeiten. Anstelle der Standseilbahn soll die Verlängerung der bisherigen Zahnradbahn nach Berneuse den Durchbruch bringen. Das 1912 eingereichte Konzessionsgesuch der «Zahnradbahn Leysin–Le Fedey–Lac d'Aï» auf 1900 m Höhe bleibt ebenfalls chancenlos. So beschränkt sich das Bahnunternehmen auf die Erweiterung der bestehenden Linie um einige hundert Meter bis zum Grand-Hotel in Feydey, welche am 8. September 1915 eröffnet werden kann. Auch als sich die Stimmung im Dorf grundlegend geändert hat, kommt die Bahngesellschaft nicht mehr auf ihre damaligen Pläne zurück.

Links: Leysin, auf 1260 m gelegen, entwickelte sich früh zur «Station climatique», zum führenden Kurort in der Romandie, vor allem auch für Lungenkranke.

Rechts: Die Zahnradbahn-Projekte von Leysin zur Alp Temeley und zum Lac d'Aï (Karte) führten zu einem geballten Protest der ländlichen Bevölkerung, welche um ihre Lebensgrundlage bangte: «Es gilt, unser Leben zu retten!»

Jura Mittelland

Teil 4

«Porta Jura» lange vor der «Porta Alpina»

Einen 500-m-Vertikal-Schacht wollten 1929 zwei Solothurner Pioniere durch die erste Jura-Kette bohren lassen – vom 5-Sterne-Aussichtspunkt Weissenstein senkrecht hinunter in den Tunnel der sich im Bau befindlichen Solothurn–Münster-Bahn. Einsteigen und hochfahren, 4 Minuten später steht man auf dem Panorama-Berg. Die Solothurner Regierung und auch das Eisenbahndepartement zeigten sich dem Projekt gut gesinnt. Allerdings müsse noch ein geologisches Gutachten eingeholt werden. Offensichtlich scheiterte das Projekt in einer ohnehin politisch und wirtschaftlich kritischen Zeit an der Finanzierung. Die genaue Lage der futuristischen Bahn: Koordinaten 603 350/233 000, rund 300 m südwestlich des Gasthofs «Hinter-Weissenstein».

«Was ist in die helvetischen Pioniergeister gefahren?», fragte die deutsche Wochenzeitung «Die Zeit», als am 11. September 2007 die Bündner Regierung den Entschluss fasste, das visionäre 50-Millionen-Projekt «Porta Alpina» fallen zu lassen. Das spektakuläre Projekt einer unterirdischen Station mitten im Gotthard-Basistunnel, in 800 m Tiefe, wartet einstweilen geordnet in Ordnern. Bereits 1929 wollten visionäre Solothurner Ähnliches am Weissenstein verwirklichen. Durch einen 500 m tiefen Vertikal-Schacht wäre der viel besuchte Aussichtspunkt auf der ersten Jura-Kette mit einer Station im Weissenstein-Tunnel der Solothurn–Moutier-Bahn verbunden worden. Die Kosten für diese Pionierbahn waren mit 1,4 Millionen Franken veranschlagt.

Miller und Lüthi, der eine Fürsprecher, der andere Bauunternehmer in Solothurn, beide sind sie von der Vision besessen, ein spektakuläres Projekt zum Erfolg zu bringen. Im Tunnel der Solothurn–Münster-Bahn soll eine Tunnelstation ausgebrochen und von hier aus ein Aufzug im Innern des Berges auf die Höhen des Weissensteins führen. Bereits ein Vierteljahrhundert zuvor gab Pläne für eine Bahnverbindung auf den Solothurner Hausberg, doch alle Projekte scheiterten an der Finanzierung. Diesmal aber ruhen die Hoffnungen auf einem absolut spektakulären Bauvorhaben: «Wenn das Projekt finanziert werden kann und zur Ausführung kommt, so wird es die erste Aufzuglinie sein, die ganz im Innern eines Berges verläuft; der bekannte Hammetschwand-Aufzug auf den Bürgenstock ist nur teilweise in den Felsen eingesprengt. Das Jungfraubahn-Projekt sieht ebenfalls eine Endstation im Innern des Berges unter dem Gipfel vor, von welcher aus ein 93 m langer Aufzug jenen erreichen soll. Es ist jedoch fraglich, ob jenes je verwirklicht wird»,[1] berichten die Medien.

Erholung suchende Werktätige

Nicht ganz unbescheiden geben sich die Initianten bezüglich der zu erwartenden Frequenzen: Sie rechnen bereits im ersten Betriebsjahr mit jährlich 60 000 Reisenden. «Die in nächster Zeit zu erwartende Elektrifizierung der Solothurn–Münster-Bahn SMB wird den Bau und den Betrieb eines Personen- und Güteraufzuges auf den Weissenstein nunmehr ermöglichen. Der Besuch auf dem Weissenstein hat in den letzten Jahren gewaltig zugenommen. Nicht einzig Sportanlässe, sondern das Bedürfnis nach Licht und Sonne bringt schon jetzt, trotz ungünstiger Verhältnisse, im Sommer und im Winter grosse Menschenmengen ‹auf den Berg›. Der ordentlich lange Fussmarsch von Solothurn, Oberdorf oder Gänsbrunnen lässt die Besucher aber nicht so frisch auf die ersehnte Höhe gelangen (...) Die Weissensteinbesucher aus der weiteren Umgebung dieser prächtigen Altane [Balkone] aus dem ganzen Kanton Solothurn, aus Basel, Burgdorf, Biel, Bern

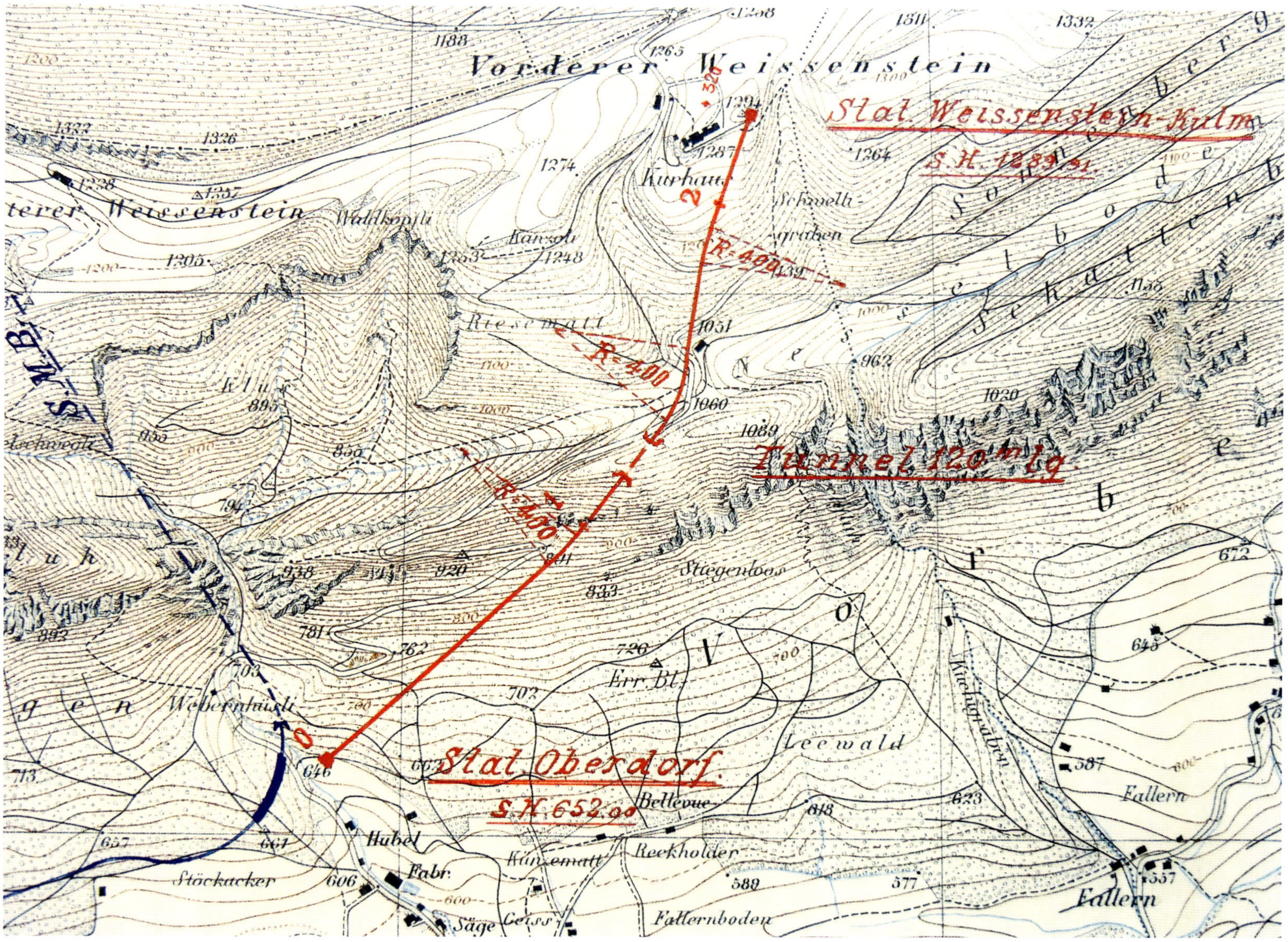

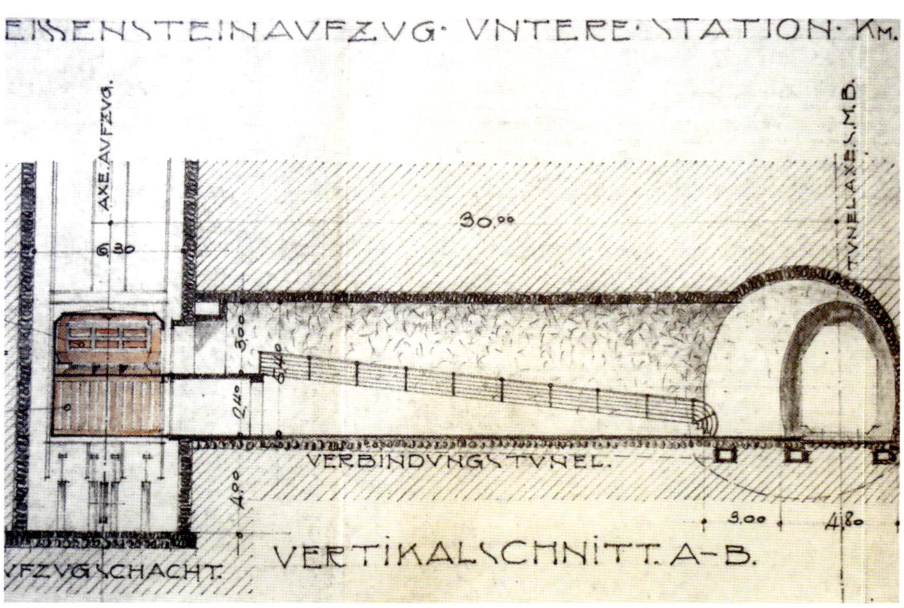

Oben: Die 2,6 Kilometer lange Standseilbahn von Oberdorf auf den Weissenstein hätte gebaut werden können. Doch auch hier fehlten finanzkräftige Kapitalgeber.

Links: Der Querschnitt durch die Tunnel-Anlage des Weissensteinaufzugs («Porta Jura»). In der Mitte der 30 Meter lange Übergang vom Eisenbahn-Tunnel zum Aufzugsschacht. Links davon der bereitstehende Lift.

Die Bergstation der «Porta Jura» auf dem Hinter Weissenstein. Die Postkarte zeigt die aussergewöhnliche Rundsicht auf die Berner Alpen.

etc. verlieren zu viel Zeit, um auf sonniger Höhe die erhoffte Erholung zu finden (...) Weissensteinbesucher werden daher die Ausflüge in freier Bergesluft ganz erheblich ausdehnen, wenn sie frisch und ausgeruht auf einer Höhe von 1200 Metern über Meer, also normalerweise über dem Nebel, den Marsch auf die Röthifluh (1399 m) oder auf die Hasenmatt (1448 m) antreten».[2]

Personen- und Güteraufzug auf den Weissenstein «Porta Jura»

Konzessionsbewerber	Initiativ-Komitee: Dr. Oscar Miller, Fürsprecher, Solothurn L. Lüthi, Oberst u. Unternehmer, Solothurn	
Projektverfasser	L. Lüthi, Oberst u. Unternehmer, Solothurn	
Projekteingabe	27. Juni 1929	
Konzession	Projekt zurückgezogen am 27. Oktober 1935	
Länge	501 m	
Höhendifferenz	503 m	
Stationen	Tunnelstation Weissenstein	683 m ü.M. 1186 m ü.M.
Perronlänge	60 x 3 m (Tunnel-Station)	
Lage	Bergstation: Hinter Weissenstein, 2 km westlich Kurhaus, senkrecht über dem Tunnel; Tunnelstation: km 11,1 Solothurn–Moutier; 1,7 km vom südl. Tunneleingang entfernt, ca. 30 m westlich der Bahnachse	
Fahrzeit	128 Sekunden	
Fahrpreise	Bergfahrt CHF 2.50, Retourfahrt CHF 3.40	
Betriebssystem	Drehstrom, evtl. durch SMB	
Voranschlag	CHF 1,4 Mio. Durchschnittliche Tagesfrequenz: 165 Pers.	

In 2 Minuten auf dem Gipfel

Die Fahrzeit von nur rund 2 Minuten wird es ermöglichen, bei Bedarf alle 6 Minuten eine Transportmöglichkeit anzubieten. «Wenn zum Beispiel, die Solothurn–Münster-Bahn in einem Zuge 180 Reisende in die untere Station bringen würde, wäre die ganze Reisendenzahl in 18 Minuten bei der oberen Station. Ebenso viele Reisende könnten zu gleicher Zeit talwärts transportiert werden.» Die Initianten sehen «aus Gründen der absolut einwandfreien Betriebssicherheit» zwei voneinander unabhängige Aufzüge vor. Jeder Aufzug zu 30 Personen soll für eine Nutzlast von 3000 kg bei einer Fahrgeschwindigkeit von 4 m/Sek. gebaut werden.

Für die Sicherheit der Passagiere sorgt die Anordnung von zwei unabhängigen Aufzügen. «Sollten je bei einem der Aufzüge alle vorgesehenen Antriebsmöglichkeiten versagen, ist doch als sicher anzunehmen, dass der zweite Aufzug die in einer ungewissen und ungemütlichen, immerhin vollständig ungefährlichen Lage befindlichen Passagiere in wenigen Minuten durch Umstieg erlösen kann. Eine Nottüre in jeder Kabine ermöglicht den Umstieg an jeder beliebigen Stelle der Förderstrecke.»

Expertise gefordert

Miller und Lüthi preisen den Weissenstein nicht zu Unrecht als die Aussichtsplattform einer grossen Region. Optimistisch gibt sich auch die Solothurner Regierung, welche sich nur zwei Monate nach der Konzessionseingabe für das Projekt ausgesprochen hat, dies nachdem die früheren Pläne einer Zahnradbahn, respektive einer Drahtseilbahn gescheitert sind. Unterstützung erhalten die Initianten auch von der Solothurn–Münster-Bahn SMB: «Wir haben gegen die Erstellung eines solchen Aufzuges

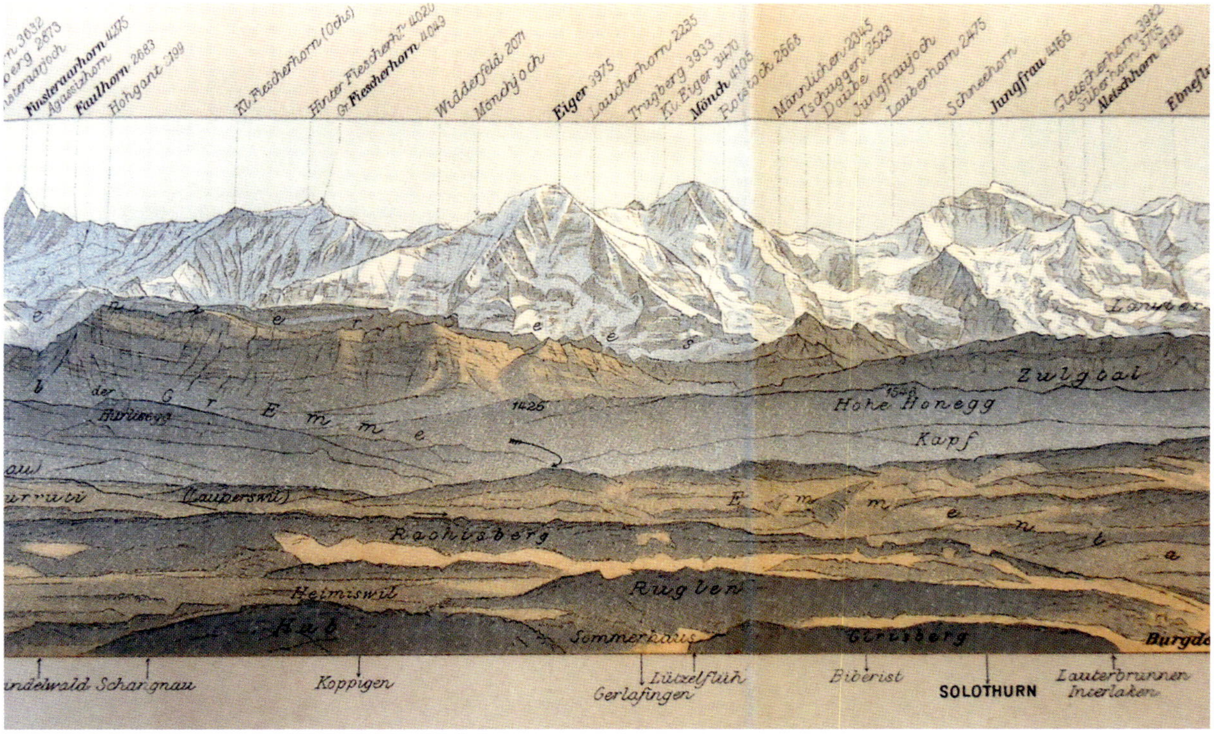

Ein künstlerisches und topografisches Spitzenwerk, das von Xaver Imfeld erstellte Weissenstein-Relief. Die Jurakette über der Aare bietet, besonders bei trockener Luft, aussergewöhnliche Fernsichten. Der Blick reicht hier vom Säntis im Osten über die zentralen Berner Alpen bis zur vergletscherten Kuppe des Mont-Blanc im Westen.

Unten: Das Projekt Wetterhorn-Aufzug schien auch einen Freiburger Ingenieur zu beflügeln, welcher eine kombinierte Anlage vorschlug: Schmalspurbahn Solothurn–Langendorf mit anschliessender Luftseilbahn, System Feldmann.

grundsätzlich nichts einzuwenden; vielmehr begrüssen wir ein solches Unternehmen, da es geeignet erscheint, auch den Personenverkehr der SMB zu beleben.» Gefordert wird allerdings, dass die Tunnel- und Bahnanlage durch den Aufzugschacht «in keiner Weise benachteiligt oder gefährdet wird, wofür die neue Unternehmung volle Garantie zu leisten hat».[3]

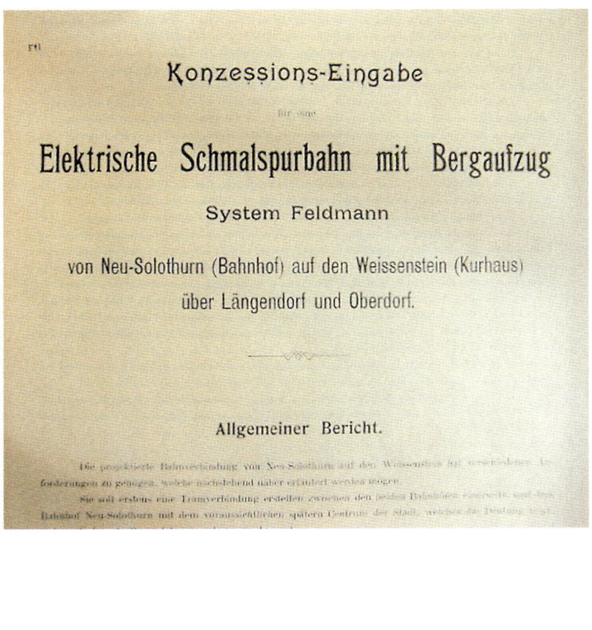
Konzessions-Eingabe

Elektrische Schmalspurbahn mit Bergaufzug

System Feldmann

von Neu-Solothurn (Bahnhof) auf den Weissenstein (Kurhaus)

über Längendorf und Oberdorf.

Allgemeiner Bericht.

Viel Hoffnung und doch kein Erfolg

Weil sich auch das Eisenbahndepartement grundsätzlich positiv zum geplanten Bauvorhaben stellt, scheinen diesmal die Voraussetzungen ausgesprochen günstig zu sein. Allerdings fordert der Bund von den Konzessionsbewerbern noch ein geologisches Gutachten, welches den Nachweis liefern soll, dass eine Gefährdung der Solothurn–Moutier-Bahn durch einen Wassereinbruch und eine Deformation des Aufzugschachtes durch Bergdruck ausgeschlossen werden kann. Zudem würden «die Kosten des Unterbaus (Vertikalschacht) mit 745 000 Franken ganz bedeutend unterschätzt».[4] Eine Woche später stellen Miller und Lüthi eine Antwort in Aussicht, die jedoch nie im Eisenbahndepartement eintrifft. Deshalb erkundigt sich der Departementssekretär fast vier Jahre später persönlich über die Sache. Allerdings bemerkt er lakonisch: «Wir werden uns daher gestatten, Ihr Konzessionsgesuch als zurückgezogen zu betrachten und das Geschäft als erledigt abzuschreiben.»[5]

Das Projekt «Weissensteinaufzug» endet tragisch. Fürsprecher Oscar Miller schreibt am 25. Oktober 1933 resigniert nach Bern: «Die Seele des Initiativkomitees war Herr Ludwig Lüthy, Baumeister in Solothurn, der inzwischen verstorben ist. Ich meinerseits bin mit der Abschreibung einverstanden.»

Drahtseilbahn, Zahnradbahn oder Aufzug?

Gleich drei Projekte sollen den Weissenstein bereits vor dem Ersten Weltkrieg touristisch erschliessen: 1904 bewirbt sich die Zürcher Bauunternehmung Müller & Zeerleder um die Konzession für den Bau einer Zahnradbahn von Oberdorf bei Solothurn auf den beliebten Aussichtspunkt. Die Solothurner Regierung gibt einem einheimischen Drahtseilbahn-Projekt aus der Region den Vorzug. Ein Jahr später zieht ein Freiburger Ingenieur alle Register und lanciert eine Luftseilbahn nach dem Prinzip des Wetterhorn-Aufzugs von Grindelwald. Doch die Bergbahnträume auf den Solothurner Panoramaberg bleiben einstweilen Illusionen, bis 1950 die legendäre Sesselbahn eröffnet wird.

«Die Idee einer Drahtseilbahn auf den Weissenstein ist wach geworden mit dem Moment des Zustandekommens der Solothurn-Münster-Bahn», schreiben am 1. März 1904 drei Solothurner Initianten dem Bundesrat. Man habe den Bau einer elektrischen Drahtseilbahn von Oberdorf auf Weissenstein-Kulm «in ernste Erwägung gezogen». Die Touristenbahn «vermöge ihrer geographisch günstigen Lage wegen, in verkehrswirtschaftlicher Beziehung für eine ausgedehnte Gegend wie das Aaretal, das Balsthaler- und Münstertal (...), in hervorragendem Masse ihren Beitrag leisten.»

Mit dem Bau der Solothurn-Münster-Bahn (eröffnet 1908, ehemals SMB, heute BLS) dränge sich die Station Oberdorf vor dem 3,7 km langen Weissensteintunnel als Ausgangspunkt der projektierten Bergbahn geradezu auf. Während der ganzen Fahrt könne «das sich entwickelnde Panorama mit dem wundervollen Ausblick auf den Neuenburger-, Murten-, Bieler- und Sempachersee sowie auf die Alpen vom Säntis bis zum Mont-Blanc»[6] bewundert werden.

Zahnradbahn-Projekt kommt zu spät

Nur einen Monat nach dem Drahtseilbahn-Projekt wartet die Zürcher Bauunternehmung Müller & Zeerleder im April 1904 mit einem Zahnradbahn-Projekt für den Weissenstein auf. Das Bauvorhaben hat zwar nicht die Unterstützung der Solothurner Behörden, dafür aber die Sympathie des Eisenbahndepartements. Doch der Bundesrat kann die Kantonsregierung nicht desavouieren und empfiehlt deshalb dem Parlament, auch aufgrund der bisher ausgeübten Praxis, dem zuerst eingereichten Drahtseilbahn-Projekt den Vorzug zu geben. Nur knapp elf Monate nach der Konzessionseingabe liegt die Konzession 1904 auf dem Tisch. Allerding erweist sich auch hier die Finanzierung des Bauvorhabens als nicht zu überwindende Knacknuss. Neuen Schwung bringt die am 1. August 1908 eröffnete Solothurn-Münster-Bahn. Dennoch muss Notar Adolf Tschan in Bern viermal um eine Fristverlängerung nachsuchen. In der Zwischenzeit haben sich die veranschlagten Baukosten von ursprünglich 693 000 auf 850 000 Franken erhöht. Da wirken die von der Bürgergemeinde Solothurn und der Stadt zugesicherten 40 000 Franken als Tropfen auf den heissen (Weissen-)Stein. Auch die verbale Unterstützung durch die Solothurn-Münster-Bahn kann dem Projekt nicht den notwendigen Schub bringen. Eine letzte Verlängerung der Konzessionsfrist um weitere zwei Jahre verstreicht am 1. Januar 1915 ungenutzt. Der Ausbruch des Ersten Weltkriegs nimmt auch diesem Bauvorhaben die letzte Chance.

	Drahtseilbahn Weissenstein–Kulm	Zahnradbahn Weissenstein	Luftseilbahn («Aufzug»)
Konzessionsbewerber	K. Müller, Ing., Solothurn Adolf Tschan, Notar, Solothurn G. Holliger, Solothurn	Müller & Zeerleder & Gobat, Zürich	K. A. Breüer, Freiburg
Projektverfasser	K. Müller, Ingenieur	Müller & Zeerleder & Gobat, Zürich	K. A, Breüer, Freiburg
Projekteingabe	1. März 1904	8. April 1904	11. April 1905
Konzession	21. Dezember 1904 Verlängerung bewilligt bis 1.1.1915	Gesuch am 29.7.1904 zurückgezogen	Gesuch am 29.9.1908 zurückgezogen
Länge	2593 m	2800 m	6200 m Schmalspurbahn 1580 m Luftseilbahn (System Feldmann)
Stationen	Oberdorf 659 m ü.M. Weissenstein 1284 m ü.M.	Oberdorf 668 m ü.M. Weissenstein 1248 m ü.M.	Solothurn 435 m ü.M. Langendorf 493 m ü.M. Küchigrabenmatt 635 m ü.M. Vorberg 1085 m ü.M. Weissenstein 1262 m ü.M.
Höhendifferenz	625 m	580 m	827 m (Luftseilbahn 627 m)
Spurweite	1000 mm	1000 mm	1000 mm
Betriebssystem	Elektrizität	Elektrizität, evtl. Dampflokomotiven	Elektrizität
Kapazität	2 Wagen à 45 Plätze 90 Personen/h	–	Aufzug mit zwei Kabinen à 22 Pers. 100–110 Personen/h
Maximalsteigung	444 ‰	250 ‰	Schmalspurbahn: 70 ‰
Minimalradius	400 m (Ausweiche 180 m)	80 m	Schmalspurbahn: 35 m
Taxen	Bergfahrt: 2.–, Talfahrt: 1.50	–	Luftseilbahn: Bergfahrt CHF 2.50
Voranschlag	CHF 693 000	CHF 450 000	Strasse und Luftseilbahn CHF 1 250 000

Keine Chance für Luftseilbahn
Mit bemerkenswertem Aufwand versucht der Freiburger Ingenieur K.A. Breüer das Glück auf seine Seite zu zwingen. Beflügelt vom Goodwill, den die Bundesbehörden dem deutschen Luftseilbahn-Ingenieur Wilhelm Feldmann und dessen Wetterhorn-Projekt entgegengebracht haben, arbeitet er ein analoges Projekt für den Weissenstein aus. «Eine rationelle Weissensteinbahn soll vor allem den Ausgangspunkt in Solothurn haben und so den erwarteten Touristenverkehr über die Stadt leiten.» Deshalb setzt Breüer auf eine Erschliessungsbahn von «Neu Solothurn (Bahnhof) über Längendorf nach Oberdorf». Diese Schmalspurbahn soll erstens eine Tramverbindung zwischen den beiden Bahnhöfen «alt-Solothurn» (heute Solothurn-West) und «neu Solothurn» (heute «Hauptbahnhof») bilden, «und ferner das im Ausbau befindliche Villen- und Industriequartier der Stadt und den Vorort Langendorf, welcher immer mehr an Bedeutung gewinnt (...) verbinden, und soll eventuell, wenn der Verkehr ein genügender ist, auch einer regelmässigen Tramverbindung nach Oberdorf dienen».[7]

Von «Küchigrabenmatt» aus (Landeskarte 1:25 000: «Chuchigraben», Gde. Rüttenen) soll die Luftseilbahn, «das neue Bergaufzugsystem Feldmann», die Verbindung zum Kurhaus Weissenstein bringen. Dieses neue System sei finanziell vorteilhaft und «von den Schneeverhältnissen vollständig unabhängig».

Weil sich zu jenem Zeitpunkt die Solothurn-Münster-Bahn bereits im Bau befindet und überdies die projektierte Drahtseilbahn Oberdorf-Weissenstein ein Vierteljahr vor dieser Konzessionseingabe die Baubewilligung erhalten hat, bleibt das interessante Luftseilbahnprojekt chancenlos. Auch mit einem anderen Projekt bleibt der Freiburger Ingenieur glücklos. Seine Initiative für eine Toggenburg-Bahn von Nesslau über Wildhaus nach Buchs im Rheintal landet ebenfalls ungenutzt in den Archiven.

Neue Projekte, alte Probleme
Ein erneuter Anlauf für eine Luftseilbahn erfolgt 1911. Diesmal will die Firma Aebi & Cie. aus Zürich eine Schwebebahn nach dem System der weltweit erfolgreichen Seilbahnfirma Bleichert aus Leipzig erstellen. Auch dieses Projekt erleidet Schiffbruch.

Der Solothurner Hausberg lässt auch andern Initianten keine Ruhe. So teilt die Direktion der Solothurn-Münster-Bahn SMB 1934 dem Eisenbahndepartement mit, dass sich aus dem Verwaltungsrat des Bahnunternehmens ein «Initiativkomitee für eine Weissensteinbahn» gebildet habe. SMB-Direktor, alt Nationalrat Max Studer, bittet den Vorsteher des Post- und Eisenbahndepartementes, Bundesrat Pilez-Golaz, um eine Unterredung. Als Ausgangspunkt ist, wie bei den Projekten von 1904, die Station Oberdorf der Solothurn-Münster-Bahn vorgesehen. Inzwischen sind die veranschlagten Baukosten für eine Standseilbahn auf 1,2 Millionen Franken angestiegen, diejenigen einer Luftseilbahn-Alternative auf ca. 1 Million. «Der Bau soll als Notstandsarbeit durchgeführt und entsprechend subventioniert werden, meldet ‹Der Bund› am 7. März 1935. Doch auch diesmal bleibt es bei den Visionen. Wieder zerstört ein Weltkrieg alle Bemühungen.

Der jahrelang geführte Kampf um die Erhaltung der letzten von-Roll-Sesselbahn mit den legendären, quer zur Fahrtrichtung platzierten Sesseln ging verloren. Das Bundesverwaltungsgericht hat im Juni 2013 die Einsprache des Schweizer Heimatschutzes abgewiesen. Dieser will das Urteil nicht an das Bundesgericht weiterziehen. Im Herbst 2014 soll eine leistungsfähigere Gondelbahn auf den Weissenstein fahren, 64 Jahre nach der Inbetriebnahme der Sesselbahn.

1950: Eine Sesselbahn
Erst 1950 ist es endlich doch so weit. Am 29. Dezember kann die für 1,2 Millionen Franken erstellte «von Roll-Sesselbahn» mit ihren charakteristischen Quersesseln eröffnet werden. Die Streckenführung ist seit den Projekten von 1904 fast identisch geblieben: Oberdorf auf 661 m Höhe, Mittelstation Nesselboden, Bergstation Weissenstein auf 1280 m über Meer. Kreative PR-Fachleute bleiben ihren heutigen Kollegen nichts schuldig: «Der schönste Punkt der Welt, erschlossen durch die schönste Bergbahn der Schweiz.» Doch nach sechzig Betriebsjahren hat die nostalgische Sesselbahn ausgedient.

2009: Der grosse Streit
Trotz massiver Proteste aus der Bevölkerung und durch den Schweizer Heimatschutz hat die Seilbahn Weissenstein AG (Eigenkapital 12,2 Millionen Franken – 2009), den Betrieb eingestellt. Die legendäre Sesselbahn soll durch eine leistungsfähigere Gondelbahn ersetzt werden. Im Jahresbericht 2009 wird festgehalten: «Tatsache ist, dass der Schweizerische Heimatschutz unter Ausschöpfung sämtlicher Rechtsmittel das Gesamtprojekt Weissenstein und damit auch den Bahnneubau verzögert und behindert.» Das Bahnunternehmen stützt sich auf einen Entscheid des Bundesverwaltungsgerichts zum Fall der analogen Sesselbahn Kandersteg-Oeschinensee, wo ein Neubau gerichtlich erwirkt wird, sowie auf den positiven Richtplanentscheid des Bundesrats. Schliesslich entscheidet sich auch der Solothurner Kantonsrat zugunsten einer neuen Bahn, indem er den «Volksauftrag zum Erhalt der alten Bahn» ablehnt. Umgekehrt spricht der Heimatschutz von einer «europaweit einmaligen Bahn» und einem «Denkmal von nationaler Bedeutung». Tatsächlich handelt es sich hier um die letzte Zeitzeugin für Pionierleistungen der damaligen Seilbahntechnik.

Endgültiges Nein zur Sesselbahn
«Eine Träne für die Sesselbahn», überschreibt das ‹Oltner Tagblatt›[8] in einem Kommentar den Entscheid des Bundesgerichts vom Januar 2012: «An die Stelle des einmaligen Sesselbahnerlebnisses wird ein Transportmittel treten, wie es in der Schweiz zu Dutzenden, wenn nicht zu Hunderten im Einsatz steht, wie man es rund um den Erdball findet.»

Das Neubauprojekt der Seilbahn Weissenstein AG rechnet mit Investitionen von rund 12 Millionen Franken für eine moderne Gondelbahn mit 6er-Kabinen auf den 1284 Meter hohen Solothurner Hausberg.

Per Einschienen-Bergbahn auf den Chasseral

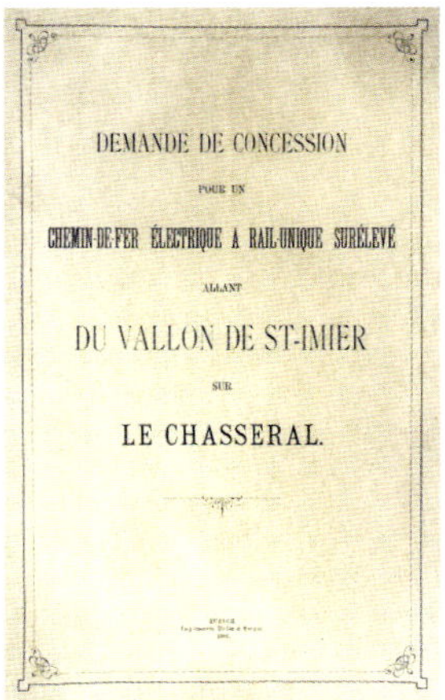
DEMANDE DE CONCESSION
POUR UN
CHEMIN-DE-FER ÉLECTRIQUE A RAIL-UNIQUE SURÉLEVÉ
ALLANT
DU VALLON DE ST-IMIER
SUR
LE CHASSERAL.

Innovativ und mutig zeigten sich vier Konzessionäre aus St-Imier. 1895 erhielten sie vom Bundesrat die Konzession zum Bau der ersten Einschienenbahn der Schweiz.

Einschienenbahnen stellen selbst 1894 keine neuen Erfindungen mehr dar. Die vier Initianten der Chasseral-Bahn können auf Erfahrungen hinweisen in Irland, in Frankreich und in den USA. Ihre projektierte «Aussichtsbahn» soll die «vielfach gewünschte» Verbindung von St-Imier auf den Chasseral bringen. Mit einer Länge von 6,8 Kilometern und einer mittleren Steigung von 200 Promille würde sie die erste und auch einzige Einschienen-Bergbahn der Welt. Erstaunlich und auch touristisch interessant: Im Gegensatz zu vielen alpinen Projekten wird im Jura bereits ein Ganzjahresbetrieb angestrebt. Nur eine halbe Million Franken soll das Unternehmen kosten, bedeutend weniger als jede Zahnrad- oder Drahtseilbahn.

«Im Süden des schönsten Tales des Berner Juras erhebt sich das grosse Massiv des Chasseral, die Rigi des Jura (...) Der Chasseral, welch' Glücksgefühl, wenn der Fuss die höchste Höhe des Berges betritt. Kein einziger Baum mehr, blumig die Wiesen im Frühling, grün im Sommer und oft leuchtend versengt im Herbst (...) Ganz hinten am Horizont, das Himmelsgewölbe und davor die immensen Gipfel der Hochalpen, vom Mont-Blanc bis zum Säntis.»[1]

	Einschienenbahn St-Imier-Chasseral		
Konzessionäre	François Geneux, Bankier F. Rothacher, Architekt F. W. Smallenburg, Ingenieur P. Girod-Girard, Weinhändler Alle wohnhaft in St-Imier		
Projektverfasser	F. W. Smallenburg, Ingenieur, St-Imier		
Konzessionseingabe	16. Oktober 1894		
Konzession	19. Dezember 1895		
Bahntyp	Elektrische Einschienenbahn		
Streckenlänge	6774 m		
Stationen	St-Imier	km 0.0	775 m ü.M.
	Baillive	km 2,3	1100 m ü.M.
	Métairie des Plânes	km 4,3	1285 m ü.M.
	Chasseral	km 6,8	1506 m ü.M.
Höhendifferenz	731 m		
Maximalsteigung	240 ‰		
Minimalradius	75 m		
Kostenvoranschlag	CHF 550 000 (CHF 81 180 pro km)		
Fahrpreis	CHF 5.– (retour)		
Sitz der Gesellschaft	St-Imier		

Wahrhaft blumig preisen die vier Initianten aus St-Imier ihr spektakuläres Projekt an. Gross sind auch die Hoffnungen: Mehrere Tausend Gäste ziehe es alljährlich auf den prominenten Aussichtsberg. Er sei der «point d'attraction» der Bewohner des Sankt-Immer-Tals und vieler Besucher aus La Chaux-de-Fonds, Neuenburg oder Biel. Ein guter Berggänger schaffe den Aufstieg aus St-Imier zwar in 2½ Stunden. Angesichts des grossen Besucherandrangs dränge sich aber der Bau einer Bahn geradezu auf, dies vor allem auch in Anbetracht der Schwierigkeit, den Chasseral im Winter zu Fuss erreichen zu können.

Einschienen-System kein Novum

Drei verschiedene Bahnsysteme haben die Konzessionsbewerber bei ihren Planungen in Erwägung gezogen:
- Elektrische Drahtseilbahn, wie am Bürgenstock
- Elektrische Trambahn, analog Grütschalp–Mürren
- Elektrische Zahnradbahn, System Salève-Bahn

Keines kann die Initianten überzeugen. Die Distanz von 5 Kilometern erweise sich am Chasseral für eine Drahtseilbahn als zu lang, eine Zahnradbahn sei zu aufeändig und damit zu teuer, einzig die Kombination Drahtseilbahn/Trambahn, wie zwischen Lauterbrunnen und Mürren, könne in Betracht gezogen werden. Dennoch entscheiden sich Ingenieur Smallenburg und seine Kollegen für eine vierte Variante, die Einschienenbahn. Verschiedene Studien im Gelände hätten die Vorzüge einer auf Stelzen geführten Bahn (chemin-de-fer à rail unique surélevé) bewiesen. Dieses System sei zudem durchaus nicht neu: Sowohl in Irland (Listowel–Ballybunion, 14,9 km) habe sich die Einschienenbahn bewährt, als auch in Frankreich, das Monorail zwischen Feurs und Panissière (16,9 km). Bei beiden Beispielen handelt es sich allerdings um Bahnen mit Dampfbetrieb. In den USA, auf Coney Island, dem südlichsten Zipfel von Brooklyn, verkehre seit 1891 die von Ingenieur Boyonton erbaute Einschienenbahn auf einer 2,8 km langen Strecke, und dies mit elektrischer Traktion. 4500 Zugsverbindungen seien dort im ersten Betriebsjahr angeboten worden, ohne dass auch nur ein einziger Zwischenfall verzeichnet worden wäre. Die bedeutende Neuerung gegenüber den erwähnten Anlagen bestehe im Einbau einer Zahnradstrecke zwischen St-Imier und dem Chasseral.

Zwei Zwischenstationen

Kurz nach der Talstation am südlichen Dorfrand von St-Imier soll die 6,8 km lange Einschienenbahn mit einer Steigung von 240 Promille bereits ihr steilstes Teilstück überwinden. Zwei Stationen sind vorgesehen: als Konzession für die Alpwirtschaft La Baillive auf 1100 m Höhe und

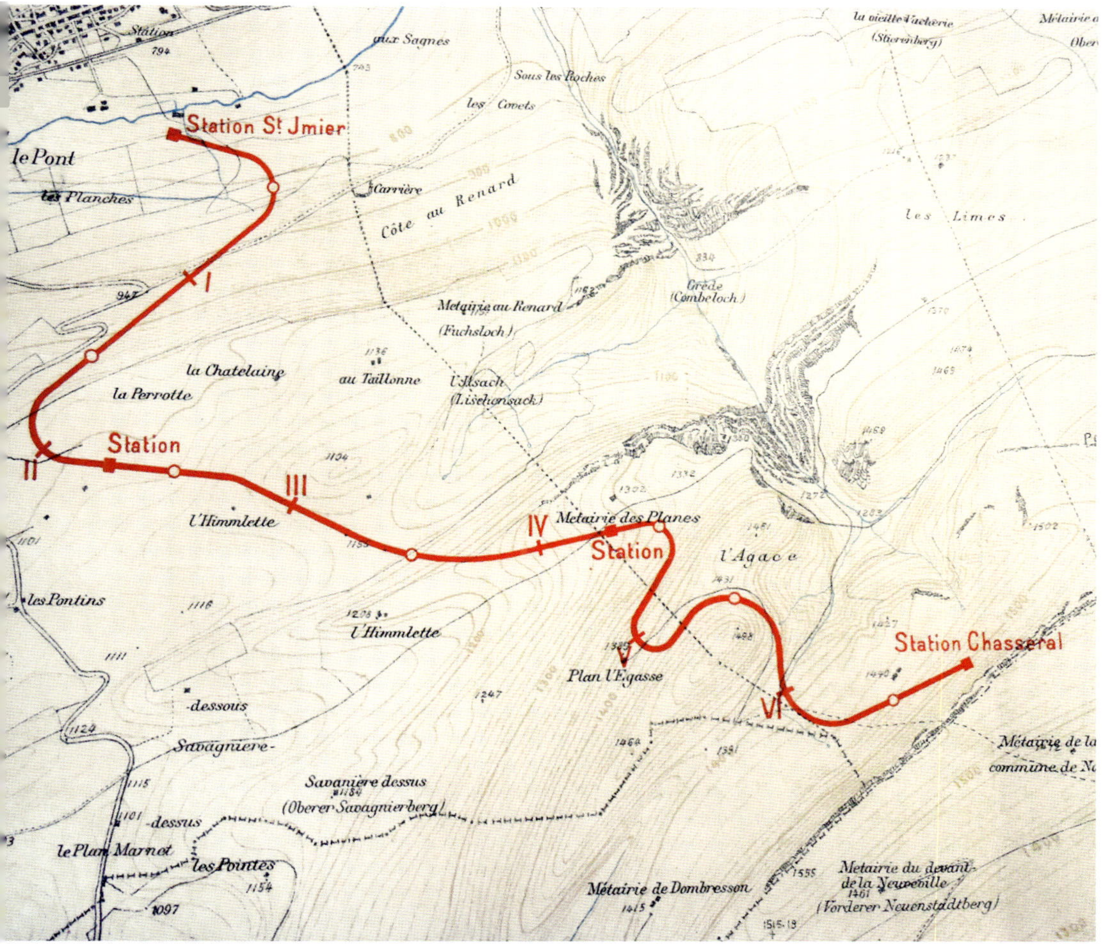

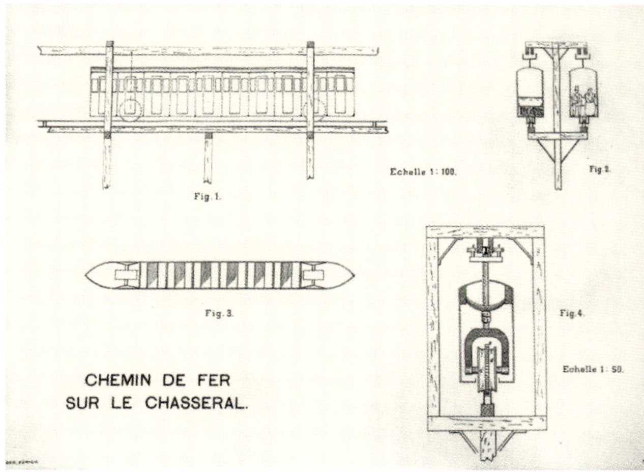

Métairie des Plânes, 1285 m, direkt an der Gemeindegrenze St-Imier/Villeret. Im Gegensatz zu allen anderen Bergbahnen weist die geplante Einschienenbahn 1,2 km vor der Bergstation aus topografischen Gründen ein kurzes Gefälle auf, bevor sie die letzten Höhenmeter zur rund 100 m unterhalb des 1610 m hohen Gipfels geplanten Endstation erklimmt.

In 45 Minuten auf dem Gipfel

Bei einer mittleren Geschwindigkeit von 10 km/h erreicht die Einschienenbahn den Chasseral in rund 45 Minuten. Sechs Abteile mit je vier Plätzen sollen die Wagen erhalten, wobei jedes Fahrzeug gleichzeitig als Motorwagen konzipiert ist.

In der Botschaft des Bundesrates vom 6. Dezember 1894 wird festgehalten: «Was das Betriebssystem betrifft, sind elektrische Motorwagen vorgesehen, bei denen der Strom durch eine obere Leitschiene zugeführt, und durch die Fahrschiene zurückgeleitet würde. Die Letztere enthält zwischen zwei Laufflächen eine Zahnstange. Die beiden Räder der Wagen dienen zugleich als Elektromotoren (...) Die ganze Bahn würde ein fortlaufendes Gerüst aus Holz oder Eisen bilden.»

Im Eisenbahndepartement bemängelt man in einer ersten Begutachtung des Projektes die vorgesehene Holzkonstruktion des Einschienenbahn-Gerüstes.[2] Allerdings hatten die Initianten bereits vorgesorgt und eine stabile Eisenkonstruktion als Alternative vorgeschlagen. Punkto Passagierzahlen wolle man sich noch bescheiden, geben die Initianten in ihrer Eingabe vom 16. Oktober 1894 bekannt. Dieser Wert sei recht schwierig zu berechnen, aber man dürfe doch mit einem Sockel von jährlich 10 000 Bahnbenützern ausgehen. Als Vergleich werden die Zahlen verschiedener Bergbahnen zu Hilfe genommen: Brig–Zermatt-Bahn 38 095 Passagiere (1892), Grütschalp–Mürren 44 072, Uetlibergbahn 61 377 und Drahtseilbahn Biel–Magglingen 35 562.

Grosszügige Bewilligungspraxis

Mit den tief gehaltenen Kosten hofft das Initianten-Quartett, die nötigen Kreditgeber zu finden. Tatsächlich spricht sich das Eidg. Parlament am Jahresende 1895 diskussionslos für die Konzessionierung der Chasseral-Bahn aus. Kennzeichnend für die damals höchst grosszügig gehandhabte Bewilligungspraxis durch die eidgenössischen Behörden ist der Artikel 8 der Konzession: «Die Bahn wird mit einer Fahrschiene und elektrischem Betrieb erstellt.» Es ist die einzige kleine Abweichung gegenüber dem Konzessionsschema. Die grossen Hoffnungen der Initianten erfüllen sich für dieses interessante Projekt am Chasseral leider nicht. Noch viermal ersuchen die Konzessionäre die auf jeweils nur ein Jahr befristet gewesene Baubewilligung zu verlängern. Dreimal wird diese vom Bundesrat problemlos gewährt: 22. Oktober 1895, 29. Dezember 1896, 11. Januar 1898, 27. Dezember 1898.[3]

Streckenführung und Detailansicht der Einschienenbahn, «Chemin de fer sur le Chasseral». Wie der Weissenstein, bietet auch der 1607 Meter hohe Chasseral eine eindrucksvolle Fernsicht zu den Alpen.

Der «Hintergassen-Express»

«Freiburg–Thun, ohne Halt bis Schwarzenburg!» Dies sollen Expresszüge der «Freiburg–Berner Oberland-Bahn» möglich machen. Das Schmalspurbahn-Projekt kommt allerdings nie bis vor die Bundesversammlung, es scheitert bereits auf Kantonsebene an den zu hohen Kosten. Die Gesamtlänge der benötigten sieben grössten Brücken beträgt 1,7 Kilometer. Allein über den Sensegraben bei Schwarzenburg ist ein 380 m langer und 107 m hoher Viadukt geplant. Kommt hinzu, dass das Projekt nur zwei Jahre vor dem Ausbruch des Ersten Weltkriegs eingereicht wird und später keine Realisierungschancen mehr besitzt.

Auf 6,2 Millionen Franken ist der Bau der Eisenbahnlinie Freiburg–Thun 1912 veranschlagt, ein Betrag, der bereits zwei Jahre später auf 10,5 Millionen erhöht werden muss. Drei Faktoren treiben die Kosten in die Höhe: die Hochbrücke über die Sense, die Herabsetzung der maximalen Steigung von 50 auf 35 ‰ und der (unverständliche) Verzicht auf die Gemeinschaftsstrecke mit der 1902 eröffneten Gürbetalbahn von Thun bis Burgistein. Deshalb versucht Ingenieur Meyer aus Spiez sein Projekt mit einer Etappierung zu retten. Das wiederum stösst bei den beteiligten Gemeinden auf Widerstand. Doch Meyer kontert mit finanziellen Überlegungen: «Die Strecke Thun–Wattenwil empfiehlt sich zum Bau als vorläufige Stichbahn deshalb, weil hier geringe Baukosten und dichte Bevölkerung in günstigster Weise zusammenwirken, die zweifellos eine recht befriedigende Rendite bewirken.»[1]

Fehlende Finanzkraft

Die Vorläufer einer Eisenbahn-Verbindung durch die «Hintergasse» von Freiburg ins Berner Oberland gehen ins 19. Jahrhundert zurück: 1898 wird die Stockentalbahn konzessioniert (Burgistein–Wattenwil–Wimmis), zwei Jahre später eine Linie von Freiburg nach Heitenried. Konzessionsbewerber Meyer schwelgt in hohen Tönen: Praktisch alle angrenzenden Bahnunternehmen würden von der Freiburg–Berner Oberland-Bahn profitieren, so die Ins–Murten–Freiburgbahn, die Bern–Schwarzenburgbahn, die Gürbetalbahn, die Thunerseebahn und ebenfalls die Burgdorf–Thun-Bahn. Doch auch das später gebildete Initiativkomitee wird auf den Boden der Realität geholt. Sowohl der Freiburger Sensebezirk als auch das Thuner Westamt und das mausarme Schwarzenburgerland verfügen nicht über die Finanzkraft, welche zur Realisierung solcher Bahnträume nötig wären.

Prominenz gibt Schub

Eineinhalb Jahre nach dem Konzessionsgesuch kommt Bewegung in die Sache: «Der unterzeichnete Vorstand des Initiativkomitees der Freiburg–Berner Oberland-Bahn beehrt sich hiermit, Ihnen die Mitteilung zu machen, dass sich der Gesamt-Komiteevorstand Dienstag, den 7. Oktober 1913, Mittags punkt 2 Uhr, im Hotel Monbijou in Bern versammelt.»[2] Anwesend sind an dieser Sitzung u. a. Ernest de Weck, Stadtpräsident und Ständerat von Freiburg und Gemeinderat Grütter als Vertreter der Stadt Thun sowie weitere Vertreter der 14 tangierten Gemeinden: Freiburg, St. Ursen, Tafers, St. Antoni, Heitenried, Wahlern/Schwarzenburg, Rüeggisberg, Riggisberg, Burgistein, Wattenwil,

Diese Überquerung des Sensegrabens bei der heutigen Sodbachbrücke, 1,5 Kilometer nordwestlich von Schwarzenburg, wurde der Freiburg–Berner Oberland-Bahn zum Stolperstein. Der 107 m hohe Viadukt verteuerte das Projekt massiv.

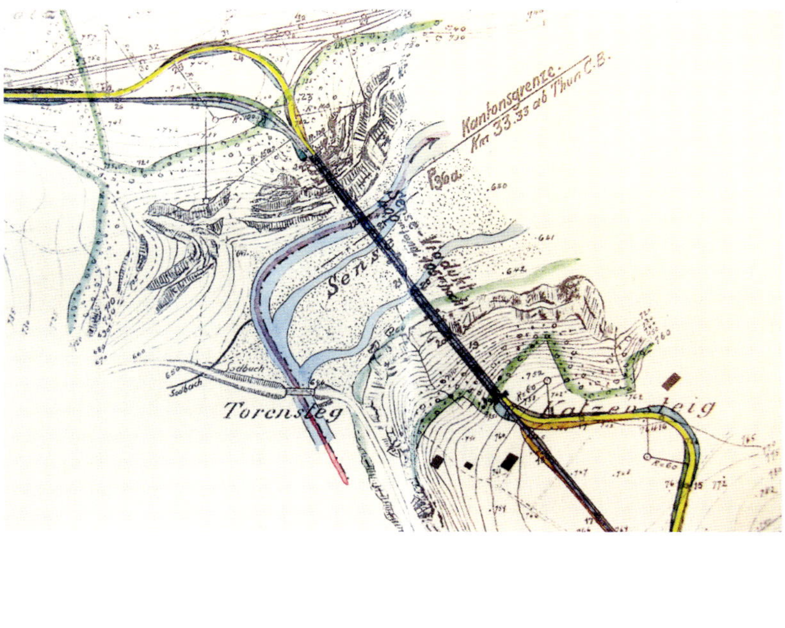

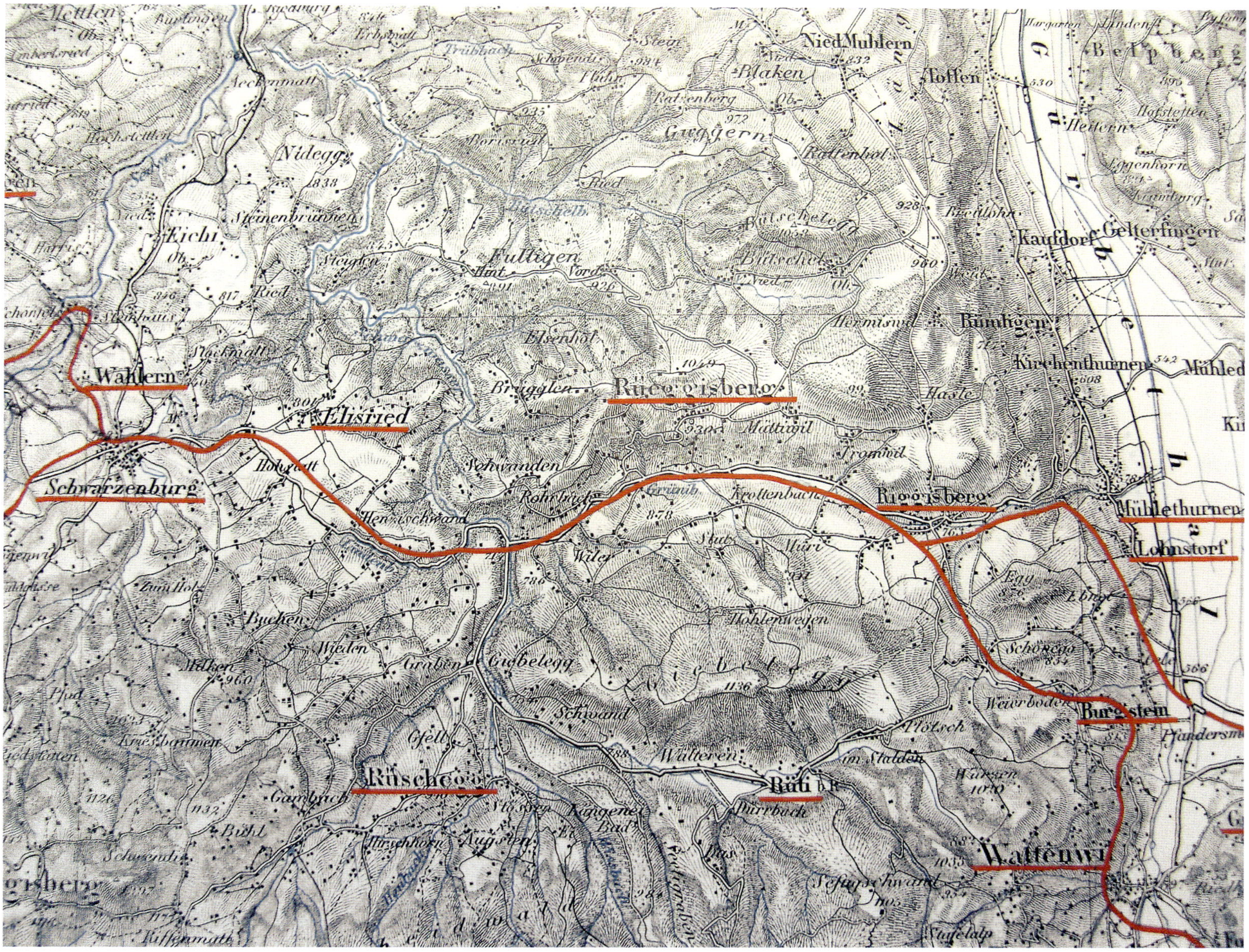

Oben: Das Berner und Freiburger Hinterland hätte von dieser Linie enorm profitieren können. Doch es fehlten einmal mehr die Financiers. Zudem wirkte auch hier der Erste Weltkrieg als Projekt-Killer.

Links: Das imposante Grand-Hotel und Kurhaus Gurnigel-Bad wurde zum mondänen Treffpunkt der Gesellschaft. Um 1900 bildete es mit seinen 500 Betten den grössten Hotel-Komplex der Schweiz.

Kein Wunder, dass das Grand-Hotel und Kurhaus Gurnigel-Bad von der Station Wattenwil der Freiburg–Berner Oberland-Bahn mit einer leistungsfähigen Standseilbahn erschlossen werden sollte (auf der Karte nicht eingezeichnet).
1902 zerstörte ein Grossbrand die ganze Pracht, doch das Gurnigel-Bad wurde neu aufgebaut, noch luxuriöser, 240 Meter mass die Hotelfront. Nach zwei Weltkriegen und den Krisen wurde es 1946 abgebrochen.

Forst, Längenbühl, Thierachern und Thun. Wichtigstes Geschäft der «Monbijou-Sitzung» ist die unentgeltliche Abtretung des Studienmaterials von Ingenieur Meyer aus Spiez an das Initiativkomitee und die Unterzeichnung eines 16 Artikel umfassenden Vertrages. Meyer lenkt ein, das Projekt erhält neue Dynamik. Doch nicht alle Gemeinden ziehen mit. So erweist sich die Gemeinde Wahlern mit dem Marktzentrum Schwarzenburg als stets fordernder Bremsklotz. Obschon in der Linienführung auf die Anliegen eingegangen wird, weigert sich die Gemeinde, ihren vollen Beitrag von 1000 Franken an die Projektierungskosten zu zahlen.

Schmalspurlinie Freiburg–Schwarzenburg–Thun

Konzessionsgesuch	31. Mai 1912		
Konzession	–		
Konzessionsbewerber	Ingenieurbüro R. Meyer, Spiez Ab 1913 Initiativkomitee, gebildet aus den Anliegergemeinden unter Führung der Städte Freiburg und Thun		
Projektverfasser	Ingenieurbüro R. Meyer, Spiez		
Streckenlänge	50,5 km		
Stationen	Thun, Centralbahnhof	km 0,0	563 m ü.M.
	Thun, Zollhaus	km 2,8	565 m ü.M.
	Thierachern	km 5,4	614 m ü.M.
	Forst-Längenbühl	km 9,3	660 m ü.M.
	Wattenwil	km 11,6	605 m ü.M.
	Burgistein	km 16,6	776 m ü.M.
	Riggisberg	km 19,8	775 m ü.M.
	Rüeggisberg	km 23,0	771 m ü.M.
	Schwarzwasser	km 24,9	765 m ü.M.
	Mamishaus	km 28,0	800 m ü.M.
	Schwarzenburg	km 31,1	795 m ü.M.
	Heitenried	km 53,0	763 m ü.M.
	St. Antoni	km 38,3	716 m ü.M.
	Tafers	km 42,2	656 m ü.M.
	St. Ursen	km 45,0	680 m ü.M.
	Bourguillon	km 46,9	672 m ü.M.
	Fribourg	km 50,5	632 m ü.M.
Brücken	Stieggrabenbrücke	L: 143 m	H: 28 m
	Schwarzwasserbrücke	L: 208 m	H: 44 m
	Lindenbachbrücke	L: 151 m	H: 44 m
	Sensebrücke	L: 380 m	H: 107 m
	Seeliggrabenbrücke	L: 295 m	H: 38 m
	Gotteronbrücke	L: 151 m	H: 46 m
	Pont de Pérolles	L: 380 m	–
Spurweite	1000 mm		
Maximalsteigung	35 ‰		
Minimalradius	100 m		
Betriebssystem	Elektrisch		
Kosten	CHF 10,5 Mio.		

«Doppeldecker-Hochbrücke»

Eine der Forderungen Schwarzenburgs ist die direkte Anbindung des Dorfes an die projektierte Bahn, anstelle von nördlich gelegenen Varianten. Dazu verlangt die Gemeinde richtigerweise den Schutz der historisch wertvollen Grasburg und den Bau einer kombinierten Hochbrücke über den tiefen Sensegraben: oben die Bahnlinie, auf einer tieferen Ebene die Strasse, analog dem Grandfey-Viadukt der SBB-Linie über die Saane. Nicht berücksichtigt werden hingegen weitere Ansprüche wie zusätzliche Bahnstationen in der Gemeinde und eine erneute Abänderung der Linienführung. Im Projekt von 1912 versucht Ingenieur Meyer den Sense-Canyon aus Kostengründen tiefer zu überqueren: «Die Überbrückung der Sense war einer der Hauptgründe für die Annahme einer elektrisch betriebenen Schmalspurbahn, die es erlaubte, das tief eingeschnittene Sensebett in einer Höhe von 60 Metern zu überschreiten. Die Kosten für einen 90 m hohen Viadukt einer Normalbahn sind erfahrungsgemäss derart gross, dass sich solche Auslagen nur bei einer Hauptbahn rechtfertigen.»[3]

Die Sache mit den Kartoffeläckern

Noch einmal meldet sich der Gemeinderat von Wahlern bei der Berner Regierung und fordert eine bessere Berücksichtigung von Schwarzenburg in der Projektierung der Hochbrücke (Variante rot). Lakonisch schreibt der Berner Oberingenieur von Erlach handschriftlich auf die Hinterseite des Briefes: «Es steht dem Gemeinderat von Wahlern durchaus frei, die sog. rote Variante über Alterswil auf seine Kosten bzw. auf Kosten der Gemeinde projektieren zu lassen.»[4] Und Ingenieur Meyer hält in einem Brief an den Kanton fest: «Es ist zu hoffen, dass die Gemeindeversammlung Gelegenheit erhalten werde, ihre Stellung zur blauen Variante zu dokumentieren. Ihre Haltung dürfte eine andere sein als diejenige einer kleinen, aber einflussreichen Gruppe von Grundbesitzern, deren Kartoffeläcker sich in auffallender Nähe der roten Variante befindet.»[5]

Mit Schnellzügen durchs Hinterland

Im «Allgemeinen Bericht» zum Konzessionsgesuch weist Meyer auf die «günstige Stellung» hinsichtlich der Reiseverkürzung hin: «Für die Freiburg–Berner Oberland-Linie ist im Hinblick auf den zu erwartenden Touristenverkehr vorgesehen, im Sommerfahrplan 2 Schnellzüge mit kurzem Aufenthalt nur in Schwarzenburg und 60 Minuten Fahrdauer zwischen Freiburg und Thun einzulegen. Wir erreichen dadurch eine bedeutende Verbesserung der zur Zeit so ungünstigen Zugsverbindungen (...) Der vorgesehene elektrische Betrieb und die Gestaltung des Oberbaus mit 24,2 Kilo Gewicht pro Meter Schiene erlauben uns eine

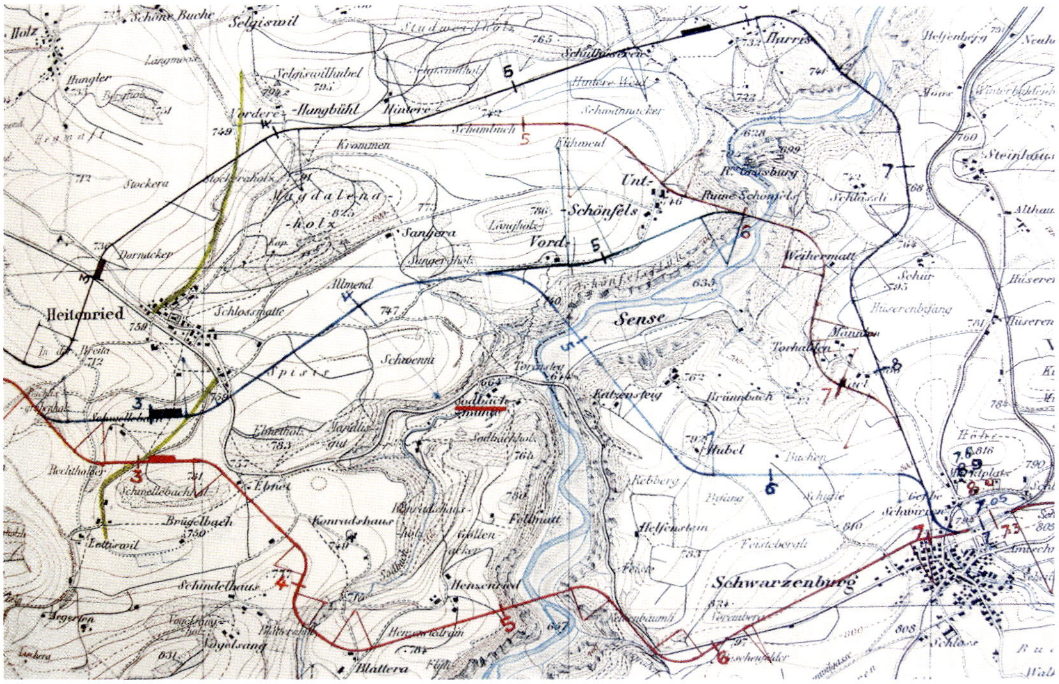

Wie lässt sich der bis zu 250 m tiefe Sensegraben, welcher hier die Kantonsgrenze Freiburg-Bern bildet, am kostengünstigsten überqueren? Die Sense blieb nicht der einzige Knackpunkt; es waren insgesamt noch weitere drei grosse Brückenwerke nötig, das heikelste über die Saane bei Freiburg (unten).

Maximalgeschwindigkeit von 45 Kilometern pro Stunde und damit die vorgesehene Fahrzeit der Schnellzüge zwischen Freiburg und Thun.»[6]

Fünf Hochbrücken-Projekte

Fünf Varianten werden für die Sense-Überbrückung ausgearbeitet. Am 27. Dezember 1913 treffen sich die Oberingenieure der Kantone Freiburg und Bern im Hotel «Bären» in Albligen. Im Protokoll wird vermerkt: «Käme allein die Strasse infrage, so wäre die Hochbrücke beim ‹Harris›, wo der Einschnitt der Sense am schmalsten ist und die Qualität der Felsufer die beste Garantie bietet, am günstigsten platziert. Für die Eisenbahn wäre dagegen die Verlängerung der Linie um 2 Kilometer nicht angezeigt, abgesehen davon, dass Albligen kaum viel mehr von der Bahn profitieren würde. Die schwarze Variante wurde daher ausgeschaltet wie die rote, welche der Bedingung des Kantons Bern, den Sensegraben möglichst zwischen die Sodbach- und die Ruchmühle-Brücke zu legen, nicht entspricht. Der Vertreter von Freiburg neigte der blauen Variante zu, wogegen die bernischen Vertreter mehr der braunen oder grün-braunen Variante das Wort redeten.» Man einigte sich schliesslich dahin, den Baudirektoren beider Kantone diese zwei Varianten zum Entscheid vorzulegen. Am 21. Juli 1914 wird von beiden Kantonen das generelle Projekt unterschrieben – eine Woche später bricht der Erste Weltkrieg aus.

Wie aussichtslos inzwischen die Weiterplanung geworden ist, illustriert die harsche Antwort aus Bern vom April 1915 auf einen Vorschlag von Ingenieur Meyer für eine weitere Begehung. «Wir sind der Meinung, dass der geplante Augenschein keinen Zweck hat (...). Wenn der Staat Bern eine Subvention an die Brücke leisten soll, so muss dieselbe so platziert werden, dass die bisherigen Brücken (Sodbach und Ruchmühle) eingehen können. Wir bemerken übrigens, dass diese Angelegenheit keine Eile hat, indem vor wenigstens 5–6 Jahren doch keine neuen Eisenbahn-Subventionen bewilligt werden können.»[7]

Per Tram hinauf zur «Basler Rigi»

Was der Uetliberg für Zürich und der Gurten für Bern, bedeutet für die Basler die Chrischona: Hausberg, Panorama-Blick und beliebtes Naherholungsgebiet. Jahrelang werden Bahnpläne geschmiedet. Doch ausgerechnet in der wohlhabenden Handelsstadt Basel will sich kein Investor engagieren, es fehlt eine Persönlichkeit, die dem Projekt politisch zum Durchbruch verhelfen könnte. Schliesslich wird das «Riehener Trämli» zum Totengräber. In Riehen schwindet das Interesse an einer Linien-Verlängerung Richtung Bettingen und Chrischona. Man befürchtet die Konkurrenz durch interessante Baugebiete in der höher gelegenen kleinen Nachbargemeinde.

Bereits im Mai 1875 kann Zürich mit der Uetlibergbahn auftrumpfen. Nach jahrelangem Ringen folgt Bern 1899 mit der Drahtseilbahn auf den Gurten (857 m). Kein Wunder, dass auch für eine Chrischona-Bahn «auf die Höhen der Basler-Rigi» ähnliche Projekte keimen.

Noch bevor Birsfelden 1897 als erste Basler Vorortsgemeinde zu einer Tramverbindung mit der Stadt kommt, werden die ersten Pläne für eine Basler Bergbahn zum höchsten Punkt des Stadtkantons, auf die 525 m hohe Chrischona, ausgeheckt. Ein Initiativkomitee bewirbt sich am 23. Oktober 1896 beim Bundesrat um die Konzession «für eine elektrische Eisenbahn» nach St. Chrischona. «Die projektierte Bahn durchquert trotz ihrer Länge von nur 6855 m über 200 Landparzellen»,[1] stellt der Komitee-Präsident in seinem Begleitschreiben an den Bundesrat fest und weist damit auf die zu erwartenden Schwierigkeiten für die Durchfahrtsrechte hin. Die Führung im breit abgestützten Initiativkomitee übernehmen die Unternehmer und Bankiers Hotz-Linder, Rohner-Örtly und Niesper-Meyer, Ingenieur Wilhelm Hetzel verantwortet die Pläne. Letzterer hat bereits die Projekte der Birsigtal- und der Lützeltalbahn ausgearbeitet, scheitert aber an vielen ambitionierten Bergbahn-Ideen wie zum Beispiel Frutigen–Adelboden, Grosse Scheidegg-Bahn, Faulhorn usw.

Am 30. September 1897 meldet das ‹Schweizerische Bundesblatt›: «Laut dem allgemeinen Bericht soll die Bahn ihren Anfang bei der nächst dem Hörnli gelegenen projektierten Haltestelle der Basler Strassenbahnen (Linie Wettsteinplatz–Grenzacherstrasse–Hörnli) nehmen und sich auf eigenem Bahnkörper, die Bahnlinie Basel–Waldshut kreuzend, über das westlich vom Grenzacherhorn gelegene Plateau nach Riehen ziehen, um von hier, die Landstrasse benützend, durch das Dorf Bettingen nach Chrischona-Kulm zu führen.»

Wenn das Tram zur Bergbahn wird

Sommer 1881, der erste Basler Tramomnibus ist unterwegs. Die von Pferden gezogenen Omnibusse werden bereits im Mai 1895 durch die elektrischen «Basler Strassenbahnen» (BStB) abgelöst. Als erste Stadt der Schweiz überträgt Basel den «Tramway-Betrieb» nicht Privaten, sondern einer städtischen Behörde. Die 2,8 km lange Pionierlinie führt vom Centralbahnhof über den Aeschenplatz, den Barfüsserplatz und den Marktplatz, weiter über die Mittlere Brücke bis zum ersten Badischen Bahnhof am Riehen-Ring, beim heutigen Messegelände. Bis 1900 verfügt die prosperierende Handels- und Industriestadt bereits über neun Linien mit einer Streckenlänge von 19,1 km. Die projektierte Linie wird zuerst als «Talbahn» geführt und soll ab Riehen zur Bergbahn werden mit einer Maximalsteigung von 100 ‰.

Prächtige Aussicht

Die Konzessionsbewerber weisen in ihrem Gesuch auf die «ausserordentlichen Vorzüge der Gegend» hin, welche durch diese Bahn allen Besuchern zugänglicher gemacht werden soll. «In seinem Reisehandbuch bezeichnet Baedeker die Aussicht auf der Chrischona als eine ‹prächtige›, während sie Tschudy als ‹brillant› schildert.»[2] Diese Berghöhe werde mitunter an einem Tage von mehr als 1000 Personen besucht. Daraus leiten die Initianten das selbstverständliche Bedürfnis nach der Erschliessung durch ihre projektierte Schmalspurbahn ab.

Spekulation greift um sich

Nur einen Monat nach der Konzessionseingabe, melden die Initianten am 22. November 1896: «Nun ist im Komitee der Beschluss gefasst worden, es möchte vorderhand nur die Teilstrecke Hörnli–Riehen, also das Stück Feldbahn, das die Staatsstrasse nicht benützt, sondern nur in der Nähe des Landauerhofes beim Hörnli kreuzt, den hohen eidg. Behörden zur Konzessionserteilung unterbreitet werden. Die Landpreise sind nämlich im Gebiete der Gemeinde Riehen im letzten Halbjahr um das Doppelte, stellenweise noch viel höher gestiegen, und die Spekulation lauert jetzt schon gerade auch auf das Terrain, das wir für die Bahn brauchen (...) Bereits hat der Bau von Villen in Riehen begonnen, und für das kommende Jahr sind wieder zahlreiche Neubauten in Aussicht genommen (...) Tüchtige Bahntechniker erklärten uns, dass die projektierte Linie Hörnli–Riehen eine grosse Zukunft habe, und dass sie imstande wäre, aus Riehen eine Villenvorstadt von Basel zu machen.»[3]

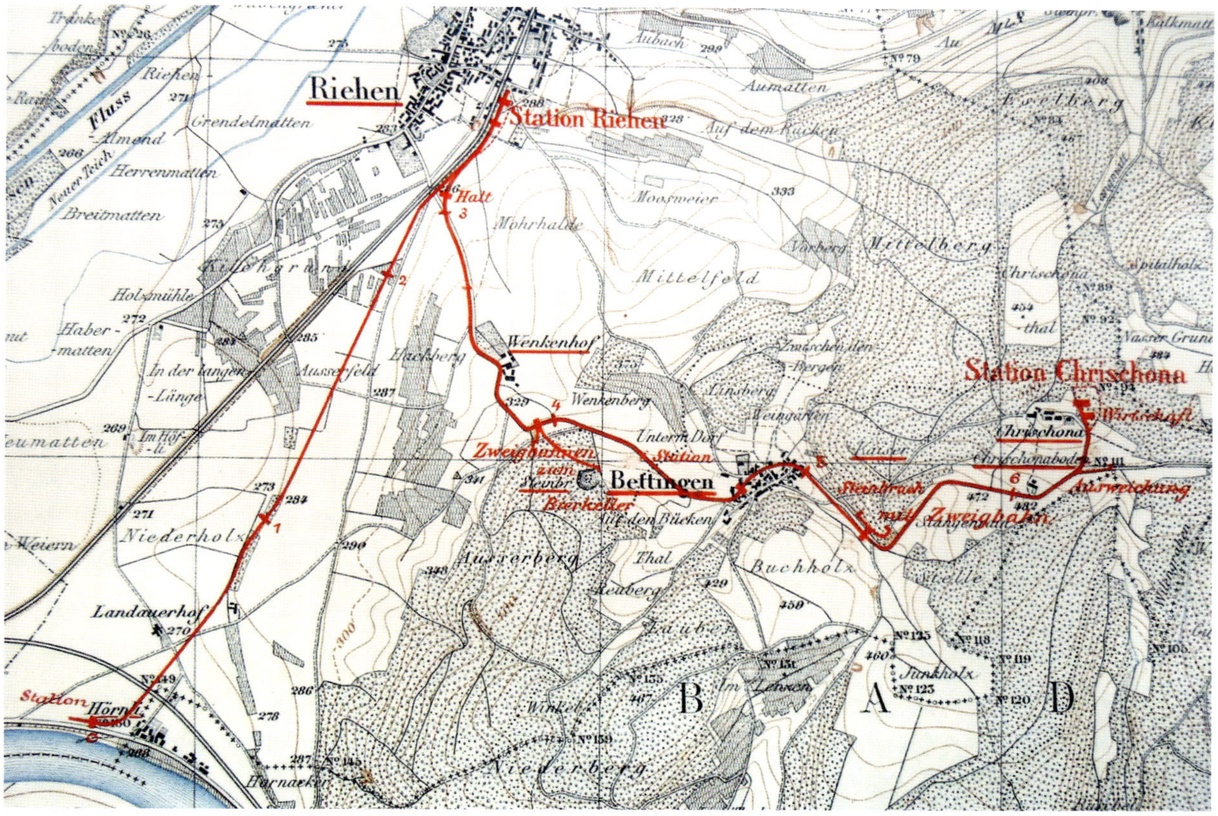

Riehen, Bettingen, St. Chrischona 1869: ländlich, geradezu idyllisch, buchstäblich eine aussichtsreiche Lage. Wie den Uetliberg und den Bantiger, kennt man Chrischona ausserhalb Basels vor allem als Standort des Fernseh-Sendeturms. Exakt 250 m hoch ist er, 8 Meter höher als jener auf dem Bantiger, 14 m höher als der Sendeturm Uetliberg. Doch St. Chrischona zeigte sich in der Eisenbahn-Geschichte auch als Tramway-Destination, eine allerdings eher unglückliche Geschichte.

Überforderter Kantonsingenieur

Die Zeit dränge, wird Bundesrat Joseph Zemp mitgeteilt: «Weil nun die Landspekulation Herrin des Plateaus wird», sei es dringlich, dieses Geschäft noch in der Dezember-Session der eidg. Räte zu behandeln. Doch das Basler Baudepartement will sich nicht drängen lassen und sich auch nicht mit einer Karte im Massstab 1:25 000 zufrieden geben. Es brauche, wegen der Mitbenützung und Querung von Staatsstrassen, genauere «Grundbuchpläne im Massstab 1:500 für die Dörfer und 1:1000 für das freie Feld», dazu die nötigen Längen- und Querprofile, Zeichnungen über das Oberbausystem und Details für das Betriebssystem. Überhaupt sei der «Kantonsingenieur seiner vielen anderen dringenden Geschäften wegen vor Neujahr kaum in der Lage, die sehr zeitraubenden Konzessionsbedingungen (diejenigen für die Birsigtalbahn umfassen 16 Folioseiten) zu entwerfen». Ausserdem müsse das Projekt auch noch vom Regierungsrat und vom Grossen Rat behandelt werden.

Unterstützung erhält das Komitee in dieser Phase hingegen durch die Gemeindebehörden von Riehen und Bettingen, weil sich «aus dem Bestehen der Bahn für die Bevölkerung und insbesondere für die Liegenschaftsbesitzer direkter und indirekter Nutzen ergebe».

Die Bundeskonzession liegt vor

Das Konzessionsgesuch wird vom Basler Grossen Rat einstimmig genehmigt, dennoch fehlen die kritischen Voten nicht: «Dr. Witzig wünscht eine genauere Fassung des Beschlusses», heisst es in den ‹Basler Nachrichten›. Und «Oberst Falkner glaubt nicht an die Rentabilität der Bahn. Diese ist von der Frequenz abhängig, und die Letztere wieder vom schönen Wetter. Zudem sind die Eigentumsverhältnisse auf Chrischona derart, dass die Möglichkeit einer Verbauung der Aussicht nicht ausgeschlossen ist. Die für die staatliche Strassenbahn vorgesehenen Taxen dürften für die neue Bahn, soweit sie Strassenbahn ist, nicht wohl erhöht werden. Die Bedenken, dass die Bahn finanziell ein schlechtes Geschäft ist, liegen also sehr nahe».[4]

Dem Bundesrat scheinen die vorgesehenen Taxen ebenfalls etwas gar hoch angesetzt zu sein: Hörnli–Riehen 20 Rappen, Riehen–Chrischona 40 Rappen. Ein knappes Jahr nach dem Konzessionsgesuch erhält das Initiativkomitee am 15. Oktober 1897 dennoch die bundesrätliche Konzession. Wie bei allen Eisenbahn-Konzessionsbegehren der damaligen Zeit üblich, setzt der Bund auch der Chrischonabahn eine enorm kurze Frist: «Binnen 2 Jahren, von Beginn der Erdarbeiten an gerechnet, ist die Linie Riehen–Chrischona zu vollenden und dem Betriebe zu übergeben.»

Sand im Getriebe

Die Generalversammlung der «Chrischonabahn-Initiativgesellschaft» überträgt am 12. Oktober 1898 die Konzession auf den Basler Bankier Eduard Probst-Lotz. Nichts ändert sich, es geht reichlich schleppend vorwärts, sodass Eduard Probst 1907 ein neues, leicht modifiziertes Projekt erstellen lässt. Doch auch dem Bankier geht der Schnauf aus. «Weil die Umstände es mir nicht gestatten, die Finanzierung des Bahnprojektes selber durchzuführen», wird die Konzession erneut auf einen anderen Partner übertragen, diesmal auf die Firma Ausfeld & Spyri in Basel. Ausserdem können die Basler Strassenbahnen für die sogenannte «Talstrecke» nach Riehen gewonnen werden.

Es wird sicherlich gelingen …

Als Weihnachtsgeschenk verbreitet die ‹National-Zeitung› am 24. Dezember 1911 neue Hoffungen an ihre Leserschaft.

Die Kaffeehalle Waldrain und Ferienheim auf St. Chrischona.

Dem aktuellen Konzessionsbesitzer sei es gelungen, eine erneute Verschiebung zu erwirken. Erfreulicherweise werde die Chrischonabahn, dank des Baus eines Hotels, zusätzlich frequentiert.

«Das gegenwärtige Projekt beruht nun darauf, dass zwar ein besonderes Unternehmen gegründet wird, die Basler Strassenbahnen aber diesen Betrieb in Fortsetzung der Basel–Riehen-Tramstrecke besorgen. Die Stadt Basel wird also diesem Unternehmen auf die Chrischonahöhe günstige Bedingungen zum elektrischen Betrieb stellen, indem nur die effektiv geleisteten Wagenkilometer berechnet werden. Um diesen städtischen Vorteil auszunützen, muss aber die Bahnanlage auf die Chrischona so beschaffen sein, dass die normalen Tramwagen (wenigstens die Motorwagen mit zwei elektrischen Motoren) ohne Weiteres auch auf dieser Bergstrecke verwendbar werden. Das Bahntrassee wurde deshalb mit maximal 60 ‰ Steigung gewählt.»[5] Als Maximalsteigung für Adhäsionsbahnen (ohne Zahnrad) gelten 70 ‰.

Das Fiasko droht

Es geht in die vorletzte Runde: Der Bundesrat hat Egon Kohler-Below, dem ehemaligen Restaurateur des Bahnhofbuffets Basel, «eine letzte Fristverlängerung bis zum 31. Dezember 1911» gewährt.

Bereits ein Jahr zuvor hat das Projekt Chrischonabahn nur mit grösster Mühe den endgültigen Zusammenbruch vermeiden können: Das Ingenieurbüro Ausfeld & Spyri ist Konkurs gegangen und musste die Konzession an die Gläubigerfirma Gubler & Cie in Zürich abtreten. Diese wiederum verzichtet und verkauft die Konzession an Gastwirt Egon Kohler-Below.

Übrigens: Kurz bevor die National-Zeitung ihre Good News verbreitete, wandten sich die Rechtsvertreter von

Die Chrischonabahn

	Projekt 1896		Überarbeitetes Projekt 1907	
Konzessionsgesuch	23. Oktober 1896		12. Dezember 1907	
Konzession	15. Oktober 1897		–	
Konzessionsbewerber	Initiativkomitee Präsident: R. Hotz-Linder Dezember 1898: Ed. Probst-Lotz, Bankier		Eduard Probst, Bankier, Basel April 1910: Ingenieurbüro Ausfeld & Spyri Dezember 1911: E. Kohler-Burow, Basel	
Projekt	Ingenieur Wilhelm Hetzel, Basel		Ingenieur Wilhelm Hetzel, Basel	
Streckenlänge	6855 m		5000 m	
Spurweite	1000 mm		1000 mm, gemäss Normen der Basler Strassenbahn	
Maximalsteigung	100 ‰		65 ‰	
Höhenkoten	Station Hörnli	267 m ü. M.	Riehen, Strassenbahn	278 m ü. M.
	Riehen	286 m ü. M.	Bettingen	390 m ü. M.
	Chrischona	512 m ü. M.	Chrischona	500 m ü. M.
Höhendifferenz	245 m		222 m	
Fahrplan	Untere Strecke: 15-Minuten-Betrieb		–	
	Obere Strecke: 30-Minuten-Betrieb		–	
Höhendifferenz	245 m		210 m	
Zwischenstationen	8 (2 Stationen, 6 Haltestellen)		1 (Bettingen)	
Kosten	CHF 418 000 (CHF 61 000 pro km)		CHF 840 000	

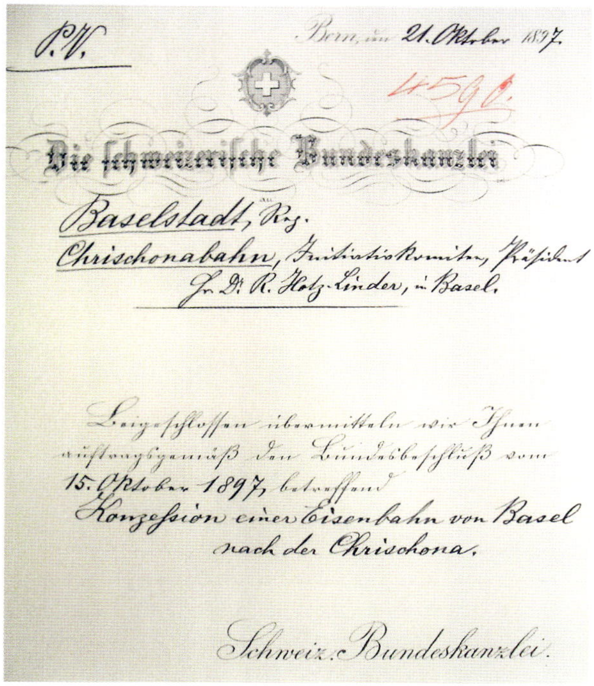

P.V.

Bern, den 21. Oktober 1897.

4590.

Die schweizerische Bundeskanzlei

Baselstadt, Reg.
Chrischonabahn, Initiativkomitee, Präsident
Hr. Dr. R. Holz-Linder, in Basel.

Beigeschlossen übermitteln wir Ihnen auftragsgemäß den Bundesbeschluß vom 15. Oktober 1897, betreffend Konzession einer Eisenbahn von Basel nach der Chrischona.

Schweiz. Bundeskanzlei.

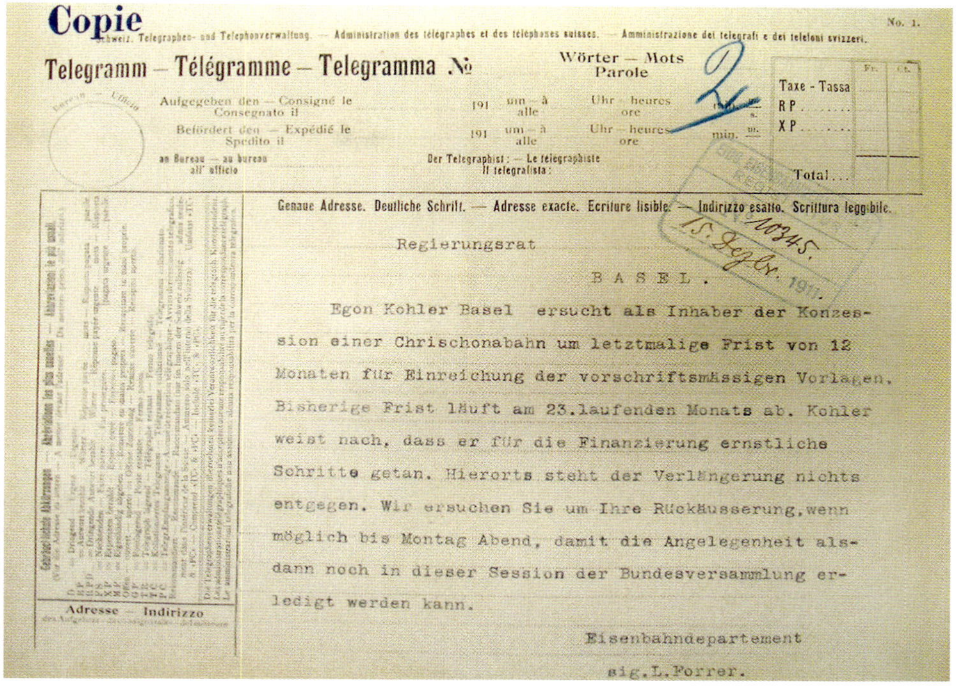

Copie

Telegramm – Télégramme – Telegramma №

Wörter – Mots Parole

Genaue Adresse. Deutliche Schrift. — Adresse exacte. Ecriture lisible. — Indirizzo esatto. Scrittura leggibile.

Regierungsrat

BASEL.

Egon Kohler Basel ersucht als Inhaber der Konzession einer Chrischonabahn um letztmalige Frist von 12 Monaten für Einreichung der vorschriftsmässigen Vorlagen. Bisherige Frist läuft am 23. laufenden Monats ab. Kohler weist nach, dass er für die Finanzierung ernstliche Schritte getan. Hierorts steht der Verlängerung nichts entgegen. Wir ersuchen Sie um Ihre Rückäusserung, wenn möglich bis Montag Abend, damit die Angelegenheit alsdann noch in dieser Session der Bundesversammlung erledigt werden kann.

Eisenbahndepartement

sig. L. Forrer.

15. Dezbr. 1911.

Egon Kohler-Bulow an das Eidg. Eisenbahndepartement und verlangten nichts weniger als eine redaktionelle Änderung in der bundesrätlichen Botschaft:

«In der Botschaft vom 29. Oktober ist gesagt, das Bahnprojekt entspreche offenbar keinem wirklichen Bedürfnis, woraus die Schwierigkeiten der Finanzierung der Chrischonabahn zu erklären seien. Dieser Passus der Botschaft ist sofort durch die hiesige Presse verbreitet worden. Es ist klar, dass eine solche Äusserung, die von einer in Eisenbahnfragen kompetenten Behörde ausgeht, die Finanzierung der Chrischonabahn auf dem hiesigen Platze nicht gerade erleichtert.»[6]

Das Eisenbahndepartement beugt sich der Forderung nicht und belässt den erwähnten Passus in der Botschaft an das Parlament. Dennoch bieten sowohl der National- als auch der Ständerat erneut Hand zu einem Kompromiss: Sie gewährten eine letzte Frist von 12 Monaten, gültig bis zum 31. Dezember 1911.

Die Hoffnung stirbt zuletzt

Der «letzten Frist» zum Trotz: Noch einmal wird um eine Fristerstreckung nachgesucht! Unterdessen haben die «Strassenbahnen des Kantons Basel-Stadt» Interesse am Bahnbau Riehen–St. Chrischona bekundet. Die neu erstellte Strassenbahnlinie vom Badischen Bahnhof nach Riehen bietet die ideale «Talstrecke» und darf als Zubringerbahn mit einem willkommenen Mehrverkehr auf ihrem Netz rechnen. Direktor Arnold Gysin schreibt am 17. Mai 1911 dem Präsidenten des Chrischonabahn-Komitees:

«Die Begehung des Trassees am letzten Samstagnachmittag hat bei allen Beteiligten den Eindruck erweckt, dass wir Ihnen eine gute Lösung vorschlagen (…) Bei dieser Begehung konnte des Fernern konstatiert werden, was eine solche Bahn dem Reisenden landschaftlich bieten würde.» Man dürfe annehmen, dass das Unternehmen, in unmittelbarer Nähe der Stadt gelegen, lebensfähig sein werde.

Gysin macht aber auf Differenzen aufmerksam: Eigene Berechnungen hätten gezeigt, dass ein Vergleich mit der Birseckbahn und der Trambahn Basel–Reinach–Aesch nicht ganz zutreffen, «weil die Frequenz der einheimischen Bevölkerung und der Geschäftsleute, welche bei der Chrischonabahn vollständig fehlen würde, zu sehr vernachlässigt worden ist. Die späteren Annahmen, nach welchen sich eine Totalfrequenz von 400 000 Personen ergibt, sind vollends übersetzt. Was den Fahrpreis anbetrifft, wird das Retourbillet Basel–Chrischona nicht weniger als 1.– Franken und nicht mehr als 1.20 Franken kosten dürfen, wobei für die Strassenbahnstrecke 30 Cts. in Abzug zu bringen sind».

Vom letzten zum allerletzten Gesuch

Erneut stellt Kohler-Burow in Bern ein Fristverlängerungsgesuch. Um die ernsthaften seiner Bauabsichten zu unterstreichen, meldet sein Rechtsanwalt dem Präsidenten der nationalrätlichen Eisenbahn-Kommission in letzter Minute, der Kanton Basel-Stadt werde «eine bescheidene Beteiligung zusichern». Überdies liege von der Bahnindustrie-Aktiengesellschaft Hannover eine Offerte vor zur Übernahme des Bahnbaus. Schliesslich seien insgesamt 150 000 Franken zugesichert worden.

Tatsächlich lenkt der Bund noch einmal ein. Eine allerletzte Frist wird bis zum 31. Dezember 1912 gewährt. Doch auch dieser Strohhalm wird nicht genutzt. Im Gegenteil erreicht ein weiteres Gesuch mit Poststempel vom 31. Dezember 1912 den «hoch geehrten Herr Bundesrat» mit der Zusicherung, dass erstens die Finanzierung wirklich gesichert sei und zweitens nun auch die Pilgermission auf St. Chrischona ihre Opposition aufgegeben habe. Das Eisenbahndepartement in Bern bestätigt am 10. Januar 1913 den Eingang der Post aus Basel[7]… und dann verlieren sich auch im Bundesarchiv die Chrischonabahn-Spuren.

Links: «Beigeschlossen übermitteln wir Ihnen auftragsgemäss den Beschluss vom 15. Oktober 1897 betreffend Konzession einer Eisenbahn von Basel nach der Chrischona.»

Rechts: Es harzte mit der Finanzierung, die bestehende Konzession wurde immer wieder weitergereicht. 1911 lenkte Bundesrat Ludwig Forrer, der damalige Vorsteher des Post- und Eisenbahndepartementes, erneut ein und bewilligte eine letzte Fristerstreckung.

Laufental, Lüsseltal oder doch Lützeltal?

Die Bestrebungen, die Talschaften der Lützel, der Birs und der Lüssel durch Schmalspurbahnen zu verbinden, reichen vor den Ersten Weltkrieg zurück. Konkret werden die Pläne aber erst 1917 mit dem Konzessionsgesuch für eine elektrische Schmalspurbahn von Zwingen BE/BL über Breitenbach SO nach Erschwil SO (Lüsseltalbahn). So verworren wie der Grenzverlauf in der Nordwest-Ecke der Schweiz, so vertrackt laufen rund um Laufen auch die Diskussionen um die «richtige» Linienführung. So endet der Kampf schliesslich mit einer Nullnummer.

Es ist recht mutig, 1917, mitten im Ersten Weltkrieg, einen Konzessionsantrag nach Bern zu schicken. Doch der Breitenbacher Fabrikant und Solothurner Kantonsrat Albert Borer und sein Partner, Notar Adolf Ruetsch aus Laufen, sind von ihrer Idee nicht abzubringen. Der mächtige Aufschwung durch das rasche Aufblühen und Gedeihen grosser Industrien im Lüsseltal rufe nach besseren Verbindungen. Der Bau einer 7,1 km langen, elektrischen Schmalspurlinie Zwingen BE/BL–Breitenbach SO–Erschwil SO dränge sich geradezu auf. Keine Schwierigkeiten biete die Beschaffung der elektrischen Energie durch die Elektra Birseck. Mit 1,135 Millionen Franken werden die Baukosten veranschlagt.

Dampf oder Elektrizität?

In den Verhandlungen beim Eisenbahndepartement in Bern geht es für die Konzessionsbewerber nur noch um Detailfragen. Einzig der Vertreter des Kantons Bern wendet ein, der Regierungsrat habe beschlossen, «dass auf bernischem Gebiet keine Bahn mit Dampfbetrieb mehr erstellt werden solle». Im Protokoll wird festgehalten: «Herr Borer gibt hierauf die bestimmte Erklärung ab, dass die Bahn als elektrische Schmalspurbahn gedacht sei.» Der Bundesrat leitet das Projekt in bejahendem Sinn an die Bundesversammlung weiter.

Gemeinde Laufen mit Gegenprojekt

Diese Entwicklung ruft im Bezirkshauptort nach Widerstand. Absolut kampflos will das Städtchen Laufen seine zentrale Position nicht preisgeben. Einstimmig (!) heisst die Gemeindeversammlung am 7. September 1918 den gemeinderätlichen Antrag gut, ein eigenes Projekt, eine Direktlinie Laufen–Breitenbach ausarbeiten zu lassen. Noch im Dezember des gleichen Jahres präsentiert der Gemeinderat die Alternative Laufen–Breitenbach als «Thiersteinbahn» mit einer eventuellen «Weiterführung der Linie nach Erschwil, Bretzwil und Liestal». Die in Laufen erscheinende ‹Nordschweiz› fasst zusammen: «Wie anno dazumal, da der Bau der Lützeltalbahn in naher Aussicht schien und die Freude darob sogar im grossen historischen Umzug in Laufen zum Ausdruck kam, so bewegt auch

Das moderne, leistungsfähige Dampftram der Birsigtalbahn BTB mit Lokomotivführer, Heizer und Kondukteur.

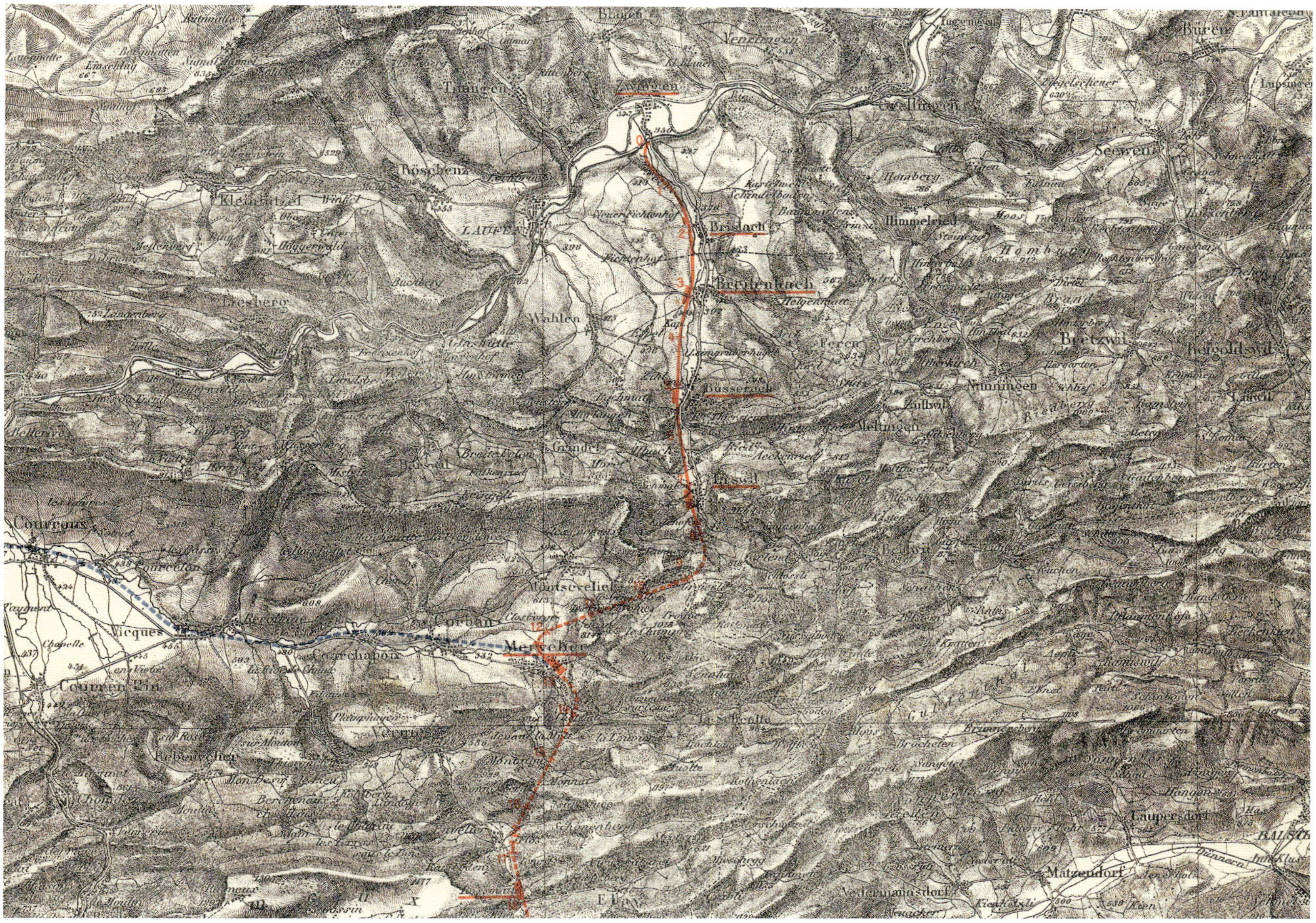

heute wieder, trotz des nachbarlichen Kanonendonners (gemeint ist das Projekt aus Zwingen), die Freude der Erwartung neuen Verkehrs die Gemüter. Die Bestrebungen, das Lüsseltal mit dem Birstal und Lützeltal zu verbinden, reichen wohl an die dreissig Jahre zurück.»

Bern und Solothurn uneins

Für die Berner Regierung ist klar: Beide, nur wenige Kilometer auseinander liegenden «Parallelbahnen» können niemals rentieren. Im gleichen Sinn äussern sich das Eisenbahndepartement und die Eisenbahnkommission des Ständerats. Anders Solothurn: Die Regierung empfiehlt dem Eisenbahndepartement, beiden Projekten die Konzession zu erteilen. Privilegiert wird die Linie Zwingen–Breitenbach–Erschwil, weil Zwingen den «natürlichen Anschluss für das Lüsseltal» bildet. Demgegenüber setzt der bernische Regierungsrat primär auf die nur 3,5 km messende Linie Laufen–Breitenbach mit den Verlängerungsmöglichkeiten von Laufen westwärts nach Kleinlützel (Lützeltalbahn) und ab Breitenbach SO südwärts nach Erschwil SO sowie ostwärts nach Nunningen SO und Bretzwil BL. Das Hauptargument der Berner Regierung in der Vernehmlassungsantwort vom 14. Dezember 1918 an den Bund: «Das Gesuch der Gemeinde Laufen verdient deshalb den Vorzug, weil es von einer Behörde eingereicht wurde, welche am besten in der Lage ist, die Interessen der gesamten Landesgegend zu wahren.»

Auch die Solothurner Gemeinden des Lützeltales, Kleinlützel und Bärschwil, setzen sich mit Vehemenz für das «Laufener Projekt» ein. Gegenüber der Solothurner Regierung halten sie am 22. Januar 1919 schriftlich fest: Es gehe nicht nur um die Bahnverbindung allein, «sondern es würde zugleich die Möglichkeit geschaffen, direkten Anschluss zu finden an die Schnellzugsstation der SBB in Laufen».

Bundesrat als Schiedsrichter

Die Schweizer Wirtschaft muss nach dem Ersten Weltkrieg erst einmal aus der tiefen Krise herausfinden. Was sich bisher als fröhliches Wunschdenken und als optimale Netzlösung angepriesen hat, alle elektrischen Schmalspur-Linien mit dem Haupttal der Birs zu verbinden, nämlich jene des Lützeltals (Kleinlützel–Röschenz–Laufen), des Lüsseltals (Zwingen–Breitenbach–Erschwil), des Leymentals, (Projekt von 1899: Rodersdorf–Biel/Benken–Therwil–Dornachbrugg), oder eine normalspurige Thiersteinbahn

Das Projekt einer Lüsseltalbahn vom (damals) bernischen Zwingen in das benachbarte solothurnische Breitenbach: Mitten im Ersten Weltkrieg blieb das Konzessionsgesuch von 1917 für die Strecke Zwingen–Erschwil, mit geplanter Weiterführung bis Corcelles an die eben eröffnete Solothurn–Moutier-Bahn, chancenlos.

(Kleinlützel–Laufen–Breitenbach), all das muss aus finanziellen Gründen abgespeckt werden.

Bundesrat Robert Haab persönlich, nimmt am 16. März 1920 eine Besichtigung vor. In den anschliessenden Verhandlungen ziehen die Initianten Borer und Ruetsch ihr Projekt unter der Bedingung zurück, dass die Gemeinde Laufen innerhalb von 3 Jahren den Finanzausweis für den Bau der Linie Laufen–Breitenbach zu leisten hat. In der Zwischenzeit haben sich zwei weitere Solothurner Gemeinden des Lützeltales, Metzleren und Kleinlützel, «rückhaltlos für die Linie Laufen–Breitenbach» ausgesprochen. Nicht zuletzt erhofft man sich hier eine spätere Verlängerung der Linie nach Westen bis zur französischen Grenze. Dieser gemeinsame grösstmögliche Nenner führt schliesslich am 25. Juni 1921 zur Konzessionierung der Linie Laufen–Breitenbach durch den Bund. Dennoch erlebt kein einziges dieser idealisierten Projekte die Realisierung. In der Eisenbahn-Aktensammlung des Verkehrsamtes des Kantons Bern ist lakonisch vermerkt: «1923, Hinfall der Konzession Laufen–Breitenbach».

Zentrumsorientierte Entwicklung

Die verschlungenen Kantons- und Landesgrenzen (Basel-Stadt, Basel-Land, Bern, Solothurn, Deutschland, Frankreich) führen in der Nordwestecke der Schweiz bereits in den Gründerjahren der Nahverkehrsmittel zu komplizierten Verflechtungen und zu einem oft erbittert geführten Konkurrenzkampf – kleinräumiges Denken inbegriffen. Während sich die vielen Partikularinteressen gegenseitig blockieren und die Ost-West-Verbindungen zum Laufental somit erst recht chancenlos bleiben, erlebt die nach der Stadt Basel ausgerichtete Birsigtalbahn, trotz kritischer Phasen, eine erstaunliche Entwicklung.

Was in den Gründerjahren im harten Ringen um Kunden und Güter gestanden hat (Birsigtalbahn, Birseckbahn, Trambahn Basel–Aesch, Basellandschaftliche Überlandbahn), ist seit 1974 erfolgreich in der Baselland Transport AG BLT zusammengefasst. Heute gilt der Tarifverbund Nordwestschweiz TNW, mit grenzüberschreitenden Tickets an allen Billettautomaten, als beispielhaftes Nahverkehrs-Unternehmen der Schweiz.

	Delle-Porrentruy-Basel (Lützeltalbahn)	Laufen–Breitenbach (Thierstein-Bahn)	Zwingen–Breitenbach (Lüsseltalbahn)
Konzessionsgesuch	9. November 1899	31. Oktober 1918	28. Dezember 1917
Konzessionsbewerber	Initiativkomitee aus 8 Gemeinden Präsident Wilhelm Hetzel, Ingenieur, Basel	Gemeinderat Laufen	Alb. Borer, Fabrikant, Breitenbach A. Ruetsch, Notar, Laufen
Konzession	28. Juni 1900 (Konzessionsübertragung)	25. Juni 1921	–
Streckenlänge	53 km	3,65 km	7,1 km
Sitz der Gesellschaft		Laufen	Zwingen
Spurweite	1435 mm (Normalspur)	1000 mm	1000 mm
Maximalsteigung	30 ‰	50 ‰ (Unterführung Laufen)	28 ‰
Minimalradius	275 m	40 m	85 m
Kulminationshöhe	561,45 m ü.M.	408 m ü.M. (Kantonsgrenze)	
Stationen	Delle-Porrentruy bis Chlösterli Chlösterli Kleinlützel Burg im Leimental Metzerlen Mariastein Hofstetten Reinach Basel	Laufen BE 358 m ü.M. Breitenbach SO 395 m ü.M.	Zwingen BE 349 m ü.M. Brislach BE 372 m ü.M. Breitenbach SO 392 m ü.M. Büsserach SO 420 m ü.M. Erschwil SO 452 m ü.M.
Betriebssystem	Elektrisch	Elektrisch, analog der Solothurn–Niederbipp-Bahn	Elektrisch, wie bei Birsigtalbahn
Kosten	CHF 8 500 000	CHF 720 000 (CHF 197 260 pro km)	CHF 1 135 000 (CHF 159 859 pro km)
Bemerkungen	Die am 16.12.1895 ausgestellte Konzession der Lützeltalbahn wurde am 9.11.1900 von H. Stumm, Basel und E. Häner, Kleinlützel, auf Wilhelm Hetzel übertragen mit Fristverlängerung bis 16.1.1901.	Durch diese Konzession wurde das Projekt Zwingen–Erschwil der Gesuchsteller Borer, Breitenbach und Notar Ruetsch, Laufen, gegenstandslos und vom Ständerat von der Traktandenliste gestrichen.	Das Projekt wurde im Sommer 1920 zugunsten der Thiersteinbahn Laufen–Breitenbach (siehe oben) aufgegeben.

Mit der «Nordwestbahn» von Basel nach Pruntrut

Bereits 1895 genehmigen der Ständerat und der Nationalrat die Konzession für eine Lützeltalbahn von Pruntrut nach Laufen. Weil das Bauvorhaben schon bald ins Stocken gerät, bewirbt sich der Basler Ingenieur Wilhelm Hetzel erfolgreich um diese Konzession und ergänzt sie mit einer Zweiglinie vom Lützeltal an das Rheinknie. Auf sechzehn hand- und eng beschriebenen Seiten stellt er sein Projekt als «Nordwestbahn» vor und stellt dieser eine blühende Zukunft in Aussicht.

Mit Ausgangspunkt Landesgrenze bei Delle in der Ajoie soll die Nordwestbahn beim Weiler Chlösterli im Lützeltal, direkt an der Kantonsgrenze Jura/Solothurn und entlang der Landesgrenze zu Frankreich, talwärts Richtung Kleinlützel führen und die Passagiere von dort via Burg, Metzerlen, Hofstetten und Ettingen nach Reinach und Basel bringen.

Für Wilhelm Hetzel ist klar: Zwar werde die Nordwestbahn die Distanz zwischen Basel und Pruntrut, gegenüber der (damaligen) Jura-Simplon-Bahn, Basel–Delémont–Porrentruy, effektiv nur um 14 km abkürzen, «virtuell aber um fast 20 km, weil das Lützeltal (...) und das Ajoietal ebene und geradlinige Täler sind, durch die besonders elektrisch sehr schnell gefahren werden kann». So werde die Reisezeit zwischen Basel und Pruntrut um «eine gute Stunde» verringert. Die Nordwestbahn bilde «sozusagen das Doppelgeleise zur Jura-Simplonbahn» Basel–Delémont–Porrentruy. Die Reisenden würden diese direktere und bequemere Route sicherlich vorziehen, um dann in Delle auf die französischen Ostbahnen umsteigen zu können. Die Initianten sehen bereits «den Pariser Verkehr und was mit demselben zusammenhängt» am Bahnhorizont. Und Hetzel träumt an der Jahrhundertwende vom Stundentakt auf dem Abschnitt Basel–Hofstetten.

Interessant ist immerhin Wilhelm Hetzels Hinweis auf die verbürgten Leistungen der interessierten Gemeinden. Wie im Bündnerland beim Bau der Rhätischen Bahn, verpflichten sich diese auf «Gratisabgabe des nötigen Bauterrains, Gratisabgabe des zum Bahnbau nötigen Bauholzes, Übernahme möglichst grosser Posten von Bundesobligationen». Weiter rechnen die Initianten mit der Unterstützung durch die Kantone Bern (der Nordjura und das Laufental gehören bis 1978 bzw. 1994 zum bernischen Kantonsgebiet) und Solothurn.

Luftschlösser lösen sich schnell auf

Dennoch erstaunt die Konzessionsübertragung an Wilhelm Hetzel: Erstens hat sich der Basler Ingenieur in der Vergangenheit nicht gerade als erfolgreicher Initiant im Eisenbahnbau hervorgetan (rund ein Dutzend Projekte haben Schiffbruch erlitten), und zudem erweist sich die Linienführung der Nordwestbahn als Schreibtischtat. Mehrere kilometerlange Tunnels, dazu ein Kehrtunnel (!) und zusätzliche, teure Kunstbauten schaffen zwangsläufig hohe Planungs- und Baukosten, ohne dass mit der neuen Linie eine neue, bevölkerungsreiche Region erschlossen werden könnte.

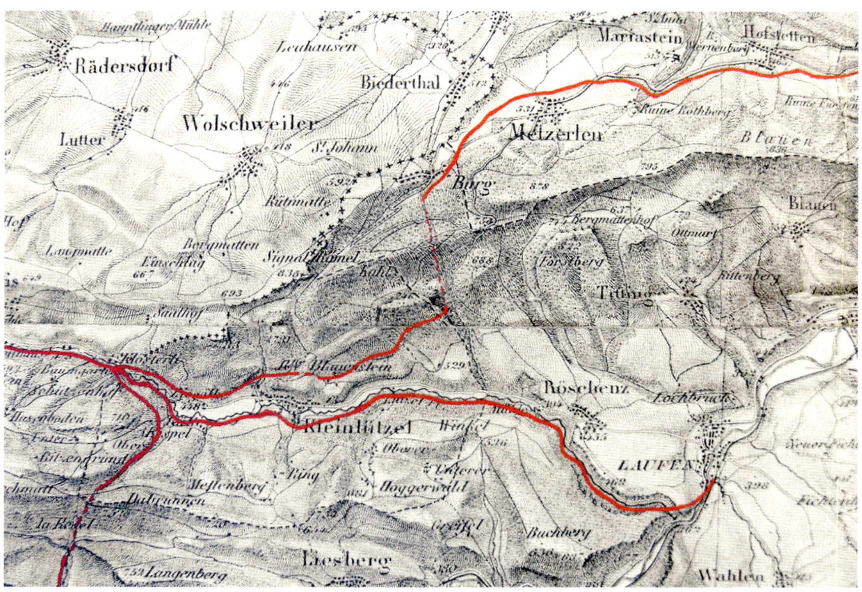

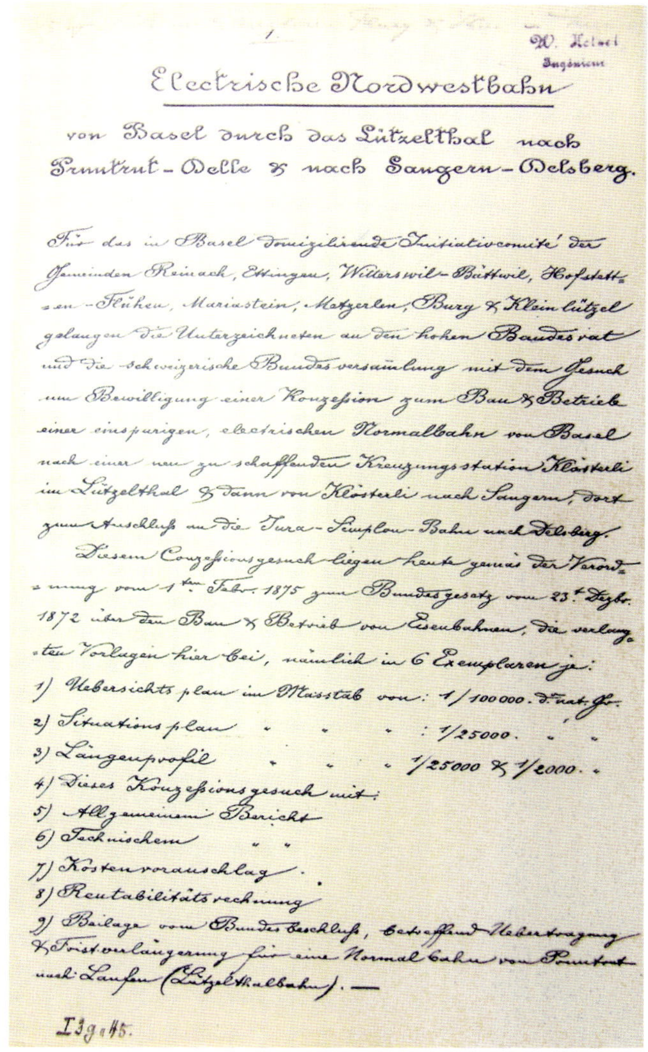

1

W. Hetzel Ingénieur

Electrische Nordwestbahn

von Basel durch das Lützelthal nach Pruntrut – Delle & nach Saugern – Delsberg.

Für das in Basel domizilirende Initiativcomité der Gemeinden Reinach, Ettingen, Witterswil–Bättwil, Hofstetten-Flühen, Mariastein, Metzerlen, Burg & Kleinlützel gelangen die Unterzeichneten an den hohen Bundesrat und die schweizerische Bundesversamlung mit dem Gesuch um Bewilligung einer Konzession zum Bau & Betrieb einer einspurigen, electrischen Normalbahn von Basel nach einer neu zu schaffenden Kreuzungsstation Klösterli im Lützelthal & dann von Klösterli nach Saugern, dort zum Anschluss an die Jura-Simplon-Bahn nach Delsberg.

Diesem Conzessionsgesuch liegen heute gemäss der Verordnung vom 1ten Febr. 1875 zum Bundesgesetz vom 23t. Dezbr. 1872 über den Bau & Betrieb von Eisenbahnen, die verlangten Vorlagen hier bei, nämlich in 6 Exemplaren je:

1) Uebersichtsplan im Masstab von: 1/100000 d. nat. Gr.
2) Situationsplan " " " : 1/25000. " "
3) Längenprofil " " " 1/25000 & 1/2000. "
4) Dieses Konzessionsgesuch mit:
5) Allgemeinem Bericht
6) Technischem " "
7) Kostenvoranschlag.
8) Rentabilitätsrechnung
9) Beilage vom Bundesbeschluss, betreffend Uebertragung & Fristverlängerung für eine Normalbahn von Pruntrut nach Laufen (Lützelthalbahn). —

I 3g. 45.

«Um eine gute Stunde» könnte die Fahrt von Basel nach Pruntrut verkürzt werden, gab sich Ingenieur Wilhelm Hetzel zuversichtlich. Das Konzessionsgesuch von 1899 wurde vom eidgenössischen Parlament und vom Bundesrat bereits ein halbes Jahr später bewilligt. Die 8,5 Millionen Franken teure Lützeltalbahn respektive «Nordwestbahn» konnte allerdings nie finanziert werden.

Der peinlichste Flop der Bahngeschichte

Das hat es in der schweizerischen Eisenbahngeschichte noch nie gegeben: eine Protestaktion, einen Boykott, einen erfolgreichen Streik der Bahnkunden! Allen Warnungen zum Trotz erhöht die Direktion der Birsigtalbahn BTB 1910 die Abonnementspreise massiv. Der Preis der Monatskarten steigt je nach Strecke um 37 bis 44 Prozent, nachdem das Unternehmen bereits zwei Jahre zuvor eine Preiserhöhung von 20 Prozent vorgenommen hat. Der Boykott wird für die Kunden zum nachhaltigen Erfolg, für das Bahnunternehmen zum noch nie dagewesenen Flop.

Sonntag, 1. Mai 1910, der seit vielen Jahren ersehnte Tag, als die Birsigtalbahn zur «längsten internationalen Tramlinie» wird. «Böllerschüsse verkündeten den Anbruch des freudigen Tages», berichtet der ‹Birsigbote›.[1] Die feierliche Eröffnung der verlängerten Linie von Flüh durch das damals noch zum Deutschen Reich gehörende Leimental bis nach Rodersdorf SO führt zu einem noch nie gesehenen Andrang, zu einem Fest, auch mit vielen Bewohnern aus den benachbarten elsässischen Gemeinden. Ein grosser Moment, so der ‹Birsigbote› weiter, der «diesem so vom Deutschen Reiche umschlungene Flecken Schweizererde Anschluss an den Weltverkehr bringen soll».

Doch im vorderen Birsigtal ist der Bevölkerung nicht zum Feiern. In Ettingen, Therwil und Oberwil werden Vorbereitungen zum Boykott der Birsigtalbahn getroffen. Das grosse Fest endet für das Bahnunternehmen anders als geplant. Weil parallel zur Linienverlängerung die Abonnementspreise massiv erhöht worden sind, verweigern die Pendler der Bahn wochenlang die Gefolgschaft. Es sind vor allem Arbeiter, Angestellte und Schüler, die zu noch nie gesehenen Gemeinschaftsaktionen greifen. Mit einer derartig heftigen Reaktion der treuesten Passagiere hat die BTB-Direktion offensichtlich nicht gerechnet.

Mit klingendem Spiel nach Basel

Statt mit der Birsigtalbahn zur Arbeit nach Basel zu tuckern, heuern die verärgerten Passagiere kurzerhand Ross und Wagen an. Die ‹National-Zeitung› in der Ausgabe vom 3. Mai 1910: «Kurz vor 12 Uhr fuhren montags die ‹Speiiewagen›, die Wagen mit Tannenreisig bekränzt und mit Blumen geschmückt, ein. Ein schneidiger Postillion auf dem Bock des vorderen Wagens mit der Bezeichnung ‹Speiiewagen Oberwil–Basel, 1. Klasse› führte die ‹Fouragewagen› mit klingendem Spiel auf der Heuwaage (Endstation in Basel) ein, mit stürmischen Hochrufen empfangen; in kurzen Abständen folgten noch drei weitere, ebenfalls hübsch dekorierte Wagen, die vor den Wirtschaften bei der Heuwaage vorfuhren (...) Es waren vier Zweispännerbreaks gut gedeckt, dass die Passagiere vor Wind und Regen geschützt sind. Mit einer Verspätung von 2 Minuten gegenüber dem Fahrplan der Birsigtalbahn fuhren die Fuhrwerke ab, begleitet von zahlreichen fröhlichen Zurufen, die ‹glückliche Fahrt› wünschten. Die Birsigtalbahn hatte freilich auch noch Passagiere, drei Wagen zeigten eine mässige Besetzung, während in normalen Zeiten dieser um 12.18 Uhr ins Birsigtal abgehende Zug mit 6–8 dicht besetzten Wagen fuhr. Die meisten dieser Passagiere sind Jahresabonnenten, die ihren Obolus der Bahn bereits entrichtet haben.»

‹NZZ›: «Staunen erregend»

Die ‹Neue Zürcher Zeitung› meldet am 2. Mai: «Der Boykott gegen die Birsigtalbahn (...) ist in staunenerregender Weise zur Durchführung gelangt. Die heute Morgen aus dem Birsigtal ankommenden Züge bestanden aus nur wenigen Wagen, die vereinzelt Passagiere führten, während sonst sieben bis acht Wagen dicht besetzt waren. Dagegen kommen ganze Gruppen von Radfahrern mit bekränzten Rädern an, und fünf geschmückte Leiterwagen führen Bewohner aus den hinteren Talgemeinden her. Das am Birsigtalbahnhof zahlreich versammelte Publikum beobachtet die Vorgänge mit sichtbarem Vergnügen.»

«Gegen die Willkürherrschaft ...»

Die ‹National-Zeitung› am 4. Mai: «Eine solche Eventualität hat natürlich die Bahnverwaltung nicht vorausgesehen, ebenso wenig die Möglichkeit, dass alle Abonnenten, Wochen- und Monatsabonnenten, Arbeiter und Angestellte gemeinsam und einträchtig sich gegen die Willkürherrschaft einer Privatgesellschaft auflehnen.» Im gleichen Artikel wird ein Verwaltungsratsmitglied der Birsigtalbahn zitiert: «Es ist ganz recht, wenn die Abonnenten nicht

Drei stolze Eisenbahner und ein junger Zaungast.

mehr fahren; wir brauchen gar keine Abonnenten mehr, denn sie verteuern uns nur die Betriebskosten.» Drei Tage später, am 7. Mai, stellt die ‹National-Zeitung› lakonisch fest: «Die Boykottbewegung gegen die Birsigtalbahn bewegt sich nun schon in so ruhigen Bahnen, als ob sie schon seit Wochen funktionierte. Die Abonnenten bleiben standhaft und verzichten auf die Benützung der Bahn, trotzdem das Wetter dazu nichts weniger als günstig ist. Bis jetzt ist noch keiner seinem Versprechen untreu geworden.»

... oder Agitation?

Während sich die freisinnigen ‹Basler Nachrichten› eine Woche lang vornehm zurückhalten und anfangs sogar von «Agitation» schreiben, hält die ‹National-Zeitung› weiterhin nicht mit Kritik zurück:

«5. Mai 1910: Ein ganzes Tal steht in ehrlicher, ungekünstelter Entrüstung gegen die Zumutungen auf (...) Man muss nämlich auch berücksichtigen, dass sich seit Jahren schon viel Groll gegen die BTB (Birsigtalbahn) angehäuft hat und dass der letzte gegen die Abonnenten gerichtete Schlag das bereits volle Mass der Unzufriedenheit zum Überlaufen brachte.»

Volksversammlung in Therwil

Die ‹National-Zeitung› am 10. Mai 1910: «Die Volksversammlung des Birsig- und Leimentals, welche am letzten Sonntag auf dem Turnplatz der Bezirksschule Therwil veranstaltet wurde, gestaltete sich zu einer gewaltigen, imposanten Kundgebung gegen die Willkürherrschaft der Birsigtalbahn (...) «In gewaltigen Zügen mit Musikbegleitung, einzelne Abteilungen von Berittenen begleitet, rückte das Volk zwischen 2 und 3 Uhr auf dem Sammelplatz ein, sodass bei der Eröffnung der Tagung nach allgemeiner Schätzung über 2000 Personen anwesend waren. Die Versammlung wurde durch den allgemeinen Gesang

Unten: Rodersdorf anfangs der 1920er-Jahre.

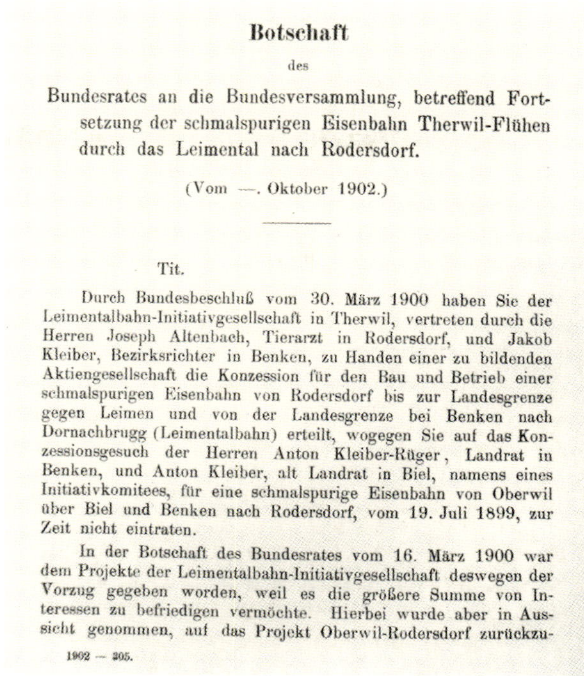

Botschaft

des

Bundesrates an die Bundesversammlung, betreffend Fortsetzung der schmalspurigen Eisenbahn Therwil-Flühen durch das Leimental nach Rodersdorf.

(Vom —. Oktober 1902.)

Tit.

Durch Bundesbeschluß vom 30. März 1900 haben Sie der Leimentalbahn-Initiativgesellschaft in Therwil, vertreten durch die Herren Joseph Altenbach, Tierarzt in Rodersdorf, und Jakob Kleiber, Bezirksrichter in Benken, zu Handen einer zu bildenden Aktiengesellschaft die Konzession für den Bau und Betrieb einer schmalspurigen Eisenbahn von Rodersdorf bis zur Landesgrenze gegen Leimen und von der Landesgrenze bei Benken nach Dornachbrugg (Leimentalbahn) erteilt, wogegen Sie auf das Konzessionsgesuch der Herren Anton Kleiber-Rüger, Landrat in Benken, und Anton Kleiber, alt Landrat in Biel, namens eines Initiativkomitees, für eine schmalspurige Eisenbahn von Oberwil über Biel und Benken nach Rodersdorf, vom 19. Juli 1899, zur Zeit nicht eintraten.

In der Botschaft des Bundesrates vom 16. März 1900 war dem Projekte der Leimentalbahn-Initiativgesellschaft deswegen der Vorzug gegeben worden, weil es die größere Summe von Interessen zu befriedigen vermöchte. Hierbei wurde aber in Aussicht genommen, auf das Projekt Oberwil-Rodersdorf zurückzu-

1902 — 305.

Links: Leimentalbahn, Birsigtalbahn, Lüssel- und Lützeltal – Bahnvielfalt zur Jahrhundertwende. 1902 wurde die Basis zur Birsigtalbahn Basel–Rodersdorf gelegt. Ursprünglich war sogar die Verlängerung der Birsigtalbahn über Rodersdorf hinaus geplant, mit einer Linienführung in den damals zum Deutschen Reich geschlagenen Sundgau (1871–1918) nach Werenzhausen/Werentzhouse und Altkirch.

‹Trittst im Morgenrot daher› eingeleitet.» Mit Entrüstung wurden «die höhnischen Bemerkungen der Direktion der Birsigtalbahn zurückgewiesen, von dem Preisaufschlag der Monatsabonnemente würden bloss eine Anzahl reicher Villenbesitzer betroffen». In scharfen Worten geisselt die ‹National-Zeitung› das Bahnunternehmen, welches «das arbeitende Volk als Massenartikel betrachtet, aus dem immer mehr herausgepresst werden muss, um die Dividenden des Grosskapitals zu erhöhen».

Nun kommen auch die ‹Basler Nachrichten› nicht mehr umhin, ihre Leser umfassender zu orientieren und nicht nur Communiqués der Birsigtalbahn abzudrucken. So schätzt der BN-Korrespondent die «Landsgemeinde von Therwil» sogar auf «etwa 3000 Personen». Negativ wird vermerkt: «Die Zahl der Teilnehmer von Basel dürfte sehr bescheiden gewesen sein.»[2] Beide Basler Zeitungen schliessen ihre Berichterstattung mit der in Therwil gefassten Resolution, den Boykott der Bahn so lange aufrechtzuhalten, «bis die Bahnverwaltung der Bevölkerung mit annehmbaren Vorschlägen entgegenkommt».

Weil der Widerstand von Tag zu Tag mächtiger und nun auch von den betroffenen Gemeinden und der Baselbieter Regierung mitgetragen wird, bleibt der Birsigtal-Bahnverwaltung keine andere Wahl, als endlich kleinmütig einzulenken.

Sogar im Bundeshaus führen die spektakulären Aktionen zu einem Eintrag im «bundesrätlichen Bericht über die Geschäftsführung 1910»:

«Die Birsigtalbahn hatte auf 1. Mai 1910, trotz der Einsprache der Verkehrsinteressenten, eine Erhöhung der Taxen der Abonnements für 1 und 6 Monate, für Schüler sowie für Arbeiter eingeführt. Die Folge davon war ein Boykott der Linie durch eine grosse Anzahl der bisherigen regelmässigen Benützer derselben, was die Bahnverwaltung veranlasste, auf 1. Juni 1910 eine Reduktion der eingeführten Erhöhungen eintreten zu lassen.»[3]

«Kürzestes Zwischenglied Basel–Mailand»

Viel diskutiert, doch nie gebaut. Schon 1850, als es um die Grundlagen des Schweizer Eisenbahnnetzes geht und der Jura-Durchstich von Basel Richtung Mittelland gesucht wird, haben die Planer auch die Schafmatt im Visier. Das Rennen macht der Hauenstein, Olten und nicht Aarau wird zum Eisenbahn-Drehkreuz, die Schafmatt-Variante gerät in Vergessenheit. Erst als die Gotthard-Verbindung und die Aargauische Südbahn (Seetalbahn) gebaut werden, weckt das die Aargauer. Gegenüber der Hauenstein-Linie könne die Schafmatt-Strecke «das Doppelte an Zugkraft»[1] leisten.

	Schafmattbahn Basel–Sissach–Aarau		
Konzessionsgesuch	7. März 1892		
Konzession	23. Juni 1892		
Konzessionsbewerber	Olivier Zschokke, Ing., Aarau A. Gonzenbach, Stadtrat, Aarau R. Sauerländer, Buchhändler, Aarau Max Schmid, Stadtammann, Aarau J. Bächli, Ingenieur, Aarau		
Projektverfasser	J. Bächli, Aarau		
Streckenlänge	45,3 km		
Spurweite	1435 mm (Normalspur)		
Maximalsteigung	12 ‰		
Stationen	Basel	km 0,0	278 m ü.M.
	Muttenz		282 m ü.M.
	Pratteln		289 m ü.M.
	Schöntal		293 m ü.M.
	Liestal		327 m ü.M.
	Sissach	km 21,1	379 m ü.M.
	Gelterkinden		415 m ü.M.
	Rothenfluh		471 m ü.M.
	Oltingen		505 m ü.M.
	Erlinsbach		426 m ü.M.
	Aarau	km 45,3	386 m ü.M.
Tunnellänge	5500 m Schafmatt-Tunnel		
Kulminationspunkt	505 m (Oltingen)		
Minimalradius	400 m		
Betriebssystem	Elektrisch		
Kostenvoranschlag	CHF 20 Mio. (CHF 444 000 pro km)		

Die versammelte Aarauer Prominenz steht 1892 geschlossen hinter dem Projekt, angeführt von Stadtammann Max Schmid, Bauunternehmer Olivier Zschokke und Verleger R. Sauerländer. Die Schweiz brauche neben dem Hauenstein-Tunnel auch die Schafmattbahn für den direkten Personen- und Güterverkehr, «das kürzeste Zwischenglied der französisch-deutschen und der schweizerisch-italienischen Bahnnetze in der Richtung von Basel nach Mailand».[2] In Basel könnten «die Centralbahn, die Jura-Simplonbahn und die Badischen Staatsbahnen ihre direkten Transitwagen beziehungsweise Züge auf dem Schafmattbahnhof Basel» (im damaligen Muttenzerfeld, als Konkurrenz zum Bahnhof der Centralbahn!) führen. Von hier würden diese «via Schafmatt nach Aarau gefördert und dort der Aargauischen Südbahn zur Weiterspedition nach Rotkreuz–Gotthard–Mailand übergeben».

Zwei Linienführungen wurden ins Auge gefasst: Von Sissach nach Gelterkinden, und weiter

- via Oltingen–Schafmatt–Erlinsbach nach Aarau oder
- via Zeglingen–Stüsslingen nach Aarau.

Beide Projekte weisen je 23 km Länge auf, beide Tunnel-Varianten je rund 5,5 km, die Linie über Zeglingen allerdings mit einem Steigungsmaximum von 15 Promille gegenüber 12 Promille der südlicheren Strecke über Oltingen nach Aarau.

Ingenieur und Bauunternehmer Olivier Zschokke sieht bereits 1888 voraus, «dass die gegenwärtigen Verkehrsmittel dem gewaltig sich mehrenden Handelsaustausch der nord- und südeuropäischen Völker nicht mehr genügen». Deshalb gelte es jetzt «verkürzte Schienenverbindungen zwischen Basel und dem Gotthard zu erstellen».[3]

20-Millionen-Projekt

Kein Konzessionär dürfe sich eines absoluten Monopols bedienen, halten die Initianten in ihrem Konzessionsgesuch fest. Insbesondere weise die Schafmattbahn dank der Projektierung des Scheiteltunnels auf nur 505 m ü.M. gegenüber der Hauenstein-Linie einen ins Gewicht fallenden Konkurrenzvorteil auf. «Infolgedessen werde es zulässig sein, auf den Massentransporten (z. B. Steinkohle) Tarifermässigungen einzuführen, welche es ermöglichen, schweizerische, deutsche und französische Waren in einem Masse auf den italienischen Markt zu bringen, wie solches bis jetzt nie gelungen, und dort Englands Fabrikaten und Produkten wirksame Konkurrenz zu machen. Das Gleiche gelte auch für den Personentransport via Brindisi nach dem Orient gegenüber Marseille und Genua.»[4] Der Bau der 45,3 km langen Linie wird mit 20 Millionen Franken veranschlagt.

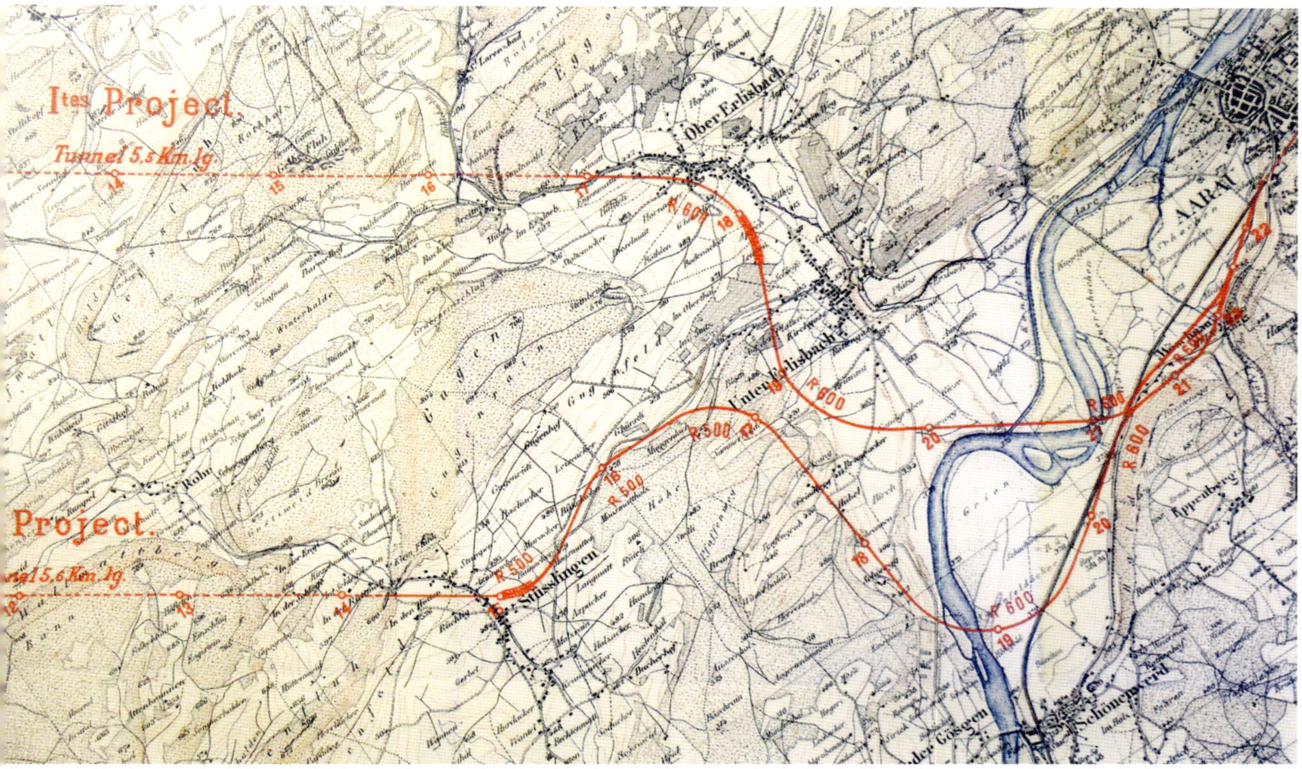

REGISTRATUR 12 MÄRZ 89

No 1760.

Projekt
einer
Schafmatt-Eisenbahn.

Drucklegung beschlossen durch die Einwohnergemeinde der Stadt Aarau in ihrer Versammlung vom 13. August 1888.

Beilagen:
1) Situationsplan 1:25000 (Projekt einer Eisenbahn Sissach-Schafmatt-Aarau).
2) Uebersichtskarte der schweiz. Eisenbahnen (Projekt einer Schafmatt-Eisenbahn).
3) Längenprofile (Projekt einer Schafmatt-Eisenbahn).

Aarau, 1886–1888.

Dass auch der Bundesrat und das Parlament Interesse am Wettbewerb unter den Bahngesellschaften haben und Monopole brechen möchten, zeigt das rekordverdächtige Intervall zwischen der Konzessionsanfrage und dem Ja aus dem Bundeshaus: es Kein halbes Jahr dauert es, bis die bundesrätliche Konzession für eine Parallel-Linie Basel–Sissach zur damaligen Centralbahn vorliegt.

Bundesrat gegen Basler Regierung

Nicht ganz so begeistert zeigte sich die Basler Regierung, welche sich hinter «ihre» Centralbahn SCB stellt und ein Gutachten des dortigen Handels- und Industrievereins (mit Mitgliedern des Centralbahn-Verwaltungsrates) zitiert, welches zu einem ungünstigen Schluss kommt. Erst als das Schafmattbahn-Komitee bekannt gibt, auf den Bau eines eigenen Bahnhofs in Basel zu verzichten und sich finanziell am Ausbau des Basler Centralbahnhofs zu beteiligen, zieht der Regierungsrat von Basel-Stadt seine Einsprache zurück. Nach wie vor bekämpfen aber die Direktion und der Verwaltungsrat der SCB die drohende Konkurrenz mit aller Vehemenz.

Neues Ungemach an der Einigungskonferenz vom 13. Mai 1892: Die Basler Regierung hält an ihrem Standpunkt fest, der Schafmattbahn kein neues Bahntrassee auf Basler Boden zu gestatten, bevor nicht der Bahnhof erweitert worden sei. «Wir können aber in diesen Einwendungen kein Hindernis erblicken, die Konzession zu erteilen», hält der Bundesrat in seinem Antrag an das Parlament fest. Nachdem sich die Centralbahn auch noch weigert, dem neuen Konkurrenzunternehmen die Mitbenützung der Geleise zwischen Sissach und Basel zu gestatten, manövriert sich das Bahnunternehmen endgültig ins Abseits.

Gebaut wird die Linie dennoch nie. Die Aargauer Visionen können gegenüber dem Basler Kapital nicht bestehen. Trotz allen vom Bund gewährten Konzessionsverlängerungen gelingt es den Initianten nicht, das Schafmatt-Projekt zu retten.

Im Aargau setzte man 1892 grosse Hoffnungen auf die Schafmattbahn. Als neue Zufahrt und verkürzte Nord-Süd-Achse zum Gotthard hätte sie Aarau zu einem Eisenbahnkreuz aufgewertet. Zwei Linienführungen standen zur Diskussion: Oltingen–Schafmatt–Aarau oder Zeglingen–Stüsslingen–Aarau. Das interessante 20-Millionen-Projekt konnte, aller Anstrengungen zum Trotz, nicht finanziert werden.

Attraktive Bergbahn im Schwarzbubenland

Rechte Seite: Eine für damalige Verhältnisse attraktive Bergbahn mit einer weit eindrücklicheren, kartografischen Gegenüberstellung von «damals und heute».

4,2 km lang soll sie werden, die einzige Bergbahn weit und breit, die Zahnradbahn auf die 760 m hoch gelegene Schartenfluh. Als Ausgangspunkt ist die SBB-Station Dornach-Arlesheim vorgesehen, die Bergstation 462 m höher, beim heutigen Aussichtsturm auf dem Gempen. Nichts steht dem Bau im Weg, nachdem die Konzession zum Bau und Betrieb der Bahn seit 1902 vorliegt, fast nichts – einzig die Finanzierung.

«Hotels und Pensionen für Erholungsbedürftige» werde es auf der Schartenfluh schon bald geben, hiess es verheissungsvoll im Konzessionsgesuch und ebenso in der bundesrätlichen Botschaft an das Parlament. Nur 3 Kilometer von Dornach-Arlesheim entfernt und nur 8 Kilometer von Basel, könne man auf dieser grandiosen Terrasse «die mannigfaltige Aussicht auf die Alpen, den Jura, die Vogesen, den Schwarzwald, das Rheintal etc. geniessen».[1] Jährlich kommen bereits 15 000 Wanderer hinauf, und «der Besuch wird nach dem Bau der projektierten Bahn bedeutend grösser sein». Alle idealen Voraussetzungen für den Erfolg der Bahn sind hier gegeben: «Der gegen den Nordwind schützende Wald sowie ebene, beschattete Spaziergänge, die zweckmässige Höhe, welche mit derjenigen des Weissenstein, Langenbruck, des südlichen Schwarzwaldes etc.» Schritt hält.

	Dornach–Gempen–Schartenfluh (Gempenbahn)	
Konzessionsgesuch	2. Dezember 1901	
Konzessionsbewerber	Ch. Dreyfuss, Basel H. Weiss, Basel	
Projektverfasser	H. Weiss, Basel	
Sitz der Gesellschaft	Dornach	
Bahntyp	Zahnradbahn, System Abt	
Streckenlänge	4,2 km	
Spurweite	1000 mm	
Maximalsteigung	150 ‰	
Minimalradius	60 m	
Talstation	Dornacb-Arlesheim	298 m ü.M.
Bergstation	Schartenfluh	760 m ü.M.
Höhendifferenz	462 m	
Betriebssystem	Dampflokomotiven, evtl. elektrisch	
Kosten	CHF 670 00 (CHF 160 000 pro km)	

Ideale Verkehrsbedingungen

Selbstverständlich werde die Bahn nicht allein dem Tourismus dienen, sondern ebenso «den Verkehr mit den Dörfern und Weilern des Hochplateaus Gempen, Büren, Seven, Hochwald, Nuglar etc. erleichtern und fördern. Das bekannte Bad Schauenburg dürfte durch die projektierte Gempenbahn ebenfalls an Frequenz gewinnen». Vorerst werde nur eine Wagenklasse angeboten und offene Wagen für den Güterverkehr.

«Die Zahnradbahn beginnt auf der Ostseite der Station Dornachbrugg (Dornach-Arlesheim), zieht sich in östlicher Richtung durch Wies- und Weideland, nachher durch Wald bis zur Station Gempen, die 500 m vom Dorf entfernt liegt und zwar auf gleicher Höhe mit dem oberen Teil desselben. Von hier aus biegt sie in einer scharfen Kurve nach Westen um und erreicht das Plateau der Schartenfluh (Gempenfluh).»[2]

Fahrpreise zu hoch angesetzt

Das Eisenbahndepartement fordert, entgegen den Absichten der Konzessionäre, einen Ganzjahresbetrieb der Bahn. «Weil die Bahn gemäss dem Konzessionsgesuch nicht nur eine Touristenbahn ist», dürfe der Betrieb nicht nur auf die Sommersaison beschränkt werden. Ausserdem seien die vorgeschlagenen Taxen für den Personen-, Gepäck- und Güterverkehr «weit übersetzt».[3] Konzessionsbewerber Ch. Dreyfuss erklärt sich mit dem Kompromiss einverstanden:

Bergfahrt	CHF 1.45
Talfahrt	CHF –.75
Retourfahrt	CHF 2.20 an Wochentagen
Retourfahrt	CHF 1.50 an Sonntagen.

Das notwendige Kapital für den Bau der 670 000 Franken teuren Bergbahn kann allerdings nicht aufgebracht werden. Die Gempenbahn erleidet das gleiche Schicksal wie ihre Schwester an der benachbarten St. Chrischona, ennet dem Rhein: Viel guter Wille ist vorhanden, aber zu wenige Kapitalgeber, welche an die Zukunft dieser Anlage glauben.

Kein Zweifel: Die 4,2 km lange Zahnradbahn von Dornach-Arlesheim zur 460 m höher gelegenen Schartenfluh wäre heute die Attraktion für eine ganze Region. Ob sie allerdings gegen die ausgebaute Strasse nach Gempen bestehen könnte, ist eine andere Frage.

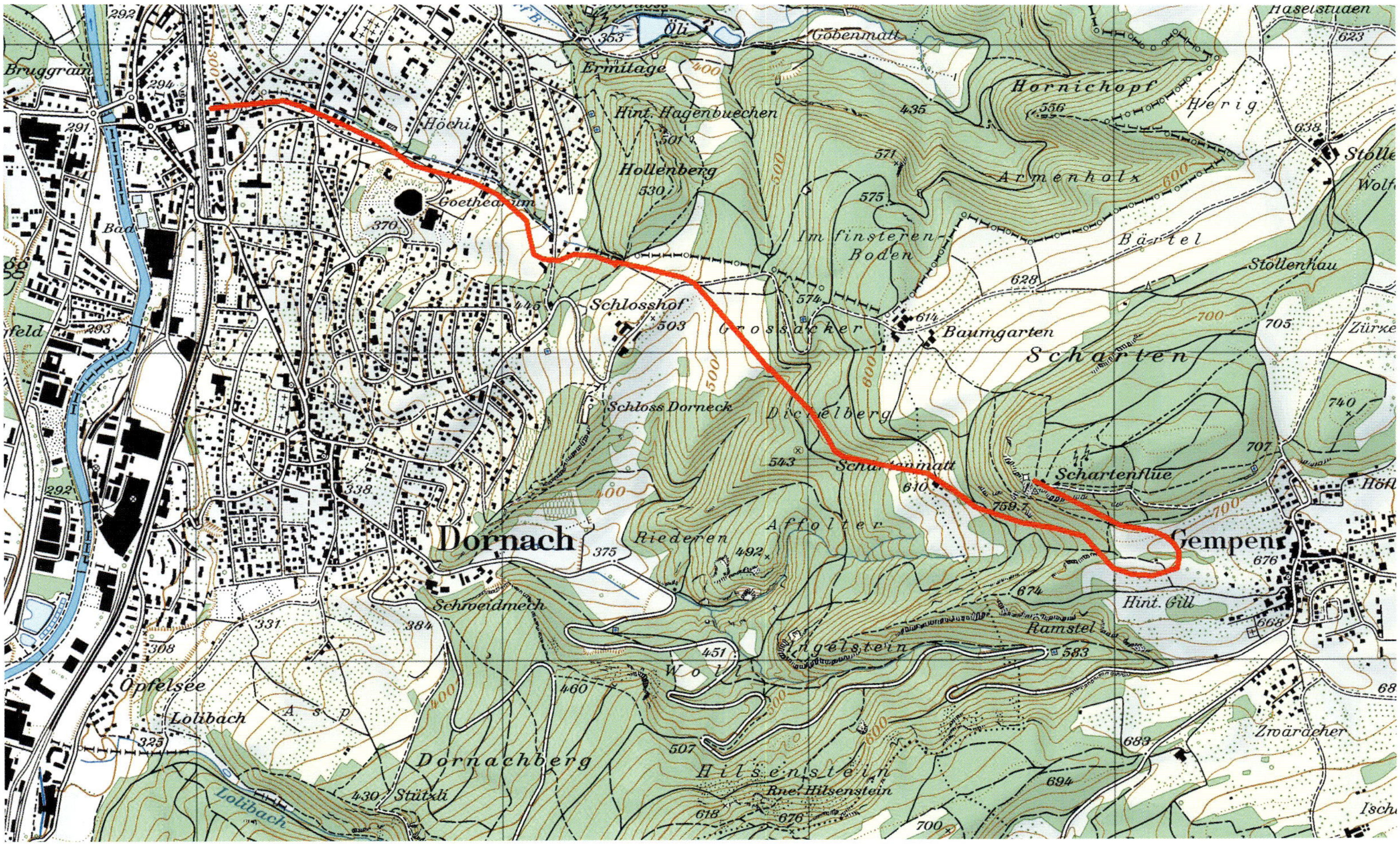
Dornach
Gempen
Schartenflue
Scharten
Schartenmatt
Dichelberg
Grossacker
Schlosshof
Schloss Dorneck
Hollenberg
Hint. Hagenbuechen
Ermitage
Göbenmatt
Hornichopf
Herig
Armenholz
Bärtel
Im finsteren Boden
Baumgarten
Stollenhau
Stollen
Goetheanum
Affolter
Riederen
Schweidmech
Ingelstein
Ramstel
Hint. Gill
Hilsenstein
Ruine Hilsenstein
Dornachberg
Öpfelsee
Lolibach
Stutz
Zwöracher
Haselstuden

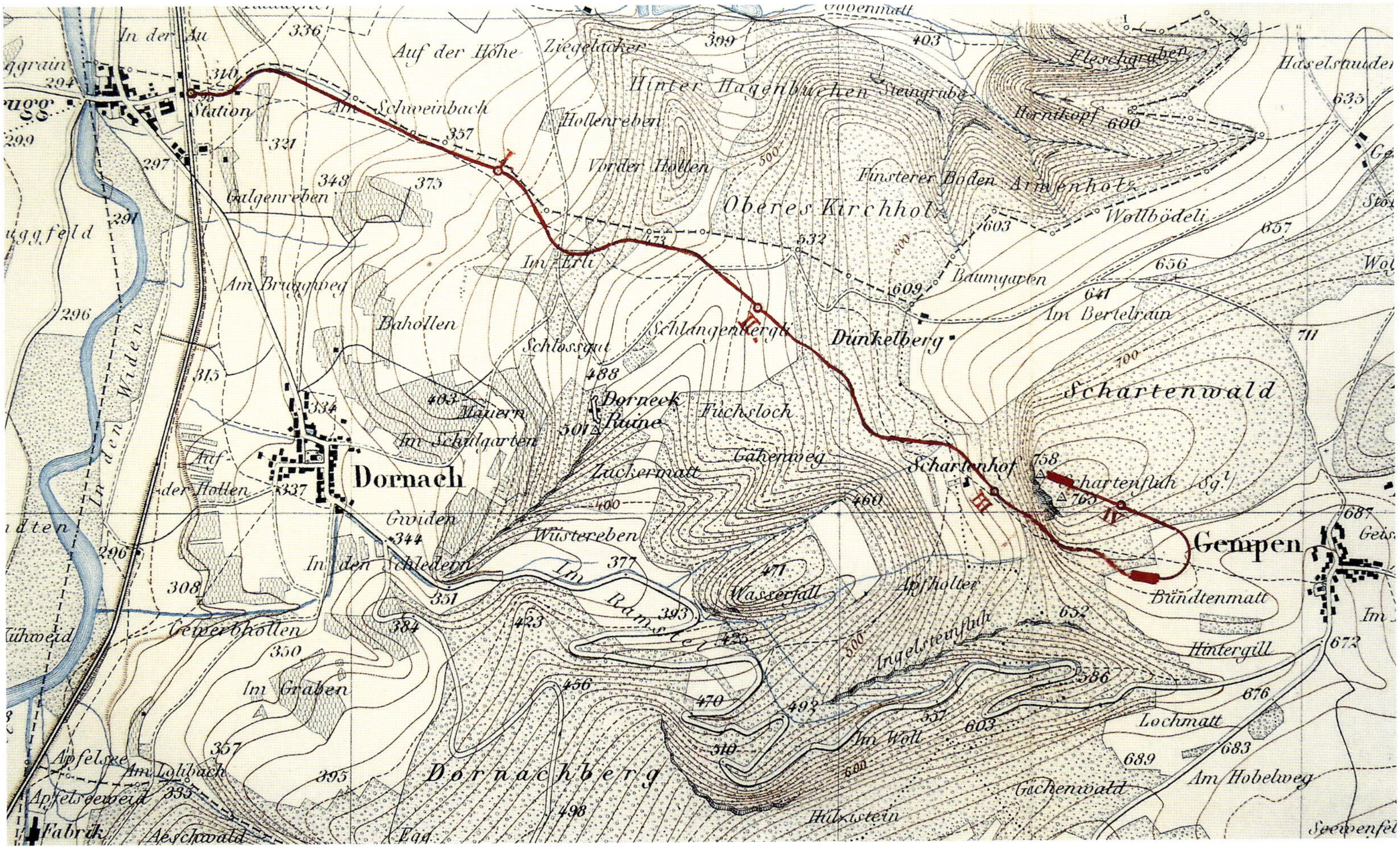
Dornach
Gempen
Station
Am Schweinbach
Auf der Höhe
Ziegelacker
Hinter Hagenbuchen
Steingrube
Hollenreben
Vorder Hollen
Hornikopf
Fleschgraben
Finsterer Boden
Armenholz
Oberes Kirchholz
Wollbödeli
Baumgarten
Im Bertelrain
Dünkelberg
Schlangenberg
Schlossgut
Dorneck Ruine
Fuchsloch
Schartenwald
Schartenhof
Schartenfluh
Galgenreben
Am Bruggweg
Bahollen
Im Schulgarten
Gwiden
Wüstereben
Zuckermatt
Wasserfall
Apfholter
Ingelsteinfluh
Bündtenmatt
Hintergill
Lochmatt
Am Hobelweg
Im Graben
Dornachberg
Hilsstein
Haselstauden
In den Widen
Fabrik
Aeschwald

Konzessions-Slalom am «Napf-Kulm»

Mit Zweckoptimismus zur Sache

Recht euphorisch gibt sich der Berner Korrespondent der ‹Neuen Zürcher Zeitung› in der Ausgabe vom 15. Mai 1891: «Das Projekt einer Napfbahn gewinnt an Boden. Zwischen der Schweizerischen Baugesellschaft in Basel und Herrn Hügli, dem Besitzer des Napf, haben bezügliche Unterhandlungen stattgefunden (…) Dieses Projekt, durch das es möglich werden soll, den so prachtvoll gelegenen aussichtsreichen Höhepunkt mit der Eisenbahn zu erreichen, wird allgemein begrüsst und kann sicher zu den besten dieser in letzter Zeit aufgetauchten Bergbahnprojekten gezählt werden, umso mehr, da eine Fortsetzung in das fruchtbare und behäbige Luthernthal mit Anschluss an die zu erstellende Linie Huttwil–Wohlhusen–Luzern ins Auge gefasst wird. Die Ausführbarkeit bietet keine gar grossen Schwierigkeiten wie mancherorts.»

Hickhack um die Napfbahn: Die Berner Regierung gibt sich zuerst skeptisch. Eine Zahnradbahn auf den Napf entspreche keinem Bedürfnis und könne nie rentabel geführt werden. Dennoch ringt sich der Nationalrat zu einem Ja durch. Und auch im Ständerat überwiegt die grosszügige Auslegung des damals geltenden Eisenbahngesetzes, welches «die Entwicklung der Eisenbahnen zur Pflicht macht» (Art. 3). Die Konzession wird 1893 erteilt – doch auch am Napf mangelt es an Kapital.

Für die Basler Ingenieure Hetzel und Mark ist eines klar: Alle bisher erstellten Bergbahnen haben zu einer bedeutenden Verkehrssteigerung geführt und den Aktionären lukrative Gewinne gebracht. Wie soll eine Napfbahn scheitern, wenn die Vitznau–Rigi-Bahn bereits zwanzig Jahre zuvor, im Eröffnungsjahr 1871, 60 262 Reisende befördern konnte und die Passagierzahlen 1888 sogar bis auf 93 364 zu erhöhen vermochte? An der «Bellevue des Emmentals» müsste doch – abgeschwächt zwar – Ähnliches möglich sein. Mit nur 1408 m weise der Napf gegenüber seinen berühmten Konkurrenten zwar die geringste Höhe auf, hingegen könne man hier, anders als bei den bisher gebauten Bergbahnen auf die Rigi (Station auf 1752 m), den Pilatus (2068 m) und auf das Brienzer Rothorn (2244 m), von einer weit längeren Touristensaison profitieren.

Die Napfbahn

Projekt	Eisenbahn Trubschachen–Napf		
Konzessionsgesuch	4. August 1891		
Konzession	28. März 1893		
	Fristverlängerung 1895 abgelehnt		
Konzessionsbewerber	Wilhelm Hetzel, Basel		
	Ernst Mark, Ingenieur, Basel		
Projektverfasser	Wilhelm Hetzel, Ingenieur, Basel		
Streckenlänge	13,225 km		
	Talstrecke		11,225 km
	Bergstrecke		2,000 km
Stationen	Trubschachen	km 00.0	734 m ü.M.
	Trub	km 03.4	800 m ü.M.
	Lehnegg	km 06.7	885 m ü.M.
	Mettlenalp	km 11.3	1064 m ü.M.
	Napf	km 13.2	1390 m ü.M.
Spurweite	750 mm, später korrigiert auf 1000 mm		
Maximalsteigung	Talstrecke		50 ‰
	Bergstrecke		(Zahnrad) 200 ‰
Minimalradius	75 m (Normalradius: 100 m)		
Fahrpreise	Trubschachen–Mettlenalp		CHF 1.20 (3. Kl.)
	Trubschachen–Napf		CHF 2.20 (3. Kl.)
Betriebssystem	Gemischter Adhäsions- und Zahnradbetrieb; System Riggenbach; ev. elektrischer Antrieb		
Sitz der Gesellschaft	Bern		
Kosten	CHF 1 200 000 (CHF 90 737 pro km)		

Trubschachen–Mettlenalp–Napf

Als Betriebsform wählen Hetzel und Mark Dampf, evtl. elektrische Traktion, sowie «gemischte Adhäsions- und Zahnrad-Lokomotiven, auf der Bergstrecke mit Riggenbach'scher Zahnstange».[1] Sie bleiben damit dem erprobten System der Rigibahn treu, projektieren aber ein Trassee mit einer nur halb so breiten Spur: 750 mm gegenüber der Normalspur an der Rigi. Ausgangspunkt der Linie soll die Station Trubschachen der (damaligen) Jura–Simplon-Bahn werden. Über die Zwischenstationen Trub und Lehnegg im Fankhausgraben erreicht die Napfbahn nach 11,3 km die Station Mettlenalp im Adhäsionsbetrieb, bevor sie auf der 2 km langen Zahnradstrecke mit 200 ‰ Steigung zur Station «Napf-Kulm» hinaufklettert.

«Grossartigste Aussicht» …

Der geringen Höhe von 1408 m zum Trotz gewähre der Napf «eine Rundsicht, welche zu den grossartigsten des Landes gezählt werden muss; die Würdigung seiner freien Lage beweist am besten die Tatsache, dass der Napf schon seit 1811 trigonometrischer Punkt und seit 1835 Signal erster Ordnung der eidgenössischen Landesvermessung ist». Wie alle Konzessionsbewerber besingen auch die Ingenieure Wolfgang Hetzel und Ernst Mark ihr Bauvorhaben in den höchsten Tönen: «Von allen Seiten besteigbar, von behäbiger Bevölkerung umgeben, muss ihm bei Erstellung der Linie, welche für Bern die nächste Bergbahn wäre, nächst dem gewöhnlichen Fremdenverkehr ein beträchtlicher Besuch seitens der einheimischen Bevölkerung zufallen.»[2]

… aber «kein Bedürfnis»

Doch genau dieses Argument verfehlt das Ziel ebenso wie die Bemerkung, die starken Waldungen der sieben Seitentäler würden eine beträchtliche Holzausfuhr ermöglichen. Das Eisenbahndepartement widerspricht in einer internen Verlautbarung: Bei einer 750-mm-Spurweite, «welche übrigens aus technischen Gründen kaum gestattet werden könnte»,[3] müsse auch ein in Betracht fallender Güterverkehr ausgeschlossen werden. Der Region fehle zudem die touristische Infrastruktur als Voraussetzung für genügende Frequenzen.

Schon drei Monate nach der Konzessionsanfrage hat die Berner Regierung für einen argen Dämpfer gesorgt. Die

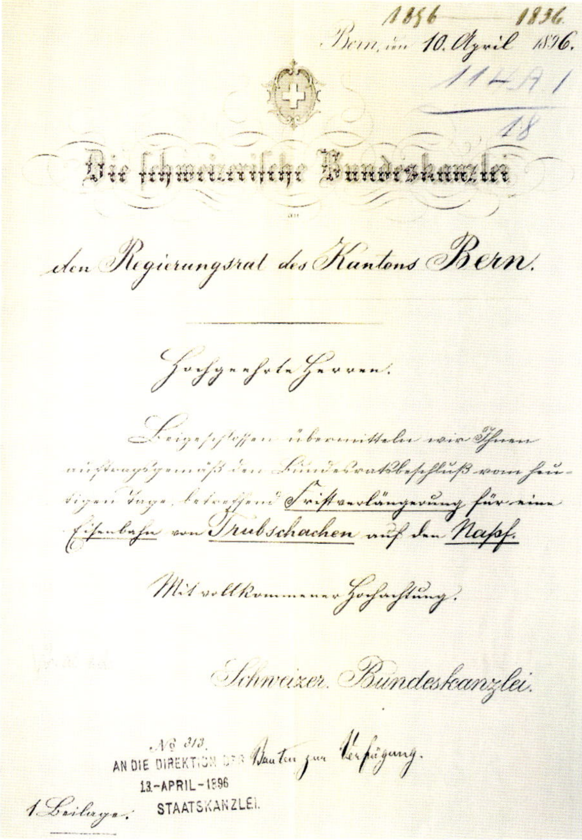

1856 1836

Bern, den 10. April 1896.

11-A1

18

Die schweizerische Bundeskanzlei

an den Regierungsrat des Kantons Bern.

Hochgeehrte Herren!

Fristverlängerung für eine Eisenbahn von Trubschachen auf den Napf.

Mit vollkommener Hochachtung!

Schweizer. Bundeskanzlei.

No 313.

AN DIE DIREKTION DER Bauten zur Verfügung.

13-APRIL-1896

STAATSKANZLEI.

1 Beilage.

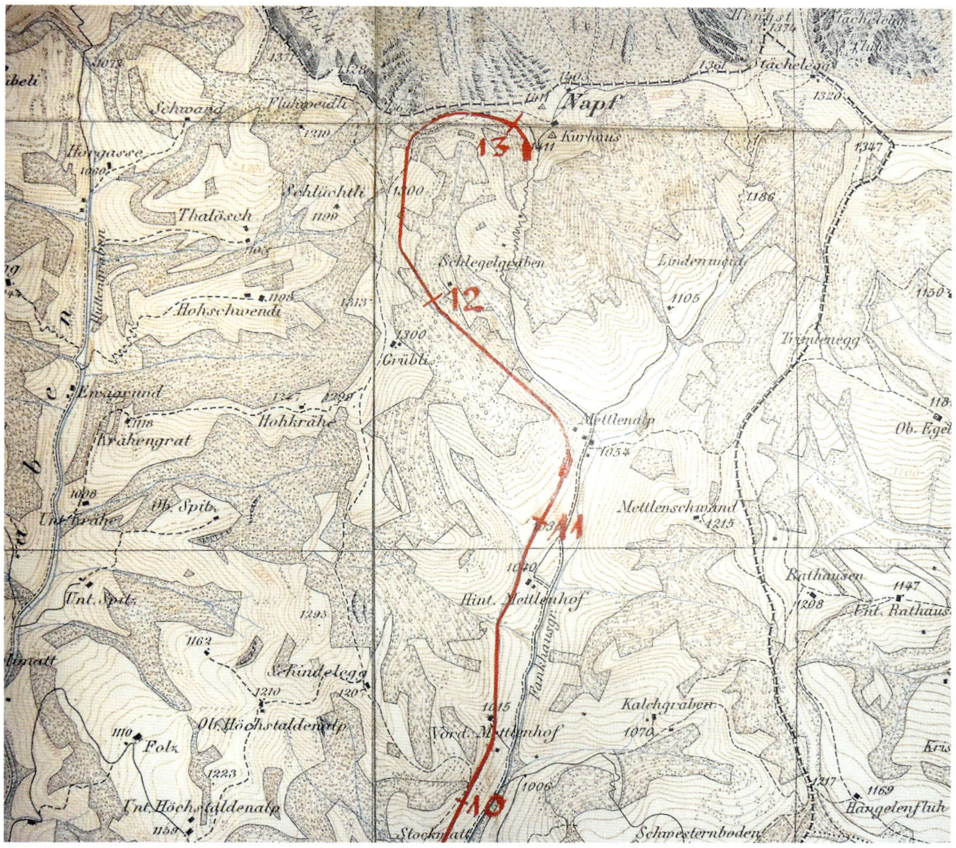

Napfbahn entspreche «keinem öffentlichen Verkehrsbedürfnis für die dortige Gegend».[4] Die Annahme von jährlich 25 000 Reisenden sei zu hoch gegriffen, ausserdem werde der Lokalverkehr Trubschachen–Trub von den Konzessionsbewerbern überschätzt.

Die Basler Ingenieure haben im Konzessionsgesuch mächtig in die Tasten gegriffen: Der Napf erlebe in letzter Zeit einen enormen Besucherstrom. «An schönen Tagen kommen öfters 500 Personen hinauf!»[5]

Unternehmerrisiko als Devise

Der Kanton Bern sagt Nein, das Eisenbahndepartement ebenfalls. Und der Entwurf der Botschaft an die eidg. Räte ist bereits in der Druckvorbereitung mit dem Antrag auf Verwerfung. An der Sitzung vom 7. Dezember 1891 weist die Landesregierung das Eisenbahndepartement an, eine neue Botschaft zu präsentieren. Nun heisst es: Die negativen Vorzeichen können nach geübter Praxis «nicht zur Verweigerung der Konzession als Grundlage dienen». Mit anderen Worten: Es bleibt dem Risiko der Unternehmer überlassen, die Napfbahn für 1,2 Millionen Franken zu erstellen und anschliessend aufgrund der Konzessionsvorgaben (Fahrplanpflicht) diese auch zu betreiben.

Nein im Ständerat, Ja im Nationalrat

Kein Einsehen für die Napfbahn zeigt der Ständerat am 22. Juni 1892 bei der Behandlung verschiedener Konzessionsgesuche. Anders der Nationalrat: Er hat das Geschäft infolge Geschäftsüberlastung auf die Dezember-Session verschieben müssen, und prompt kommt es zu einer Überraschung. Auf den Tag genau ein halbes Jahr nach dem Ständerats-Nein, spricht sich die grosse Kammer am 22. Dezember 1892 für die Konzessionierung der Napfbahn aus. Der allgemeine Tenor: Man habe schon früher Konzessionen unter weit schwierigeren Bedingungen bewilligt. Nach diesem Patt muss der Ständerat nochmals über die Bücher. Dazu ‹Der Bund›, in der Ausgabe vom 23./24. Dezember 1892:

«Der Bundesrat hat das Projekt seinerzeit nur mit drei gegen zwei Stimmen angenommen, und deshalb beantragte die Kommission des Ständerates in der letzten Session Verwerfung. Seither soll sich eine Abteilung der nationalrätlichen Kommission an Ort und Stelle begeben haben; in Langnau fand dieselbe viele Sympathien für das Werk, während die Bevölkerung von Trubschachen sich kühler verhielt. Der bernische Bauinspektor habe erklärt, dass die Regierung von Bern ebenfalls keine Einwendungen mehr mache zu der jetzigen Gestaltung des Projektes. Dies alles wisse man jedoch nur vom Hörensagen, dokumentiert liege nichts vor». Das Geschäft wird auf die Frühjahrssession verschoben. Am 4. Januar 1893 gibt die Kantonsregierung ihren Meinungsumschwung bekannt.[6] Damit sind für den Ständerat die Voraussetzungen geschaffen, um am 28. März 1893 der Vorlage nun doch zustimmen zu können.

Die Bahn von Trubschachen auf den Napf darf gebaut werden. Doch es kommt wie befürchtet. Es fehlt die Nachfrage, es hapert mit der Unterstützung, im Emmental finden sich keine grosszügigen Kreditgeber, Spekulanten schon gar nicht. Auf und um den Napf kehrt um die Jahrhundertwende wieder die gewohnte und viel besungene Ruhe ein.

Der Napf: Höchste Erhebung im Emmental, Kantons- und Kulturgrenze Bern/Luzern, wichtiger Triangulationspunkt der Landesvermessung und Kraftort. Besungen von Jeremias Gotthelf bis zum Grindelwalder Gletscherpfarrer Gottfried Strasser, löste dieser unvergleichliche Aussichtsgipfel als Bergbahn-Ziel hitzige Diskussionen aus.

Luftkurort Uetliberg als Bahn-Magnet

Lange Zeit galt die bereits 1875 eröffnete Uetlibergbahn als steilste Adhäsionsbahn (ohne Zahnrad) Europas. Als überteuerte «Luxusbahn» wurde sie abqualifiziert. Dennoch, oder gerade deshalb, stand der Uetliberg jahrzehntelang als Bahn-Magnet im Visier immer wieder neuer Konkurrenz-Projekte.

Nur vier Jahre nach der ersten Bergbahn Europas auf die Rigi dampfen 1875 schon Züge «auf den viel besuchten Aussichtspunkt und Luftkurort Uetliberg».[1] Allerdings geniesst die Uetlibergbahn in ihren Jugendjahren keinen guten Ruf. Hohe Taxen machen sie zur «Luxusbahn», die von der Bevölkerung gemieden wird; 1920 muss sie sogar stillgelegt werden. Erst eine Auffanggesellschaft, mit der Stadt Zürich als Hauptaktionärin, vermag der Bahn 1922 wieder neues Leben einzuhauchen. Mehrere Konkurrenz-Projekte sollen Wettbewerb und billigere Taxen bringen: Drahtseilbahn, Zahnradbahn, Strassenbahn und eine durch Fesselballons betriebene Luftseilbahn warten reihenweise auf eine Konzession.

10. Mai 1875: Zürichs Haute volée steigt in den Eröffnungszug der Uetlibergbahn, zwei Tage vor der offiziellen Einweihung. Die ‹Neue Zürcher Zeitung› berichtet im Dienstag-Blatt vom 11. Mai: «Die gestrige Eröffnungsfeier (...) verlief in angenehmster Weise, etwas Nebel und abends ein impertinenter Platzregen abgerechnet.» Der Berichterstatter mutig zusammenfassend: «Wir dürfen aus eigener Erfahrung auch die ängstlichsten Frauengemüter einladen, sich ohne Scheu und Schrecken der Uetlibergbahn anzuvertrauen.»

Zahnrad- oder Adhäsionsbahn?

Ursprünglich sollte die Uetlibergbahn, «soweit es sich um ausserordentliche Steigungen handelt, nach dem System der Rigibahn erstellt»[2] werden, zumindest auf dem obersten Teilstück als Zahnradbahn. Doch bereits an der Versammlung vom 19. Februar 1872, «als von Einwohnern Zürichs ein Comité gewählt worden war, mit dem Auftrage, die nötigen Schritte zur Förderung einer Eisenbahn auf den Uetliberg zu tun», heisst die grosse Frage: Welches Bahnsystem eignet sich am besten? Eine Talbahn in Normalspur, eine Zahnradbahn, ein noch nie erprobtes kombiniertes System? Man will die Ausgangsstation der Uetlibergbahn «möglichst nahe an die Stadt gerückt» wissen, allerdings erweisen sich die Steigungsverhältnisse am Zürcher Hausberg als problematisch. «Bis zum Fusse des eigentlichen Berges ist die Steigung so gering, dass sie ganz bequem mit dem gewöhnlichen Adhäsionsprinzip bewältigt werden kann (...) Wollte man aber die Bahn nicht als Versuchsfeld für praktisch noch unerprobte Systeme hergeben, so blieb eigentlich nur das 1867 von Marsh am Mount Washington bei Boston zuerst ausgeführte und von den Herren Riggenbach, Naeff und Zschokke auch am Rigi angewandte Zahnstangensystem übrig», heisst es 1875 in der Schweizer Fachzeitung «Die Eisenbahn».[3]

Die als Experten eingesetzten, berühmten ETH-Professoren Culmann und Pestalozzi sowie Oberingenieur Tobler entscheiden sich für eine Adhäsionsbahn. Bis heute gilt die Uetlibergbahn mit Steigungen bis zu 79 Promille als steilste normalspurige Adhäsionsbahn Europas! Zum Vergleich: Die steilsten Teilstrecken der Berninabahn, mit 1000-mm-Schmalspur, betragen 70‰. Bei der Jungfernfahrt vom 12. Mai 1875 wird die neue Linie denn auch als echte, neue Bergbahn bezeichnet, sozusagen als kleine Schwester der vier Jahre zuvor als Sensation gefeierten Zahnradbahn auf die Rigi.

Tram Nr. 13: «Fest- und Sonntagsbahn»

1906 unterbreitet die Aktiengesellschaft Frotté-Westermann & Cie. dem Eisenbahndepartement Pläne für den Bau einer Tramlinie «vom Bahnübergang der Sihltalbahn bis zum Albisgüetli». Nötig sei eine bessere Verbindung mit dem Fest- und Schiessplatz und die Erschliessung des aussichtsreichen angrenzenden Bauterrains. Man gibt sich weltmännisch, das Albisgüetli eigne sich exzellent als Ausstellungsgelände: «Alle modernen Städte, die sich rasch entwickeln, haben ihre Fest- und Ausstellungsplätze stark exzentrisch gelegt, z. B. Mailand, Brüssel, Amsterdam, Frankfurt a. M., Nürnberg».[4] Am 28. Juni 1907 erfolgt die Eröffnung der «Überlandlinie», aber schon ein Jahr später ist den Initianten nicht mehr ums Feiern. Die Frequenzen der (heutigen) Tramlinie 13 entsprechen bei Weitem nicht den Erwartungen. Beim Bund wird das Gesuch deponiert, den Betrieb im Winterhalbjahr einstellen zu können. Die Sache ist dramatisch. Per Telegramm erkundigt sich der Rechtsanwalt der «Albisgüetlibahn AG» beim Eisenbahndepartement: «Liegen ihrerseits bedenken gegen winterbetriebs einstellung albisgüetlibahn vor? Betrieb ruinoes. tageseinnahme 80 cts bis 1 frs».[5] Der Bundesrat bewilligt die Einschränkung. Am 13. März 1912 meldet sich die Bahngesellschaft erneut: «Unsere Trambahn ist eine reine Fest- und Sonntagsbahn, die sozusagen nur von Schützen und Spaziergängern, die nach dem Uetliberg streben, benutzt wird.»[6] Der Trambetrieb soll einzig auf die Sonn- und Festtage beschränkt werden, was bewilligt wird, unter Einbezug des Samstagnachmittags.

1886
Uetliberg-Bahn
ZURICH
Klimatischer
Luftkurort
ersten Ranges
875 M. über Meer.
Kurhaus & Pension
UETLIBERG.
Unvergleichlicher und unübertroffener Gebirgsaufenthalt durch die überraschend schnelle, kräftigende Einwirkung des herrlichen Klimas.
Beste Uebergangsstation zwischen Höhe und Niederung.
Zahlreiche Spaziergänge und Ausflüge in den grossen zum Hotel gehörenden Waldungen.
Milch und Molken.
Quellwasser.
Telegraph, Telephon und Postbureau.
Fahrtenplan vom 1. Juni bis 15. October 1886.
Ab ZÜRICH.
Ab UETLIBERG.
Fahrten 1 1a 3 5 7 9 11 13 2 2a 4 6 8 10 12 14
Juni 7— 9 45 11— 2— 3 15 4 30 5 45 7 0 8 15 10 15 11 30 2 30 3 45 5— 6 15 8 0
Juli 7— 9 45 11— 2— 3 15 4 30 5 45 7 0 8 15 10 15 11 30 2 30 3 45 5— 6 15 8 0
August 7— 9 45 11— 2— 3 15 4 45 6 15 — 8 15 10 15 11 30 2 30 3 45 5 15 7 15 —
September 7— 9 45 11— 2— 3 15 4 45 6 0 — 8 15 10 15 11 30 2 30 3 45 5 15 6 30 —
October (1. bis und mit 14.) — — 10— 2— 3 15 4 15 — — — — 11 45 2 30 3 45 — 5 30 —
Die Zeiten von 6 Abends bis 5 Morgens sind durch Unterstreichung der Minutenzahlen hervorgehoben.
Dauer der Fahrzeit in jeder Richtung 30 Minuten.
Fahrpreise: I. Cl. Bergfahrt Fr. 3. 50, Thalfahrt Fr. 2. 50, Retourbillete Fr. 5. — II. Cl. Bergfahrt Fr. 2. —, Thalfahrt Fr. 1. 50, Retourbillete Fr. 3. —
Billetverkauf auf den Stationen. Abonnements nur auf der Hauptstation Selnau. Retourbillete in den Hôtels Baur au lac, Baur en ville, Zürcherhof, Bellevue, National, Storchen, Victoria, Central, Limmathof, Falken, St. Gotthard, Habis zum gleichen Preise wie auf der Station Selnau.
Extrazüge: Hin- und Rückfahrten für weniger als 30 Personen Fr. 60. —. Jede Person mehr bezahlt Fr. 2. —. Wenn über 60 Personen, so hat jede Person Fr. 1. 60 zu bezahlen. Extrazüge müssen nur zwei Stunden vor der Abfahrt bestellt werden. Bestellungen auch per Telephon.
Abonnements: Familien-Abonnements: I. Cl. für 20 Fahrten in beliebiger Richtung Fr. 35. —. II. Cl. für 20 Fahrten in beliebiger Richtung Fr. 20. —.
Persönliche Abonnements: I. Cl. für 5 Doppelfahrten Fr. 20. —. II. Cl. für 5 Hin- und Rückfahrten Fr. 12. —, für 30 Hin- und Rückfahrten Fr. 45. —.
Fahrtenplan der Nordostbahn.
Abgang von Zürich:
Ankunft in Zürich:
HOTEL UETLIBERG
Propriétaire: A. LANDRY.
GRAND RESTAURANT UTO-KULM
Propriétaire: A. LANDRY.
Splendid!
Chromo-Druck und Verlag von ORELL FÜSSLI & Co., Zürich.

Keine Begnadigung für Lokführer Egg

18. Mai 1875: Sie ist gerade mal acht Tage in Betrieb, die Uetlibergbahn. Ein sonniger Morgen, punkt 11 Uhr, Lokomotivführer Gottlieb Egg erhält das Signal zur Talfahrt vom Uetliberg. Minuten später fährt der Zug «in rasender Geschwindigkeit den Berg herunter» und kann vorerst nicht mehr gebremst werden. Im Untersuchungsbericht heisst es: Egg sei unweit der Station Waldegg von der Maschine gesprungen. Bald habe der Zug «durch angestrengte Tätigkeit der übrigen Bahnangestellten» zum Stehen gebracht werden können. Von den 25–30 Passagieren sei niemand zu Schaden gekommen.

Dagegen habe Egg, «welcher besinnungslos am Bord gelegen, an Gehirnerschütterung leidend», ins Spital gebracht werden müssen. Zehn Tage später wird er direkt aus dem Spital, in Untersuchungshaft genommen. Das Bezirksgericht Zürich brummt ihm eine Woche Gefängnis auf, eine Busse von 100 Franken und die Bezahlung der Gerichtskosten. Weil der Lokomotivführer das Urteil weiter zieht, muss sich auch die Appellationskammer des Obergerichts mit dem Fall befassen. Es bestätigt das erstinstanzliche Urteil und lädt Gottlieb Egg auch noch die Kosten des zweitinstanzlichen Verfahrens auf. Doch der arme Schlucker kann nicht bezahlen, worauf ihm die Behörden für je 5 Franken Busse einen Tag Gefängnis aufbrummen. Nationalrat Ludwig Forrer, später Vorsteher des Post- und Eisenbahndepartements im Bundesrat, setzt sich in der Bundesversammlung mit einem Begnadigungsgesuch für ihn ein, doch auch dieses wird abgelehnt.

Uetlibergbahn, die «Luxusbahn»

Das Unternehmen steht in seinen Anfangsjahren unter keinem glücklichen Stern. Sechs Tage nach der Eröffnung ereignet sich der erste, zum Glück glimpflich abgelaufene Unfall (siehe «Keine Begnadigung für Lokführer Egg»), und nach nur acht Jahren werden die ohnehin nicht gerade volkstümlichen Fahrtaxen – mit bundesrätlicher Absegnung – massiv erhöht.

Bereits bei der Berichterstattung über die Eröffnungsfahrt kritisiert der Winterthurer ‹Landbote›: «Man denke sich einmal einen Familienvater, der mit seinem ganzen Wigwam, vielleicht 5–6 und noch mehr Köpfen, gerne die Bahn benützte. Da beträgt das Fahrgeld schon so viel, dass sich, wer kein Geld zu säen hat, schon zwei- bis dreimal besinnen wird, ehe er auf den Uto geht, wo man dann natürlich auch nicht ‹umesuscht› bleibt (...) Auch der Bahn kann man Konkurrenz machen, und gewiss ziemlich gefährliche. So sollen, gerufen von den hohen Preisen der Bahn, in kurzer Zeit regelmässig Omnibusse bis zum Albisgüetli fahren (es rollt noch keine Tramlinie 13), und zwar per Person zu 50 Cts.».[7] Doch der Verwaltungsrat der Uetlibergbahn kennt keine sozialen Unterschiede, und so bleiben die Passagierzahlen auch 25 Jahre später noch immer weit unter den Erwartungen.

‹Die Schweizer-Bahnen› kommentieren im März 1900: «Die Uetlibergbahn würde unseres Erachtens wesentlich höhere Einnahmen erzielen, wenn sie sich zu einer ganz erheblichen Reduktion der Fahrtaxen entschlösse. Die gegenwärtigen Ansätze (Retourbillet 1. Klasse: 5.– Franken; 2. Klasse 3.– Franken) sind so hoch, dass ein Grossteil der zürcherischen Bevölkerung von der Benützung der Bahn eigentlich ausgeschlossen ist».[8]

Drahtseilbahn Kolbenhof–Uetliberg

Die Tarifpolitik der Uetlibergbahn ruft geradezu nach Konkurrenzprojekten. Im Oktober 1887 bewirbt sich Alfred Landry, der Besitzer des Hotels Uetliberg, um die Konzession für eine Drahtseilbahn vom Kolbenhof, oberhalb des Albisgüetli, auf den Uetliberg. Die Bahn werde «in einer Höhe von 600 m über Meer und ca. 180 m über der Stadt Zürich ihren Anfang nehmen, in gerader Linie (...) und zuletzt durch einen Tunnel von 135 m Länge auf die Höhe des Berges geführt, um wenige Meter unterhalb des Plateaus Uto-Kulm, an der Westseite des Berges, auf Cote 848 zu endigen».[9] Die geplante Drahtseilbahn entspreche insbeson-

Gemütlich tuckert die bereits 1875 eröffnete Uetliberg-Bahn (Uetli-Bergbahn) kulmwärts.

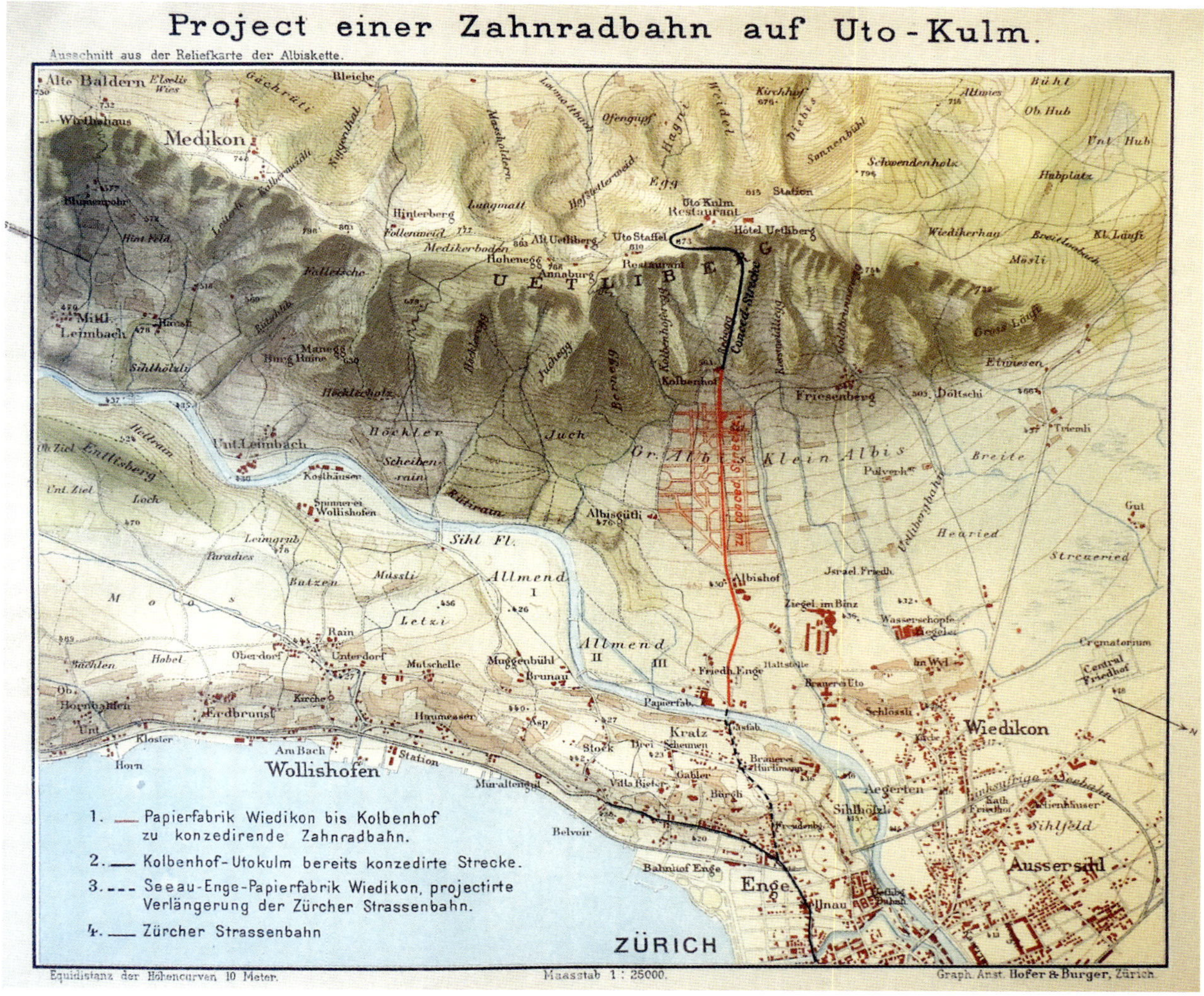

Ein interessantes Projekt präsentierte 1889 Obergerichtssekretär Emil Wuhrmann. Er wollte die bereits erteilte, zwei Jahre zuvor erteilte Drahtseilbahn-Konzession von Alfred Landry, dem Besitzer des Hotels Uetliberg, übernehmen. Weil jedoch die Talstation im Kolbenhof angesiedelt war, oberhalb des Albisgüetli-Schützenhauses, sollte eine Zubringerbahn die Fahrgäste bereits in Zürich-Enge abholen. Die Uetlibergbahn und der Zürcher Regierungsrat legten ihr Veto ein.

dere für das einheimische Publikum einem Bedürfnis, denn die bestehende Bahn diene bloss «den Fremden und Vermöglichen». Mit populären Tarifen möchte der Hotelier auf dem Uetliberg aufwarten: Bergfahrt 50 Rp., Talfahrt 30 Rp., Retourfahrt 70 Rp. Tatsächlich bewilligt der Bund die Konzession bereits zwei Monate später, am 23. Dezember 1887. Die bundesrätliche Botschaft an das Parlament hält fest: Die Regierung von Zürich hat keinerlei Einwendungen gegen die Erteilung der Konzession gemacht. «Ja, nicht einmal die bestehende Bahn hat eine Einsprache für nötig erachtet.»

Nein zu Verlängerungsplänen

1889, zwei Jahre nach dem Uetliberg-Wirt, stellt Obergerichtssekretär Emil Wuhrmann aus Zürich-Hottingen das Gesuch um Übernahme dieser Drahtseilbahn-Konzession, bei gleichzeitigem Bau einer Anschlussbahn von der Papierfabrik Enge zum Kolbenhof und weiter bis auf den Uetliberg. Konkret: Anstelle der bereits konzessionierten, aber noch nicht gebauten Drahtseilbahn will Wuhrmann den Uetliberg nicht vom zu hoch gelegenen Kolbenhof, sondern vom damaligen Stadtrand aus per Zahnradbahn erschliessen. Das allerdings ist dann doch nicht mehr ganz im Sinne der Uetlibergbahn-Betreiber. Die Erstellung einer direkten Konkurrenzlinie, welche ab Stadtnähe auf den Berg führe, müsse zum Ruin der bestehenden Bahn führen. Diesem Argument schliesst sich auch der Zürcher Regierungsrat an. Bei dem erbitterten Konkurrenzkampf um das gleiche Verkehrsgebiet drohe es, zwei Verlierer zu geben. Nun habe die Uetlibergbahn eine Taxreduktion in Aussicht gestellt. Der Bundesrat lehnt das Konzessionsgesuch zuhanden des Parlamentes ab und will die Tarifvorschläge der Uetlibergbahn abwarten.

Per Ballon captif?

Am Gornergrat klettern die weltweit ersten elektrisch betriebenen Hochgebirgs-Lokomotiven zur 3000-m-Grenze, und im Berner Oberland bohren italienische Mineure am spektakulären Jungfraubahn-Tunnel, als im September 1899 die «Firma Steiger-Dieziker, Zürich, Patent-Besorgungen», beim Eisenbahndepartement allen Ernstes um die Möglichkeiten einer Konzession für eine Fesselballon-Luftseilbahn sondiert. Die Korrespondenz Zürich-Bern-Zürich versiegt ziemlich schnell offensichtlich hat die innovative Firma eingesehen, dass die «Ballon-captif-Technologie» spätestes seit Niklaus Riggenbachs beispiellosem Rigibahn-Erfolg endgültig angestaubt ist. Mit einem analogen Vorprojekt hat sich übrigens bereits vierzig Jahre zuvor ein Winterthurer Unternehmer für den Bau der Rigibahn beworben. Eine ganze Reihe von mit Wasserstoff gefüllten Ballonen sollten die Züge auf speziellen Schienen den Berg hinauftragen.

Fünf Alternativ-Projekte zur 1875 eröffneten Uetlibergbahn

	Eisenbahn von Zürich auf den Uetliberg (Uetlibergbahn)		Drahtseilbahn Kolbenhof–Uetliberg		Kombinierte Bahn Enge–Kolbenhof–Uetliberg	
Konzessionsgesuch	Oktober 1872		15. Oktober 1887		14. Oktober 1889	
Konzession	21. Dezember 1872		23. Dezember 1887		verweigert	
Gesuchsteller	C. Gonzenbacher-Escher, C. Fürst, Th. Baur, P. Huber, H. Isler, z. Hd. einer Gesellschaft		Alfred Landry, Besitzer des Hotels Uetliberg und des Restaurants Uto-Kulm		Dr. E. Wuhrmann, Hottingen-Zürich	
Sitz der Gesellschaft	Zürich		Wiedikon (Zürich)		Zürich	
Streckenlänge	8,1 km		625 m		3,84 km (davon 2,84 km Zahnradbahn)	
Stationen	Giesshübel	414 m ü.M.	Kolbenhof	600 m ü.M.	Enge	412 m ü.M.
	Wiedikon	485 m ü.M.	Uto-Kulm	848 m ü.M.	Kolbenhof	549 m ü.M.
	Waldegg	620 m ü.M.			Uetliberg	869 m ü.M.
	Uetliberg	813 m ü.M.				
Höhendifferenz	399 m		248 m		457 m	
Tunnel	–		135 m		–	
Spurweite	1435 mm (Normalspur)		1000 mm		1000 mm	
Maximalsteigung	79 ‰		440 ‰		320 ‰	
Betriebssystem	Dampf bis Stilllegung 1920; ab 25. Juni 1923 elektrisch		Wasserübergewicht		Dampf	
Bergfahrt	CHF 2.–		CHF –.50		CHF –.80 (2. Klasse ab Kolbenhof)	
Talfahrt	CHF 1.50		CHF –.30		CHF –.50	
Retour	CHF 3.–		CHF –.70		CHF 1.–	
Kosten	CHF 923 800		CHF 240 000		CHF 825 000	
Bemerkungen	Obige Tarifansätze wurden bereits 1885 erhöht.		Konkurrenz-Bahn zur überteuerten Uetlibergbahn		Zürich-Enge–Kolbenhof Adhäsionsbahn; Kolbenhof umsteigen auf Zahnradbahn	

	Drahtseilbahn Projekt Froté & Westermann		Projekt Salis		Projekt Peter/Frick	
Konzessionsgesuch	7. März 1906		Februar/März 1919		31. März 1921	
Konzession	Zurückgezogen		Zurückgezogen 1923		Verweigert	
Gesuchsteller	Froté & Westermann & Co., Zürich		A. Salis, Ingnieur, Zürich F. Frutiger, Ingnieur, Oberhofen Dr. R. Zehnder, Ingnieur, Montreux		Alfred Frick, Ingnieur, Zürich Heinr. Pfister, Schützenges. Zürich H. H. Peter, Ingenieur, Zürich	
Projektverfasser	Froté & Westermann & Co., Zürich		Salis/Frutiger/Zehnder		H. H. Peter, Ingenieur, Zürich	
Streckenlänge	1290 m (horizontal gemessen)		1675,5 m		1423,7 m	
Stationen	Albisgüetli	505 m ü.M.	Albisgüetli	478 m ü.M.	Albisgüetli	499 m ü.M.
	Uetliberg	860 m ü.M.	Uto-Kulm	849 m ü.M.	Uetliberg	854 m ü.M.
Höhendifferenz	355 m		371 m		355 m	
Spurweite	1000 mm		1000 mm		1000 mm	
Maximalsteigung	586 ‰		500 ‰		500 ‰	
Betriebssystem	Elektrizität		Elektrizität		Elektrizität	
Kosten	CHF 550 000		CHF 1 100 000		CHF 2 000 000	
Bemerkungen	Die technische Abteilung des Eisenbahn-Departementes macht geltend: «Der Anlage von grösseren Viadukten in armiertem Beton könnte wahrscheinlich, wie letzthin bei der Zugerbergbahn, unsere Genehmigung nicht erteilt werden.»		Das Eisenbahndepartement stellt 1921 fest: «Der kleineren Wagen wegen würde die vorliegende Seilbahn weniger leistungsfähig sein als das Projekt Peter/Frick.» Ausserdem seien die Baukosten, «sehr niedrig bemessen, sie sollten geprüft werden».		Variante mit Bergstation neben dem Kulm-Restaurant, 871 m ü.M., und 600 ‰ Maximalsteigung. Talstation: «20 m rechts der Albisgüetlistrasse, gegenüber dem Rest. Schützenhaus.»	

Die Annaburg zu ihren besten Zeiten. Einladend präsentiert sich das Hotel mit Blick auf See und Berge. Das Angebot der Uetlibergbahn im illustrierten Sommer-Fahrtenplan: acht Kurse pro Tag.

Neue Dimensionen im Albisgüetli

1897 will auch der Zürcher Ingenieur Johann Keller das Monopol der teuren Uetlibergbahn brechen. Dank der neuen Schiessanlage im Albisgüetli werde «eine ganz bedeutende Verkehrsverschiebung nach dieser Richtung eintreten», schreibt er nach Bern. Alljährlich gebe es 10- bis 14-tägige Schützenfeste, zudem stehe die Verlängerung der Tramlinie bis zum Albisgüetli bevor. Seine Konzessionsanfrage für den Bau «einer elektrischen Drahtseilbahn vom neuen Schützenhaus im Albisgüetli bis zum Hôtel Annaburg auf Alt-Uetliberg» zieht Keller fünf Jahre später wieder zurück; es sei zurzeit unklug, die Öffentlichkeit mit diesem Bauprojekt zu beunruhigen.[10]

1906: Drahtseilbahn statt Uetlibergbahn

Am 7. März 1906 überrascht das «Bureaux techniques et d'entreprise Froté-Westermann & Cie., Zürich» den Stadtrat mit einem erneuten Drahtseilbahn-Projekt Albisgüetli–Uetliberg. Optimistisch rechnen die Initianten mit einer Jahresfrequenz von 100 000 Passagieren bei populären Preisen von 1 Franken für die Bergfahrt und 1.40 für das Retourticket. Doch noch gleichentags lässt das Eisenbahndepartement die Initianten wissen, die Uetlibergbahn habe schon früher mit einer Einsprache eine zweite Bahn auf den Zürcher Hausberg erfolgreich verhindert. Und weil auch Stadtpräsident Pestalozzi gegen das Projekt Stellung nimmt, hat auch dieses Projekt keine Chance.

1919: Ein Jahr nach dem Krieg

Ein potentes Trio unternimmt nach dem Ersten Weltkrieg einen weiteren Versuch, den Uetliberg mit einer Drahtseilbahn zu beglücken: der Zürcher Ingenieur Adolf Salis, sein Berner Kollege Fritz Frutiger aus Oberhofen und der Direktor der Montreux-Oberland-Bahn, Ingenieur Robert Zehnder. «Ich gehe davon aus, dass der Bau einer solchen Bahn aufgrund einer Verständigung mit der bestehenden Uetlibergbahngesellschaft sicher nicht nur für die Letztere Vorteile bieten würde, sondern im wohlverstandenen Interesse der Stadt Zürich selbst gelegen wäre.» Während sich andere Bahnunternehmen direkt nach dem Krieg nur mit Staatshilfe vor dem Zusammenbruch retten können, setzt das Ingenieur-Trio alles auf eine Karte – und verliert. Zwar bleibt der Betrieb der «alten» Uetlibergbahn von 1920 bis 1922 geschlossen, bis eine Auffanggesellschaft mit der Stadt Zürich als Hauptaktionärin das Unternehmen wiederbeleben kann.

1921: Versuch Nr. 7

Wesentlich detaillierter präsentiert sich ein letztes Uetliberg-Projekt mit Ausgangspunkt Albisgüetli. Als Mitbewerber dabei ist neben Ingenieur Alfred Frick und Projektverfasser H. H. Peter auch Heinrich Pfister, Obmann der Schützengesellschaft der Stadt Zürich. Nie sei es der seit 1875 bestehenden Uetlibergbahn gelungen, echte Frequenzzunahmen zu erzielen. Die ungünstige Lage der Ausgangsstation Selnau, die hohen Fahrtaxen, lange Fahrzeit, beschränkte Fahrgelegenheiten und die zu niedrig gelegene Bergstation, welche einen längeren Fussmarsch nach Uto-Kulm nötig mache, seien der Grund. Erneut wird auf das Albisgüetli hingewiesen, «dem einzigen grösseren Festplatz der Stadt Zürich». Das vorliegende Projekt «stellt nun eine Lösung dar, die (...) Schritt hält mit den modernen Verkehrsanlagen vieler anderer Städte und Fremdenplätze der Schweiz und des Auslandes». Die Zürcher Regierung lehnt das Projekt dennoch ab mit dem Hinweis auf die neu geschaffene Uetlibergbahn AG, womit 1925, zum 50-jährigen Bahnjubiläum, auch der letzte Konzessionsansturm erfolgreich abgewehrt werden kann.

Nachbarschaftskampf um eine Albisbahn

Vor den Toren Zürichs sollen 1932 «ausgedehnte Skifelder» erschlossen werden! Zwei Drahtseilbahn-Projekte duellieren sich mit grossen Versprechungen: Langnau–Albispass und Adliswil–Felsenegg. Wenig Freude an diesen Bauvorhaben hat allerdings die Direktion der Uetlibergbahn. Das Unternehmen werde durch die neue Konkurrenz in den Ruin getrieben. Immerhin tuckerte die Adhäsionsbahn schon fünfzig Jahre früher – damals mit Dampf – auf den Zürcher Hausberg. Als zweite Bergbahn der Schweiz (nach der Rigi-Bahn), hat sie den Betrieb 1875 aufgenommen. Das Rennen unter den beiden Standseilbahn-Bewerbern macht schliesslich Langnau – allerdings nur auf dem Papier, die Bahn zum Albispass lässt sich nicht finanzieren.

«Dem aufkommenden Automobil-Verkehr» muss entgegengewirkt werden, heisst es Anfang der Dreissigerjahre auf der Direktionsetage der Sihltalbahn. Deshalb ist es wichtig, die Albiskette mit einer Drahtseilbahn ab Langnau a. A. zu erschliessen. Und natürlich verspricht man sich auf der Stammlinie höhere Frequenzen, dies umso mehr, als sich auch der Ausflugsverkehr am Uetliberg höchst positiv entwickelt hat. «Eine Gratwanderung in reiner Bergluft zwischen Felsenegg und Albishorn (...) gehört zweifellos zu den schönsten und lohnendsten Ausflügen.»[1] Im Konzessionsgesuch vom 18. März 1932 weist die Direktion der Sihltalbahn auf drei Hauptpunkte hin:

1. die von Jahr zu Jahr wachsende Bedeutung des Albis als Skisportgelände
2. das vom Segelflugsport bekundete Interesse auf die Höhen des Albis
3. die Tendenz zur Wohnbesiedelung längs der Albisstrasse.[2]

Dazu verspricht die auf Glanzpapier gedruckte Broschüre Grosses: «Gross-Zürich muss seinen 300 000 Einwohnern, die im Sommer in heissen Strassen und im Winter im kalten Nebel ihrer Arbeit nachgehen, den Genuss der Naturschönheiten, an denen seine nähere und weitere Umgebung so reich ist, in vermehrtem Masse zu erschliessen suchen.»

Zwei Drahtseilbahn-Rivalen im Vergleich

	Langnau–Albis		Adliswil–Felsenegg	
Konzessionsgesuch	18. März 1932		6. Juni 1932	
Konzession	13. April 1933 Verlängerung: 31. März 1935–13. April 1937		abgewiesen	
Konzessionsbewerber	Sihltalbahn AG, Zürich AG Heinrich Hatt-Haller, Zürich L. von Roll'sche Giesserei, Bern		Gemeinderat Adliswil	
Projektverfasser	Ingenieur A. Weidmann, Küsnacht		unbekannt	
Streckenlänge	2180 m		1118 m	
Stationen	Langnau am Albis Albis	474 m ü.M. 800 m ü.M.	Adliswil Felsenegg	463 m ü.M. 785 m ü.M.
Höhendifferenz	326 m		322 m	
Spurweite	1000 mm		1000 mm	
Maximalsteigung	270 ‰		545 ‰	
Wagen	2 zu 100 Personen		2 zu 60 Personen	
Fahrzeit	9 Minuten		7½ Minuten	
Stundenleistung	545 Personen		380 Personen	
Güterverkehr	vorgesehen		vorgesehen	
Betriebssystem	elektrisch		elektrisch	
Baukosten	CHF 1 150 000 (CHF 528 000 pro km)		CHF 820 000 (CHF 733 000 pro km)	
Fahrtaxen	Bergfahrt Talfahrt Retourfahrt	CHF 1.20 CHF –.80 CHF 1.60	Bergfahrt Talfahrt Retourfahrt	CHF 1.– CHF –.70 CHF 1.40

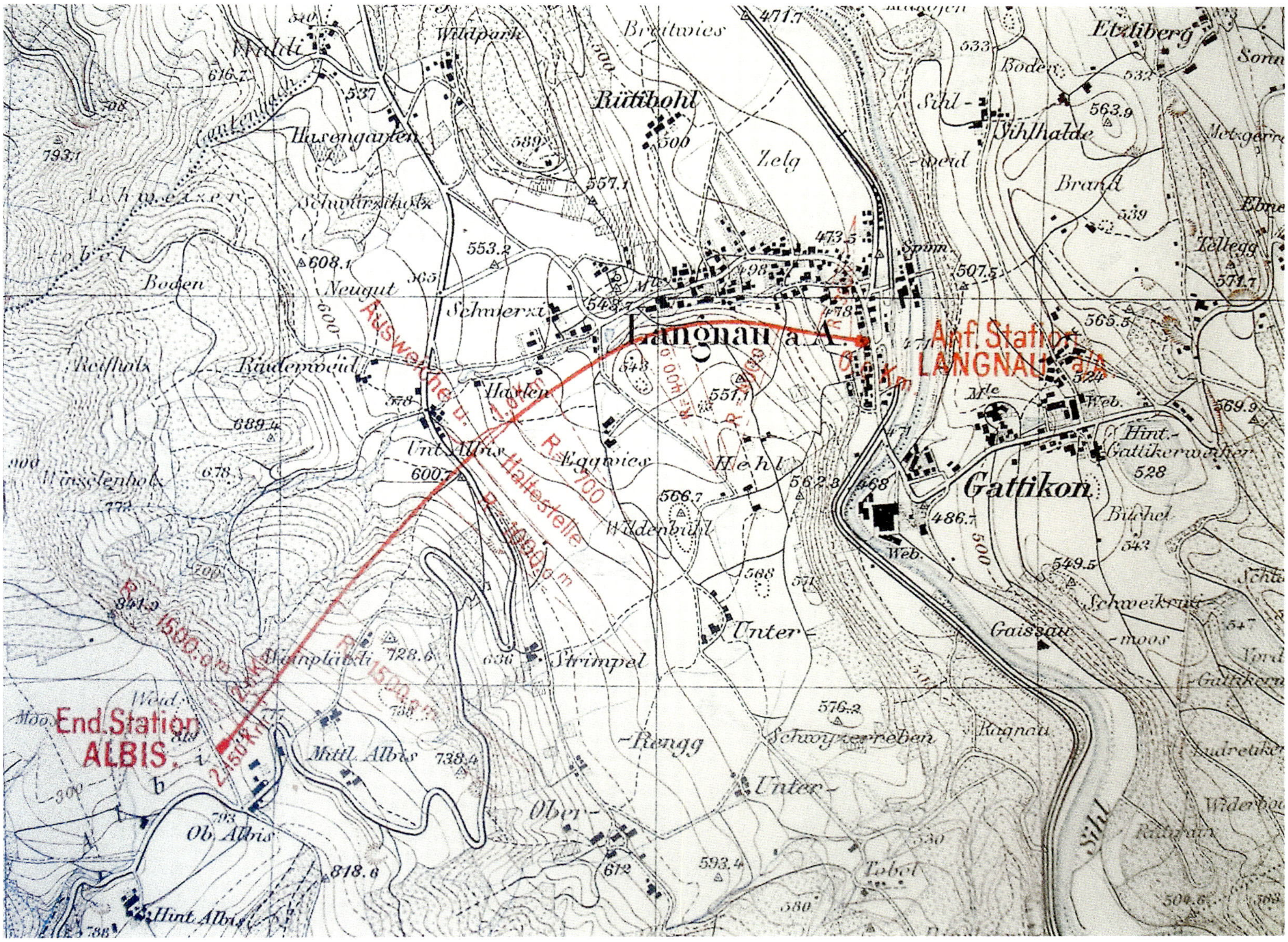

Oben: 1 Franken und 60 Rappen für die Retourfahrt: Die geplante Standseilbahn sollte direkt ab der Dorfstrasse zum Albispass führen. Als Konzessionäre bewarben sich die Sihltalbahn zusammen mit den Unternehmen Hatt-Haller, Zürich, und von Roll, Bern.

Links: Ein Idyll, ein kleines Paradies entschwundener Jahre: Das alte Forsthaus im Sihlwald – Salomon Gessners Sommerwohnung.

Links: Der Bahnhof von Adliswil um 1930.

Rechts: Die Station Sihlwald. Am 3. August 1892 wurde die Strecke Zürich/Giesshübel–Sihlwald eröffnet, am 1. Juni 1897 erfolgte die Streckenverlängerung bis Sihlbrugg.

Unten: Die Felsenegg am Uetliberg.

Parsenn am Albis

Im Winter biete der Albis «mit den ausgedehnten Skifeldern und günstigen Abfahrtsmöglichkeiten ins Sihltal für die Skifahrer ein stadtnahes Gebiet, das von Zürich aus mit der Sihltalbahn und einer Seilbahn auf den Albis in 40 Minuten erreicht werden kann.»

Mit dieser neuen Bahn würden den Wanderern (und Skifahrern) nicht nur zahlreiche neue Kombinationen angeboten; mit ermässigten Billetten könnte sowohl der Ausflugsverkehr bereichert als auch die Frequenzen der Uetliberg-, Albis- und Sihltalbahn bedeutend gesteigert werden. «Darum, ans Werk!»[3]

Sogar die «Appenzeller Zeitung» kommt in ihrem Artikel «Die geplante Standseilbahn auf den Albis» ins Schwärmen: «Bei guten Schneeverhältnissen wird es dank der Abonnements z. B. Skifahrern ermöglicht, mit verhältnismässig wenig Geld die genussreiche Abfahrt von der Albis-Passhöhe nach Langnau am gleichen Tag mehrmals zu wiederholen, ohne sich im Aufstieg ermüden zu müssen – eine willkommene Gelegenheit für wenig trainierte Spörtler, aber auch für solche Skifahrer, die eine rassige Abfahrt einem langen, strapaziösen Aufstieg vorziehen. ‹Parsenn am Albis›!»[4]

Adliswil kontra Langnau

Nur drei Monate nach der Sihltalbahn wartet der Gemeinderat von Adliswil mit einem Konkurrenzprojekt auf! Adliswil sei mit 5500 Einwohnern der «Hauptort des Sihltals» und habe sich zum eigentlichen Vorort von Zürich entwickelt, deshalb eigne sich dieser Ausgangspunkt in idealer Weise für die Verbindungsbahn zur Felsenegg. Drei Kernpunkte bringt der Gemeinderat von Adliswil ins Spiel:
- Schnellere Erreichbarkeit der Albiskette
- Günstigerer Fahrpreis
- Tiefere Erstellungskosten.

Die Lobpreisungen des «lebhaften Ausflugsverkehrs» auf der ganzen Albiskette kommt aber ausgerechnet der Direktion der Uetlibergbahn in den falschen Hals. Sie bestreitet das Verkehrsbedürfnis einer weiteren Transportanlage und weist auf rückläufige Verkehrszahlen hin. Eine zusätzliche Drahtseilbahn würde ihr die finanzielle Grundlage entziehen, «was in absehbarer Zeit den Ruin des

Unternehmens nach sich zöge (...) Trotz äusserster Sparsamkeit muss die Uetlibergbahn, als ausgesprochene Touristenbahn eng mit den Witterungsverhältnissen verbunden, neue Mittel und Wege suchen, um den Substanzwert des in den Anlagen investierten Kapitals auch nur einigermassen erhalten zu können».[5] Tatsächlich sanken die Betriebseinnahmen des Bahnunternehmens – Mehrheitsaktionär ist die Stadt Zürich – ausgerechnet in dieser Zeitspanne dramatisch: Betrug der Betriebsüberschuss 1928 noch rund 100 000 Franken, so blieben dem Unternehmen 1931 nur noch 40 000 Franken.

Die Befürchtungen auf einen weiteren Schwund der Passagierzahlen teilt der Regierungsrat des Kantons Zürich teilweise. Eine Drahtseilbahn ab Adliswil lehnt er mit dem Hinweis auf die zu kurze Distanz zur Uetlibergbahn ab. Hingegen könne angenommen werden, dass «eine Mehrbelebung der Albiskette durch eine Standseilbahn Langnau–Albis auch den Verkehr der Uetlibergbahn steigern würde.» Im Übrigen reiche das Interessensgebiet der Uetlibergbahn nur bis zur Felsenegg. Eine Konkurrenzierung durch diese neue Bahn sei «so gut wie ausgeschlossen».

Standseilbahn-Konzession für Langnau–Albis

Der Bundesrat stellt sich hinter die Zürcher Regierung und empfiehlt den eidg. Räten, die Konzession der Albisbahn von Langnau zu erteilen, gleichzeitig das Adliswiler Projekt zurückzuweisen. Allerdings zeigen sich bei der Finanzierung einige Schwierigkeiten. So muss im Frühling 1935 um eine Fristverlängerung der Konzession nachgesucht werden («... in der Hoffnung auf eine Besserung der Krise»). «Der starke Automobilverkehr mit Car-Alpins, welcher im Winter 1934/35 von Zürich nach dem ‹Hirschen› Albis eingesetzt hat», habe den Bedürfnisnachweis erbracht. Andrerseits stelle gerade das Überhandnehmen dieses Busverkehrs ein Problem dar, welches die Sihltalbahn in ihrer Existenz bedrohe.

Die geplante Drahtseilbahn erlebt ein ähnliches Schicksal wie andere Bergbahn-Ideen vor dem Ersten Weltkrieg: Der erneute Kriegsausbruch lässt die Sache endgültig platzen. In der Korrespondenz vom Sommer 1940 geht es nur noch um die Rückerstattung von einbezahlten Konzessionsgebühren.

Ironie der Geschichte: Nicht Langnau am Albis kommt zu einer Bergbahn, sondern der Konkurrent Adliswil hat am Schluss die Nase vorn. Nach rund sieben Monaten Bauzeit kann zwei Jahrzehnte nach dem Sihltaler Drahtseilbahn-Kampf am 30. Dezember 1954 die Luftseilbahn auf die Felsenegg eröffnet werden. Die Länge der Bahn beträgt 1048 m, der Höhenunterschied 307 m (Talstation Adliswil 497 m ü.M. – Felsenegg 804 m ü.M.). Die mehrfach erneuerte, modernisierte und einzige konzessionierte Luftseilbahn des Kantons fährt heute im 15-Minuten-Takt zwar eher selten Skifahrer zu «günstigen Abfahrtsmöglichkeiten» in die Höhe. Zusammen mit der Uetlibergbahn bietet sie aber im idealen Naherholungsgebiet der Albiskette viel genutzte Ausflugsmöglichkeiten.

Das Sihltal und seine Bahn im Plakat mit dem sich im Morgenrot spiegelnden Fluss, der offensichtlich Hochwasser führt.

Anmerkungen

Abkürzungen
BA Bundesarchiv Bern
BB Bundesbeschluss
BR Bundesrat
NB Nationalbibliothek Bern

Einleitung

1 Richard S. Joslin: Sylvester Marsh and the Cog Railway, Manchester NH, USA, 2000
2 Bretton Woods: Konferenz für eine intern. Währungsordnung, 1.7.1944
3 Richard Zschokke: Sohn eines ref. Pfarrers, Bauingenieur ETH, Erbauer des Suworow-Denkmals in der Schöllenen, von 1919–1935 Nationalrat (BGB)
4 Patrick Moser: So wird die Jungfrau zur Demoiselle gemacht, S. 266, Zürich 1997
5 Patrick Moser: So wird die Jungfrau zur Demoiselle gemacht, S. 267, Zürich 1997
6 BA, E53, 604 / 7721, Schreiben vom 14.10.1902
7 Quellen: Patrick Moser und Schweizer Bauzeitung
8 Echo von Grindelwald, 1.3.1899
9 Walliser Bote, 18.2.1899
10 Patrick Moser: So wird die Jungfrau zur Demoiselle gemacht, S. 221–222, Zürich 1997
11 Gem. Die industrielle Schweiz, 307 Tote am Gotthard, resp. 199 bei Konrad Kuoni

Berner Oberland

Direktzüge Berlin Hbf – Lauterbrunnen …
1 BB vom 3.10.1873
2 Touristen-Bahnen im Berner Oberland, S. 22; 1875, Rieder & Simmen, Bern
3 dito, S. 21
4 BB vom 23.7.1873, S. 197–198
5 dito, S. 44

Jungfraubahn – die grosse Unvollendete!
1 Der Bund, 20.10.1889
2 Basler Nachrichten, 31.10.1889
3 Oberländisches Volksblatt, 25.10.1889
4 Neue Zürcher Zeitung, 1.4.1886, Nr. 90, 1. Blatt
5 Berner Tagblatt, 24.10.1889
6 Neue Zürcher Zeitung, 2.7.1890, 2. Blatt
7 BA, E53, 604 / 7728
8 BA, E53, 604 / 7728
9 50 Jahre Wengernalpbahn, Schläfli AG Interlaken, 1943, S. 51
10 BB, 17.06.1890, S. 493
11 Berner Zeitung, 9.6.1890
12 BA, E53, 603 / 7730
13 BA, E53, 604/7728
14 BA, E53, 603/7730
15 Schweiz. Alpenzeitung, 15.12.1889
16 Oberland, 10.12.1889
17 BA, E53, 605/7729
18 BA, E53, 603/7704, Brief vom 7.5.1894
19 BA, E53, Bd. 603/7704
20 Schweizer-Bahnen, 1. Jg., 25.7.1896
21 Basler Nachrichten, 7.8.1896
22 Patrick Moser: So wird die Jungfrau zur Demoiselle gemacht, S. 88, Cronos Verlag. Zürich 1997
23 Echo von Grindelwald (Zitate aus Berliner Tagblatt), 28.9.1898
24 Patrick Moser: So wird die Jungfrau zur Demoiselle gemacht, S. 402–413, Cronos Verlag, Zürich 1997
25 Schreiben des Bundesrates an den Ständerat, 6.10.1890
26 Gutachten 21.11.1894
27 BA, E53, Bd. 603/7704
28 Der Bund, 25.2.1912

Auf den «Aussichtsturm Eiger»
1 BR, Botschaft vom 19.5.1892
2 BA, E53, Bd. 605/7731, techn. Bericht
3 Die Jungfraubahn, Friedrich Wrubel, Verlag Glaser, Berlin 1898
4 BA, E53, Bd. 605/7731
5 Simon Simon (*1857 in Allschwil, † 1925 in Bern) Alpinist und Topograph beim Eidg. Topographischen Büro. Für den österr. und dt. Alpenverein schuf er Karten bekannter Gebirgsmassive. Berühmt wurde Simon mit seinem Lebenswerk, dem grossen Relief des Berner Oberlandes (1:10 000). Das ebenfalls berühmte Jungfrau-Relief durfte er dem deutschen Kaiser Wilhelm II. im Auftrag der Jungfraubahn persönlich überreichen. Simon starb am 27.4.1925 verarmt und vergessen in Bern.
6 BA, E53, Bd. 605/7731
7 BA, E53, Bd. 605/7731
8 Schweiz. Bauzeitung, 1892, S. 49
9 BA, E53, Bd. 603/7704, Schreiben vom 22.1.1894
10 BA, E53, Bd. 605/7732, Brief vom 29.9.1894

Die Pionierbahn am Wetterhorn
1 BA, E53, Bd. 588/7511; Konzessionsgesuch, Anlage 9, Gutachten Rieppel; Nürnberg, 3.9.1903
2 BA E53, Bd. 588/7511; Konzessionsgesuch, Anlage 8
3 Schweizerische Bauzeitung, Nr. 23, 12.12.1908
4 Bulletin technique de la Suisse Romande, Nr. 16, 25.8.1905: Ascenseurs à cable, brevet Feldmann
5 Die Bezeichnung «Hasli Jungfrau» ist in der Siegfriedkarte von 1899 als Zusatz zum Wetterhorn aufgeführt.
6 BA E53, Bd. 588/7511; Konzessionsgesuch, 3. Sonderbeilage (Anlage 10)
7 BA, E53, Bd. 588/7511; Konzessionsgesuch, Anlage 10, Seite 3
8 BA, E53, Bd. 588/7511; Konzessionsgesuch, Sonderbeilage (Anlage 10)
9 BA, E53, Bd. 588/7511; 10.12.1903
10 BA, E53, Bd. 588/7511; summarischer Kostenvoranschlag
11 BA, E53, Bd. 588/7511; 10.12.1903
12 Bundesratsbeschluss vom 14.10.1902 betr. «Luftseilbahnen und andere Transportanstalten mit Motorenbetrieb»
13 BA, E53, Bd. 588/7511; Handzettel der Eisenbahnabteilung vom 3.3.1904
14 Bundesrätliche Verordnung vom 18.9.1906 betr. «Konzessionierung und Kontrolle der Automobilunternehmungen, Aufzüge und Luftseilbahnen»
15 Neuhaus; Der Wetterhornaufzug, 1980
16 BA, E53, 333/1118; Brief der Direction des III. schweiz. Zollgebiets, 1.8.1893
17 BA, E53, 333/1118; Brief vom 22.9.1893
18 BA, E53, Bd. 333/1118; Brief vom 21. September 1909 an den österreichischen Geschäftsträger
19 Echo von Grindelwald, 2.9.1905
20 Alfred Waldis, erster Direktor des Verkehrshauses der Schweiz, NZZ 2000, Nr. 128

21 ‹Schweizerische Bauzeitung›, 12.12.1908
22 BA, E53, Bd. 333 / 1117; siehe unten: «In der Schweiz verkannt – im Ausland verehrt»
23 BA, E53, Bd. 333 / 1117; Exposé zur Motion NR Bürkli betr. Luftseilbahnen, 4.11.1893
24 BA, E53, Bd. 333 / 1117; dito
25 Pilatus Bahnen, Frühere Seilbahnprojekte

Grosse Scheidegg und Faulhorn: Erbitterter Kampf um eine Panoramalinie

1 BA. E53, 724 / 15129
2 Oberländisches Volksblatt, Interlaken, 3.10.1890
3 Oberland, Interlaken, 18.9.1890
4 BA. E53, 724 / 15129
5 BA, E53, 724 / 15125
6 Reg.rat des Kt. Bern, 1873–1878 und 1893–1908, Ständerat 1895–1903
7 BA, E53, 724 / 15125
8 BA, E53 / 725 / 15137
9 BA, E53, 724 / 15129
10 BA, E53, 725
11 BA, E53, 725, Konferenzielle Verhandlungen in Bern
12 BA, E53, 15134
13 BA, E53, 725, 15137; 21.03.1906
14 BA, E53, 725, 15137
15 BA. E53, 724 / 15133
16 Botschaft BR vom 11.12.1914
17 BA, E53, 725 / 15139

Breithornbahn, die neue Gletscherlinie

1 BA, E53, Bd. 482 / 6289, Konzessionsgesuch
2 BA, E53, Bd. 482 / 6289, Protokoll über die konferenziellen Verhandlungen vom 14.3.1891
3 BA, E53, Bd. 482 / 6290, Interlaken, Februar 1896
4 Dito, Schreiben vom 18.1.1896
5 Dito; Stellungnahme Generalstabsabteilung
6 BA, E53, Bd. 482 / 6290

Per Monorail auf die Heimwehfluh

1 Eingabe von Nationalrat F. Seiler vom 30.11.1876
2 Geschäftsführung des Bundesrates, 1876, S. 136
3 BA, E53, Bd. 600 / 7660
4 BA, E53, Bd. 600 / 7661

Meiringen-Engelberg: Die gescheiterte Krönung

1 BA, E53, Bd. 543 / 7011; Konzessionsgesuch Rychener / Durrer
2 BA, E53, Bd. 1005 / 13468; Vernehmlassung vom 30.9.1908
3 BA, E53, Bd. 1005 / 13468; Vernehmlassung vom 11.5.1908
4 BA, E53, Bd. 1005 / 13468; Antwort des bern. Regierungsrates vom 30.9.1908
5 BA, E53, Bd. 723 / 15123; Schreiben vom 7.3.1911
6 BA, E53, Bd. 723 / 15123; Protokoll der konferenziellen Verhandlungen
7 BA, E53 / 543 / 7011; Schreiben vom 23.9.1911
8 BA, E52 / 543 / 7011; Schreiben vom 25.9.1911
9 BA, E53 / 543 / 7011; Protokoll der Verhandlungen vom 8.12.1911

Hochstollen – «ein Berg von Weltruf»

1 Gemeindeporträt
2 BA, E53, Bd. 720 / 15090; Konzessionsgesuch, allgemeiner Bericht

In Adelboden fliegen die Späne

1 BA, E53 / Bd. 555 / 7164 / Konzessionsgesuch
2 Echo von Grindelwald, 20.5.1905
3 Staatsarchiv BE, BB 10.3.114, betr. Konzessionsverlängerung
4 BA, E53, Bd. 556 / 7170 / Beilage zum Brief vom 14.9.1913
5 BA, E53, Bd. 556 / 7170 / Brief vom 14.9.1913
6 Botschaft des BR an die BV, 22.3.1907, S. 358
7 BA, E53 / Bd. 556 / 7170 / Memorandum vom 14.10.1913
8 Oberländer Tagblatt, 22. und 24.11.1913
9 Der Bund, Nr. 521, Abendblatt, 6.11.1913
10 Staatsarchiv BE, BB 10.3.114; Schreiben vom 5.2.1914 an den Regierungsrat des Kantons Bern
11 Staatsarchiv BE, BB 10.3.114

Gstaader Funi-Pioniere

1 BA, E53, Bd. 591 / 7533
2 Botschaft des Bundesrates vom 10.6.1930
3 Dito
4 Welt-Seilbahn-Geschichten, H. Dieter Schmoll

Graubünden · Ostschweiz

Der Traum von der Engadin-Orientbahn

1 Guyer-Zeller, 1.10.1895, Rede an der Meraner Konferenz, Engadin-Orientbahn, 1898
2 Engadin-Orientbahn, Guyer-Zeller, 1898, Nachwort, S. 107–108
3 Vereinigte Schweizer Bahnen VSB: Eine der fünf Bahngesellschaften, welche 1902 (zur SBB) verstaatlicht wurden
4 Der freie Rätier, 22.3.1895
5 Nordostbahn mit Sitz in Zürich, wurde gleich wie die VSB, 1902 (zur SBB) verstaatlicht
6 Der freie Rätier, 26.3.1895
7 Der freie Rätier, 26.3.1895
8 NZZ, 4.9.1895
9 Der freie Rätier, April 1895
10 Der freie Rätier, 11. April 1895
11 SNB, Das Engadin-Orientbahn-Projekt, Zürich 1896
12 BA, E53, Bd. 543 / 7010
13 SNB, Das Engadin-Orientbahn-Projekt, Zürich 1896
14 Schweizer-Bahnen, 16.5.1896, S. 124, 125
15 Engadin-Orientbahn, Guyer-Zeller; 1898, Jean-Frey, Zürich
16 NZZ, 4. / 5. / 6. / 10. / 12. / 15.9.1895

Arosa kämpft 1908 für den Anschluss zur Lenzerheide

1 BA, E53, Bd. 523 / 6772, Brief vom 24. März 1909
2 BA, E53, Bd. 523 / 6772, Konzessionsgesuch, Seite 5
3 BA, E53, Bd. 523 / 6772
4 Neue Bündner Zeitung, 3.12.1907
5 BA. E53, Bd. 523, 6772, Vernehmlassung vom 26.3.1909
6 BA, E53, Bd. 523 / 6781
7 Der Freie Rätier, 13.12.1914

Hinweis

Seit dem 18. März 2013 erfolgt die Bestellung der Archivbestände im Bundesarchiv ausschliesslich online. Alle Fussnoten in diesem Werk beziehen sich noch auf das «alte» Verfahren. Die publizierten Fussnoten, z. B. «E53 Bd. 1036 / 13954» können jedoch problemlos wie folgt online abgerufen werden:
Anstelle von
E53 Bd. 1036 / 13954 – Neu: E53#1000/893#13954*
Konkret: Der erste Wert (E53) und sämtliche anderen «Bd.-Nummern» wurden zusammengefasst mit «1000/893». Anschliessend folgt die Dossier-Nummer (Beispiel: 13954)

Beispiel: «Eigerbahn», Fussnote E53, Bd. 605 / 7731
www.swiss-archives.ch/volltextsuche.aspx
Rubrik: «mit der genauen Wortgruppe»:
E53#1000/893#7731*

Attraktive Direktverbindung Arosa–Davos

1 BA, E53/Bd. 620/7909, Konzessionsgesuch
2 BA, E53/Bd. 620/7909/7911

Davoser Hickhack um die Parsenn-Bahn

1 BA, E53, Bd. 534/6912, Brief vom 21.6.1930
2 BA, E53, Bd. 534/6906, Stellungnahme vom 19.3.1926
3 BA, E53/6912
4 BA, E53/6912
5 Dr. Erhard Branger (1881–1954), Anwalt in Davos, 1911–1936 Grossrat, 1922–1936 Landammann, 1935–1949 Direktor der Rhätischen Bahn
6 BA, E53, Bd. 534/6905, 6.5.1930
7 BA, E53, Bd. 534/6905, 8.8.1928
8 BA, E53, Bd. 534/6905, 8.2.1930
9 BA, E53, Bd. 534/6905, 14.7.1930

Flims: Nichts als Enttäuschungen

1 BA, Bd. 769/15681; Konzessionsgesuch vom 16.11.1907
2 BA, Bd. 769/15681; Brief vom 3.1.1908
3 BA, Bd. 769/15684
4 BA, Bd. 555/7161

«Local-Bahnnetz» im Oberengadin: Piz Languard, Rosegtal, Morteratsch

1 Engadiner Post, 4.3.1897
2 BA, E53/Bd. 542/7007, Engadinerbahn St. Moritz–Pontresina, Buchdruckerei Ziegler, Winterthur, 1891
3 Engadiner Post, 19.11.1896
4 BR: Botschaft vom 18.9.1873
5 BR, Botschaft vom 3.7.1883
6 BR, Botschaft vom 7.12.1888
7 BA, E53/Bd. 542/7007
8 BA, E53/Bd. 543/709
9 Engadiner Post, 4.3.1897
10 BA E53/Bd. 1036/13949
11 Engadin-Express, 31.3.1904
12 BA, E53/Bd. 758/15511
13 Der Kleine Rat des Kantons Graubünden; Brief vom 10.2.1905

Panoramafahrt St. Moritz–Maloja–Chiavenna

1 Die Entstehung der Rhätischen Bahn, S. 109
2 dito, S. 110; Zitat aus Der Freie Räthier, 28.2.1890
3 dito, S. 113
4 dito, S. 112
5 Engadiner Post, 8.11.1905, S. 1
6 BA, E53, 773/15740: Brief vom 08.8.1912
7 BA, E53, 773/15742: Brief vom 27.10.1920
8 dito
9 Die Entstehung der Rhätischen Bahn, S. 117
10 Die Entstehung der Rhätischen Bahn, S. 117
11 BA, E53, 773/15745

Ehrgeizige St. Moritzer Trampläne

1 Die Tramway Vevey–Montreux–Chillon war die erste elektrische betriebene Bahnstrecke der Schweiz. Eröffnung: 6.6.1888
2 BA, E53/Bd. 1036/13949
3 Allg. Fremdenblatt, 25.8.1896
4 Engadiner Post, 2.11.1904
5 BA, E53/Bd. 1036/13947
6 Brief an das Eisenbahndepartement vom 12.4.1934, BA, E53/Bd. 1036/13948
7 dito
8 BA, E53/Bd. 1036/13948

Zahnradbahn über die Fuorcla Surlej

1 BA, E53/Bd. 1036/13954
2 BA, E53/Bd. 1036/13953
3 Engadiner Post, 4.9.1902
4 BA, E53/Bd. 1036/13953
5 BA, E53/Bd. 1036/1354
6 dito
7 Der Freie Rätier, Nr. 291, 1902

Bergstation Piz Bernina auf 4018 m

1 BA, E53/Bd.758/15504, Anhang im Konzessionsgesuch vom 3.5.1930
2 Höhekote gem. Siegfriedkarte; Landeskarte 2012: 4048.6 m ü.M.
3 Neue Zürcher Zeitung, 1.8.1930
4 Neue Bündner Zeitung, 15.8.1930
5 Neue Bündner Zeitung, 28.8.1930
6 BA, E53/Bd.758/15504

Grosses Feilschen um eine Julierbahn

1 Engadiner Post, 17.11.1897
2 Engadiner Post, 24.11.1897
3 BR, Botschaft vom 3.4.1911
4 BA, E53, Bd. 523/6773, techn. Bericht
5 BR, Botschaft vom 3.4.1911
6 dito
7 BA, E53, Bd. 523/6774
8 BA, Botschaft BR vom 27.10.1914
9 BA E53, Bd. 523/6781

Ofenberg-Bahn: Von Zernez ins Münstertal

1 Botschaft des BR an die BV vom 6.12.1909
2 Der Burggräfler – Meraner Anzeiger, 29.6.1907
3 Der Bund
4 Botschaft des BR an die BV vom 6.12.1909
5 Botschaft des BR an die BV vom 6.12.1909, S. 2
6 BA, E53

SBB-Veto stellt Rhätische Bahn und Liechtenstein neben die Schienen

1 Bahnprojekt Landquart–Ragaz–Schaan und der Kanton St. Gallen, H. v. Gugelberg, St. Gallen 1905
2 Placid Weissenbach, erster Generaldirektor der neugegründeten SBB; bis 1901 administrativer Direktor im Eisenbahndepartement
3 BA, E53, Bd. 615/7827, off. SBB-Verlautbarung

4 Theophil Sprecher von Bernegg (1850–1927), VR-Präsident der Rhätischen Bahn 1899–1905; 1905–1919 Generalstabchef der Schweizer Armee
5 BA, E53, Bd. 615 / 7827, Schreiben vom 18.10.1905
6 BA, E53, Bd. 615 / 7827, Vernehmlassungsantwort Landammann und Regierungsrat SG vom 2.12.1905
7 BS, E52, 615 / 7828; Brief vom 18.5.1905
8 BA, E53, Bd. 615 / 7829, Promemoria vom 17.1.1906
9 BA, E53, Bd. 615 / 7829, Brief vom 23.10.1906
10 BA, E53, Bd. 615 / 7830, Brief vom 18.3.1907
11 BA, E53, Bd. 615 / 7830, Protokoll vom 27.3.1907
12 BA, E53, Bd. 482 / 6288; Brief vom 24.7.1906
13 BA, E53, Bd. 615 / 7832, Vernehmlassungsantwort der SBB, 17.9.1907
14 BR, Botschaft vom 19.11.1907
15 Urs Altermatt, Die Schweizer Bundesräte, S. 255, 258; Zürich 1991 / 92
16 NZZ, 7.12.1907, Nr. 339, Drittes Morgenblatt
17 NZZ, 17.12.1907, Nr. 349, Drittes Abendblatt
18 NZZ, 1.12.1905, Nr. 333, Erste Beilage
19 NZZ, 22.3.1906, Nr. 81, Zweites Morgenblatt
20 NZZ, 4.6. 1907, Nr. 153, Zweites Morgenblatt
21 NZZ, 28.11.1907, Nr. 330, Erstes Morgenblatt
22 BA, E 1000 / 26 / Bd. 2, Bundesratsakten
23 BA, E53, Bd. 615 / 7832; Schreiben vom 2.3.1908
24 BA, E53, Bd. 615 / 7832; Schreiben vom 9.3.1908
25 BA, E53, Bd. 615 / 7832

Fehlende Solidarität im Toggenburg

1 BA, E53, Bd. 742 / 15301
2 BA, E53, Bd. 741 / 15300; Bericht Bahnverbindung Werdenberg–Toggenburg, 1908, S. 5
3 BA, E53, Bd. 741 / 15300; Brief vom 24.9.1909
4 Grosser Rat Kt. SG, Beschluss vom 10.11.1920
5 BA, E53, Bd. 742 / 15302

Wallis · Romandie

«Beugt sich das Matterhorn dem Joche des Kapitals?»

1 BA, E53, Bd. 585 / 7467; Broschüre «Projekt der Zermatter Hochgebirgsbahnen»
2 dito
3 BA, E53, Bd. 585 / 7467; Broschüre «Projekt der Zermatter Hochgebirgsbahnen»
4 ebenda
5 BA, E53, 585 / 7467; Brief vom 11.5.1891
6 Alexander Seiler (1819–1891); Seiler besass zu jener Zeit die Hotels «Monte-Rosa» und «Mont-Cervin» in Zermatt, ferner die Hotels «Riffelalp» und «Riffelberg», das Hotel «Glacier du Rhône» in Gletsch, und er war Mitbesitzer des Hotels «Jungfrau» am Eggishorn, zudem pachtete er die Hotels «Zermatter Hof» und «Schwarzsee».
7 BB, 30.1.1892
8 Leo Heer-Bétrix, Druckereibesitzer in Biel, Inhaber der Konzessionen für die Zermatter Hochgebirgsbahnen und für die Wengernalp-Bahn.
9 Frühjahr 1908; BA, E53, Bd. 385
10 Protokoll über die konferenziellen Verhandlungen, 17. Juni 1891; BA, E53 / Bd.585 / 7467
11 NZZ, 10.6.1892
12 BA, E53, Bd. 585 / 7469
13 BB vom 29.10.1895
14 Heimatschutz und Fremdenverkehr, S. 15, Wien-Mödling, 1912
15 ebenda, S. 11
16 Heutige Höhenkote des Matterhorns gem. Swiss Topo 2013: 4477,5 m; Siegfriedkarte von 1888: 4505 m
17 Berner Tagblatt, 18.12.1895
18 Le chemin de fer du Cervin, Fribourg, librerie de l'Université, April 1907
19 Walliser Bote, 5. Juni 1907, Nr. 45
20 Walliser Bote, 27. 8.1898
21 BA, E53, Bd. 726 / 15140; Brief vom 27.4.1908
22 BA, E53, Bd. 726 / 15140
23 40 Jahre Gornergratbahn, Brig, 1938, S. 36
24 BA, E53, Bd. 586 / 7472, Bauvertrag
25 BA, E53, Bd. 586 / 7482
26 Schweiz. Bauzeitung, 23.4.1898, S. 123
27 40 Jahre Gornergratbahn, Brig, 1938, S. 41
28 BA, E53, Bd. 586 / 7486, 14.6.1898
29 Der Bund, 20.8.1898, Nr. 231
30 Der Bund, 22. / 23.8.1898, Nr. 234
31 Der Bund, 22. / 23.8.1898, Nr. 230

Inmitten der Viertausender: Sierre–Zinal–Zermatt

1 Geographisches Lexikon der Schweiz, 1910
2 E53, Bd. 705 / 9120, Exposé général, 1. / 5. Nov. 1898
3 E53, Bd. 705 / 9121, Exposé général, 19.5.1900
4 BA, E53, Bd. 585 / 7469, Brief an den Bundesrat vom 4.6.1894 zum Gornergratbahn-Projekt
5 BA, Bd. 705 / 9121, Auszug aus dem Protokoll des Bundesrates (3.5.1901) und Antrag der Eisenbahnabteilung an den Bundesrat (2. Mai 1901)
6 BA, Bd. 705 / 9132, Brief vom 17.10.1905
7 Alltag in der Schweiz seit 1300, S. 286

Keine Bahnen für Saas-Fee

1 BA, E53, Bd. 687 / 8884; Konzessionsgesuch
2 BB vom 8.6.1899
3 BA, E53, Bd. 791 / 15970; Brief vom 27.5.1937 an das Eisenbahndepartement
4 BA, E53, Bd. 791 / 15970; Konzessionsgesuch, allg. Bericht
5 BA, E53, Bd. 791 / 15970; Brief vom 15.12.1936
6 dito
7 BA, E53, Bd. 791 / 15970; Brief von Advokat Petrig, 11.2.1937
8 BA, E53, Bd. 791 / 15970; Stellungnahme Eisenbahndepartement; 25.9.1937

Die «Aletsch-Jungfrau-Bahn»: Brig–Märjelensee–Jungfraujoch

1 BA E53, Bd. 490 / 6395, Konzessionsgesuch 1.10.1907
2 ebenso
3 BA E53, Bd. 490 / 6395, Konzessionsgesuch, 1.10.1907
4 50 Jahre Verkehrsverein Fiesch-Fieschertal, 1988 / Heimattagung Fiesch-Fieschertal, 1981
5 BA E53, Bd. 490 / 6395, Brief vom 5.12.1910
6 BA E53, Bd. 490 / 6395, Konzession mit Nachtragsbotschaft vom 27.4.1911
7 BA E53, Bd. 545 / 7050, Konzessionsgesuch und Korrespondenz

Kampf gegen die «Teufelsbahn»

1 Heutige Höhenangabe auf der Landeskarte: 3209,7 m
2 Emmenthaler Blatt, 27.7.1912
3 BA, E53, Bd. 590 / 7524: Konzessionsgesuch
4 Gazette de Lausanne, 29.8.1912
5 BA, E53, Bd. 590 / 7524; 16.4.914

«Eine grosse Bedrohung für Leysin»

1 BA, E53, Bd. 633 / 8071, Flugblatt «Aux habitants de Leysin»
2 Dito, Flugblatt «A la population de Leysin»

Jura · Mittelland

«Porta Jura» lange vor der «Porta Alpina»

1 Schweizerische Wirte-Zeitung, 1929 / Nr. 28
2 BA, E53, Bd. 1004 / 13459; Konzessionsgesuch
3 BA, E53, Bd. 1004 / 13459; Brief vom 5.11.1929
4 Dito; Besprechungsprotokoll vom 22.1.1930
5 Dito; Brief vom 24.10.1933
6 BA, E53, Bd. 1005 / 13461; Konzessionsgesuch
7 BA, E53, Bd. 1005 / 13466; Konzessions-Eingabe
8 Oltner Tagblatt, 28.1.2012

Per Einschienen-Bergbahn auf den Chasseral

1 BA, E53, Bd. 1026 / 13814
2 In den USA verkehrt die erste Zahnradbahn der Welt, die berühmte Cog Railway, auf den 1900 m hohen Mount Washington, seit 1868 bis heute auf massiven Holzstelzen.
3 BA, E53, Bd. 1026 / 13815–13817

Der «Hintergassen-Express»

1 Staatskanzlei BE, BB 10.3.113; Kostenvoranschlag, Finanzplan, Rentabilitätsrechnung, undatiert
2 Staatskanzlei BE, BB 10.3.113: Brief vom 28.9.1913
3 Staatsarchiv BE, BB 10.3.113: Konzessionsgesuch, technischer Bericht
4 Staatsarchiv BE, BB 10.3.113; Schreiben des Gemeinderates von Wahlern, 23.11.1914
5 Staatsarchiv BE, BB 10.3.113; Schreiben an Oberingenieur von Erlach, 15.12.1914
6 Staatsarchiv BE, BB 10.3.113; Konzessionsgesuch, Allgemeiner Bericht
7 Staatskanzlei BE, BB 10.3.113; Brief an Ing. Meyer, 15.4.1915

Per Tram hinauf zur «Basler Rigi»

1 BA, E53, Bd. 526 / 6808
2 BA, E53, Bd. 526 / 6808
3 Brief vom 22.11.1896, BA, E53, Bd.526 / 6808
4 Basler Nachrichten, 9.7.1897
5 National-Zeitung, erschien von 1888–1977, fusioniert mit den Basler Nachrichten zur Basler Zeitung
6 BA, E53, Bd. 526 / 6814
7 BA, E53 / 6815

Der peinlichste Flop der Bahngeschichte

1 Der Birsigbote, 3.5.1910
2 Basler Nachrichten, 10.5.1910
3 Schweiz. Bundesblatt Nr. 15 vom 12.4.1911, S. 715

«Kürzestes Zwischenglied Basel–Mailand»

1 BA, E53, Bd. 1026 / 13809
2 BB vom 2.6.1892
3 Projekt einer Schafmatt-Eisenbahn, Aarau 1886–1888
4 ebenda

Attraktive Bergbahn im Schwarzbubenland

1 BB vom 9.10.1902
2 BA, E8100 (B), 1974 / 49; Bd.27; Techn. Bericht
3 dito

Konzessions-Slalom am «Napf-Kulm»

1 BA, E53, Bd. 741 / 15297; Konzessionsgesuch
2 dito
3 dito; BB, ursprünglicher Entwurf, Dezember 1891
4 BA, E53, Bd. 741 / 15297; Vernehmlassungsantwort, 21.10.1891
5 Der Bund, 24.6.1892
6 Schreiben vom 4.1.1883 an den Bundesrat

Luftkurort Uetliberg als Bahn-Magnet

1 Botschaft BR vom 21.12.1887
2 BA, E53, Bd. 333 / 1118
3 Die Eisenbahn, 26.3.1875
4 BB vom 22.2.1997
5 BA, E53, Bd. 394 / 5285
6 BA, E53, Bd. 394 / 5291
7 Der Landbote, 13.5.1875
8 Die Schweizer Bahnen, 28.3.1900
9 BB vom 21.12.1887
10 BA, E53, Bd. 394 / 5281

Nachbarschaftskampf um eine Albisbahn

1 Die Albisbahn, Orell-Füssli, Zürich und Bern 1934
2 BA, E53, Bd. 619 / 7904, Schreiben vom 12.2.1932
3 Die Albisbahn, Orell-Füssli, Zürich und Bern 1934
4 Appenzeller Zeitung, 9.4.1932
5 BA, dito, Stellungnahme Bahngesellschaft Zürich-Uetliberg; 30.7.1932

Bibliografie

Altermatt Urs: Die Schweizer Bundesräte. Zürich 1992
Anderegg Fritz: Schweiz. und bernische Eisenbahn-Gesetzgebung. Bern 1978
Anderegg Fritz: Kantons- und Bundes-Konzessionen. Bern 1983
Anker Daniel: Eiger. Zürich 1998
Anker Daniel: Jungfrau. Zürich 1996
Anker Daniel: Mönch. Zürich 2002
Attinger V. (Hg.): Geographisches Lexikon der Schweiz. Neuenburg 1902
Autoren-Kollektiv: Birsigtalbahn. Basel 1984
Autoren-Kollektiv: Historisches Lexikon der Schweiz. Basel 1988 bis
Autoren-Kollektiv: Reise-Album der Schweiz. Zürich 1920/21
Köppel Thomas, Haas Stefan u.a.: Simplon. Zürich 2006
Banaudo José: Le Tramway du Mont-Blanc. Breil-sur-Roya 2007
Behrend George: Geschichte der Luxuszüge. Zürich 1977
Bösch Robert, Camartin Iso, Caprez Gion: Bernina-Express. Zürich 2009
Bärtschi Hans-Peter: Die Industrielle Schweiz. Baden 2011
Camartin Iso, Pfeiffer Peter: Aus den Anfängen der Rhätischen Bahn. Zürich 2003
Caminada Paul: Pioniere der Alpentopographie. Zürich 2003
Catrina Werner: Die Entstehung der Rhätischen Bahn. Zürich 1972
Cavelti Hammer Madlena u.a.: Xaver Imfeld – Meister der Alpentopographie. Sarnen 2006
Dübendorfer Alfred: Adolf Guyer-Zeller, (Schweizer Pioniere, Bd. 13). Zürich 1962
Dürrenmatt Peter: Schweizer Geschichte. Zürich 1963
Eiffel Gustave: The Eiffel Tower. Köln 2008
Elsasser Kilian, HP. Bärtschi: Die Eisenbahn erobert die Schweiz (Kohle, Strom und Schienen). Zürich 1998
Elsasser Kilian: Schienen, Weichen, Schwellen. Zürich 2012
Elsasser Kilian, Appenzeller Stephan: Pionierbahn am Lötschberg. Zürich 2013
Fader Klaus: Bernina-Bahn. Thun 1992
Fankhauser Alfred: Denkschrift Emmentalbahn. Burgdorf 1925
Frei Gebhard: 50 Jahre Bahnstation Jungfraujoch. Interlaken 1962
Frey Thomas: Die Beschleunigung des Schweizer Verkehrssystems. Basel 2006
Gaillard Marc: Paris, Les Expositions Universelles. Paris 2003
Geographisch-Historisches Lexikon der Schweiz. Neuenburg. 1905
Giannoni Karl: Heimatschutz und Fremdenverkehr. Wien-Mödling 1912
Gove Bill: Logging Railroads of New Hampshire's North Country. Littleton NH
Gremaud Michel, Pfeiffer Peter: Golden Pass und Greyerzerland. Zürich 2001
Gugerli David, Speich Daniel: Topografien der Nation. Zürich 2002
Gurtner Verena: Jungfrau-Express. Zürich 1971
Gurtner Verena: Gornergrat retour. Zürich 1982
Historisches Lexikon der Schweiz. Basel 2002
Inäbnit Florian: Jungfraubahn. Leissigen 2003
Jannatoni Livio: Il Treno in Italia. Roma 1975
Jeanmaire Claude: Mit Kohle, Dampf und Schaufelrädern. Basel 1971
Jehli Marco u.a.: Bahnvisionen im Engadin. St. Moritz 2011
Joslin Richard: Silvester Marsh and the Cog Railway. MWRC 2000
Jegerlehner Johannnes: Gornergratbahn. Lausanne 1923
Kehrli-Moser Christine: Rosenlaui. Meiringen 2009
König Wolfgang: Bahnen und Berge. Frankfurt 2000
Kulturgutstiftung Frutigen: Vom Säumerpfad zur Neat. Frutigen 2007
Kuoni Konrad: Der Gotthard gewinnt das Alpenbahnringen (Kohle, Strom und Schienen). Zürich 1998
Latscha, Wägli, Waldis, Wismann: Sieben Bergbahn-pioniere. Zürich 2005
Lewis Allen C.: Railroads oft he Pike's Peak Region. Charleston SC 2006
Maissen Thomas: Schweizer Geschichte im Bild. Baden 2012
Meyer Plinio: Herr Clotin und die Orientbahn. Müstair 2012
Michel Hans: 50 Jahre Wengernalpbahn. Interlaken 1943
Moser Patrick: So wird die Jungfrau zur Demoiselle gemacht. Zürich 1997
Müller-Füglistaler Doris: Adolf Guyer-Zeller. Zürich 1992
Neuhaus Werner: Bahnen und Bahnträume im Oberhasli. Belp 1985
Neuhaus Werner: Wetterhornaufzug. Leissigen 2007
Obrecht Urs: Das Furka-Loch. Bern 1979
Otto Fritz: Heimatschutz, VII. Jahrgang, Heft Nr. 9/1912. Bümpliz 1912
Perren Ernesto: Hotels erzählen. Zermatt 2004
Petroni Bruno: Der Niesen und seine Bahn. Interlaken 2010
Pfister Christian: Voraussetzungen einer Verkehrsgeschichte. Basel 2006
Rom Pierre: Die lange Geschichte der Jurafrage. Bern 2000
Rossberg Ralf R.: Die Jungfrau-Region. Bern 1983
Roy Pierre-Louis: Le Mont-Blanc Express. Grenoble 2008
Schiesser Hans Kaspar, Matter Jörg: Rekorde im Taschenformat. Bern 2005
Schild Heinz: Touristisches Berner Oberland. Interlaken 2008
Schneider Bernhard (Hg): Alltag in der Schweiz. Zürich 1991
Schwabe, Amstein u.a.: 3 x 50 Jahre Schweizer Eisenbahnen. Basel 1997
Siedentop I.: Tunnellabyrinth Schweiz. Zürich 1977
Staffelbach Hans: Vitznau–Rigi. Zürich 1984
Stalder Helmut: Verkannte Visionäre. Zürich 2011
Steinmann Jonas: Weichenstellungen. Bern 2010
Strub Emil: Die Bergbahnen der Schweiz. Bern 1901/1902
Thiessing René u.a.: Ein Jahrhundert Schweizer Bahnen. Frauenfeld 1947
Treichler Hans Peter u.a.: Bahn Saga Schweiz. Zürich 1996
Volmar Friedrich: Bernische Alpenbahnpolitik. Langnau 1911
Volmar Friedrich: Die Lötschbergbahn. Bern 1938
Volmar Friedrich: Die erste Eisenbahn des Berner Oberlandes. Bern 1946
Volmar Friedrich: Jakob Stämpfli als Verkehrspolitiker. Bern 1927
Volmar F. A.: Gornergrat-Chronik. Zürich 1958
Wägli Hans G.: Schienennetz Schweiz. Zürich 1998
Weber Felix: 175 Jahre Rigi Kulm Hotel. Schwyz 1991
Weber/Harmeier: Regionalverkehr Mittelland. Leissigen 2000
Weinmann F.: 40 Jahre Sihltalbahn. Zürich 1931
Wenger Peter: Bahnen der Jungfrau-Region. Zürich 2012
Wertenborg Gert: Vom Zauber alter Berg- und Strassenbahnen. Freiburg i.B. 1982
Wiatrowsi Claude: All Aboard for America's Mountain. Manitou Springs 2007

Bildnachweis

Alpines Museum, Bern: 193 oben
Ruth Annen, Lauenen: 91 oben
Archiv Daniel Anker, Bern: 88, 101, 107, 117, 125, 155, 159, 179, 181, 187 unten, 188, 190, 191 oben, 194, 196, 204, 213
Archiv AS Verlag, Zürich: 102, 103, 104, 129 unten, 144, 237, 241, 244 unten, 245
Archiv Samuel Michel, Grindelwald: 44, 49 links, 51 oben, 57 unten, 58 links, 63 links
Archiv MOB, Montreux: 84
Archiv Heinz Schild, Allmendingen: 20, 22, 38 oben, 51 unten, 54, 58 rechts, 62, 69, 87, 110, 130, 140, 147, 163, 165 unten, 170, 175, 201 unten, 202, 205 links, 210 rechts, 215 oben rechts, 217 unten, 222, 224, 229 unten 238,
BLS-Archiv, Bern: 17
Bundesarchiv, Bern: 23, 28 unten, 29 oben rechts, 30, 31, 40, 41, 43, 47, 49 rechts, 55, 57, 59, 60, 61, 63 rechts, 65, 66, 67, 71, 72, 73 oben, 75, 77, 80, 81,82, 85, 87 rechts, 89 oben, 90, 91 unten, 94, 95, 96, 97, 99, 105, 107 rechts, 109, 111, 112, 113, 115, 117 oben, 121 unten, 122, 123, 127, 131, 133, 136, 137, 138, 141, 143, 145, 149 links, 152, 153, 157, 158, 161, 165 oben, 167, 171, 173, 174 rechts, 176, 177, 182, 183, 185, 186, 187 oben, 189, 191 unten, 192, 194, 195, 197, 199, 200, 201 oben, 203, 205 rechts, 208, 209, 210 links, 211 unten, 214, 215 links und rechts unten, 216, 217 oben, 219, 221, 223, 225, 227, 229 oben, 231, 233 unten, 235, 239, 243 oben, 244 oben
Cartographica Helvetica Nr. 39/2001, Murten: 211 oben
André Flotron, Reichenbach: 79 oben
Fritz Holzer, Meiringen: 79
Jungfraubahn-Archiv, Interlaken: 19, 21, 26, 27, 28 oben, 29 oben links und Mitte, 33, 35, 37, 38 unten, 39, 45, 53, 193 unten
Museum für Kommunikation, Bern: 73 unten, 83, 89 unten, 120, 135, 172
Nationalbibliothek Bern, 174 links, 243 unten
Photoglobe AG, Zürich: 121 oben, 129 oben, 132
Staatsarchiv Graubünden, Chur: 139, 148, 149 rechts, 151
Swisstopo, Wabern: 233 oben

Dank

Sie dauerten lange, die Recherchen zu diesem Buch. Das Bundesarchiv und die Nationalbibliothek sind beinahe zu meiner zweiten Heimat geworden. Ein Glück, dass beide nur rund 200 Meter auseinander liegen. Den Front-Mitarbeiterinnen und Mitarbeitern im Bundesarchiv gehört mein grosser Dank. Dieser Service public, von dem ich auch in der Nationalbibliothek und in den Staatsarchiven von Bern und Graubünden, sowie im Museum für Kommunikation in Bern profitieren durfte, hat die Recherchen in den Urquellen erst möglich gemacht.

Zentral wichtig sind die Unterstützung und die gute Zusammenarbeit mit einem kompetenten Fachverlag. Genau das fand ich im AS Verlag Zürich mit dem Verleger Heinz von Arx, sowie den beiden Verlagsleitern Urs Bolz und Matthias Weber.

Verlag und Autor durften auf die grosszügige Unterstützung von Behörden und Institutionen zählen. Ein besonderer Dank gebührt den Kantonen Basel-Land, Basel-Stadt, Bern, Graubünden, Solothurn und Wallis, sowie der Jubiläumsstiftung der Schweizerischen Mobiliar Genossenschaft, der Loterie Romande, der Ernst Göhner-Stiftung Zug und der Ulrico Hoepli-Stiftung Zürich.

Wertvoll und hilfreich zugleich war die Unterstützung von vielen weiteren Fachleuten, die mit ihrem Wissen und ihrer Hilfe Wichtiges beigetragen haben. Ein grosses Merci geht besonders an Daniel Anker Bern, Ruth Annen Lauenen, Peter Camenzind Bern, Sandro Contin Bern, Hans-Uli Feldmann Murten, André und Eva Flotron Reichenbach, Robert Ganz Hünibach, Angelo Garovi Bern, Daniel Geissmann Luzern, Michal Gertsch Bern, Marlies Hertig Bern, Simone Jenni Bern, Hans-Jürg Käser Bern, Karl Kronig Bern, Martin Kurz Bern, Rudolf Leuenberger, Riggisberg, Werner Luginbühl Aeschi, Peter Marthaler Zimmerwald, Samuel Michel Grindelwald, Christina Moser Einigen, Hansruedi Müller Bern, Werner Neuhaus Belp, Adolf Ogi, Martin Rickenbacher Wabern, Peter Salvisberg Thun, Michael Sasdi Bern, Vreni Schild Allmendingen, Jonas Steinmann Bern, Peter Vollmer Bern, Peter Werren Meiringen und Adolf Wild Steffisburg.

Heinz Schild
Allmendingen-Bern im August 2013

Oberried
Brienzerberg
Axalphorn
Gerstenhorn
Wildgerst
Schwarzhorn
Furggehorn
Rothhorn
Schwabhorn
Faulhorn
Simelihorn
Rötihorn
Stat. Faulhorn
Burglauenen
Grindelwald